"十二五"普通高等教育本科国家级规划教材

无机及分析化学教程
（第二版）

魏 琴 主编

科学出版社
北京

内 容 简 介

本书为"十二五"普通高等教育本科国家级规划教材。本书以培养学生综合能力和思维方法为原则，优化整合无机及分析化学的内容，结合基础化学实验教学内容，使学生对物质结构、定量分析等一些化学基本原理有较完整的认识，并能够结合基本原理理解和掌握常见的重要元素及其化合物的性质变化规律，树立量的概念。本书共 16 章，包括：绪论、原子结构与元素周期律、化学键与分子结构、定量分析的过程、误差与数据处理、酸碱反应与酸碱滴定法、配位反应与配位滴定法、氧化还原反应与氧化还原滴定法、沉淀反应与沉淀滴定法和重量分析法、s 区元素、p 区元素、ds 区元素、d 区元素、f 区元素、吸光光度法、定量分析中常用的分离方法。书后有化学窗口、参考文献和附录。

本书可作为高等学校化学、化学工程与工艺、制药工程、材料科学与工程、环境科学与工程、生物科学与工程等专业的本科生教材，也可供从事相关专业的教师及科技工作者参考。

图书在版编目(CIP)数据

无机及分析化学教程/魏琴主编. —2 版. —北京：科学出版社，2018.8
"十二五"普通高等教育本科国家级规划教材
ISBN 978-7-03-058403-8

Ⅰ.①无… Ⅱ.①魏… Ⅲ.①无机化学-高等学校-教材②分析化学-高等学校-教材 Ⅳ.①O61②O65

中国版本图书馆 CIP 数据核字(2018)第 171397 号

责任编辑：丁 里 / 责任校对：何艳萍
责任印制：吴兆东 / 封面设计：迷底书装

科学出版社 出版
北京东黄城根北街 16 号
邮政编码：100717
http://www.sciencep.com
天津市新科印刷有限公司印刷
科学出版社发行 各地新华书店经销
*
2010 年 9 月第 一 版 开本：787×1092 1/16
2018 年 8 月第 二 版 印张：28 插页：1
2025 年 7 月第十七次印刷 字数：735 000
定价：**69.00 元**
(如有印装质量问题，我社负责调换)

《无机及分析化学教程》
编写委员会

主　编　魏　琴

副主编　张振伟　吴　丹　李月云　李艳辉
　　　　　　王冬梅　罗川南

编　委　（按姓名汉语拼音排序）
　　　　　　李　燕　李艳辉　李月云　罗川南
　　　　　　王冬梅　魏　琴　吴　丹　颜　梅
　　　　　　于海琴　张振伟　朱沛华

第二版前言

《无机及分析化学教程》被评为"十二五"普通高等教育本科国家级规划教材,《无机及分析化学学习指导》和"十二五"普通高等教育本科国家级规划教材《无机及分析化学实验》是相应的配套教材。为了适应基础教育改革与发展的需要,编者结合多年的教学经验和使用本教材进行教学的体会,充分吸收国内同类教材的优点,并采纳兄弟院校提出的意见和建议,确定了修订《无机及分析化学教程》(第二版)的基本思路和框架结构。

推进教材建设,充分发挥好教材育人作用,是加快建设教育强国、科技强国、人才强国,全面提高人才自主培养质量的重要保障。在修订过程中,编者在保留第一版教材特色的基础上,强化精选教材内容,进一步加强无机化学和分析化学的紧密联系及其内容的相互衔接和连贯性,拓宽部分知识范畴,充分反映了学科发展的新成果,以适应不同层次学生的需要;转变了教育观念,更加注重能力和思维方法的培养。本书还采用双色印刷,以增强教材的可读性。

本书内容分为两大部分:

(1) 基本内容:这是课程的必备内容,不同专业的学生根据专业要求可进行灵活选择,也可供学生自学。

(2) 化学窗口:这是扩展内容,如诺贝尔和居里夫人、硬水的利与弊、新能源的开发等,主要用于扩大学生的知识面,开阔学生的视野,激发学生学习化学的兴趣和求知的欲望。

在本书修订过程中,得到了各兄弟院校专家的大力支持和帮助,陈艳丽教授提出了许多有益的建议和修改意见,在此 并表示感谢。

由于编者水平有限,书中仍会有疏漏和不妥之处,敬请广大师生和专家批评指正。

编 者

2023 年 7 月

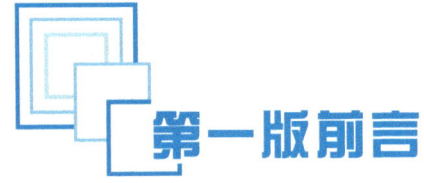

第一版前言

无机及分析化学是化学、化学工程与工艺、制药工程、材料科学与工程、环境科学与工程、生物科学与工程等专业必不可少的一门化学基础课程。该课程的开设可为后续的有机化学、物理化学、高分子化学及其他专业课程的学习奠定基础,同时也可为解决科研中与化学有关的科学与测定技术等实际问题打好基础。

为深化高等教育改革,提高教学质量,培养适应 21 世纪社会发展需要的人才,编者结合多年的教学经验,编写了本书。本书配有《无机及分析化学学习指导》与《无机及分析化学实验》,可更好地满足相关专业的本科生和科研人员的需求。在编写过程中,本书着重体现如下几点:

(1) 力求做到知识结构布局合理,将无机化学部分和分析化学部分进行优化整合,在章节安排时,既保持了无机化学和分析化学课程的科学性与系统性,又注重了内容的相互衔接,避免了重复。

(2) 依照从易到难、循序渐进的原则安排教学内容,重点突出,注重理论联系实际,以提高学生分析问题和解决问题的能力。将四大反应平衡和相应的滴定方法编排在一起,使学生能定性、定量地掌握四类化学反应原理,体现了基础理论与应用的有机结合。

(3) 精简烦琐的数学推导,理论阐述简明扼要。各章后配有习题,使学生加深对基本概念和基本原理的进一步理解。在例题和习题的选择上,兼顾各专业的需要,内容尽量结合实际,增强学生的学习兴趣,难度适中,以适应不同层次的学生。另外,部分习题附有答案,供学生参考。

(4) "化学窗口"栏目开阔了学生学习化学的视野,增强了学生学习化学的兴趣。

本书由无机及分析化学课程组教师根据多年的教学实践经验,参考国内外相关的化学教材及论著编写而成。本书由魏琴担任主编,参加编写的有张振伟、吴丹、李月云、王冬梅、李艳辉、罗川南、李燕、朱沛华、于海琴、颜梅等,李加忠、冯季军、闫涛进行了认真校对,全书由魏琴统编定稿。

在本书的编写过程中,得到了各兄弟院校专家的大力支持和帮助,在此表示衷心的感谢。

由于编者水平有限,书中错误和不足之处在所难免,敬请读者批评指正。

编 者
2010 年 6 月

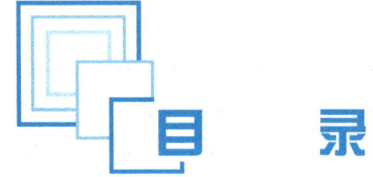

目 录

第二版前言
第一版前言
第1章 绪论 1
  1.1 化学的重要性、研究内容和发展简史 1
    1.1.1 化学的重要性及其研究内容 1
    1.1.2 化学发展简史 2
  1.2 无机及分析化学课程的重要性和研究内容 3
第2章 原子结构与元素周期律 4
  2.1 原子结构的经典模型 4
    2.1.1 卢瑟福的原子模型 4
    2.1.2 氢原子光谱与玻尔氢原子模型 5
  2.2 微观粒子运动的特殊性 7
    2.2.1 光电效应与光的波粒二象性 7
    2.2.2 实物粒子的波粒二象性 8
    2.2.3 海森堡测不准原理 8
  2.3 核外电子运动状态的量子力学模型 9
    2.3.1 薛定谔方程与波函数 9
    2.3.2 四个量子数与核外电子层结构 11
    2.3.3 波函数(原子轨道)及概率密度函数(电子云)图 13
  2.4 基态多电子原子的电子层结构 16
    2.4.1 多电子原子的波函数 16
    2.4.2 多电子原子轨道的近似能级图 19
    2.4.3 多电子原子核外电子排布规则 20
  2.5 元素周期律与元素周期表 21
    2.5.1 原子电子层结构与元素周期表的关系 21
    2.5.2 元素基本性质的周期性变化规律 23
  习题 27
第3章 化学键与分子结构 29
  3.1 离子键理论 29
    3.1.1 离子键 29
    3.1.2 晶格能 31
    3.1.3 离子的特征 32
  3.2 共价键理论 34
    3.2.1 价键理论 34

      3.2.2 杂化轨道理论 37
      3.2.3 价层电子对互斥理论 41
      3.2.4 分子轨道理论简介 42
   3.3 金属键 46
      3.3.1 金属键的改性共价键理论 47
      3.3.2 金属键的能带理论 47
   3.4 分子间作用力和氢键 48
      3.4.1 分子的偶极矩与极化率 48
      3.4.2 分子间作用力 50
      3.4.3 氢键 52
   3.5 晶体结构 53
      3.5.1 晶体与非晶体 53
      3.5.2 晶体的基本外形 53
      3.5.3 离子晶体 55
      3.5.4 离子极化现象 57
      3.5.5 原子晶体 59
      3.5.6 金属晶体 59
      3.5.7 分子晶体 60
   习题 60

第 4 章 定量分析的过程 63
   4.1 分析方法的分类与选择 63
      4.1.1 分析方法的分类 63
      4.1.2 分析方法的选择 65
   4.2 分析试样的采集、制备与分解 65
      4.2.1 分析试样的采集 65
      4.2.2 分析试样的制备 67
      4.2.3 分析试样的分解 68
   4.3 定量分析结果的表示 71
      4.3.1 待测组分的化学表示形式 71
      4.3.2 待测组分含量的表示方法 71
   4.4 滴定分析法概述 72
      4.4.1 概述 72
      4.4.2 滴定方式 72
      4.4.3 基准物质和标准溶液 73
      4.4.4 滴定分析法的计算 75
   习题 77

第 5 章 误差与数据处理 79
   5.1 定量分析误差 79
      5.1.1 误差的分类 79
      5.1.2 准确度与误差 80

  5.1.3 精密度与偏差 ········· 81
  5.1.4 准确度和精密度 ········· 82
  5.1.5 提高分析结果准确度的方法 ········· 83
 5.2 分析数据的统计处理 ········· 84
  5.2.1 随机误差的正态分布 ········· 84
  5.2.2 有限数据的统计处理 ········· 85
  5.2.3 显著性检验 ········· 87
  5.2.4 可疑值的取舍 ········· 90
 5.3 有效数字及其运算 ········· 92
  5.3.1 有效数字 ········· 92
  5.3.2 有效数字的修约规则 ········· 93
  5.3.3 运算规则 ········· 93
习题 ········· 94

第6章 酸碱反应与酸碱滴定法 ········· 96
 6.1 酸碱理论概述 ········· 96
  6.1.1 酸碱电离理论 ········· 96
  6.1.2 酸碱溶剂理论 ········· 97
  6.1.3 酸碱质子理论 ········· 97
  6.1.4 酸碱电子理论 ········· 100
  6.1.5 软硬酸碱理论 ········· 101
 6.2 强电解质溶液 ········· 101
  6.2.1 离子氛和离子强度 ········· 101
  6.2.2 活度和活度系数 ········· 101
 6.3 酸碱平衡 ········· 102
  6.3.1 水的解离与溶液的pH ········· 102
  6.3.2 弱酸弱碱的解离平衡 ········· 103
  6.3.3 影响酸碱平衡的因素 ········· 104
  6.3.4 分布分数与分布曲线 ········· 107
  6.3.5 物料平衡、电荷平衡和质子平衡 ········· 110
  6.3.6 酸碱溶液pH的计算 ········· 113
 6.4 缓冲溶液 ········· 120
  6.4.1 缓冲溶液的定义、缓冲原理与pH的计算 ········· 120
  6.4.2 缓冲容量和缓冲范围 ········· 122
  6.4.3 缓冲溶液的选择和配制 ········· 124
 6.5 酸碱滴定法基本原理 ········· 126
  6.5.1 酸碱指示剂 ········· 126
  6.5.2 酸碱滴定曲线和指示剂的选择 ········· 128
  6.5.3 多元酸、多元碱的滴定 ········· 134
  6.5.4 滴定误差 ········· 135
  6.5.5 酸碱滴定法的应用 ········· 138

习题 ··· 140

第7章 配位反应与配位滴定法 ··· 142

7.1 配合物的基本概念 ·· 142
7.1.1 配合物的定义 ··· 142
7.1.2 配合物的组成 ··· 143
7.1.3 配合物的命名 ··· 144
7.1.4 配合物的类型 ··· 145

7.2 配合物的价键理论 ·· 150
7.2.1 配合物价键理论的基本要点 ·· 150
7.2.2 外轨型配合物和内轨型配合物 ··· 150
7.2.3 配合物的磁性 ··· 151

7.3 配合物的晶体场理论 ·· 152
7.3.1 配合物晶体场理论的基本要点 ··· 152
7.3.2 晶体场理论的应用 ·· 154

7.4 配合物的配位解离平衡 ··· 156
7.4.1 配合物的平衡常数 ·· 156
7.4.2 配位反应的副反应系数 ·· 158
7.4.3 条件稳定常数 ··· 161

7.5 配合物的应用 ·· 163
7.5.1 在化学领域中的应用 ·· 163
7.5.2 在工农业领域中的应用 ··· 163
7.5.3 在生命科学和医学领域中的应用 ··· 163

7.6 配位滴定法 ··· 164
7.6.1 EDTA滴定法基本原理 ·· 164
7.6.2 终点误差及准确滴定的条件 ··· 169
7.6.3 配位滴定中的酸度控制 ··· 172
7.6.4 提高配位滴定选择性的方法 ··· 174
7.6.5 配位滴定方式和应用 ·· 177

习题 ··· 178

第8章 氧化还原反应与氧化还原滴定法 ··· 180

8.1 氧化还原反应 ·· 180
8.1.1 氧化数 ··· 180
8.1.2 氧化还原反应的基本概念 ·· 181
8.1.3 氧化还原反应方程式的配平 ··· 182

8.2 原电池和电极电势 ·· 184
8.2.1 原电池 ··· 184
8.2.2 电极电势 ·· 186
8.2.3 能斯特方程 ·· 188
8.2.4 影响电极电势的因素 ·· 189

8.3 氧化还原反应的方向和程度 ·· 193

        8.3.1 氧化还原反应的方向 ··· 193
        8.3.2 氧化还原反应的程度 ··· 194
    8.4 氧化还原反应的速率 ·· 195
        8.4.1 有效碰撞与活化能 ··· 196
        8.4.2 浓度对反应速率的影响 ·· 196
        8.4.3 温度对反应速率的影响 ·· 196
        8.4.4 催化剂对反应速率的影响 ··· 196
    8.5 元素电势图及其应用 ·· 197
        8.5.1 元素电势图 ··· 197
        8.5.2 元素电势图的应用 ··· 197
    8.6 氧化还原滴定法 ··· 199
        8.6.1 氧化还原滴定法基本原理 ··· 199
        8.6.2 氧化还原滴定前的预处理 ··· 203
        8.6.3 常用的氧化还原滴定法 ·· 204
    习题 ·· 211

第 9 章 沉淀反应与沉淀滴定法和重量分析法 ·· 214
    9.1 沉淀溶解平衡 ·· 214
        9.1.1 固有溶解度和溶度积 ··· 214
        9.1.2 溶度积与溶解度的相互换算 ··· 215
        9.1.3 溶度积规则 ··· 216
        9.1.4 影响沉淀溶解度的因素 ·· 217
    9.2 溶度积规则的应用 ··· 219
        9.2.1 沉淀的生成 ··· 219
        9.2.2 沉淀的溶解 ··· 221
        9.2.3 沉淀的转化 ··· 225
        9.2.4 分步沉淀 ·· 226
    9.3 沉淀滴定法 ··· 226
        9.3.1 莫尔法 ·· 226
        9.3.2 福尔哈德法 ··· 227
        9.3.3 法扬斯法 ·· 229
        9.3.4 银量法的应用 ··· 230
    9.4 重量分析法 ··· 231
        9.4.1 重量分析法的分类及特点 ··· 231
        9.4.2 重量分析法对沉淀的要求 ··· 232
        9.4.3 影响沉淀纯净的因素 ··· 233
        9.4.4 沉淀的形成与沉淀条件的选择 ·· 235
        9.4.5 沉淀称量前的处理 ··· 238
        9.4.6 重量分析结果的计算 ··· 238
        9.4.7 重量分析法的应用 ··· 240
    习题 ·· 241

第10章　s区元素 ... 243

10.1　s区元素的通性 ... 243
10.1.1　碱金属与碱土金属的价电子层结构特点 ... 243
10.1.2　碱金属与碱土金属元素在自然界的主要存在形式 ... 243

10.2　碱金属与碱土金属的单质 ... 244
10.2.1　碱金属与碱土金属单质的物理性质 ... 244
10.2.2　碱金属与碱土金属单质的化学性质 ... 244
10.2.3　碱金属与碱土金属单质的制备 ... 246

10.3　碱金属与碱土金属的重要化合物 ... 247
10.3.1　氧化物 ... 247
10.3.2　氢氧化物 ... 248
10.3.3　碱金属与碱土金属的盐类 ... 250
10.3.4　离子晶体溶解性的变化规律 ... 253

习题 ... 253

第11章　p区元素 ... 255

11.1　硼族元素 ... 255
11.1.1　硼族元素的通性 ... 255
11.1.2　硼族元素的单质 ... 256
11.1.3　硼族元素的重要化合物 ... 259

11.2　碳族元素 ... 264
11.2.1　碳族元素的通性 ... 264
11.2.2　碳族元素在自然界的存在形式 ... 264
11.2.3　碳族元素的单质 ... 265
11.2.4　碳族元素的氧化物 ... 269
11.2.5　Ge、Sn、Pb的氢氧化物 ... 272
11.2.6　碳族元素的含氧酸及其盐 ... 273
11.2.7　碳族卤化物 ... 276
11.2.8　碳族元素的硫化物 ... 278
11.2.9　其他重要化合物 ... 278

11.3　氮族元素 ... 279
11.3.1　氮族元素的通性 ... 279
11.3.2　氮族元素在自然界的分布 ... 280
11.3.3　氮及其化合物 ... 280
11.3.4　磷及其化合物 ... 287
11.3.5　As、Sb、Bi的化合物 ... 290

11.4　氧族元素 ... 292
11.4.1　氧族元素的通性 ... 292
11.4.2　氧族元素在自然界的分布 ... 292
11.4.3　氧族元素的单质 ... 293
11.4.4　氧族元素的氢化物 ... 295

  11.4.5 金属硫化物 ·········· 297
  11.4.6 硫的氧化物 ·········· 298
  11.4.7 硫的含氧酸及其盐 ·········· 299
 11.5 卤族元素 ·········· 304
  11.5.1 卤族元素的通性 ·········· 304
  11.5.2 卤素在自然界的分布 ·········· 304
  11.5.3 卤素的单质 ·········· 304
  11.5.4 卤化氢与氢卤酸 ·········· 307
  11.5.5 卤化物 ·········· 308
  11.5.6 卤素的含氧酸及其盐 ·········· 309
  11.5.7 拟卤素及其盐 ·········· 311
 习题 ·········· 311

第 12 章 ds 区元素 ·········· 315
 12.1 铜副族元素 ·········· 315
  12.1.1 铜副族元素的通性 ·········· 315
  12.1.2 铜副族元素在自然界的分布 ·········· 316
  12.1.3 铜副族元素单质的物理性质 ·········· 316
  12.1.4 铜副族元素单质的化学性质 ·········· 316
  12.1.5 铜副族元素的重要化合物 ·········· 318
 12.2 锌副族元素 ·········· 322
  12.2.1 锌副族元素的通性 ·········· 322
  12.2.2 锌副族元素在自然界的分布 ·········· 323
  12.2.3 锌副族元素单质的物理性质 ·········· 323
  12.2.4 锌副族元素单质的化学性质 ·········· 324
  12.2.5 锌副族元素的重要化合物 ·········· 325
 习题 ·········· 329

第 13 章 d 区元素 ·········· 331
 13.1 d 区元素概述 ·········· 331
  13.1.1 过渡金属半径变化规律 ·········· 331
  13.1.2 过渡金属性质变化规律 ·········· 331
  13.1.3 过渡金属氧化态变化规律 ·········· 332
  13.1.4 过渡金属离子的颜色 ·········· 332
  13.1.5 形成配合物的能力 ·········· 332
 13.2 钛副族 ·········· 332
  13.2.1 钛副族元素的通性 ·········· 332
  13.2.2 Ti 的重要化合物 ·········· 333
  13.2.3 ZrO_2 ·········· 335
 13.3 钒副族 ·········· 336
  13.3.1 钒副族元素的通性 ·········· 336
  13.3.2 V 的重要化合物 ·········· 337

13.4	铬副族	338
	13.4.1 铬副族元素的通性	338
	13.4.2 Cr 的重要化合物	339
13.5	锰副族	342
	13.5.1 锰副族元素的通性	342
	13.5.2 Mn 的重要化合物	344
13.6	铁系元素	346
	13.6.1 铁系元素概述	346
	13.6.2 Fe 的重要化合物	348
	13.6.3 Co 的重要化合物	352
	13.6.4 Ni 的重要化合物	354
13.7	铂系元素	356
	13.7.1 铂系元素概述	356
	13.7.2 Pd 与 Pt 的重要化合物	357
习题		358

第 14 章　f 区元素 ··· 360

14.1	镧系元素	360
	14.1.1 镧系元素的通性	360
	14.1.2 镧系元素的单质与化合物	363
	14.1.3 镧系元素的分离与提取	366
	14.1.4 镧系元素的应用	367
14.2	锕系元素	368
	14.2.1 锕系元素的通性	368
	14.2.2 Th、U 及其化合物	368
习题		371

第 15 章　吸光光度法 ··· 372

15.1	吸光光度法的基本原理	372
	15.1.1 吸光光度法的特点	372
	15.1.2 物质对光的选择性吸收	372
	15.1.3 朗伯-比尔定律	374
	15.1.4 偏离朗伯-比尔定律的原因	376
15.2	显色反应和测量条件的选择	376
	15.2.1 显色反应及显色剂	377
	15.2.2 显色条件的选择	377
	15.2.3 测量条件的选择	380
15.3	分光光度计	382
	15.3.1 目视比色法	382
	15.3.2 分光光度计的基本部件	382
	15.3.3 分光光度计的类型	382
15.4	其他吸光光度法	383

15.4.1 示差吸光光度法 ··· 383
15.4.2 双波长吸光光度法 ·· 384
15.4.3 导数吸光光度法 ··· 385
15.5 吸光光度法的应用 ·· 385
15.5.1 单一组分测定 ·· 385
15.5.2 多组分分析 ··· 386
15.5.3 酸碱解离常数的测定 ··· 387
15.5.4 配合物组成及稳定常数的测定 ·· 388
习题 ··· 389

第 16 章 定量分析中常用的分离方法 391

16.1 沉淀分离法 ·· 391
16.1.1 常量组分的沉淀分离 ··· 391
16.1.2 微量组分的共沉淀分离与富集 ·· 394
16.2 萃取分离法 ·· 395
16.2.1 基本原理 ··· 395
16.2.2 重要的萃取体系 ·· 397
16.2.3 萃取分离操作 ·· 398
16.3 色谱分离法 ·· 399
16.3.1 纸色谱法 ··· 399
16.3.2 薄层色谱法 ··· 400
16.3.3 色谱定性和定量分析 ··· 401
16.4 离子交换法 ·· 403
16.4.1 离子交换树脂 ·· 403
16.4.2 离子交换的基本原理 ··· 404
16.4.3 离子交换分离操作过程 ·· 405
16.5 其他方法 ·· 406
16.5.1 超临界流体萃取分离法 ·· 406
16.5.2 毛细管电泳分离法 ·· 407
16.5.3 微波萃取分离法 ·· 407
16.5.4 膜分离法 ··· 407
习题 ··· 408

化学窗口 409

【阅读 1】 诺贝尔和居里夫人 ··· 409
【阅读 2】 人体中必需的微量元素——氟 ·· 409
【阅读 3】 食品污染触目惊心 ··· 410
【阅读 4】 硬水的利与弊 ·· 410
【阅读 5】 新能源的开发 ·· 411

参考文献 413

附录 414

附录 1 离子的活度系数 ··· 414

- 附录2　弱酸、弱碱在水中的解离常数 …… 415
- 附录3　常见的缓冲溶液 …… 417
- 附录4　常用的酸碱混合指示剂及其变色范围 …… 417
- 附录5　常见金属离子与EDTA形成配合物的稳定常数 …… 419
- 附录6　常见配离子的累积稳定常数 …… 419
- 附录7　EDTA的酸效应系数 …… 421
- 附录8　一些金属离子在不同pH的$\lg\alpha_{M(OH)}$值 …… 422
- 附录9　标准电极电势 …… 423
- 附录10　条件电极电势 …… 426
- 附录11　难溶电解质的溶度积 …… 427
- 附录12　一些化合物的摩尔质量 …… 428

第1章 绪　　论

世界是由物质组成的。化学则是人类用以认识和改造物质世界的重要方法和手段之一，它是一门历史悠久而又富有活力的学科，也是一门以实践为基础的学科，其成就是社会文明的重要标志。人类的生活水平能够不断改善和提高，化学的贡献举足轻重。

1.1　化学的重要性、研究内容和发展简史

1.1.1　化学的重要性及其研究内容

1. 化学的重要性

化学是在原子、分子或离子层次上研究物质的组成、结构、性质、变化及其内在联系和外界变化条件的科学。它是一门中心学科，在科学发展中起着非常重要的作用。在长期的发展中，化学学科与其他自然科学的学科之间相互影响、相互渗透，不但推动了化学研究和化学理论的发展，还促进和推动了其他自然科学学科（如数学、物理学、生物学和材料学等）的发展。例如，核酸化学的研究成果使今天的生物学从细胞水平提高到分子水平，建立了分子生物学；对地球、月球和其他星体的化学成分的分析，得出了元素分布的规律，发现了星际空间有简单化合物的存在，为天体演化和现代宇宙学提供了实验数据，还丰富了自然辩证法的内容。

化学对人类社会发展作出的贡献是多方面和全方位的，从人类的衣食住行到高科技发展的各个领域，都留下了化学研究的足迹，人类享受着化学的成果。例如，衣着上，大量的化学合成纤维代替了天然纤维；各种化工颜料用于印染，使服装色彩更加绚丽。饮食上，各种化学添加剂的使用使食品的色、香、味更加诱人；由于在食品中强化了维生素等各种营养物质，食品营养更丰富。现代建筑更是离不开水泥、钢筋、涂料等合成材料。人们出行乘坐的交通工具也离不开化学材料和燃料。另外，在发展新材料学、新能源与可再生能源科学技术、生命科学技术、信息科学技术及有益于环境的高新技术中，化学都发挥了十分重要的作用。

2. 化学的研究内容

化学研究的内容主要是物质的化学运动，即物质的化学变化的发生。化学变化的主要特征是生成了新的物质。化学的研究范围极其广泛，通常按研究对象或目的的不同，化学可分为无机化学、有机化学、分析化学、物理化学、高分子化学等分支学科，见表1-1。

表 1-1　化学的分类

分支学科	研究对象
无机化学	研究周期表中除碳元素以外的所有元素及其化合物
有机化学	研究碳氢化合物及其衍生物
分析化学	研究物质化学组成的定性鉴定、定量测定及化学结构的确定
物理化学	借助物理的理论和方法研究物质的结构与性质的关系,化学反应进行的方向和限度,化学反应的速率和机理等基本规律
高分子化学	研究高分子化合物的结构、性能、合成方法、加工成型及应用等

1.1.2　化学发展简史

自从有了人类,化学便与人类结下了不解之缘。钻木取火,用火烧煮食物,烧制陶器,冶炼青铜器和铁器,都是化学技术的应用。正是这些应用,极大地促进了当时社会生产力的发展,成为人类进步的标志。今天,化学作为一门基础学科,在科学技术和社会生活的各个方面正发挥着越来越大的作用。从古至今,伴随着人类社会的进步,化学的历史发展经历了以下时期。

1. 古代化学

1) 实用和自然哲学时期（~公元前后）

原始人类从用火之时开始,由野蛮进入文明,同时也就开始了用化学方法认识和改造天然物质。燃烧就是一种化学现象。掌握了火以后,人类开始熟食;逐步学会了制陶、冶炼;后来又懂得了酿造、染色等。这些由天然物质加工改造而成的制品成为古代文明的标志。在这些生产实践的基础上,萌发了古代化学知识。

2) 炼金术、炼丹时期（公元前后~公元 1500 年）

炼丹术士和炼金术士在皇宫、在教堂、在自己的家里、在深山老林的烟熏火燎中,为求得长生不老的仙丹,为求得荣华富贵的黄金,开始了最早的化学实验。记载、总结炼丹术的书籍在中国、阿拉伯、埃及、希腊都有不少。这一时期积累了许多物质间的化学变化,为化学的进一步发展准备了丰富的素材。炼丹术、炼金术是化学史上令人惊叹的雄浑的一幕。

3) 医化学时期（公元 1500~1700 年）

此后,炼丹术、炼金术几经盛衰,使人们更多地看到了它荒唐的一面。为此化学方法转而在医药和冶金方面得到了充分发展。在欧洲文艺复兴时期,出版了一些有关化学的书籍,第一次有了"化学"这个名词。

4) 燃素学说时期（公元 1700~1774 年）

随着冶金工业和实验室经验的积累,人们总结感性知识,认为可燃物能够燃烧是因为它含有燃素,燃烧的过程是可燃物中燃素放出的过程,可燃物放出燃素后成为灰烬。

2. 近代化学

这一时期建立了不少化学基本定律。例如,道尔顿（Dalton）提出了原子学说,门捷列夫（Mendeleev）发现了元素周期律,阿伏伽德罗（Avogadro）提出了阿伏伽德罗定律和分子概念。所有这一切都为现代化学的发展奠定了坚实的基础。

3. 化学的现状

一方面,20 世纪初量子论的发展使化学和物理学有了共同的语言,解决了化学上许多悬而未决的问题;另一方面,化学又向生物学和地质学等学科渗透,使蛋白质、酶的结构问题逐步得到解决。20 世纪的化学是一门建立在实验基础上的科学,实验与理论一直是化学研究中相互依赖、彼此促进的两个方面。

1.2 无机及分析化学课程的重要性和研究内容

无机及分析化学课程主要介绍无机化学和分析化学的基础知识、基本原理、基本操作技术。该课程优化整合了无机化学和分析化学的内容。该课程的开设是培养化学及相关专业技术人才整体知识结构及能力结构的重要组成部分,同时也是后续的有机化学、物理化学、高分子化学及其他专业课程的基础。

无机及分析化学课程的基本内容可用结构、平衡、性质、应用八个字概括。通过原子结构、化学键理论的学习,学生能够在正确分析元素原子电子层结构的基础上,正确判断各元素在形成化合物时的成键特征及所形成化合物的基本结构与其性质的内在联系,并以此指导相关元素化学性质的学习;在酸碱理论、配位化学理论及沉淀反应、氧化还原反应原理学习的基础上,结合相关的实验操作,掌握酸碱滴定、配位滴定、沉淀滴定和氧化还原滴定等基本化学分析原理;通过稀土元素等的学习,了解现代社会中化学的发展趋势,开阔视野和思路。

学习无机及分析化学课程应采用科学的方法和思维。科学的方法建立在仔细观察实验现象、收集事实、获得感性知识的基础上,经过分析、比较、判断后进行由此及彼、由表及里的推理,归纳而得到概念、定律、原理和学说等不同层次的理性知识,再将这些理性知识应用于实际生产。实践也是进一步丰富理性知识的过程。因此学习无机及分析化学课程与学习其他自然科学一样,必须是从实践到理论再到实践的过程。

第 2 章　原子结构与元素周期律

学习要求

(1) 了解氢原子光谱与玻尔(Bohr)氢原子模型,了解光电效应与波粒二象性。
(2) 了解薛定谔(Schrödinger)方程与波函数的概念,掌握四个量子数与核外电子层结构的关系。
(3) 了解多电子原子的波函数概念,掌握多电子原子轨道的近似能级图。
(4) 掌握原子电子层结构与元素周期系的关系,掌握元素基本性质的周期性变化规律。

　　化学是研究物质变化规律的科学,通过实验与研究,人们已经清楚地了解到物质是由分子组成的,分子是保持物质化学性质的最小微粒,而分子则是由原子组成的,原子是参加化学反应的最小微粒。1911 年,英国物理学家卢瑟福(Rutherford)的 α 粒子散射实验证明了原子是由带正电的原子核及绕核运动的电子组成的。1913 年其学生莫塞莱(Moseley)通过研究 X 射线谱图证明,原子核所带的正电荷与其原子序数相同,且核外电子数等于核电荷数。

　　大量的化学实验研究结果表明,在化学反应中,原子核本身并不发生变化(除了核裂变与核聚变反应),改变的只是核外电子的运动状态及其相互作用的方式。

　　由此可知,物质的化学性质及其变化规律是与其核外电子的运动状态及其分布形式密切相关的。

2.1　原子结构的经典模型

2.1.1　卢瑟福的原子模型

　　在 α 粒子散射实验及 X 射线谱图研究的基础上,卢瑟福提出了原子的核型结构:
(1) 原子由原子核及围绕原子核运动的核外电子组成。
(2) 核外电子就像地球绕太阳运转那样绕原子核按一定的轨道运动。

　　但这种原子模型的假设很快被电磁学家否定。他们认为,当一个电子做高速运动时,无疑相当于一个电流在流动,而根据电磁学原理,当有电流流动时,必然会不断地向周围空间发射电磁波,电磁波是具有能量的,其能量必定来自于运动着的电子,根据能量守恒定律,电子本身的能量会不断降低,最终失去能量,落入原子核中,也就是说,假定的原子是不能存在的,这与现实结果不相符,因此这种原子模型是不正确的。

　　事实上,人们对原子核外电子运动状态比较正确的认识是从研究氢原子光谱产生的原因而逐步建立起来的。

2.1.2 氢原子光谱与玻尔氢原子模型

1. 氢原子光谱

20世纪初,人们在对原子进行高温处理或用带电粒子进行轰击时发现,任何单原子气体在受到激发时,都会产生亮线光谱,而且不同元素的原子产生的谱线也不同,可以用来区分不同的元素。

在所有的原子光谱中,最简单的就是氢原子发射光谱。

在氢原子发射光谱中,其各条谱线所处的波数位置符合一个确定的关系式:

$$\tilde{\nu} = R\left(\frac{1}{n_1^2} - \frac{1}{n_2^2}\right) \quad （巴尔麦公式）$$

式中: $\tilde{\nu} = \frac{1}{\lambda} = \frac{\nu}{c}$;$R = 109\ 739.309\ \text{cm}^{-1}$,称为里德伯(Rydberg)常量;$n_1$ 与 n_2 为正整数,且 $n_2 > n_1$。这是由实验总结出的经验公式,但是解释不了 n_1、n_2 的意义。

原子光谱是当时人们所发现的不能用经典理论得到满意解释的实验现象之一。很多人试图解释,为什么原子在受到激发时会辐射能量形成光谱,并且这种光谱是线状的,而不是人们所想象的带状的。这一切用当时的电磁学理论无法给出令人满意的解释。因为经典的电磁学认为,电子不断地运动导致其不断地辐射电磁波,由这种电磁波产生的光谱应当像太阳光谱那样是连续的,不应当是分立的、线状的。这种错误的观念直到普朗克(Planck)提出了能量量子化的概念后才得以改正。

2. 能量量子化概念的产生

物理学家普朗克在研究黑体辐射现象[受到加热的黑色物体(如石墨等)会辐射出电磁波]时发现,如果按照能量是连续变化的经典理论来计算黑体的辐射能,理论结果与实验结果相差甚远。只有假定黑体中的微粒,在受热振动时,发出频率为 ν 的电磁波能量不是连续的,而是一个最小能量单位 $h\nu$ 的整数倍数($E = nh\nu$)时,理论计算结果与实验结果是吻合的(图2-1)。

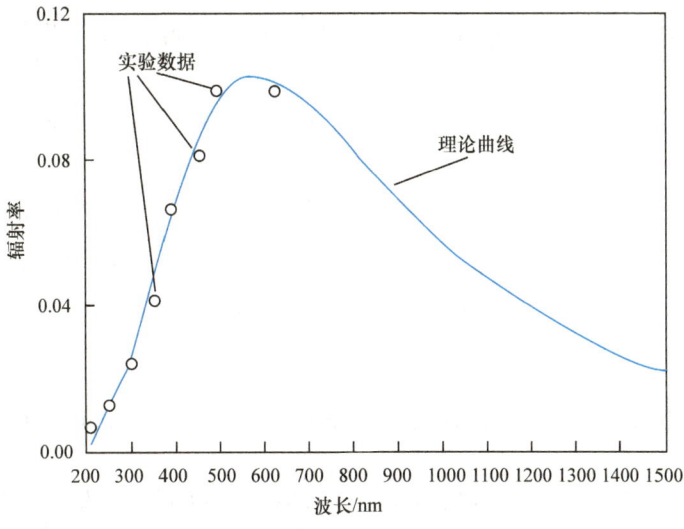

图 2-1　黑体辐射实验数据模拟

这一假定称为带电振子的能量量子化,即能量不是无限连续的,应是某个最小变化单位 $h\nu$(称为光量子)的整数倍数,如同电量也是不连续的,而是电子所带电量的整数倍数一样。其中 $h=6.626\times10^{-34}$ J·s,称为普朗克常量。由此,普朗克首先提出了能量量子化的概念。同时也促使人们开始思考,原子中的电子在受到激发时,所发出光波具有的能量也许是不连续的,就像黑体辐射中那样是量子化的。

3. 玻尔氢原子模型

在普朗克能量量子化理论的启发以及对氢原子光谱研究的基础上,丹麦数学家玻尔提出了他所设想的氢原子模型。

玻尔氢原子模型建立在以下几点假设的基础上:

(1) 在原子中,电子不能沿着任意的轨道绕核旋转,而只能在某些特定的、符合一定条件的圆球形轨道上运动,即其角动量必须满足 $M=mvr=n\dfrac{h}{2\pi}$,其中 h 为普朗克常量。电子在满足该条件的轨道上运动时,并不放出能量,每一个轨道所具有的能量状态称为一个能级。

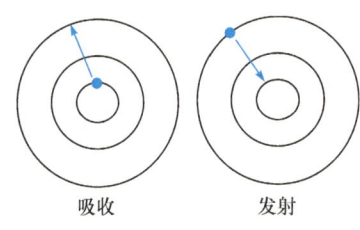

图 2-2 电子吸收与发射电磁波示意图

(2) 电子的轨道离核越远,其能量也就越高。在稳定状态下,所有的电子尽可能处在离原子核最近的轨道上,以使整个原子具有较低的能量。当外界给予电子能量(电子受到激发)时,如高温、带电粒子的冲击等,电子就会跃迁到离核较远的轨道上,此时电子处于激发状态(图 2-2)。

(3) 只有当电子从高能激发态跃回低能稳定态时,原子才会以光子的形式向外放出能量。光量子的能量大小为电子跃迁时高、低能级的差值,即 $\Delta E=E_2-E_1=h\nu$。

在以上假设的基础上,玻尔推导出氢原子中的电子处于不同轨道时的能量高低,即所谓的能级,并从理论上证明了氢原子的光谱经验公式。具体的推导过程如下:

(1) 由库仑(Coulumb)定律可以得到氢原子中,电子与原子核之间的吸引力大小为 $K\dfrac{Ze^2}{r^2}$。

(2) 由圆周运动定律得电子的离心力为 $\dfrac{mv^2}{r}$,使二者相等,得 $K\dfrac{Ze^2}{r^2}=\dfrac{mv^2}{r}$,即 $v^2=K\dfrac{Ze^2}{mr}$。

(3) 由假设的量子化条件 $mvr=n\dfrac{h}{2\pi}$,或 $v^2=\dfrac{n^2h^2}{m^2r^24\pi^2}$,与 $v^2=K\dfrac{Ze^2}{mr}$ 相比较,得 $r=\dfrac{n^2h^2}{KmZe^24\pi^2}$。式中:$n$ 为假设的量子化条件,其取值为 $n=1,2,\cdots,\infty$;h 为普朗克常量;m 为电子的质量;Z 为原子核电荷数;e 为电子所带的电量。代入以上物理量的值,可得 $r=0.529n^2$ Å,1 Å$=10^{-8}$ cm,该式说明了氢原子中电子的运动轨道确实是不连续的,也就是说是量子化的。

(4) 氢原子中电子的能量为其动能 $\dfrac{1}{2}mv^2$ 和静电势能 $-\dfrac{Ze^2}{r}$ 之和,即 $E=\dfrac{1}{2}mv^2-\dfrac{Ze^2}{r}$,将 $\dfrac{Ze^2}{r^2}=\dfrac{mv^2}{r}$ 代入上式,得 $E=-\dfrac{Ze^2}{2r}$,代入 $r=0.529n^2$ Å,得 $E=-E_0\dfrac{1}{n^2}$,其中 $E_0=2.18\times10^{-18}$ J,说明氢原子中电子运动所具有的能量也是量子化的。

(5) 不同能级之间的能量差值为 $\Delta E = E_0 \left(\dfrac{1}{n_1^2} - \dfrac{1}{n_2^2} \right)$，由光量子公式 $E = h\nu = \tilde{\nu} h c$，得氢原子由激发态回到稳定态时产生的光谱波数 $\tilde{\nu} = \dfrac{E_0}{hc} \left(\dfrac{1}{n_1^2} - \dfrac{1}{n_2^2} \right)$，代入各已知物理量的最精确值，可得 $\tilde{\nu} = 109\,700 \left(\dfrac{1}{n_1^2} - \dfrac{1}{n_2^2} \right) \text{cm}^{-1}$，与实验中总结出的里德伯公式 $\tilde{\nu} = R \left(\dfrac{1}{n_1^2} - \dfrac{1}{n_2^2} \right)$，$R = 109\,737.309\text{ cm}^{-1}$ 具有相同形式，且其常数也十分相近。

玻尔将量子化的概念引入原子模型中，打破了经典力学中能量是连续变化的束缚，成功地说明了原子光谱为线状光谱的实验事实，并且理论计算所得的谱线频率与实验数值十分吻合。

但是，由于玻尔理论的主要依据和处理方法仍没有完全脱离经典力学的束缚，除了氢原子光谱外，其理论无法解释任何一个多电子原子的光谱，如氦原子光谱。后来的实验证明，在氢原子光谱中还包含着更为精细的谱线结构，而这一点玻尔理论也无法给出合理的解释。因此，玻尔理论并没有真正解决原子结构的实际问题。

直到量子力学逐步发展起来后，人们才对原子结构有了较为正确的认识。

2.2　微观粒子运动的特殊性

对原子结构的描述与处理总是得不到令人满意的结果，使人们认识到，原子中电子的运动形式与宏观物体的运动形式一定有着较大的差异。对原子内部电子运动形式特殊性的认识是通过对光的本质的讨论得到的。

2.2.1　光电效应与光的波粒二象性

光的本质是什么？这个问题在牛顿(Newton)与惠更斯(Huygens)时代就有着不同的看法。1680～1690年，牛顿认为光如同经典力学中的质点那样，是粒子流。而波动学说的创始人之一——惠更斯则认为，光是一种波动现象。双方各持己见，互不相让，但在当时，谁也无法说服对方。

一方认为：如果说光是一种粒子，那么光有多重？为什么光源一停，光就消失了呢？

另一方则质疑：如果说光只是一种波动现象，而波动是要靠介质来传递的，在真空的宇宙世界中，阳光是如何传递到地球表面上来的呢？

惠更斯认为，宇宙中存在一种称为"以太"的物质，阳光、星光等各类光线就是靠"以太"介质传递到地球的。

但在当时，谁也无法证明"以太"这种物质的存在。因此，这种争论持续了几百年。

19世纪，人们发现了光的干涉、衍射和偏振现象，而在当时，这些现象只能由波动理论给出合理的解释。后来，麦克斯韦(Maxwell)证明了光是一种电磁波。至此，光的波动学说战胜了粒子学说，被人们所认可。直到爱因斯坦(Einstein)的光子学说建立后，人们才对光的本质有了新的认识。

爱因斯坦的光子学说是建立在光电效应基础之上的。

光电效应是当光照射在某些金属表面时，可以使这些金属产生电流，称为光电流。但光电流能否产生，并不由光的强度决定，而是取决于光的频率。只有当光的频率超过某一确定值后，光电流才能够出现。这一确定的频率称为该金属的临阈频率。不同的金属有不同的临阈频率。对低于该频率的光,无论其有多强,也不会使该金属产生光电流。这一现象与经典波动理论是矛盾的。从波动学的角度来看,光的能量与光的强度有关,光的强度越大,其能量理应越高,而光的频率只决定其颜色如何,与能量无关。

为了解释光电效应,爱因斯坦将普朗克的量子化假设用于光电效应,提出了著名的光子理论,即光是由微观粒子光量子组成的,光子本身具有能量 $E=h\nu$ 与动量 $p=mc=\dfrac{h}{\lambda}$。因为光的能量是不连续的,金属中的电子只能按光子的能量一份份地吸收。所以,只有入射光的频率足够大时,吸收了光子能量的电子才有可能克服金属内部引力的作用,逸出金属表面,形成光电流。而且光的频率越大,产生的光电子所具有的动能也就越大。

因为能量与动量是粒子的特征,且天文学家在观察星光时发现,当光线经过大的星球附近时,光线会发生一定程度的弯曲。这只能假定光是粒子,才能由万有引力给出合理的解释。后来,光压实验现象的发现也说明了光确实具有粒子的特征。

至此,牛顿与惠更斯的争论有了结果,二者各对了一半,光既具有波动性,也具有粒子性,称为光的波粒二象性。

2.2.2 实物粒子的波粒二象性

光的波粒二象性被确认后,法国物理学家德布罗意(de Broglie)在爱因斯坦光子学说的启发下,大胆地提出了他的假设,"波粒二象性并不特殊地是一个光学现象,而是具有一般意义的物理现象"。他预言,像电子这样的实物粒子也应该具有波动性,且实物粒子波的波长为 $\lambda=\dfrac{h}{p}=\dfrac{h}{mv}$。这一预言被后来的戴维逊-革末(Davisson-Germer)电子衍射实验所证实。

电子衍射实验是将一束电子通过晶体薄片,放置在其后的荧光屏上会出现一系列明暗相间的同心圆,即衍射环纹(图2-3)。这种衍射环纹是波的特有现象。由此可以断定,电子的运动确实具有波动性,并且其实际波长与用德布罗意假设 $\lambda=\dfrac{h}{p}=\dfrac{h}{mv}$ 计算所得波长相吻合。

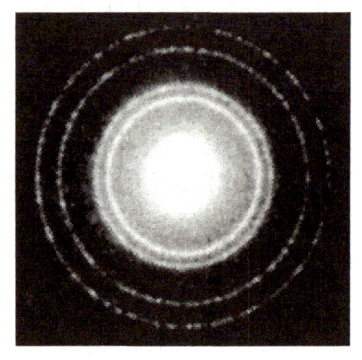

图2-3 电子通过铝箔的衍射环

将电子用质子、中子等粒子替换,做相同的实验,都可产生相应的衍射环纹,这说明实物粒子确实具有波动性。

2.2.3 海森堡测不准原理

当描述宏观物体的运动状态时,可以知道其在某一时刻的位置与速度,也就是说,宏观物体的运动具有一定的轨迹(或轨道)。例如,对飞行中的火箭,可以通过计算知道其每时每刻所处的位置与速度,以保证所发射的火箭能够击中预定的目标。

对微观粒子,即具有波粒二象性的粒子,是否也能做到这一点?答案是否定的。

1927年,德国物理学家海森堡(Heisenberg)由实验证实,并从理论上推导出了著名的量子力学基本原理之一——测不准原理。

以电子为例,如果在某一时刻,对其速度测定的准确度越高,则该电子在此时的位置就越

难以进行准确测定；反之亦然。测不准原理的表达式为

$$\Delta x \cdot \Delta p \geqslant \frac{h}{2\pi}$$

或

$$\Delta x \cdot \Delta v \geqslant \frac{h}{2\pi m}$$

该公式说明，具有波动性的粒子与经典的质点有着完全不同的特点，也就是说，它不能同时具有确定的坐标与动量。这一点可以由电子衍射实验得到说明。因此，其运动状态是不能用经典力学描述的。而且，对微观粒子而言，经典力学中的轨迹或轨道这一概念是不存在的。

所以，若用经典的牛顿力学来讨论具有波动性的电子的运动状态，显然难以得出真实的结论。这也就说明了玻尔原子模型失败的原因。

例 2-1 说明了海森堡测不准原理对宏观物体和微观粒子运动状态的影响。

【例 2-1】 有一子弹，其质量为 0.01 kg，速度为 10^3 m·s^{-1}，设速度测定误差为 0.01%，则子弹位置的误差有多大？

原子中一电子，其质量为 10^{-30} kg，速度为 10^5 m·s^{-1}，同样的速度误差下，电子的位置误差有多大？

解 由测不准原理，对于子弹，由 $\Delta x \cdot \Delta v \geqslant \frac{h}{2\pi m}$，得 $\Delta x \geqslant \frac{6.6 \times 10^{-34}}{2 \times \pi \times 0.1 \times 0.01} \approx 10^{-31}$(m)，这样小的误差对子弹而言可以忽略不计，不会影响其对目标的准确性。

对于原子中的电子，由 $\Delta x \cdot \Delta v \geqslant \frac{h}{2\pi m}$，得 $\Delta x \geqslant \frac{6.6 \times 10^{-34}}{2 \times \pi \times 10 \times 10^{-30}} \approx 10^{-5}$(m)，已经知道，原子的半径约为 10^{-10} m，电子位置相对原子半径的误差约为 $\frac{10^{-5}}{10^{-10}} = 10^5$，也就是说，电子不在原子中了，这与事实是不相符的。因此，微观粒子的运动状态是不能用经典力学来描述与讨论的。

2.3 核外电子运动状态的量子力学模型

2.3.1 薛定谔方程与波函数

1. 薛定谔方程

根据微观粒子的波粒二象性及测不准原理，对于限定在一定范围内运动的微观粒子（如电子等），无法用经典力学来描述。1926 年，奥地利物理学家薛定谔指出，既然光具有波粒二象性，且其行为可以用波动方程来描述，则对同样具有波粒二象性的电子，其运动状态也应当能满足代表波动特性的波动方程。这就是著名的量子力学方程：

$$\frac{\partial^2 \Psi}{\partial x^2} + \frac{\partial^2 \Psi}{\partial y^2} + \frac{\partial^2 \Psi}{\partial z^2} + \frac{8\pi^2 m}{h^2}(E-V)\Psi = 0$$

这是一个二阶偏微分方程。式中：h 为普朗克常量；m 为粒子的质量；E 为粒子的总能量；V 为粒子的势能；Ψ 为波函数，是三维空间 (x,y,z) 的函数，用于描述核外电子的运动状态。

薛定谔方程在直角坐标系中难以求解，但可以转化为球极坐标，以便对某些情况下的电子运动状态进行求解。在球极坐标系中，薛定谔方程的表达式为

$$\frac{1}{r^2}\frac{\partial}{\partial r}\left(r\frac{\partial \Psi}{\partial r}\right)+\frac{1}{r^2\sin\theta}\frac{\partial}{\partial \theta}\left(\sin\theta\frac{\partial \Psi}{\partial \theta}\right)+\frac{1}{r^2\sin^2\theta}\frac{\partial^2 \Psi}{\partial \varphi^2}+\frac{8\pi^2 m}{h^2}(E-V)=0$$

球极坐标系与直角坐标的转化关系为

$$x=r\cdot\sin\theta\cdot\cos\varphi \qquad y=r\cdot\sin\theta\cdot\sin\varphi \qquad z=r\cdot\cos\theta$$

三维空间中任意一点的位置可以用(x,y,z)表示,也可以用(r,θ,φ)表示。

2. 氢原子核外电子的波函数

在所有的原子中,只有氢原子或类氢离子的薛定谔方程是可以精确求解的。所用的方法为变量分离法,求得的波函数Ψ具有下列通式:

$$\Psi(r,\theta,\varphi)_{n,l,m}=R(r)_{n,l}\cdot\Theta(\theta)_{l,m}\cdot\Phi(\varphi)_m$$

式中:$R(r)_{n,l}$只是变量r的函数,因而称为径向波函数;$\Theta(\theta)_{l,m}$和$\Phi(\varphi)_m$分别为角度θ和φ的函数,二者的乘积称为角度波函数。

式中的n,l,m为解方程时产生的三个参数,用以决定不同状态下波函数的形式。因为这三个参数的取值是不连续的,所以称为量子数。与玻尔理论中量子化条件不同的是,这三个量子数不是人为规定的,而是数学上求解波动方程所要求的。

氢原子波函数的表达式如下:

$$\Psi(r,\theta,\varphi)=(-1)^{\frac{m+|m|+2}{2}}\frac{Z^{l+1}}{n^{l+2}a^{l+1}}\sqrt{\frac{Z(n-l-1)!(n+1)!(1-|m|)!(2l+1)}{\pi a(1+|m|)!}}$$

$$\times r^l e^{-\frac{Zr}{na}}\sum_{j=0}^{n-l-1}\left[\frac{\left(-\frac{2Zr}{na}\right)^{n-l-j-1}}{(n+l-j)!j!(n-l-j-1)!}\right]$$

$$\times \sin^{|m|}\theta \sum_{j=0}^{\frac{l-|m|}{2}}\left[\frac{(-1)^j(2l-2j)!}{j!(l-j)!(l-|m|-2j)!}\cos^{l-|m|-2j}\theta\right]$$

$$\times\begin{cases}\sqrt{2}\sin(m\varphi) & (m>0)\\ 1 & (m=0)\\ \sqrt{2}\cos(m\varphi) & (m<0)\end{cases}$$

式中:$a=\frac{h^2}{4\pi^2\mu e^2}$;$\mu=\frac{m_e M}{m_e+M}$,$m_e$为电子的质量,$M$为原子核的质量。

在求得波函数的同时,也可求得相应运动状态下氢原子中电子的能量:

$$E_n=-13.6\frac{Z^2}{n^2}(\text{eV})$$

对氢原子及类氢离子而言,核外电子的能量高低只与核电荷数Z及量子数n有关。

波函数$\Psi(r,\theta,\varphi)_{n,l,m}$本身并不代表任何物理量的变化,但是其绝对值的平方则有明确的物理意义。$|\Psi|^2$的值代表三维空间任一点上电子出现的概率大小,即概率密度的大小。

3. 原子轨道的概念

由于原子中电子运动的特殊性,其行为与光有所不同。光的行为是大量光子的统计行为,而原子中电子的运动是单个粒子的随机行为。根据测不准原理,在某一瞬间,无法同时确定电子在原子核外的运动速度与空间位置。也就是说,在原子核外运动的电子没有运动轨迹或轨道的概念。为了讨论方便,一般将三个量子数 n、l、m 确定的一个波函数称为一个原子轨道。但这里的"轨道"已失去了其本来的意义,只是波函数的一个代名词而已。

2.3.2 四个量子数与核外电子层结构

通过求解氢原子的波动方程得到的波函数 $\Psi(r,\theta,\varphi)_{n,l,m}$,除了 r、θ、φ 三个位置变量外,还包含 n、l、m 三个量子数。实际上,当三个量子数 n、l、m 确定之后,波函数的形式也就基本确定了。例如,当 $n=1$、$l=0$、$m=0$ 时,有

$$\Psi_{1,0,0} = \frac{1}{\sqrt{\pi}} \left(\frac{Z}{a_0}\right)^{\frac{3}{2}} \cdot e^{-\frac{Zr}{a_0}}$$

所以说,要确定一个波函数(原子轨道),需要用三个量子数来描述。

后来的研究发现,原子核外运动的电子本身还具有自旋运动,且只有两种状态。可以用一个新的量子数来描述,这个新的量子数称为自旋量子数 m_s。所以,要准确地描述一个电子在原子核外的运动状态,需要四个量子数。一旦这四个量子数的值确定之后,电子在该状态下的能量相对高低 E 以及该电子的可能运动范围(大于 90% 的概率),即所谓原子轨道的形状等,都可确定下来。

1. 主量子数 n

主量子数 n 是确定波函数表达式首先要确定的量子数,其取值范围为所有的正整数,即

$$n = 1, 2, 3, 4, \cdots, \infty$$

n 的取值越大,表明电子距核越远,其能量也就越高。

习惯上把 n 值相同的所有波函数的集合称为一个电子层,即所有 $n=1$ 的波函数的集合称为第一电子层;所有 $n=2$ 的波函数的集合称为第二电子层;……

对于多电子原子(除去氢以外的其他原子),其核外电子能量的高低不仅与核电荷数 Z 及主量子数 n 有关,还与其电子在核外空间运动的范围有关。

一般地,在描述一个或一组波函数时,用数字 $1,2,3,\cdots$ 表示其电子层 n 的大小。但在描述一个完整的电子层时,习惯上用字母 K、L、M、N、O、P、Q 分别表示 $n=1$、2、3、4、5、6、7 的电子层。

2. 角量子数 l

电子在原子核外运动,不仅具有一定的能量,而且还具有一定的角动量。因为 l 取值的大小决定在指定的电子层中电子运动角动量 $M=mvr$ 的大小。所以,一般称量子数 l 为角量子数,即 $|M| = \frac{h}{2\pi}\sqrt{l(l+1)}$。

又因为角动量 M 与原子核外电子运动的范围有关,即与所谓原子轨道的形状有关,所以 l 的取值还决定原子轨道的基本形状,即在一定的能量状态下,电子以一定的概率出现在核外三维空间的限定范围。这个限定范围就是发现该电子的概率为 90% 以上的三维空间。

角量子数 l 的取值受主量子数 n 的限制。只有当 n 值确定后,l 的取值才有意义。

不同的 n 值下,即在不同的电子层中,l 的取值是不同的。在 n 值确定后,l 的取值范围为 $l=0,1,2,3,\cdots,(n-1)$,即 l 的取值从 0 开始,到 $n-1$ 结束。

当 $n=1$ 时,$l=0$;当 $n=2$ 时,$l=0,1$;当 $n=3$ 时,$l=0,1,2$。也就是说,在第 n 电子层中有

n 个 l 值。

表示一个 n 值下的 l 值时,一般用符号 s、p、d、f、g,分别表示 $l=0$、1、2、3、4。例如,1s 表示 $n=1$,$l=0$ 的波函数或原子轨道;4f 表示 $n=4$,$l=3$ 的一组波函数或原子轨道。习惯上把 l 值相同的一组波函数或原子轨道称为一个电子亚层(图 2-4)。

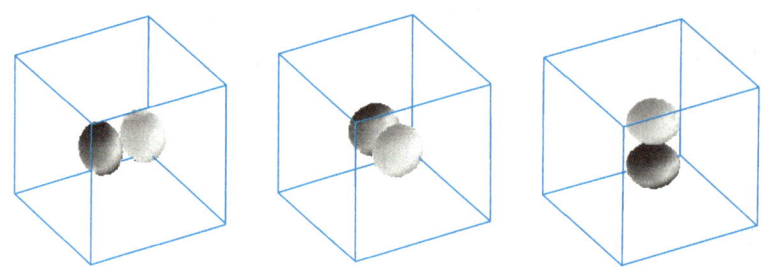

图 2-4　一组 2p 原子轨道示意图

3. 磁量子数 m

角动量是有方向性的,电子的角动量在磁场中会发生分裂,产生相应的、不同方向上的分量。m 的取值就代表这种分量的多少与大小。

m 的取值受 l 取值的限定。在指定 l 值下,m 的取值为 $m=0,\pm 1,\pm 2,\cdots,\pm l$,即 m 的取值为 $2l+1$ 个。其每一个取值代表角动量的一个分量:

$$M_z = m\frac{h}{2\pi}$$

从另一个角度讲,m 取值的个数代表了指定电子亚层中波函数或原子轨道的个数及原子轨道在三维空间的具体伸展方向。例如,当 $n=1$ 时,$l=0$,且只能为 0,说明第一电子层只有一层,即 $l=0$ 的电子亚层,或者说是 1s 电子层;当 $l=0$ 时,$m=0$,且只能为 0,说明 $l=0$ 的电子亚层只有一个轨道(波函数)$\Psi(r,\theta,\varphi)_{1,0,0}$,即 1s 轨道。

同理,所有 $l=0$ 的电子亚层中只有一个 ns 轨道。

当 $l=1$ 时,$m=0,+1,-1$,有 3 个取值,说明 $l=1$ 的电子亚层,即 np 轨道有 3 个,如图 2-4 所示的 2p 原子轨道。

当 $l=2$ 时,$m=0,+1,-1,+2,-2$,有 5 个取值,说明 $l=2$ 的电子亚层,即 nd 轨道有 5 个。

依此类推,可知 $l=3$ 的轨道,如第 4 电子亚层的 4f,有 7 个轨道。

4. 自旋量子数 m_s

在原子光谱的深入研究中,人们发现电子本身具有自旋运动,而且这种运动形式只有两种。因此,设定了第四个量子数 m_s,用于表示电子的不同自旋方式。m_s 的取值只有两个,即 $m_s=+\frac{1}{2},-\frac{1}{2}$,或用两个箭头符号"↑"和"↓"分别表示 $m_s=+\frac{1}{2}$ 和 $m_s=-\frac{1}{2}$ 两种不同的自旋方式。

综上所述,原子核外一个电子的运动状态可以用四个量子数确定其能量的高低(n),电子运动角动量的大小及运动范围的大致形状(l),其角动量在磁场中分量的多少、大小及原子轨道在空间的伸展方向(m),该电子的自旋状态如何(m_s)。量子数与原子轨道的关系如表 2-1

所示。

表 2-1 量子数与原子轨道的关系

n	l	轨道	m	轨道数	轨道总数 n^2
1	0	1s	0	1	1
2	0	2s	0	1	4
	1	2p	+1,0,−1	3	
3	0	3s	0	1	9
	1	3p	+1,0,−1	3	
	2	3d	+2,+1,0,−1,−2	5	
4	0	4s	0	1	16
	1	4p	+1,0,−1	3	
	2	4d	+2,+1,0,−1,−2	5	
	3	4f	+3,+2,+1,0,−1,−2,−3	7	

2.3.3 波函数(原子轨道)及概率密度函数(电子云)图

1. 波函数(原子轨道)及概率密度函数的径向分布图

由波函数 $\Psi(r,\theta,\varphi)_{n,l,m}=R(r)_{n,l} \cdot \Theta(\theta)_{l,m} \cdot \Phi(\varphi)_m$，可知其中 $R(r)_{n,l}$ 部分只是变量 r 的函数，因而称为径向波函数。

$D(r)=|R(r)_{n,l}|^2 \cdot 4\pi r^2$，是在半径为 r 的球面上电子出现的概率密度大小的函数，称为概率密度函数的径向分布函数(图 2-5)。

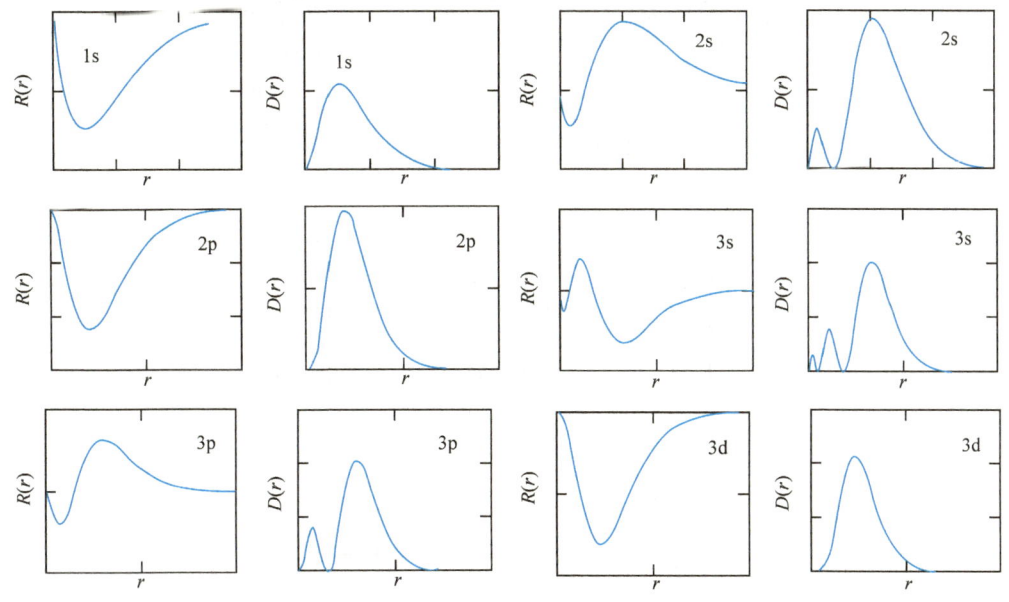

图 2-5　径向波函数及概率密度径向分布函数图

从概率密度函数的径向分布图可以发现，不同状态下电子的运动形式是不同的。对 1s 原子轨道，其概率密度径向分布函数有 1 个峰值，而 2s 轨道有 2 个峰值和 1 个概率密度几乎为零的节面,3s 有 3 个峰值和 2 个节面,依此类推,可知 7s 应有 7 个峰值、6 个节面。2p 轨道有 1 个峰值,3p 轨道有 2 个峰值、1 个节面,可推断 6p 轨道应有 5 个峰值、4 个节面。

由此可以推断,对任何一种原子轨道,其概率密度沿径向分布函数出现最大值的个数应为 $n-l$ 个,出现节面的个数应为 $n-l-1$ 个。例如,5f 轨道,$n=5$,$l=3$,所以 5f 轨道径向概率密度分布函数出现的峰值个数为 $5-3=2$,节面个数为 1。节面的出现说明电子在该半径的球面上出现的概率几乎为零。也就是说,某些状态下,电子的运动空间可能是不连续的。

2. 波函数(原子轨道)及概率密度函数的角度分布图

在波函数 $\Psi(r,\theta,\varphi)_{n,l,m}=R(r)_{n,l}\cdot\Theta(\theta)_{l,m}\cdot\Phi(\varphi)_m$ 中,除去径向函数后,剩余部分只与角度有关,称为波函数的角度函数 $Y(\theta,\varphi)_{l,m}=\Theta(\theta)_{l,m}\cdot\Phi(\varphi)_m$,其绝对值的平方称为概率密度的角度分布函数。以两种函数分别作图,可得到波函数(原子轨道)在三维空间的基本形状,以及电子出现在原子核外概率密度的分布情况(图 2-6~图 2-9)。

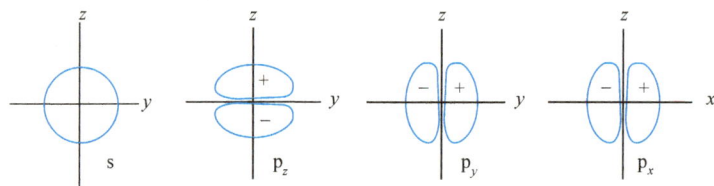

图 2-6 1s、2p 原子轨道角度函数图

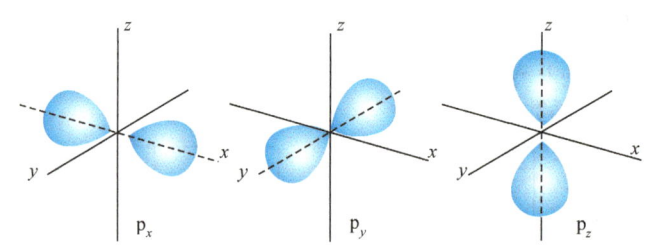

图 2-7 2p 原子轨道概率密度角度分布图

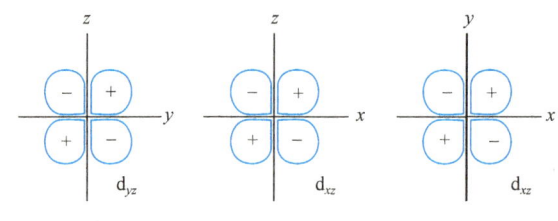

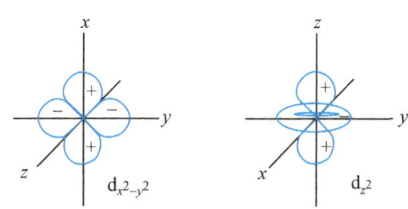

图 2-8 3d 原子轨道角度函数图

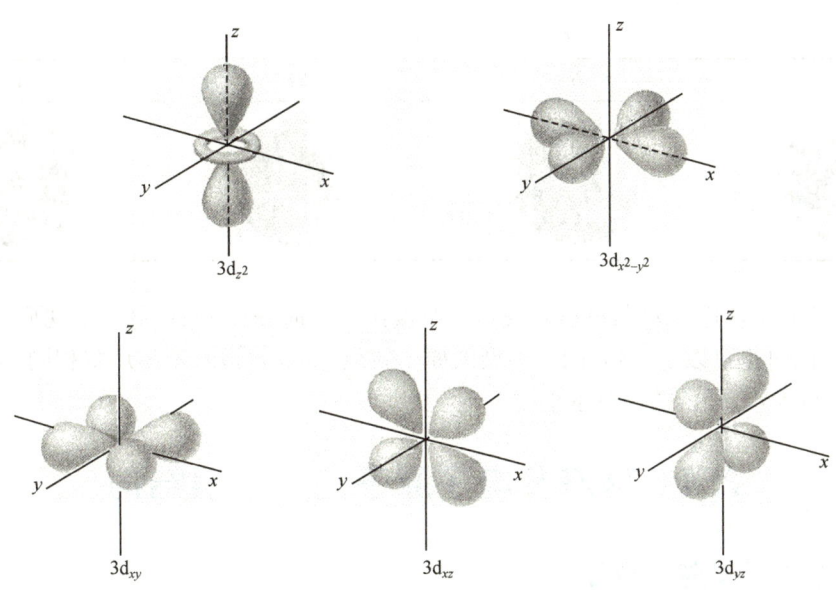

图 2-9　3d 原子轨道概率密度角度分布图

从图形上看，原子轨道的形状与概率密度分布的形状类似。明显不同的是，原子轨道有正、负区域之分，而概率密度分布则无正、负之分。

从形状上看，原子轨道略"胖"，而概率密度分布则略"瘦"。这是因为原子轨道角度函数值的变化范围为 $0<Y(\theta,\varphi)_{l,m}<1$，则 $|Y(\theta,\varphi)_{l,m}|>|Y(\theta,\varphi)_{l,m}|^2$，所以对应的概率密度函数值就相应地小一些。

3. 几种常见的原子轨道图

将径向分布函数与角度分布函数结合，描述原子轨道的形状是有一定的难度，如 2s 轨道形状为两个同心球体状，4s 则为 4 球同心状，从平面图形上难以表达得十分清楚。但是计算机为理解这些复杂的原子轨道结构提供了直观的 3D 图形，便于不同原子轨道的共性与特性的理解和掌握（表 2-2～表 2-4）。

表 2-2　不同 p 原子轨道 3D 图

$2p_z$	$3p_z$	$4p_z$

表 2-3　不同 d 原子轨道 3D 图

$3d_{z^2}$	$3d_{xy}$	$4d_{z^2}$	$4d_{xy}$

表 2-4 不同 s 原子轨道 3D 图

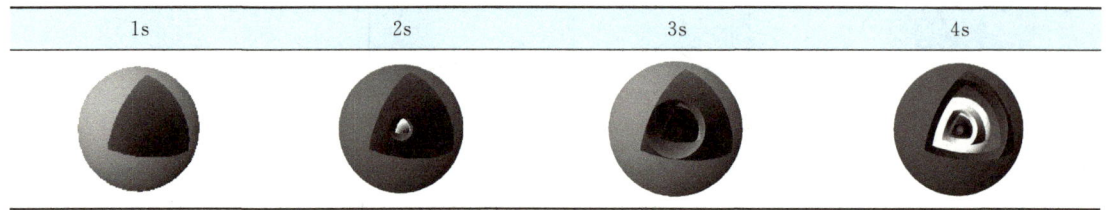

| 1s | 2s | 3s | 4s |

从以上的原子轨道 3D 图,可以直观地了解波函数径向分布节面(电子出现概率为零的半径)的存在。同时也可以了解到,同一类型的原子轨道(如 p 轨道),基本形状相同,但电子云分布不同,n 值越大,电子云的分布越松散。

2.4 基态多电子原子的电子层结构

2.4.1 多电子原子的波函数

前面的讨论中,介绍了量子力学处理氢原子或类氢离子所得到的结果。以上对所有波函数及概率密度分布图的讨论,针对的都是氢原子中电子的行为。

由于氢原子核外只有一个电子的特殊性,除了电子与核间的作用外,无其他相互作用力,因此,在氢原子中,所有相同电子层中的原子轨道,其能量是相同的,或者说处在同一个能级。例如,第 3 电子层共有 9 个原子轨道,包括 3s(1 个)、3p(3 个)、3d(5 个),所有这 9 个原子轨道的能量高低都是一样的,处在同一个能级,其能量表达式为 $E_n = -13.6 \dfrac{Z^2}{n^2}$(eV)。

除了氢原子,其他原子核外都有两个或更多的电子。在这些原子中,某一指定电子,除了与原子核间的作用力外,还包括与该原子中其他电子间的相互作用力。这就使得薛定谔方程中,势能部分的表达式包含了复杂的电子间相互作用势能关系式,从而使该方程无法从理论上得到精确的解。

在波动方程中:

$$\frac{1}{r^2}\frac{\partial}{\partial r}\left(r^2\frac{\partial \Psi}{\partial r}\right) + \frac{1}{r^2\sin\theta}\frac{\partial}{\partial \theta}\left(\sin\theta\frac{\partial \Psi}{\partial \theta}\right) + \frac{1}{r^2\sin^2\theta}\frac{\partial^2 \Psi}{\partial \varphi^2} + \frac{8\pi^2 m}{h^2}(E-V) = 0$$

对氢原子而言,式中的势能部分 $V(r) = -\dfrac{Ze^2}{r}$。而对较为简单的 He 原子,其表达式为 $V(r_1, r_2) = -\dfrac{Ze^2}{r_1} + \dfrac{e^2}{\boldsymbol{r}_1 - \boldsymbol{r}_2}$。对于如 Na、Br、Pb 等具有更多核外电子的原子,其电子势能表达式更为复杂。也就是说,至今只有氢原子的波函数可以从数学上得到精确的解。

通过对原子光谱的分析发现,所有原子光谱与氢原子光谱一样,都是线状的。这说明,在所有的原子中,其核外电子都在具有不同能量高低的原子轨道中运动。

1. 多电子原子波函数的中心场近似理论

为了求解多电子原子的波动方程,必须消除势能表达式中电子间相互作用这一项,为此产生了许多近似方法。其中较为简单且易于理解的是中心场近似理论。该理论的简要之处,是把电子之间相互作用的结果(相互排斥结果)折算成除指定电子外剩余电子对原子核电荷的抵消作用。调整核电荷被抵消的大小,可使这两种作用的实际效果相等(但不是同一个物理过程),即对多电子原子核外某一指定的电子,可以看成是不受其他电子的排斥作用,其所受的核电荷吸引作用也不由 $-\dfrac{Ze^2}{r}$ 决定,而是由 $-\dfrac{Z^* e^2}{r}$ 决定。其中 Z^* 称为有效核电荷数,是折算除该指定电子外,其他电子对核电荷的抵消作用后剩余的核电荷,$Z^* = Z - \sigma$,Z 为实际核电荷数,σ 称为屏蔽常数。

这样一来,多电子原子的波动方程就具有与氢原子波动方程类似的表达式,可以求出相同形式波函数的解:

$$\dfrac{1}{r^2}\dfrac{\partial}{\partial r}\left(r\dfrac{\partial \Psi}{\partial r}\right) + \dfrac{1}{r^2 \sin\theta}\dfrac{\partial}{\partial \theta}\left(\sin\theta \dfrac{\partial \Psi}{\partial \theta}\right) + \dfrac{1}{r^2 \sin^2\theta}\dfrac{\partial^2 \Psi}{\partial \varphi^2} + \dfrac{8\pi^2 m}{h^2}(E - V^*) = 0$$

虽然由中心场近似理论解出的多电子原子波函数与氢原子波函数具有相同的形式:

$$\Psi(r,\theta,\varphi)_{n,l,m} = R(r)_{n,l} \cdot \Theta(\theta)_{l,m} \cdot \Phi(\varphi)_m$$

但是其轨道能量高低的表达式为 $E_n = -13.6\dfrac{Z^{*2}}{n^2}(\mathrm{eV})$,与 Z^* 的大小有关。也就是说,与氢原子不同,多电子原子轨道能量的高低除了与主量子数 n(电子层数)有关外,还与有效核电荷 Z^* 或屏蔽常数 σ 的大小有关。

2. 屏蔽效应与斯莱特规则

对于只有一个电子的氢原子,无论电子处在同一电子层的哪一个轨道上,其能量高低是一样的。但对于多电子原子,同一电子层中有两个或两个以上电子时,由于不同电子亚层的原子轨道形状是不一样的,在三维空间的概率分布形式也不一样。所以,电子处在同一电子层的不同电子亚层时,所受到的核吸引以及其他电子排斥的大小是不一样的。这样,在同一电子层中产生了能级的分裂,由原来的一个能级分裂为几个高低不同的能级。

这样,在氢原子中,一个电子层为一个能级。而在多电子原子中,一个电子层分裂为几个能量高低不同的电子亚层。这种差异可以通过对原子光谱分析的结果中得到。

在对原子光谱分析的基础上,斯莱特(Slater)提出了计算屏蔽常数 σ 的方法,称为斯莱特规则。其基本内容如下:

(1) 首先将多电子原子的原子轨道分为以下几组:
(1s),(2s,2p),(3s,3p),(3d),(4s,4p),(4d),(4f),(5s,5p),(5d),(5f)

(2) 除了 1s 组中,两个电子间的相互屏蔽常数 $\sigma = 0.30$ 外,其他各组中,同组电子间的相互屏蔽常数 $\sigma = 0.35$。

(3) 外层电子对内层电子不产生屏蔽作用,内层电子对外层电子有强烈的屏蔽作用。

(4) 当被屏蔽电子为 ns、np 组时,则其左侧主量子数为 $(n-1)s$、$(n-1)p$ 组的各电子,对其屏蔽作用为 $\sigma = 0.85$;其他各内层的电子,对其屏蔽作用为 $\sigma = 1.00$。

(5) 当被屏蔽电子为 nd、nf 组时,则其左侧所有的电子,对其屏蔽作用均为 $\sigma = 1.00$。

【例 2-2】 Al 的原子序数为 13,试计算其在 3p 轨道上一个电子的有效核电荷数。

解 首先,电子在原子轨道中填充时,是按能量高低顺序由低至高依次填充的,称为电子在原子轨道填充中的最低能量原理。其次,每个原子轨道中最多只能填充两个电子,且这两个电子必须是自旋方向相反的,这是电子填充的泡利(Pauli)不相容原理。换言之,同一原子中,不可能存在四个量子数完全相同的两个电子。

以上面提及的两个规则为限,按斯莱特分组顺序,填充 Al 原子核外 13 个电子,结果为

$$(1s^2)(2s^2,2p^6)(3s^2,3p^1)$$
$$\sigma = 2 \times 1.00 + 8 \times 0.85 + 2 \times 0.35 = 9.5$$
$$Z_{3p}^* = 13 - 9.5 = 3.5$$

3. 能级交错与穿透效应现象

【例 2-3】 根据斯莱特规则,计算 K 原子的最后一个电子处在 3d 或 4s 轨道上时,其有效核电荷的大小及轨道的能量。已知 K 的原子序数为 19。

解 (1) 最后一个电子填充在 3d 轨道上时,有

$$(1s^2)(2s^2,2p^6)(3s^2,3p^6)(3d^1)$$
$$\sigma = 10 \times 1.00 + 8 \times 1.00 = 18$$
$$E_{3d} = -13.6 \times \frac{1^2}{9} = -1.51 (\text{eV})$$

(2) 最后一个电子填充在 4s 轨道上时,有

$$(1s^2)(2s^2,2p^6)(3s^2,3p^6)(3d)(4s^1,4p)$$
$$\sigma = 10 \times 1.00 + 8 \times 0.85 = 16.8$$
$$E_{4s} = -13.6 \times \frac{2.2^2}{16} = -4.11 (\text{eV})$$

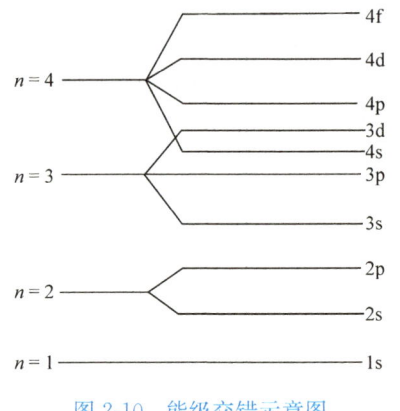

图 2-10 能级交错示意图

从以上计算结果可以看出,最后一个电子填充在 4s 轨道上时,反而比填充在 3d 轨道上能量更低,即 $E_{4s} < E_{3d}$。这种外层某些电子亚层轨道的能量低于内层某些轨道能量的现象称为能级交错现象,如图 2-10 所示。

对这种现象的一种解释是,同一电子层的不同电子亚层,在受到电子的相互作用时,由原来的同一能级分裂为几个不同的能级。但在分裂过程中,各电子层的总能量保持不变。这样,使得某一电子层中的最高能级与相邻外电子层的最低能级间可能发生交错现象。

另外,可以从原子轨道概率密度径向分布的角度来解释。当电子受到其他相关电子的屏蔽作用时,其相应的能量要升高。自然界的基本变化规律是,任何事物都趋于向能量降低的稳定状态变化。对于电子,其在核外运动的结果是要达到一个能量最低的稳定状态。要做到这一点,当然是距核越近越好。对于 3d 和 4s 轨道,从其概率密度径向分布图(图 2-11)可以看出,4s 轨道上的电子与 3d 轨道上的相比,出现在距核更近位置的可能性更大,从而其能量有可能比 3d 轨道上的电子更低。

电子为反抗屏蔽效应而更趋近于核的这种现象称为穿透效应。同时,这也解释了为什么在受到相互作用时,有 $E_{ns} < E_{np} < E_{nd} < E_{nf}$ 的能级顺序(图 2-12)。

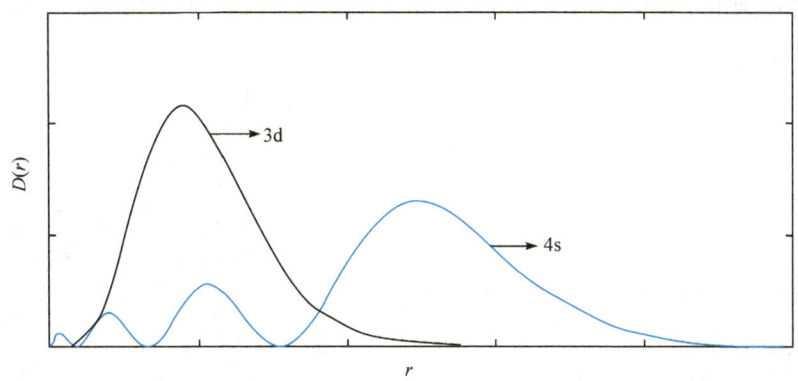

图 2-11 3d、4s 轨道概率密度径向分布图

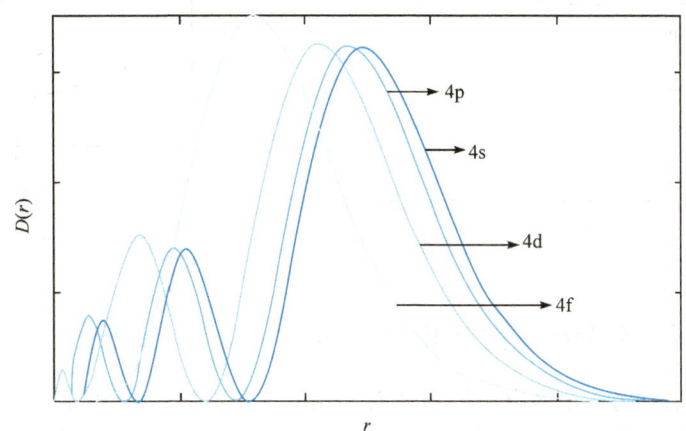

图 2-12 $n=4$ 的电子亚层概率密度径向分布图

第 4 电子层的电子亚层穿透到核附近的概率依次为 4s>4p>4d>4f。其他电子层也是如此。

2.4.2 多电子原子轨道的近似能级图

对原子光谱的分析发现,多电子原子中,各能级高低顺序近似为 $E_{n,l} \approx (n+0.7l)$。例如
$$E_{3d}=3+0.7\times 2=4.4, \qquad E_{4s}=4+0.7\times 0=4$$
所以,有 $E_{4s}<E_{3d}$ 的能级交错现象。

同理,有
$$E_{4d}=4+0.7\times 2=5.4, \qquad E_{5s}=5+0.7\times 0=5, \qquad E_{5s}<E_{4d}$$
由此,得出了鲍林(Pauling)的近似能级图(图 2-13)。

按能量相对高低,排列的顺序为
1s<2s<2p<3s<3p<4s<3d<4p<5s<4d<5p<6s<4f<5d<6p<7s<5f<6d<7p

以上为原子核外电子填充的顺序,对于理解核外价电子层结构的形成有很大的帮助。但是,随着核外电子的不断填充,其内部电子层的各能级高低是不断变化的。在原子的内部,能级交错现象已经消失。

能够明确体现电子层中各能级随电子的填充不断变化的能级图为科顿(Cotton)的近似能级图(图 2-14)。

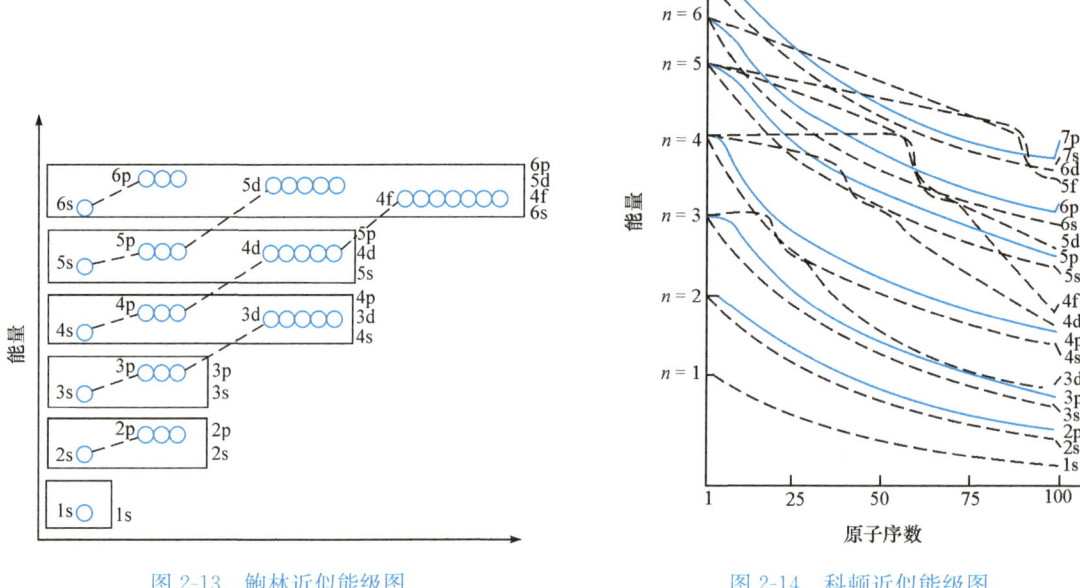

图 2-13 鲍林近似能级图　　　　　　图 2-14 科顿近似能级图

2.4.3　多电子原子核外电子排布规则

可以想象,如果先将一个多电子原子所有的核外电子取出,然后再让其一个个地进入核外的各电子层,这一过程称为核外电子的填充。

当电子不断向核外电子层填充时,一般遵守以下规则:

(1) 能量最低原理。

电子在填充时,优先占据能量最低的原子轨道,这样可使整个原子的能量最低。

(2) 泡利不相容原理。

每一个原子轨道中最多只能容纳两个电子,且这两个电子必须是自旋方向相反的。由此可知,一个电子层中可容纳的最大电子数为 $2n^2$ 个。

(3) 洪德规则。

当电子在能量相同的轨道上填充,即在同一个能级上填充时,应尽可能以自旋相同的方式,占据尽可能多的轨道(图 2-15)。

(4) 特例。

当一个能级处于全充满或半充满状态时,其总的电子云为球状结构,相对比较稳定。例如,原子序数为 24 的 Cr 原子,其核外电子的排布形式为

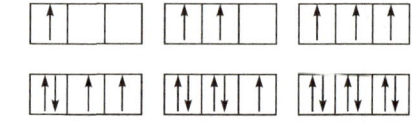

图 2-15 p 轨道中的电子填充示意图

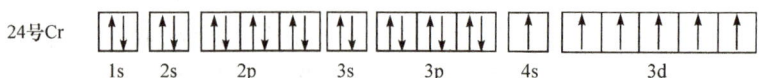

或 $[Ar]3d^5 4s^1$。

2.5 元素周期律与元素周期表

2.5.1 原子电子层结构与元素周期表的关系

到 1869 年前后,虽然人们已经发现了 60 多种元素,以及由这些元素组成的众多化合物,但当时有关的资料却是杂乱无章的。为了从中发现某些规律,从 1867 年开始,俄国化学家门捷列夫对大量的实验材料进行了详细的分析。在此基础上他发现,元素自身的性质及与其他元素的相似性依赖于元素相对原子质量的变化。将元素按照其相对原子质量的大小排列,这些元素在性质上出现明显的周期性变化。将元素按相对原子质量大小排列,并将性质相近的元素放在一起,形成了当时的门捷列夫元素周期表。

元素周期表的产生对化学的发展无疑产生了巨大的推动作用,促使人们去研究元素性质产生这种周期性变化的内在规律。

直到原子结构的量子化理论产生后,人们才发现,元素性质的周期性变化不是由相对原子质量的大小决定的,而是由于原子结构中核外电子层结构的周期性变化而产生的。

1. 元素周期表的结构

常见的元素周期表是长式周期表。其中的每一行称为一个周期,每一列称为一个族。

对于周期,又分为 3 个短周期(第一、二、三周期)和 3 个长周期(第四、五、六周期),还有 1 个不完全周期(第七周期)。

对于族,又分为 7 个主族(A 族)、7 个副族(B 族)、1 个Ⅷ族和 1 个零族。

2. 元素所在的周期与其电子层结构的关系

对照元素周期表可以发现,某一元素在周期表的哪一周期由其原子核外电子层结构中电子占据的最大电子层数 n 决定。例如,元素 Fe 的原子序数为 26,其核外电子排布式为

$$1s^2 2s^2 2p^6 3s^2 3p^6 3d^6 4s^2$$

其核外电子所占据的最大电子层数为 4,所以元素 Fe 应该处在第四周期。

3. 元素所处的族与其电子层结构的关系

1) 主族(A 族)与零族元素

元素的最后一个电子若填充在 s 或 p 轨道上,则该元素为主族或零族元素,其所处的族数为

主族数 = 最外层(s+p)电子个数(1~7),零族电子个数为 8

例如,K 的电子层结构为 $1s^2 2s^2 2p^6 3s^2 3p^6 4s^1$,最后一个电子填充在 s 轨道上,为主族元素,最外电子层为第 4 电子层,其上只有 1 个电子,所以 K 为ⅠA 族元素。

Pb 的原子序数为 82,电子层结构为 $[Xe]4f^{14}5d^{10}6s^2 6p^2$,最后一个电子填充在 p 轨道上,最外电子层为第 6 电子层,其上共有 4 个电子,所以 Pb 为ⅣA 族元素。

Ar 的原子序数为 18,电子层结构为 $1s^2 2s^2 2p^6 3s^2 3p^6$,最后一个电子填充在 p 轨道上,最外电子层为第 3 电子层,其上共有 8 个电子,所以 Ar 为零族元素。

2) 副族(B族)元素与Ⅷ族元素

元素最后一个电子填充在d轨道上的为副族(B族)元素。当最外电子层的s电子与次外层d电子总数为3~7时,为ⅢB~ⅦB族元素;8~10时,为Ⅷ族元素;11~12时,为ⅠB~ⅡB族元素。

例如,Cr的原子序数为24,电子层结构为$1s^2 2s^2 2p^6 3s^2 3p^6 3d^5 4s^1$,最后一个电子填充在d轨道上,且4s+3d电子总数为6,所以Cr为ⅥB族元素。

Ni的原子序数为28,电子层结构为$1s^2 2s^2 2p^6 3s^2 3p^6 3d^8 4s^2$,最后一个电子填充在d轨道上,且4s+3d电子总数为10,所以Ni为Ⅷ族元素。

Cd的原子序数为48,电子层结构为$[Kr]4d^{10}5s^2$,最后一个电子填充在d轨道上,5s+4d电子总数为12,所以Cd为ⅡB族元素。

4. 周期表的分区

根据元素性质特点,一般将周期表划分为以下几个区域。

1) s区

s区包括ⅠA和ⅡA两族元素,最外电子层结构分别为ns^1和ns^2(不包括He),其外层电子少,除H以外,都是活泼金属。容易形成M^+和M^{2+}金属离子。其金属与水反应,都生成强碱性溶液。所以,ⅠA族元素称为碱金属。ⅡA族元素因其氢氧化物在水中的溶解度不大,称为碱土金属。

2) p区

最后一个电子填充在p轨道上的元素为p区元素,包括ⅢA~ⅦA及零族元素。所有的非金属(除H以外)都处于p区。p区是金属与非金属共存的区域。因此,p区元素性质变化起伏较大。半导体材料多来自p区。

零族元素过去称为惰性气体。但是,近代发现某些零族元素具有化学活性,并非是完全惰性的。例如,Xe可与F_2反应,生成多种氟化物或衍生出许多氟氧化物及氧化物。

3) d区

d区指ⅢB~ⅦB及Ⅷ族元素。由于其所处位置将周期表的主族分为左右两部分,所以又称为过渡金属。该区元素均为金属,其电子层结构为$(n-1)d^{1~8}ns^2$,除去最外层的s电子可以参加反应外,其$(n-1)d$电子也可参加反应。而且,该区元素价电子总数为3~8个,所以具有多变的价态,且金属的活泼性变化也很大。包括活泼性类似于碱土金属的ⅢB族元素和活泼性很差的钯(Pd)、铂(Pt)、铑(Rh)、锇(Os)等元素。

4) ds区

ds区指ⅠB和ⅡB族元素,均为金属,但由于d轨道已充满电子,因此易失去最外层的s电子,生成低价态的金属离子,但活泼性比s区元素差得多。

5) f区

最后一个电子填充在f轨道上的元素为f区元素,包括镧系元素和锕系元素。

从其在周期表中的位置看,应属于ⅢB族元素。但由于其电子层结构包含了f轨道的电子,体现出与其他过渡金属不同的特性,因此将其单独从周期表中划分出来,形成f区。

该区元素的电子层结构为$ns^2(n-2)f^{1~14}(n-1)d^1$。由于最后一个电子填充在f轨道上,且f电子对核电荷的抵消作用较强,f区元素半径随原子序数的增加变化不是很大,造成了f

区镧系各元素之间的性质非常接近,难以分离。

镧系元素性质与碱土金属类似,称为稀土元素。稀土元素化合物有许多特殊的性质,在现代社会中发挥着越来越重要的作用。

锕系元素多为放射性元素和人工合成元素,稳定性差,易裂变。

2.5.2 元素基本性质的周期性变化规律

1. 原子半径及其变化规律

原子核外电子运动的区域是无确定边界的。因此,原子半径只是一种相对的概念,是相邻原子之间相互作用达到平衡后核间距的一种度量。由于元素的存在状态不同,其原子半径的含义也不同。

根据原子存在状态不同,原子半径的定义大致有以下三种:

(1) 同一种元素的原子以共价单键相连时,其核间距的一半为该原子的共价半径。

(2) 若将金属原子视作球体,则在金属晶体中,两个相互接触金属原子核间距的一半为该原子的金属半径。

(3) 对于稀有气体,由于只形成单原子气态分子,当降低温度,使其形成单原子分子晶体时,两个相互接触原子核间距的一半为该原子的范德华(van der Waals)半径(图 2-16)。

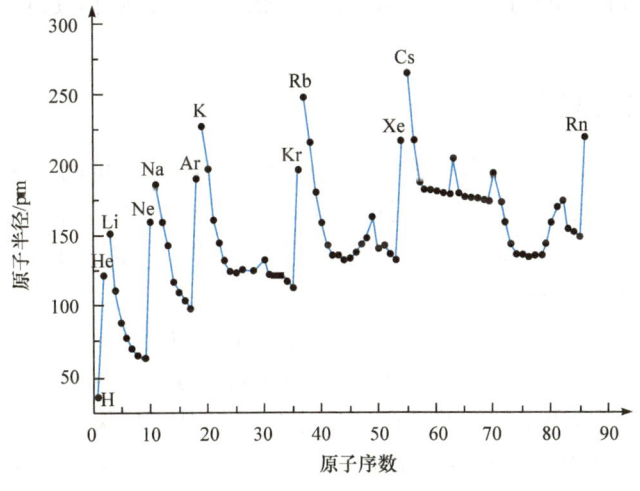

图 2-16　原子半径变化趋势图

一般来说,范德华半径是最大的,而金属半径也比共价半径大,这是因为在形成共价键时,相邻原子的电子云之间总会发生一定程度的重叠,而使核间距减小。

在讨论原子半径变化规律时,一般尽可能地采用共价半径,但对稀有气体,只有范德华半径可用。这就是稀有气体的半径比其他元素的半径大许多的原因。

原子半径的变化规律如下:

(1) 在短周期中,所有元素的最大电子层数是一样的。但从左向右,随着原子序数的增加,原子的核电荷数逐渐增大,有效核电荷也随之增大,对核外电子的吸引增强,使外层电子云发生收缩,原子半径减小。所以,在短周期中,原子半径从左向右逐渐减小,平均减小幅度为 10 pm 左右。

(2) 在长周期中,主族元素的变化趋势与短周期相似。但对于其中的过渡金属元素,新增加的电子填充在次外层的 d 轨道上,对最外层电子的屏蔽作用很大,使得有效核电荷的增幅不大,故原子半径减小的幅度也不大,平均为 4 pm 左右。而且,当 d 轨道处于全充满或半充满状态时,由于其近乎球状对称的电子云对核外电子产生较为强烈的屏蔽作用,使有效核电荷有较大幅度地减小,故此时的原子半径比相邻的原子略有膨胀,变大一些。这种情况在 f 轨道处于半充满或全充满时也会出现(图 2-16)。

(3) 在超长周期(第六、七周期)中,新增加的电子填充在更为靠核的 $(n-2)$f 轨道上。对最外层电子的屏蔽作用更加强烈,使有效核电荷的增加更为缓慢,半径减小的幅度更小。从镧(La)到镥(Lu)共 15 个元素,半径的总差值只有 15 pm。所以,镧系元素之间的原子半径差别很小。并且其离子电荷大多相同,主要为 +3 价离子,因而使其性质十分相近,难以分离。这种现象称为"镧系收缩"。

(4) 在同一主族中,从上到下,有效核电荷的变化幅度不是很大,对原子半径起主要作用的是电子层数。所以,对于主族元素,从上到下,原子半径随电子层数的增多而增大。

(5) 对于副族元素,第四和第五周期元素之间半径变化规律向下是增大的。但是,第五和第六周期元素之间,由于镧系元素的出现,产生了镧系收缩现象,总的收缩幅度为 15 pm,比第五周期相邻元素之间 4 pm 的收缩幅度大得多,使得第六周期副族元素的半径比第五周期有较大的收缩。其结果是镧系元素之后的几组元素,如 Zr(160 pm)与 Hf(159 pm)、Nb(147 pm)与 Ta(147 pm)、Mo(140 pm)与 W(141 pm)的半径相同或十分接近,使这些元素的性质更为相似,难以分离。

2. 电离能及其变化规律

电离能是指使一个基态的气态原子失去一个电子,形成 +1 价的气态阳离子时所需要的能量。该能量称为元素的第一电离能,用符号 I_1 表示。+1 价的气态离子再失去一个电子,所需要的能量为元素的第二电离能,用符号 I_2 表示。同理,元素还可以有第三、第四、……电离能,分别用相应的 I_i 表示($i=1,2,3,\cdots$)。

$$M(g) = M^+(g) + e^- \quad I_1^{\ominus}$$
$$M^+(g) = M^{2+}(g) + e^- \quad I_2^{\ominus}$$

电离能的大小主要取决于原子的半径、有效核电荷和某些特殊的电子层结构。

(1) 同一周期中,从左向右随着原子半径的减小、有效核电荷的增加,元素的第一电离能也随之增大。而且对于外层原子轨道具有全充满、半充满结构的元素,由于这种结构具有额外的稳定性,其电离能进一步增大。这在第一电离能变化图(图 2-17)中可以明显地观察到。若失去一个电子,可产生新的半充满或全充满结构,该元素的第一电离能略小。

(2) 在同一主族中,由于原子半径从上到下依次增大,因此电离能依次减小。

(3) 对于副族元素及 f 区元素,由于半径及有效核电荷变化幅度不大,因此电离能的变化规律性不强。但其变化规律仍与原子半径的变化规律密切相关。

电离能的大小主要用来说明金属的活泼性。电离能越小,金属越容易失去电子,也就越活泼。

从第一电离能的变化图(图 2-17)中可以看出,周期表左下角元素的电离能最小,如金属 Cs 受到较弱的光照就可产生光电流,可用于光电管的制造;而电离能最大的是周期表右上角的元素 He。

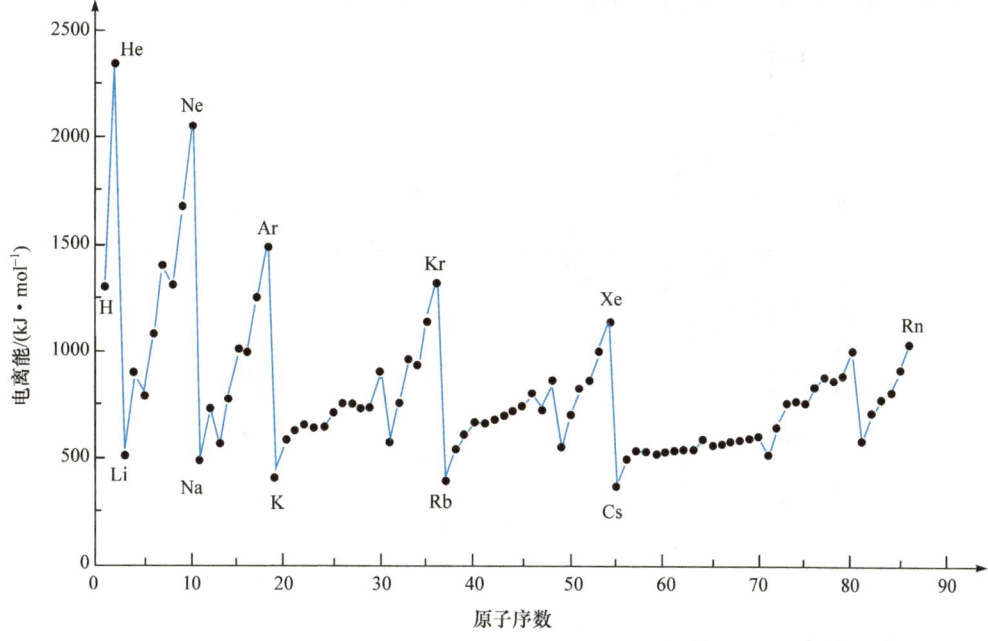

图 2-17 元素第一电离能变化图

3. 电子亲和能及其变化规律

与元素电离能相对的是元素的电子亲和能,即一个基态的气态原子得到一个电子,形成气态的负离子时所放出的能量称为该元素的第一电子亲和能,用符号 E_1 表示。基态的气态负离子再得到一个电子,所放出的能量称为该元素的第二电子亲和能。依此类推,可得到第三电子亲和能等。

电子亲和能主要用来衡量元素的非金属性。对于非金属,其电离能一般都很大,难以失去电子,但它们有明显的得到电子的倾向。元素的电子亲和能越大,表示其得电子能力越强,越容易变为负离子。

一般情况下,元素的第一电子亲和能为正值,说明得到电子时会放出能量;也有的为负值,表示得到电子时需要能量,这种元素难以形成负离子,如稀有气体、碱金属、碱土金属等。

在同一周期中,电子亲和能一般随原子半径的减小、有效核电荷的增大而增大,所以从左向右电子亲和能依次增大。但是对于具有全充满或半充满电子层结构的元素,其电子亲和能一般较小,因为增加电子会破坏其相对稳定的电子层结构,如 Be、Mg 等。

在同一族中,从上到下,随半径的增大,电子亲和能减小。也就是说,位于周期表左下角的元素一般电子亲和能较小,位于右上角的元素电子亲和能较大。但电子亲和能最大的不是元素 F(322 kJ·mol^{-1}),而是元素 Cl(348.7 kJ·mol^{-1});元素 O 的电子亲和能(141 kJ·mol^{-1})也不比元素 S 的电子亲和能(200.4 kJ·mol^{-1})大。这可以归因于 O 和 F 的原子半径较小,其外层电子又较多,电子云密度较大,对外来电子可产生较强的排斥作用,导致一部分能量的损失,以致出现电子亲和能下降的现象。

虽然 S 和 Cl 的外层电子较多,但原子半径相对较大,3s、3p 轨道的电子云密度比 2s、2p 松散(表 2-2、表 2-4),且外层还有空的 3d 轨道,接受电子时产生的排斥作用较小,由此导致 Cl 的电子亲和能是最大的,而 S 的电子亲和能也比 O 的高(图 2-18)。

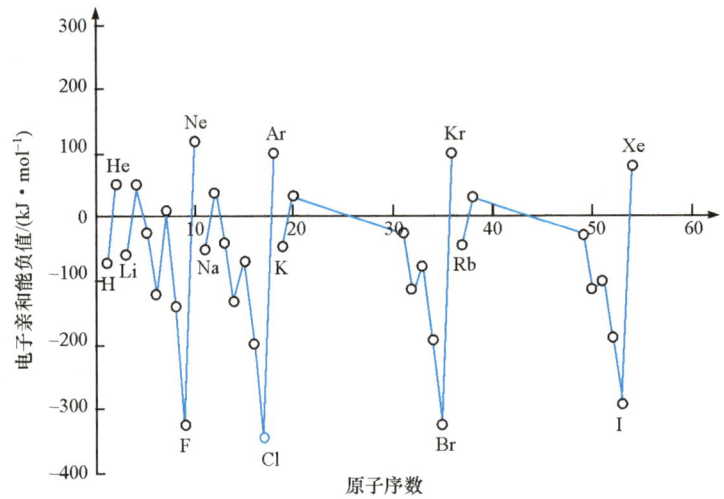

图 2-18 主族元素电子亲和能变化规律

4. 元素电负性及其变化规律

元素的电离能与电子亲和能讨论的是原子性质在极端情况下的变化规律。例如,形成正离子时,可以用电离能来比较;形成负离子时,可以用电子亲和能来比较。但是,在很多情况下,如在共价型化合物中,元素既不得电子,又不失电子。电子只是在两个原子之间发生了偏移。为了衡量在化合物中,特别是在共价型化合物中,电子在两个原子之间偏移的程度,1932年,首先由鲍林提出了电负性的概念。指定 F 的电负性为 4.0,然后与其他元素进行对比,得到相关的电负性数据。所以,电负性只是一个相对值,用符号 χ 表示。

1934 年,密立根(Mulliken)从元素电离能与电子亲和能的综合角度考虑,提出了新的电负性计算方法:

$$\chi = \frac{1}{2}(I + E)$$

由上式计算得到的电负性为绝对值,而非相对值。但是,由于许多元素缺乏电子亲和能数据,密立根电负性在应用中受到一定程度的限制。

1957 年,阿莱-罗周(Allred-Rochow)根据原子核对电子的静电引力作用,提出另一个计算电负性的公式:

$$\chi = \frac{0.359Z^*}{r^2} + 0.744$$

式中引入了两个常数,以便与鲍林的数据相吻合。计算结果表明,二者数据相当吻合。

一般来说,在元素性质的讨论中,采用的是鲍林电负性数据。其变化规律如下:

(1) 同一周期中,电负性从左向右增大。原因是半径减小,有效核电荷增加,增强了原子核吸引电子的能力。

(2) 同一主族中,电负性从上到下减小。原因是半径依次增大,有效核电荷变化不大,原子核吸引电子能力下降。

(3) 在副族元素中,变化规律不很明显,但也可结合半径的变化规律来讨论。

(4) 周期表中电负性最大的元素是 F,说明其非金属性最强。而电负性最小的是金属 Cs,说明其金属性最强。

(5) 同一种元素,因其价态或氧化态不同,其电负性大小也不同。一般来说,高价态的电负性大于低价态的电负性。

习　题

1. 玻尔氢原子模型的理论基础是什么?简要说明玻尔理论的基本论点及其成功之处和不足。
2. 简要叙述证明光和电子都具有波粒二象性的实验依据。
3. 波函数 Ψ 是描述_____的数学函数式,它和_____是同义语。$|\Psi|^2$ 的物理意义是_____,电子云是_____的形象化表示。
4. 结合 3p 轨道的概率密度径向分布图和 2p 电子云角度分布图,画出 3p 电子云角度分布平面图。试说明其中的节面体现了核外电子运动的什么特性。
5. 由氢原子 1s 轨道的径向分布图,电子在 $r=$_____ pm 的球壳夹层出现的_____最大。当靠近原子核时,_____虽然有较大值,但因 r 很小,球壳夹层的_____较小,故电子_____很小。离核较远时,虽然 r 很大,球壳夹层的_____较大,但这时的_____却很小。
6. 电子的运动状态用几个量子数来描述?简要说明各量子数的物理含义、取值范围和相互间关系。
7. 下列各组量子数中,是氢原子薛定谔波动方程合理解的一组为(　　)。

	n	l	m	m_s
A.	3	0	+1	$-\dfrac{1}{2}$
B.	2	2	0	$+\dfrac{1}{2}$
C.	4	3	−4	$-\dfrac{1}{2}$
D.	5	2	+2	$+\dfrac{1}{2}$

8. 写出四个量子数为 $\left(5,3,1,+\dfrac{1}{2}\right)$、$\left(6,0,0,+\dfrac{1}{2}\right)$ 电子的原子轨道符号。
9. 指出符号 $2s$、$4p_x$、$3d$ 所表示的意义及该轨道电子的最大容量。
10. 5d 轨道上一个电子的主量子数为_____,角量子数为_____,可能的磁量子数为_____,自旋量子数为_____。
11. 利用斯莱特规则计算 P 原子最外层电子 s 电子和 p 电子的能量,试求 P 原子的第一电离能。已知 $1\ eV=96.49\ kJ\cdot mol^{-1}$。
12. 在多电子原子中,主量子数 n 相同而角量子数 l 不同的轨道,由于电子的_____效应和_____效应,相邻电子层中的不同电子亚层有时能量更接近。这种现象称为_____。
13. 试写出原子序数为 24、29、47 的元素的名称、符号、电子排布式,说明其所在的周期和族。
14. 质量数为 59、中子数为 31 的原子,其基态电子构型为_____。
15. 由鲍林近似能级图可知,每一能级组对应于周期表中的一个_____,其中,在第六能级组中,各原子轨道按能量由低至高依次是_____,可容纳的元素数目为_____。
16. 82 号元素 Pb 位于第_____周期,第_____族,其价电子层结构为_____,最高价态的氧化物是_____。
17. 下列离子中,外层 d 轨道达半充满状态的是(　　)。
　　A. Cr^{3+}　　　　B. Fe^{3+}　　　　C. Co^{3+}　　　　D. Cu^+

18. 满足下列条件之一的是哪一族或哪一个元素？
    (1) 最外层具有 6 个 p 电子。
    (2) 价电子数是 $n=4,l=0$ 的轨道上有 2 个电子和 $n=3,l=2$ 的轨道上有 5 个电子。
    (3) 次外层 d 轨道全满，最外层有一个 s 电子。
    (4) 该元素＋2 价离子和氩原子的电子构型相同。
    (5) 该元素＋3 价离子的 3d 轨道电子半充满。

19. A、B、C、D 为同一周期的四种元素，其 A、B、C 三种元素的原子外围电子构型均为 $4s^2$,仅次外层电子数不同,A 是 8,B 是 14,C 是 18,而 D 原子的最外层则有 7 个电子。
    (1) A、B、C、D 各是什么元素？
    (2) 分别写出 A、B、C、D 原子的核外电子分布式。

20. 第二电离能最大的原子,应该具有的电子构型是(　　)。
    A. $1s^2 2s^2 2p^5$　　B. $1s^2 2s^2 2p^3$　　C. $1s^2 2s^2 2p^6 3s^1$　　D. $1s^2 2s^2 2p^6 3s^2$

21. 写出周期表中电离能最大和最小的元素、电子亲和能最大的元素、电负性最大的元素、主族元素中第一电离能大于左右相邻两个元素的元素。

22. 下列各组元素中,第一电离能 I_1 递增顺序正确的是(　　)。
    A. Na＜Mg＜Al　　B. He＜Ne＜Ar　　C. Si＜P＜As　　D. B＜C＜N

23. 某元素位于周期表第四周期、ⅠB 族,该元素基态原子的电子结构式为_____,元素名称为_____,元素符号为_____,原子序数为_____。

24. Ti^{3+} 核外,能量最大的电子具有的四个量子数可能是(　　)。
    A. $\left(3,1,0,+\dfrac{1}{2}\right)$　　B. $\left(4,1,0,+\dfrac{1}{2}\right)$　　C. $\left(4,0,0,+\dfrac{1}{2}\right)$　　D. $\left(3,2,0,+\dfrac{1}{2}\right)$

25. 由氢原子径向分布图可知,6s 轨道有_____个峰值,3d 轨道有_____个峰值,这表明 6s 轨道具有较强的_____性,这导致第六周期 p 区元素 Pb、Bi 等元素的 s 价电子具有一定的惰性效应,使其高价态稳定性_____,并具有较强的_____性。

26. 试用原子结构理论解释下列实验事实：
    (1) 稀有气体的第一电离能在每一周期中是最高的。
    (2) P 的第一电离能大于 S 的第一电离能。
    (3) O 原子的第一电子亲和能小于 S 原子的第一电子亲和能。
    (4) C 原子的第一电子亲和能大于 N 原子的第一电子亲和能。

27. 有 A、B、C、D 四种元素。其中 A 属第五周期,与 D 可形成原子个数为 1∶1 或 1∶2 的化合物;B 为第四周期 d 区元素,最高氧化数为 7;C 和 B 是同周期的元素,具有相同的最高氧化数;D 的电负性仅小于元素氟。给出 A、B、C、D 四种元素的元素符号,并按电负性由大到小的顺序排列。

28. A、B、C 三种元素的原子,最后一个电子填充在同一能级组中,B 的核电荷比 A 多 11 个,C 的质子比 B 多 5 个;1 mol A 单质与水反应生成 1 g H_2,同时转化为具有 Ar 原子电子层结构的离子。试判断 A、B、C 各为何种元素,写出 A、B 分别与 C 反应时生成物的化学式。

29. 如果能够合成出 117 号元素,请给出：
    (1) 与钾反应生成物的化学式。
    (2) 与氢反应生成物的化学式。
    (3) 最高氧化态氧化物的化学式。
    (4) 该元素的单质是金属还是非金属。
    (5) 最高氧化态含氧酸可能的化学式。

第 3 章 化学键与分子结构

学习要求

(1) 了解离子键的形成,掌握离子键的强度与晶格能,掌握离子的特征。

(2) 了解价键理论,掌握杂化轨道理论,掌握价层电子对互斥理论,了解分子轨道理论。

(3) 了解金属键的改性共价键理论及金属键的能带理论。

(4) 了解分子的偶极矩和极化率,掌握分子间作用力及氢键的形成及对分子性质的影响。

(5) 了解晶体与非晶体的区别,掌握离子晶体、原子晶体及金属晶体的特性,掌握离子极化理论。

根据原子结构理论,除稀有气体外,其他原子均处于不稳定或亚稳定的电子层结构,难以孤立地存在。对于物质而言,其基本组成单元为分子或某些原子的集合,分子保持着物质的化学性质,而分子的性质则是由分子的内部结构所决定的。

分子的内部结构主要是指:分子中原子之间的作用力,即化学键;分子的空间构型,即分子的几何形状;分子与分子之间的相互作用,即分子间力(包括氢键);分子结构与物质的物理、化学性质间的关系等。

组成分子的原子之间有强烈的吸引作用,这种作用力称为化学键。根据原子间作用力的性质不同,可将其分为离子键、共价键和金属键。

3.1 离子键理论

3.1.1 离子键

1. 离子键的形成

1916 年,德国化学家柯塞尔(Kossel)在对原子结构及元素周期表的研究中发现,稀有气体之所以稳定,是它们都具有相同的电子层结构,即 ns^2np^6(He 为 $1s^2$),这就是 8 电子稳定结构。他认为,从能量变化的角度看,所有元素的原子都有达到一个更为稳定的电子层结构的趋势。结合当时发现的许多化合物(如 NaCl、KCl、CsCl 等)在熔融状态或在水溶液中可以导电的事实,柯塞尔提出了如下的离子键理论:由于电负性的差别,即得失电子的能力不同,当电负性较小的原子与电负性较大的原子之间相互接触时,可以通过得失电子获得与稀有气体相同的、较为稳定的电子层结构。例如,金属 Na 的电子层结构为 $[Ne]3s^1$,比 Ne 的稳定结构多一个电子,而非金属 Cl 的电子层结构为[Ne]$3s^23p^5$,比稀有气体 Ar 的稳定结构少一个电子,当金属 Na 与非金属 Cl 结合时,Na 失去一个电子,形成正离子 Na^+,而 Cl 得到一个电子形成负离子 Cl^-。二者都达到了稀有气体的稳定电子层结构,即 Na^+([Ne])和 Cl^-([Ar])。由此,正、负离子之间可以通过静电引力结合在一起,这就是离子键。

离子键的本质就是正、负离子之间的静电引力,大小为 $f \propto \dfrac{q^+ q^-}{r^2}$,与正、负离子的电荷之积成正比,与两个离子之间距离的平方成反比。

从原子结构理论可知,所谓稳定结构,除稀有气体电子层结构外,d 轨道的半充满或全充满状态也是比较稳定的。因此,对于 d 区和 ds 区过渡金属,所生成的离子大多具有 d^5 的半充满结构,而 Ag、Zn、Cd、Hg 则为 d^{10} 的全充满结构。但是,由于 d 轨道在负离子电荷的作用下容易发生分裂或变形,破坏了其稳定结构,从而产生例外的情况。

实际上,金属原子形成离子时,主要决定因素还是能量。

原子失去较多的电子,可以产生带电荷较高的正离子,有利于离子键的生成。但电离较多的电子又需要消耗较多的电离能。所以,对过渡金属而言,生成什么样的离子,主要由离子键能与电离能之间的平衡值决定。

2. 离子键的特点

(1) 离子键无方向性。这是由静电引力的特点所决定的。静电引力为球形引力场,在空间任何方向都可以吸引异号离子。这决定了离子键没有方向性的特点。

(2) 离子键无饱和性。只要空间允许,一个带电粒子可以在其周围吸引尽可能多的异号带电粒子,这一特性决定了离子键无饱和性的特点,即在正、负离子周围排列着尽可能多的异号离子。假定正、负离子间为相互接触的球体,彼此的电子云或原子轨道并不发生任何重叠现象,则一个离子可以吸引的异号离子数与正、负离子的半径比值有关。例如,在 CsCl 离子晶体中,每一个离子周围有 8 个异号离子;在 NaCl 离子晶体中,每一个离子周围有 6 个异号离子;而在 ZnS 离子晶体中,每一个离子周围只有 4 个异号离子。这种差异与离子的电荷无关,主要由离子的半径比 $\dfrac{r^+}{r^-}$ 的大小决定。

从离子键的特点可以看出,在常温条件下,离子型化合物一般为晶体,其分子大小与晶体颗粒的大小相同,属无机高分子化合物。分子没有确定的大小,所以无确定的分子式,只有最简化学式。

3. 离子键与电负性的关系

电负性是衡量元素的原子在形成化合物时,吸引对方电子能力的大小。两个原子之间的电负性差别越大,越容易形成离子键。但是,由于离子之间的强烈相互吸引,已失去或得到的电子有回归的趋势,且吸引越强烈,回归的趋势也就越大。这造成了某些离子键中含有一定的共价键成分。其极端的结果就是极性共价键的形成。因此,大多数离子型化合物中都包含有一定量的共价键成分。一般认为,当两个原子之间的电负性差别大于 1.7 时,形成的是离子键;小于 1.7 时,形成的则是极性共价键。在典型的离子键中,两种元素的电负性差值应在 2.0 以上(表 3-1)。

表 3-1　电负性差值与键的离子性关系

$\chi_A - \chi_B$	离子性/%	$\chi_A - \chi_B$	离子性/%
0.2	1	1.8	55
0.4	4	2.0	63
0.6	9	2.2	70
0.8	15	2.4	76
1.0	22	2.6	82
1.2	30	2.8	86
1.4	39	3.0	89
1.6	47	3.2	92

3.1.2　晶格能

1. 晶格能的定义

对于离子型化合物,一般用晶格能 U 的大小衡量其离子键的强度。晶格能是指由相互远离的正、负气态离子结合生成 1 mol 离子晶体时所放出的能量,以符号 U 表示。

晶格能的大小基本上体现了离子键的强弱,反映在晶体的物理性质上,则表现为熔点、沸点和硬度的变化。对于相同类型的晶体,正、负离子的电荷越高,半径越小,则其晶格能越大,离子键也就越强烈(表 3-2)。

表 3-2　几种离子晶体的晶格能及物理常数

AB 型晶体	NaI	NaBr	NaCl	NaF	BaO	SrO	CaO	MgO	BeO
离子电荷	1	1	1	1	2	2	2	2	2
核间距/pm	318	294	279	231	277	257	240	210	165
晶格能/(kJ·mol^{-1})	686	732	786	891	3041	3204	3476	3916	—
熔点/K	933	1013	1074	1261	2196	2703	2843	3073	2833
硬度(莫氏标准)	—	—	—	—	3.3	3.5	4.5	6.5	9.0

2. 晶格能的求算

1) 理论计算

既然晶格能的大小是离子键强度的体现,根据静电引力作用,玻恩(Born)和兰德(Lande)提出了晶格能计算的理论公式:

$$U/(kJ \cdot mol^{-1}) = \frac{138\ 490 A Z_1 Z_2}{R_0}\left(1 - \frac{1}{n}\right)$$

式中:138 490 为电子电量的平方值;A 为马德隆(Madelung)常量,其取值与晶体的结构有关,对于 CsCl 型晶体,$A = 1.763$,对于 NaCl 型晶体,$A = 1.748$,对于 ZnS 型晶体,$A = 1.638$;Z_1、Z_2 分别为正、负离子的电荷数;n 为玻恩指数,其取值与离子的电子层结构有关,He 型为 5,Ne 型为 7,Ar 型为 9,Kr 型为 10,Xe 型为 12,对于晶体正、负离子电子层结构不同时,n 的取值为两个离子 n 值的平均值;$R_0 = r^+ + r^-$。

【例 3-1】 试求 NaCl 的晶格能。

解 对于 NaCl 晶体，$A=1.748$，$Z_1=Z_2=1$，Na^+ 为 Ne 型结构，$n=7$，Cl^- 为 Ar 型结构，$n=9$，其平均值为 8。查得 Na^+ 半径 $=98$ pm，Cl^- 半径 $=181$ pm。代入公式得

$$U = \frac{138\ 490 \times 1.748}{279} \times \left(1 - \frac{1}{8}\right) = 759 (\text{kJ} \cdot \text{mol}^{-1})$$

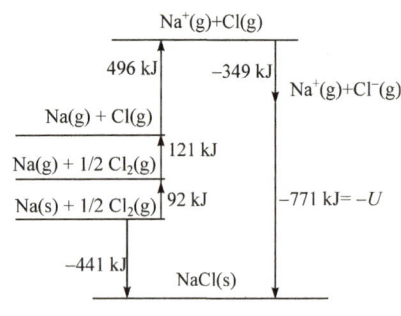

图 3-1 玻恩-哈伯(Haber)循环示意图

2) 晶格能的热力学估算

利用已有的化学热力学数据，如化合物的生成焓、单质的原子化能、电离能、升华热、解离能、电子亲和能等，根据能量守恒定律，可设计一个热力学过程求算晶格能(图 3-1)。

3.1.3 离子的特征

离子的特征主要是指离子的电荷、半径及离子的电子层结构。

1. 离子的电荷

由 $f \propto \dfrac{q^+ \cdot q^-}{r^2}$ 可知，离子的电荷越高，离子键的强度就越大。比较离子化合物的熔点(m. p.)可验证这一结论。例如，Na_2O，m. p. $=920\ ℃$；MgO，m. p. $=2800\ ℃$。

2. 离子的半径

对于离子半径，一般是以 F^- 的半径 $r_{F^-}=133$ pm、O^{2-} 的半径 $r_{O^{2-}}=132$ pm 为基准，用 X 射线衍射法测定离子化合物的核间距，得到其他离子的离子半径(表 3-3)。

表 3-3 常见离子半径数据

离 子	r/pm	离 子	r/pm
Li^+	70	F^-	133
Na^+	98	Cl^-	181
K^+	133	Br^-	196
Be^{2+}	34	I^-	220
Mg^{2+}	78	O^{2-}	132
Ca^{2+}	105	S^{2-}	182
Al^{3+}	55	Si^{4-}	198

严格地说，离子半径与原子半径一样，是没有确切定义的。因为电子在原子核外的运动具有波动性，不具有确定的轨道，因而也就没有什么半径。实际上，离子半径是指正、负两个离子间相互吸引和排斥平衡距离的一部分。

由于正、负两个离子之间的作用力不仅与离子的电荷有关，还与离子的配位数(其周围异

号离子的个数)有关,所以一般给出的离子半径数据都是以 NaCl 晶体的 6 配位模式为标准得到的。

如果配位数发生改变,则其半径值也应作相应的修正如下:
(1) 对 12 配位的离子晶体,离子半径的修正系数为 1.12。
(2) 对 8 配位的离子晶体,离子半径修正系数为 1.02。
(3) 对 4 配位的离子晶体,离子半径修正系数为 0.94。

常用的离子半径数据主要来自鲍林根据核电荷屏蔽常数推算出的离子半径:

$$r = \frac{c_n}{Z-\sigma}$$

式中:c_n 为取决于最外电子层数 n 的常数;$Z-\sigma$ 为有效核电荷数。

一般来说,有如下规律:
(1) 阳离子半径<金属半径,阴离子半径>共价半径。
(2) 同一种元素,高价态阳离子半径<低价态阳离子半径。例如

$$r_{Fe^{3+}} = 67 \text{ pm} < r_{Fe^{2+}} = 83 \text{ pm}$$

(3) 相同电荷条件下,离子的半径越小,离子键的强度越大。例如

$$MgO, \text{m.p.} = 2800 \text{ ℃}, \quad SrO, \text{m.p.} = 2400 \text{ ℃}$$
$$LiF, \text{m.p.} = 1040 \text{ ℃}, \quad NaF, \text{m.p.} = 870 \text{ ℃}$$

3. 离子的电子层结构

对于负离子,得到电子后,其电子层结构均为稀有气体 8 电子结构,或 He 型 2 电子结构,如 H^-。

但对于正离子,情况稍为复杂一些,分为以下几种:

(1) 对于第二周期元素,生成稳定正离子时,其电子层结构为 He 型 2 电子结构,即 $1s^2$ 电子结构。这种结构的离子半径很小,对负离子的电子云有较强的吸引力,生成的离子化合物中,共价成分较大,接近极性共价化合物的性质。例如,$LiCl$、$BeCl_2$ 在有机溶剂中有较大的溶解度,其固体的熔点也较低。

(2) 除第一、二周期外,其他 s 区的元素形成 8 电子结构离子,如 Na^+、K^+、Mg^{2+}、Ca^{2+} 等。这类离子半径相对较大,多生成典型的离子型化合物。

(3) d 区过渡金属,由于 d 电子可参与成键,但不一定全部电离,所以过渡金属离子多含有 d 电子。其离子的电子层结构一般为 $(n-1)s^2(n-1)p^6(n-1)d^{0\sim9}$,含有较多的未电离价电子,对离子的性质(如颜色、形成配位键的能力等)有较大的影响。

d 区过渡金属离子大多具有特征的颜色,如 Fe^{2+} 为浅绿色、Co^{2+} 为粉红色等,且大多可形成多种配合物。

ds 区元素及部分 p 区元素可形成 $(n-1)s^2(n-1)p^6(n-1)d^{10}$ 类型的 18 电子层结构离子,如 Zn^{2+}、Ag^+、Hg^{2+}、Sn^{4+} 等。

(4) p 区的部分元素还可以形成 $(n-1)s^2(n-1)p^6(n-1)d^{10}ns^2$ 类型的 18+2 电子结构离子,这里的 ns 电子一般是指 5s 及 6s 电子。特别是 6s 电子比较稳定,称为惰性电子对。因为 6s 电子云可深入穿透到 4f 和 5d 电子云之内,在这些电子的屏蔽下,难以失去。这种结构的离子(如 Tl^+、Pb^{2+}、Bi^{3+})都是比较稳定的。

离子的电子层结构对离子化合物的性质有较大的影响。

3.2 共价键理论

从离子键的形成可知,当电负性差别较大的原子之间相互结合时,可以通过电子的得失,各自达到稀有气体的稳定结构,并由此产生静电引力,将不同的原子结合在一起。

虽然离子键理论简单、明了,但却不能说明由电负性差别较小或者是由相同元素的原子结合而成的分子,其原子间的作用力,如当时人们已经很熟悉的 N_2、O_2、CH_4、H_2O 等。

1916 年,美国化学家路易斯提出了共价键理论中最早的共用电子对理论。

与离子键理论的基本论点一样,路易斯认为,分子中每个元素的原子都应具有稀有气体元素的电子层结构。为了达到这种稳定的结构,元素除了可以通过得失电子实现外,还可以通过共用一对或若干对电子实现。这种原子间由共用电子对而产生的结合力称为共价键。

共用电子对理论可以很好地解释一些简单分子的形成,尤其是对大量出现的有机化合物更为适用。

但是后来发现,许多化合物并不符合路易斯的 8 电子规则,如 BF_3、PCl_5、SF_6 等,其中 B 的价电子为 6,P 的价电子为 10,S 的价电子则为 12。

共用电子对理论无法说明这样一些分子是如何形成的。再后来,人们发现,许多共价分子具有不同的空间结构。这种空间结构显然是由共价键产生的,即共价键应该具有方向性。但共用电子对理论却无法说明这一点。而且,该理论也无法说明共价键的本质究竟是什么。

随着量子力学的发展以及人们对原子结构认识的逐步深入,1927 年,海特勒(Heitler)和伦敦(London)用量子力学方法处理了最简单的共价分子 H_2,从而揭示了共价键的本质,产生了现代共价键理论,即价键理论(valence bond theory)。

3.2.1 价键理论

1. H_2 分子的形成与共价键的本质

将 H_2 分解为 H 原子,然后观察不同 H 原子之间的相互作用。实验结果发现,当任意两个 H 原子相互靠近时,可能出现两种情况(图 3-2)。

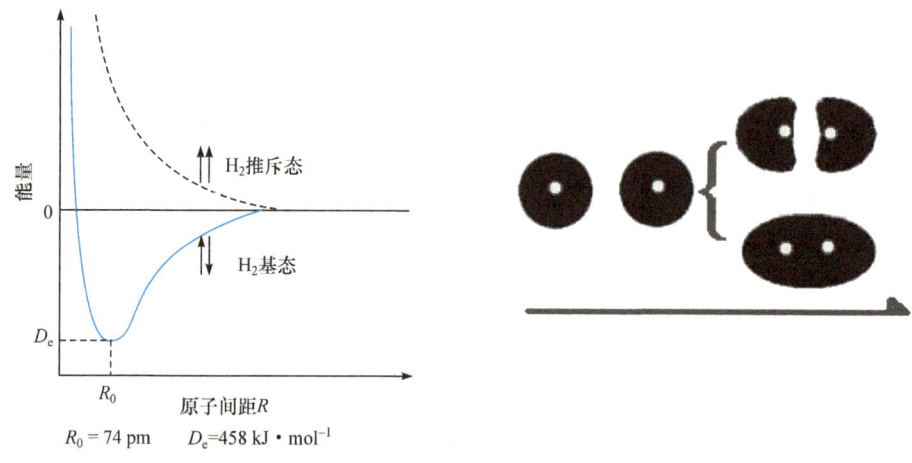

图 3-2　氢原子间相互作用势能图

一是当两个 H 原子中的电子自旋方向相同时,随着原子间距离的缩短,其排斥力越来越大,势能逐渐增大,无法结合形成 H_2。

二是当两个 H 原子中电子自旋方向不同时,随着两个 H 原子相互接近,原子间表现出吸引力,势能逐渐下降,当其核间距为 $R_0=74$ pm 时,两个 H 原子总的势能降到最低,放出的能量最多。若距离再靠近,则显示出明显的排斥力,势能逐渐升高。

第一种状态称为推斥态(图 3-3),第二种状态称为基态(图 3-4)。

图 3-3　推斥态　　　　　　　　　　　　图 3-4　基态

为什么会出现两种不同的结果?

结合原子结构理论,从泡利不相容原理中可得到启示。

两个电子出现在同一空间,即同一个原子轨道中的条件是自旋方向相反。这种结果只有用电子运动的波动性才能给予合理的解释。这也说明,自旋相反的电子之间可以产生吸引作用。

将泡利不相容原理引入共价键的形成中,可以得到如下结论:

(1) 当两个 H 原子相互靠近时,如果各自价电子的自旋是相同的,则两个电子之间有强烈的排斥作用,不能同时占有同一空间,或者说它们的原子轨道或电子云不能发生任何程度的重叠,如图 3-3 所示的推斥态。核与核之间、电子与电子之间产生强烈的排斥作用,使系统的能量升高,不能形成共价键。

(2) 如果两个 H 原子中,各自的价电子自旋是相反的,当其相互靠近时,电子可以同时出现在两个原子核之间,即其原子轨道或电子云是可以发生相互重叠的,可同时被两个原子核所吸引,系统能量降低,形成稳定的共价键,如图 3-4 所示的基态。

(3) 由上面的讨论结果可以得出,共价键的本质在于原子与原子之间共用电子对形成共价键,实质上,就是使电子云密集在两个原子核之间,同时受到两个原子核的吸引,比其单独受一个核吸引时能量更低,因此可放出能量,形成将两个原子结合在一起的共价键。

(4) 密集在两个核之间的电子云可以看成是共价键的体现。

2. 价键理论的基本论点

鲍林等总结了海特勒和伦敦的研究成果,提出了共价键的新理论,即价键理论。其基本论点如下:

(1) 不同原子中自旋相反的单个电子相互靠近时,原子核之间的电子云密度增大,两个原子的总能量下降,可形成稳定的化学键。

(2) 为了使两个原子核间有较大的电子云密度,成键原子间的原子轨道应满足最大重叠,且重叠部分越多,能量越低,化学键越稳定。这称为最大重叠原理。

(3) 原子轨道为波函数,其值有正、负之分,类似于正弦波的波峰与波谷,波峰为正值部分,波谷为负值部分。因此,当两个原子轨道相互重叠时,符号相同的部分重叠,产生的为基态,两个原子核之间的电子云密度增大;符号不同的部分相互重叠,二者相互抵消,电子云密度减小。由此可知,形成共价键时,要求两个原子轨道符号相同部分相互重叠。这称为对称性匹配原理。

3. 共价键的特点

1) 饱和性

一个原子可形成共价键的个数并不是任意的,而是由其具有的单电子个数决定的。因此,原子中有几个单电子,便可形成几个共价键。

2) 方向性

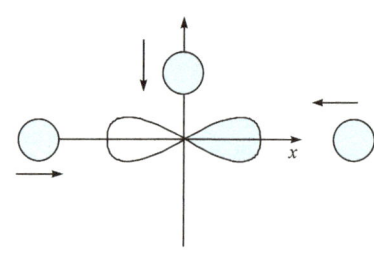

图 3-5　轨道重叠方向性示意图

除了球形对称的 s 轨道外,其他原子轨道在空间都有一定的伸展方向。根据成键时原子轨道间必须满足最大重叠原理,原子轨道之间必须沿一定的方向相互重叠才能达到这一要求,这就决定了共价具有方向性的特点,如图 3-5 所示。

例如,s 轨道与 p_x 轨道重叠成键时,只有沿 x 轴方向才能达到最大重叠,这也说明共价键确实有方向性。

4. 共价键的基本类型

根据原子轨道间重叠的方式不同,可将共价键分为 σ 和 π 键两种。

1) σ 键

成键原子轨道沿键轴(原子核间连线)方向重叠,产生的共价键为 σ 键。根据相互重叠的原子轨道种类不同,可分为 $σ_{s-s}$ 键(图 3-6)、$σ_{s-p}$ 键(图 3-7)和 $σ_{p-p}$ 键(图 3-8)。其特点是可绕键轴旋转而不被破坏。

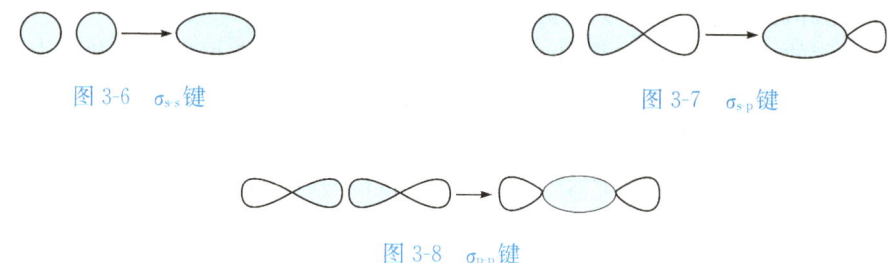

图 3-6　$σ_{s-s}$ 键　　　　　　　　　　　图 3-7　$σ_{s-p}$ 键

图 3-8　$σ_{p-p}$ 键

2) π 键

成键原子轨道沿与键轴垂直的方向相互重叠,形成的共价键为 π 键。根据相互重叠的原子轨道种类不同,可分为 $π_{p-p}$ 键(图 3-9)、$π_{p-d}$ 键(图 3-10)和 $π_{d-d}$ 键(图 3-11)。其特点是,当绕键轴旋转时,键可能被破坏。因此,π 键一般不如 σ 键稳定。

图 3-9　$π_{p-p}$ 键　　　　　　　　　　　图 3-10　$π_{p-d}$ 键

图 3-11 π_{d-d} 键（δ 键）

当原子之间相互结合成键时，两个原子之间只能形成一个 σ 键，但可以形成一个或多个 π 键。

3）配位键

形成共价键时，一般要求成键原子各提供一个单电子占有的原子轨道。若一方原子提供一个空轨道，而另一方的原子提供一个占有 2 个电子的轨道，也可形成稳定的共价键。

由于成键电子对是由单方提供的，因此这种共价键称为配位键。

由多个配位键生成的一类化合物称为配合物，如 $[Ag(NH_3)_2]^+$、$[Cu(NH_3)_4]^{2+}$ 等。

5. 价键理论的不足之处

价键理论的提出很好地说明了共价键的本质，也能够解释共价键的特点，如饱和性与方向性等。但后来的研究发现，许多化合物形成的共价键及其实际的空间结构与价键理论讨论的结果不同。

以 H_2O 为例，根据价键理论，O 原子的 p 轨道中有两个单电子，可以与两个 H 原子形成两个共价键。因为其 p 轨道是相互垂直的，所以在 H_2O 分子中，两个 O—H 键应该是相互垂直的，也就是说，H_2O 分子中，键的夹角应该为 90°。但实际测得键的夹角为 104°40′。对于 NH_3 分子，三个 N—H 键应该是由 N 原子的 p 轨道参与形成的，其键角也应该为 90°。但实际测得 NH_3 分子键的夹角为 107°。对于 CH_4 分子，C 的价电子层结构如图 3-12 所示。按照价键理论，C 与 H 只能形成两个相互垂直的共价键。但实际形成了四个共价键，且键角为 109°28′。

大量的分子结构数据表明，价键理论并不能说明共价分子的真实空间结构，如 PCl_5 的空间结构为三角双锥形、SF_6 为正八面结构等。为此，鲍林在价键理论的基础上，结合原子轨道的波动特性，提出了杂化轨道理论。

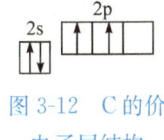

图 3-12 C 的价电子层结构

3.2.2 杂化轨道理论

1. 杂化轨道理论要点

杂化轨道理论认为，当原子之间形成共价键时，原子中各个价轨道中的电子，其运动状态并不是一成不变的。在受到外部作用，如其他原子靠近时，为了使整个原子处于较低的能量状态，价电子占据的原子轨道之间可以相互作用，并发生重新组合，形成能量相同或接近的、有利于成键及最大重叠的新的原子轨道。这种新的原子轨道称为杂化轨道。形成杂化轨道的过程称为轨道的杂化。

以 CH_4 共价键的形成过程为例。当 H 原子靠近 C 原子时，在 C 与 H 原子间电子云的相互作用下，C 的价轨道发生变化，重新组合，产生使系统能量能达到最低状态的新轨道，其过程如图 3-13 所示。

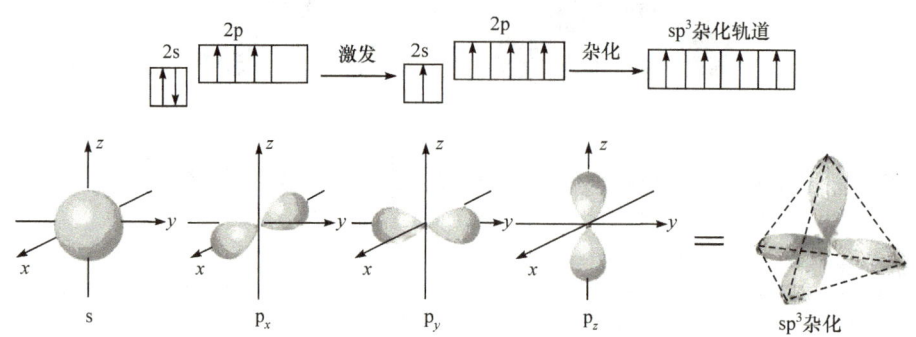

图 3-13　C 原子价轨道的 sp^3 杂化过程示意图

从图 3-13 中可以看出，由杂化产生的新原子轨道的空间分布为正四面体结构。这样，形成 CH_4 分子时，原子间的相互作用最小，形成的分子最为稳定。

应当指出，电子由低能轨道向高能轨道的激发与轨道的杂化过程是同时进行的，是连续的渐变过程。

对于孤立原子，某一电子的原子轨道是指该电子受其原子核及该原子中其他电子作用时的运动状态。而杂化轨道是电子在多个原子核及其他原子的电子作用下的运动状态。多个原子核组成的正电场(核场)的分布形式不同，对电子的作用不同，电子的运动状态自然不同。一般是向着使整个分子或离子体系能量降低的方向变化。杂化轨道就是这种变化的最终结果。

2. 杂化轨道的类型

参加杂化的轨道数目与种类不同，生成的杂化轨道的空间结构及形状也有所不同。常见的杂化轨道类型主要有 sp、sp^2、sp^3、$sp^3d(dsp^3)$、$sp^3d^2(d^2sp^3)$ 几种，其空间分布结构分别为直线形、平面三角形、正四面体、三角双锥、正八面体等(图 3-14)。例如，$BeCl_2$ 分子、BF_3 分子、CH_4 分子和 SF_6 分子分别就是典型的 sp、sp^2、sp^3 和 sp^3d^2 杂化。

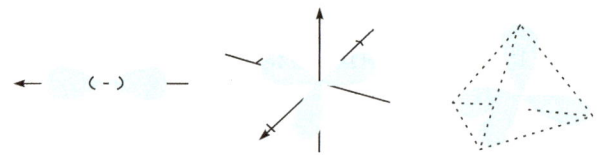

图 3-14　sp，sp^2，sp^3 杂化轨道空间构型

前面所述的杂化过程称为等性杂化，即由不同类型的原子轨道混合起来，重新组合成一组完全等同(能量相等、成分相同)的杂化轨道。但是有些分子，由于杂化轨道中有不参与成键的孤对电子存在，因而造成不完全等同的杂化轨道，这种杂化过程称为不等性杂化。例如，NH_3 分子和 H_2O 分子就是典型的 sp^3 不等性杂化。从图 3-15 可以看出，对于 NH_3 分子，只有一对孤对电子参加了杂化，占据四面体的一个顶角。孤对电子和成键电子有所不同，它只受中心原子的吸引，其电子云在 N 原子周围占据较大的空间，对三个 N—H 键的电子云有较大的静电斥力，因此轨道成键的键角由 $109°28'$ 压缩到 $107°$，分子构型为三角锥形；与上述情况类似，对于 H_2O 分子，有两对孤对电子参加了杂化，它比 NH_3 分子多一对孤对电子，因此 H—O—H

的键角缩得更小,轨道成键的键角为 104°,分子构型为角形或 V 形。

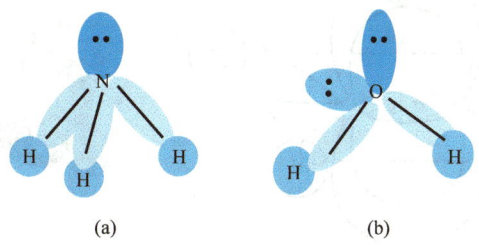

图 3-15　NH$_3$(a)和 H$_2$O(b)的分子构型

3. 杂化轨道理论处理典型共价分子实例

除了杂化过程外,杂化轨道形成共价键时,仍遵守价键理论的成键规则,即满足原子轨道最大重叠等原理。

在形成分子时,若有孤对电子占据杂化轨道,则整个杂化轨道形状发生变化。由于孤对电子不参加成键,不受其他原子的吸引,但受核的吸引较大,因此其电子云距核较近,且轨道中含有相对较多的 s 轨道成分,对周围的成键轨道产生较大的排斥力,使得分子结构发生变形。

由杂化轨道形成的共价键大多是 σ 键。当原子采取 sp 及 sp^2 杂化轨道成键时,由于有剩余的 p 轨道,一般都可形成 π 键。当有多个相邻的 p 轨道可以相互重叠时,可形成大 π 键。

大 π 键与一般的共价键不同。正常共价键的原子轨道重叠局限于两个原子之间,而大 π 键可以在多个原子之间形成。如果把正常的共价键称为定域键,则大 π 键可称为离域键。

定域键的电子局限在两个原子核之间运动,而离域键的电子可以在多个原子核之间运动。

1) 乙烷

乙烷(CH$_3$CH$_3$)分子中,两个 C 原子均采取 sp^3 杂化轨道成键,共形成七个定域 σ 键(图 3-16)。

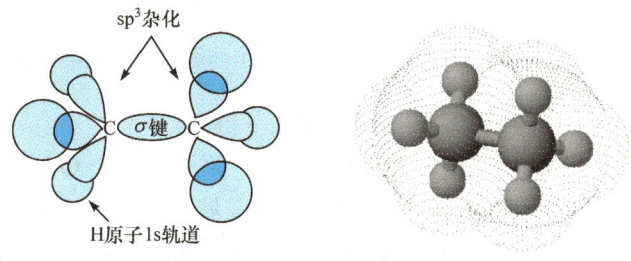

图 3-16　CH$_3$CH$_3$ 分子 sp^3 杂化形式与结构示意图

2) 乙烯

乙烯(CH$_2$=CH$_2$)分子中,两个 C 原子采取 sp^2 杂化轨道成键,形成五个定域 σ 键和一个定域 π 键(图 3-17)。

3) 乙炔

乙炔(CH≡CH)分子中,两个 C 原子采取 sp 杂化轨道成键,形成三个定域 σ 键和两个定域 π 键(图 3-18)。

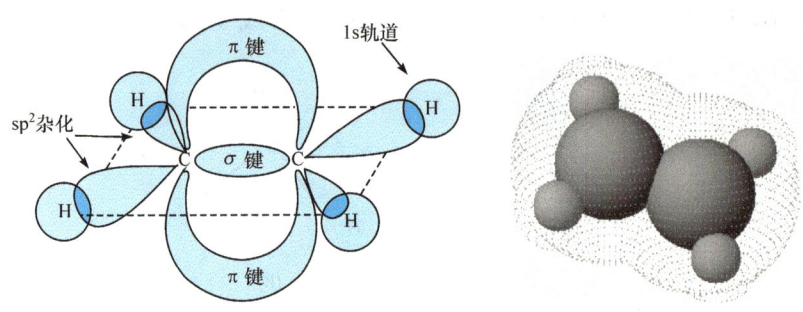

图 3-17　$CH_2\!\!=\!\!CH_2$ 分子 sp^2 杂化形式与结构示意图

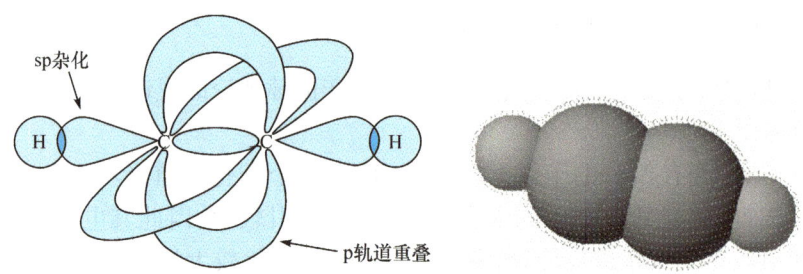

图 3-18　$CH\!\!\equiv\!\!CH$ 分子 sp 杂化形式与结构示意图

4) 苯

苯(C_6H_6)分子中,六个 C 原子采用 sp^2 杂化轨道成键,每个 C 原子形成三个定域 σ 键,并各剩余一个 p 轨道。六个相邻的 p 轨道相互重叠,形成一个离域大 π 键(图 3-19)。

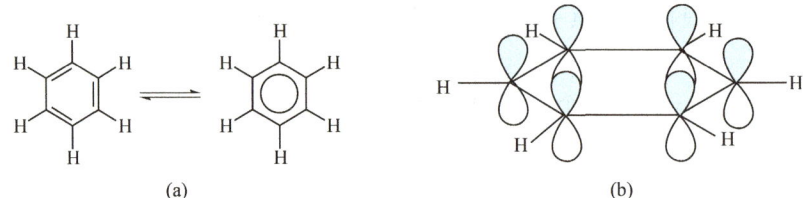

图 3-19　苯结构式的两种表达方式(a)和苯中的离域大 π 键 π_6^6(b)示意图

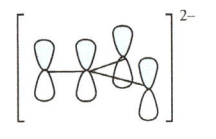

图 3-20　CO_3^{2-} 离域大 π 键示意图

5) 碳酸根中的大 π 键

碳酸根(CO_3^{2-})中,C 原子及三个 O 原子均以 sp^2 杂化轨道成键。C 原子形成三个定域 σ 键,C 与 O 原子各剩余一个 p 轨道。四个相邻的 p 轨道相互重叠,形成一个离域大 π 键(图 3-20)。

离域大 π 键一般表示为 π_n^m,其中 n 为参加成键的 p 轨道个数,m 为整个大 π 键中电子的个数。稳定存在的大 π 键要求 $m < 2n$,当 $m = 2n$ 时,大 π 键不存在。

4. 杂化轨道理论的不足

杂化轨道理论成功地解释了众多共价分子的形成及空间结构问题。如果已知分子的空间结构,利用杂化轨道理论可以很好地解释其成键情况,并说明其空间结构产生的原因。但是,在很多情况下,如果不了解分子的空间结构,就无法判断其分子中原子轨道的杂化类型。

为了确定简单分子的空间结构,根据能量最低原理,1940年,西奇威克(Sidgwick)等提出了价层电子对互斥理论。20世纪60年代,吉莱斯皮(Gillespie)等发展了该理论。利用这一理论,不需要原子结构方面的概念,就可以简便地判断、解释一般共价分子的空间结构。如果再结合杂化轨道理论做进一步的讨论,则可对共价分子的结构有较为清楚的了解。

3.2.3 价层电子对互斥理论

价层电子对互斥理论的基本要点如下:

(1) 在 AX_m 型分子中,由成键最多的中心原子 A 连接的原子或原子团组成的空间构型主要取决于中心原子 A 周围的价电子对(包括成键电子对与孤对电子)之间相互排斥作用的结果。分子的实际空间构型是电子对之间排斥作用最小的一种。

例如,在 $BeCl_2$ 分子中,属于 Be 原子的价电子共有两对(成键电子对),这两对电子排斥作用最小的结构为直线形,分布于 Be 原子核的两侧,即:—Be—。

(2) 对于中心原子 A,其周围的价电子对数由以下因素决定:

价电子总数=自身所具有的价电子数+与之相连的原子个数(不包括 O 与 S)+整个结构所带的负电荷数(若为正电荷则减掉)—双键个数(或三键个数×2)

$$总的价电子对数=价电子总数÷2$$

(3) 分子或离子结构中,各种电子对之间的相互排斥作用大小的顺序为

孤对电子-孤对电子＞孤对电子-成键电子＞成键电子-成键电子

在成键电子对之间,排斥作用大小的顺序为

三键＞双键＞单键

因此,含有双键或三键的分子,其结构都发生不同程度的变形。例如

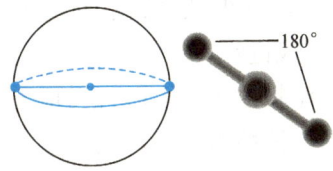
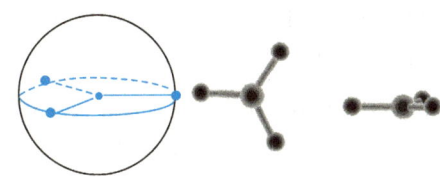

随着孤对电子的增多,键与键之间的排斥作用增强。为了使分子或离子的总能量最低,孤对电子一般应处于不易受排斥的位置,相距越远越好。

(4) 根据以上原则,可得出各种电子对形成的可能空间结构。

两对电子为直线分布结构(图 3-21)。三对电子为平面三角形分布结构(图 3-22)。

图 3-21 电子对直线分布示意图　　图 3-22 电子对平面三角形分布示意图

四对电子为正四面体分布结构(图 3-23)。五对电子为三角双锥分布结构(图 3-24)。

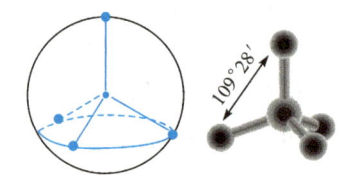

图 3-23　电子对正四面体分布示意图

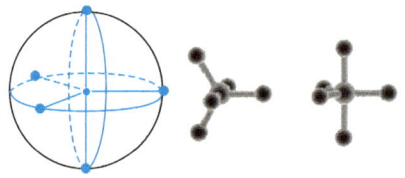

图 3-24　电子对三角双锥分布示意图

六对电子为正八面体分布结构(图 3-25)。

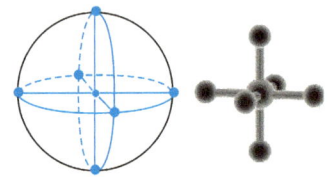

图 3-25　电子对正八面体分布示意图

如果所有电子对都参与成键,分子或离子的空间结构与相应电子对的空间分布结构相同。如果其中某个或某些电子对不参与成键,而是以孤对电子的形式存在,则应按受排斥最小、能量最低的原则,将其安排在合理的位置上,分子或离子的空间结构也将随之发生改变。

当三对电子只形成两个 σ 键时,结构为 V 形。当四对电子形成三个 σ 键时,结构为三角锥形;若只形成两个 σ 键,则结构为 V 形。当五对电子形成四个 σ 键时,结构为变形四面体;若只形成三个 σ 键,则结构为 T 形;可以推断,若只形成两个 σ 键,则结构为直线形。当六对电子形成五个 σ 键时,结构为四方锥形;若形成四个 σ 键,则结构为平面正方形。

应当注意的是,在五对电子的结构,即三角双锥结构(图 3-23)中,有两种不同的 σ 键。位于平面三角形上的 σ 键与垂直于该平面的 σ 键是不同的,其键角差别较大。所以,当出现不参加成键的孤对电子时,一般将其安排在平面三角的位置上,使产生的排斥作用较小。

3.2.4　分子轨道理论简介

利用价键理论、杂化轨道理论,结合价层电子对互斥理论,似乎可以说明所有共价化合物的成键及空间结构问题。但随着实验技术的发展,人们发现,有些问题是无法从以上理论中得到满意答案的。例如,实验中发现,NO 分子是可以稳定存在的,但从其路易斯电子结构式中可知,NO 分子中有一个单电子。为什么这个单电子不参与成键?

又如,在物理性质的研究中,人们发现,如果分子中含有未成对的电子(成单电子)时,将该物质放入一个强磁场中,可检测到其分子被磁场所吸引。这种性质称为物质的顺磁性。如果没有成单的电子,则不会被磁场所吸引,称为逆磁性。顺磁性物质在磁场中产生的磁矩大小与该物质中的成单电子数 n 有关:

$$\mu \approx \sqrt{n(n+2)}$$

当把液态 O_2 放入磁场中时,人们发现液态 O_2 可以被磁场所吸引(图 3-26),这说明 O_2 分子具有顺磁性。且由实验测得 O_2 分子的磁矩 $\mu=2.83$,计算结果表明,O_2 分子中应含有两个成单电子。

这一实验事实无法由价键理论及杂化轨道理论得到合理的解释,因为无论怎样讨论也无法从 O_2 分子中找出两个成单电子。

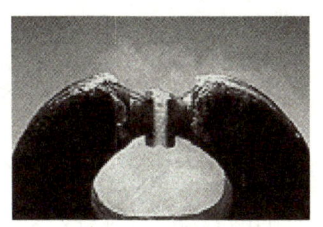

图 3-26　磁场吸引液氧实验

为了解决这一问题,科学家开始从量子力学的角度考虑问题,把分子作为一个整体来处理,而不是像价键理论那样,仅仅把分子看成是原子间的组合。

参照量子力学对 H 原子电子运动状态的成功处理方法,以及对多电子原子中电子运动状态的各种成功近似方法,科学家建立了一种新的共价键理论,即分子轨道理论。

1. 分子轨道理论的基本要点

(1) 分子中所有的电子属于整个分子所有,而不再属于任何一个原子。分子中的电子在构成整个分子的所有原子核形成的势场中运动。

理论上可以建立起每个电子在分子势场中运动的波动方程,求得表达其运动状态的波函数 ψ,或称为分子轨道。但实际上,现在的数学手段还无法求出任何一个最简单的分子(如 H_2)的波函数,只能采用理论上证明可行的近似方法求解分子的波函数。

在众多的近似方法中,最常用且易于处理的是原子轨道线性组合成分子轨道的方法(LCAO-MO),即 n 个原子轨道线性组合后,可产生 n 个分子轨道。组合后,分子轨道能量发生变化。生成的分子轨道中,其中一半比原来的原子轨道能量更低,称为成键分子轨道;另一半比原来的原子轨道的能量更高,称为反键分子轨道或非键分子轨道。

(2) 电子在分子轨道中填充时,遵守与在原子轨道中填充时相同的规则,即能量最低原理、泡利不相容原理和洪德规则。

(3) 原子轨道线性组合成分子轨道并非是任意的,而是要满足一定的条件:①能量相近原理,量子力学理论证明,只有能量相近的原子轨道之间才能线性组合为稳定的分子轨道;②对称性匹配原理,由于原子轨道有正、负区域之分,因此只有原子轨道符号相同的区域重叠时可形成成键分子轨道,而符号不同的区域相互重叠时生成的是反键轨道;③最大重叠原理,原子轨道线性组合成分子轨道时也必须满足最大重叠原理,原子轨道之间重叠程度越大,形成的分子轨道能量越低。

2. 双原子分子轨道能级图

在分子轨道理论中,沿两个原子核间连线重叠组合成的分子轨道称为 σ 分子轨道。其对应的反键轨道表示为 σ*。如图 3-27 所示的 σ_{1s} 和 σ_{1s}^* 分别是由 1s 原子轨道组合而成的成键分子轨道 σ_{1s} 和反键分子轨道 σ_{1s}^*。

同理,在分子轨道理论中,沿两个原子核连线垂直方向重叠而成的分子轨道称为 π 分子轨道,相应地也有成键 π 分子轨道和反键分子轨道 π* 之分。处于 σ 分子轨道上的电子称为 σ 电子,处于 π 分子轨道上的电子称为 π 电子。

1) 分子轨道能级图

分子轨道与原子轨道一样,也有能量高低之分。但与原子轨道不同的是,其能量高低并非

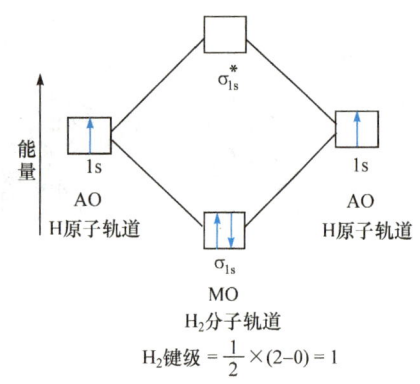

图 3-27 H₂ 分子轨道能级示意图

由分子轨道量子数决定,而是由参与线性组合的原子轨道能量高低决定。实际分子轨道的能量高低一般是由光谱实验测定得到的。从量子力学的角度,对线性组合产生的分子轨道能量也可以进行理论计算。H₂ 的分子轨道能级如图 3-27 所示。

也可以用分子轨道的电子排布式表示:$(\sigma_{1s})^2 (\sigma_{1s}^*)$。

在分子轨道中,一般用键级的概念表示化学键的总体强度。

键级是指在生成的所有分子轨道中,填充在成键轨道上的电子总数与填充在反键轨道上的电子总数的差除以 2 所得的结果。

在分子轨道理论中,一个键级相当于价键理论中的一个单键。由图 3-27 可以看出,H₂ 的键级为 1,相当于生成了一个 σ 键。

一般来说,在分子轨道中,σ 分子轨道比同级的 π 分子轨道能量要低一些。但是,在双原子分子中,如果两个原子的电子总数为 14 或 14 以下,因为其 2s 和 2p 轨道能量较为接近,形成的 σ_{2s}^* 轨道与 σ_{2p} 相互作用,从而产生能级交错现象,如图 3-28 所示。

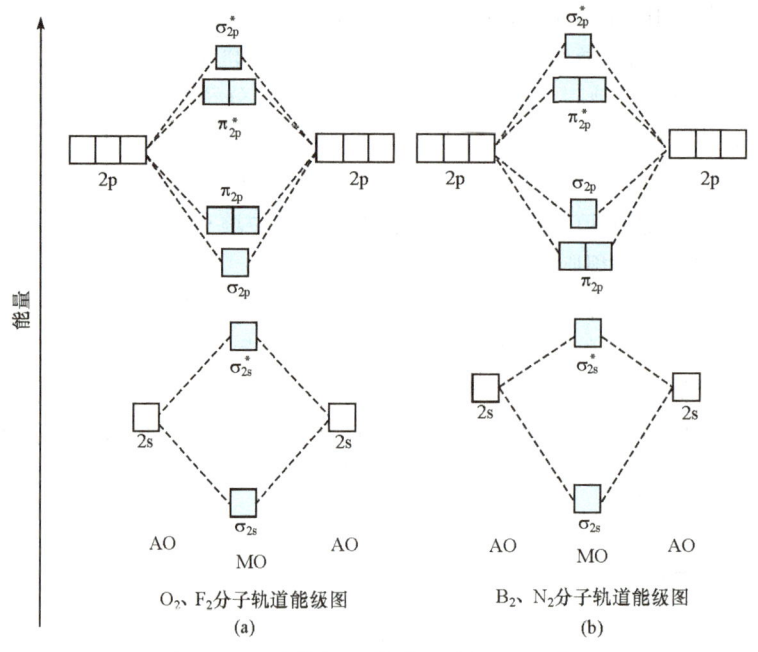

图 3-28 正常能级(a)与能级交错(b)示意图

根据分子轨道能级图,可以方便地讨论 O₂ 的形成过程及其成键情况。例如,O₂ 的分子轨道能级及其电子填充情况如图 3-29 所示。

从电子的填充情况看,O₂ 中能量最高的两个电子分别填充在 $\pi_{2p_x}^*$、$\pi_{2p_y}^*$ 反键轨道上,O₂ 的键级为 2,相当于生成了两个键。但实际上是一个 σ 键和两个 π_2^3 键(三电子 π 键)。

三电子 π 键是指一个 π 分子轨道与一个与之对应的 π* 分子轨道的组合。实际上,π_2^3 键是正常的 π 分子轨道与其对应的反键 π* 分子轨道的综合表示法。

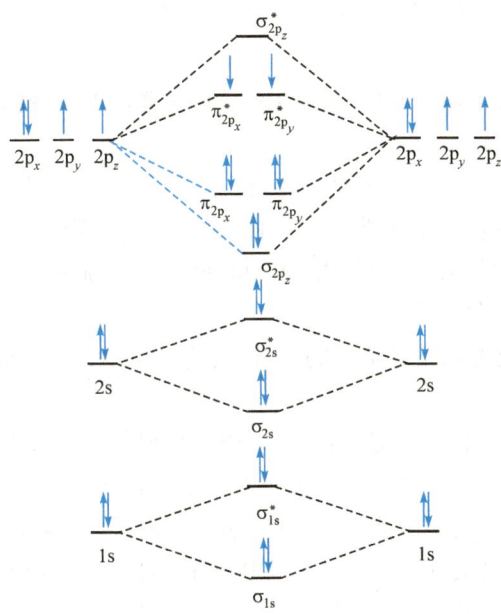

图 3-29 O_2 分子轨道电子填充示意图

从分子轨道理论可以得出 O_2 中有两个单电子的结论。也就是说，O_2 有顺磁性。O_2 的分子轨道电子排布式为 $(\sigma_{1s})^2(\sigma_{1s}^*)^2(\sigma_{2s})^2(\sigma_{2s}^*)^2(\sigma_{2p_z})^2\begin{cases}(\pi_{2p_y})^2(\pi_{2p_y}^*)^1\\(\pi_{2p_x})^2(\pi_{2p_x}^*)^1\end{cases}$，由此可以看出，$O_2$ 的路易斯电子结构式的写法应该为

$$:\overset{..}{\underline{\overline{O}}}-\overset{..}{\underline{\overline{O}}}:$$

从分子轨道理论可以理解，各种离域大 π 键并不是一个键，而是多个分子轨道的综合表示。例如，苯环中的 π_6^6 可以看成是六个 p 轨道线性组合成六个 π 分子轨道的结果，其中有三个成键 π 分子轨道和三个反键 π^* 分子轨道。

对于 NO，其分子轨道能级中电子填充的情况与 O_2 类似，可以看出，NO 分子中确有一个单电子，位于能量较高的 π^* 分子轨道上。若其参与成键，必定使分子的能量进一步升高。所以，该电子可以单独存在而不形成共价键。这种现象只有通过分子轨道理论才能得出令人满意的解释。其分子轨道电子排布式可表示为

$$(\sigma_{1s})^2(\sigma_{1s}^*)^2(\sigma_{2s})^2(\sigma_{2s}^*)^2(\sigma_{2p_z})^2\begin{cases}(\pi_{2p_x})^2(\pi_{2p_x}^*)^1\\(\pi_{2p_y})^2(\pi_{2p_y}^*)\end{cases}$$

含有一个 σ 键、一个正常的 π 键和一个三电子 π 键（π_2^3 键），即 NO 分子也是顺磁性的。

2) 键参数

描述化学键性质的物理量称为键参数，主要有以下 5 个。

(1) 键级：

$$键级=\frac{净成键电子数}{2}=\frac{成键电子数-反键电子数}{2}$$

分子的键级越大，化学键能越大，化学键也越稳定。例如，O_2 与其相应的离子之间的键级

关系为 $O_2^{2+}(3) > O_2^+ (2.5) > O_2(2) > O_2^- (1.5) > O_2^{2-}(1)$，所以其稳定性顺序为 $O_2^{2+} > O_2^+ > O_2 > O_2^- > O_2^{2-}$。

(2) 键长：两个成键原子核之间的平均距离。通常键长越短，键的强度越大。键长一般是通过光谱或电子衍射等实验测定的。

(3) 键角：同一原子形成的两个化学键之间的夹角，主要用于表示分子的空间结构。

分子的中心原子半径越小，电负性越大，对成键电子对的吸引力越强，成键电子对之间的距离越近，相互间的排斥力越大，键角越大；当中心原子上有孤对电子时，孤对电子越多，对成键电子对的排斥力越大，键角越小。

(4) 键的极性：根据成键原子电负性的差异，可将共价键分为极性共价键和非极性共价键两类。

由同种原子组成的键为非极性键，而由不同原子形成的键为极性键。

由共价键的本质可知，形成共价键时，电子对主要在两个原子核之间运动，将原子核吸引在一起。不同原子的电负性大小可能不同，即吸引电子的能力大小不同，造成两个原子核之间的电子云分布发生偏移。电负性大的原子周围因有较多的电子云而略带负电，而电负性较小的原子周围因电子云较少而略带正电，从而导致键产生极性。

键的极性大小与成键原子间的电负性差值大小有关。差值越大，键的极性也就越大。

(5) 键能：不同温度下，打断化学键所需的能量不同。温度为 0 K 时，将 1 mol 基态双原子分子拆开为基态原子所需要的能量称为该分子的解离能 D。H_2 的解离能为 423 kJ·mol^{-1}。对于双原子分子来说，键能就等于解离能。

对于多原子分子，每一个键的解离能并不相同，键能应为同种键解离能的平均值。

例如，NH_3 分子中，N—H 键的解离能分别为

$$NH_3(g) \longrightarrow NH_2(g) + H(g) \quad D_1 = 435.1 \text{ kJ·mol}^{-1}$$

$$NH_2(g) \longrightarrow NH(g) + H(g) \quad D_2 = 397.51 \text{ kJ·mol}^{-1}$$

$$NH(g) \longrightarrow N(g) + H(g) \quad D_3 = 338.9 \text{ kJ·mol}^{-1}$$

NH_3 分子的 N—H 键能为

$$E_{N-H} = \frac{D_1 + D_2 + D_3}{3} = 390.5 (\text{kJ·mol}^{-1})$$

3.3 金属键

利用离子键及价键理论可以解释离子型化合物、共价型化合物的形成。但以上理论无法清楚地说明金属晶体中原子是如何结合在一起的。

同一种金属原子的电负性相同，无法像离子型化合物那样形成离子键；而形成共价键时，又缺少必要的电子。

从金属晶体的结构中可以看出，每个金属原子周围排列着尽可能多的原子，金属的导电性、导热性及其良好的延展性说明，金属内部的作用力与离子键、共价键等有较大的区别。

为了说明金属原子间的作用力，最早提出的理论是金属键的改性共价键理论。

3.3.1 金属键的改性共价键理论

1. 金属键改性共价理论的基本要点

金属是由金属原子、金属离子和自由电子形成的。

整个金属晶体中,所有原子和离子共用能够流动的自由电子,就像共价键中成键原子共用电子对一样,因此称为改性共价键。

该理论认为,在固态或液态金属中,价电子可以自由地从一个原子跑向另一个原子,也就是说,在金属中,某一瞬间可以同时存在正、负离子,正是这些瞬间存在的离子产生的结合力将金属原子结合在一起(图 3-30)。

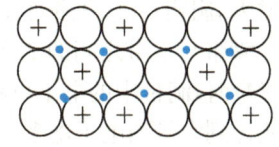

图 3-30　金属键示意图

2. 金属改性共价键理论对金属特性的解释

(1) 由于电子在金属晶体内部可以自由流动,因此金属具有导电性和导热性。
(2) 电子可以吸收可见光,并把吸收的部分光发射出来,使金属具有特定的金属光泽。
(3) 紧密堆积在一起的金属原子在发生相对位置移动时,并不会破坏金属键,所以金属具有良好的机械加工性。

3. 金属改性共价键理论的不足

金属改性共价键理论的不足之处在于它无法确定金属原子可自由活动电子个数的多少,因此难以定量地描述金属的熔点、硬度等性质。

金属改性共价键理论未能清楚地说明金属键的本质,因此难以对导体、半导体和绝缘体之间的界线作出明确的判断。

3.3.2 金属键的能带理论

随着量子力学的发展,将分子轨道理论用于金属键形成的研究,产生了金属键的能带理论。该理论基本论点与分子轨道理论相同,也适合其他共价晶体性质的讨论。

1. 金属能带理论的基本要点

(1) 金属中所有原子的电子属于整个金属晶体所有,每个电子的运动状态可以用一个分子轨道描述。
(2) 金属中电子的分子轨道可以由金属的原子轨道线性组合而成。金属晶体包含的原子数目众多,原子轨道线性组合产生的分子轨道之间的能级相差极小,几乎连为一体,形成一个能带而非能级(图 3-31)。

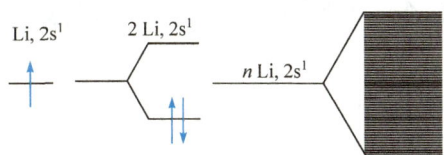

图 3-31　金属锂分子轨道能带形成示意图

（3）由能量相差不大的原子轨道线性组合而成的不同分子轨道能带之间可能发生重叠，造成能带的扩充。根据电子在能带中的填充情况，能带可分为半充满带、满带和空带三种。满带与空带之间的能量差称为禁带。

（4）根据相互分离的能带与禁带能差大小及其中电子填充的情况，可将晶体分为导体、半导体和绝缘体三类。

具有未充满电子的能带称为导带，具有导带的晶体为导体。当受热时，金属原子的振动幅度增大，阻碍电子的移动，产生电阻。因此，升温可使金属的导电性下降。

满带与空带之间的禁带能量差小于 3 eV 的为半导体。当通过加热、增大电压等手段给予电子能量时，满带中的电子可跃过禁带跳到空带，从而使晶体导电。温度升高，电子的能量升高，能够跃迁到空带的电子增多，从而导电性增大。这是半导体与导体之间导电特性的不同之处。

当空带与满带之间禁带的能量差大于 5 eV 时，外界提供的能量无法使电子跃过禁带，满带中的电子无法移动，不能导电，这样的晶体为绝缘体（图 3-32）。

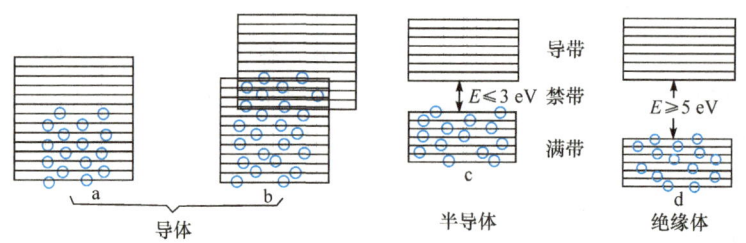

图 3-32　导体、半导体及绝缘体与能带的关系示意图

2. 金属能带理论对金属特性的解释

金属能带理论可以很好地说明金属的许多物理性质。

1）导电性

向金属施加电压时，电子可以从未充满的能带中由低能级向高能级跃迁，并沿外电压方向产生运动，使金属具有导电性。

2）金属光泽

能带中各能级的能差很小，电子可以吸收不同波长的光产生跃迁，同时也可以从不同的高能级跃迁回到低能级，从而放出不同能量的光子，使得金属具有特殊的光泽。

3）延展性

由于金属键为离域键，金属原子移动时并不能导致金属键的破坏，所以金属有较好的延展性和可塑性。

金属晶体中价电子的多少对金属键的强弱有较大的影响。一般地，金属中不成对的单电子越多，金属键就越强，反映在金属的性质上，金属的熔点、硬度和密度相对增大。

3.4　分子间作用力和氢键

3.4.1　分子的偶极矩与极化率

1. 极性分子与非极性分子

在共价分子中，同一种原子形成的共价键，由于原子的电负性相同，吸引电子的能力相同，所以两核之间的电子云不发生偏移,生成的键没有极性,称为非极性键;而由不同的原子组成的共价键,由于原子间可能有较大的电负性差别,两核间的电子云偏向电负性较大的原子一方,从而使键产生极性。例如,在 HF 分子中:

$$\overset{\delta^+}{H}—\overset{\delta^-}{F}$$

电子对偏向 F 原子一方,使其带一部分负电荷,而 H 原子上产生一部分正电荷,这样的键称为极性共价键。

若一个分子是由非极性键组成的,则该分子没有极性,或极性很弱;若是由极性共价键组成的,分子的极性则取决于分子的几何构型。能够使所有极性键的正、负极重心重合在一起的分子不具有极性;反之分子具有极性。

2. 非极性分子的几何构型

非极性分子的几何构型如图 3-33 所示。

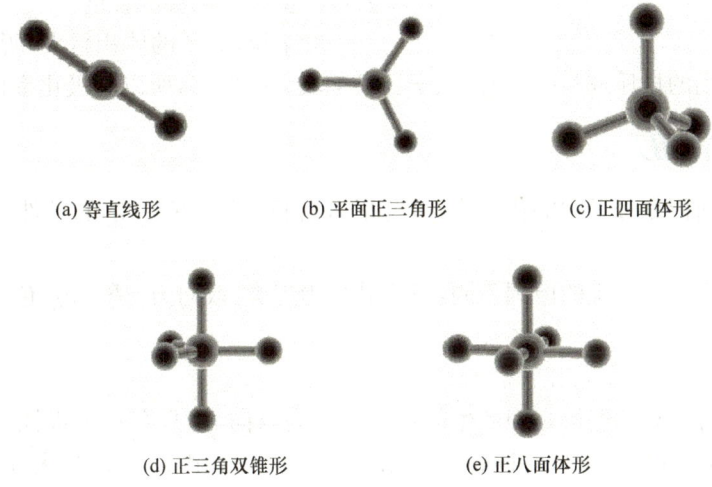

(a) 等直线形　　(b) 平面正三角形　　(c) 正四面体形

(d) 正三角双锥形　　(e) 正八面体形

图 3-33　非极性分子常见的几何构型

具有以上构型的分子,其结构特点是具有对称中心(或重心)。所有键的正、负极都集中反映在对称中心(或重心)上,由于正、负电荷大小相等,可相互抵消,因此整个分子并不显示极性。这样的分子为非极性分子,如 $BeCl_2$、BF_3、CH_4、PCl_5、SF_6 等。

如果分子不具有以上的对称结构,则其极性键的正、负电荷重心不能发生重叠,而使整个分子显示一定的极性。

3. 分子的偶极矩

对于极性分子,其所有极性键的正、负电荷不重叠,正电荷的重心与负电荷的重心分别为分子的两个极。

分子的极性大小常用偶极矩衡量。偶极矩为分子正、负电荷重心之间的距离与偶极所带电量的乘积,即

$$\mu = q \times r$$

由于原子半径的数量级为 10^{-8} cm,偶极矩电量的数量级为 10^{-10} esu(静电单位),因此常把 10^{-18} esu·cm 作为偶极矩的量纲,称为德拜(Debye),以 deb 表示。例如,HF、HCl、HBr、

HI 分子的偶极矩分别为 1.91 deb、1.08 deb、0.80 deb、0.42 deb。

偶极矩为矢量,双原子分子的偶极矩等于其键矩,多原子分子的偶极矩等于分子中所有键矩的矢量和。

一个分子的偶极矩越大,说明其极性越强。非极性分子的偶极矩为零。

4. 分子的极化率

分子的极化率是指当分子受到其他带电场的作用时其偶极矩变化的程度。

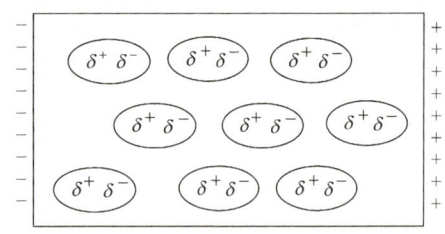

图 3-34　分子在外电场中极化示意图

一个分子在外电场的作用下,偶极矩有较大幅度的增大,说明该分子的极化率较大(图 3-34)。

偶极矩是分子内部原子与原子间吸引电子能力不同而产生的核间电子云偏移效应的综合表现。极化率则是整个分子在外电场作用下,分子整体电子云进一步发生偏移的程度。

一般来说,分子的体积越大,所带负电荷越多,越容易受到外电场的排斥或吸引,而使电子云发生较大的偏移,所以其极化率也就越大。

3.4.2　分子间作用力

共价分子之间依靠分子间的作用力(范德华力)相互吸引,在一定的条件下凝聚成液体或固体。

根据分子间作用力产生的原因不同,可将其分为三类:取向力、诱导力、色散力。

1. 取向力

极性分子本身固有的偶极之间产生的作用力称为取向力,只存在于极性分子之间。当极性分子之间相互靠近时,其偶极之间将产生相互作用。同极相斥,异极相吸(图 3-35),迫使分子必须按一定的方向排列才能够稳定。由极性分子间的正、负极产生的吸引力称为取向力,其特点是具有方向性。

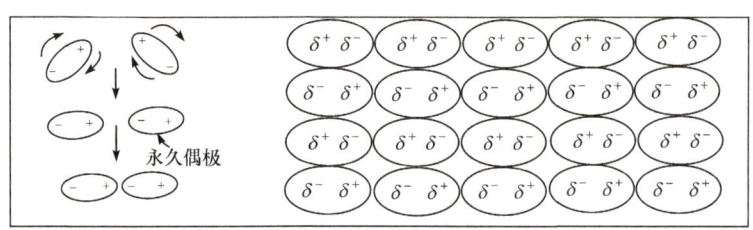

图 3-35　取向力示意图

2. 诱导力

当极性分子与极性分子,或极性分子与非极性分子之间相互接近时,极性分子所产生的电场对其相邻的分子的电子云会产生排斥或吸引作用,致使其相邻的非极性分子产生偶极,或使其相邻的极性分子偶极进一步增大,由此产生的额外偶极称为诱导偶极。

由诱导偶极产生的作用力称为诱导力(图 3-36)。

诱导力存在于极性分子与极性分子之间,也存在于极性分子与非极性分子之间。

3. 色散力

水在较低温度下可以结成冰,是靠取向力和诱导力。对于非极性 CO_2 分子,是靠什么力凝结为干冰?

虽然从统计和宏观的角度来看,CO_2 分子为非极性的,但是,从微观的角度来看,由于分子本身不断地运动,其各个化学键也在以各种形式不断地振动。在某一瞬间,分子中电子的运动可能是不对称的。而且,这种不对称的运动是时时刻刻都存在的。也就是说,在非极性分子乃至所有分子中,都存在一种因分子中电子相对于整个分子的不对称运动,或化学键的不对称振动而产生的瞬时偶极。由这种瞬时偶极而产生的分子间作用力称为色散力。之所以称为色散力,是因为其作用力大小的表达式与描述色散过程的表达式类似。

瞬时偶极与分子固有偶极及诱导偶极的区别是瞬时偶极的大小、方向是时时刻刻在不断变化的,并非是固定不变的(图 3-37)。

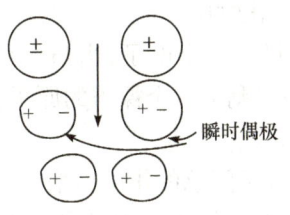

图 3-37 瞬时偶极产生的示意图

色散力另一个典型的特点是随着相对分子质量及分子体积的增大而迅速增大。

4. 分子间作用力的特点

综上所述,分子间作用力具有以下特点:

(1) 分子间作用力属静电引力,其作用能为 $2\sim20\ kJ\cdot mol^{-1}$,为化学键能的 2%~4%。

(2) 分子间作用力是一种短程作用力,只有当分子间的距离足够近时才能发生作用。

(3) 无论何种分子之间都存在色散力。而且在一般情况下,色散力的大小对分子间作用力的大小起主导作用。

(4) 在强极性分子(如 H_2O 分子)中,取向力起主导作用(表 3-4)。

表 3-4 分子间作用力大小的分配

分子	取向力 /(kJ·mol^{-1})	诱导力 /(kJ·mol^{-1})	色散力 /(kJ·mol^{-1})	总和/(kJ·mol^{-1})
Ar	0.000	0.000	8.49	8.49
CO	0.0029	0.0084	8.74	8.75
HI	0.025	0.1130	25.86	25.98
HBr	0.686	0.502	21.92	23.09
HCl	3.305	1.004	16.82	21.13
NH_3	13.31	1.548	14.94	29.58
H_2O	36.38	1.929	8.996	47.28

3.4.3 氢键

在研究碳族、氮族、氧族及卤素氢化物的熔、沸点时发现一种特殊的现象。

从化学键类型看,其氢化物均含极性共价键,分子间作用力以范德华力为主,分子间作用力的大小应随相对分子质量的增大而增大。也就是说,每一族元素氢化物的熔点、沸点应该是依次升高的。但实验测得的数据表明,只有碳族元素的氢化物符合这一规律,而其他族的第一个氢化物的熔点、沸点都比同族其他元素的要高。这说明,在这些氢化物中,除了分子间作用力外,必定还存有另外的作用力。

研究的结果表明,这种额外的作用力就是氢键。

1. 氢键形成的条件

氢键只产生于 H 与电负性较大的元素(如 N、O、F)形成的氢化物中。

氢键产生的原因在于 H 原子的特殊性。因为 H 原子核外只有一个电子,当与电负性很大的元素成键时,其电子被强烈地吸向对方,而 H 原子本身几乎只剩下一个裸露的原子核。

氢键键能的大小比正常的化学键小,但比分子间的范德华力大。

氢键与分子间作用力相比较,其大小在同一数量级上,可使分子间总的作用力增大一倍左右。所以,具有分子间氢键的化合物,分子间的作用力比一般的分子大得多,从而影响化合物的熔点、沸点等性质(表 3-5)。

表 3-5　氢键的键能与键长数据

氢　键	键能/(kJ·mol^{-1})	键长/pm	典型化合物
F—H⋯F	28.1	255	HF
O—H⋯O	18.8	276	冰
RO—H⋯O	25.9	266	甲醇,乙醇
N—H⋯F	20.9	268	NH_4F
N—H⋯O	20.9	286	CH_3CONH_2
N—H⋯N	5.4	338	NH_3

2. 氢键的特点

氢键的特点是具有方向性和饱和性,这也是由 H 原子的结构特点决定的。

由于 H 原子特别小,当形成氢键时,必须与带有孤对电子的原子之间相连,孤对电子间的排斥使氢键为直线形。

又因为 H 原子特别小,位于 H 原子两侧的原子相互靠得较近,在其周围分布有大量的孤对电子,可对其他原子产生排斥作用,导致 H 的配位数只能为2,不再与其他原子结合,生成新的氢键。

根据连接的方式不同,氢键又分为分子间氢键和分子内氢键(图 3-38),分子内氢键对分子间作用力不产生影响。

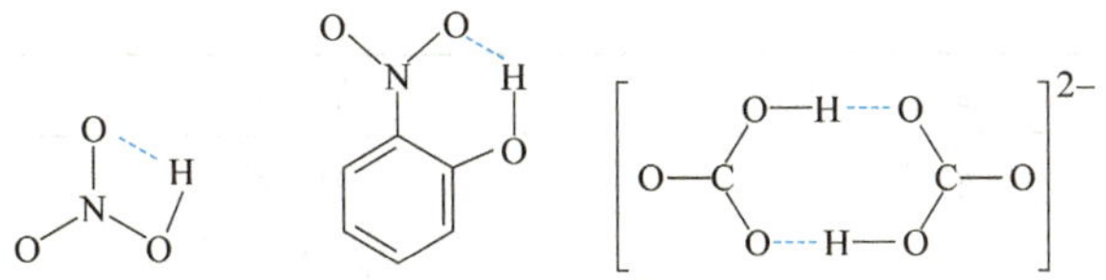

图 3-38　硝酸和邻硝基苯酚的分子内氢键以及碳酸氢根中的分子间氢键

由于只存在分子内氢键，因此 HNO_3 具有较低的沸点，易挥发。分子间氢键的存在使分子彼此相连，拆散氢键需要额外的能量，故熔点、沸点一般较高。由于 HCO_3^- 之间氢键的存在，故 $NaHCO_3$ 在水中的溶解度减小。

3.5　晶体结构

3.5.1　晶体与非晶体

相对于气体和液体，固体具有确定的形状和确定的体积。固态物质种类繁多，但根据组成固体的粒子在固体内部的排列方式，可将固体分为晶体和非晶体两大类。

组成固体的粒子（如离子、原子或分子）在三维空间做有规则的周期性排列，产生的固态物质称为晶体。而由杂乱无序的粒子组成的固态物质为非晶体。

晶体与非晶体的主要区别在于：①晶体有确定的几何外形；②晶体有确定的熔点，非晶体只有软化点；③晶体具有各向异性。

例如，NaCl 晶体，无论晶体颗粒有多大，总是保持有六个相互垂直或平行的平面。玻璃为非晶体，无确定的基本形状，不同的玻璃碎片有不同的形状。

冰为晶体，融化时温度保持在 273.15 K 不变，直至冰全部融化为水，温度才开始上升。而加热非晶体沥青时，会逐渐变软，最后变为液体。在整个过程中，温度一直升高。

石墨为层状晶体，沿垂直方向和沿水平方向对其施加作用力时，结果是不一样的。其次，在不同方向上，石墨的导电性也不一样。这就是晶体各向异性的体现。

3.5.2　晶体的基本外形

1. 七大晶系

构成晶体几何外形的平面称为晶面。相邻晶面之间的夹角称为晶角。相对晶面之间的距离称为晶轴。

研究结果表明，按构成晶体的晶角、晶轴的不同，可将晶体分为七大类，称为七大晶系（表 3-6）。

表 3-6　七大晶系参数

晶系	晶轴间的关系	晶角	实例
立方	$a=b=c$	$\alpha=\beta=\gamma=90°$	$Cu, NaCl$
四方	$a=b\neq c$	$\alpha=\beta=\gamma=90°$	Sn, SnO_2
正交	$a\neq b\neq c$	$\alpha=\beta=\gamma=90°$	$I_2, HgCl_2$

续表

晶 系	晶轴间的关系	晶 角	实 例
单斜	$a\neq b\neq c$	$\alpha=\gamma=90°, \beta\neq 90°$	$S, HClO_4$
三斜	$a\neq b\neq c$	$\alpha\neq\beta\neq\gamma\neq 90°$	$CuSO_4 \cdot 5H_2O$
六方	$a=b\neq c$	$\alpha=\beta=90°, \gamma=120°$	Mg, AgI
三方	$a=b=c$	$\alpha=\beta=\gamma\neq 90°$	Bi, Al_2O_3

2. 十四种晶格

晶体的几何外形是由组成晶体的质点(如分子、离子、原子等)在晶体内部的排布形式决定的。如果将它们抽象为几何上的点,由这些点构成的空间点阵称为晶格。

从七大晶系可衍生出十四种晶格。其中,立方晶系派生出三种,分别为简单立方、体心立方和面心立方;四方晶系派生出两种,分别为简单四方与体心四方;正交晶系派生出四种,分别为简单正交、底心正交、体心正交和面心正交;三方晶系只有简单三方晶格;单斜晶系有简单单斜和底心单斜两种;三斜晶系只有简单三斜晶格;六方晶系只有简单六方晶格(图 3-39)。

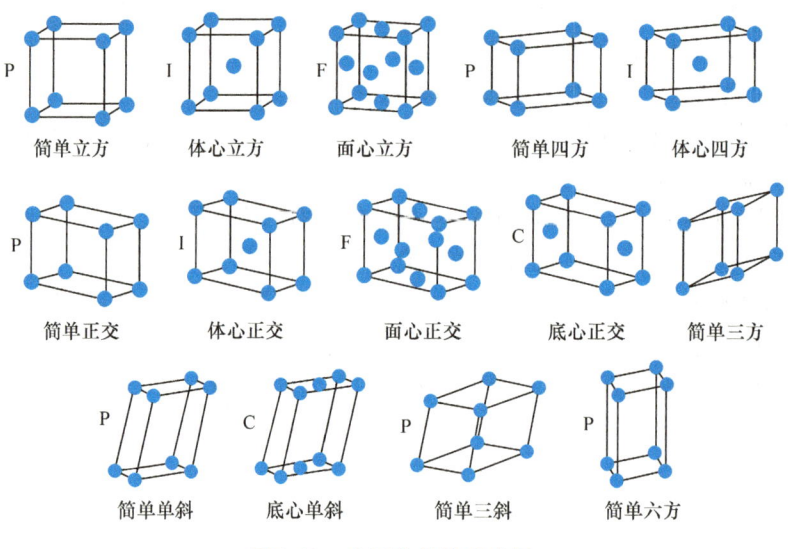

图 3-39　十四种晶格示意图

3. 晶胞

许多晶体是由几种不同的质点组成的,如 NaCl 晶体由 Na^+ 和 Cl^- 组成。能够代表晶体组成及晶体基本结构特征的最小重复单位称为晶胞。

晶胞内,质点的比例应与晶体相同。晶胞中的不同质点一般具有相同的晶格结构。例如,CsCl 晶体为简单立方晶体,其中 Cl^- 和 Cs^+ 组成的晶格都是简单立方晶格。

4. 晶胞内质点总数的计算

晶胞中,位于顶点的质点,有八分之一属于该晶胞;位于边棱上的质点,有四分之一属于该晶胞;位于平面上的质点,有二分之一属于该晶胞;位于晶胞内部的质点,则完全属于该晶胞。

3.5.3 离子晶体

1. 离子晶体的特点

由正、负离子通过离子键结合形成的晶体称为离子晶体。

离子晶体的熔点、沸点高,硬度大,但较脆。其相对密度大,挥发性小。大多数可溶于水,在熔化或溶于水时可导电。

2. 三种典型的离子晶体

对简单的 AB 型离子晶体而言,最常见的有三种晶格:CsCl 型体心立方晶格、NaCl 型面心立方晶格和 ZnS 型面心立方晶格。

三种离子晶体均为 1∶1 的 AB 型结构。但每种晶格中,指定离子周围的异号离子数不同。对于 CsCl 晶体,其离子的配位数为 8,即一个离子周围有 8 个异号离子;对于 NaCl 晶体,其配位数为 6;ZnS 晶体中,离子的配位数为 4。

3. 离子的半径比与晶体结构的关系

同样是 1∶1 的 AB 型结构,为什么会产生不同的晶体结构?其主要原因是正、负离子的半径比不同。

如果把离子看成是带电的小球,根据静电作用理论,一个带电体应尽可能地吸引更多的异号带电体,这样可使体系的能量更低、更为稳定。但是,由于离子是有大小的,这种吸引不可能是任意多的,而是受到离子周围空间大小的限制。观察三种典型离子晶体的结构可以看出,对于立方晶系,由同号离子组成的可容纳异号离子的空隙有三种,即立方体空隙、正八面体空隙和正四面体空隙。

对于离子晶体,设负离子的半径为 r^-,正离子的半径为 r^+。要求正、负离子间要恰好相互接触,可以分别计算出三种典型离子晶体中正、负离子的半径比应满足的条件。

1) CsCl 体心立方晶体

对于 CsCl 体心立方晶体,设负离子完全相互接触,正离子位于立方体的中心,且与 8 个负离子相互接触。设负离子半径为 r^-,正离子半径为 r^+,则立方体边长为 $x=2r^-$,立方体斜对角线为 $2r^-+2r^+=x\sqrt{3}=2r^-\sqrt{3}$,所以有

$$\frac{r^+}{r^-}=\sqrt{3}-1=0.732$$

即当半径比 $\frac{r^+}{r^-}=0.732$ 时,负离子是相互接触的,正、负离子间也是相互接触的。当其半径比 $\frac{r^+}{r^-}>0.732$ 时,正、负离子仍相互接触,而负离子间脱离接触,晶体仍比较稳定。但是当 $\frac{r^+}{r^-}\geqslant 1.0$ 时,正离子半径大得足以容纳下更多的负离子,晶体结构转向配位数为 12 的其他结构。当 $\frac{r^+}{r^-}\leqslant 0.732$ 时,负离子间可相互接触,但正、负离子间的接触不良,造成负离子间排斥力过大,晶体不稳定,转向配位数较少的 NaCl 结构。

2) NaCl 面心立方晶体

对于 NaCl 面心立方晶体，正离子位于负离子构成的正八面体空隙中。同样，设正、负离子间有良好的接触，设负离子半径为 r^-，正离子半径为 r^+，立方体边长的一半 $\frac{1}{2}a = r^+ + r^-$，计算可得离子半径比 $\frac{r^+}{r^-} = 0.414$。

与 CsCl 晶体的讨论相同，当其半径比 $\frac{r^+}{r^-} > 0.414$ 时，正、负离子仍相互接触，而负离子间脱离接触，晶体仍比较稳定。但是当 $\frac{r^+}{r^-} \geqslant 0.732$ 时，正离子半径大得足以容纳下更多的负离子，晶体结构转向配位数为 8 的 CsCl 晶体结构。当 $\frac{r^+}{r^-} \leqslant 0.414$ 时，负离子间可相互接触，但正、负离子间的接触不良，造成排斥力过大，晶体不稳定，转向配位数较少的 ZnS 结构（图 3-40）。

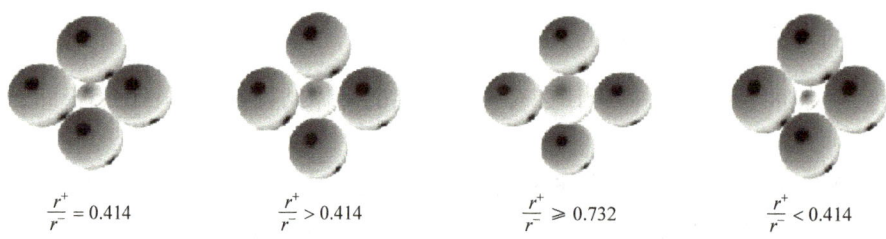

图 3-40 不同离子半径比条件下 NaCl 晶体中正、负离子的相互关系示意图

3) ZnS 型面心立方晶体

对于 ZnS 型面心立方晶体，正离子位于负离子构成的正四面体空隙中。同样，设正、负离子间有良好的接触，设负离子半径为 r^-，正离子半径为 r^+，则求得

$$\frac{r^+}{r^-} = \sqrt{\frac{3}{2}} - 1 = 0.225$$

与前面两个晶体结构的讨论相同，当其半径比 $\frac{r^+}{r^-} > 0.225$ 时，正、负离子仍相互接触，而负离子间脱离接触，晶体仍比较稳定。但是当 $\frac{r^+}{r^-} \geqslant 0.414$ 时，正离子半径大得足以容纳下更多的负离子，晶体结构转向配位数为 6 的 NaCl 晶体结构。当 $\frac{r^+}{r^-} \leqslant 0.225$ 时，负离子间可相互接触，但正、负离子间的接触不良，造成排斥力过大，晶体不稳定，转向配位数更少的其他晶体结构。

综上所述，离子晶体的结构与正、负离子的半径比密切相关（表 3-7）。但也有例外的情况。例如，RbCl 晶体正、负离子的半径比为 0.82，理论上应为 CsCl 结构，配位数为 8，但实际却为 NaCl 结构，配位数为 6。这种例外一般可用离子极化现象解释。

表 3-7　AB 型离子晶体的晶格结构与正、负离子半径比的关系

负离子堆积方式	离子晶体类型	正离子所处位置	正、负离子配位数	r^+/r^-	晶体实例
简单立方堆积	CsCl 型	立方体中心	8∶8	0.732～1	CsCl,CsBr,CsI,TlCl,NH$_4$Cl,TlCN 等
面心立方密堆积	NaCl 型	八面体中心	6∶6	0.414～0.732	大多数碱金属卤化物、某些碱土金属氧化物、硫化物,如 CaO,MgO,CaS,BaS 等
面心立方密堆积	立方 ZnS 型	四面体中心	4∶4	0.225～0.414	ZnS,ZnO,HgS,MgTe,BeO,BeS,CuCl,CuBr

3.5.4　离子极化现象

在讨论离子半径、离子键长、离子晶体结构、计算晶格能等的过程中,均将正、负离子视为相互接触的、不变形的带电刚性球体。

根据离子键理论,离子的电荷越高,半径越小,离子键的强度也就越大。对于 Ag 的卤化物 AgF、AgCl、AgBr 及 AgI,其正离子为 Ag$^+$,而负离子的半径依次增大,理论上离子键的强度顺序应为

$$AgF>AgCl>AgBr>AgI$$

在水中的溶解度顺序应为

$$AgF<AgCl<AgBr<AgI$$

但是实验结果发现,Ag 的卤化物在水中的溶解度顺序为

$$AgF>AgCl>AgBr>AgI$$

与理论的推测相反。

这说明,如果离子键理论没有问题,则在这些离子晶体内必定还存在另外的因素对其溶解度等性质产生影响。这个因素就是离子极化现象。

1. 离子极化的概念

如果把离子看成是带电的球体,对于阳离子和阴离子相互接触形成离子键时,阳离子所带的正电荷对阴离子核外的电子云有吸引作用,使其从原来的球形平衡位置向阳离子方向发生偏移。

对于核外仍保持有较多电子的阳离子,如 18 电子结构的 Ag$^+$、Hg^{2+} 等阳离子,其核外电子云也会因受到阴离子负电荷的排斥而发生偏移,二者综合的结果导致离子的变形及正、负离子间电子云发生一定程度的重叠,使得离子键中包含有一定量的共价键成分(电子云或原子轨道间的重叠被认为是共价键),这种现象称为离子极化。

1) 离子极化作用

在离子型化合物中,带有正电荷且半径较小的阳离子对相邻阴离子的核外电子云可以产生较强的吸引作用,使阴离子电子云的分布发生改变,从而使阴离子内部产生一个额外的偶极。阳离子的这一作用称为离子的极化作用,即使对方产生额外偶极的能力大小。

2) 离子的极化率

阴离子由于核外有较多的电子，半径较大，当对核外电子吸引不够强烈时，在阳离子的作用下，容易发生电子云的偏移而产生额外的偶极，这种现象称为离子的极化率，或称为离子的变形性。

3) 影响离子极化的因素

在讨论离子极化现象时，一般分两部分讨论：对于阳离子，主要讨论其极化作用；对阴离子，则主要讨论其极化率或变形性。但带较多负电荷的阴离子也体现出较强的极化作用，而核外有较多电子的阳离子也体现出一定的变形性。

（1）影响阳离子极化作用的因素包括：①阳离子的电荷越高，极化能力越强，如 Si^{4+} > Al^{3+} > Mg^{2+} > Na^+；②阳离子的半径越小，极化能力越强，如 Mg^{2+} > Ca^{2+} > Sr^{2+} > Ba^{2+}；③对于不同电子层结构的阳离子，对离子极化贡献大小为

2 电子层结构 > 18+2 及 18 电子层结构 > 9～17 电子层结构 > 8 电子层结构

这是因为具有 2 电子层结构阳离子的离子半径都很小，容易靠近阴离子，吸引其电子云而使其产生离子极化，如 Li^+、Be^{2+} 的极化作用很强。

18+2 和 18 电子层结构以及 9～17 电子层结构的阳离子有较强的极化能力。这是因为 d 电子对核电荷的屏蔽作用较小，阳离子有效核电荷较高，从而产生较强的极化能力。且其核外过多的电子也易被阴离子所排斥，从而使阳离子也产生一定程度的极化，进一步增大了离子型化合物的离子极化程度。Ag^+、Hg^{2+}、Sn^{4+} 的极化作用和变形性都很强。

8 电子层结构的离子具有较大的离子半径，且稳定的稀有气体电子层结构，对核电荷有较强的屏蔽作用，使其极化能力减弱。

（2）影响阴离子极化率的因素包括：①阴离子的电荷越高，极化率越显著，如 S^{2-} > Cl^-；②阴离子的半径越大，极化率越显著，如 I^- > Br^- > Cl^- > F^-；③对称性高的复杂离子极化率较小，如 ClO_4^- < NO_3^- < CN^-。

2. 离子极化现象对离子型化合物性质的影响

1) 对键型的影响

离子极化现象的存在使离子间的电子云发生一定程度的重叠，随着离子极化的加剧，化学键将由离子键向极性共价键转化，晶体也将由离子晶体向分子晶体转化（图 3-41）。

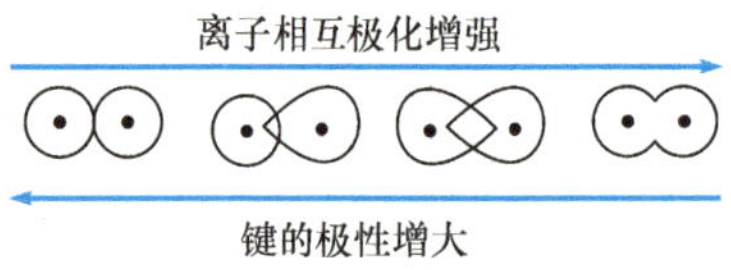

2) 对晶体结构的影响

离子极化使正、负离子间距离更加靠近，从而增大了负离子间的排斥作用。其结果是使正离子的配位数减少，即离子极化使晶体的配位数降低（表 3-8）。

图 3-41 离子极化程度对键型的影响

表 3-8 卤化银的晶格类型

离子晶体	AgCl	AgBr	AgI
理论核间距/pm	307	321	342
实测核间距/pm	277	288	281
变形改变值/pm	30	33	61
理论晶体构型	NaCl	NaCl	NaCl
实际晶体构型	NaCl	NaCl	ZnS
配位数	6	6	4

3) 对离子型化合物性质的影响

由于离子极化,晶体由离子晶体向分子晶体转变,其熔点、沸点趋于降低,如下列化合物的熔点:$BeCl_2$,405 ℃;$CaCl_2$,772 ℃;$HgCl_2$,276 ℃。由于共价键成分增大,化合物在水中的溶解度也趋于减小,如下列化合物的溶解度:AgF 易溶,AgCl 约 10^{-5} mol·L^{-1},AgBr 约 7×10^{-7} mol·L^{-1},AgI 约 9×10^{-9} mol·L^{-1}。同时,离子极化可使正、负离子的电子受到激发时在离子间发生跃迁,从而产生颜色。一般离子极化程度越高,化合物颜色越深,如下列化合物的颜色:$CuCl_2$ 浅绿色,$CuBr_2$ 深棕色,ZnI_2 无色,CdI_2 黄绿色,HgI_2 红色。

应当注意的是,离子极化现象并不是决定化合物以上性质的唯一因素。化合物的溶解度、颜色、熔点等是由多种因素决定的,如晶格能、晶体缺陷及晶体结构等因素。所以,有些现象不能用离子极化现象得到令人满意的解释。例如,HgI_2 有红色和黄色两种颜色,是由晶体结构不同造成的。

3.5.5 原子晶体

组成原子晶体的质点为原子,其作用力为共价键。晶体结构主要由共价键的空间分布结构决定。由于共价键有较大的键能,因此原子晶体一般都具有较高的熔点和硬度,有一定的机械加工性,一般不导电。

有些原子晶体处于向金属晶体过渡的状态,在特定条件下也能够导电,如单晶硅、单晶砷等。

某些混合型晶体(如石墨),由于其结构中存有离域大 π 键而能够导电。在石墨中,C 原子采用的是 sp^2 杂化轨道成键,每个 C 原子与周围三个 C 原子相连,构成一个蜂窝层状结构,每一层中都形成一个离域大 π 键。因此,石墨具有导电性。石墨层与层之间是靠分子间引力结合,受力时可滑动,故又可作润滑剂。

3.5.6 金属晶体

1. 金属晶体的结构

金属原子的特点是核外价电子数较少。为了使尽可能多的原子共用这些价电子,金属在形成晶体时,总是倾向于形成尽可能紧密的结构,即尽可能多地与其他原子接触,使价轨道达到最大重叠,以产生较为稳定的结构。

根据 X 衍射测定的数据表明,金属主要有三种晶体结构:①体心立方紧密堆积(body-centered cubic closed packing,BCC);②面心立方紧密堆积(face-centered cubic closed packing,FCC);③六方紧密堆积(hexagonal closed packing,HCP)。

金属晶体采取何种形式的紧密堆积,主要由其价电子数、温度和压力等因素决定。常温下价电子数是决定金属晶体结构的主要因素。

2. 体心立方紧密堆积

碱金属、部分碱土金属及少数其他过渡金属(如 Cr、Mo、W、Fe 等)主要采取体心立方紧密堆积。这是三种紧密堆积中最不紧凑的一种,空间占有率为 68%。

在这种紧密堆积中,原子组成的空隙只有一种,即由六个原子组成的正八面体空隙。

从结构上看,每个原子周围有六个这样的空隙。每个原子要向这样的空隙提供至少六分之一的价电子,也就是说,这样的空隙中至少应该有一个电子才能将周围的六个原子吸引在一起,保证晶体的稳定存在。

对于碱金属,其核外只有一个价电子,所以只能生成体心立方形的晶体。如果在外力的作用下使金属原子移动,产生其他类型的空隙,则可能满足不了在所有空隙中都有电子的要求。这样,就会在晶体内部产生排斥作用,造成晶体破坏。因此,碱金属晶体硬度较小,且比较脆。

同理,这种空隙可容纳较多的电子。因此,成单电子较多的金属通常也采取这种结构。

3. 面心立方紧密堆积和六方紧密堆积

在这两种紧密堆积中,金属原子所占据的空间是相同的,均为 74%,其结构之所以不同,是因为金属原子自下而上在第三层的排列上有差别,如图 3-42 所示。

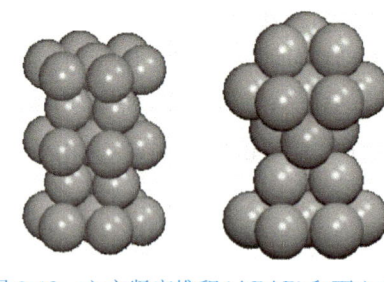

图 3-42 六方紧密堆积(ABAB)和面心立方紧密堆积(ABCABC)示意图

两种紧密堆积的第一、二层金属原子的排列方式是相同的。若第三层金属原子的排列方式与第一层的排列方式相同,则产生六方紧密堆积;若第三层金属原子的排列方式与第一层的排列方式不同,则产生面心立方紧密堆积。

3.5.7 分子晶体

共价小分子通过分子间作用力(和氢键)结合而成的晶体称为分子晶体。由于分子晶体中分子之间的作用力是弱的范德华力(和氢键),因此分子晶体的硬度小,熔点、沸点低,不导电,延展性差。

习 题

1. 离子键没有方向性和饱和性,但在离子晶体中,每个离子又有一定的配位数,即每个正、负离子周围都有一定数目的带相反电荷的离子,这两种说法是否矛盾?
2. 试用玻恩-兰德晶格能计算公式求氯化钾的晶格能。   (685 kJ·mol^{-1})
3. 原子轨道重叠形成共价键必须满足哪些原则?σ键和π键有什么区别?
4. $COCl_2$ 分子中,中心原子 C 采用的是_____杂化方式,分子的空间构型为_____。该分子中有_____个 σ 键,_____个 π 键。
5. 在 BCl_3 和 NCl_3 分子中,中心原子的配体数相同,但为什么二者的中心原子采取的杂化类型和分子的构型却不同?
6. NCl_3 分子中,N 原子与三个 Cl 原子之间成键所采用的轨道是(   )。
   A. 两个 sp 杂化轨道,一个 p 轨道成键   B. 三个 sp^3 杂化轨道成键
   C. p_x、p_y、p_z 轨道成键   D. 三个 sp^2 杂化轨道成键
7. 根据价层电子对互斥理论,BrF_3 分子的几何构型为(   )。
   A. 平面三角形   B. 三角锥形   C. 三角双锥   D. T 形
8. ClO_3F 分子的几何构型为(   )。
   A. 直线形   B. 平面正方形   C. 四面体   D. 平面三角形
9. 试写出下列各化合物分子的空间模型、成键时中心原子的杂化轨道类型及分子的偶极矩(是否为零)。
   (1) SiH_4 (2) H_2S (3) BCl_3 (4) $BeCl_2$ (5) PH_3

10. 用价层电子对互斥理论判断并填写下表:

物　　质	成键电子对数	孤对电子对数	分子或离子的构型
XeF_4			
AsO_4^{3-}			

11. 用价层电子对互斥理论判断下列分子或离子的构型:
    (1) PCl_6^-　　　　(2) XeF_2　　　　(3) SO_2　　　　(4) SCl_2

12. 根据价层电子对互斥理论,IF_5 分子中,I 原子的价电子总数是_____,价层电子对产生的空间构型是_____,分子的空间构型是_____。

13. 对 N_2、O_2 分子回答下列问题:
    (1) 分别写出它们的分子轨道式。
    (2) 计算它们的键级,说明它们的成键情况和磁性。
    (3) N_2^+、O_2^+ 分别与 N_2、O_2 分子相比,键的强度是如何变化的?

14. 根据分子轨道理论,B_2 与 H_2 的键级均为 1,H_2 具有化学稳定性,而 B_2 只具有光谱稳定性。试解释其原因。

15. 画出 NO 的分子轨道能级图,写出 NO 的分子轨道表示式,计算其键级,说明其稳定性和磁性高低(NO 的分子轨道能级与 O_2 分子相似,O 原子的 2s、2p 轨道能量略低于 N 原子的 2s、2p 轨道的能量)。

16. 根据分子轨道理论说明 CO 分子的成键情况,并说明为什么 C 和 O 的电负性差较大,而 CO 分子的极性却较弱。

17. 在下列各组分子中,哪一种化合物的键角更大? 说明其原因。
    (1) CH_4 和 NH_3　　(2) OF_2 和 Cl_2O　　(3) NH_3 和 NF_3　　(4) PH_3 和 NH_3

18. 已知 N 与 H 的电负性差(0.8)小于 N 与 F 的电负性差(0.9),为什么 NH_3 分子的偶极矩却比 NF_3 大? 已知 NH_3 分子的偶极矩为 1.5 deb,NF_3 分子的偶极矩为 0.2 deb。

19. 为什么由不同种元素形成的 PCl_5 分子为非极性分子,而由同种元素形成的 O_3 分子却是极性分子?

20. 下列各种含氢的化合物中含有氢键的是(　　)。
    A. HI　　　　B. $NaHCO_3$　　　　C. CH_4　　　　D. SiH_4

21. 下列化合物中不存在氢键的是(　　)。
    A. HNO_3　　B. H_2S　　　　C. H_3BO_3　　　　D. H_3PO_4

22. 具有分子内氢键的分子是(　　)。
    A. H_2O　　B. NH_3　　　　C. HNO_3　　　　D. C_6H_6

23. HNO_3 的相对分子质量比 H_2O 大得多,但其沸点只有 76 ℃。试解释其原因。

24. 氢键一般具有_____性和_____性,分子间存在氢键使物质的熔点、沸点_____,而具有分子内氢键的物质的熔点、沸点通常_____。

25. HF 的分子间氢键比 H_2O 的强,为什么 HF 的沸点及气化热均比 H_2O 的低?

26. 下列几种物质的分子间只存在色散力的是(　　)。
    A. CO_2　　B. NH_3　　　　C. H_2S　　　　D. HBr

27. 判断下列各组物质间存在什么形式的分子间作用力。
    (1) 硫化氢气体　　(2) 甲烷气体　　(3) 氯仿气体　　(4) 氨气
    (5) 溴与四氯化碳　　(6) 氖与水

28. 下列卤化物中共价性最强的是(　　)。
    A. LiF　　　　B. RbCl　　　　C. LiI　　　　D. BeI_2

29. 按从小到大的顺序排列以下各组物质:
    (1) 按离子极化能力排列:$MnCl_2$　　$ZnCl_2$　　NaCl　　$CaCl_2$

(2) 按键的极性排列:NaCl　HCl　Cl$_2$　HI

30. 试用离子极化的理论解释 Cu$^+$ 与 Na$^+$ 虽然半径相近(前者 96 pm,后者 95 pm)电荷相同,但是 CuCl 和 NaCl 熔点相差很大(前者 425 ℃,后者 801 ℃)、水溶性相差很远(前者难溶,后者易溶)。

31. 解释 ZnS、CdS、HgS 颜色变深,水溶性降低的原因。

32. 将 AlCl$_3$、MgCl$_2$、NaCl、SiCl$_4$ 晶体的熔点按由高到低顺序排列,说明其依据。

33. 一个离子具有下列哪一种特性,则它的极化能力最强(　　)?
    A. 离子电荷高,离子半径大　　　　　B. 离子电荷高,离子半径小
    C. 离子电荷低,离子半径小　　　　　D. 离子电荷低,离子半径大

34. 用离子极化理论说明下列各组氯化物的熔点、沸点高低。
    (1) MgCl$_2$ 和 SnCl$_4$　　(2) ZnCl$_2$ 和 CaCl$_2$　　(3) FeCl$_3$ 和 FeCl$_2$　　(4) MnCl$_2$ 和 TiCl$_4$

35. 氯苯的偶极矩是 1.73 deb,预计对二氯苯的偶极矩应为(　　)deb。
    A. 3.46　　　　　　　B. 1.73　　　　　　　C. 0　　　　　　　D. 1.00

36. 指出下列物质晶体中质点间的作用力、晶体类型和熔点高低。
    (1) KCl　　　　　　　(2) SiC　　　　　　　(3) CH$_3$Cl
    (4) NH$_3$　　　　　　(5) Cu　　　　　　　(6) Xe

37. 原子晶体其晶格点阵上的微粒为_____,其间的作用力是_____。这类晶体一般熔点、沸点_____,如_____和_____两种晶体就是原子晶体。

38. C 和 Si 属同族元素,为什么 CO$_2$ 形成分子晶体而 SiO$_2$ 却形成原子晶体?

39. Si 和 Sn 的电负性相差不大,为什么常温下 SiF$_4$ 为气态而 SnF$_4$ 却为固态?

40. 已知铜的晶格形式是面心立方,晶胞边长为 $a=0.368$ nm,试求:
    (1) 铜的原子半径。
    (2) 晶胞体积。
    (3) 一个晶胞中铜的原子数。
    (4) 铜的密度。

41. 下列说法是否正确?举例说明其原因。
    (1) 极性分子只含极性共价键。
    (2) 非极性分子只含非极性共价键。
    (3) 色散力只存在于非极性分子之间。
    (4) 离子型化合物中不可能含有共价键。
    (5) 全由共价键结合形成的化合物只能形成分子晶体。
    (6) 同温同压下,相对分子质量越大,分子间的作用力越大。
    (7) σ 键比 π 键的键能大。
    (8) 阴离子的变形性越大,其形成的化合物在水中的溶解度越小。
    (9) 阳离子的极化能力越强,其形成的化合物在水中的溶解度越小。
    (10) 共价型的氢化物间可以形成氢键。

第4章 定量分析的过程

学习要求

(1) 掌握样品采集的原理,了解样品采集的方法。
(2) 熟悉固体试样的制备方法,掌握试样的分解方法。
(3) 掌握定量分析结果的表示形式、标准溶液的配制和滴定分析结果的计算。

定量分析过程大致包括取样、试样的分解、干扰组分的分离、测定、数据处理及分析结果的表示。本章介绍样品的采集、制备和分解方法,并重点介绍滴定方式、基准物质的条件、标准溶液的配制、定量分析结果的表示形式及滴定分析结果的计算等。

4.1 分析方法的分类与选择

4.1.1 分析方法的分类

就其任务来说,分析化学主要分为定性分析和定量分析。定性分析的任务是确定物质的组成,即鉴定和检出物质是由哪些元素、原子团或化合物组成;定量分析的任务是确定物质中有关成分的含量。本书主要讨论定量分析方法。

根据测定原理和操作方法的不同,可以分为化学分析法和仪器分析法。

1. 化学分析法

以物质的化学反应为基础的分析方法称为化学分析法。按操作方式的不同,化学分析法主要分为重量分析法和滴定分析法两种。

重量分析法是通过称量反应产物的质量以确定被测物组分在试样中含量的方法。重量分析法又可分为挥发法、电解法和沉淀法三种,其中以沉淀重量法最为重要。例如,水泥熟料中二氧化硅含量的测定采用氯化铵重量法,而样品中水分的测定大多采用气化法。

将已知准确浓度的标准溶液用滴定管加入待测溶液中,直到待测组分恰好完全反应,然后根据标准溶液的浓度和消耗的体积计算出待测组分的含量,这一类分析方法统称为滴定分析法。滴加标准溶液的操作过程称为滴定。滴加的标准溶液与待测组分恰好反应完全的这一点称为化学计量点。按照化学反应的类型,滴定分析法可分为酸碱滴定法、配位滴定法、氧化还原滴定法和沉淀滴定法。例如,总碱度的测定常采用酸碱滴定法,水中钙、镁含量的测定常采用配位滴定法,铁矿石中三氧化二铁的测定多采用氧化还原滴定法,食盐和芒硝中氯的测定采用沉淀滴定法等。

2. 仪器分析法

以物质的物理和物理化学性质为基础的分析方法称为物理和物理化学分析法。这类方法都需要较特殊的仪器，通常称为仪器分析法。主要的仪器分析法有以下四种。

1) 光学分析法

光学分析法是根据物质的光学性质所建立的分析方法，主要包括：①分子光谱法，如可见和紫外吸光光度法、红外光谱法、分子荧光及磷光分析法；②原子光谱法，如原子发射光谱法、原子吸收光谱法；③其他，如激光拉曼光谱法、光声光谱法、化学发光分析等。

2) 电化学分析法

电化学分析法是根据物质的电化学性质所建立的分析方法，主要包括电势分析法、电重量法、库仑法、伏安法、极谱法和电导分析法。

3) 热分析法

热分析法是指在程序控制温度条件下，测量物质的物理性质随温度变化的函数关系的方法，主要有差热分析法、差示扫描量热法和热重法。其基本原理在于物质在加热或冷却的过程中，伴随着其物理状态或化学状态的变化，如热力学性质(如热焓、比热容、导热系数等)或其他性质(如质量、力学性质、电阻等)的变化。

4) 色谱法

色谱法是一种重要的分离富集方法，主要包括气相色谱法、液相色谱法(又分为柱色谱、纸色谱)以及离子色谱法。近年发展起来的质谱、核磁共振、X射线衍射、电子显微镜以及毛细管电泳等大型仪器的分离分析方法使得分析手段更为强大。

3. 其他分析方法

根据分析对象的不同还可分为无机分析和有机分析。在无机分析中，组成无机物的元素种类较多，通常要求鉴定物质的组成和测定各成分的含量。在有机分析中，组成有机物的元素种类不多，但结构相当复杂，分析的重点是官能团分析和结构分析。

根据试样的用量及操作规模不同，可分为常量、半微量、微量和超微量分析(表4-1)。

表4-1 各种分析方法的试样用量

方　法	试样质量	试液体积/mL
常量分析	>0.1 g	>10
半微量分析	0.01～0.1 g	1～10
微量分析	0.1～10 mg	0.01～1
超微量分析	<0.1 mg	<0.01

根据待测成分含量高低不同，又可粗略分为常量成分(质量分数>1%)、微量成分(质量分数为0.01%～1%)和痕量成分(质量分数<0.01%)的测定。痕量成分的分析不一定是微量分析，为了测定痕量成分，有时取样千克以上。

一般化验室日常生产中的分析称为例行分析。不同单位对分析结果有争论时，请权威的单位进行裁判的分析工作称为仲裁分析。

4.1.2 分析方法的选择

试样分解后,即可用所选择的分析方法对被测组分进行测定。测定前,应根据测定的具体要求、被测组分的含量和性质、共存组分的影响等方面综合考虑,选择适当的测定方法。

1. 根据测定的具体要求

当分析一样品时,首先要明确分析的目的和要求。一般对标准样品和成品分析的准确度要求较高,应选用准确度较高的标准分析方法;而生产过程中的控制分析则要求快速简便,应在能满足所要求准确度的前提下,尽量采用各种快速分析方法。

2. 根据待测组分的含量范围

依据待测组分的含量不同选择合适的分析方法。对常量组分($>1\%$)的测定,多选用滴定分析法和重量分析法。滴定分析法准确、简便、快速,在二者均可采用的情况下,一般选用前者。对于微量组分($<1\%$)的测定,选用灵敏度较高的仪器分析法。例如,铁矿石中铁的测定常采用氧化还原滴定法或配位滴定法,而水样中铁的测定常采用吸光光度法或原子吸收光谱法。

3. 根据待测组分的性质

了解待测组分的性质有助于分析方法的选择。例如,大部分金属离子可与EDTA形成稳定的配合物,因此配位滴定法是测定金属离子的重要方法之一,硅酸盐样品中金属离子(如铁、铝、钙、镁、钛、锰、锌等)均可采用EDTA配位滴定法测定;有些具有氧化性或还原性的成分可采用氧化还原滴定法测定;合金及钢铁样品中的金属离子多采用吸光光度法和原子吸收法等测定。

4.2 分析试样的采集、制备与分解

4.2.1 分析试样的采集

试样的采集是指从大批物料中采取少量样本作为原始试样。为确保采集的部分试样具有与整体试样完全相同的性质,采集试样应具有代表性。否则,后续分析工作无实际意义,并给实际工作造成混乱,甚至带来巨大的损失。为了保证取样的准确性,又不致花费较多的人力和物力,取样时应按照一定的原则、方法进行。不同物料的具体操作方法相差较大,可参阅相关的国家标准和各行业制定的标准。

1. 样品采集的原理

在采样点上采集的一定量的物料称为子样;应布的取样点的个数称为子样的数目;合并所有的子样称为实验室样品即原始平均试样;应采取一个实验室样品的物料总量称为分析化验单位。采取有代表性的实验室样品时,应根据物料的堆放情况及颗粒大小,从不同部位和深度选取多个采样点,采取一定量的样品,混合均匀。采取的份数越多越有代表性。但是采样量过大,会给后面的制样带来麻烦。

一般来说,固态的工业产品颗粒都比较均匀,其采样方法简单,而有些固态产品(如矿石)其颗粒大小不太均匀,应采取的样品数量与矿石的性质、均匀程度、颗粒大小和被测组分含量的高低等因素有关。对于不均匀的物料,可采用下列经验公式计算试样的采集量:

$$m_Q \geqslant kd^a \tag{4-1}$$

式中:m_Q 为采取实验室样品的最低可靠质量,kg;k,a 为经验常数,由实验室求得,一般 k 值为 $0.02\sim1$ kg·mm^{-2},样品越不均匀,k 值越大,$a=1.8\sim2.5$,地质部门一般规定为 2;d 为实验室样品中最大颗粒的直径,mm。

由式(4-1)可知,物料的颗粒越大,最低采样量越多;样品越不均匀,最低采样量也越多。因此,对块状物料,应在破碎后再采样。

【例 4-1】 采集某矿石样品时,若此矿石的最大颗粒直径分别为 4 mm 和 20 mm,k 值为 0.06 kg·mm^{-2},计算样品的最低可靠质量。

解
$$m_Q \geqslant 0.06 \times 4^2 = 0.96 (\text{kg}) \approx 1 (\text{kg})$$
$$m_Q \geqslant 0.06 \times 20^2 = 24 (\text{kg})$$

2. 样品采集的方法

由于物料所处的状态及环境不尽相同,应采取相应的采集方式及方法,以获取具有代表性的试样。

1) 固体试样的采集

固体物料的化学成分分布和粒度往往不均匀,因此应按一定方式选取不同点进行采样,以保证所采试样的代表性。采样点的选择方法有多种,如随机性地选择采样点的随机采样法、根据有关分析组分分布信息等有选择性地选取采样点的判断采样法、根据一定规则选择采样点的系统采样法等。随机采样的采样点比较多才有高的代表性,其次是系统采样,判断采样法选取的采样点相对较少。一般来说,采样点的数目越多,试样的组成越具有代表性,但耗时、耗力。显然,采样点的数目与对采样准确度的要求有关,还与物料组成的不均匀性和颗粒大小、分散程度有关。

2) 液体试样的采集

各类液体试样除易于流动、化学组成分布较均匀外,还有相对密度、挥发性、刺激性、腐蚀性等方面的特性差异。液体物质有水、液态试剂、工业溶剂、油品、饮料和体液等,一般比较均匀,因此采样数可以较少。对于体积较小的物料,通常可在搅拌下直接用瓶子或取样管取样。当物料的量较大时,人为的搅拌较难有效地使试样混合均匀,此时应从不同的位置和深度分别采样,以保证其代表性。水质分析应依据具体情况,采取不同的采样方法。例如,采集水管中的水样时,应事先让水龙头放水 10~15 min,然后用洁净的取样瓶采集水样;采集江、河、池、湖中的水样时,应根据分析目的及水系的具体情况选择采样点,用采样器在不同深度各取一子样,混合均匀后作为分析试样;对于管网中的水样,一般需定时收集 24 h 试样,混合后作为分析试样。

液体试样的化学组成常因溶液中的化学、生物或物理作用而发生变化。因此样品一旦采好,需要立即进行测试,否则应采取适当的保存措施。可采用控制溶液的 pH、加入化学稳定试剂、冷藏和冷冻、避光和密封等措施。这些措施可以减缓生物作用、化合物的水解、氧化还原作用及减少组分的挥发。

3) 气体试样的采集

气体试样有大气、化工原料气、燃料气、废气、厂房空气及汽车尾气等。气体的特点是质量较小、流动性大,而且体积随环境温度或压力的改变而显著改变。气体由于扩散作用,较易混匀。但因气体存在的形式不同而使情况复杂,如静态的气体与动态的气体取样方法应有区别。在化工厂中最常采集的各种气体试样如下:

(1) 平均试样。用一定装置使取样过程能在一个相当时间内,或整个生产循环中,或在某生产过程的周期内进行,所取试样可以代表一个过程或循环内气体的平均组成。

(2) 定期试样。是经过一定时间间隔所采取的试样。

(3) 定位试样。是在设备中不同部位(如上部、中部、下部)所采集的试样。

(4) 混合试样。是几个试样的混合物,这些试样取自不同对象,或在不同的时间内取自同一对象。

依据气体所处的状态又分为常压气体状态采样、正压气体状态采样和负压气体状态采样等。气体试样的化学成分通常较稳定,不需采取特别的措施保存。对于吸附剂采集的试样,可通过加热或用适当的溶剂萃取后用于分析。用其他方法采集的气体试样一般不需制备即可用于分析。

4.2.2 分析试样的制备

气体和液体试样可直接作分析试样使用。固体试样的粒度和化学组成不均匀、质量大,因此需对其进行加工处理,以使其数量大为减少,但又能代表原始试样。通常要将其处理成 100~300 g 供分析用的最终试样,即实验室试样(laboratory sample)。由于液体和气体试样一般比较均匀,混合后取少量用于分析即可。这里以矿石试样为例,简要介绍固体试样的制备方法。将固体原始试样处理成实验室试样的这一处理过程称为试样的制备,一般需要经过破碎、过筛、混合、缩分等步骤。

1. 破碎和过筛

破碎可分为粗碎、中碎、细碎和粉碎 4 个阶段。根据实验室试样的颗粒大小、破碎的难易程度,可采用人工或机械的方法逐步破碎,直至达到规定的粒度。粗碎用颚式碎样机把试样粉碎至能通过 4~6 号筛。中碎用盘式碎样机把粗碎后的试样磨碎至能通过约 20 号筛。细碎用盘式碎样机进一步磨碎,必要时用研钵研磨,直至能通过所要求的筛孔为止。分析试样要求的粒度与试样的分解难易等因素有关,一般要求通过 100~200 号筛。筛子一般用细铜合金丝制成,其孔径用筛号(网目)表示,我国现用标准筛筛号可参见表 4-2。

表 4-2 我国现用标准筛筛号

筛号/网目	3	6	10	20	40	60	80	100	120	140	200
筛孔直径/mm	6.72	3.36	2.00	0.83	0.42	0.25	0.177	0.149	0.125	0.105	0.074

2. 混合与缩分

经破碎后的试样,其粒度分布和化学组成仍不均匀,须经混合处理。经充分混合之后,从中任取一部分,其粒度分布是均匀的,其化学组成能充分代表总样的化学组成。试样每经一次破碎后,使用机械(分样器)或人工方法取出一部分有代表性的试样,继续加以破碎,这样就可使试样量逐步减少,这个过程称为缩分。常用的缩分方法有锥形四分法、正方形挖取法和分样器缩分法。

1) 锥形四分法

将已粉碎的试样充分混匀后堆成圆锥形,用铲子将锥顶压平成截锥体,通过截面圆心按十字形将锥体分成四等份,弃去任一对角两等份,将剩下的两等份收集在一起再混匀。这样就缩减一半,称为缩分一次。如需要再行缩分,按上述方法重复即可,如图 4-1 所示。

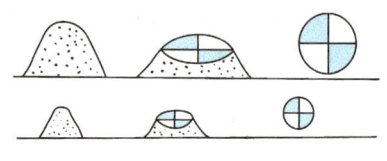

图 4-1 锥形四分法

2) 正方形挖取法

将混匀的样品铺成正方形的均匀薄层,用直尺或特制的木格架划分成若干个小正方形。用小铲子将每一定间隔内的小正方形中的样品全部取出,放在一起混合均匀。其余部分弃去或留作副样保管。此方法适用于少量样品的缩分或缩分至最后选取分析试样时使用。

3) 分样器缩分法

分样器缩分法采用槽形分样器进行,如图 4-2 所示,可以省略缩分前的混样手续。分样器为中间有一个四条支柱的长方形槽,槽低并排焊着一些左右交替用隔板分开的小槽(一般不少于 10 个且须为偶数),在下面的两侧有承接样槽。将样品倒入后,即从两侧流入两边的样槽内,把样品均匀地分成两份,其中的一份弃去,另一份再进一步磨碎、过筛和缩分。分样器由铜板或钢板制成,分样器槽越窄,缩分的准确度越高。

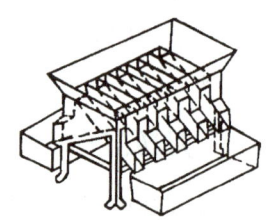

图 4-2 分样器示意图

【例 4-2】 有试样 20 kg,粗碎后最大颗粒粒径为 6 mm 左右,设 k 值为 0.2,则可缩分几次?如缩分后,再破碎至全部通过 10 号筛,则可再缩分几次?

解 $d=6$ mm,$k=0.2$ 时,最少试样量为

$$m_Q = kd^2 = 0.2 \times 6^2 = 7.2 (\text{kg})$$

缩分一次后余下的量为

$$m_Q = 20 \times \frac{1}{2} = 10 > kd^2$$

若再缩分一次,则

$$m_Q = 10 \times \frac{1}{2} = 5 < kd^2$$

因此只能缩分一次,留下的试样量为 10 kg。

破碎过 10 号筛后,$d=2$ mm,$m_Q = kd^2 = 0.2 \times 2^2 = 0.8 (\text{kg})$,即保留的试样量最少为 0.8 kg。$10 \times \left(\frac{1}{2}\right)^n \geq 0.8$,$n=3$,因此可以再缩分三次。

4.2.3 分析试样的分解

分解试样的目的是将固体试样处理成溶液,或将组成复杂的试样处理成简单、便于分离和测定的形式,为各组分的分析操作创造最佳条件。由于试样的性质不同,分解的方法也有所不

同,常用的分解方法有溶解法、熔融法和半熔法。

1. 溶解法

溶解法是采用适当的溶剂把试样溶解制成试液。水是溶解无机物的重要溶剂之一,碱金属盐类、铵和镁的盐类、无机硝酸盐及大多数碱土金属盐都易溶于水。对于不溶于水的无机物的分解,通常以酸、碱或混合酸作为溶剂。下面重点介绍酸溶解法。常用的酸有盐酸(HCl)、氢氟酸(HF)、磷酸(H_3PO_4)和硫酸(H_2SO_4)等。

1) 盐酸

盐酸是分解试样的最重要的溶剂,其主要优点在于生成的金属氯化物除银、铅等少数金属外,大多数溶于水,Cl^-与许多金属离子生成的配位离子具有助溶作用。它可以溶解金属活泼顺序中氢以前的铁、钴、镍、铬、锌等活泼金属及多数金属氧化物、氢氧化物、碳酸盐、磷酸盐和多种硫化物。

利用盐酸的强酸性、Cl^-的弱还原性及配位性可以分解 20 多种天然矿物,如石灰石、白云石、菱镁石、磷灰石、赤铁矿、闪锌矿等。用重量法测定水泥熟料及以碱性矿渣为混合材的硅酸盐水泥中的二氧化硅,通常也用盐酸分解。盐酸和 H_2O_2 的混合溶剂可以溶解钢、铝、钨、铜及合金等。用盐酸溶解砷、锑、硒、锗的试样,生成的氯化物在加热时易挥发而造成损失,应加以注意。盐酸和 Br_2 的混合溶剂具有很强的氧化性,可有效地分解大多数硫化矿物。

2) 氢氟酸

氢氟酸是较弱的酸,但具有强的配位能力。氢氟酸主要用来分解硅酸盐,使其生成挥发性的 SiF_4。在分解硅酸盐和含硅化合物时,常与硫酸混合使用。HF 与 As、B、Te、Al、Fe(Ⅲ)、Ti(Ⅳ)、W(Ⅴ)、Nb(Ⅴ)等能形成挥发性的氟化物或配合物,因此氢氟酸也可用于含 As、B、Te、Fe 等试样的分解。

3) 磷酸

磷酸是无氧化性的、不挥发的中强酸,PO_4^{3-} 具有很强的配位能力,在高温(约 200 ℃)下具有很强的溶解能力,能溶解很多其他酸不能溶解的矿石,如铬铁矿、钛铁矿、铝矾土、金红石(TiO_2)和许多硅酸盐矿物(如高岭土、云母、长石等)。在钢铁分析中,含高碳、高铬、高钨的合金钢等用磷酸溶解效果较好,需注意加热溶解过程中温度不宜过高,时间不宜过长,以免析出难溶性焦磷酸盐。一般应控制在 500~600 ℃,时间在 5 min 以内。

4) 硫酸

硫酸的沸点(338 ℃)较高,热的浓硫酸具有氧化性和脱水性。它可以分解独居石、萤石和锰、钛、钒、铝及铍等的矿石,破坏试样中的有机物,能分解铬铁矿用以单项测定铬。利用硫酸的高沸点加热至冒白烟(SO_3),可除去溶液中过量的 HCl、HF、HNO_3 和其他易挥发性组分,消除它们的干扰,该性质被广泛用于化学分析中。

2. 熔融法

用酸不能分解或分解不完全的试样常采用熔融分解法。进行熔融分解的目的是利用熔剂与试样在高温下的复分解反应,使试样中的全部组分转化成易溶于水或酸的化合物。熔融硅酸盐矿物的熔剂很多,一般多为碱金属化合物。常用的有氢氧化钠(钾)、无水碳酸钠、碳酸钾、焦硫酸钾、硼砂、偏硼酸锂等。

现介绍几种常用的熔样方法。

1) 焦硫酸钾和硫酸氢钾

焦硫酸钾($K_2S_2O_7$)是一种酸性熔剂,熔点 419 ℃,适于分解难熔的金属氧化物,如 TiO_2、Al_2O_3、Fe_2O_3 等。焦硫酸钾可以分解铬铁矿、刚玉、磁铁矿、红宝石、钛的氧化物、中性或碱性的耐火材料等,也常用来分解分析过程中已灼烧过的混合氧化物。熔融时焦硫酸钾在约 300 ℃ 开始熔化,约 450 ℃时开始分解放出三氧化硫,分解产生的三氧化硫与中性或碱性的氧化物作用生成可溶性硫酸盐,$K_2S_2O_7$ 对铂坩埚稍有腐蚀,熔样宜在瓷坩埚中进行。熔块用热的酸性溶液浸取,如(1+9)硫酸溶液,可防止钛的水解。有时,要加入酒石酸或乙二酸等试剂,以防止金属离子水解。硫酸氢钾($KHSO_4$)在加热时放出水蒸气,生成 $K_2S_2O_7$,故可代替焦硫酸钾作熔剂,但要先做脱水处理。先将所需量的 $KHSO_4$ 放入铂坩埚中加热使其熔化,待水蒸气的小气泡停止冒出后取下冷却,再加入试样进行熔融。

2) 碳酸钠和碳酸钾

碳酸钠(Na_2CO_3)和碳酸钾(K_2CO_3)都是碱性熔剂,熔点分别是 849 ℃ 和 891 ℃,常将两种试剂按 1+1(质量比,下同)混合使用,这样可使熔点降低至 700 ℃ 左右。它们是分解硅酸盐、硫酸盐、酸性矿渣等试样最常用的重要熔剂,作为碱性熔剂的 Na_2CO_3(或 K_2CO_3)与硅酸盐一起熔融时,硅酸盐被分解为碱金属硅酸钠(钾)、铝酸钠(钾)等的混合物。熔融物用热水提取,再用盐酸处理,则分解成各种金属氯化物并析出硅酸的胶状沉淀,可以用重量法测其 SiO_2,滤液可供测定铁、铝、钙、镁等组分。

3) 氢氧化钠和氢氧化钾

氢氧化钠(NaOH)和氢氧化钾(KOH)都是强碱性熔剂,熔点分别为 321 ℃ 和 404 ℃,常用于分解硅酸盐、磷酸盐矿物、钼矿石和耐火材料。该熔剂熔点低,熔融比较稳定,速度快,熔块易分解。

用氢氧化钠或氢氧化钾作熔剂时,一般采用银坩埚作熔器,熔融所需氢氧化钠的质量与试样的种类及质量有关,一般为试样量的 10~20 倍;熔融温度为 600~700 ℃,熔融时间为 20~30 min。采用热水在烧杯中将熔块脱出、溶解,然后用一定量盐酸分解浸取物。

3. 半熔法

半熔法是指熔融物呈烧结状态的一种熔样方法,又称烧结法。此法在低于熔点的温度下,使试样与固体试剂发生反应。与熔融法相比,半熔法温度低,加热时间较长,容易脱埚,不易损坏坩埚,可在铂坩埚或瓷坩埚中进行。常用的半混合熔剂有 $MgO-Na_2CO_3$(2+3)、$MgO-Na_2CO_3$(2+1)、$ZnO-Na_2CO_3$(1+2)。它们广泛用于分解矿石或测定煤中的含硫量。MgO 或 ZnO 的作用在于熔点高,在 800~850 ℃时不能熔融,因而能保持熔块疏松,预防碳酸钠在灼烧时熔合,使矿石分解得更快、更完全,反应产生的气体更容易逸出。

目前硅酸盐分析中采用的半熔法一般是在铂坩埚中加入试料质量 0.6~1 倍的无水碳酸钠,于 950 ℃灼烧 5~10min。石灰石、白垩土、水泥生料的系统分析常用此方法分解试样。

此外,还有电解氧化溶解法、加压溶解法、超声波振荡溶解法及微波溶解法等。

4.3 定量分析结果的表示

4.3.1 待测组分的化学表示形式

（1）以实际存在形式的含量表示。例如，测得试样中氮的含量以后，根据实际情况，以 NH_3、NO、NO_2、N_2O 或 N_2O_3 等形式的含量表示分析结果。

（2）元素形式的含量表示。在金属材料和有机分析中，常以元素形式（如 Fe、Cu、Mo、W 和 C、H、O、N、S 等的含量）表示。

（3）氧化物形式的含量表示。在矿石分析中，各种元素的含量常以其氧化物形式（如 K_2O、Na_2O、CaO、MgO、Fe_2O_3、Al_2O_3、SO_3、P_2O_5 和 SiO_2 等）表示。

（4）以化合物形式的含量表示，如 $NaOH$、$NaHCO_3$、Na_2CO_3 等。

（5）以所需要的组分的含量表示分析结果。工业生产中有时采用。例如，分析铁矿石的目的是为了寻找炼铁的原料，这时就以金属铁的含量表示分析结果。

（6）以离子形式的含量表示。电解质溶液的分析结果常以所存在离子的含量表示，如以 K^+、Na^+、Ca^{2+}、Mg^{2+}、SO_4^{2-}、Cl^- 等的含量表示。

4.3.2 待测组分含量的表示方法

1. 固体试样

通常以质量分数表示固体试样中待测组分的含量，试样中含待测物质 B 的质量以 m_B 表示，试样的质量以 m_s 表示，它们的比称为物质 B 的质量分数，以符号 w_B 表示，即

$$w_B = \frac{m_B}{m_s} \tag{4-2}$$

注意：m_B 和 m_s 的单位应当一致；在实际工作中通常使用的百分号%是质量分数的一种表示方法，可理解为 10^{-2}，如某试样中氯的质量分数 $w_{NaCl}=0.8523$ 时，可表示为 $w_{NaCl}=85.23\%$。待测组分含量较低时，可采用 $\mu g \cdot g^{-1}$（或 10^{-6}）、$ng \cdot g^{-1}$（或 10^{-9}）、$pg \cdot g^{-1}$（或 10^{-12}）表示，而不用过去的 ppm、ppb、ppt。

2. 液体试样

液体试样中待测组分的含量可用下列方式表示。

物质的量浓度 c_B：表示待测组分 B 的物质的量除以试液的体积，常用单位 $mol \cdot L^{-1}$。

质量分数 w_B：表示待测组分 B 的质量除以试液的质量，量纲为 1。

体积分数 φ_B：表示待测组分的体积除以试液的体积，量纲为 1。

体积比 ψ_B：表示物质 B 的体积比，是指物质 B 的体积与溶剂 A 体积之比，量纲为 1。

质量浓度 ρ_B：表示单位体积中某种物质的质量，以 $mg \cdot L^{-1}$、$\mu g \cdot L^{-1}$、$\mu g \cdot mL^{-1}$、$ng \cdot mL^{-1}$ 或 $pg \cdot mL^{-1}$ 等表示。

质量摩尔浓度：表示待测组分的物质的量除以溶剂的质量，常用单位 $mol \cdot kg^{-1}$。

摩尔分数：表示待测组分的物质的量除以试液的物质的量，量纲为 1。

3. 气体试样

气体试样中的常量或微量组分 B 的含量通常以体积分数 φ_B 表示。

4.4 滴定分析法概述

4.4.1 概述

滴定分析法是定量化学分析中重要的分析方法,主要包括酸碱滴定法、配位滴定法、氧化还原滴定法及沉淀滴定法等,本节主要讨论滴定分析法的一般问题。

1. 滴定分析法的特点

当加入的标准溶液与被测物质定量反应完全时,反应到达化学计量点(stoichiometric point,简称计量点,以 sp 表示),而且化学计量点通常依据指示剂的变色确定,在滴定中指示剂改变颜色的那一点称为滴定终点(end point,简称终点,以 ep 表示)。滴定终点与化学计量点不一定恰好吻合,造成的分析误差称为终点误差(以 TE 表示)。

滴定分析具有简便、快速、准确的特点,可用于测定许多元素,特别是广泛地应用于常量分析中。它具有很高的准确度,常作为标准方法使用。

2. 滴定分析法对化学反应的要求

适合滴定分析法的化学反应应该具备以下条件:
(1) 必须按一定的反应式进行,即反应具有确定的化学计量关系。
(2) 必须定量地进行,通常要求达到 99.9% 以上。
(3) 必须具有较快的反应速率。速率较慢的反应可通过加热或加入催化剂来加速反应的进行。
(4) 必须有适当简便的方法确定滴定终点,且共存物不干扰测定。

4.4.2 滴定方式

1. 直接滴定法

凡是能满足上述要求的反应都可用标准溶液直接滴定被测物质,如用 HCl 滴定 NaOH、用 $K_2Cr_2O_7$ 滴定 Fe^{2+} 等。直接滴定法是最常用、最基本的滴定方式。如果反应不能完全符合上述要求,可以采用以下几种方式进行滴定。

2. 返滴定法

当试液中待测物质与滴定剂反应很慢,如 Al^{3+} 与 EDTA 的反应,或者用滴定剂直接滴定固体试样时反应不能立即完成,则不能用直接滴定法进行滴定。有时采用返滴定法是由于某些反应没有合适的指示剂,就应该先准确地加入过量的某一标准溶液,使其与试液中的待测物质或固体试样进行反应,待反应完成后,再用另一种滴定剂标准溶液滴定剩余的标准溶液,这种滴定方法称为返滴定法。例如,Al^{3+} 与 EDTA 的反应较慢,可先加入过量的EDTA标准溶液,剩余的 EDTA 可用 Zn^{2+} 或 Cu^{2+} 标准溶液返滴定。又如,用 HCl 溶液滴定固体 $CaCO_3$,先加入过量 HCl 标准溶液,剩余的 HCl 可用 NaOH 标准溶液返滴定。

3. 置换滴定法

对于不按一定反应式进行或伴有副反应的反应,由于没有确定的计量关系,不能采用直接滴定法。可先用适当试剂与被测组分反应,使其定量地置换成另一物质,再用标准溶液滴定此物质,这种滴定方法称为置换滴定法。例如,$Na_2S_2O_3$ 不能用来直接滴定 $K_2Cr_2O_7$ 及其他强氧化剂,因为在酸性溶液中这些强氧化剂将 $S_2O_3^{2-}$ 氧化为 $S_4O_6^{2-}$ 及 SO_4^{2-} 等混合物,反应没有定量关系,不能用 $Na_2S_2O_3$ 标准溶液直接进行滴定。但是,在 $K_2Cr_2O_7$ 的酸性溶液中加入过量 KI,使 $K_2Cr_2O_7$ 被还原并产生一定量的 I_2,即可用 $Na_2S_2O_3$ 溶液进行滴定。该滴定方法常用于 $K_2Cr_2O_7$ 标定 $Na_2S_2O_3$ 溶液的浓度。

4. 间接滴定法

对于不能与滴定剂直接发生反应的物质,有时可以通过另外的反应间接进行测定。例如,Ca^{2+} 不能直接与氧化剂作用,可以将 Ca^{2+} 沉淀为 CaC_2O_4 后,用 H_2SO_4 溶解,再用 $KMnO_4$ 标准溶液滴定与 Ca^{2+} 结合的 $C_2O_4^{2-}$,从而间接测定 Ca^{2+}。

4.4.3 基准物质和标准溶液

1. 基准物质

用以直接配制标准溶液或标定溶液浓度的物质称为基准物质。

1) 基准物质应符合的条件

(1) 试剂必须是易于制成纯品的物质。其纯度一般要求在 99.9% 以上,杂质含量应低于滴定分析允许的误差限度。

(2) 试剂的实际组成应与化学式完全相符。含结晶水的试剂,其结晶水的数目也应与化学式相符。

(3) 化学性质稳定,如加热干燥不挥发、不分解,称量时不吸收空气中的 CO_2 和水分,不被空气氧化等。

(4) 具有较大的摩尔质量。摩尔质量越大,称取的量越多,称量的相对误差越小。

2) 常用的基准物质

基准物质多为纯金属或纯化合物等。在滴定分析中,常用来直接配制和标定标准溶液的基准物质主要有以下几种:

(1) 酸碱滴定:无水 Na_2CO_3、邻苯二甲酸氢钾($KHC_8H_4O_4$)、乙二酸($H_2C_2O_4 \cdot 2H_2O$)、硼砂($Na_2B_4O_7 \cdot 10H_2O$)等。

(2) 配位滴定:$CaCO_3$、CaO、Zn、ZnO 等。

(3) 沉淀滴定:NaCl、KCl、$AgNO_3$ 等。

(4) 氧化还原滴定:$K_2Cr_2O_7$、$KBrO_3$、KIO_3、$Na_2C_2O_4$、$H_2C_2O_4 \cdot 2H_2O$ 等。

基准物质在使用前都要经过烘干处理,烘干的方法和条件随基准物质的性质及杂质的种类不同而异。

2. 标准溶液

在滴定分析中,标准溶液的浓度常用物质的量浓度和滴定度表示。

滴定度(T)是指每毫升滴定剂溶液相当于被测物质的质量(g 或 mg)或质量分数。例如,每毫升 $K_2Cr_2O_7$ 溶液恰好能与 0.005 000 g Fe^{2+} 反应,则可表示为 $T_{Fe/K_2Cr_2O_7}=$ 0.005 000 g·mL^{-1}。如果在滴定中消耗该 $K_2Cr_2O_7$ 标准溶液 21.50 mL,则被滴定溶液中 Fe 的质量为

$$m_{Fe} = 0.005\ 000 \times 21.50 = 0.1075 (g)$$

滴定度与物质的量浓度可以换算,上例中 $K_2Cr_2O_7$ 的物质的量浓度为

$$c_{K_2Cr_2O_7} = \frac{1}{6} \times \frac{T_{Fe/K_2Cr_2O_7}}{M_{Fe}} = \frac{1}{6} \times \frac{0.005\ 000 \times 10^3}{55.85} = 0.014\ 92 (mol \cdot L^{-1})$$

标准溶液的配制有直接法和间接法两种。

1) 直接法

准确称取一定量的基准物质,溶解后定量地转入容量瓶中,用去离子水稀释至刻度。根据物质质量和溶液体积,即可计算出该标准溶液的准确浓度。

【例 4-3】 准确称取基准物质 $K_2Cr_2O_7$ 4.903 g,溶解后全部转移到 500 mL 容量瓶中,用水稀释至刻度,摇匀。求此标准溶液的浓度 $c_{K_2Cr_2O_7}$ 和 $c_{\frac{1}{6}K_2Cr_2O_7}$。

解 已知 $m_{K_2Cr_2O_7}=$4.903 g,$V_{K_2Cr_2O_7}=$500.0 mL=0.5000 L,$M_{K_2Cr_2O_7}=$294.2 g·mol^{-1},$M_{\frac{1}{6}K_2Cr_2O_7}=\frac{294.2}{6}=$49.03(g·$mol^{-1}$),此 $K_2Cr_2O_7$ 标准溶液的浓度为

$$c_{K_2Cr_2O_7} = \frac{n_{K_2Cr_2O_7}}{V} = \frac{4.903}{294.2 \times 0.5000} = 0.033\ 33 (mol \cdot L^{-1})$$

$$c_{\frac{1}{6}K_2Cr_2O_7} = \frac{n_{\frac{1}{6}K_2Cr_2O_7}}{V} = \frac{4.903}{49.03 \times 0.5000} = 0.2000 (mol \cdot L^{-1})$$

2) 间接法

大多数物质不符合基准物质的条件。例如,NaOH 易吸收空气中的 CO_2 和水分;市售的盐酸由于 HCl 易挥发,其含量有一定的波动;$KMnO_4$、$Na_2S_2O_3$ 等物质不易提纯,且见光易分解。这类物质的标准溶液就不能用直接法配制,而要用间接法配制。其方法是先粗略称取一定量物质或量取一定体积的溶液,配成接近于所需要浓度的溶液,然后用基准物质或已知准确浓度的溶液确定其准确浓度。这种确定其准确浓度的操作过程称为标定。

【例 4-4】 欲配制 0.1 mol·L^{-1} NaOH 标准滴定溶液 1 L,应如何配制?

解 先估算需要称取的试剂质量:

$$m = nM_{NaOH} = cVM_{NaOH} = 0.1 \times 1 \times 40.00 = 4(g)$$

可粗称 4 g 左右的固体 NaOH 置于烧杯中,先加入 300 mL 水溶解后,倒入 1000 mL 试剂瓶中,再加入 700 mL 水摇匀,配制成浓度为 0.1 mol·L^{-1} 的溶液。其准确浓度可用基准物质邻苯二甲酸氢钾或乙二酸标定。

4.4.4 滴定分析法的计算

计算是定量分析中一个非常重要的环节,下面介绍滴定分析法的一些计算关系式。

1. 物质的量与物质的质量之间的关系

物质 B 的量 n_B 与物质的质量 m_B 关系:

$$n_B = \frac{m_B}{M_B} \tag{4-3}$$

物质的量以摩[尔](mol)作单位;物质的质量以 g 作单位;M_B 表示物质的摩尔质量,即 1 mol 物质的质量(数值等于 A_r 或 M_r),单位为 $g \cdot mol^{-1}$。

2. 滴定剂与被滴定物质之间的计量关系

设滴定剂 T 与被滴定物质 B 有下列反应:

$$tT + bB = cC + dD$$

则被滴定物质的物质的量 n_B 与滴定剂的物质的量 n_T 之间的关系可以通过以下两种方式求得。

1) 根据滴定反应中 T 与 B 的化学计量数比求出

由反应式可知,被滴物质的物质的量 n_B 与滴定剂的物质的量 n_T 之间有下列关系:

$$n_B = \frac{b}{t}n_T \quad \text{或} \quad n_T = \frac{t}{b}n_B \tag{4-4}$$

则 $\frac{b}{t}$ 或 $\frac{t}{b}$ 称为化学计量数比。

例如,在酸性溶液中,用 $H_2C_2O_4$ 作为基准物质标定 $KMnO_4$ 溶液的浓度时,滴定反应为

$$2MnO_4^- + 5C_2O_4^{2-} + 16H^+ = 2Mn^{2+} + 10CO_2\uparrow + 8H_2O$$

即可得

$$n_{KMnO_4} = \frac{2}{5}n_{H_2C_2O_4}$$

2) 根据等物质的量规则计算

上例中,根据反应式,选择 $KMnO_4$ 的基本单元为 $\frac{1}{5}KMnO_4$,$H_2C_2O_4$ 的基本单元为 $\frac{1}{2}H_2C_2O_4$。由等物质的量规则可得

$$n_{\frac{1}{5}KMnO_4} = n_{\frac{1}{2}H_2C_2O_4}, \quad 5n_{KMnO_4} = 2n_{H_2C_2O_4}$$

同样可得

$$n_{KMnO_4} = \frac{2}{5}n_{H_2C_2O_4}$$

在置换滴定法和间接滴定法中,涉及两个以上的反应,此时应从总的反应中找出实际参加反应的物质的量之间的关系。例如,以 $KMnO_4$ 间接法测定 Ca^{2+},先将 Ca^{2+} 沉淀为 CaC_2O_4,过滤、洗涤后,将纯净的 CaC_2O_4 沉淀溶解于酸中,再以 $KMnO_4$ 标准溶液滴定生成的 $H_2C_2O_4$。反应式为

$$Ca^{2+} + C_2O_4^{2-} \rightleftharpoons CaC_2O_4 \downarrow$$

$$2MnO_4^- + 5C_2O_4^{2-} + 16H^+ \rightleftharpoons 2Mn^{2+} + 10CO_2 \uparrow + 8H_2O$$

由反应式可得出,Ca^{2+} 与 $C_2O_4^{2-}$ 反应的化学计量数比为 1,$H_2C_2O_4$ 与 $KMnO_4$ 反应的化学计量数比为 5/2,因此可得

$$n_{Ca^{2+}} = \frac{5}{2} n_{KMnO_4}$$

3. 待测组分含量的计算

滴定分析的结果通常以待测组分的质量分数表示。

设试样的质量为 $m_s(g)$,测得其中待测组分 B 的质量为 $m_B(g)$,则待测组分在试样中的质量分数 w_B 可按(4-2)计算。根据待测组分的量与滴定剂的量之间的关系,可得

$$w_B = \frac{\frac{b}{t} c_T V_T M_B}{m_s} \quad \text{或} \quad w_B = \frac{T_{B/T} V_T}{m_s} \tag{4-5}$$

在进行滴定分析计算时应注意,滴定体积 V_T 一般以 mL 为单位,而浓度 c_T 的单位为 $mol \cdot L^{-1}$,因此必须将 V_T 的单位由 mL 换算为 L,即乘以 10^{-3}。待测组分含量若要求用%表示,则将质量分数乘以 100%即可。

【例 4-5】 称取纯碱样品 0.4909 g,溶于适量水,用 0.5050 $mol \cdot L^{-1}$ HCl 标准滴定溶液滴定至终点时,消耗 HCl 18.32 mL。求样品中 Na_2CO_3 的质量分数。

解 HCl 与纯碱的反应如下:

$$2HCl + Na_2CO_3 \rightleftharpoons 2NaCl + CO_2 \uparrow + H_2O$$

$$n_{HCl} = \frac{2}{1} n_{Na_2CO_3} \quad \text{或} \quad n_{HCl} = n_{\frac{1}{2}Na_2CO_3}$$

已知 $m = 0.4909$ g,$c_{HCl} = 0.5050 \, mol \cdot L^{-1}$,$V_{HCl} = 0.01832$ L,$M_{\frac{1}{2}Na_2CO_3} = 53.00 \, g \cdot mol^{-1}$,则

$$w_{Na_2CO_3} = \frac{\frac{1}{2} c_{HCl} V_{HCl} M_{Na_2CO_3}}{m_s} = \frac{\frac{1}{2} \times 0.5050 \times 18.32 \times 10^{-3} \times 105.99}{0.4909} = 0.9988 = 99.88\%$$

或

$$w_{Na_2CO_3} = \frac{c_{HCl} V_{HCl} M_{\frac{1}{2}Na_2CO_3}}{m_s} = \frac{0.5050 \times 18.32 \times 10^{-3} \times 53.00}{0.4909} = 99.88\%$$

【例 4-6】 称取铁矿石试样 0.3143 g,溶于酸并将 Fe^{3+} 全部还原为 Fe^{2+}。用 $c_{K_2Cr_2O_7} = 0.02000 \, mol \cdot L^{-1}$,即 $c_{\frac{1}{6}K_2Cr_2O_7} = 0.1200 \, mol \cdot L^{-1}$ 的 $K_2Cr_2O_7$ 标准滴定溶液滴定,消耗 23.30 mL。计算试样中的含铁量,分别以 Fe 和 Fe_2O_3 的质量分数表示。

解 解法一:滴定反应为

$$6Fe^{2+} + Cr_2O_7^{2-} + 14H^+ \rightleftharpoons 6Fe^{3+} + 2Cr^{3+} + 7H_2O$$

$$n_{Fe^{3+}} = n_{\frac{1}{6}K_2Cr_2O_7} = \frac{6}{1} n_{K_2Cr_2O_7}$$

则
$$w_{Fe} = \frac{\frac{6}{1}c_{K_2Cr_2O_7}V_{K_2Cr_2O_7}M_{Fe}}{m_s} = \frac{6 \times 0.020\,00 \times 23.30 \times 10^{-3} \times 55.85}{0.3143}$$
$$= 0.4968 = 49.68\%$$

或
$$w_{Fe} = \frac{n_{\frac{1}{6}K_2Cr_2O_7}M_{Fe}}{m_s} = \frac{c_{\frac{1}{6}K_2Cr_2O_7}V_{K_2Cr_2O_7}M_{Fe}}{m_s}$$
$$= \frac{0.1200 \times 23.30 \times 10^{-3} \times 55.85}{0.3143} = 49.68\%$$

1 mol Fe_2O_3 含 2 mol Fe^{2+}，所以
$$n_{Fe_2O_3} = \frac{3}{1}n_{K_2Cr_2O_7} \quad 或 \quad n_{\frac{1}{2}Fe_2O_3} = n_{\frac{1}{6}K_2Cr_2O_7}$$

则
$$w_{Fe_2O_3} = \frac{3c_{K_2Cr_2O_7}V_{K_2Cr_2O_7}M_{Fe_2O_3}}{m_s} = \frac{3 \times 0.020\,00 \times 23.30 \times 10^{-3} \times 159.69}{0.3143}$$
$$= 0.7103 = 71.03\%$$

或
$$w_{Fe_2O_3} = \frac{c_{\frac{1}{6}K_2Cr_2O_7}V_{K_2Cr_2O_7}M_{\frac{1}{2}Fe_2O_3}}{m_s} = \frac{0.1200 \times 23.30 \times 10^{-3} \times 79.85}{0.3143}$$
$$= 71.03\%$$

解法二：先将 $K_2Cr_2O_7$ 标准溶液换算成对 Fe 和 Fe_2O_3 的滴定度，得
$$T_{Fe/K_2Cr_2O_7} = \frac{6}{1}c_{K_2Cr_2O_7}M_{Fe} = 6 \times 0.020\,00 \times 55.85 \times 10^{-3} = 0.006\,702(\text{g} \cdot \text{mL}^{-1})$$

或
$$T_{Fe/K_2Cr_2O_7} = c_{\frac{1}{6}K_2Cr_2O_7}M_{Fe} = 0.1200 \times 55.85 \times 10^{-3} = 0.006\,702(\text{g} \cdot \text{mL}^{-1})$$

$$T_{Fe_2O_3/K_2Cr_2O_7} = \frac{3}{1}c_{K_2Cr_2O_7}M_{Fe_2O_3} = \frac{3}{1} \times 0.020\,00 \times 159.69 \times 10^{-3} = 0.009\,582(\text{g} \cdot \text{mL}^{-1})$$

或
$$T_{Fe_2O_3/K_2Cr_2O_7} = c_{\frac{1}{6}K_2Cr_2O_7}M_{\frac{1}{2}Fe_2O_3} = 0.1200 \times \frac{159.69}{2} \times 10^{-3} = 0.009\,582(\text{g} \cdot \text{mL}^{-1})$$

$$w_{Fe} = \frac{T_{Fe/K_2Cr_2O_7}V_{K_2Cr_2O_7}}{m_s} = \frac{0.006\,702 \times 23.30}{0.3143} = 0.4968 = 49.68\%$$

$$w_{Fe_2O_3} = \frac{T_{Fe_2O_3/K_2Cr_2O_7}V_{K_2Cr_2O_7}}{m_s} = \frac{0.009\,582 \times 23.30}{0.3143} = 0.7103 = 71.03\%$$

习　题

1. 叙述各类样品的采集方法。试样的制备过程一般包括几个步骤？
2. 分解试样常用的方法大致可分为哪两类？什么情况下采用熔融法？
3. 简述各溶(熔)剂对试样分解的作用：HCl、HF、$HClO_4$、H_3PO_4、NaOH、KOH、Na_2CO_3、$K_2S_2O_7$。
4. 测定锌合金中 Fe、Ni、Mg 的含量宜采用什么溶剂溶解试样？

5. 某种物料,如各个采样单元间标准偏差的估计值为 0.61 %,允许误差为 0.48 %,测定 8 次,置信水平选定为 90%,则采样单元数应该为多少? (6)

6. 已知铅锌的 k 值为 0.1,若矿石的最大颗粒直径为 30 mm,则最少采取试样多少千克才具有代表性? 采取锰试样 15 kg,经粉碎后矿石的最大颗粒直径为 2 mm,设 k 值为 0.3,则可缩分至多少千克?
(90 kg,1.9 kg)

7. 计算配制下列溶液需溶质的质量:

   (1) 0.1000 mol·L^{-1} Na$_2$CO$_3$ 标准溶液 500 mL。

   (2) 0.1000 mol·L^{-1} 邻苯二甲酸氢钾标准溶液 100 mL。

   (3) 0.02000 mol·L^{-1} K$_2$Cr$_2$O$_7$ 标准溶液 500 mL。

   (4) 0.10 mol·L^{-1} NaOH 溶液 1000 mL。 (5.3000 g,2.0422 g,2.9418 g,4.0 g)

8. 用基准无水 Na$_2$CO$_3$ 标定 HCl 溶液浓度时,称取 0.9980 g Na$_2$CO$_3$,用 HCl 溶液滴定至甲基橙指示剂由黄色变为橙色即为终点,消耗 HCl 37.74 mL,计算 HCl 的浓度。 (0.4989 mol·L^{-1})

9. 在硫酸介质中,用 KMnO$_4$ 溶液滴定基准物 Na$_2$C$_2$O$_4$ 201.0 mg,消耗其体积 30.00 mL,计算 KMnO$_4$ 标准溶液的浓度。 (0.020 00 mol·L^{-1})

10. 称取工业纯碱试样 1.5300 g,加水溶解后转入 250 mL 容量瓶中定容。移取此试液 25.00 mL,以甲基橙为指示剂,用 0.1000 mol·L^{-1} HCl 标准溶液滴定至终点,消耗 HCl 24.68 mL,求试样中 Na$_2$CO$_3$ 的含量。 (85.49%)

11. 要加多少毫升水到 1 L 0.2000 mol·L^{-1} HCl 溶液中,才能使稀释后的 HCl 溶液对 CaO 的滴定度 $T_{HCl/CaO}$ 为 0.005 000 g·mL^{-1}? (122 mL)

12. 今有 KHC$_2$O$_4$·H$_2$C$_2$O$_4$·2H$_2$O 溶液,取该溶液 25.00 mL,用 0.1000 mol·L^{-1} NaOH 溶液滴定,耗去 20.00 mL。若取该溶液 25.00 mL,用 KMnO$_4$ 溶液滴定,耗去 25.00 mL,计算 KMnO$_4$ 溶液的浓度。
(0.021 34 mol·L^{-1})

13. 0.2500 g 不纯 CaCO$_3$ 试样(不含干扰物质)溶于 25.00 mL 0.2600 mol·L^{-1} HCl 溶液中,过量酸耗去 6.50 mL 0.2450 mol·L^{-1} NaOH 溶液进行返滴定,求试样中 CaCO$_3$ 的质量分数。 (98.24%)

14. 为测定工业甲醇中的甲醇含量,称取试样 0.1280 g,在 H$_2$SO$_4$ 酸性溶液中加入 0.1428 mol·L^{-1} K$_2$Cr$_2$O$_7$ 标准溶液 25.00 mL,充分反应后,以邻苯氨基甲酸作指示剂,用 0.1032 mol·L^{-1} Fe^{2+} 标准溶液返滴定过剩的 K$_2$Cr$_2$O$_7$,用去 12.47 mL,计算甲醇含量。 (83.86%)

15. 有一 KMnO$_4$ 标准溶液,已知浓度为 0.020 10 mol·L^{-1},求其 $T_{Fe/KMnO_4}$ 和 $T_{Fe_2O_3/KMnO_4}$。如果称取试样 0.2718 g,溶解后将溶液中的 Fe^{3+} 还原成 Fe^{2+},然后用 KMnO$_4$ 标准溶液滴定,用去 26.30 mL,求试样中铁含量,分别以 Fe、Fe$_2$O$_3$ 形式表示。 (0.005 613 g·mL^{-1},0.008 025 g·mL^{-1},54.31%,77.65%)

16. 称取 0.1500 g Na$_2$C$_2$O$_4$ 基准物,用水溶解,在强酸溶液中用 KMnO$_4$ 滴定,用去 20.00 mL,计算该溶液的浓度 $c_{\frac{1}{5}KMnO_4}$。 (0.1119 mol·L^{-1})

17. 有一 KOH 溶液,22.59 mL 能中和纯乙二酸(H$_2$C$_2$O$_4$·2H$_2$O) 0.3000 g。求该 KOH 溶液的浓度。
(0.2106 mol·L^{-1})

18. 选用邻苯二甲酸氢钾作基准物,标定 0.1 mol·L^{-1} NaOH 溶液的准确浓度。今欲把用去的 NaOH 溶液体积控制为 25 mL 左右,应称取基准物多少克? 如改用乙二酸(H$_2$C$_2$O$_4$·2H$_2$O)作基准物,应称取多少克? (0.5 g,0.16 g)

第 5 章 误差与数据处理

学习要求

(1) 了解误差的分类及其准确度与精密度的关系,掌握误差和偏差的表示方法。
(2) 掌握提高分析结果准确度的方法及分析数据的处理方法。
(3) 理解有效数字的意义及其运算规则。

定量分析是测定物质中某种或某些组分的含量。在分析过程中,即使是技术熟练的人,采用同一方法对同一试样进行多次分析,也不能得到完全一样的结果。也就是说,在分析过程中,误差是客观存在的。因此,在定量分析中应该了解产生误差的原因和规律,采取有效的措施减小误差;对分析结果进行合理评价,提高分析结果的可靠程度,使其满足生产和科学研究等方面的要求。

5.1 定量分析误差

5.1.1 误差的分类

测量值和真实值之间的差值称为误差。误差越小,测量值的准确度越高。在定量化学分析中,根据误差性质的不同可分为系统误差和随机误差两类。

1. 系统误差

系统误差也称为可测误差。它是由于分析过程中某些固定的原因所造成的,对分析结果的影响比较固定,在同一条件下重复测定时它会重复出现,使测定的结果系统地偏高或偏低。因此,这类误差有一定的规律性,其大小、正负是可以测定的,只要弄清来源,可以设法减小或校正。产生系统误差的主要原因有以下四种。

1) 方法误差

方法误差是因分析方法本身不够完善而引入的误差。例如,在滴定分析中,反应进行不完全,副反应的发生,指示剂选择不当,化学计量点与滴定终点不一致,重量分析中沉淀的溶解、共沉淀和后沉淀等现象均属于方法误差,导致测定结果系统地偏高或偏低。

2) 试剂误差

试剂误差是因试剂及水不纯,含有微量被测物或含有干扰测定的杂质等所产生的误差。

3) 仪器误差

仪器误差是因仪器本身不够精密或有缺陷而造成的误差。例如,砝码质量未校正或被腐蚀、容量瓶和滴定管刻度不准等,在使用过程中都会引入误差。

4) 主观误差

主观误差是因操作人员的主观因素造成的误差。例如,在沉淀洗涤时,洗涤次数过多或不够;对滴定终点颜色的分辨因人而异,有人偏深或有人偏浅;在读取滴定管读数时偏高或偏低等,从而产生主观误差。其主观误差的数值可能因人而异,但对同一个操作者基本是恒定的。

2. 随机误差

随机误差又称为偶然误差或不定误差,是由于一些随机的难以控制的偶然因素所造成的误差。虽经操作者仔细操作,外界条件也尽量保持一致,但测得的一系列数据仍有差别。例如,天平与滴定管读数的不确定性、室温、气压和湿度的微小波动、仪器性能的微小变化等均可引起随机误差。随机误差的大小决定分析结果的精密度。

一般来说,测定结果的精密度越高,说明随机误差越小;反之,精密度越差,则测定中的随机误差越大。随机误差虽然不能通过校正而减小或消除,但它的出现服从统计规律,可以通过增加测定次数予以减少。

应该指出,过失不同于这两类误差。过失是由于分析工作者粗心大意、不遵守操作规则所造成的,如溶液溅失、加错试剂、读错刻度、沉淀损失、记录和计算错误等。过失会对分析结果带来严重的影响,正确地测定数据中不应包括这些有明显错误的数据。当测定中出现较大误差时,应认真查找原因,剔除那些由于过失所引起的错误数据,也可以采用统计学的方法判断可疑值是否由过失造成。

5.1.2 准确度与误差

准确度是指分析结果与真实值相接近的程度,它说明分析结果的可靠性。分析结果与真实值之间的差别越小,则分析结果的准确度越高。准确度的高低用误差衡量。

误差表示测定结果与真实值的差异。误差可用绝对误差和相对误差两种方法表示。绝对误差是平均值($\bar{x}$)与真实值(μ)之差,用 E 表示;相对误差是绝对误差在真实值中所占的百分数,用 E_r 表示,即

$$E = \bar{x} - \mu \tag{5-1}$$

$$E_r = \frac{\text{绝对误差}}{\text{真实值}} \times 100\% = \frac{E}{\mu} \times 100\% \tag{5-2}$$

【例 5-1】 用分析天平称得某重铬酸钾的质量为 0.2224 g,而该试样的真实质量为 0.2225 g,求其绝对误差和相对误差。

解 绝对误差 $E = 0.2224 - 0.2225 = -0.0001(\text{g})$

相对误差 $E_r = \dfrac{-0.0001}{0.2225} \times 100\% = -0.045\%$

若改变称样量为 1.2224 g,其真实质量为 1.2225 g,则

绝对误差 $E = 1.2224 - 1.2225 = -0.0001(\text{g})$

相对误差 $E_r = \dfrac{-0.0001}{1.2225} \times 100\% = -0.0082\%$

从以上计算结果可看出,绝对误差相等,相对误差并不一定相等。称样量越大,相对误差就越小,即称量的准确度越高。因此,用相对误差表示测定结果的准确度更确切。

【例 5-2】 测定某钢铁样品中磷的含量,已知其真实值为 0.150%,实际测定结果为 0.151% 和 0.153%,求平均值的绝对误差和相对误差。

解 测定的平均值为 0.152%,则

$$E = 0.152\% - 0.150\% = +0.002\%$$

$$E_r = \frac{+0.002\%}{0.150\%} \times 100\% = +1.33\%$$

误差越小,表示分析结果与真实值越接近,应该指出,误差有正、负之分。误差为正值,表示测定值大于真实值,即测定结果偏高;误差为负值,表示测定值小于真实值,即测定结果偏低。相对误差能反映误差在真实结果中所占的比例,这对于比较在各种情况下测定结果的准确度更为方便。

5.1.3 精密度与偏差

精密度是指在相同条件下,多次重复测定(称为平行测定)各测定值之间彼此相接近的程度,它表示结果的再现性。精密度的高低常用偏差衡量。

偏差是指个别测定值 x_i 与 n 次测定结果的算术平均值 $\bar{x}$ 的差值。偏差越小,分析结果的精密度就越高。偏差有以下几种表示方法:绝对偏差和相对偏差、平均偏差和相对平均偏差、标准偏差和相对标准偏差等。

1. 绝对偏差和相对偏差

设 n 次平行测定的数据分别为 x_1、x_2、x_3、$\cdots$、x_n,其算术平均值为

$$\bar{x} = \frac{x_1 + x_2 + x_3 + \cdots + x_n}{n} = \frac{1}{n}\sum_{i=1}^{n} x_i \tag{5-3}$$

则个别测定值的绝对偏差(d_i)和相对偏差(d_r)为

$$d_i = x_i - \bar{x} \tag{5-4}$$

$$d_r = \frac{d_i}{\bar{x}} \tag{5-5}$$

个别测定值的精密度常用绝对偏差或相对偏差表示。

2. 平均偏差和相对平均偏差

平均偏差是指各次测量值对样本平均值之差的绝对值的平均值,可用来衡量一组平行数据的精密度,即

$$\bar{d} = \frac{|d_1| + |d_2| + |d_3| + \cdots + |d_n|}{n} = \frac{1}{n}\sum_{i=1}^{n} |d_i| \tag{5-6}$$

式中:n 为测定次数;d_i 为单次测定的偏差。

应注意 d_i 要记正、负号,而平均偏差 $\bar{d}$ 不计正、负号。相对平均偏差为

$$\bar{d}_r = \frac{\bar{d}}{\bar{x}} \times 100\% \tag{5-7}$$

用平均偏差和相对平均偏差表示精密度比较简单。但因在一系列的测定中,小偏差占多数,大偏差占少数,若按总的测定次数求算术平均值,所得结果偏小,大偏差得不到应有的反

映。当一批数据的分散程度较大时,仅从平均偏差不能说明精密度的高低时,需要采用标准偏差衡量。

3. 标准偏差和相对标准偏差

标准偏差又称为均方根差。当测定次数 n 趋于无限多次时,标准偏差以 σ 表示:

$$\sigma = \sqrt{\frac{d_1^2 + d_2^2 + d_3^2 + \cdots + d_n^2}{n}} = \sqrt{\frac{1}{n}\sum_{i=1}^{n} d_i^2} = \sqrt{\frac{1}{n}\sum_{i=1}^{n}(x_i - \mu)^2} \tag{5-8}$$

式中:μ 为无限多次测定结果的平均值,在数理统计中称为总体平均值,即

$$\lim_{n \to \infty} \bar{x} = \mu$$

当不存在系统误差时,总体平均值 μ 即为真实值。

在一般分析工作中,仅做有限次测定($n<20$)。测定次数 n 不多时,标准偏差以 s 表示:

$$s = \sqrt{\frac{d_1^2 + d_2^2 + d_3^2 + \cdots + d_n^2}{n-1}} = \sqrt{\frac{1}{n-1}\sum_{i=1}^{n} d_i^2} = \sqrt{\frac{1}{n-1}\sum_{i=1}^{n}(x_i - \bar{x})^2} \tag{5-9}$$

式中:$n-1$ 称为自由度,常用 f 表示。

标准偏差是把单次测定值对平均值的偏差先平方再求和,充分引用每个数据的信息,所以它比平均偏差更灵敏地反映出较大偏差的存在,故能更好地反映测定数据的精密度。

此外,在分析工作中还用相对标准偏差(RSD)表示精密度,也称变异系数(CV):

$$CV = \frac{s}{\bar{x}} \times 100\% \tag{5-10}$$

5.1.4 准确度和精密度

误差越小,分析结果的准确度越高。例如,甲、乙、丙三人同时测定某试样中 CaO 的含量(真实值为 50.26%),各平行测定 4 次,其结果如表 5-1 所示,并绘制成图 5-1。

表 5-1 不同人员对某试样中 CaO 含量的测定结果(单位:%)

测定次数 n	分析人员		
	甲	乙	丙
1	50.50	50.62	50.26
2	50.50	50.42	50.25
3	50.48	50.24	50.24
4	50.47	50.02	50.23
$\bar{x}$	50.49	50.32	50.25

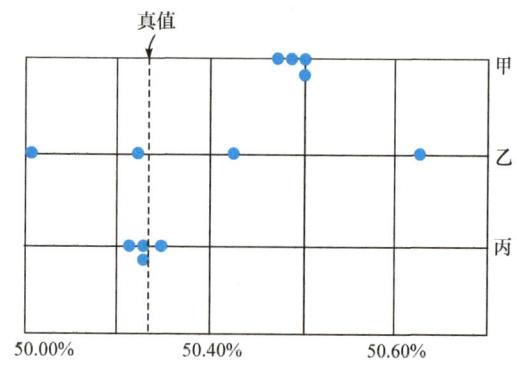

图 5-1 不同操作者的分析结果

由图 5-1 可知,甲的分析结果精密度很高,但其平均值 50.49% 与真值 50.26% 相差很大,说明其准确度低;乙的分析结果数据分散,精密度不高,准确度也不高;只有丙的分析结果精密度和准确度都较高,其测定结果较为准确。

由以上分析可知,精密度高,不一定准确度高;而准确度高,精密度必然也高。精密度是保证准确度的先决条件,精密度低,说明测定结果不可靠,也就失去了衡量准确度的前提。所以,首先应该使分析结果有较高的精密度,才有可能获得准确可靠的结果。

5.1.5 提高分析结果准确度的方法

分析测定过程中不可避免地存在误差。可以从以下几个方面考虑减少分析过程中的误差。

1. 消除测定过程中的系统误差

系统误差是影响分析结果准确度的主要因素。造成系统误差的原因是多方面的,应根据具体情况采用不同的方法检验和消除系统误差。

1) 对照实验

对照实验是检验分析方法和分析过程有无系统误差的有效方法。对照实验一般可分为两种:一种是用该分析方法对标准试样进行测定,将所得到的标准试样的测定结果与标准值进行对照,用显著性检验判断是否有系统误差。进行对照实验时,应尽量选择与试样组成相近的标准试样进行对照分析。由于标准试样的种类有限,有时也用有可靠结果的试样或自制的"合成试样"代替标准试样进行对照实验。另一种是用其他可靠的分析方法进行对照实验以判断是否有系统误差,一般选用国家颁布的标准分析或公认的经典分析方法进行对照。有时也可采用不同分析人员、不同实验室用同一方法对同一试样进行对照实验。

对组成不清楚的试样,对照试样难以检查出系统误差的存在,可采用"加入回收实验法",该法是向试样中加入已知量的待测组分,对常量组分回收率一般为99%以上,对微量组分回收率要求为90%~110%。

标准试样中被测组分的标准值与测定值之间的比值称为校正系数 K,可用来作为试样测定结果的校正值。因此,被测组分的测定值=试样的测定值×K。

2) 空白实验

由试剂、水、实验器皿和环境带入的杂质所引起的系统误差可通过空白实验消除或减少。空白实验是在不加试样溶液的情况下,按照试样溶液的分析步骤和条件进行分析的实验,其所得结果称为"空白值"。从试样的分析结果中扣除空白值,即可得到比较准确的分析结果。当空白值较大时,应找出原因,加以消除,如对试剂、水、器皿进一步提纯、处理或更换等。微量分析时,空白实验是必不可少的。

3) 校正仪器

由仪器不准引起的系统误差可以通过校正仪器消除。例如,配套使用的容量瓶、移液管、滴定管等容量器皿应进行校准;分析天平、砝码应由国家计量部门定期检定。

4) 校正方法

某些分析方法不完善造成的系统误差可通过引用其他方法校正。例如,重量法测定二氧化硅时,漏失到滤液中的硅可用吸光光度法测定后,加到重量分析的结果中去。至于分析者个人引起的操作习惯性的误差,只有靠严格的训练提高操作水平加以避免。

2. 增加平行测定次数减小随机误差

增加平行测定次数可减小测定过程中的随机误差。一般的分析测定,平行做2~4次即可,当分析结果的准确度要求较高时,则可适当地增加平行次数,但超过10次的意义不大。因此,实际工作中应视具体情况予以处理。

3. 选择合适的分析方法

采用不同的分析方法，其准确度和灵敏度是不同的。对于高含量组分的测定，重量分析和滴定分析灵敏度虽不高，但能获得比较准确的结果；而对于低含量组分的测定，因允许有较大的相对误差，采用仪器分析法比较合适。因此，选择分析方法时要考虑试样中待测组分的相对含量。此外，还要考虑试样的共存组分，尽量选择干扰少的方法或能采取措施消除干扰，确保其测定的准确性。

4. 减小测量误差

测量时不可避免地存在误差，但为了保证分析结果的准确度，必须尽量减少测量误差。若合理地选取称样量，则会减少测量误差，提高分析结果的准确度。例如，一般分析天平的称量误差为±0.0002 g，为了使测量时的相对误差在 0.1% 以下，称样量就不宜过小。由

$$E_r = \frac{E}{m_s} \times 100\%$$

可得

$$m_s = \frac{E}{E_r} \times 100\% = \frac{0.0002}{0.1\%} \times 100\% = 0.2(\text{g})$$

由此可见，试样质量必须在 0.2 g 以上才能保证其称量的相对误差在 0.1% 以下。

在滴定分析中，滴定管读数一般有±0.01 mL 的误差，在一次滴定中需要读数两次，可能造成±0.02 mL 的误差。因此，为了使测量时的相对误差小于 0.1%，消耗滴定剂的体积必须在 20 mL 以上，通常体积控制在 20~30 mL，以减少相对误差。

在微量组分的光度测定中，一般允许较大的相对误差，故对于各测量步骤的准确度不像重量法和滴定法那样高。假定硅钼蓝光度法测定硅，若方法的相对误差为 2%，当称取 0.5 g 试样时，试样的称量误差小于 0.5×2%＝0.01(g)即可。但是，为了使称量误差可以忽略不计，通常将称量的准确度提高约一个数量级，即称准至±0.001 g。

5.2 分析数据的统计处理

5.2.1 随机误差的正态分布

随机误差是无法避免的，其大小、正负都不固定，似乎没有一定的规律性，但经过大量实验发现，当增加测定次数时，随机误差的分布也有一定的规律，如图 5-2 所示。

（1）大小相近的正误差和负误差出现的概率相等，即绝对值相近而符号相反的误差出现的概率相等。

（2）小误差出现的机会多，大误差出现的机会少，特别大的正、负误差（超过±3σ 的数据）出现的概率更少。

随机误差的这种规律性可用图 5-2 表示，称为误差的正态分布曲线。正态分布曲线的数学方程式为

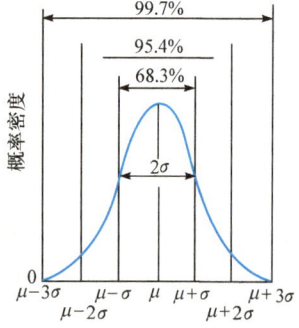

图 5-2 误差的正态分布曲线

$$y = f(x) = \frac{1}{\sigma\sqrt{2\pi}} e^{\frac{-(x-\mu)^2}{2\sigma^2}} \tag{5-11}$$

设

$$u = \frac{\pm(x-\mu)}{\sigma}$$

则

$$y = \frac{1}{\sigma\sqrt{2\pi}} e^{\frac{-u^2}{2}} \tag{5-12}$$

图 5-2 中横坐标表示误差的大小,以标准偏差 σ 为单位,纵坐标表示误差发生的概率密度。从曲线上可以看出,在没有系统误差的情况下,平行测定的次数越多,则分析结果的算术平均值越接近于真值。也就是说,采用多次测定取平均值的办法可以减小随机误差。

5.2.2 有限数据的统计处理

随机误差分布规律是对无限多次测量而言,但实际测定是有限次的,它们是从总体中随机抽取一部分,称为样本。样本所含的个数称为样本容量,用 n 表示。数据处理的目的是通过对有限次测量数据合理的分析,对总体做出科学的论断,使人们能够认识到它的精确度、准确度、可信度如何。最好的方法是对总体平均值进行估计,在一定的置信度下给出一个包含总体平均值的范围。

1. t 分布曲线

当测量数据不多时,无法求得总体平均值 μ 和总体标准偏差 σ,只能用样本的标准偏差 s 来估计测量数据的分散情况。用 s 代替 σ,必然引起分布曲线变得平坦,从而引起误差。为了得到同样的置信度(面积),必须用一个新的因子代替 u,这个因子是由英国统计学家、化学家戈塞特(Gosset)提出来的,称为置信因子 t,定义为

$$t = \frac{\overline{x} - \mu}{s}\sqrt{n} \tag{5-13}$$

以 t 为统计量的分布称为 t 分布。t 分布可说明当 n 不大时($n<20$)随机误差分布的规律性。t 分布曲线的纵坐标仍为概率密度,但横坐标则为统计量 t。图 5-3 为 t 分布曲线。

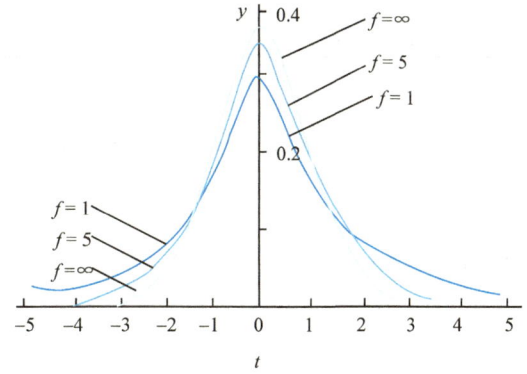

图 5-3 平均值的标准偏差与测量次数的关系

由表 5-2 可以看出,当 $f \to \infty$ 时(这时 $s \to \sigma$),t 值即为 u 值,实际上,当 $f=20$ 时,t 值和 u 值已经很接近。

表 5-2 $t_{\alpha,f}$ 值表（双边）

f \ α	$\alpha=0.10, P=0.90$	$\alpha=0.05, P=0.95$	$\alpha=0.01, P=0.99$
1	6.31	12.71	63.66
2	2.92	4.30	9.92
3	2.35	3.18	5.84
4	2.13	2.78	4.60
5	2.02	2.57	4.03
6	1.94	2.45	3.71
7	1.90	2.36	3.50
8	1.86	2.31	3.36
9	1.83	2.26	3.25
10	1.81	2.23	3.17
20	1.72	2.09	2.84
∞	1.64	1.96	2.58

2. 平均值的置信区间

若以样本平均值来估计总体平均值可能存在的区间，可用式(5-14)表示：

$$\mu = \bar{x} \pm \frac{u\sigma}{\sqrt{n}} \tag{5-14}$$

对于少量测量数据，必须根据 t 分布进行统计处理，按 t 的定义式可得

$$\mu = \bar{x} \pm \frac{ts}{\sqrt{n}} \tag{5-15}$$

式(5-15)表示在某一置信度下，以测定平均值 $\bar{x}$ 为中心，包括总体平均值 μ 在内的可靠性范围，称为平均值的置信区间。对于置信区间的概念必须正确理解，如 $\mu=47.50\% \pm 0.10\%$（置信度为95%），应当理解为在 47.50%±0.10% 包括总体平均值 μ 的概率为 95%，μ 是客观存在的恒定值，没有随机性，不能说 μ 落在某一区间的概率是多少。

【例 5-3】 测定某试样中镍的含量，测得 7 个实验数据：34.72%、34.69%、34.75%、34.66%、34.61%、34.63%、34.77%。计算测定平均值、标准偏差以及置信度分别为 95% 和 99% 时平均值的置信区间。

解 $\bar{x} = \dfrac{34.72\% + 34.69\% + 34.75\% + 34.66\% + 34.61\% + 34.63\% + 34.77\%}{7}$

$= 34.69\%$

$s = \sqrt{\dfrac{(0.03\%)^2 + 0^2 + (0.06\%)^2 + (0.03\%)^2 + (0.08\%)^2 + (0.06\%)^2 + (0.08\%)^2}{7-1}}$

$= 0.06\%$

查表 5-2，当置信度为 95%，$n-1=6$ 时，$t=2.45$，则有

$$\mu = \bar{x} \pm \frac{ts}{\sqrt{n}} = 34.69\% \pm \frac{2.45 \times 0.06\%}{\sqrt{7}} = 34.69\% \pm 0.06\%$$

同理，当置信度为 99%，$n-1=6$ 时，$t=3.71$，则有

$$\mu = \bar{x} \pm \frac{ts}{\sqrt{n}} = 34.69\% \pm \frac{3.71 \times 0.06\%}{\sqrt{7}} = 34.69\% \pm 0.08\%$$

对平均值的置信区间必须正确理解,对例 5-3 $P=95\%$ 时平均值的置信区间的正确认识是:通过 7 次测定,有 95% 的把握认为该试样中镍的真实值为 34.63%～34.75%。或者理解为,在 34.63%～34.75% 包含镍真值的把握性有 95%。但不能理解为,在 34.63%～34.75% 中的某一个数值是镍含量的真值。

【例 5-4】 测定某铁矿石中铁含量的 5 次测定结果分别为 50.53%、50.48%、50.57%、50.42%、50.50%,计算置信度分别为 90%、95% 和 99% 时总体平均值 μ 的置信区间。

解 $\bar{x} = \dfrac{1}{n}\sum\limits_{i=1}^{n} x_i = \dfrac{50.53\% + 50.48\% + 40.57\% + 50.42\% + 50.50\%}{5} = 50.50\%$

$s = \sqrt{\dfrac{\sum\limits_{i=1}^{n}(x_i - \bar{x})^2}{n-1}} = 0.06\%$

置信度 90% 时,$t_{0.10,4} = 2.13$,$\mu = \bar{x} \pm t_{a,f}\dfrac{s}{\sqrt{n}} = 50.50\% \pm 0.06\%$

置信度 95% 时,$t_{0.05,4} = 2.78$,$\mu = \bar{x} \pm t_{a,f}\dfrac{s}{\sqrt{n}} = 50.50\% \pm 0.07\%$

置信度 99% 时,$t_{0.01,4} = 4.60$,$\mu = \bar{x} \pm t_{a,f}\dfrac{s}{\sqrt{n}} = 50.50\% \pm 0.12\%$

从例 5-4 可以看出,置信度越低,同一体系的置信区间越窄;置信度越高,同一体系的置信区间越宽,即所估计的区间包括真值的可能性也越大。在实际工作中,置信度不能定得过高或过低。若置信度过高会使置信区间过宽,往往这种判断就失去意义;置信度定得太低,其判断可靠性就不能保证。因此,要确定合适的置信度,要使置信区间的度足够窄而置信度又足够高。在分析化学中,一般将置信度定在 95% 或 90%。

5.2.3 显著性检验

在分析工作中,通常会遇到几种情况,如对标准试样或纯物质进行测定时,所得到的平均值与标准值不完全一致;或者采用两种不同分析方法或不同分析人员对同一试样进行分析时,两组分析结果的平均值有一定差异,这类问题在统计学中属于"假设检验"。这类"差异"是由随机误差引起的,还是由系统误差引起的?若是前者则是正常的不可避免的,若是后者则认为它们之间存在显著性差异。显著性检验的常用方法有 t 检验法和 F 检验法。

1. t 检验法

1) 平均值与标准值的比较

为了检查分析数据是否存在较大的系统误差,可对标准试样进行多次分析,再利用 t 检验法比较分析结果的平均值与标准试样的标准值之间是否存在显著性差异。

进行 t 检验时,首先按式(5-16)计算出 t 值:

$$t = \dfrac{|\bar{x} - \mu|}{s}\sqrt{n} \tag{5-16}$$

如果 t 值大于表 5-2 中的 $t_{a,f}$ 值,则认为**存在显著性差异**,否则不存在显著性差异。在分析化学中,通常以置信度 95% 为检验标准,即显著性水平为 5%。

【例 5-5】 采用某种新方法测定赤铁矿中 Fe_2O_3 的质量分数,得到下列 7 个分析结果:53.45%、53.47%、53.49%、53.51%、53.52%、53.46%、53.51%。已知赤铁矿中 Fe_2O_3 含量的标准值为 53.50%。采用该新方法后,能否引起系统误差(置信度 95%)?

解 $n=7, f=7-1=6, \bar{x}=53.49\%, s=0.028\%$,则

$$t = \frac{|\bar{x}-\mu|}{s}\sqrt{n} = \frac{|53.49\%-53.50\%|}{0.028\%} \times \sqrt{7} = 0.9449$$

查 $t_{\alpha,f}$ 值表,$P=0.95, f=6$ 时,$t_{0.05,6}=2.45$。$t < t_{0.05,6}$,故 $\bar{x}$ 与 μ 之间不存在显著性差异。也就是说,采用新方法后,没有引起明显的系统误差。

2) 两组平均值的比较

不同分析人员或同一分析人员采用不同方法分析同一试样,所得结果的平均值通常是不完全相等的。要判断这两个平均值之间是否有显著性差异,也可采用 t 检验法。设两组分析数据为

$$n_1 \quad s_1 \quad \bar{x}_1 \quad 与 \quad n_2 \quad s_2 \quad \bar{x}_2$$

s_1 和 s_2 分别表示第一组和第二组分析数据的精密度。它们之间是否有显著性差异,可采用后面介绍的 F 检验法进行判断。如果证明它们之间没有显著性差异,则可认为 $s_1 \approx s_2$,用式(5-17)求得合并标准偏差 s:

$$s = \sqrt{\frac{\sum(x_{1_i}-\bar{x}_1)^2 + \sum(x_{2_i}-\bar{x}_2)^2}{(n_1-1)+(n_2-1)}} \tag{5-17}$$

$$s = \sqrt{\frac{s_1^2(n_1-1) + s_2^2(n_2-1)}{(n_1-1)+(n_2-1)}} \tag{5-18}$$

然后计算出 t 值:

$$t_{计} = \frac{|\bar{x}_1 - \bar{x}_2|}{s}\sqrt{\frac{n_1 n_2}{n_1+n_2}} \tag{5-19}$$

在一定置信度时,查出 $t_{表}$(总自由度 $f=n_1+n_2-2$),若 $t_{计} > t_{表}$,则两组平均值存在显著性差异;若 $t_{计} < t_{表}$,则不存在显著性差异。

2. F 检验法

F 检验法是通过比较两组数据的方差 s^2,以确定它们的精密度是否有显著性差异的方法。统计量 F 的定义为两组数据的方差的比值,分子为大的方差,分母为小的方差,即

$$F = \frac{s_{大}^2}{s_{小}^2} \tag{5-20}$$

将计算所得 F 值与表 5-3 所列 F 值进行比较。若两组数据的精密度相差不大,则 F 值趋近于 1;若二者之间存在显著性差异,则 F 值较大。在一定的置信度及自由度时,若 F 值大于表值,则认为它们之间存在显著性差异(置信度 95%),否则不存在显著性差异。表 5-3 中列出的 F 值是单边值,引用时应加以注意。

表 5-3 置信度 95% 时 F 值（单边）

$f_小$ \ $f_大$	2	3	4	5	6	7	8	9	10	∞
2	19.00	19.16	19.25	19.30	19.33	19.36	19.37	19.38	19.39	19.50
3	9.55	9.28	9.12	9.01	8.94	8.88	8.84	8.81	8.78	8.53
4	6.94	6.59	6.39	6.26	6.16	6.09	6.04	6.00	5.96	5.63
5	5.79	5.41	5.19	5.05	4.95	4.88	4.82	4.78	4.74	4.36
6	5.14	4.76	4.53	4.39	4.28	4.21	4.15	4.10	4.06	3.67
7	4.74	4.35	4.12	3.97	3.87	3.79	3.73	3.68	3.63	3.23
8	4.46	4.07	3.84	3.69	3.58	3.50	3.44	3.39	3.34	2.93
9	4.26	3.86	3.63	3.48	3.37	3.29	3.23	3.18	3.13	2.71
10	4.10	3.71	3.48	3.33	3.22	3.14	3.07	3.02	2.97	2.54
∞	3.00	2.60	2.37	2.21	2.10	2.01	1.94	1.88	1.83	1.00

注：$f_大$ 为大方差数据的自由度；$f_小$ 为小方差数据的自由度。

表 5-3 所列 F 值用于单边检验，即检验某组数据的精密度是否大于或等于另一组数据的精密度时，置信度为 95%（显著性水平为 0.05）。而用于判断两组数据的精密度是否有显著性差异时，一组数据的精密度可能大于、等于或小于另一组数据的精密度，显著性水平为单边检验时的两倍，即 0.10，此时的置信度 $P=1-0.10=0.90$（90%）。

【例 5-6】 用两种不同方法测定水泥熟料中 CaO 的质量分数。所得结果如下：
第一种　65.32%　65.35%　65.33%　65.37%
第二种　65.46%　65.42%　65.43%　65.45%　65.45%
两种方法之间是否有显著性差异（置信度 90%）？

解　$n_1=4$　$\bar{x}_1=65.34\%$　$s_1=0.022\%$
　　　$n_2=5$　$\bar{x}_2=65.44\%$　$s_2=0.017\%$

$$F=\frac{(0.022)^2}{(0.017)^2}=1.67$$

查表 5-3，$f_大=3$，$f_小=4$，$F_表=6.59$，$F_计<F_表$，说明两组数据的标准偏差没有显著性差异，故求得合并标准偏差为

$$s=\sqrt{\frac{\sum(x_{1_i}-\bar{x}_1)^2+\sum(x_{2_i}-\bar{x}_2)^2}{n_1+n_2-2}}=0.019\%$$

$$t=\frac{|\bar{x}_1-\bar{x}_2|}{s}\sqrt{\frac{n_1 n_2}{n_1+n_2}}=\frac{|65.34\%-65.44\%|}{0.019\%}\times\sqrt{\frac{4\times 5}{4+5}}=7.85$$

查表 5-2，当 $P=0.90$，$f=n_1+n_2-2=7$ 时，$t_{0.10,7}=1.90$。$t>t_{0.10,7}$，故两种分析方法之间存在显著性差异，必须找出原因，加以解决。

【例 5-7】 采用两种不同的方法分析某一碱灰样品的总碱度，用方法一分析 9 次，得标准偏差 $s_1=0.15\%$；用方法二分析 7 次，得标准偏差 $s_2=0.24\%$。试判断两种分析方法的精密度是否存在显著性差异。

解 无论方法一的精密度是显著地优于或劣于方法二的精密度,都可认为它们之间存在显著性差异,故属于双边检验问题。已知:

$$n_1 = 9, \quad s_1 = 0.15\%$$
$$n_2 = 7, \quad s_2 = 0.24\%$$
$$s_{\text{大}}^2 = 0.24^2 = 0.058, \quad s_{\text{小}}^2 = 0.15^2 = 0.023$$
$$F_{\text{计}} = \frac{s_{\text{大}}^2}{s_{\text{小}}^2} = \frac{0.058}{0.023} = 2.5$$

查表 5-3, $f_{\text{大}} = 7-1 = 6$, $f_{\text{小}} = 9-1 = 8$, $F_{\text{表}} = 3.58$, $F_{\text{计}} < F_{\text{表}}$,故有 90% 的把握认为两种方法的精密度之间不存在显著性差异。

5.2.4 可疑值的取舍

在实验中最后处理数据时,可能发现个别数据离群较远,这一数据称为可疑值,又称异常值或极端值,该可疑值是否保留或弃去是分析数据处理的重点问题。先将数据进行整理,剔除由于明显原因(过失)而与其他结果相差较大的数据,对某些可疑数据可按上述的检验法决定取舍,然后计算数据的平均值、平均偏差、标准偏差,最后按要求的置信度求出平均值的置信区间。下面介绍 $4\bar{d}$ 法、格鲁布斯(Grubbs)法和 Q 检验法等三种方法。

1. $4\bar{d}$ 法

由正态分布图可以看出,超过 $\pm 3\sigma$ 的测量数据出现的概率小于 0.3%,因此该测量值可以舍弃,而 $\delta = 0.8\sigma$, $3\sigma \approx 4\delta$,即偏差超过 4δ 的数据可以舍弃。对于少量测定数据,可用 s 代替 σ, $\bar{d}$ 代替 δ,故可以粗略认为,偏差超过 $4\bar{d}$ 的数据可以舍弃。

对于少量实验数据(4~8 个),弃去一个数据时,采用 $4\bar{d}$ 法。用 $4\bar{d}$ 法判断可疑值的取舍时,首先求出除可疑值外的其余数据的平均值 $\bar{x}$ 和平均偏差 $\bar{d}$,然后将可疑值与平均值比较,如绝对差值大于 $4\bar{d}$,则将可疑值舍去,否则保留。该法比较简单,不必查表,至今仍为人们所采用。但是,当 $4\bar{d}$ 法与其他检验法相矛盾时,应以其他方法为准。

【例 5-8】 测定某玻璃样品中 Al_2O_3 的含量,测定结果为 2.10%、2.05%、2.10%、2.13%、2.12%、2.05% 这个数据是否保留?

解 不计可疑值 2.05%,计算得其余数据的平均值 $\bar{x}$ 和平均偏差 $\bar{d}$ 为

$$\bar{x} = 2.11\%, \quad \bar{d} = 0.013\%$$

可疑值与平均值的差的绝对值为

$$|2.11\% - 2.05\%| = 0.06\% > 4\bar{d}(0.052\%)$$

故 2.05% 这一数据应舍弃。

2. 格鲁布斯法

有一组分析数据从小到大排列为 $x_1, x_2, \cdots, x_{n-1}, x_n$,其中 x_1 或 x_n 可能是可疑值。

当采用格鲁布斯(Grubbs)法判断时,先计算该组数据的平均值及标准偏差,再依据统计量 T 进行判断。

设 x_1 是可疑值,则

$$T_{计} = \frac{\bar{x} - x_1}{s} \tag{5-21}$$

若 x_n 是可疑值,则

$$T_{计} = \frac{x_n - \bar{x}}{s} \tag{5-22}$$

将计算所得 T 值与表 5-4 中相应数值比较,若 $T_{计} > T_{\alpha,n}$,则可疑值应舍去,否则应保留。

表 5-4　$T_{\alpha,n}$ 值表

$T_{\alpha,n}$　α n	0.05	0.025	0.01
3	1.15	1.15	1.15
4	1.46	1.48	1.49
5	1.67	1.71	1.75
6	1.82	1.89	1.94
7	1.94	2.02	2.10
8	2.03	2.13	2.22
9	2.11	2.21	2.32
10	2.18	2.29	2.41
11	2.23	2.36	2.48
12	2.29	2.41	2.55
13	2.33	2.46	2.61
14	2.37	2.51	2.63
15	2.41	2.55	2.71
20	2.56	2.71	2.88

格鲁布斯法最大的优点是在判断可疑值的过程中引入了正态分布中的两个最重要的样本参数 $\bar{x}$ 及 s,故方法的准确性较好。这种方法的缺点是需要计算 $\bar{x}$ 和 s,步骤比较麻烦。

【例 5-9】 例 5-8 中的实验数据,用格鲁布斯法判断时,2.05% 这个数据是否保留(置信度 95%)?

解 $\bar{x} = 2.10\%$,$s = 0.031\%$,则

$$T_{计} = \frac{\bar{x} - x_1}{s} = \frac{2.10\% - 2.05\%}{0.031\%} = 1.61$$

查表 5-4,$T_{0.05,5} = 1.67$,$T_{计} < T_{0.05,5}$,故 2.05% 应保留。该结论与例 5-8 中 $4\bar{d}$ 法的结论不同,一般采用格鲁布斯法的结论。

3. Q 检验法

可按照以下步骤对可疑值进行检验:

(1) 有一组分析数据,从小到大依次排列:$x_1, x_2, x_3, \cdots, x_{n-1}, x_n$。

(2) 求出最大数据与最小数据之差:$x_n - x_1$。

(3) 求出可疑值与相邻值之差:$x_n - x_{n-1}$ 或 $x_2 - x_1$。

(4) 设 x_n 为可疑值,则统计量 $Q_{计}$ 为

$$Q_{\text{计}} = \frac{x_n - x_{n-1}}{x_n - x_1} \tag{5-23}$$

设 x_1 为可疑值,则

$$Q_{\text{计}} = \frac{x_2 - x_1}{x_n - x_1} \tag{5-24}$$

(5) 根据测定次数 n 和要求的置信度(如 90%),查表 5-5,得出 $Q_{\text{表}}$,若 $Q_{\text{计}} > Q_{\text{表}}$,则可疑值舍弃;若 $Q_{\text{计}} < Q_{\text{表}}$,则可疑值保留。

表 5-5 Q 值表

测定次数 n		3	4	5	6	7	8	9	10
置信度	90%($Q_{0.90}$)	0.94	0.76	0.64	0.56	0.51	0.47	0.44	0.41
	96%($Q_{0.96}$)	0.98	0.85	0.73	0.64	0.59	0.54	0.51	0.48
	99%($Q_{0.99}$)	0.99	0.93	0.82	0.74	0.68	0.63	0.60	0.57

$Q_{\text{计}}$ 值越大,说明 x_n 离群越远,$Q_{\text{计}}$ 称为"舍弃商"。不同置信度时的 Q 值列于表 5-5。

应该指出,对实验所得到的数据,若不能确定某个可疑值确系由于"过失"引起的,就不能轻易地去掉该数据,而是要用统计检验的方法进行判断之后确定其取舍。然后再计算该组数据的平均值、标准偏差以及进行其他有关数理统计工作等。

【例 5-10】 例 5-8 中的分析数据,采用 Q 检验法判断,2.05% 是否保留(置信度 90%)?

解 $Q_{\text{计}} = \dfrac{2.10 - 2.05}{2.13 - 2.05} = 0.63$

已知 $n=5$,查表 5-5,$Q_{0.90} = 0.64$,$Q_{\text{计}} < Q_{0.90} = 0.64$,故 2.05% 应保留。

5.3 有效数字及其运算

在实验中,为了得到准确可靠的测定结果,不仅要克服实验过程中可能产生的各种误差,还要正确地记录实验数据,并对其进行运算。分析结果的数值不仅表示试样中被测组分含量的多少,而且还反映测定的准确度。因此实验数据记录和计算时,必须了解有效数字的意义及运算规则。

5.3.1 有效数字

有效数字是在测量和运算中得到的、具有实际意义的数值。也就是说,在构成一个数值的所有数字中,除最末一位允许是可疑的、不确定的外,其余所有的数字都必须是准确可靠的。所谓可疑数字,除另外说明外,一般可理解为该数字上有 ±1 个单位的误差。例如,用分析天平称量一试样的质量为 0.5234 g,由于分析天平能称准至 ±0.0001 g,可理解为该试样的真实质量为 0.5234 g ± 0.0001 g,即为 0.5233 g~0.5235 g。

有效数字的位数简称有效位数,是指包括全部准确数字和一位可疑数字在内的所有数字的位数。记录数据和计算结果时须根据测定方法和使用仪器的准确度决定。为了正确地判断和记录测量数值的有效数字,必须明确以下几点:

(1) 非零数字。非零数字都是有效数字。

(2) "0"的多重作用。"0"在数值中是不是有效数字应视具体情况分析。

(ⅰ) 位于数值中间的"0"均为有效数字。例如,1.023、10.23%数值中所有的 0 都是有效数字,因为它代表了该位数值的大小。

(ⅱ) 位于数值前的"0"不是有效数字,因为它仅起到定位作用,如 0.0058 中的 0。

(ⅲ) 位于数值后面的"0"须根据情况区别对待:"0"在小数点后则是有效数字,如 0.2000 中 2 后面的三个 0 都是有效数字。"0"在整数的尾部有效数字比较含糊,如 1200 若为四位有效数字,则后面两个 0 都有效;若为三位有效数字,则有一个 0 无效;若为两位有效数字,则后面两个 0 都无效。较为准确的写法应分别为 1.200×10^3(四位)、1.20×10^3(三位)、1.2×10^3(两位)。

(3) 数值的首位等于或大于 8,其有效位数一般可多算一位,如 0.84(两位)可视为三位有效数字,88.72(四位)可视为五位有效数字。

(4) 对于 pH、pK、pM、lg$K$ 等对数值,其有效位数由小数点后面的位数决定。整数部分是 10 的幂数,与有效位数无关,如 pH=12.68 只有两位有效数字,即 $[H^+]=2.1\times10^{-11}$ mol·L^{-1};求对数时,原数值有几位有效数字,对数也应取几位。例如,$[H^+]=0.1$ mol·L^{-1},pH=$-\lg[H^+]=1.0$,$K_{CaY}=4.9\times10^{10}$,$\lg K_{CaY}=10.69$。

(5) 分析化学的常数。很多计算中常涉及各种常数,如倍数、分数、相对分子质量等,一般认为其值是准确数值。准确数值的有效位数是无限的,需要几位就算作几位。

5.3.2　有效数字的修约规则

对实验数据进行处理时,须根据各步的测量精度和有效数字运算规则,合理保留有效数字的位数。通常采用"四舍六入五留双,五后非零需进一"的规则:

(1) 在拟舍弃的数字中,右边第一个数字≤4 时舍去,右边第一个数字≥6 时进 1。

(2) 右边一个数字等于 5 时,拟保留的末位数字若为奇数,则舍 5 后进 1;若为偶数(包括 0),则舍 5 后不进位。

(3) 5 后还有数字,该数字需进位。

例如,将下列数值修约成两位有效数字:

0.7917 修约为 0.79　　　　0.4792 修约为 0.48　　　　0.655 修约为 0.66
62.5 修约为 62　　　　　　3.253 修约为 3.3

5.3.3　运算规则

定量分析中,一般都要经过几个测定步骤获得多个测量数据,对这些测量数据进行适当的计算后得出分析结果。由于各个数据的准确度不一定相同,因此运算时必须按照有效数字的运算规则进行。

1. 加减运算规则

几个测量值相加减时,它们的和或差的有效位数的取舍应以数值中小数点后位数最少的,即以绝对误差最大为标准。也就是说,计算结果的绝对误差应与绝对误差最大的数据相适应。

例如,计算 27.83+0.078+3.7306,各数值中绝对误差最大的是 27.83,小数点后只有两位数,故其结果只应保留小数点后两位数字。因此,将各数值先修约再运算,即

$$27.83+0.08+3.73=31.64$$

2. 乘除运算规则

几个测量值相乘除时,其积或商有效位数的取舍应以数值中有效位数最少的,即相对误差最大为标准。计算结果的相对误差应与相对误差最大的数据相适应。

例如,计算 $0.0178 \times 14.269 \times 2.04378$,其中 0.0178 的有效位数最少,只有 3 位,14.269 有 5 位有效数字,2.04378 有 6 位有效数字。它们的相对误差分别为

$$0.0178 \quad \frac{\pm 0.0001}{0.0178} \times 100\% = \pm 0.6\%$$

$$14.269 \quad \frac{\pm 0.001}{14.269} \times 100\% = \pm 0.007\%$$

$$2.04378 \quad \frac{\pm 0.00001}{2.04378} \times 100\% = \pm 0.0005\%$$

可见数值 0.0178 的有效位数最少,其相对误差最大,应以此为标准确定其他数据有效位数,即按"数字修约"规则,将各数据都保留三位有效数字后再乘除:

$$0.0178 \times 14.3 \times 2.04 = 0.519$$

习 题

1. 下列哪种情况可引起系统误差( )?
   A. 天平零点突然有变动 B. 加错试剂
   C. 看错砝码读数 D. 滴定终点和计量点不吻合
2. 滴定管的读数误差为 ± 0.01 mL,若滴定时用去滴定液 20.00 mL,则相对误差是( )。
   A. $\pm 0.1\%$ B. $\pm 0.01\%$ C. $\pm 1.0\%$ D. $\pm 0.001\%$
3. 减小偶然误差的方法是( )。
   A. 对照实验 B. 空白实验 C. 校准仪器 D. 多次测定取平均值
4. 偶然误差产生的原因不包括( )。
   A. 温度的变化 B. 湿度的变化 C. 气压的变化 D. 实验方法不当
5. 下列是四位有效数字的是( )。
   A. 1.005 B. 1.1000 C. 2.00 D. $pH = 12.00$
6. 有一组平行测定的分析数据,要判断其中是否有可疑值,应采用( )。
   A. t 检验法 B. Q 检验法 C. F 检验法 D. u 检验法
7. 准确度和精密度之间的关系是( )。
   A. 准确度与精密度无关 B. 精密度好准确度就一定高
   C. 精密度高是保证准确度高的前提 D. 消除偶然误差之后,精密度好,准确度才高
8. 下列论述错误的是( )。
   A. 随机误差呈正态分布 B. 随机误差大,系统误差也一定大
   C. 系统误差一般可以通过测定加以校正 D. 随机误差小是保证准确度的先决条件
9. 按以下各式,用有效数字规则计算结果:
   (1) $17.593 + 3.4756 - 0.0459 + 1.75$
   (2) $\dfrac{\pi \times (75.3)^3}{7.77 \times 10^{-3}}$
   (3) $\dfrac{-1.75 \times 10^{-5} + \sqrt{(1.75 \times 10^{-5})^2 + 4 \times 1.75 \times 10^{-9}}}{2.00}$
   (4) $5.8 \times 10^{-6} \times \dfrac{0.1000 - 2 \times 10^{-4}}{0.1044 + 2 \times 10^{-4}}$
   (5) 溶液中含有 0.095 mol·L^{-1} OH$^-$,求溶液的 pH
   (6) $pH = 0.03$,求 H$^+$ 的浓度

$(22.77, 1.73\times10^{10}, 6.80\times10^{-6}, 5.5\times10^{-6}, 12.98, 0.93\ mol\cdot L^{-1})$

10. 某人在不同月份用同一方法分析某合金样中的铜,所得结果如下:一月份:$n_i=7, \bar{x}_i=92.08, s_i=0.806$;七月份:$n_i=9, \bar{x}_i=93.08, s_i=0.797$,则两批结果的:

    (1) 精密度之间有无显著差异?

    (2) 平均值之间有无显著差异? (没有,有)

11. 用某法分析烟道气中 SO_2 的质量分数,得到下列结果:4.88%、4.92%、4.90%、4.88%、4.86%、4.85%、4.60%、4.94%、4.87%、4.99%。

    (1) 用 $4\bar{d}$ 法判断,有无可疑值需舍弃?

    (2) 用 Q 检验法判断,置信度为 90% 时,有无可疑值需舍弃?

    (3) 用格鲁布斯法检验判断,置信度为 90% 时,有无可疑值需舍弃? (4.60% 均需舍弃,4.99% 均保留)

12. 已知某炼铁厂在各炉的原料组成、配比相同,操作一样的情况下,铁水含碳量遵从正态分布 $N(4.55, 0.108^2)$。对每炉铁水分析时,一次测定值在置信水平为 95% 时出现的范围是多大?做 5 次分析的平均值范围又如何? 其中 $N(\mu, \sigma^2)$ 表示总体平均值为 μ,标准偏差为 σ 的正态分布。

    $(4.55\pm0.21, 4.55\pm0.09)$

13. 现对习题 12 中某一炉铁水测定其含碳量共 5 次,结果分别为 4.28%、4.40%、4.42%、4.35%、4.30%。如果分析是正常的(标准偏差没有改变),这炉铁水的含碳量是否正常? (不正常)

14. 滴定管的读数误差为 ±0.01 mL,如果滴定时用去标准溶液 2.50 mL 和 25.00 mL,相对误差各是多少?要保证 0.2% 的准确度,至少应用多少毫升标准溶液? (±0.8%, ±0.08%, 10 mL)

15. 测定某样品中的含氮量,6 次平行测定的结果分别是 20.48%、20.55%、20.58%、20.60%、20.53%、20.50%。计算这组数据的平均值、平均偏差、标准偏差。 (20.54%, 0.037%, 0.046%)

16. 用沉淀滴定法测定纯 NaCl 中 Cl^- 的质量分数,得到下列数据:59.82%、60.06%、60.46%、59.86%、60.24%。求该组数据的平均值、平均偏差、相对平均偏差、标准偏差和相对标准偏差。

    (60.09%, 0.21%, 0.35%, 0.28%, 0.46%)

17. 某试样经 6 次测定,其平均值为 9.46%,若样本标准偏差 s 为 0.17%,则当置信度为 90% 对其置信区间为多少? $(9.46\pm0.14\%)$

第6章 酸碱反应与酸碱滴定法

学习要求

(1) 了解酸碱理论的基本概念,重点掌握酸碱质子理论。
(2) 了解活度、活度系数、解离度等概念,理解同离子效应和盐效应对平衡的影响。
(3) 熟练掌握各类溶液pH的计算,了解酸碱溶液中各型体的分布规律。
(4) 掌握缓冲溶液的原理、酸碱滴定的基本原理及实际应用。

酸碱与日常生活及工业生产息息相关,从食品中的果蔬、食醋到重要的工业原料硫酸、氨水等,在人类的生活和生产实际中占有十分重要的地位。以酸碱反应为基础建立起来的酸碱滴定法是最基本、最重要的滴定分析法,应用极为广泛。本章介绍几种近代酸碱理论,并从酸碱质子理论出发,着重讨论酸碱的解离平衡、分布分数及其各类酸碱溶液pH的计算。最后在此基础上,讨论以酸碱平衡为基础的酸碱滴定法原理及其实际应用。

6.1 酸碱理论概述

人们对于酸碱的认识同认识其他事物一样,也经历了由浅到深、由感性认识到理性认识的过程。最初的概念是,酸具有酸味,能使蓝色石蕊试纸变红;而碱则具有涩味、滑腻感,能使红色的石蕊试纸变蓝。这种认识比较片面,没有揭示酸碱的本质。随着科学技术的进步和发展,人们对酸和碱的认识也逐步加深,并较为深刻地认识了酸碱的本质,提出了各种酸碱理论。其中比较重要的有1887年瑞典化学家阿伦尼乌斯(Arrhenius)提出的酸碱电离理论;1905年美国科学家弗兰克林(Franklin)提出的酸碱溶剂理论;1923年丹麦化学家布朗斯台德(Brönsted)与英国化学家劳莱(Lorry)几乎同时提出的酸碱质子理论;同时在1923年美国化学家路易斯(Lewis)提出的广义酸碱理论,即酸碱电子理论;20世纪60年代美国化学家佩尔松(Pearson)提出的软硬酸碱理论。

在以上的酸碱理论中,酸碱电离理论只适用于水溶液,酸碱质子理论既适用于水溶液,也适用于非水溶液;酸碱溶剂理论有较大的局限性,很少应用;酸碱电子理论主要应用于配位化学和有机化学中;软硬酸碱理论也只局限于配位化合物的形成中。

6.1.1 酸碱电离理论

酸碱电离理论中,酸与碱的定义分别为:在水溶液中凡是能够电离出H^+的物质称为酸;在水溶液中凡是能够电离出OH^-的物质称为碱。酸与碱反应生成盐和水。

例如,$H_2SO_4 \longrightarrow 2H^+ + SO_4^{2-}$,$HNO_3 \longrightarrow H^+ + NO_3^-$,$HCl \longrightarrow H^+ + Cl^-$,所以说

H_2SO_4、HNO_3 和 HCl 都是酸；$NaOH \longrightarrow Na^+ + OH^-$，$Ca(OH)_2 \longrightarrow Ca^{2+} + 2OH^-$，$Al(OH)_3 \longrightarrow Al^{3+} + 3OH^-$ 都能电离出 OH^-，所以 NaOH、$Ca(OH)_2$ 和 $Al(OH)_3$ 都是碱。

酸碱电离理论对水溶液中发生的酸碱反应可以给出很好的解释，并且可以根据溶液的导电性测定酸碱给出 H^+ 和 OH^- 的难易程度，用以比较酸碱的强度。但是该理论有一定的局限性。例如，氨(NH_3)是弱碱，容易与酸发生反应，但是在氨分子中却不含 OH^-。按照酸碱电离理论，氨不是碱。又如，Na_2CO_3 从酸碱电离理论来看是盐，但是 Na_2CO_3 却具有较强的碱性。无法用酸碱电离理论说明这些化合物的酸碱性。

6.1.2 酸碱溶剂理论

酸碱溶剂理论把酸碱的范围进一步扩大，它对酸碱的定义为：在一定的溶剂中，凡是能够电离产生溶剂正离子的为酸；能够电离产生溶剂负离子的为碱。酸碱反应的本质是溶剂正离子与负离子结合生成溶剂分子的过程。

例如，以水为溶剂时，水自身电离产生 H^+ 和 OH^-。因此，在水溶液中，凡是能够产生 H^+ 的为酸，能够产生 OH^- 的为碱。这一点与酸碱电离理论是一致的，但是溶剂理论可以用于其他非水溶液。例如，液氨为溶剂时，氨自身电离为 $2NH_3 \longrightarrow NH_4^+ + NH_2^-$。因此在液氨中，$NH_4Cl$ 为酸，因为它能产生 NH_4^+，而 $NaNH_2$ 为碱，因为它能产生 NH_2^-。酸碱反应为 $NH_4^+ + NH_2^- \longrightarrow 2NH_3$。

酸碱溶剂理论虽然扩大了酸碱的范围，不再局限于水溶液中，但是该理论只适用于能发生自身电离的溶剂系统。对于不能电离及无溶剂存在的系统，则无法定义酸碱。

6.1.3 酸碱质子理论

1. 酸碱的定义与共轭酸碱对

酸碱质子理论中，酸与碱的定义分别为：凡是能够给出质子的物质(包括分子和离子)是酸；凡是能够接受质子的物质是碱。

例如，$HCl \longrightarrow H^+ + Cl^-$，因为 HCl 可以给出质子，所以是酸；反之，$Cl^-$ 可以接受质子成为 HCl，所以 Cl^- 是碱。又如，$NH_3 + H^+ \longrightarrow NH_4^+$，因为 NH_3 可以接受质子，所以 NH_3 是碱，而 NH_4^+ 可以给出质子，所以 NH_4^+ 是酸。

由此可以看出，在酸碱质子理论中，酸与碱是相互联系在一起的，酸(质子酸)给出质子后剩余的部分即为碱(又称质子碱)，而碱接受质子后即形成酸。酸与碱之间靠质子联系在一起，其关系为

$$HA \rightleftharpoons H^+ + A^-$$
$$\text{酸} \qquad\qquad \text{碱}$$

这种对应关系称为共轭酸碱对。一个酸的共轭碱是指该酸失去一个质子后的剩余部分，而不是失去所有质子后剩余的部分。同理，一个碱的共轭酸是指碱得到一个质子后形成的物质或离子，而不是得到所有能够接受的质子后形成的物质或离子。例如，对于 H_3PO_4，其共轭碱为 $H_2PO_4^-$，而不是 HPO_4^{2-} 或 PO_4^{3-}。

酸(碱)给出(接受)质子形成共轭碱(酸)的反应称为酸碱半反应。

$$HAc \rightleftharpoons H^+ + Ac^- \qquad\qquad NH_3 + H^+ \rightleftharpoons NH_4^+$$
$$NH_4^+ \rightleftharpoons H^+ + NH_3 \qquad\qquad S^{2-} + H^+ \rightleftharpoons HS^-$$

$$H_3PO_4 \rightleftharpoons H^+ + H_2PO_4^- \qquad PO_4^{3-} + H^+ \rightleftharpoons HPO_4^{2-}$$
$$H_2PO_4^- \rightleftharpoons H^+ + HPO_4^{2-} \qquad Ac^- + H^+ \rightleftharpoons HAc$$

在酸碱质子理论中,酸和碱可以是中性分子,也可以是正离子或负离子。另外,还有两性酸碱,如果一种物质既可接受质子又可给出质子,则该物质称为两性酸碱。例如,$H_2PO_4^-$ 或 HPO_4^{2-},两性酸碱同时具有共轭酸和共轭碱,$H_2PO_4^-$ 的共轭酸为 H_3PO_4,而其共轭碱为 HPO_4^{2-},H_3PO_4 与 HPO_4^{2-} 则不存在共轭关系。

2. 酸碱反应的实质

根据酸碱质子理论,酸碱反应的实质就是两个共轭酸碱对之间质子传递的反应。例如

$$\underset{\text{酸}_1}{HCl} + \underset{\text{碱}_2}{NH_3} \rightleftharpoons \underset{\text{酸}_2}{NH_4^+} + \underset{\text{碱}_1}{Cl^-}$$

NH_3 和 HCl 的反应,无论是在水溶液中、苯溶液中,还是在气相中,其实质都是一样的,即 HCl 是酸,将质子转移给 NH_3,然后转变为它的共轭碱 Cl^-;NH_3 是碱,接受质子后转变为它的共轭酸 NH_4^+。强碱夺去了强酸给出的质子后,转化为较弱的共轭酸,而强酸转化为较弱的共轭碱,即为酸碱反应的方向。

酸碱质子理论不仅扩大了酸和碱的范围,还把解离理论中的酸、碱、盐的离子平衡统统包括在酸碱反应的范畴之内。例如,解离反应:

$$\underset{\text{酸}_1}{HAc} + \underset{\text{碱}_2}{H_2O} \rightleftharpoons \underset{\text{酸}_2}{H_3O^+} + \underset{\text{碱}_1}{Ac^-}$$

$$\underset{\text{碱}_2}{NH_3} + \underset{\text{酸}_1}{H_2O} \rightleftharpoons \underset{\text{酸}_2}{NH_4^+} + \underset{\text{碱}_1}{OH^-}$$

$$\underset{\text{碱}_2}{H_2O} + \underset{\text{酸}_1}{H_2O} \rightleftharpoons \underset{\text{酸}_2}{H_3O^+} + \underset{\text{碱}_1}{OH^-}$$

上述 HAc 在水溶液中的解离反应,其实质上是由两个半反应组成:

半反应 1 $\qquad\qquad HAc \rightleftharpoons H^+ + Ac^-$

半反应 2 $\qquad\qquad H_2O + H^+ \rightleftharpoons H_3O^+$

如果没有作为碱的水(溶剂)的存在,HAc 就无法实现其在水中的解离。H_3O^+ 称为水合质子,通常写成 H^+。HAc 在水中的解离平衡式可以简化为

$$HAc \rightleftharpoons H^+ + Ac^-$$

在以后的许多计算中常采用这种简化的表示方法,但应该注意,它代表的是一个完整的酸碱反应,即不要忽视溶剂水所起的作用。

同样,碱在水溶液中接受质子也必须有溶剂水分子参加。例如,上述氨在水溶液中的解离反应就是由以下两个半反应组成的:

半反应 1 $\qquad\qquad NH_3 + H^+ \rightleftharpoons NH_4^+$

半反应 2 $\qquad\qquad H_2O \rightleftharpoons H^+ + OH^-$

传统称为"盐的水解"的反应也是质子转移反应。NH_4Cl、NaAc 的水解实际上也是弱酸(NH_4^+)和弱碱(Ac^-)在水中的解离。

$$H_2O + Ac^- \rightleftharpoons HAc + OH^- \qquad\qquad NH_4^+ + H_2O \rightleftharpoons H_3O^+ + NH_3$$
$$\text{酸}_1\ \ \text{碱}_2\quad\ \ \text{酸}_2\ \ \text{碱}_1 \qquad\qquad\qquad \text{酸}_1\quad\ \text{碱}_2\quad\ \ \text{酸}_2\quad\ \text{碱}_1$$

总之,按酸碱质子理论的观点,解离反应就是水与酸碱分子之间的质子传递反应;水解反应就是水与酸碱离子之间的质子传递反应。

3. 酸碱的相对强弱

酸的解离就是酸与溶剂之间的质子转移反应,即酸给出质子转变为其共轭碱,而溶剂接受质子转变为其共轭酸;碱的解离就是碱与溶剂之间的质子转移反应,即碱接受质子转变为其共轭酸,而溶剂给出质子转变为其共轭碱。酸碱的强度不仅取决于酸碱本身给出质子和接受质子能力的大小,还与溶剂接受和给出质子的能力有关。在水溶液中,酸将质子给予水分子的能力越强,其酸性就越强,反之就越弱;碱从水分子中夺取质子的能力越强,其碱性就越强,反之就越弱。酸碱的强度可由其解离反应的平衡常数,即酸碱的解离常数(K_a 或 K_b)定量标度,K_a 或 K_b 在温度一定时为常数,K_a 或 K_b 值越大,表示该酸或该碱强度越大。

例如,一元弱酸 HAc、NH_4^+、HS^- 解离反应的解离常数分别为 1.8×10^{-5}、5.6×10^{-10}、7.1×10^{-15},由这三个酸的解离常数 K_a 的大小可以看出,这三种酸的强弱顺序为

$$HAc > NH_4^+ > HS^-$$

根据质子酸碱的共轭特点,若一种酸的酸性越强,其共轭碱的碱性则越弱。例如,Ac^-、NH_3、S^{2-} 的解离常数 K_b 分别为 5.6×10^{-10}、1.8×10^{-5}、1.4,由三种碱的 K_b 值的大小可以看出,这三种碱的强弱顺序与其共轭酸的正好相反,其顺序为

$$S^{2-} > NH_3 > Ac^-$$

【例 6-1】 计算 HCO_3^- 的 K_b。

解 HCO_3^- 为两性物质,既可作为酸又可作为碱。HCO_3^- 作为碱时:

$$HCO_3^- + H_2O \rightleftharpoons H_2CO_3 + OH^-$$

其共轭酸为 H_2CO_3,与 K_{a_1} 相对应碱的解离常数为 K_{b_2},HCO_3^- 的 K_b 即 K_{b_2},查附录 2 可知 $K_{a_1} = 4.2 \times 10^{-7}$,则

$$K_{b_2} = \frac{K_w}{K_{a_1}} = \frac{1.0 \times 10^{-14}}{4.2 \times 10^{-7}} = 2.4 \times 10^{-8}$$

4. 溶剂对酸碱的区分效应与拉平效应

酸与碱的强度除了与其本质有关外,还因其所处的溶液环境不同而产生差异。区分酸的强弱要以某个指定的碱作参照标准,在水溶液中酸强度的参照标准是以水分子为碱来划分的。水分子越容易得到酸的质子,说明在水溶液中该酸的酸性就越强。对于 HAc 和 HCN,其酸性较弱,水无法夺取其全部质子,从其解离常数 $K_{a,HAc} = 1.8 \times 10^{-5}$ 和 $K_{a,HCN} = 6.2 \times 10^{-10}$ 可以看出,水从 HAc 中夺取质子比从 HCN 中夺取质子更容易,所以在水溶液中 HAc 的酸性比 HCN 强。水能够区分出 HAc 和 HCN 的强弱,这种作用称为水的区分效应。

对于 $HClO_4$、H_2SO_4、HCl 和 HNO_3,水可以完全夺取其所有的质子,生成 H_3O^+,所以在水溶液中 $HClO_4$、H_2SO_4、HCl 和 HNO_3 都变成相同强度的 H_3O^+,水无法区别它们的强弱顺序,因为在水溶液中它们的强度是一样的,都与 H_3O^+ 相同。也就是说,在水溶液中能够稳定

存在的最强的酸是 H_3O^+（简写为 H^+）。这种将不同强度的酸拉平到同一强度水平的效应称为水的拉平效应。由此可以看出，在水溶液中，水对某些酸碱具有区分效应，对另一些酸碱则具有拉平效应。要区分 $HClO_4$、H_2SO_4、HCl 和 HNO_3 的强度，需要用一个碱性更弱的参照碱。例如，在冰醋酸中，以上四种酸给出质子的能力就可以区分开（表 6-1）。

表 6-1　冰醋酸中四种强酸的解离常数

酸	$HClO_4$	H_2SO_4	HCl	HNO_3
解离常数 K_a	1.6×10^{-6}	6.3×10^{-9}	1.6×10^{-9}	4.0×10^{-10}

由表 6-1 中的解离常数可以得到四种酸的强弱顺序为 $HClO_4 > H_2SO_4 > HCl > HNO_3$。这是由酸的本质决定的，但这种本质在水中无法体现出来，而在冰醋酸中则得到明确的表达，所以说冰醋酸对这四种强酸具有区分效应。

同理，在水溶液中所有的强碱都被拉平到 OH^-，OH^- 是水溶液中能够存在的最强的碱。在水溶液中，凡是碱性比 OH^- 强的都被拉平到 OH^- 水平。例如

$$NH_2^- + H_2O \longrightarrow NH_3 + OH^-$$
$$CH_3^- + H_2O \longrightarrow CH_4 + OH^-$$
$$O^{2-} + H_2O \longrightarrow OH^- + OH^-$$

相对于酸碱电离理论和酸碱溶剂理论，酸碱质子理论扩大了酸碱的范围，不再把酸碱局限于水溶液或能够发生自身解离的溶剂中，对非水溶液及无溶剂条件下的酸碱反应也能给出很好的解释。

6.1.4　酸碱电子理论

一些高价态金属离子的水溶液显示出较强的酸性，如 $AlCl_3$、$FeCl_3$ 和 BCl_3 的水溶液。在酸碱电离理论中是以水解的理论来解释这一现象的。从反应的实质来看，酸性是金属离子夺取了水中的 OH^- 而产生的，应该属于酸碱反应，但这些金属离子中却没有质子，不能被上面所介绍的任何酸碱理论定义为酸。为此，美国化学家路易斯于 1923 年提出了酸碱电子理论，即路易斯酸碱电子理论。该理论对酸碱的定义为：凡是能够接受电子对的分子或离子都是酸；凡是能够给出电子对的分子或离子都为碱。

例如，H^+ 为酸，OH^- 为碱，是因为

$$H^+ + :\overset{..}{\underset{..}{O}}H^- \Longrightarrow H_2O$$

H^+ 可以接受电子对，而 OH^- 可以提供电子对。

同理

$$H^+ + :NH_3 \Longrightarrow NH_4^+$$

NH_3 可以提供电子对，所以氨为碱。

在金属离子溶液中，如

$$Fe^{3+} + :\overset{..}{\underset{..}{O}}H^- \longrightarrow Fe(OH)_3$$

因为 Fe^{3+} 可以接受 OH^- 提供的电子对，所以 Fe^{3+} 为酸。对于其他的化合物，如 $AlCl_3$、BF_3 等，都可以直接接受电子对，所以都可以看成是酸，而许多化合物和负离子都可以提供电子对，所以可以看成是碱，如 NH_2^-、CN^-、Ac^- 等。

酸和碱的反应就是形成配位键，生成酸碱配合物的过程。

酸碱电子理论极大地扩展了酸碱的范围,使酸碱不再局限于含有质子的物质或离子,但与此同时,过分扩大的范围使得几乎所有的物质都能分为酸和碱,大多数的化学反应都能被划分为酸碱反应,大大淡化了酸碱的特征。因此,除了在有机合成化学中经常用酸碱电子理论解释许多反应外,在大多数情况下都是用酸碱质子理论讨论酸碱的反应与分类。

6.1.5 软硬酸碱理论

路易斯酸碱电子理论表达的酸碱范围过于广泛,同时也无法定量表达,这也是其不足之处。为了克服这些缺点,美国化学家佩尔松于1963年提出了软硬酸碱理论。

这种软硬酸碱概念主要是把路易斯酸碱分为硬酸、软酸、交界酸和硬碱、软碱、交界碱各三类。硬酸的特征是电荷较多、半径较小、外层电子被原子核束缚得较紧而不易变形的正离子,如 B^{3+}、Al^{3+}、Fe^{3+} 等;与此相反的即为软酸,如 Cu^+、Ag^+、Cd^{2+} 等;Fe^{2+}、Cu^{2+} 等为交界酸。作为硬碱的负离子或分子,其配位原子是一些电负性大、吸引电子能力强的元素,这些配位原子的半径较小,难失去电子,不易变形,如 F^-、OH^- 和 H_2O 等;作为软碱的负离子或分子,其配位原子则是一些电负性较小、吸引电子能力弱的元素,这些原子的半径较大,易失去电子,容易变形,如 I^-、SCN^-、CN^-、CO 等;Br^-、NO_2^- 等为交界碱。

关于酸碱反应,根据实验事实总结出软硬酸碱规则,即硬酸与硬碱结合,软酸与软碱结合,可形成稳定的配合物,简称为"硬亲硬,软亲软"。该规则基本上是经验性的,还有不少例外。例如,作为软碱的 CN^-,它既可与软酸 Ag^+、Hg^{2+} 等形成稳定的配合物,也可与硬酸 Fe^{3+}、Co^{3+} 等形成稳定的配合物。由于配合物的成键情况比较复杂,人们对软硬酸碱的认识还有待进一步深入。

6.2 强电解质溶液

6.2.1 离子氛和离子强度

强电解质溶液的解离度应等于1,但实验测得值却小于1,这个矛盾由德拜(Debye)和休克尔(Hückel)在1923年提出的强电解质溶液理论得到了初步解释。该理论认为强电解质在水溶液中是完全解离的,因此在强电解质溶液中离子浓度较大,离子间平均距离较小。由于静电力的相互作用,正离子周围的负离子数目大于正离子数目;负离子周围相反,正离子数目大于负离子数目。在每一离子周围形成了一个带相反电荷的"离子氛",由于离子氛的存在,离子之间存在相互牵制的作用,使得离子不能完全自由运动,表现为由实验测得的强电解质在溶液中实际的解离度小于1。

显然,离子的浓度越大,离子所带电荷数目越多,离子与其离子氛之间的作用越强。离子强度的概念可以用来衡量溶液中离子与其离子氛之间相互作用的强弱,用 I 表示溶液的离子强度,Z_i 表示溶液中第 i 种离子的电荷数,m_i 表示溶液中第 i 种离子的质量摩尔浓度,则有

$$I = \frac{1}{2} \sum m_i Z_i^2 \tag{6-1}$$

当溶液浓度较低时,也可用物质的量浓度 c 代替质量摩尔浓度进行计算。

6.2.2 活度和活度系数

在讨论溶液中的化学平衡时,如果都用浓度,结果可能与实际情况不符。为了严格处理化

学反应中的许多问题，为此引入了活度概念。

溶液中有效地自由运动的离子浓度（实际发挥作用的浓度）称为活度或有效浓度，以符号 a 表示。显然，活度的数值比其对应的浓度数值要小，它们之间的关系可用下列数学表达式表示：

$$a = \gamma_i c$$

式中：比例系数 γ_i 称为第 i 种离子的活度系数。在电解质溶液中，一般 $\gamma < 1$。活度系数 γ 越小，则离子间的相互作用越强，离子活度就越小。然而当溶液的浓度极低时，由于离子之间的距离很大，离子之间的相互作用力小至可忽略不计，这时的活度系数可视为等于 1，并且 $a=c$。

目前，对于高浓度电解质溶液中离子的活度系数，还没有令人满意的定量计算公式。但对于 AB 型电解质稀溶液（< 0.1 mol·L^{-1}），德拜-休克尔公式能给出较好的结果：

$$-\lg\gamma_i = 0.512 Z_i^2 \left(\frac{\sqrt{I}}{1 + B\mathring{a}\sqrt{I}} \right) \tag{6-2}$$

式中：γ_i 为离子 i 的活度系数；Z_i 为其电荷数；B 为常数，25 ℃时为 0.003 28；$\mathring{a}$ 为离子体积系数，约等于水化离子的有效半径，以 pm（10^{-12} m）计；I 为溶液的离子强度。

当离子强度较小时，可以不考虑水化离子的大小，活度系数可按简化的德拜-休克尔公式计算：

$$-\lg\gamma_i = 0.5 Z_i^2 \sqrt{I} \tag{6-3}$$

$\mathring{a}$、I 和 Z_i 一定时，相应的离子活度系数值列于附录 1。一般来说，离子自身的电荷数越高，所在溶液的离子强度越大，则活度系数的数值越小。例如，在离子强度 $I=1.0\times10^{-4}$ mol·kg^{-1} 的溶液中，一价离子的活度系数为 0.99，而二价离子的活度系数为 0.95，三价、四价离子的活度系数分别为 0.90、0.83。同样是一价离子，当它处于离子强度分别为 1.0×10^{-3} mol·kg^{-1}、1.0×10^{-2} mol·kg^{-1}、1.0×10^{-1} mol·kg^{-1} 的溶液中时，其活度系数分别为 0.96、0.89、0.78。

需要指出，在电解质溶液的各种平衡计算中，严格说都应该用活度，只有在很稀的离子溶液中才允许用浓度代替活度，否则误差较大。

6.3 酸碱平衡

6.3.1 水的解离与溶液的 pH

1. 水的离子积

通过对纯水电导率的测定及计算，发现水是一种弱电解质，自身可以发生微弱的解离反应：

$$H_2O \rightleftharpoons H^+ + OH^-$$

水的解离反应是一个平衡过程，其平衡常数可表示为 $K_w=[H^+][OH^-]$。由于解离过程是一个吸热过程，因此解离的程度随温度的升高而增大，在常温下 $K_w=1.0\times10^{-14}$，不同温度下的解离常数见表 6-2。

表 6-2　不同温度下水的解离常数

$t/℃$	0	20	25	30	50	90	100
K_w	$1.2×10^{-15}$	$6.9×10^{-14}$	$1.0×10^{-14}$	$1.4×10^{-14}$	$5.3×10^{-14}$	$3.7×10^{-13}$	$5.4×10^{-13}$

2. 溶液的 pH

在一般弱酸或弱碱水溶液中，由于水的解离平衡的存在，[H^+]和[OH^-]不是很大，用一般的溶液浓度表示法不是很方便，所以对[H^+]和[OH^-]比较小的溶液，其酸度和碱度采用 pH(pH=$-\lg$[H^+])或 pOH(pOH=$-\lg$[OH^-])表示。由水的离子积[H^+]和[OH^-]的关系可得 pH+pOH=pK_w，在常温下，pK_w=14.0，故 pH+pOH=14.0。pH 适用于浓度小于或等于 1 mol·L^{-1} 的酸或碱溶液。

水溶液的酸碱性由溶液中[H^+]和[OH^-]的相对大小决定。[H^+]>[OH^-]的溶液为酸性溶液；[H^+]<[OH^-]的溶液为碱性溶液；[H^+]=[OH^-]的溶液为中性溶液。

若是在常温条件下，也可以用 pH 的大小估计溶液的酸碱性。pH<7 的溶液为酸性溶液；pH>7 的溶液为碱性溶液；pH=7 的溶液为中性溶液。

一些常见物质的酸碱性见表 6-3。

表 6-3　一些常见物质的酸碱性

名　称	血液	唾液	尿液	胃液	泪液	啤酒	醋	柠檬汁	橙汁	牛奶
pH	7.4	6.5~7.5	5~7	1~2	7.4	4~4.5	2.4~3.4	2.4	3.5	6.4

6.3.2　弱酸弱碱的解离平衡

在一定温度下，弱电解质在水溶液中达到解离平衡时，解离所生成的各种离子浓度的乘积与溶液中未解离的分子的浓度之比是常数，称为解离平衡常数，简称为解离常数（K）。弱酸的解离常数常用 K_a 表示，弱碱的解离常数常用 K_b 表示。

1. 一元酸的解离平衡

以 HAc 为例，其解离平衡为

$$HAc \rightleftharpoons H^+ + Ac^-$$

根据化学平衡定律，其平衡常数表达式为

$$K_a = \frac{[H^+][Ac^-]}{[HAc]}$$

式中：K_a 为 HAc 的解离常数。K_a 的大小反映了弱酸解离程度的强弱，K_a 越小，酸性越弱。K_a 与其他化学平衡常数一样，其数值大小与酸的浓度无关，仅取决于酸的本性和体系的温度，但由于弱电解质的解离热效应较小，故 K_a 受温度的影响不大，通常不考虑常温范围内温度对它的影响。

2. 一元碱的解离平衡

$NH_3·H_2O$ 是弱碱，解离方程式为

$$NH_3·H_2O \rightleftharpoons NH_4^+ + OH^-$$

$$K_b = \frac{[NH_4^+][OH^-]}{[NH_3 \cdot H_2O]}$$

式中:K_b 为 $NH_3 \cdot H_2O$ 的解离常数。K_b 值越小,则该碱越弱。

3. 多元酸碱的解离平衡

在水溶液中,一个分子能提供两个或两个以上 H^+ 的酸称为多元酸。多元酸在水中的解离是分步进行的,每一步都有相应的解离常数。以 H_2S 为例,H_2S 是二元酸,它的解离分两步进行。

第一步 $\quad H_2S \rightleftharpoons H^+ + HS^- \quad K_{a_1} = \dfrac{[H^+][HS^-]}{[H_2S]} = 1.3 \times 10^{-7}$

第二步 $\quad HS^- \rightleftharpoons H^+ + S^{2-} \quad K_{a_2} = \dfrac{[H^+][S^{2-}]}{[HS^-]} = 7.1 \times 10^{-15}$

可见,$K_{a_1} \gg K_{a_2}$,即第二步解离比第一步解离弱得多,这是因为带两个负电荷的 S^{2-} 对 H^+ 的吸引比带一个负电荷的 HS^- 对 H^+ 的吸引要强得多;同时,第一步解离出来的 H^+ 对第二步解离产生很大的抑制作用,即同离子效应。因此,可以认为 H^+ 和 HS^- 的浓度近似相等。如果 $K_{a_1} \gg K_{a_2}$,溶液中的 H^+ 主要来自第一级解离,近似计算 H^+ 浓度时,可以把它当成一元酸处理。对于二元酸,其酸根负离子的浓度在数值上近似的等于 K_{a_2}。

又如,磷酸 H_3PO_4,由于它是三元中强酸,因而在溶液中能建立下列三级解离平衡:

$$H_3PO_4 \rightleftharpoons H^+ + H_2PO_4^- \quad K_{a_1} = 7.6 \times 10^{-3}$$
$$H_2PO_4^- \rightleftharpoons H^+ + HPO_4^{2-} \quad K_{a_2} = 6.3 \times 10^{-8}$$
$$HPO_4^{2-} \rightleftharpoons H^+ + PO_4^{3-} \quad K_{a_3} = 4.4 \times 10^{-13}$$

当然,这些都是简略的表达式。由 K_a 值可知酸度为

$$H_3PO_4 > H_2PO_4^- > HPO_4^{2-}$$

对应磷酸各级共轭碱的解离常数分别为

$$PO_4^{3-} + H_2O \rightleftharpoons HPO_4^{2-} + OH^- \quad K_{b_1} = \frac{K_w}{K_{a_3}} = 2.3 \times 10^{-2}$$

$$HPO_4^{2-} + H_2O \rightleftharpoons H_2PO_4^- + OH^- \quad K_{b_2} = \frac{K_w}{K_{a_2}} = 1.6 \times 10^{-7}$$

$$H_2PO_4^- + H_2O \rightleftharpoons H_3PO_4 + OH^- \quad K_{b_3} = \frac{K_w}{K_{a_1}} = 1.3 \times 10^{-12}$$

应该注意,碱的解离常数最大的 K_{b_1} 和酸的解离常数最小的 K_{a_3} 相对应;而最小的 K_{b_3} 和最大的 K_{a_1} 相对应。总之,共轭酸碱对酸的解离常数和它对应碱的解离常数成反比,二者的乘积等于水的离子积,即 $K_a K_b = K_w$。也就是说,若知道酸的解离常数,就可以知道其共轭碱的解离常数;反之亦然。常见弱酸弱碱的解离常数见附录2。

6.3.3 影响酸碱平衡的因素

酸碱解离平衡与任何化学平衡一样都是暂时的、相对的动态平衡,当外界条件改变时,平衡就会移动,结果使弱酸、弱碱的解离度增大或减小。由于酸碱反应大多是在常温常压下的溶液中进行,因此只考虑浓度的变化对平衡的影响。

1. 浓度——稀释定律

下面仍以 HAc 为例讨论弱电解质解离常数 K 和解离度 α 的关系。

$$HAc \rightleftharpoons H^+ + Ac^-$$

起始浓度/(mol·L^{-1})　　　　　　c　　　0　　　0

平衡浓度/(mol·L^{-1})　　　　$c-c\alpha$　　$c\alpha$　　$c\alpha$

$$K_a = \frac{[H^+][Ac^-]}{[HAc]} = \frac{(c\alpha)^2}{c-c\alpha} = \frac{c\alpha^2}{1-\alpha}$$

因为弱电解质的解离度 α 很小，$1-\alpha \approx 1$，$K_a \approx c\alpha^2$，所以

$$\alpha \approx \sqrt{\frac{K_a}{c}}$$

写成通式为

$$\alpha \approx \sqrt{\frac{K}{c}} \tag{6-4}$$

式(6-4)表明，在一定温度下，弱电解质的解离度 α 与解离常数的平方根成正比，与溶液浓度的平方根成反比，即浓度越低，解离度越大。这个关系称为稀释定律。

由此可见，α 和 K 都可用来表示弱电解质的相对强弱，但 α 随浓度的改变而改变，而 K 在一定温度下是常数，不随浓度改变而改变，所以 K 具有更广泛的实用意义。

【例 6-2】 已知在 298.15 K 时，0.10 mol·L^{-1} $NH_3·H_2O$ 的解离度为 1.33%，求 $NH_3·H_2O$ 的解离常数。

解 $K_b \approx c\alpha^2 = 1.0 \times (1.33\%)^2 = 1.77 \times 10^{-5}$

2. 同离子效应

1) 同离子效应的定义

取两支试管，各加入 10 mL 1.0 mol·L^{-1} HAc 溶液及 2 滴甲基橙指示剂，试管中的溶液呈红色，然后在试管 1 中加入少量固体 NaAc，边振荡边与试管 2 比较，结果发现试管 1 中溶液的红色逐渐褪去，最后变成黄色。

实验表明，试管 1 中的溶液由于 NaAc 的加入导致酸度降低，这是因为 HAc-NaAc 溶液中存在下列解离关系：

$$HAc \rightleftharpoons H^+ + Ac^-$$
$$NaAc \rightleftharpoons Na^+ + Ac^-$$

NaAc 在溶液中以 Na^+ 和 Ac^- 存在，溶液中 Ac^- 的浓度增加，即生成物浓度增大，使 HAc 的解离平衡向左移动，结果使溶液中的 H^+ 的浓度减小，HAc 的解离度降低。

在弱电解质溶液中加入一种与该弱电解质具有相同离子的易溶强电解质后，使弱电解质解离度降低的现象称为同离子效应。下面通过计算进一步说明同离子效应。

【例 6-3】 求 $0.10\ \text{mol}\cdot\text{L}^{-1}$ HAc 溶液的解离度。如果在此溶液中加入 NaAc 晶体，使 NaAc 的浓度达到 $0.10\ \text{mol}\cdot\text{L}^{-1}$，HAc 的解离度又是多少？

解 加入 NaAc 前

$$\alpha=\sqrt{\frac{K_a}{c}}=\sqrt{\frac{1.8\times10^{-5}}{0.10}}=1.3\%$$

加入 NaAc 后，由于 NaAc 完全解离，因此溶液中 HAc 及 Ac^- 的起始浓度都是 $0.10\ \text{mol}\cdot\text{L}^{-1}$，即

$$\text{HAc} \rightleftharpoons \text{H}^+ + \text{Ac}^-$$

起始浓度/$(\text{mol}\cdot\text{L}^{-1})$	0.10	0	0.10
平衡浓度/$(\text{mol}\cdot\text{L}^{-1})$	$0.10-[\text{H}^+]$	$[\text{H}^+]$	$0.10+[\text{H}^+]$

$$K_a=\frac{[\text{H}^+](0.10+[\text{H}^+])}{0.10-[\text{H}^+]}=1.8\times10^{-5}$$

因为 $[\text{H}^+]\ll 0.10\ \text{mol}\cdot\text{L}^{-1}$，所以

$$0.10+[\text{H}^+]\approx 0.10, \quad 0.10-[\text{H}^+]\approx 0.10$$

则

$$\frac{[\text{H}^+]\times 0.10}{0.10}=1.8\times10^{-5}, \quad [\text{H}^+]=1.8\times10^{-5}\ \text{mol}\cdot\text{L}^{-1}$$

故

$$\alpha=\frac{[\text{H}^+]}{c_{\text{HAc}}}\times100\%=\frac{1.8\times10^{-5}}{0.10}\times100\%=0.018\%$$

计算结果表明，HAc 溶液中加入 NaAc 后，其解离度比不加 NaAc 时降低了约71倍。

2) 同离子效应的应用

利用同离子效应可以控制弱酸或弱碱溶液中的 H^+ 或 OH^- 浓度，所以在实际应用中，常用来调节溶液的酸碱性。此外，利用同离子效应还可以控制弱酸溶液中的酸根离子浓度，从而可使某些或某种金属离子沉淀出来，达到分离、提纯的目的。

在分析化学中，常用可溶性硫化物作为沉淀剂分离金属离子。例如，H_2S 是二元弱酸，分步解离平衡如下：

(1) $\text{H}_2\text{S} \rightleftharpoons \text{H}^+ + \text{HS}^-$ $\quad K_{a_1}=\dfrac{[\text{H}^+][\text{HS}^-]}{[\text{H}_2\text{S}]}=1.3\times10^{-7}$

(2) $\text{HS}^- \rightleftharpoons \text{H}^+ + \text{S}^{2-}$ $\quad K_{a_2}=\dfrac{[\text{H}^+][\text{S}^{2-}]}{[\text{HS}^-]}=7.1\times10^{-15}$

(1)+(2) 得

$$\text{H}_2\text{S} \rightleftharpoons 2\text{H}^+ + \text{S}^{2-}$$

平衡常数为

$$K_{a_1}K_{a_2}=\frac{[\text{H}^+]^2[\text{S}^{2-}]}{[\text{H}_2\text{S}]}=9.2\times10^{-22}$$

上式体现了平衡系统中 H^+、S^{2-} 和 H_2S 浓度之间的关系。由于不同金属离子与 S^{2-} 形成沉淀所需 S^{2-} 的浓度不同，由上式就可直接调节溶液的酸度来控制溶液中 S^{2-} 的浓度，用来沉淀某些金属离子，达到将不同的金属离子分离的目的。必须注意，上式并不表示 H_2S 发生一步解离产生两个 H^+ 和一个 S^{2-}，也不说明溶液中没有 HS^- 存在。

【例 6-4】 在 $0.10\ \text{mol} \cdot \text{L}^{-1}$ HCl 中通入 H_2S 至饱和，求溶液中 S^{2-} 的浓度。

解 饱和 H_2S 水溶液浓度为 $0.10\ \text{mol} \cdot \text{L}^{-1}$，该体系中 $[H^+] = 0.10\ \text{mol} \cdot \text{L}^{-1}$，设 $[S^{2-}]$ 为 $x\ \text{mol} \cdot \text{L}^{-1}$，则

$$K_{a_1} K_{a_2} = \frac{[H^+]^2 [S^{2-}]}{[H_2S]} = \frac{(0.10)^2 x}{0.10} = 9.2 \times 10^{-22}$$

解得

$$x = [S^{2-}] = 9.2 \times 10^{-21}\ (\text{mol} \cdot \text{L}^{-1})$$

计算表明，在 $0.10\ \text{mol} \cdot \text{L}^{-1}$ HCl 条件下，S^{2-} 浓度是纯净的饱和 H_2S 水溶液中 S^{2-} 浓度的 10^{-7} 倍。因此可以通过调节弱酸（碱）溶液的酸度来改变溶液中共轭酸碱对浓度。反之，如果调节溶液中共轭酸碱对的比值也可控制溶液的酸（碱）度，其应用实例就是缓冲溶液。

3. 盐效应

如果在弱电解质溶液中加入不含同离子的强电解质，如在 HAc 溶液中加入 NaCl，由于 NaCl 中的 Cl^- 和 Na^+ 与 HAc 解离出来的 H^+ 和 Ac^- 相互吸引，这样会降低 H^+ 和 Ac^- 结合成 HAc 的速度，使 HAc 的解离度略有增大，这种在弱电解质溶液中加入不含相同离子的易溶强电解质可稍增大弱电解质解离度的现象称为盐效应。

实际上，在发生同离子效应的同时也伴随着盐效应的发生，但与同离子效应相比，盐效应的影响很小，因此一般不考虑盐效应的影响。

6.3.4 分布分数与分布曲线

在弱酸弱碱平衡体系中，常同时存在多个型体，它们的浓度随溶液中 H^+ 浓度的变化而变化。酸（碱）在溶液中各种存在形式的平衡浓度之和称为总浓度或分析浓度。某一存在形式的平衡浓度占总浓度的分数称为该形式的分布分数，用 δ 表示。知道了分布分数及总浓度，即可求得溶液中各有关酸碱组分的平衡浓度。分布分数与溶液的 pH 之间的关系曲线称为分布曲线。讨论分布曲线将有助于深入理解酸碱滴定的过程以及分步滴定的可能性，也有利于了解配位滴定与沉淀反应条件。

1. 一元弱酸（或弱碱）溶液中各型体的分布

以一元弱酸 HB 为例，它在溶液中以 HB 和 B^- 两种形式存在。若 HB 的总浓度为 c，平衡时 HB 和 B^- 的浓度分别为 $[HB]$ 和 $[B^-]$，则

$$c = [HB] + [B^-]$$

设 HB 在 c 中所占的分数为 δ_{HB}，B^- 在 c 中所占的分数为 δ_{B^-}，则

$$\delta_{HB} = \frac{[HB]}{c} = \frac{[HB]}{[HB]+[B^-]}, \qquad \delta_{B^-} = \frac{[B^-]}{c} = \frac{[B^-]}{[HB]+[B^-]}$$

$\delta_{HB} + \delta_{B^-} = 1$。根据 HB 的解离平衡关系式，得

$$\frac{[HB]}{[HB]+[B^-]} = \frac{1}{1+\frac{[B^-]}{[HB]}} = \frac{1}{1+\frac{K_a}{[H^+]}} = \frac{[H^+]}{[H^+]+K_a}$$

所以 HB 的分布分数为

$$\delta_{HB} = \frac{[H^+]}{[H^+] + K_a}$$

同样可得

$$\frac{[B^-]}{[HB] + [B^-]} = \frac{1}{1 + \frac{[HB]}{[B^-]}} = \frac{K_a}{K_a + [H^+]}$$

所以 B^- 的分布分数为

$$\delta_{B^-} = \frac{K_a}{K_a + [H^+]} \tag{6-5}$$

显然,分布分数只与解离常数和 pH 有关,而与总浓度无关。

HB 和 B^- 的平衡浓度分别为 $[HB] = c\delta_{HB}$, $[B^-] = c\delta_{B^-}$。

图 6-1 表明了 HAc 和 Ac^- 的分布分数与溶液 pH 的关系。由图 6-1 可见,δ_{HAc} 随 pH 的增大而减小,δ_{Ac^-} 随 pH 的增大而增大,两曲线相交于 $pH = pK_a = 4.74$ 处。此时,$\delta_{HAc} = \delta_{Ac^-} = 0.50$,即 HAc 和 Ac^- 各占一半;当 pH < 4.74 时,$\delta_{HAc} > \delta_{Ac^-}$,主要存在形式是 HAc;当 pH > 4.74 时,$\delta_{HAc} < \delta_{Ac^-}$,主要存在形式是 Ac^-。

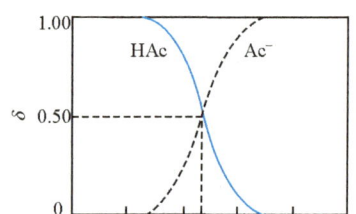

图 6-1 HAc 的型体分布分数与溶液 pH 的关系曲线

【例 6-5】 计算 pH = 5.00 时 HAc 和 Ac^- 的分布分数。

解 HAc 的 $K_a = 1.8 \times 10^{-5}$,pH = 5.00,$[H^+] = 1.0 \times 10^{-5}$ mol·L^{-1},则

$$\delta_{HAc} = \frac{[H^+]}{[H^+] + K_a} = \frac{1.0 \times 10^{-5}}{1.0 \times 10^{-5} + 1.8 \times 10^{-5}} = 0.36$$

$$\delta_{Ac^-} = \frac{K_a}{[H^+] + K_a} = \frac{1.8 \times 10^{-5}}{1.0 \times 10^{-5} + 1.8 \times 10^{-5}} = 0.64$$

对于一元弱碱,同样可以推导出其水溶液中各型体的分布。例如,NH_3 的水溶液中

$$\delta_{NH_3} = \frac{[NH_3]}{c} = \frac{[OH^-]}{K_b + [OH^-]}$$

$$\delta_{NH_4^+} = \frac{[NH_4^+]}{c} = \frac{K_b}{K_b + [OH^-]}$$

2. 多元弱酸(或弱碱)溶液中各型体的分布

以二元弱酸 H_2B 为例,它在溶液中以 H_2B,HB^- 和 B^{2-} 在。若 H_2B 的总浓度为 c,则

$$c = [H_2B] + [HB^-] + [B^{2-}]$$

设 H_2B、HB^- 和 B^{2-} 的分布分数分别为 δ_0、δ_1 和 δ_2,则

$$\delta_0 = \frac{[H_2B]}{c}, \quad \delta_1 = \frac{[HB^-]}{c}, \quad \delta_2 = \frac{[B^{2-}]}{c}, \quad \delta_0 + \delta_1 + \delta_2 = 1$$

根据 H_2B 的解离平衡关系式,可得

$$\delta_0 = \frac{[H_2B]}{[H_2B] + [HB^-] + [B^{2-}]} = \frac{1}{\left(1 + \frac{[HB^-]}{[H_2B]} + \frac{[B^{2-}]}{[H_2B]}\right)} = \frac{1}{\left(1 + \frac{K_{a_1}}{[H^+]} + \frac{K_{a_1}K_{a_2}}{[H^+]^2}\right)}$$

$$= \frac{[H^+]^2}{[H^+]^2 + K_{a_1}[H^+] + K_{a_1}K_{a_2}} \tag{6-6}$$

同理可得

$$\delta_1 = \frac{K_{a_1}[H^+]}{[H^+]^2 + K_{a_1}[H^+] + K_{a_1}K_{a_2}} \tag{6-7}$$

$$\delta_2 = \frac{K_{a_1}K_{a_2}}{[H^+]^2 + K_{a_1}[H^+] + K_{a_1}K_{a_2}} \tag{6-8}$$

故各组分的平衡浓度为$[H_2B] = c\delta_0$,$[HB^-] = c\delta_1$,$[B^{2-}] = c\delta_2$。

【例 6-6】 计算 pH=4.00 时,总浓度为 0.10 mol·L^{-1} 的乙二酸溶液中各组分的分布分数及其浓度。

解 已知 $H_2C_2O_4$ 的 $K_{a_1} = 5.9 \times 10^{-2}$,$K_{a_2} = 6.4 \times 10^{-5}$,$[H^+] = 1.0 \times 10^{-4}$ mol·L^{-1},则

$$\delta_0 = \frac{[H_2C_2O_4]}{c} = \frac{[H^+]^2}{[H^+]^2 + K_{a_1}[H^+] + K_{a_1}K_{a_2}} = 0.001$$

$$\delta_1 = \frac{[HC_2O_4^-]}{c} = \frac{K_{a_1}[H^+]}{[H^+]^2 + K_{a_1}[H^+] + K_{a_1}K_{a_2}} = 0.609$$

$$\delta_2 = \frac{[C_2O_4^{2-}]}{c} = \frac{K_{a_1}K_{a_2}}{[H^+]^2 + K_{a_1}[H^+] + K_{a_1}K_{a_2}} = 0.390$$

$$[H_2C_2O_4] = c\delta_0 = 0.10 \times 0.001 = 0.0001 (\text{mol·L}^{-1})$$

$$[HC_2O_4^-] = c\delta_1 = 0.10 \times 0.609 = 0.0609 (\text{mol·L}^{-1})$$

$$[C_2O_4^{2-}] = c\delta_2 = 0.10 \times 0.390 = 0.0390 (\text{mol·L}^{-1})$$

图 6-2 是乙二酸三种型体的分布分数与溶液 pH 的关系曲线。乙二酸的 $pK_{a_1} = 1.23$,$pK_{a_2} = 4.19$。从图 6-2 可以看出,当 pH<1.23 时,溶液中以 $H_2C_2O_4$ 为主;当 1.23<pH<4.19 时,溶液中 $HC_2O_4^-$ 占优势;当 pH>4.19 时,则 $C_2O_4^{2-}$ 是主要型体。pH=2.71 时,虽然 $\delta_{HC_2O_4^-} = 0.938$,达到最大值,但仍含有 $H_2C_2O_4$ 和 $C_2O_4^{2-}$,它们的分布分数各为 0.031,可见情况比一元弱酸复杂。

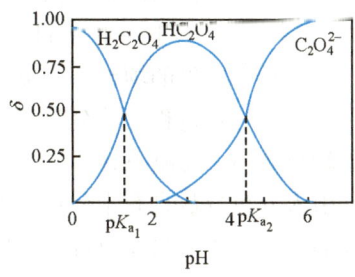

图 6-2 乙二酸三种型体的分布分数与溶液 pH 的关系曲线

用类似的方法可以得到其他多元酸的分布分数情况。例如,H_3PO_4 在溶液中以 H_3PO_4、$H_2PO_4^-$、HPO_4^{2-} 和 PO_4^{3-} 四种形式存在,其分布分数如下:

$$\delta_0 = \frac{[H_3PO_4]}{c} = \frac{[H^+]^3}{[H^+]^3 + K_{a_1}[H^+]^2 + K_{a_1}K_{a_2}[H^+] + K_{a_1}K_{a_2}K_{a_3}}$$

$$\delta_1 = \frac{[H_2PO_4^-]}{c} = \frac{K_{a_1}[H^+]^2}{[H^+]^3 + K_{a_1}[H^+]^2 + K_{a_1}K_{a_2}[H^+] + K_{a_1}K_{a_2}K_{a_3}}$$

$$\delta_2 = \frac{[HPO_4^{2-}]}{c} = \frac{K_{a_1}K_{a_2}[H^+]}{[H^+]^3 + K_{a_1}[H^+]^2 + K_{a_1}K_{a_2}[H^+] + K_{a_1}K_{a_2}K_{a_3}}$$

$$\delta_3 = \frac{[PO_4^{3-}]}{c} = \frac{K_{a_1}K_{a_2}K_{a_3}}{[H^+]^3 + K_{a_1}[H^+]^2 + K_{a_1}K_{a_2}[H^+] + K_{a_1}K_{a_2}K_{a_3}}$$

磷酸各种型体的分布分数与溶液 pH 的关系如图 6-3 所示。从图 6-3 中可以看出,每一共轭酸碱对的分布曲线都相交于 $\delta=0.50$ 处,此时 pH 分别与 pK_{a_1}(2.12)、pK_{a_2}(7.20)和 pK_{a_3}(12.36)相对应。当 pH=4.7 时,$\delta_{H_2PO_4^-}=0.994$,$\delta_{H_3PO_4}=0.003$,$\delta_{HPO_4^{2-}}=0.003$,$\delta_{PO_4^{3-}}=0$,表明 $H_2PO_4^-$ 占绝对优势,而 H_3PO_4 和 HPO_4^{2-} 所占比例很小,PO_4^{3-} 所占比例为零;同样,当 pH=9.8 时,$\delta_{HPO_4^{2-}}=0.995$,$HPO_4^{2-}$ 占绝对优势,而 PO_4^{3-} 和 $H_2PO_4^-$ 所占比例很小。

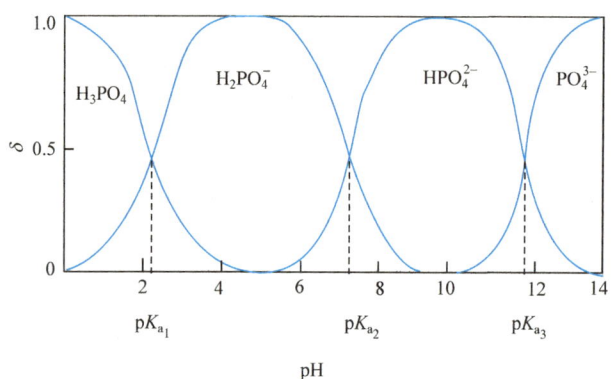

图 6-3 磷酸各种型体的分布分数与溶液 pH 的关系曲线

图 6-2 和图 6-3 的明显区别在于 $\delta_{H_2PO_4^-}$ 和 $\delta_{HPO_4^{2-}}$ 最大值都几乎达到 100%,而 $\delta_{HC_2O_4^-}$ 最大值明显低于 100%。造成这种区别的原因是,磷酸的各级解离常数相差较大,而乙二酸的各级解离常数比较接近。

从一元弱酸、二元弱酸、三元弱酸中各存在型体分布分数的表达式可以看出一些规律,对于 n 元弱酸,其各存在型体分布分数的表达式中的分母均不变,即

$$[H^+]^n + K_{a_1}[H^+]^{n-1} + K_{a_1}K_{a_2}[H^+]^{n-2} + \cdots + K_{a_1}K_{a_2}K_{a_3}\cdots K_{a_n} \tag{6-9}$$

表达式中分母的项数等于 $n+1$,各存在型体分布分数的表达式中的分子依次为分母中的每一项。在计算过程中将分母各项相加时,如果某两项的大小相差两个数量级左右或更多时,其他较小的项可忽略不计。

引入分布分数具有十分重要的意义。例如,根据酸度对弱酸(碱)型体分布的影响,可以合理控制有关型体的浓度,从而按要求控制有关化学反应的进行。以 CaC_2O_4 沉淀 Ca^{2+} 为例,其沉淀的完全程度与 $C_2O_4^{2-}$ 浓度有关,而 $C_2O_4^{2-}$ 的浓度又取决于溶液的酸度。如果希望 CaC_2O_4 沉淀完全,则溶液的酸度就不能太大,否则沉淀就不完全或不能生成。因此,CaC_2O_4 沉淀法测定 Ca^{2+} 应在 pH>6 的条件下进行。

6.3.5　物料平衡、电荷平衡和质子平衡

1. 物料平衡

物料平衡方程(mass balance equation)简称物料平衡,以 MBE 表示。它是指在一个化学平衡体系中,某种组分的总浓度等于它的各种存在形式的平衡浓度之和。

例如,c mol·L^{-1} HAc 溶液的 MBE 为

$$[HAc]+[Ac^-]=c$$

c mol·L^{-1} H_3PO_4 溶液的 MBE 为

$$[H_3PO_4]+[H_2PO_4^-]+[HPO_4^{2-}]+[PO_4^{3-}]=c$$

c mol·L^{-1} Na$_2$SO$_3$ 溶液的 MBE,可根据需要列出下列两个:

$$[Na^+]=2c$$

$$[H_2SO_3]+[HSO_3^-]+[SO_3^{2-}]=c$$

2. 电荷平衡

电荷平衡方程(electrical charge balance equation)简称电荷平衡,以 EBE 表示。其依据是:在电解质水溶液中,根据电中性原理,正离子的总电荷数等于负离子的总电荷数,即单位体积内正电荷的物质的量与负电荷的物质的量相等。同时,在电荷平衡中还应包括水本身解离生成的 H$^+$ 和 OH$^-$。

例如,c mol·L^{-1} NaCN 溶液有下列反应:

$$NaCN \longrightarrow Na^+ + CN^-$$

$$CN^- + H_2O \rightleftharpoons HCN + OH^-$$

$$H_2O \rightleftharpoons H^+ + OH^-$$

溶液中的正离子 Na$^+$、H$^+$ 和负离子 CN$^-$、OH$^-$ 都是 1 价的,故其 EBE 为

$$[H^+]+[Na^+]=[CN^-]+[OH^-]$$

或

$$[H^+]+c=[CN^-]+[OH^-]$$

若溶液中正、负离子的电荷不同,为了保持溶液的电中性,正离子的物质的量浓度应乘以它的电荷,才能与负离子的物质的量浓度乘以它的电荷值相等。

例如,c mol·L^{-1} Ca(ClO$_4$)$_2$ 溶液中存在下列反应:

$$Ca(ClO_4)_2 \longrightarrow Ca^{2+} + 2ClO_4^-$$

$$H_2O \rightleftharpoons H^+ + OH^-$$

其中

$$[ClO_4^-]=2[Ca^{2+}]$$

溶液中的正离子有 Ca^{2+} 和 H$^+$,负离子有 ClO$_4^-$ 和 OH$^-$,根据电中性原则,求得 EBE 为

$$[H^+]+2[Ca^{2+}]=[OH^-]+[ClO_4^-]$$

对于 H$_3$PO$_4$ 溶液,根据 H$_3$PO$_4$ 在水溶液中的逐级解离平衡考虑各离子的电荷,得 EBE 为

$$[H^+]=[OH^-]+[H_2PO_4^-]+2[HPO_4^{2-}]+3[PO_4^{3-}]$$

3. 质子平衡

质子平衡方程(proton balance equation)简称质子平衡或质子条件,以 PBE 表示。根据酸碱质子理论,当反应达到平衡时,酸失去的质子数与碱得到的质子数必然相等,这种数量的平衡关系称为质子条件。据此可以求得溶液中 H$^+$ 浓度和有关组分浓度之间的关系式,用于处理酸碱平衡中的有关计算,通常采用两种方法求得质子平衡。

1) 由物料平衡和电荷平衡求得质子平衡

【例 6-7】 写出下列物质的质子平衡(设溶液的浓度为 c mol·L^{-1})。
(1) NaCN (2) NaHCO$_3$ (3) NaH$_2$PO$_4$ (4) Na$_2$HPO$_4$

解 (1) MBE：$[Na^+]=c$
$[HCN]+[CN^-]=c$
EBE：$[H^+]+[Na^+]=[OH^-]+[CN^-]$
PBE：将以上各式合并，即得 $[H^+]+[HCN]=[OH^-]$

(2) MBE：$[Na^+]=c$
$[H_2CO_3]+[HCO_3^-]+[CO_3^{2-}]=c$
EBE：$[H^+]+[Na^+]=[OH^-]+[HCO_3^-]+2[CO_3^{2-}]$
PBE：将以上各式合并，即得 $[H^+]+[H_2CO_3]=[OH^-]+[CO_3^{2-}]$

(3) MBE：$[Na^+]=c$
$[H_3PO_4]+[H_2PO_4^-]+[HPO_4^{2-}]+[PO_4^{3-}]=c$
EBE：$[H^+]+[Na^+]=[OH^-]+[H_2PO_4^-]+2[HPO_4^{2-}]+3[PO_4^{3-}]$
PBE：将以上各式合并，即得 $[H^+]+[H_3PO_4]=[OH^-]+[HPO_4^{2-}]+2[PO_4^{3-}]$

(4) MBE：$[Na^+]=2c$
$[H_3PO_4]+[H_2PO_4^-]+[HPO_4^{2-}]+[PO_4^{3-}]=c$
EBE：$[H^+]+[Na^+]=[OH^-]+[H_2PO_4^-]+2[HPO_4^{2-}]+3[PO_4^{3-}]$
PBE：将以上各式合并，即得 $[H^+]+2[H_3PO_4]+[H_2PO_4^-]=[OH^-]+[PO_4^{3-}]$

2) 由溶液中得失质子的关系求质子平衡

书写质子平衡的方法如下：
(1) 选择质子参考水准物质(零水准)。它是溶液中大量存在的并参与质子转移的物质。
(2) 以质子参考水准物质为基准，将溶液中酸碱组分与其相比较，找出得失质子的产物。
(3) 根据得失质子的物质的量相等的原则，将所有得质子后组分的浓度相加并写在等式的一边，所有失质子后组分的浓度相加并写在等式的另一边，这样就得到质子平衡。

【例 6-8】 写出 HAc、H$_2$S 和 NH$_4$HCO$_3$ 溶液的质子平衡。

解 (1) 在 HAc 溶液中，HAc 和 H$_2$O 均大量存在并参与质子的转移，反应如下：
$$HAc \rightleftharpoons H^+ + Ac^-$$
$$H_2O \rightleftharpoons H^+ + OH^-$$
因此，HAc 和 H$_2$O 可选作质子参考水准。得质子后的组分为 H$^+$，失质子后的组分为 Ac$^-$ 和 OH$^-$。根据得失质子的物质的量相等的原则，得到 HAc 溶液的 PBE 为
$$[H^+]=[OH^-]+[Ac^-]$$

(2) 在 H$_2$S 溶液中，H$_2$S 和 H$_2$O 均大量存在并参与质子转移反应，因此选择它们作为质子参考水准。溶液中的有关酸碱组分是：得质子后的组分为 H$^+$；失质子后的组分为 OH$^-$、HS$^-$ 和 S^{2-}。但必须注意，在处理涉及多级解离平衡关系的物质时，有些酸碱物质与质子参考水准相比较，质子转移数可能在 2 以上，这时，在它们的浓度之前必须乘以相应的系数，才能保持得失质子的平衡，即保持得失质子的物质的量相等。由此得到 H$_2$S 溶液的 PBE 如下：

$$[H^+] = [OH^-] + [HS^-] + 2[S^{2-}]$$

(3) 在 NH_4HCO_3 溶液中,NH_4^+、HCO_3^- 和 H_2O 均大量存在并参与质子转移的反应,因此选择它们为质子参考水准。溶液中的有关酸碱组分是:得质子后的组分为 H_2CO_3、H^+;失质子后的组分为 OH^-、NH_3、CO_3^{2-}。因此 NH_4HCO_3 溶液的 PBE 为

$$[H^+] + [H_2CO_3] = [OH^-] + [NH_3] + [CO_3^{2-}]$$

以上面的 HAc 和 NH_4HCO_3 为例,为简化和直观起见,可用图表示质子参考水准物质及得失质子的情况。

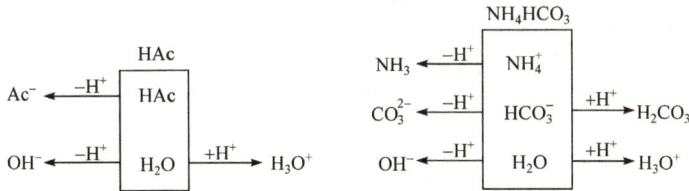

6.3.6 酸碱溶液 pH 的计算

酸度是水溶液中最基本和最重要的因素,$[H^+]$ 的计算有着重要的理论意义和现实意义。在下面的讨论中,采用代数法计算 $[H^+]$,并根据具体情况分清主次,合理取舍,使其成为易于计算的简化形式。

1. 强酸、强碱溶液

强酸、强碱在水中几乎全部解离。在一般情况下,酸度的计算比较简单。例如,$0.1\ mol \cdot L^{-1}$ HCl 溶液,其溶液的 pH=1.0。但是,如果强酸或强碱溶液的浓度很小(如小于 $10^{-6}\ mol \cdot L^{-1}$)时,即与纯水中的 $[H^+]$($10^{-7}\ mol \cdot L^{-1}$)接近时,求算这种溶液的酸度除需考虑酸或碱本身解离出来的 H^+ 或 OH^- 浓度之外,还应考虑水分子解离而产生的 H^+ 或 OH^- 浓度。

在浓度为 $c_a\ mol \cdot L^{-1}$ 的一元强酸 HB 溶液中,有下列两个质子转移反应:

$$HB \longrightarrow H^+ + B^-$$
$$H_2O \rightleftharpoons H^+ + OH^-$$

电荷平衡为

即

$$[H^+] = c_a + [OH^-]$$

$$[H^+] = c_a + \frac{K_w}{[H^+]}$$

则

$$[H^+] = \frac{c_a + \sqrt{c_a^2 + 4K_w}}{2} \tag{6-10}$$

这是计算一元强酸溶液中 $[H^+]$ 的精确式。

在上述质子条件式中,c_a 和 $[OH^-]$ 比较,什么情况下可忽略 $[OH^-]$ 项呢?这取决于计算酸度时的允许误差。计算溶液酸度通常允许相对误差约 5%,即当主要组分浓度是次要组分

浓度 20 倍以上时,次要组分可忽略。当强酸溶液的浓度 $c_a \geq 20[OH^-]$ 时,$[OH^-]$ 可忽略,得
$$[H^+] \approx c_a \tag{6-11}$$
这是计算一元强酸溶液中 $[H^+]$ 的最简式。

同理,强碱溶液也可按上述方法处理,当 $c_b < 10^{-6}$ mol·L^{-1} 或 $c_b < 20[H^+]$ 时,计算溶液中 $[OH^-]$ 的公式如下:
$$[OH^-] = \frac{c_b + \sqrt{c_b^2 + 4K_w}}{2}$$

【例 6-9】 计算 3.0×10^{-7} mol·L^{-1} HCl 溶液的 pH。

解 因为 $c_a < 10^{-6}$ mol·L^{-1},所以
$$[H^+] = \frac{3.0 \times 10^{-7} + \sqrt{(3.0 \times 10^{-7})^2 + 4 \times 10^{-14}}}{2} = 3.3 \times 10^{-7} (\text{mol·L}^{-1})$$
即
$$pH = 6.48$$

2. 一元弱酸、弱碱溶液

1) 一元弱酸溶液

一元弱酸 HB 溶液,质子参考水准为 HB 和 H_2O,其质子平衡为
$$[H^+] = [B^-] + [OH^-]$$
由平衡常数式
$$\frac{[H^+][B^-]}{[HB]} = K_a \qquad [H^+][OH^-] = K_w$$
得
$$[H^+] = \sqrt{K_a[HB] + K_w}$$

这就是一元弱酸溶液 $[H^+]$ 的精确表达式。实际上,HB 的平衡浓度是不知道的,知道的是其分析浓度 c_{HB}。若将 $[HB] = c\delta_{HB}$(δ_{HB} 为 HB 型体的分布分数)代入上式,就会得到一元三次方程。解高次方程相当麻烦,而且实际工作中也没有必要精确求解,可作合理的近似处理。

(1) 当 $cK_a \geq 20K_w$,$\frac{c}{K_a} \geq 500$ 时,不仅可忽略水的解离,弱酸本身的解离对 $[HB]$ 的影响也可忽略,则
$$[H^+] = \sqrt{K_a c} \tag{6-12}$$
这是计算一元弱酸溶液中 $[H^+]$ 的最简式。

(2) 当 $cK_a \geq 20K_w$,$\frac{c}{K_a} < 500$ 时,可忽略水的解离,而弱酸本身的解离对 $[HB]$ 的影响不可忽略,则
$$[H^+] = \frac{-K_a + \sqrt{K_a^2 + 4K_a c}}{2} \tag{6-13}$$
这是计算一元弱酸溶液中 $[H^+]$ 的近似式。

(3) 当 $cK_a < 20K_w$,$\frac{c}{K_a} \geq 500$ 时,水的解离不能忽略,而弱酸本身的解离对 $[HB]$ 的影响

可忽略,则
$$[H^+] = \sqrt{K_a c + K_w} \tag{6-14}$$

【例 6-10】 计算 $0.10\ \text{mol} \cdot \text{L}^{-1}$ HAc 溶液的 pH。

解 已知 $c = 0.10\ \text{mol} \cdot \text{L}^{-1}$,$K_a = 1.8 \times 10^{-5}$,$cK_a > 20K_w$,又因为 $c/K_a > 500$,故可采用最简式计算:
$$[H^+] = \sqrt{K_a c} = \sqrt{1.8 \times 10^{-5} \times 0.10} = 1.34 \times 10^{-3}\ (\text{mol} \cdot \text{L}^{-1})$$
$$\text{pH} = 2.87$$

或

$$\text{pH} = \frac{1}{2}(pK_a + pc) = \frac{1}{2} \times (4.74 + 1.0) = 2.87$$

【例 6-11】 计算 $1.0 \times 10^{-4}\ \text{mol} \cdot \text{L}^{-1}$ HCN 溶液的 pH。

解 已知 $c = 1.0 \times 10^{-4}\ \text{mol} \cdot \text{L}^{-1}$,$K_a = 6.2 \times 10^{-10}$,$cK_a < 20K_w$,$c/K_a > 500$,利用式(6-14)计算:
$$[H^+] = \sqrt{K_a c + K_w} = \sqrt{6.2 \times 10^{-10} \times 1.0 \times 10^{-4} + 1.0 \times 10^{-14}} = 2.7 \times 10^{-7}\ (\text{mol} \cdot \text{L}^{-1})$$
$$\text{pH} = 6.57$$

2) 一元弱碱溶液

一元弱碱溶液处理的方法与一元弱酸类似,只要将前面所讨论的计算一元弱酸溶液中 $[H^+]$ 的有关公式中的 K_a 换成 K_b,将 $[H^+]$ 换成 $[OH^-]$,就完全适用于计算一元弱碱溶液中 $[OH^-]$。将一元弱碱溶液酸度计算公式总结于表 6-4。

表 6-4 一元弱碱 NaA 溶液酸度计算公式总结

判据	名称	公式	忽略
$cK_b \geq 20K_w$, $\dfrac{c}{K_b} \geq 500$	最简式	$[OH^-] = \sqrt{K_b c}$	忽略水的解离;忽略碱的解离对 $[A^-]$ 影响
$cK_b \geq 20K_w$, $\dfrac{c}{K_b} < 500$	近似式	$[OH^-] = \dfrac{-K_b + \sqrt{K_b^2 + 4K_b c}}{2}$	忽略水的解离;不忽略碱的解离对 $[A^-]$ 影响
$cK_b < 20K_w$, $\dfrac{c}{K_b} \geq 500$	近似式	$[OH^-] = \sqrt{K_b c + K_w}$	水的解离不能忽略;忽略碱的解离对 $[A^-]$ 影响

【例 6-12】 计算 $0.10\ \text{mol} \cdot \text{L}^{-1}$ 氨水溶液的 pH。

解 已知 $c = 0.10\ \text{mol} \cdot \text{L}^{-1}$,$K_b = 1.8 \times 10^{-5}$,$cK_b > 20K_w$,且 $c/K_b > 500$,故可以采用最简式计算:
$$[OH^-] = \sqrt{K_b c} = \sqrt{1.8 \times 10^{-5} \times 0.10} = 1.3 \times 10^{-3}\ (\text{mol} \cdot \text{L}^{-1})$$

则

$$\text{pOH} = 2.89$$

即

$$\text{pH} = 14.00 - 2.89 = 11.11$$

【例 6-13】 计算 $0.010\ \text{mol} \cdot \text{L}^{-1}$ 乙胺溶液的 pH。

解 乙胺在水溶液中有如下酸碱平衡:
$$C_2H_5NH_2 + H_2O \rightleftharpoons C_2H_5NH_3^+ + OH^-$$

已知 $c = 0.010\ \text{mol} \cdot \text{L}^{-1}$,$K_b = 5.6 \times 10^{-4}$,$cK_b > 20K_w$,但 $c/K_b < 500$,故应采用近似式计算:

$$[OH^-] = \frac{-K_b + \sqrt{K_b^2 + 4K_b c}}{2} = \frac{-5.6 \times 10^{-4} + \sqrt{(5.6 \times 10^{-4})^2 + 4 \times 5.6 \times 10^{-4} \times 0.010}}{2}$$
$$= 2.10 \times 10^{-3} (\text{mol} \cdot \text{L}^{-1})$$

则 $\quad$ pOH = 2.68, $\quad$ pH = 14.00 - 2.68 = 11.32

3. 多元酸碱溶液

以二元弱酸 H_2B 为例，其质子平衡为

$$[H^+] = [HB^-] + 2[B^{2-}] + [OH^-]$$

根据平衡关系，得

$$[H^+] = \frac{K_{a_1}[H_2B]}{[H^+]} + 2\frac{K_{a_1}K_{a_2}[H_2B]}{[H^+]^2} + \frac{K_w}{[H^+]}$$

整理得

$$[H^+] = \sqrt{[H_2B]K_{a_1}\left(1 + 2\frac{K_{a_2}}{[H^+]}\right) + K_w}$$

且 $K_{a_1}c \geq 20K_w$。如果酸的 K_{a_2} 很小，满足 $20 \times \frac{2K_{a_2}}{[H^+]} \leq 1$，即 $\frac{2K_{a_2}}{[H^+]} \approx \frac{2K_{a_2}}{\sqrt{cK_{a_1}}} < 0.05$ 时，上式可进一步简化为

$$[H^+] = \sqrt{K_{a_1}[H_2B]}$$

仅考虑多元酸的第一级解离，这实际上是忽略了二级解离，把多元酸作为一元酸处理。

(1) 当 $cK_{a_1} \geq 20K_w$，$c/K_{a_1} > 500$ 时，用最简式：$[H^+] = \sqrt{K_{a_1}c}$。

(2) 当 $cK_{a_1} \geq 20K_w$，$c/K_{a_1} < 500$ 时，用近似式：$[H^+] = \frac{-K_{a_1} + \sqrt{K_{a_1}^2 + 4K_{a_1}c}}{2}$。

综上所述，计算酸碱溶液中 $[H^+]$ 的一般处理方法是：由质子条件式和平衡常数式相结合得到精确表达式，再根据具体条件处理成近似式或最简式。近似处理一般表现在以下两方面：质子条件式中取其主而舍其次；精确表达式中合理地用分析浓度代替平衡浓度。实际运算中最简式用得最多，近似式其次，而精确式几乎用不到。

【例 6-14】 计算 $0.10 \text{ mol} \cdot \text{L}^{-1}$ $H_2C_2O_4$ 溶液的 pH。

解 已知 $c = 0.10 \text{ mol} \cdot \text{L}^{-1}$，$K_{a_1} = 5.9 \times 10^{-2}$，$K_{a_2} = 6.4 \times 10^{-5}$，$cK_{a_1} \geq 20K_w$，$\frac{2K_{a_2}}{\sqrt{cK_{a_1}}} < 0.05$，$\frac{c}{K_{a_1}} < 500$，采用近似式计算：

$$[H^+] = \frac{-K_{a_1} + \sqrt{K_{a_1}^2 + 4K_{a_1}c}}{2} = 5.3 \times 10^{-2} (\text{mol} \cdot \text{L}^{-1})$$
$$\text{pH} = 1.28$$

多元碱在溶液中按碱式逐级解离。对于 CO_3^{2-}、$C_2O_4^{2-}$、PO_4^{3-} 等，由于 $K_{b_1} \gg K_{b_2}$，因此第一步解离平衡是主要的，应抓住这个主要的平衡进行近似处理。具体方法与前面处理多元酸的方法相同，所不同的是需按碱的解离平衡进行有关计算。

【例 6-15】 计算 $0.10 \text{ mol} \cdot \text{L}^{-1}$ Na_2CO_3 溶液的 pH。

解 已知 Na_2CO_3 的 $K_{b_1}=1.8\times 10^{-4}$,$K_{b_2}=2.4\times 10^{-8}$,$cK_{b_1}>20K_w$,$\dfrac{2K_{b_2}}{\sqrt{cK_{b_1}}}<0.05$,又 $c/K_{b_1}>500$,故采用最简式计算:

$$[OH^-]=\sqrt{K_{b_1}c}=\sqrt{1.8\times 10^{-4}\times 0.10}=4.2\times 10^{-3}(\text{mol}\cdot\text{L}^{-1})$$

$$pOH=2.38, \quad pH=14.00-2.38=11.62$$

4. 两性物质溶液

根据酸碱质子理论,既能给出质子又能接受质子的物质称为两性物质。较重要的两性物质有多元酸的酸式盐,如 $NaHCO_3$、NaH_2PO_4、Na_2HPO_4 等;弱酸弱碱盐,如 NH_4Ac、NH_4CN、NH_4F、氨基酸等。两性物质溶液的酸碱平衡比较复杂,应根据具体情况,针对溶液中的主要平衡进行处理。

1) 酸式盐

以二元弱酸的酸式盐 NaHA 为例,设其浓度为 c,H_2A 的解离常数为 K_{a_1} 和 K_{a_2}。在 NaHA 水溶液中的质子平衡为

$$[H^+]+[H_2A]=[A^{2-}]+[OH^-]$$

根据有关平衡常数式,得

$$[H^+]=\dfrac{K_{a_2}[HA^-]}{[H^+]}+\dfrac{K_w}{[H^+]}-\dfrac{[HA^-][H^+]}{K_{a_1}}$$

整理后得

$$[H^+]=\sqrt{\dfrac{K_{a_1}(K_{a_2}[HA^-]+K_w)}{K_{a_1}+[HA^-]}}$$

通常,NaHA 溶液的浓度 c 较大,因得失质子对 $[HA^-]$ 的影响很小,故 $[HA^-]\approx c$,得

$$[H^+]=\sqrt{\dfrac{K_{a_1}(K_{a_2}c+K_w)}{K_{a_1}+c}} \tag{6-15}$$

式(6-15)为计算 NaHA 溶液中 $[H^+]$ 的精确式,可做如下简化处理:

(1) 当 $cK_{a_2}\geqslant 20K_w$ 时,表明 HA^- 提供的 H^+ 比水多得多,忽略 K_w 项,得近似式

$$[H^+]=\sqrt{\dfrac{K_{a_1}K_{a_2}c}{K_{a_1}+c}} \tag{6-16}$$

(2) 如果 $cK_{a_2}\geqslant 20K_w$,同时 $c>20K_{a_1}$,即 $K_{a_1}+c\approx c$,可进一步简化为

$$[H^+]=\sqrt{K_{a_1}K_{a_2}} \tag{6-17}$$

或

$$pH=\dfrac{1}{2}(pK_{a_1}+pK_{a_2})$$

式(6-17)是计算此两性物质溶液中 $[H^+]$ 的最简式。

(3) 如果 $cK_{a_2}<20K_w$,$c>20K_{a_1}$,则可忽略弱酸的二级解离,得近似式

$$[H^+]=\sqrt{\dfrac{K_{a_1}(K_{a_2}c+K_w)}{c}} \tag{6-18}$$

对于其他多元酸的酸式盐,可按类似方法进行处理。例如,计算 NaH_2PO_4 和 Na_2HPO_4 溶液中[H^+]的最简式分别如下:

$$NaH_2PO_4 \text{ 溶液} \quad [H^+]=\sqrt{K_{a_1}K_{a_2}}$$

$$Na_2HPO_4 \text{ 溶液} \quad [H^+]=\sqrt{K_{a_2}K_{a_3}}$$

【例 6-16】 计算 $0.10 \text{ mol} \cdot L^{-1}$ $NaHCO_3$ 溶液的 pH。

解 已知 $c=0.10 \text{ mol} \cdot L^{-1}$,$K_{a_1}=4.2\times10^{-7}$,$K_{a_2}=5.6\times10^{-11}$,由于 $cK_{a_2}>20K_w$,$c>20K_{a_1}$,故可采用最简式计算:

$$[H^+]=\sqrt{K_{a_1}K_{a_2}}=\sqrt{4.2\times10^{-7}\times5.6\times10^{-11}}=4.9\times10^{-9}(\text{mol}\cdot L^{-1})$$

$$pH=8.31$$

【例 6-17】 用 $0.0500 \text{ mol} \cdot L^{-1}$ HCl 溶液滴定 $0.0500 \text{ mol} \cdot L^{-1}$ 二元弱酸盐 Na_2A 溶液,当 pH=10.25 时,$\delta_{A^{2-}}=\delta_{HA^-}$;当 pH=6.38 时,$\delta_{HA^-}=\delta_{H_2A}$。求滴定至第一化学计量点时溶液的 pH(用最简式计算)。

解 根据二元弱酸的分布分数公式可得 $\delta_{A^{2-}}=\delta_{HA^-}$,pH=$pK_{a_2}$=10.25;当 $\delta_{HA^-}=\delta_{H_2A}$ 时,pH=pK_{a_1}=6.38。这样就可以求得 K_{a_1} 和 K_{a_2} 分别为

$$K_{a_1}=4.17\times10^{-7}, \quad K_{a_2}=5.62\times10^{-11}$$

第一化学计量点时,滴定产物为 NaHA,所以按照多元酸的酸式盐溶液[H^+]的最简式,求得[H^+]为

$$[H^+]=\sqrt{K_{a_1}K_{a_2}}=\sqrt{4.17\times10^{-7}\times5.62\times10^{-11}}=4.84\times10^{-9}(\text{mol}\cdot L^{-1})$$

$$pH=8.32$$

2) 弱酸弱碱盐溶液

以 NH_4Ac 水溶液为例,其中 NH_4^+ 起酸的作用

$$NH_4^+ \rightleftharpoons NH_3+H^+, \quad K_a'=\frac{K_w}{K_b}=5.6\times10^{-10}$$

Ac^- 起碱的作用

$$Ac^-+H_2O \rightleftharpoons HAc+OH^-, \quad K_b'=\frac{K_w}{K_a}=5.6\times10^{-10}$$

式中:K_b 为 NH_3 的解离常数;K_a 为 HAc 的解离常数。NH_4Ac 水溶液的质子平衡为

$$[H^+]=[NH_3]+[OH^-]-[HAc]$$

根据有关解离平衡式,可得

$$[H^+]=\frac{K_a'[NH_4^+]}{[H^+]}+\frac{K_w}{[H^+]}-\frac{[H^+][Ac^-]}{K_a}$$

整理得

$$[H^+]=\sqrt{\frac{K_a(K_a'[NH_4^+]+K_w)}{K_a+[Ac^-]}}$$

由于 K_a' 和 K_b' 相等且很小,可近似地认为[NH_4^+]≈c,[Ac^-]≈c,因而得

$$[H^+]=\sqrt{\frac{K_a(K_a'c+K_w)}{K_a+c}}$$

这与前述多元酸的酸式盐溶液中[H^+]的计算公式实质上是一样的。

同理,若 $cK_a' \geqslant 20K_w$,则

$$[H^+] = \sqrt{\frac{K_a K_a' c}{K_a + c}}$$

又若 $c > 20K_a$,则

$$[H^+] = \sqrt{K_a K_a'} \tag{6-19}$$

这是计算弱酸弱碱盐溶液中 $[H^+]$ 的最简式。NH_4CN 与 NH_4Ac 属于该类溶液。

【例 6-18】 计算 $0.10\ mol \cdot L^{-1}\ NH_4CN$ 溶液的 pH。

解 在 NH_4CN 溶液中,NH_4^+ 的 $K_a' = 5.6 \times 10^{-10}$,$CN^-$ 的共轭酸 HCN 的 $K_a = 6.2 \times 10^{-10}$,因 $cK_a' > 20K_w$,$c > 20K_a$,故应按最简式计算:

$$[H^+] = \sqrt{K_a K_a'} = \sqrt{6.2 \times 10^{-10} \times 5.6 \times 10^{-10}} = 5.9 \times 10^{-10}\ (mol \cdot L^{-1})$$
$$pH = 9.23$$

5. 混合酸溶液

1) 两弱酸混合溶液

设混合溶液中含有弱酸 HA 和 HB,其浓度分别为 c_{HA} 和 c_{HB},解离常数分别为 K_{HA} 和 K_{HB}。此溶液中的质子平衡为

$$[H^+] = [A^-] + [B^-] + [OH^-]$$

根据平衡关系,得

$$[H^+] = \frac{K_{HA}[HA]}{[H^+]} + \frac{K_{HB}[HB]}{[H^+]} + \frac{K_w}{[H^+]}$$

由于溶液呈酸性,$\frac{K_w}{[H^+]}$ 项可忽略,整理得

$$[H^+] = \sqrt{K_{HA}[HA] + K_{HB}[HB]}$$

若两种酸都较弱时,二者解离出来的 H^+ 又相互抑制,可忽略其解离,则 $[HA] \approx c_{HA}$,$[HB] \approx c_{HB}$。得计算一元弱酸混合溶液中 $[H^+]$ 的最简式:

$$[H^+] = \sqrt{K_{HA}c_{HA} + K_{HB}c_{HB}} \tag{6-20}$$

【例 6-19】 计算 $0.10\ mol \cdot L^{-1}\ HF$ 和 $0.20\ mol \cdot L^{-1}\ HAc$ 混合溶液的 pH。

解 已知 HF 的 $K_a = 6.6 \times 10^{-4}$,HAc 的 $K_a = 1.8 \times 10^{-5}$,则

$$[H^+] = \sqrt{K_{HF}c_{HF} + K_{HAc}c_{HAc}} = \sqrt{6.6 \times 10^{-4} \times 0.10 + 1.8 \times 10^{-5} \times 0.20} = 8.4 \times 10^{-3}\ (mol \cdot L^{-1})$$
$$pH = 2.08$$

2) 强酸与弱酸混合溶液

设混合溶液中含有强酸 HCl 和弱酸 HA,其浓度分别为 c_{HCl} 和 c_{HA},由电荷平衡和物料平衡

$$[H^+] = [A^-] + [OH^-] + [Cl^-]$$
$$[Cl^-] = c_{HCl}$$

得质子平衡

$$[H^+] = [A^-] + [OH^-] + c_{HCl}$$

即溶液中总的$[H^+]$是由 HCl、HA 和 H_2O 提供的。溶液为酸性，可忽略$[OH^-]$。而$[A^-]=c\delta_A=c_{HA}\dfrac{K_a}{[H^+]+K_a}$，则

$$[H^+] = c_{HA}\dfrac{K_a}{[H^+]+K_a} + c_{HCl}$$

整理得近似式：

$$[H^+] = \dfrac{(c_{HCl} - K_a) + \sqrt{(c_{HCl} - K_a)^2 + 4K_a(c_{HCl} + c_{HA})}}{2} \tag{6-21}$$

若$c_{HCl} > [A^-]$，可得计算强酸和弱酸混合溶液中$[H^+]$的最简式：

$$[H^+] \approx c_{HCl} \tag{6-22}$$

能否忽略$[A^-]$，可先按最简式计算$[H^+]$，然后由$[H^+]$计算$[A^-]$，看是否合理。若$[H^+] > 20[A^-]$，则以最简式计算；否则按近似式计算。对于强碱与弱碱混合溶液$[OH^-]$的计算，可按上述方法做类似处理。

【例 6-20】 计算 $0.010\ mol·L^{-1}$ HCl 和 $0.10\ mol·L^{-1}$ HAc 混合溶液中的 pH。

解 由最简式得$[H^+] \approx 1.0×10^{-2}\ mol·L^{-1}$，则

$$[Ac^-] = c_{HAc}\delta_{Ac^-} = \dfrac{c_{HAc}K_a}{[H^+]+K_a} = \dfrac{0.10×1.8×10^{-5}}{1.0×10^{-2}+1.8×10^{-5}} = 1.8×10^{-4}(mol·L^{-1})$$

可见$[H^+] > 20[Ac^-]$，表明采用最简式求解是合理的，故 pH=2.00。

6.4 缓冲溶液

缓冲溶液在生命活动中具有重要的意义，因为动植物的生长发育都需要保持一定的 pH。例如，人体血液的 pH 必须保持在 7.35～7.45。当 pH<7.35 时，新陈代谢所产生的CO_2就不能有效地从细胞中进入血液中；pH>7.7 时，肺中的CO_2就不能有效地与O_2交换而排出体外。如果血液中的 pH 小于 7.0 或大于 7.8，生命就不能继续维持。血液中存在许多缓冲剂，如H_2CO_3、HCO_3^-、$H_2PO_4^-$、HPO_4^{2-}、蛋白质、血红蛋白和含氧血红蛋白等，这些缓冲系统可使血液的 pH 稳定在 7.40 左右。在植物体内含有各种有机酸，如酒石酸、柠檬酸、乙二酸等，这些酸及其盐溶液的缓冲作用使植物体内的 pH 保持稳定。一般农作物在 pH<4 或 pH>7.5 的土壤中不能正常生长。土壤中存在 H_2CO_3-HCO_3^- 等缓冲系统，能使土壤的 pH 保持在植物生长所需的范围之内。

在化学上，也常需要用缓冲溶液，使某些反应在一定的 pH 范围内进行。例如，EDTA 配位滴定法测定Ca^{2+}时，pH 须保持在 10 左右。

6.4.1 缓冲溶液的定义、缓冲原理与 pH 的计算

1. 定义

为便于理解缓冲溶液的概念，先分析几个实验现象。

一定条件下，纯水的 pH 为 7.00，如果在 50 mL 纯水中加入 0.05 mL $1.0\ mol·L^{-1}$ HCl

溶液或 0.05 mL 1.0 mol·L^{-1} NaOH 溶液,则溶液的 pH 分别由 7.00 降低到 3.00 或增加到 11.00,即 pH 改变了 4 个单位。

如果在 50 mL 含有 0.10 mol·L^{-1} HAc 和 0.10 mol·L^{-1} NaAc 的混合溶液中加入 0.05 mL 1.0 mol·L^{-1} HCl 或 0.05 mL 1.0 mol·L^{-1} NaOH,则溶液的 pH 分别由 4.76 降低到 4.75 或增加到 4.77,即 pH 都只改变了 0.01 个单位。

实验结果表明,纯水不具有保持 pH 相对稳定的能力。而由共轭酸碱对组成的 HAc-NaAc 混合溶液则能够保持溶液 pH 的相对稳定,能够抵抗外来酸碱对溶液 pH 的影响。具有保持溶液 pH 相对稳定能力的溶液称为缓冲溶液。其特点是,在一定的范围内能够保证当溶液发生酸或碱量变化及溶液被稀释或浓缩时,pH 只发生很小的改变。

根据缓冲组分的不同,缓冲溶液主要有以下三种类型:

(1) 由弱的共轭酸碱对组成的体系,如 HAc-Ac$^-$、NH$_4^+$-NH$_3$、H$_2$CO$_3$-HCO$_3^-$、HCO$_3^-$-CO$_3^{2-}$、H$_2$PO$_4^-$-HPO$_4^{2-}$、(CH$_2$)$_6$N$_4$H$^+$-(CH$_2$)$_6$N$_4$ 等。

(2) 强酸或强碱溶液。由于其酸度或碱度较高,外加少量酸、碱或稀释时溶液 pH 的相对改变不大。

(3) 弱酸弱碱盐。

在实际工作中,使用最多的是第(1)类。

2. 缓冲原理

以 HAc-NaAc 缓冲体系为例加以说明。NaAc 是强电解质,可以全部解离;HAc 是弱电解质,只能部分解离,在有大量共同离子 Ac$^-$ 的作用下解离得更少:

$$HAc \rightleftharpoons H^+ + Ac^- \tag{1}$$

$$NaAc \longrightarrow Na^+ + Ac^- \tag{2}$$

可以看出,溶液中有大量的未解离的 HAc 和 Ac$^-$。若向此体系中加入少量强酸,Ac$^-$ 与加入的 H$^+$ 结合,平衡(1)向左移动,使实际上溶液中 H$^+$ 增加不多,pH 变动不大,在此,Ac$^-$ 成为缓冲体系的抗酸部分;若向该体系中加入少量强碱,则溶液中的 H$^+$ 与外来的 OH$^-$ 结合形成水,平衡(1)向右移动,弱酸 HAc 继续电离,以补偿溶液中减少的 H$^+$,使得实际上 H$^+$ 浓度减小不多,pH 变动也不大,在此,HAc 成为抗碱部分;若加水将缓冲溶液稍加稀释,H$^+$ 浓度虽然降低,但 Ac$^-$ 浓度也同时降低,于是,同离子效应减弱促使 HAc 的解离平衡向右移动,所产生的 H$^+$ 仍可维持溶液的 pH 基本不变。

其他类型的缓冲溶液的作用原理与此类似。

3. pH 的计算

作为一般控制酸度用的缓冲溶液,因为缓冲剂本身的浓度较大,对计算结果也不要求十分准确,故完全可以采用近似方法进行计算。对于弱酸 HB 及其共轭碱 NaB 组成的缓冲溶液,存在下列解离平衡:

$$HB \rightleftharpoons H^+ + B^- \qquad NaB \rightleftharpoons Na^+ + B^-$$

$$K_a = \frac{[H^+][B^-]}{[HB]}$$

如果弱酸的浓度为 c_{HB},共轭碱的浓度为 c_{B^-},由于 HB 解离得很少,加上 B$^-$ 的同离子效应,使 HB 解离得更少,故可认为 $[HB] \approx c_{HB}$,$[B^-] \approx c_{B^-}$。故上式可写成

$$[H^+] = K_a \frac{c_{HB}}{c_{B^-}} \tag{6-23}$$

或

$$pH = pK_a + \lg \frac{c_{B^-}}{c_{HB}} = pK_a + \lg \frac{n_{B^-}}{n_{HB}}$$

同理可导出弱碱及其共轭酸组成的缓冲溶液中[OH^-]的计算公式：

$$[OH^-] = K_b \frac{c_{碱}}{c_{共轭酸}} \tag{6-24}$$

因此，缓冲溶液的 pH，首先取决于 pK_a，即取决于弱酸的解离常数 K_a 的大小，同时又与 c_{B^-} 和 c_{HB} 的比值有关。对于同一种缓冲溶液而言，pK_a 为常数，适当地改变 c_{B^-} 和 c_{HB} 的比例，就可在一定范围内配制不同 pH 的缓冲溶液。

【例 6-21】 将 50 mL 0.30 mol·L^{-1} NaOH 与 100 mL 0.45 mol·L^{-1} HAc 溶液混合，假设混合后总体积为混合前体积之和，计算所得溶液的 pH。

解 由于 NaOH 与过量的 HAc 反应生成 NaAc，还有过量的 HAc 存在，所以该混合溶液为缓冲溶液。

$$c_{Ac^-} = \frac{0.30 \times 50}{50 + 100} = 0.10 \text{(mol·L}^{-1})$$

$$c_{HAc} = \frac{0.45 \times 100 - 0.30 \times 50}{50 + 100} = 0.20 \text{(mol·L}^{-1})$$

$$[H^+] = K_a \frac{c_{HAc}}{c_{Ac^-}} = 1.8 \times 10^{-5} \times \frac{0.20}{0.10} = 3.6 \times 10^{-5} \text{(mol·L}^{-1})$$

所以

$$pH = 4.44$$

由于 $c_{HAc} > 20[H^+]$，$c_{Ac^-} > 20[H^+]$，因此采用最简式计算是合理的。

6.4.2 缓冲容量和缓冲范围

缓冲溶液的缓冲能力是有限的，当加入酸或碱量较多时，缓冲溶液就失去缓冲能力。缓冲能力大小由缓冲容量来衡量。缓冲容量是指 1 L 缓冲溶液的 pH 改变一个单位时所需外加的酸或碱的物质的量。缓冲容量的大小与缓冲溶液的总浓度及其缓冲比有关。

1. 缓冲容量与缓冲组分浓度的关系

缓冲容量的大小与缓冲组分的浓度有关。下面举例说明。

1) 0.20 mol·L^{-1} HAc-0.20 mol·L^{-1} NaAc 缓冲溶液

在此溶液中，HAc 和 Ac^- 的总浓度为 0.40 mol·L^{-1}，而它们浓度的比值为 1∶1，即

$$[HAc] + [Ac^-] = 0.20 + 0.20 = 0.40 \text{(mol·L}^{-1})$$

$$[HAc]:[Ac^-] = 0.20:0.20 = 1:1$$

$$pH = 4.74 + \lg \frac{0.20}{0.20} = 4.74$$

如果在 100 mL 这种溶液中加入 0.1 mL 1 mol·L^{-1} HCl，即增加 H^+ 浓度 0.001 mol·L^{-1}，则

$$[Ac^-] = 0.20 - 0.001 = 0.199 \text{(mol·L}^{-1})$$

$$[\text{HAc}] = 0.20 + 0.001 = 0.201 (\text{mol} \cdot \text{L}^{-1})$$

$$\text{pH} = 4.74 + \lg\frac{0.199}{0.201} = 4.74 - 0.004 \approx 4.74$$

这时溶液的 pH 基本不变。

2) $0.020 \text{ mol} \cdot \text{L}^{-1}$ HAc-$0.020 \text{ mol} \cdot \text{L}^{-1}$ NaAc 缓冲溶液

在此溶液中,HAc 和 Ac^- 的总浓度为 $0.040 \text{ mol} \cdot \text{L}^{-1}$,为前者的 1/10,但它们浓度的比值仍为 1∶1,故溶液的 pH 为

$$\text{pH} = 4.74 + \lg\frac{0.020}{0.020} = 4.74$$

如果在 100 mL 这种溶液中同样增加 H^+ 浓度 $0.001 \text{ mol} \cdot \text{L}^{-1}$,则

$$[\text{Ac}^-] = 0.020 - 0.001 = 0.019 (\text{mol} \cdot \text{L}^{-1})$$

$$[\text{HAc}] = 0.020 + 0.001 = 0.021 (\text{mol} \cdot \text{L}^{-1})$$

$$\text{pH} = 4.74 + \lg\frac{0.019}{0.021} = 4.74 - 0.04 = 4.70$$

这时溶液的 pH 改变了 0.04 个单位。

由此可见,缓冲溶液的浓度较大时,缓冲容量较大,抗酸、抗碱的能力就较强。

2. 缓冲容量与缓冲组分浓度比值的关系

当缓冲组分的总浓度一定时,缓冲容量的大小还与缓冲组分浓度的比值有关。下面举例说明。

1) $0.20 \text{ mol} \cdot \text{L}^{-1}$ HAc-$0.20 \text{ mol} \cdot \text{L}^{-1}$ NaAc 缓冲溶液

在 100 mL $0.20 \text{ mol} \cdot \text{L}^{-1}$ HAc-$0.20 \text{mol} \cdot \text{L}^{-1}$ NaAc 溶液(pH=4.74)中,如果增加的 H^+ 浓度为 $0.001 \text{mol} \cdot \text{L}^{-1}$,前面已经计算过,溶液的 pH 基本不变。

2) $0.36 \text{ mol} \cdot \text{L}^{-1}$ HAc-$0.04 \text{ mol} \cdot \text{L}^{-1}$ NaAc 缓冲溶液

在此溶液中,HAc 和 Ac^- 的总浓度也是 $0.40 \text{ mol} \cdot \text{L}^{-1}$,但它们浓度的比值为 9∶1,即

$$[\text{HAc}] + [\text{Ac}^-] = 0.36 + 0.04 = 0.40 (\text{mol} \cdot \text{L}^{-1})$$

$$[\text{HAc}] : [\text{Ac}^-] = 0.36 : 0.04 = 9 : 1$$

$$\text{pH} = 4.74 + \lg\frac{0.04}{0.36} = 4.74 - 0.95 = 3.79$$

如果在 100 mL 这种溶液中同样增加 H^+ 浓度 $0.001 \text{ mol} \cdot \text{L}^{-1}$,则

$$[\text{Ac}^-] = 0.04 - 0.001 = 0.039 (\text{mol} \cdot \text{L}^{-1})$$

$$[\text{HAc}] = 0.36 + 0.001 = 0.361 (\text{mol} \cdot \text{L}^{-1})$$

$$\text{pH} = 4.74 + \lg\frac{0.039}{0.361} = 4.74 - 0.97 = 3.77$$

这时溶液的 pH 改变了 3.79-3.77=0.02 个单位。

由此可见,在浓度较大的缓冲溶液中,当缓冲组分浓度的比值为 1∶1 时,缓冲容量最大。根据式(6-23),当 $c_{\text{HB}} : c_{\text{B}^-} = 1 : 1$ 时,则

$$\text{pH} = \text{p}K_\text{a} \tag{6-25}$$

常用的缓冲溶液,各组分的浓度一般大于 $0.1 \text{ mol} \cdot \text{L}^{-1}$,而缓冲组分浓度的比值大多为

1∶10～10∶1。如果浓度比值相差悬殊(如 1∶30 或 30∶1),缓冲容量很小,甚至失去缓冲作用。因此,缓冲溶液的缓冲作用有一定的范围,缓冲作用的有效 pH 范围称为缓冲范围。一般来说,可作以下估计:

$$c_{HB} : c_{B^-} = 10:1 \text{ 时}, \quad pH = pK_a - 1$$

$$c_{HB} : c_{B^-} = 1:10 \text{ 时}, \quad pH = pK_a + 1$$

所以缓冲溶液的缓冲范围是

$$pH \approx pK_a \pm 1 \tag{6-26}$$

例如,HAc-NaAc 缓冲溶液,HAc 的 $pK_a=4.74$,当 $c_{HAc} : c_{Ac^-}=1:1$,即 pH=4.74 时,其缓冲能力最大,故溶液的缓冲范围为 pH=3.74～5.74。NH_3-NH_4Cl 缓冲溶液,NH_3 的 $pK_b=4.74$,则 NH_4^+ 的 $pK_a=9.26$,当 $c_{NH_3} : c_{NH_4^+}=1:1$,即 pH=9.26 时,其缓冲能力最大。因此,该溶液的缓冲范围为 pH=8.26～10.26。

各种不同的共轭酸碱,由于它们的 K_a、K_b 值不同,组成的缓冲溶液所能控制的 pH 也不同。常见的缓冲溶液见附录 3。

6.4.3 缓冲溶液的选择和配制

在实际工作中,经常要用到一定 pH 的缓冲溶液。因此,必须掌握缓冲溶液的选择原则和配制方法。

1. 选择缓冲溶液的原则

(1) 缓冲溶液对反应无干扰,不与反应物或生成物发生副反应或产生其他不利的影响。

(2) 缓冲溶液的有效 pH 范围必须包括所需控制的溶液的 pH。如果缓冲溶液是由弱酸及其共轭碱所组成,则 pK_a 值应尽量与所需控制的 pH 一致,即 $pH \approx pK_a$。

例如,需要 pH 为 4.8、5.0、5.2 的缓冲溶液时,可选用 HAc-NaAc 缓冲体系,因为 HAc 的 $pK_a=4.74$,与所需的 pH 接近。也可以选用 $(CH_2)_6N_4$-HCl 缓冲体系,因为 $(CH_2)_6N_4$ 的 $pK_b=8.85$,则 $(CH_2)_6N_4H^+$ 的 $pK_a=5.15$,与所需的 pH 接近。

又如,需要 pH 为 9.0、9.5、10.0 的缓冲溶液时,可以选用 NH_3-NH_4Cl 缓冲体系,因为 NH_4^+ 的 $pK_a=9.26$,与所需 pH 接近。

若反应要求溶液的酸度稳定在 pH=0～2 或 12～14,则可选择强酸或强碱控制溶液的酸度。强酸或强碱具有抵抗少量酸碱的能力,基本维持溶液的 pH 不变。例如,用配位滴定法测 Fe^{3+},利用(1+1)HCl 溶液调节溶液 pH 为 1.8～2.0;pH>12 时,配位滴定法测 Ca^{2+},常用 KOH 或 NaOH(200 g·L^{-1})溶液调节溶液的酸度。

(3) 缓冲溶液应有足够的缓冲容量。通常缓冲组分的浓度为 0.01～1.0 mol·L^{-1},且二者的浓度比值越接近 1,缓冲容量越大。

2. 缓冲溶液的配制方法

下面介绍三种缓冲溶液的配制方法。

(1) 将缓冲组分均配成相同浓度的溶液,然后按一定的体积比混合。

【例 6-22】 欲配制 pH＝7.00 的缓冲溶液 500 mL,应选用 HCOOH-HCOONa、HAc-NaAc、NaH_2PO_4-Na_2HPO_4、NH_3-NH_4Cl 中的哪一对? 如果上述各物质溶液的浓度均为 1.0 mol·L^{-1},应如何配制?

解 所选择缓冲对的 pK_a 应为 6.00~8.00,且尽量靠近 7.00。查附录 2 可知 HCOOH:pK_a＝3.74,HAc:pK_a＝4.74,H_3PO_4:pK_{a_2}＝7.20,NH_4^+:pK_a＝9.26,故应选择 NaH_2PO_4-Na_2HPO_4 配制缓冲溶液。

设取 NaH_2PO_4 溶液 x L,则取 Na_2HPO_4 溶液$(0.500-x)$ L,则

$$pH = pK_a - \lg \frac{n_{NaH_2PO_4}}{n_{Na_2HPO_4}}$$

$$7.00 = 7.20 - \lg \frac{n_{NaH_2PO_4}}{n_{Na_2HPO_4}}$$

$$\lg \frac{1.0x}{(0.500-x) \times 1.0} = 0.20$$

$$x = 0.19(L)$$

配制方法:将 190 mL 1.0 mol·L^{-1} NaH_2PO_4 溶液与 310 mL 1.0 mol·L^{-1} Na_2HPO_4 溶液混合均匀,即可得到 pH＝7.00 的缓冲溶液 500 mL。

(2) 在一定量的弱酸(或弱碱)中加入一定量的强碱(或强酸),通过酸碱反应生成的共轭碱(或共轭酸)和剩余的弱酸(或弱碱)组成缓冲溶液。

【例 6-23】 欲配制 pH＝5.00 的缓冲溶液,需要在 100 mL 0.10 mol·L^{-1} HAc 溶液中加入 0.10 mol·L^{-1} NaOH 溶液多少毫升?

解 设应加入 NaOH x mL,则溶液的总体积为$(100+x)$ mL。

	HAc	＋	NaOH	＝	NaAc	＋	H_2O
反应前的物质的量/mmol	100×0.10		0.10x		0		
反应后的物质的量/mmol	100×0.10－0.10x		0		0.10x		

所以

$$c_{HAc} = \frac{100 \times 0.10 - 0.10x}{V_\text{总}} = \frac{10 - 0.10x}{V_\text{总}}$$

$$c_{NaAc} = \frac{0.10x}{V_\text{总}}$$

根据 pH＝pK_a－lg$\frac{c_{HAc}}{c_{NaAc}}$,将各值代入后,得

$$5.00 = 4.74 - \lg \frac{10 - 0.10x}{0.10x}$$

$$\lg \frac{10 - 0.10x}{0.10x} = -0.26$$

$$x = 64.5(mL)$$

所以,在 100 mL 0.10 mol·L^{-1} HAc 溶液中加入 64.5 mL 0.01 mol·L^{-1} NaOH 溶液,便可制得 pH＝5.00的缓冲溶液。

（3）在一定量的弱酸（或弱碱）溶液中加入相应的共轭碱（或共轭酸）。

【例 6-24】 欲配制 pH＝9.00 的缓冲溶液，应在 500 mL 0.10 mol·L^{-1} NH$_3$·H$_2$O 溶液中加入固体 NH$_4$Cl 多少克（假设加入固体后溶液总体积不变）？

解 已知 NH$_3$·H$_2$O 的 pK_b＝4.74，NH$_4$Cl 的摩尔质量为 53.5 g·mol^{-1}，因为

$$pH = pK_w - pK_b + \lg \frac{c_{NH_3 \cdot H_2O}}{c_{NH_4Cl}}$$

得

$$\lg \frac{c_{NH_3 \cdot H_2O}}{c_{NH_4Cl}} = pH + pK_b - pK_w = 9.00 + 4.74 - 14.00 = -0.26$$

$$\frac{c_{NH_3 \cdot H_2O}}{c_{NH_4Cl}} = 0.55$$

$$c_{NH_4Cl} = \frac{0.10}{0.55} = 0.18 (mol \cdot L^{-1})$$

所以应加固体 NH$_4$Cl 的质量为

$$m = c_{NH_4Cl} V M_{NH_4Cl} = 0.18 \times \frac{500}{1000} \times 53.5 = 4.8 (g)$$

即应在 500 mL 0.10 mol·L^{-1} NH$_3$·H$_2$O 溶液中加入固体 NH$_4$Cl 4.8 g。

6.5 酸碱滴定法基本原理

酸碱滴定法是以质子转移反应为基础的滴定分析法，应用非常广泛。在酸碱滴定法中的标准溶液是强酸或强碱溶液，如 HCl、H$_2$SO$_4$、HNO$_3$ 和 NaOH、KOH 等，以 HCl 和 NaOH 用得最多；被滴定的通常是具有酸性或碱性的物质，如 HCl、HAc、H$_2$C$_2$O$_4$、H$_3$PO$_4$、NaOH、NH$_3$、Na$_2$CO$_3$ 和 Na$_3$PO$_4$ 等。

在酸碱滴定中，掌握被测物质准确滴定的条件，各种类型酸碱滴定曲线的绘制及化学计量点的 pH 计算；正确选择合适的酸碱指示剂；准确计算被测物的含量和滴定误差。

6.5.1 酸碱指示剂

选择合适的方法来确定反应的化学计量点是滴定分析的重要问题之一。对于酸碱滴定来说，由于滴定过程本身不发生任何外观上的变化，故常借助于酸碱指示剂颜色的突然变化来指示滴定的终点。

1. 酸碱指示剂的作用原理

酸碱指示剂一般为一些有机弱酸或有机弱碱，其酸式和碱式有不同的颜色。当溶液中 [H$^+$] 发生改变时，指示剂失去质子，由酸转变成共轭碱，而得到质子，由碱转变成共轭酸。伴随着质子的转移，指示剂的结构发生变化，从而发生了颜色的变化。

例如，酚酞为无色的有机弱酸，为单色指示剂，在溶液中存在如下平衡：

无色（羟式）　　　　　　　红色（醌式）

在酸性溶液中,酚酞以无色的羟式结构(酸式型)存在;当溶液呈碱性时,酚酞失去所有质子转变成醌式结构(碱式型)而显红色;当溶液成为较浓的强碱性溶液时,又变成羧酸盐式离子,而使溶液褪色。

又如,甲基橙为一种有机弱碱,在溶液中存在如下平衡:

红色(醌式)　　　　　　　　　黄色(偶氮式)

增大溶液的酸度,甲基橙获得一个质子,转变成红色的醌式结构(酸式型);降低溶液的酸度,甲基橙失去质子变成黄色的偶氮式结构(碱式型)。

2. 指示剂的变色范围

为了说明指示剂的颜色变化与酸度的关系,可由指示剂在溶液中的平衡移动过程加以解释。现以弱酸型指示剂为例,讨论指示剂的变色与溶液 pH 间的关系。以 HIn 和 In$^-$ 分别表示指示剂的酸式型和碱式型。酸式型和碱式型的颜色不同,分别称为酸式色和碱式色。在溶液中有下列平衡:

$$HIn \rightleftharpoons H^+ + In^-$$
（酸式色）　　（碱式色）

$$K_{HIn} = \frac{[H^+][In^-]}{[HIn]}$$

故

$$\frac{[In^-]}{[HIn]} = \frac{K_{HIn}}{[H^+]}$$

式中:K_{HIn}为指示剂的解离常数。显然,溶液的颜色取决于[In$^-$]/[HIn]值,其值是[H$^+$]的函数。对于某种指示剂,在一定温度下 K_{HIn} 是一个常数,因此[In$^-$]/[HIn]值仅取决于溶液的[H$^+$]。当溶液的[H$^+$]发生变化时,[In$^-$]/[HIn]值随之而变,溶液的颜色也逐渐发生变化。

一般来说,[In$^-$]/[HIn]≥10,看到的是碱式 In$^-$ 的颜色(如甲基橙为黄色);[HIn]/[In$^-$]≥10,看到的是酸式 HIn 的颜色(如甲基橙为红色)。因此,当溶液的 pH 由 pH≤pK_a−1 变化到 pH≥pK_a+1 时,就能明显地看到指示剂由酸式色变为碱式色。所以指示剂的理论变色范围为

$$pH = pK_a \pm 1 \tag{6-27}$$

当[In$^-$]=[HIn]时,即指示剂两种颜色各占一半,此时[H$^+$]=K_{HIn},溶液呈现的颜色是酸式色和碱式色的混合色(如甲基橙为橙色)。溶液 pH=pK_{HIn},这一点称为指示剂的理论变

色点。由于各种指示剂 K_{HIn} 不同,其理论变色点的 pH 也各不相同。例如,甲基橙的 $pK_{HIn}=3.4$,而酚酞的 $pK_{HIn}=9.1$。

在实际中,人眼对各种颜色的敏感程度不同,加上两种颜色互相掩盖,影响观察,因此实际观察的结果与理论结果有所差别。人眼对红色比对黄色的观察灵敏,即对黄色中出现红色比在红色中出现黄色的辨别敏锐得多。例如,甲基橙 $pK_{HIn}=3.4$,其理论变色范围应为 2.4~4.4,而实际观察的甲基橙的变色范围是 3.1~4.4。由此可见,甲基橙由红色变为明显的黄色,碱式色浓度[In^-]至少应是酸式色浓度[HIn]的 10 倍;而由黄色变为红色,酸式色浓度只要大于碱式色浓度的 2 倍就能观察出酸式色的红色。

3. 混合指示剂

指示剂的变色范围越窄越好,这样在化学计量点时 pH 稍有改变,指示剂就可由一种颜色变成另一种颜色,变色敏锐,从而有利于提高分析结果的准确度。在一些酸碱滴定中,需要把滴定终点限制在很窄的 pH 范围内,以达到一定的准确度。单一指示剂的变色范围约 2 个 pH 单位,有的难以达到要求,这时可采用混合指示剂。常用的酸碱混合指示剂见附录 4。

按其配制方法不同可分为两类:一类是由一种惰性染料与一种指示剂混合而成,如由甲基橙和靛蓝染料组成的混合指示剂。靛蓝(蓝色)在滴定过程中不变色,只作为甲基橙(pH 3.1~4.4,红色~黄色)变色的背景,该混合指示剂随 pH 的改变而发生颜色变化,甲基橙与靛蓝混合后,pH≤3.1 呈紫色(红+蓝),pH≥4.4 为绿色(黄+蓝),颜色变化很明显。另一类是由两种(或多种)不同的指示剂混合而成。例如,由甲基红和溴甲酚绿两种指示剂所组成的混合指示剂,在滴定过程中发生如下颜色变化:

溶液的酸度	溴甲酚绿颜色	甲基红颜色	混合指示剂颜色
pH<4.0	黄 色	红 色	橙 色
pH=4.0~6.2	绿 色	橙红色	灰 色(pH=5.1)
pH>6.2	蓝 色	黄 色	绿 色

溴甲酚绿溶液和甲基红溶液以 3:2(体积比)混合,溶液在 pH<5.1 时显橙色(黄+红);在 pH>5.1 时显绿色(蓝+黄);在 pH≈5.1 时,溴甲酚绿的绿色与甲基红的橙红色颜色互补,呈浅灰色,因而使颜色在此时发生突变,变色非常敏锐。

6.5.2 酸碱滴定曲线和指示剂的选择

为了选择合适的指示剂指示终点,必须了解滴定过程中溶液 pH 的变化,尤其是化学计量点附近的 pH 变化。以溶液的 pH 为纵坐标,以所滴入的滴定剂的物质的量或体积为横坐标作图,得到酸碱滴定曲线。下面介绍几种类型的酸碱滴定曲线,以了解滴定过程中溶液 pH 的变化规律,从而正确地选择指示剂。

1. 强酸强碱的滴定

强酸强碱的滴定,如 HCl、HNO_3、$HClO_4$ 与 NaOH、KOH 之间的相互滴定,在溶液中全部解离,滴定时的基本反应为

$$H^+ + OH^- \Longrightarrow H_2O$$

现以 0.1000 mol·L^{-1} NaOH 溶液滴定 20.00 mL 0.1000 mol·L^{-1} HCl 溶液为例,讨论滴定中 pH 变化的规律。

1) 滴定前

溶液的酸度取决于 HCl 的原始浓度,即

$$[H^+] = 0.1000 \text{ mol} \cdot L^{-1}, \quad pH = 1.00$$

2) 滴定开始至计量点前

随着 NaOH 的加入,部分 HCl 被中和,溶液中[H^+]不断降低,溶液的酸度取决于剩余 HCl 的浓度,即

$$[H^+] = c_{HCl} \frac{V_{HCl}^{剩余}}{V_{总}}$$

若加入 NaOH 滴定溶液 19.80 mL,溶液中有 99% 的 HCl 被中和,剩余 HCl 溶液 0.20 mL,这时溶液中的[H^+]为

$$[H^+] = 0.1000 \times \frac{0.20}{20.00 + 19.80} = 5.0 \times 10^{-4} (\text{mol} \cdot L^{-1})$$

$$pH = 3.30$$

若加入 NaOH 滴定溶液 19.98 mL,溶液中有 99.9% 的 HCl 被中和,剩余 HCl 溶液仅为 0.02 mL,这时溶液中的[H^+]为

$$[H^+] = 0.1000 \times \frac{0.02}{20.00 + 19.98} = 5.0 \times 10^{-5} (\text{mol} \cdot L^{-1})$$

$$pH = 4.30$$

若指示剂在该点变色,产生的滴定误差为 -0.1%。

3) 计量点时

加入 20.00 mL NaOH,HCl 被全部中和,溶液中的[H^+]取决于水的解离,即

$$[H^+] = [OH^-] = 1.0 \times 10^{-7} \text{ mol} \cdot L^{-1}, \quad pH = 7.00$$

若指示剂在该点变色,恰好不产生误差。

4) 计量点后

溶液的碱度取决于过量的 NaOH,即

$$[OH^-] = c_{NaOH} \frac{V_{NaOH}^{过量}}{V_{总}}$$

若加入 NaOH 滴定溶液 20.02 mL,过量的 NaOH 滴定溶液为 0.02 mL,即过量 0.1%,这时溶液中

$$[OH^-] = 0.1000 \times \frac{0.02}{20.00 + 20.02} = 5.0 \times 10^{-5} (\text{mol} \cdot L^{-1})$$

$$pOH = 4.30, \quad pH = 9.70$$

若指示剂在该点变色,产生的滴定误差为 $+0.1\%$。

若加入 NaOH 滴定溶液 22.00 mL,NaOH 过量 2.00 mL,即过量 10%,此时

$$[OH^-] = 0.1000 \times \frac{2.00}{20.00 + 22.00} = 4.8 \times 10^{-3} (\text{mol} \cdot L^{-1})$$

$$pOH = 2.32, \quad pH = 11.68$$

如此计算,将计算结果列于表 6-5。以 NaOH 滴入的体积为横坐标,以相应的 pH 为纵坐标作图,则可得如图 6-4 所示的酸碱滴定曲线。

表 6-5　0.1000 mol·L^{-1} NaOH 滴定 20.00 mL 0.1000 mol·L^{-1} HCl 的 pH 变化

加入 NaOH 溶液的体积 V/mL	剩余 HCl 溶液的体积 V/mL	过量 NaOH 溶液的体积 V/mL	pH
0.00	20.00		1.00
18.00	2.00		2.28
19.80	0.20		3.30
19.96	0.04		4.00
19.98	0.02		4.30
20.00	0.00		7.00
20.02		0.02	9.70
20.04		0.04	10.00
20.20		0.20	10.70
22.00		2.00	11.68
40.00		20.00	12.50

由表 6-5 和图 6-4 可见，从滴定开始到滴入 19.98 mL NaOH 滴定溶液，即 99.9% 的 HCl 被中和，溶液的 pH 从 1.00 升至 4.30，只变化了 3.30 个 pH 单位，溶液的 pH 变化较慢。在计量点前后，NaOH 滴定溶液的加入量从 19.98 mL（剩余 HCl 0.02 mL）到 20.02 mL（NaOH 过量 0.02 mL），仅加入 0.04 mL（1 滴），溶液的 pH 却由 4.30 陡增至 9.70，增加了 5.40 个 pH 单位。计量点前后相对误差 ±0.1% 的溶液 pH 的急剧变化称为酸碱滴定的 pH 突跃，简称突跃范围。通过 pH 突跃之后，溶液由酸性变为碱性，发生了质的转变。计量点后溶液的 pH 变化又逐渐变缓，滴定曲线又趋于平坦。

突跃范围是选择指示剂的基本依据，显然，最理想的指示剂应该恰好在计量点时变色。指示剂有一变色范围，但只要在滴定的 pH 突跃范围内变色的指示剂都是适用的，此时所产生的滴定误差都不超过 ±0.1%。也就是说，指示剂的变色范围部分或全部被包含于滴定的突跃范围之内，都可认为是合适的指示剂。因此，甲基橙（pH 3.1～4.4）、甲基红（pH 4.4～6.2）、酚酞（pH 8.0～10.0）等均可作为这一滴定的指示剂。

滴定突跃的大小与溶液的浓度有关。溶液浓度越高，突跃范围越大；溶液浓度越低，突跃范围越小。图 6-5 为 NaOH 滴定不同浓度 HCl 溶液的滴定曲线，计量点的 pH 仍然为 7，但计

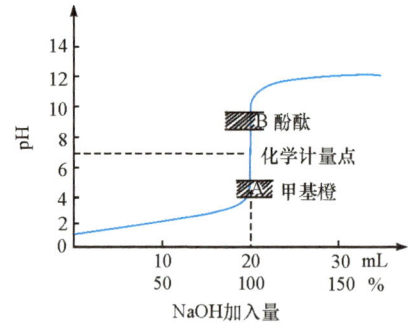

图 6-4　0.1000 mol·L^{-1} NaOH 滴定 20.00 mL 0.1000 mol·L^{-1} HCl 的滴定曲线

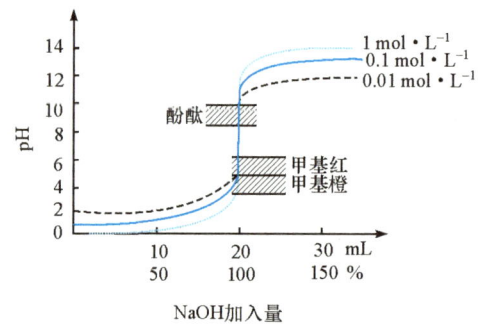

图 6-5　不同浓度的 NaOH 滴定不同浓度的 HCl 的滴定曲线

量点附近的 pH 突跃范围却不同。例如，1.0 mol·L^{-1} NaOH 滴定 1.0 mol·L^{-1} HCl 溶液时，pH 突跃范围为 3.30～10.70，与上述实例相比，突跃范围增加 2 个 pH 单位；而 0.01 mol·L^{-1} NaOH 滴定 0.01 mol·L^{-1} HCl 溶液，pH 突跃范围为 5.30～8.70，突跃范围减少 2 个 pH 单位。因此，在选择指示剂时应注意，在浓溶液滴定中可用的指示剂，在稀溶液滴定中不一定适用。例如，甲基橙在 1.0 mol·L^{-1} 和 0.10 mol·L^{-1} 强酸强碱溶液的滴定中可以使用，而不能用于 0.01 mol·L^{-1} 酸碱溶液的滴定。另外，溶液浓度过高或过低都会导致指示剂变色不明显，滴定误差增大。因此，通常所用标准溶液的浓度为 0.1～0.5 mol·L^{-1}。

强酸滴定强碱的滴定曲线与强碱滴定强酸的滴定曲线相似，只是 pH 的变化方向相反，不再赘述。

2. 一元弱酸弱碱的滴定

滴定弱酸或弱碱溶液通常采用强酸或强碱作为滴定剂，如用 NaOH 滴定甲酸、乙酸（HAc）、乳酸、苯甲酸和吡啶盐等，或用 HCl 滴定氨水、甲胺和乙胺等。

现以 0.1000 mol·L^{-1} NaOH 滴定溶液滴定 20.00 mL 0.1000 mol·L^{-1} HAc 溶液为例。滴定时的反应为

$$HAc + OH^- \rightleftharpoons Ac^- + H_2O$$

1) 滴定前

溶液的 [H$^+$] 可由 HAc 的解离平衡计算。

$$[H^+] = \sqrt{K_a c} = \sqrt{1.8 \times 10^{-5} \times 0.1000} = 1.34 \times 10^{-3} (\text{mol} \cdot \text{L}^{-1})$$

$$pH = 2.87$$

由于 HAc 是弱酸（$K_a = 1.8 \times 10^{-5}$），故溶液的 pH 开始时就大一些。

2) 滴定开始至计量点前

溶液中未中和的 HAc 和反应生成的 NaAc 组成 HAc-NaAc 缓冲体系。可利用计算缓冲溶液中 [H$^+$] 的方法计算溶液的 pH。

$$[H^+] = K_a \frac{c_{HA}}{c_{A^-}}$$

若加入 NaOH 滴定溶液 19.98 mL，未中和的 HAc 为 0.02 mL(0.1%)，生成的 Ac$^-$ 为 19.98 mL，则

$$c_{HAc} = 0.1000 \times \frac{0.02}{20.00 + 19.98} = 5.0 \times 10^{-5} (\text{mol} \cdot \text{L}^{-1})$$

$$c_{Ac^-} = 0.1000 \times \frac{19.98}{20.00 + 19.98} = 5.0 \times 10^{-2} (\text{mol} \cdot \text{L}^{-1})$$

代入上式得

$$[H^+] = 1.8 \times 10^{-5} \times \frac{5.0 \times 10^{-5}}{5.0 \times 10^{-2}} = 1.8 \times 10^{-8} (\text{mol} \cdot \text{L}^{-1})$$

$$pH = 7.74$$

3) 计量点时

此时，HAc 全部被中和生成共轭碱 NaAc，溶液中的 [OH$^-$] 可依据弱碱的公式进行

计算：

$$c_{Ac^-} = 0.0500 \text{ mol} \cdot \text{L}^{-1}$$

$$pK_b = 14 - pK_a = 14 - 4.74 = 9.26$$

$$[OH^-] = \sqrt{K_b c} = \sqrt{10^{-9.26} \times 0.0500} = 5.3 \times 10^{-6} (\text{mol} \cdot \text{L}^{-1})$$

$$pOH = 5.28, \quad pH = 8.72$$

到计量点时生成的 NaAc 为弱碱，在溶液中有弱的解离，溶液不呈中性，而是显碱性。

4) 计量点后

过量 NaOH 的存在抑制了 Ac^- 的解离，溶液的碱性由过量的 NaOH 决定，计算方法和强碱滴定强酸相同。若加入 NaOH 滴定溶液 20.02 mL，过量 0.02 mL NaOH(0.1%)，溶液的 $[OH^-]$ 为

$$[OH^-] = 0.1000 \times \frac{0.02}{20.00 + 20.02}$$

$$= 5.00 \times 10^{-5} (\text{mol} \cdot \text{L}^{-1})$$

$$pOH = 4.30, \quad pH = 9.70$$

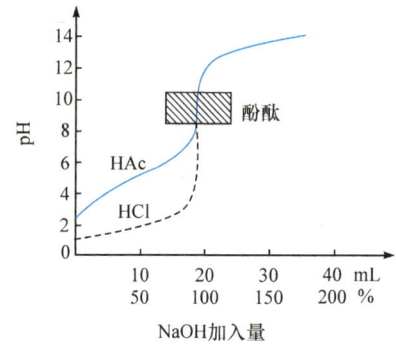

图 6-6　0.1000 mol·L^{-1} NaOH 滴定 0.1000 mol·L^{-1} HAc 的滴定曲线

如上计算，将计算结果列于表 6-6 中，并根据滴定结果绘制酸碱滴定曲线，得到如图 6-6 所示的滴定曲线，该图中的虚线部分为强碱滴定强酸曲线的前半部分。

表 6-6　0.1000 mol·L^{-1} NaOH 滴定 0.1000 mol·L^{-1} HAc 的 pH 变化

加入 NaOH 溶液的体积 V/mL	剩余 HAc 溶液的体积 V/mL	过量 NaOH 溶液的体积 V/mL	pH
0.00	20.00		2.87
10.00	10.00		4.74
18.00	2.00		5.70
19.80	0.20		6.74
19.98	0.02		7.74
20.00	0.00		8.72
20.02		0.02	9.70
20.20		0.20	10.70
22.00		2.00	11.70
40.00		20.00	12.50

强碱滴定弱酸的滴定曲线特点如下：

滴定前，pH=2.87，曲线的起点比 NaOH 滴定 HCl 溶液的曲线起点高，约大 2 个 pH 单位。这是因为 HAc 是弱酸，其解离程度比 HCl 小得多。

滴定开始至计量点前，曲线形成一个由倾斜到平坦又到倾斜的坡度。滴定开始，由于生成的 Ac^- 能抑制 HAc 的解离，$[H^+]$ 较快地降低，pH 快速升高。因此，滴定曲线开始一段的坡

度比滴定 HCl 的更倾斜。继续加入 NaOH 时,由于 NaAc 不断生成,与溶液中剩余 HAc 构成缓冲体系,pH 变化缓慢,曲线比较平坦。接近计量点时,剩余的 HAc 已很少,缓冲作用减弱,[OH^-] 增加较快,因此又形成一段比较倾斜的曲线。

化学计量点时,由于中和产物 Ac^- 为 HAc 的共轭碱,溶液呈碱性,因此计量点的 pH 不是 7.0 而是 8.72,处于碱性范围内。

化学计量点后,溶液中存在过量的 NaOH 抑制了 Ac^- 的解离,pH 取决于过量的 NaOH 的量,所以曲线与强碱滴定强酸时相同。

化学计量点附近的 pH 突跃范围为 7.74~9.70,在碱性范围内仅约 2 个 pH 单位,比滴定 HCl 的突跃范围(4~5 个 pH 单位)小得多。

由该滴定的 pH 突跃范围可知,在酸性范围变色的指示剂(如甲基橙、甲基红等)都不能使用,只能选择在弱碱性范围内变色的指示剂,如酚酞、百里酚蓝、百里酚酞均可作为这一滴定的指示剂。

这类滴定的突跃范围的大小与弱酸的浓度 c 和强度 K_a 有关。当弱酸的浓度 c 一定时,K_a 值越大,即酸性越强,滴定的突跃范围也越大;K_a 越小,突跃范围也越小。浓度为 1.0 mol·L^{-1} 的弱酸,$K_a < 10^{-9}$ 时已无明显突跃(图 6-7),不能用一般的指示剂确定终点。当 K_a 一定时,酸的浓度越大,突跃范围也越大。综合考虑弱酸的浓度 c 和解离常数 K_a 两个因素的影响,一般当 $cK_a \geq 10^{-8}$ 时,滴定突跃可 ≥ 0.3 个 pH 单位,人眼能够辨别出指示剂颜色的改变,滴定就可以直接进行,这时滴定误差也在允许的 $\pm 0.1\%$ 以内。因此,$cK_a \geq 10^{-8}$ 可作为判断弱酸能否被准确滴定的依据。

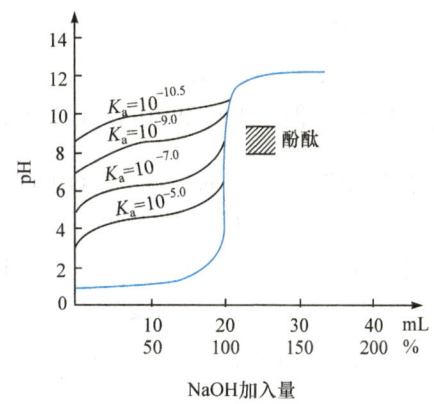

图 6-7 NaOH 溶液滴定不同弱酸溶液的滴定曲线

与强碱滴定弱酸一样,碱性太弱或浓度太低的弱碱使突跃范围变小,不能直接滴定。只有当 $cK_b \geq 10^{-8}$ 时的弱碱,才能被酸标准溶液准确滴定。

【例 6-25】 下列弱酸、弱碱能否用酸碱滴定法直接滴定?
(1) 0.10 mol·L^{-1} 苯甲酸;(2) 1.0 mol·L^{-1} 苯胺;(3) 1.0 mol·L^{-1} 乙酸钠。

解 查附录 2 得苯甲酸(C_6H_5COOH)的 $K_a = 6.2 \times 10^{-5}$,苯胺($C_6H_5NH_2$)的 $K_b = 4.6 \times 10^{-10}$,乙酸($CH_3COOH$)的 $K_a = 1.8 \times 10^{-5}$。

(1) 由于 $cK_a = 0.10 \times 6.2 \times 10^{-5} > 10^{-8}$,因此 0.10 mol·L^{-1} 苯甲酸可以被强碱标准溶液准确滴定。

(2) 苯胺为弱碱,由于 $cK_b = 1.0 \times 4.6 \times 10^{-10} < 10^{-8}$,因此 1.0 mol·L^{-1} 苯胺溶液不能被强酸标准溶液准确滴定。

(3) NaAc 是 HAc 的共轭碱,即为一元弱碱,其 K_b 为
$$K_b = \frac{K_w}{K_a} = \frac{1.0 \times 10^{-14}}{1.8 \times 10^{-5}} = 5.6 \times 10^{-10}$$

由于 $cK_b = 1.0 \times 5.6 \times 10^{-10} < 10^{-8}$,因此 1.0 mol·L^{-1} NaAc 溶液也不能用强酸标准溶液准确滴定。

根据共轭酸碱对 K_a、K_b 的关系可知,如果弱酸的 K_a 较大,即酸性较强,能被碱标准溶液

准确滴定,则其共轭碱必定是弱碱,不能用酸标准溶液直接滴定;反之,如果弱酸的 K_a 值很小,不能被碱标准溶液直接滴定,它的共轭碱一定是较强碱,能用酸标准溶液准确滴定。

6.5.3 多元酸、多元碱的滴定

1. 多元酸的滴定

多元酸大多是弱酸,在水溶液中分步解离,用 NaOH 滴定时,其反应是逐级进行的。对于这类滴定,以二元酸为例,首先根据 $cK_{a_1} \geq 10^{-8}$,判断第一级解离的 H^+ 是否被准确滴定;其次根据 $K_{a_1}/K_{a_2} \geq 10^4$,判断第二级解离的 H^+ 是否干扰第一级解离的 H^+。具体判断方法如下:

(1) 当 $cK_{a_1} \geq 10^{-8}$,$cK_{a_2} \geq 10^{-8}$,$K_{a_1}/K_{a_2} \geq 10^4$,则两级解离的 H^+ 可分别准确滴定,形成两个突跃。

(2) 当 $cK_{a_1} \geq 10^{-8}$,$cK_{a_2} \geq 10^{-8}$,$K_{a_1}/K_{a_2} < 10^4$,则两级解离的 H^+ 一次被准确滴定,只能形成一个突跃。

(3) 当 $cK_{a_1} \geq 10^{-8}$,$cK_{a_2} < 10^{-8}$ 且 $K_{a_1}/K_{a_2} \geq 10^4$,则只有一级解离的 H^+ 能被准确滴定,形成一个突跃,但二级解离的 H^+ 不干扰滴定。

【例 6-26】 $0.1000 \text{ mol} \cdot \text{L}^{-1}$ NaOH 滴定 20.00 mL $0.1000 \text{ mol} \cdot \text{L}^{-1}$ H_3PO_4 溶液,有几个滴定突跃?各选什么指示剂($K_{a_1}=7.6\times10^{-3}$,$K_{a_2}=6.3\times10^{-8}$,$K_{a_3}=4.4\times10^{-13}$)?

解 $cK_{a_1}=0.1\times7.6\times10^{-3}>10^{-8}$,第一个 H^+ 可被准确滴定。

$cK_{a_2}=0.1\times6.3\times10^{-8}\approx10^{-8}$,第二个 H^+ 可被滴定。

$cK_{a_3}=0.1\times4.4\times10^{-13}<10^{-8}$,第三个 H^+ 不能被滴定。

$$\frac{K_{a_1}}{K_{a_2}}=\frac{7.6\times10^{-3}}{6.3\times10^{-8}}>10^4, \quad \frac{K_{a_2}}{K_{a_3}}=\frac{6.3\times10^{-8}}{4.4\times10^{-13}}>10^4$$

所以第一、第二级解离出来的 H^+ 可分开滴定,即第一、第二化学计量点都有突跃。对于多元酸的滴定,由于反应交叉进行,化学计量点 pH 的计算,不必要求有较高的准确度,因此用最简式计算即可。

第一化学计量点,产物为 NaH_2PO_4,则

$$[H^+]=\sqrt{K_{a_1}K_{a_2}}=\sqrt{7.6\times10^{-3}\times6.3\times10^{-8}}=2.19\times10^{-5}(\text{mol}\cdot\text{L}^{-1})$$
$$pH=4.66$$

或

$$pH=\frac{1}{2}(pK_{a_1}+pK_{a_2})=4.66$$

选择指示剂时,只要指示剂变色点的 pH 与化学计量点的 pH 相近即可。应选用溴甲酚绿和甲基橙的混合指示剂(变色时 pH=4.3)。

第二化学计量点,产物为 Na_2HPO_4,则

$$[H^+]=\sqrt{K_{a_2}K_{a_3}}=\sqrt{6.3\times10^{-8}\times4.4\times10^{-13}}=1.66\times10^{-10}(\text{mol}\cdot\text{L}^{-1})$$
$$pH=9.78$$

或

$$pH=\frac{1}{2}(pK_{a_2}+pK_{a_3})=9.78$$

可选用酚酞和百里酚酞混合指示剂(变色时 pH=9.9),终点明显。

对于混合酸的滴定与多元酸相似,若用强碱滴定弱酸 HA(浓度 c_1,解离常数 K_a)和弱酸 HB(浓度 c_2,解离常数 K_a')的混合溶液,若其中 HA 为较强的弱酸,且两种弱酸的浓度较大又相等,则在第一化学计量点时,溶液中的[H$^+$]可按照下式计算:

$$[\mathrm{H}^+] = \sqrt{K_a K_a'}$$

只有当 $K_a/K_a' \geqslant 10^4$ 时,才能准确滴定第一种弱酸 HA。若二者浓度不同,则要求 $c_1 K_a/c_2 K_a' \geqslant 10^4$,才能准确滴定第一种弱酸 HA。若其中的 HA 为强酸,HB 为弱酸,则当 HB 的解离常数足够小(一般 $K_a < 10^{-4}$)时,两种酸才可分步滴定。

2. 多元碱的滴定

与多元酸一样,多元碱也是分级解离,分步反应,可参照多元酸的滴定进行判断。例如,$\mathrm{Na_2CO_3}$ 是二元碱,其解离过程为

$$\mathrm{CO_3^{2-} + H_2O \Longrightarrow HCO_3^- + OH^-}$$
$$\mathrm{HCO_3^- + H_2O \Longrightarrow H_2CO_3 + OH^-}$$

用 HCl 滴定时,首先与 $\mathrm{CO_3^{2-}}$ 反应生成 $\mathrm{HCO_3^-}$,达到第一化学计量点时

$$[\mathrm{H}^+] = \sqrt{K_{a_1} K_{a_2}} = \sqrt{4.2 \times 10^{-7} \times 5.6 \times 10^{-11}} = 4.8 \times 10^{-9} (\mathrm{mol \cdot L^{-1}})$$
$$\mathrm{pH} = 8.32$$

可用酚酞作指示剂。

由于 $K_{a_1}/K_{a_2} \approx 10^4$,$\mathrm{HCO_3^-}$ 又有较大缓冲作用,因此终点不太明显。通常用加有酚酞的 $\mathrm{NaHCO_3}$ 溶液作对比,或使用甲酚红-百里酚蓝混合指示剂(pH=8.2~8.4),效果较好。

第二化学计量点时,溶液的组成是 $\mathrm{H_2CO_3}$(可视为 $\mathrm{CO_2}$ 的饱和溶液,室温下浓度约为 $0.04\ \mathrm{mol \cdot L^{-1}}$),则

$$[\mathrm{H}^+] = \sqrt{K_a c} = \sqrt{4.2 \times 10^{-7} \times 0.04} = 1.3 \times 10^{-4} (\mathrm{mol \cdot L^{-1}})$$
$$\mathrm{pH} = 3.89$$

可用甲基橙作指示剂。

但由于 K_{a_2} 不够大,且溶液中的 $\mathrm{CO_2}$ 过多,酸度增加,易使终点提前,变色不明显,因此,滴定快到终点时应剧烈摇动溶液。最好先滴定至出现橙色,然后煮沸溶液,以除去 $\mathrm{CO_2}$,溶液变为黄色,冷却后,再用 HCl 继续滴定至橙色,即为终点。

6.5.4 滴定误差

在酸碱滴定分析中,通常采用指示剂确定滴定终点。实际上滴定终点与化学计量点通常不一致,由此而引起的误差称为滴定误差,也称终点误差,用符号 TE 表示。它不包含滴定操作本身所引起的误差,终点误差常用百分数表示,即终点时过量滴定剂或剩余被滴物的量占化学计量点时应当加入的滴定剂或被滴物的量的百分数。

$$\mathrm{TE} = \frac{\text{多加的滴定剂或剩余被滴物的量(mol)}}{\text{滴定剂或被滴物的量(mol)}} \times 100\% \qquad (6\text{-}28)$$

1. 强酸强碱的滴定误差

以 NaOH 滴定 HCl 为例。

(1) 若终点在化学计量点后。此时 NaOH 过量,溶液的质子平衡如下:

$$[OH^-] = [H^+] + c_{NaOH}$$

过量的 NaOH 的浓度为 $c_{NaOH}=[OH^-]-[H^+]$，即溶液中的$[OH^-]$一部分来自过量的 NaOH，另一部分来自水的解离，而水解离产生的 OH^- 与 H^+ 浓度相等，故终点过量 NaOH 的浓度为

$$c_{NaOH} = [OH^-] - [H^+]$$

这时终点误差为

$$TE = \frac{n_{NaOH}^{过量}}{n_{NaOH}^{化学计量点时应加入}} \times 100\% = \frac{n_{NaOH}^{过量}}{n_{HCl}} \times 100\%$$

$$= \frac{([OH^-]_{ep}-[H^+]_{ep})V_{ep}}{c_{HCl}^{sp}V_{sp}} \times 100\% = \frac{[OH^-]_{ep}-[H^+]_{ep}}{c_{HCl}^{sp}} \times 100\% \quad (6-29)$$

式中：下标 ep 表示滴定终点，sp 表示化学计量点。滴定终点在化学计量点后，滴定剂过量引起正误差。

（2）终点在化学计量点前。滴定剂加少了，设未被中和的 HCl 浓度为 c_{HCl}，根据溶液的质子平衡，此时

$$[H^+] = [OH^-] + c_{HCl}$$

故终点时剩余 HCl 的浓度为

$$c_{HCl} = [H^+] - [OH^-]$$

这时终点误差为

$$TE = -\frac{n_{HCl}^{未中和}}{n_{HCl}} \times 100\% = -\frac{[H^+]_{ep}-[OH^-]_{ep}}{c_{HCl}^{sp}} \times 100\%$$

$$= \frac{[OH^-]_{ep}-[H^+]_{ep}}{c_{HCl}^{sp}} \times 100\%$$

滴定终点在化学计量点前，表示 NaOH 加少了，还有极少部分的 HCl 未被中和，此时 $[H^+]>[OH^-]$，误差为负值。实际上，滴定终点无论在化学计量点前或后，计算误差的公式相同，只不过结果的符号相反而已。

【例 6-27】 计算 $0.1\ mol \cdot L^{-1}$ NaOH 滴定 $0.1\ mol \cdot L^{-1}$ HCl 的终点误差。
（1）滴定至 pH=9.0，酚酞作指示剂。
（2）滴定至 pH=4.0，甲基橙作指示剂。

解 NaOH 滴定 HCl，化学计量点时 pH=7.0。
（1）终点时 pH=9.0，则

$$[H^+] = 1 \times 10^{-9}\ mol \cdot L^{-1}, \quad [OH^-] = 1 \times 10^{-5}\ mol \cdot L^{-1}$$

$$c_{HCl}^{sp} = \frac{0.1}{2} = 0.05(mol \cdot L^{-1})$$

所以

$$TE = \frac{[OH^-]_{ep}-[H^+]_{ep}}{c_{HCl}^{sp}} \times 100\% = \frac{1 \times 10^{-5} - 1 \times 10^{-9}}{0.05} \times 100\% = +0.02\%$$

（2）终点时 pH=4.0，则

$$[H^+] = 1 \times 10^{-4}\ mol \cdot L^{-1}, \quad [OH^-] = 1 \times 10^{-10}\ mol \cdot L^{-1}$$

$$c_{HCl}^{sp} = \frac{0.1}{2} = 0.05(mol \cdot L^{-1})$$

所以
$$TE = \frac{[OH^-]_{ep} - [H^+]_{ep}}{c_{HCl}^{sp}} \times 100\% = \frac{1 \times 10^{-10} - 1 \times 10^{-4}}{0.05} \times 100\% = -0.2\%$$

2. 弱酸弱碱的滴定误差

例如，用 NaOH 滴定弱酸 HA，在化学计量点时，滴定产物是 A^-，溶液的质子平衡如下：
$$[OH^-] = [HA] + [H^+] + c_{NaOH}$$
过量的 NaOH 的浓度为
$$c_{NaOH} = [OH^-] - [H^+] - [HA]$$
即溶液中的 $[OH^-]$ 一部分来自过量的 NaOH，另一部分来自水和 A^- 的解离。

这时终点误差为
$$TE = \frac{n_{NaOH}^{过量}}{n_{NaOH}^{化学计量点时应加入}} \times 100\% = \frac{n_{NaOH}^{过量}}{n_{HA}} \times 100\%$$
$$= \frac{([OH^-]_{ep} - [H^+]_{ep} - [HA]_{ep})V_{ep}}{c_{HA}^{sp} V_{sp}} \times 100\%$$
$$= \left(\frac{[OH^-]_{ep} - [H^+]_{ep}}{c_{HA}^{sp}} - \frac{[HA]_{ep}}{c_{HA}^{sp}}\right) \times 100\%$$
则
$$TE = \left(\frac{[OH^-]_{ep} - [H^+]_{ep}}{c_{HA}^{sp}} - \delta_{HA}\right) \times 100\% \tag{6-30}$$

实际上滴定弱酸的终点多为碱性，式(6-30)中 $[H^+]$ 可以忽略，则
$$TE = \left(\frac{[OH^-]_{ep}}{c_{HA}^{sp}} - \delta_{HA}\right) \times 100\% = \left(\frac{[OH^-]_{ep}}{c_{HA}^{sp}} - \frac{[H^+]}{[H^+] + K_a}\right) \times 100\% \tag{6-31}$$
强碱滴定弱酸，在化学计量点前或后，终点误差的计算公式也是相同的。

【例 6-28】 计算 $0.1\ mol \cdot L^{-1}$ NaOH 滴定 $0.1\ mol \cdot L^{-1}$ HAc 的终点误差。
(1) 滴定至 pH=9.0。
(2) 滴定至 pH=7.0。

解 化学计量点时 Ac^- 的浓度 $c = \frac{0.1}{2} = 0.05(mol \cdot L^{-1})$，则
$$[OH^-] = \sqrt{K_b c} = \sqrt{5.6 \times 10^{-10} \times 0.05} = 5.3 \times 10^{-6}(mol \cdot L^{-1})$$
$$pOH = 5.28, \quad pH = 8.72$$
(1) 终点时 pH=9.0，则
$$[H^+] = 1 \times 10^{-9}\ mol \cdot L^{-1}, \quad [OH^-] = 1 \times 10^{-5}\ mol \cdot L^{-1}$$
$$c_{HAc}^{sp} = \frac{0.1}{2} = 0.05(mol \cdot L^{-1})$$
$$TE = \left(\frac{[OH^-]_{ep}}{c_{HAc}^{sp}} - \frac{[H^+]}{[H^+] + K_a}\right) \times 100\% = \left(\frac{1 \times 10^{-5}}{0.05} - \frac{1 \times 10^{-9}}{1 \times 10^{-9} + 1.8 \times 10^{-5}}\right) \times 100\%$$
$$= +0.02\%$$

(2) 终点时 pH=7.0,则

$$[H^+] = 1 \times 10^{-7} \text{ mol} \cdot L^{-1}, \quad [OH^-] = 1 \times 10^{-7} \text{ mol} \cdot L^{-1}$$

$$c_{HAc}^{sp} = \frac{0.1}{2} = 0.05 (\text{mol} \cdot L^{-1})$$

$$TE = \left(\frac{1 \times 10^{-7}}{0.05} - \frac{1 \times 10^{-7}}{1 \times 10^{-7} + 1.8 \times 10^{-5}}\right) \times 100\% = -0.6\%$$

6.5.5 酸碱滴定法的应用

一般的酸碱以及能与酸碱直接或间接反应的物质几乎都可以用酸碱滴定法测定。酸碱滴定法在生产实际中应用广泛,许多化工产品(如烧碱、纯碱、硫酸铵和碳酸氢铵等)常采用酸碱滴定法测定其主要成分的含量。钢铁及某些原材料中碳、硫、磷、硅和氮等元素也可以采用酸碱滴定法测定其含量。其他如有机合成工业和医药工业中的原料、中间产品及其成品等也有采用酸碱滴定法测定含量的。下面列举几个实例,叙述酸碱滴定法的某些应用。

1. 混合碱的滴定

NaOH 俗称烧碱,在生产和存放过程因吸收 CO_2 而部分生成 Na_2CO_3。测定这两种混合碱的含量常用双指示剂法及 $BaCl_2$ 法,下面介绍双指示剂法。

混合碱是 NaOH 与 Na_2CO_3 或 Na_2CO_3 与 $NaHCO_3$ 的混合物。双指示剂法的原理是用 HCl 标准溶液测定混合碱。当酚酞变色时,设用去 HCl 标准溶液 V_1,加入甲基橙后继续滴定,当甲基橙变色时,又用去 HCl 标准溶液 V_2,可根据 V_1 和 V_2 数值的大小判断混合碱的组成并测定各组分的含量。假设混合碱是 Na_2CO_3 与 NaOH 的混合物,先以酚酞作指示剂,用 HCl 标准溶液滴定到溶液由红色变到无色,这时溶液中的 NaOH 完全被中和为 NaCl, Na_2CO_3 被中和为 $NaHCO_3$,令此时消耗 HCl 标准溶液的体积为 V_1,其反应式为

$$NaOH + HCl = NaCl + H_2O$$
$$Na_2CO_3 + HCl = NaCl + NaHCO_3$$

再加入甲基橙指示剂,继续用 HCl 标准溶液滴定至由黄色变到橙色,表明溶液中的 Na_2CO_3 完全被中和为 CO_2,其反应为

$$NaHCO_3 + HCl = NaCl + H_2O + CO_2$$

令此时消耗 HCl 标准溶液的体积为 V_2。由反应式可知,在 Na_2CO_3 与 NaOH 共存情况下,用双指示剂法滴定时,$V_1 > V_2$,且 Na_2CO_3 消耗 HCl 标准溶液的体积为 $2V_2$,NaOH 消耗 HCl 标准溶液的体积为 (V_1-V_2)。根据 HCl 标准溶液的浓度和消耗的体积,便可算出混合碱中 Na_2CO_3 和 NaOH 的含量。

$$w_{NaOH} = \frac{c_{HCl} M_{NaOH}(V_1 - V_2)}{m_s}$$

$$w_{Na_2CO_3} = \frac{\frac{1}{2} c_{HCl} \times 2V_2 M_{Na_2CO_3}}{m_s} = \frac{c_{HCl} V_2 M_{Na_2CO_3}}{m_s} \tag{6-32}$$

同样,若混合碱由 Na_2CO_3 与 $NaHCO_3$ 组成,根据 V_1 和 V_2 也可求得混合碱中 Na_2CO_3 和 $NaHCO_3$ 的含量。

2. 铵盐的测定

硫酸铵是常用的氮肥之一。氮在无机和有机化合物中的存在形式比较复杂。测定物质中含氮量常以总氮、铵态氮、硝酸态氮、酰胺态氮等含量表示。氮含量的测定方法主要有蒸馏法与甲醛法两种。

1) 蒸馏法

蒸馏法适用于无机、有机物质小分子氮含量的测定，准确度较高。向铵盐试液中加浓 NaOH 并加热，将 NH_3 蒸馏出来。用 H_3BO_3 溶液吸收释放出的 NH_3，然后采用甲基红与溴甲酚绿的混合指示剂，用 H_2SO_4 标准溶液滴定至灰色时为终点。H_3BO_3 的酸性极弱，它可以吸收 NH_3，但不影响滴定，故不需要定量加入。也可以用 HCl 或 H_2SO_4 标准溶液吸收，过量的酸用 NaOH 标准溶液返滴定，以甲基红或甲基橙为指示剂。

2) 甲醛法

甲醛法适用于铵盐中铵态氮的测定，方法简便，应用较广。由于铵盐中 NH_4^+ 的酸性太弱，$K_a = 5.6 \times 10^{-10}$，故无法用 NaOH 标准溶液直接滴定。但可将硫酸铵与甲醛作用，定量生成六次甲基四胺盐和 H^+，反应如下：

$$4NH_4^+ + 6HCHO = (CH_2)_6N_4H^+ + 6H_2O + 3H^+$$

生成的六次甲基四胺盐（$K_a = 7.1 \times 10^{-6}$）和 H^+ 可用 NaOH 标准溶液滴定。该反应称为弱酸的强化，反应如下：

$$4NaOH + (CH_2)_6N_4H^+ + 3H^+ = (CH_2)_6N_4(六次甲基四胺) + 4H_2O + 4Na^+$$

以酚酞作指示剂，用 NaOH 标准溶液滴定。如果试样中含有游离酸，则需事先以甲基红为指示剂，用 NaOH 将其中和。

3. 硅酸盐试样中 SiO_2 的测定

水泥、玻璃等硅酸盐试样中 SiO_2 含量的测定，过去常用重量分析法，准确度高，但费时、操作烦琐。因此，目前生产中的例行分析多采用氟硅酸钾容量法。这是一种间接的酸碱滴定法，现已被列入水泥化学分析方法的国家标准。

测定原理如下：试样用 KOH 或 NaOH 熔融，使 SiO_2 转变成可溶性硅酸盐（如 K_2SiO_3 或 Na_2SiO_3），在强酸性溶液中，在过量 F^- 和 K^+ 存在下生成氟硅酸钾沉淀：

$$2K^+ + H_2SiO_3 + 6F^- + 4H^+ = K_2SiF_6\downarrow + 3H_2O$$

由于 K_2SiF_6 沉淀的溶解度较大，通常需加入过量 KCl 固体，利用同离子效应，降低沉淀的溶解度，将生成的 K_2SiF_6 沉淀过滤，用 KCl-乙醇溶液洗涤两次（防止 K_2SiF_6 溶解损失，洗涤次数不宜过多，洗液量不宜大）。然后将沉淀放回塑料杯中，加少量的 KCl-乙醇溶液，以酚酞为指示剂，用 NaOH 溶液中和未洗净的残余酸至微红色，再加入沸水使 K_2SiF_6 水解：

$$K_2SiO_3 + 6HF = K_2SiF_6\downarrow + 3H_2O$$
$$K_2SiF_6 + 3H_2O(沸水) = 2KF + H_2SiO_3 + 4HF$$

用 NaOH 标准溶液滴定水解生成的 HF，由所消耗 NaOH 标准溶液的体积和浓度计算试样中 SiO_2 的质量分数。

$$w_{SiO_2} = \frac{\frac{1}{4}c_{NaOH}V_{NaOH}M_{SiO_2}}{m_s} \tag{6-33}$$

习 题

1. 回答下列问题：
   (1) 阐明几种酸碱理论的基本要点。
   (2) 分析浓度、平衡浓度和分布分数的定义是什么？分布分数与哪些因素有关？
   (3) 试述物料平衡、电荷平衡和质子平衡的概念。

2. 指出下列物质中的共轭酸、共轭碱，并按照强弱的顺序排列：
   $HAc, Ac^-; NH_4^+, NH_3; HF, F^-; H_3PO_4, H_2PO_4^-; H_2S, HS^-$

3. 写出下列酸碱组分的物料平衡和电荷平衡(设其浓度为 c)：
   (1) $Ca(ClO_4)_2$ (2) $Na_2C_2O_4$ (3) KHC_2O_4 (4) $NaHCO_3$ (5) H_2SO_4

4. 写出下列各物质在水溶液中的质子条件(设其浓度为 c 或 c_1、c_2)：
   (1) NH_4CN (2) Na_2CO_3 (3) HCl (4) $NaOH$ (5) NH_4HCO_3 (6) $HClO_4$
   (7) $(NH_4)_2HPO_4$ (8) $(NH_4)_3PO_4$ (9) $HCl+HCOOH$ (10) $NH_4H_2PO_4$
   (11) $HCl+HAc$ (12) $HCl+HCN$ (13) $HAc+H_3BO_3$ (14) $NaOH+NaAc$

5. 计算下列各溶液的 pH：
   (1) $0.05 \text{ mol} \cdot L^{-1}$ HCl (2) $0.05 \text{ mol} \cdot L^{-1}$ NH_4Ac (3) $0.10 \text{ mol} \cdot L^{-1}$ $CH_2ClCOOH$
   (4) $0.10 \text{ mol} \cdot L^{-1}$ $NH_3 \cdot H_2O$ (5) $0.10 \text{ mol} \cdot L^{-1}$ HAc (6) $0.20 \text{ mol} \cdot L^{-1}$ Na_2CO_3
   (7) $0.50 \text{ mol} \cdot L^{-1}$ $NaHCO_3$ (8) $0.20 \text{ mol} \cdot L^{-1}$ NaH_2PO_4 (9) $0.010 \text{ mol} \cdot L^{-1}$ Na_2HPO_4
   (10) 含有 $c_{HA}=c_{HB}=0.10 \text{ mol} \cdot L^{-1}$ 的混合溶液($pK_{HA}=5.0, pK_{HB}=9.0$)

6. 计算下列各溶液的离子强度：
   (1) $0.10 \text{ mol} \cdot L^{-1}$ KCl 溶液。
   (2) $0.20 \text{ mol} \cdot L^{-1}$ K_2SO_4 溶液。
   (3) $0.10 \text{ mol} \cdot L^{-1}$ $AlCl_3$ 溶液。
   $(0.1 \text{ mol} \cdot L^{-1}, 0.6 \text{ mol} \cdot L^{-1}, 0.6 \text{ mol} \cdot L^{-1})$

7. 已知 H_3PO_4 的 pK_{a_1}、pK_{a_2}、pK_{a_3} 分别为 2.12、7.20、12.36，求其共轭碱 PO_4^{3-} 的 $pK_{b_1} \sim pK_{b_3}$。
   $(1.64, 6.80, 11.88)$

8. 计算 $0.10 \text{ mol} \cdot L^{-1}$ 甲酸(HCOOH)溶液的 pH 及其解离度。 $(2.38, 4.2\%)$

9. 欲配制 200 mL pH=9.35 NH_3-NH_4Cl 缓冲溶液，而且使该溶液在加入 1.0 mmol HCl 或 NaOH 时的 pH 改变不大于 0.12，需要多少克 NH_4Cl 和多少毫升 $10 \text{ mol} \cdot L^{-1}$ 氨水？ $(0.35 \text{ g}, 0.82 \text{ mL})$

10. 在 20.00 mL $0.1000 \text{ mol} \cdot L^{-1}$ HA($K_a=10^{-7.00}$)溶液中加入 20.04 mL $0.1000 \text{ mol} \cdot L^{-1}$ NaOH，计算溶液的 pH。 (10.14)

11. 加入多少克固体 NaAc 可使 100 mL $0.10 \text{ mol} \cdot L^{-1}$ HCl 溶液的 pH 增加到 4.44(忽略溶液体积的变化)？
    (1.23 g)

12. 有三种缓冲溶液，它们的组成如下：
    (1) $1.0 \text{ mol} \cdot L^{-1}$ HAc + $1.0 \text{ mol} \cdot L^{-1}$ NaAc。
    (2) $1.0 \text{ mol} \cdot L^{-1}$ HAc + $0.1 \text{ mol} \cdot L^{-1}$ NaAc。
    (3) $0.1 \text{ mol} \cdot L^{-1}$ HAc + $1.0 \text{ mol} \cdot L^{-1}$ NaAc。
    这三种缓冲溶液的缓冲能力有什么不同？加入稍多的酸或稍多的碱时，哪种溶液的 pH 将发生较大的改变？哪种溶液具有较好的缓冲作用？

13. 配制 pH=10.0 的缓冲溶液，用 500 mL $0.10 \text{ mol} \cdot L^{-1}$ $NH_3 \cdot H_2O$ 溶液，则需加入 $0.10 \text{ mol} \cdot L^{-1}$ HCl 溶液多少毫升？或加入固体 NH_4Cl 多少克(假设体积不变)？ $(75 \text{ mL}, 0.48 \text{ g})$

14. 回答下列问题：
    (1) 什么是指示剂的变色点和变色范围？如何选择指示剂？
    (2) 什么是酸碱滴定的 pH 突跃范围？影响强酸和一元弱酸滴定突跃范围的因素有哪些？
    (3) 是否可以用 NaOH 滴定 NH_4Cl？若加入足够过量的 NaOH 使 NH_4^+ 全部转变成 NH_3，然后用 HCl 返滴定过量的 NaOH，能否准确测定 NH_4Cl？为什么？

15. 一元弱酸(HA)纯试样 1.250 g 溶于 50.00 mL 水中，需 41.20 mL 0.090 00 $mol·L^{-1}$ NaOH 滴定至终点。已知加入 8.24 mL NaOH 时，溶液的 pH=4.30。计算：
    (1) 弱酸的摩尔质量。
    (2) 弱酸的解离常数 K_a。
    (3) 计量点时的 pH，并选择合适的指示剂。　　　　　　　(337.1 $g·mol^{-1}$, $1.3×10^{-5}$, 8.75, 酚酞)

16. 计算终点误差：
    (1) 用 0.10 $mol·L^{-1}$ NaOH 滴定 0.1 $mol·L^{-1}$ HCl 至 pH=4.4。
    (2) 用 0.10 $mol·L^{-1}$ HCl 滴定 0.1 $mol·L^{-1}$ NaOH 至 pH=4.0。
    (3) 用 0.10 $mol·L^{-1}$ NaOH 滴定 0.10 $mol·L^{-1}$ HAc 至 pH=8.00。
    (4) 用 0.10 $mol·L^{-1}$ HCl 滴定 0.10 $mol·L^{-1}$ NH_3 溶液至 pH=4.0。
    　　　　　　　　　　　　　　　　　　　　　　　　　　(−0.08%, +0.2%, −0.05%, +0.20%)

17. 用 0.10 $mol·L^{-1}$ NaOH 滴定 0.1 $mol·L^{-1}$ $H_2C_2O_4$ 时，有几个突跃？选择什么指示剂？
    　　　　　　　　　　　　　　　　　　　　　　　　　　　　　　　　　　(pH=8.36, 酚酞)

18. 某试样含有 Na_2CO_3 和 $NaHCO_3$，称取 0.3010 g，用酚酞作指示剂，滴定时用去 0.1060 $mol·L^{-1}$ HCl 20.10 mL，继用甲基橙作指示剂，共用去 HCl 47.70 mL。计算试样中 Na_2CO_3 和 $NaHCO_3$ 的质量分数。
    　　　　　　　　　　　　　　　　　　　　　　　　　　　　　　　　　(75.03%, 22.19%)

19. 称取硅酸盐试样 0.1000 g，经熔融分解，沉淀出 K_2SiF_6，然后经过滤洗净，水解产生的 HF 用 0.1124 $mol·L^{-1}$ NaOH 标准溶液滴定，以酚酞为指示剂，耗去标准溶液 28.54 mL。计算试样中 SiO_2 的质量分数。　　　　　　　　　　　　　　　　　　　　　　　　　　　　　(48.18%)

20. 用酸碱滴定法测定某试样中的含磷量。称取试样 0.9567 g，经处理后使 P 转化成 H_3PO_4，再在 HNO_3 介质中加入钼酸铵，即生成磷钼酸铵沉淀，其反应式如下：
    $$H_3PO_4 + 12MoO_4^{2-} + 2NH_4^+ + 22H^+ \rightleftharpoons (NH_4)_2HPO_4·12MoO_3·H_2O\downarrow + 11H_2O$$
    将黄色的磷钼酸铵沉淀过滤，洗至不含游离酸，溶于 30.48 mL 0.2016 $mol·L^{-1}$ NaOH 中，其反应式如下：
    $$(NH_4)_2HPO_4·12MoO_3·H_2O + 24OH^- \rightleftharpoons 12MoO_4^{2-} + HPO_4^{2-} + 2NH_4^+ + 13H_2O$$
    用 0.1987 $mol·L^{-1}$ HNO_3 标准溶液返滴过量的碱至酚酞变色，耗去 15.74 mL。求试样中 P 的含量。
    　　　　　　　　　　　　　　　　　　　　　　　　　　　　　　　　　　　(0.407%)

第7章 配位反应与配位滴定法

学习要求

(1) 掌握配合物的组成、命名及类型。
(2) 了解配合物的晶体场理论和价键理论的基本要点。
(3) 掌握配位平衡中的相关计算,如副反应系数、条件稳定常数。
(4) 掌握配位滴定法的基本原理。

配位化合物(coordination compound)简称配合物,是一类组成比较复杂的化合物,它的存在和应用都十分广泛。生物体内的金属元素多以配合物的形式存在。例如,动物血液中的血红蛋白是铁的配合物,在血液中起输送氧气的作用;叶绿素是镁的配合物,植物的光合作用由它来完成。配位反应已渗透到生物化学、生命科学、有机化学、分析化学、催化动力学等领域,在生产实践、分析科学、功能材料和药物合成等方面有重要的实用价值。配位化学已发展成为一门独立的学科,成为化学科学中一个重要的分支。

本章介绍配合物的基本概念、配合物的价键理论和晶体场理论、配合物的一些性质和应用,讨论配合物的解离平衡。最后在此基础上,讨论以配位平衡为基础的配位滴定法原理及其实际应用。

7.1 配合物的基本概念

7.1.1 配合物的定义

一个 A 离子或原子与几个 B 离子或分子以配位键结合在一起形成的具有一定特性的稳定的化合物称为配合物。例如,在蓝色的硫酸铜溶液中加入氨水可形成深蓝色的 $[Cu(NH_3)_4]^{2+}$。

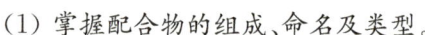

从上面的定义可以看出,配合物与一般化合物的主要区别在于其中含有稳定的配位键。但是许多离子(如 NH_4^+、SO_4^{2-} 等)也含有配位键,却不被看成是配合物。因此,要给配合物下一个十分确切的定义还是困难的。

7.1.2 配合物的组成

配合物由内界和外界两部分组成。中心体与配位体组成的结构单元称为配合物的内界，而与配合物相关的其他部分称为配合物的外界。例如，在配合物 $K_3[Fe(CN)_6]$ 中，K^+ 为外界，$[Fe(CN)_6]^{3-}$ 为内界；在 $Cu(NH_3)_4]SO_4$ 中，SO_4^{2-} 为外界，$[Cu(NH_3)_4]^{2+}$ 为内界。书写配合物的化学式时，有时用方括号将内界部分括出，但也有省略这种括号的。配合物的组成可用图表示如下：

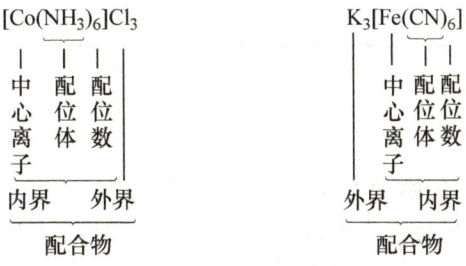

1. 中心体

中心体是指配合物定义中的 A 离子或原子。在配合物中，中心体提供空的价轨道（可以形成配位键的轨道），如 $[Ag(NH_3)_2]^+$ 中的 Ag^+、$[Cu(NH_3)_4]^{2+}$ 中的 Cu^{2+}、$[Fe(CO)_5]$ 中的 Fe 原子等。其特征就是具有空的价轨道，可以接受孤对电子形成配位键。

2. 配位体和配位原子

配位体是指配合物定义中的 B 离子或分子。在配合物中配位体提供孤对电子与中心体的空轨道形成配位键，如 $[Cu(NH_3)_4]^{2+}$ 中的 NH_3 分子、$[Al(OH)_4]^-$ 中的 OH^- 等。其特征是具有可形成配位键的孤对电子。

配位体中提供孤对电子直接与中心体相连的原子称为配位原子，如 NH_3 中的 N 原子、H_2O 中的 O 原子等。

根据配位体中所含配位体原子数目的多少可将配位体分为单齿配位体和多齿配位体（表 7-1）。单齿配位体只含一个配位原子，可提供一对孤对电子与中心离子形成一个配位键，如 H_2O、CO、NH_3、Cl^-、CN^- 等。一个配位体中含两个或两个以上配位原子并能与中心离子形成多个配位键的配位体称为多齿配位体，如乙二酸根（$C_2O_4^{2-}$）、氨基乙酸（NH_2CH_2COOH）、乙二胺（$H_2NCH_2CH_2NH_2$，简写为 en）和乙二胺四乙酸（简称 EDTA）。

表 7-1 一些常见的配位体和配位原子

配位种类		实 例	配位原子
单齿配位体	含氮配位体	NH_3，RNH_2	N
	含氧配位体	H_2O，OH^-，ROH，$RCOOH$	O
	含碳配位体	CO，CN^-	C

续表

配位种类		实　例	配位原子
单齿配位体	含卤素配位体	F^-, Cl^-, Br^-, I^-	F, Cl, Br, I
	含硫配位体	H_2S, RSH	S
多齿配位体	双齿配位体	$H_2NCH_2CH_2NH_2$	N
		$C_2O_4^{2-}$	O
		NH_2CH_2COOH	N, O
	六齿配位体	EDTA	N, O

3. 配位数

与中心体直接相连的配位原子个数称为该配合物的配位数。

应当指出的是,配位数只与中心体直接相连的配位原子的个数有关,与配位体的个数不完全相同。对于单齿配位体,配位数就等于配位体个数;而对于多齿配位体,配位数为配位体个数乘以配位体中的配位原子数。例如,在$[Fe(CN)_6]^{3-}$中,Fe^{3+}的配位数为6,因为它结合了6个单齿配位体;而在$[Fe(EDTA)]^-$中,Fe^{3+}的配位数仍为6,因为它结合了一个6齿配位体。

影响配位数的因素有很多,一般来说有以下规律:

(1) 对同一配位体,中心原子的电荷越高,吸引配位体孤对电子的能力越强,配位数越大,如$[Cu(NH_3)_2]^+$和$[Cu(NH_3)_4]^{2+}$;中心原子的半径越大,周围可容纳的配位数目越多,配位数越大,如$[AlF_6]^{3-}$和$[BF_4]^-$。

(2) 对同一中心原子,配位体的半径越大,中心原子周围可容纳的配位体数目越少,配位数越小,如$[AlF_6]^{3-}$和$[AlCl_4]^-$;配位体的负电荷越高,则在增加中心原子和配位体之间引力的同时也使配位体之间的相互排斥力增强,总的结果是配位数减小,如$[Zn(NH_3)_6]^{2+}$和$[Zn(CN)_4]^{2-}$。

(3) 增大配位体的浓度有利于形成高配位数的配合物;温度升高,常会使配位数减小。例如,Fe^{3+}与SCN^-配位时,随着SCN^-浓度增加,可形成配位数为1~6的配离子。

在一定条件下,某一中心离子通常有一个特征配位数,多数金属离子的特征配位数是2、4和6。配位数为2的如Ag^+、Cu^+等;配位数为4的如Cu^{2+}、Zn^{2+}、Ni^{2+}、Hg^{2+}、Cd^{2+}、Pt^{2+}等;配位数为6的如Fe^{3+}、Fe^{2+}、Al^{3+}、Pt^{4+}、Cr^{3+}、Co^{3+}等。

4. 配离子的电荷

配离子的电荷等于中心离子电荷与配位体总电荷的代数和。例如

$$[Co(NH_3)_2(NO_2)_4] \text{ 电荷数} = (+3) + 0 \times 2 + (-1) \times 4 = -1$$

由于配合物必须是中性的,因此也可以从外界离子的电荷决定配离子的电荷。例如,$K_2[PtCl_4]$中,外界两个K^+,所以配离子的电荷一定是-2,从而可推知中心离子是Pt(Ⅱ)。

7.1.3 配合物的命名

配合物的命名方法服从一般无机化合物的原则。若外界是简单负离子,如Cl^-、OH^-等,则称为"某化某";若外界是正离子,配离子是负离子,则将配阴离子看成复杂酸根离子,称为

"某酸某"。

配合物中内界离子的命名方法一般依照如下顺序:配位体数→配位体名称→"合"→中心离子(原子)氧化数。配位体数用中文数字一、二、三、……;中心离子氧化数在其名称后加方括号用罗马数字注明;若配位体不止一种,不同的配位体之间用"·"分开。配位体的命名顺序如下:

(1) 先负离子后中性分子。例如,$[Cr(NH_3)_5Cl]Cl_2$ 命名为二氯化一氯·五氨合铬(Ⅲ)。

(2) 不同负离子的命名顺序为无机离子→有机离子。例如,$[Co(en)_2(NO_2)Cl]SCN$ 命名为硫氰酸一氯·一硝基·二乙二胺合钴(Ⅲ)。

(3) 同类配位体的命名按配位原子元素符号的英文字母顺序排列。例如,$[Co(NH_3)_5·(H_2O)]Cl_3$ 命名为三氯化五氨·一水合钴(Ⅲ)。

某些配位体的化学式相同,但提供的配位原子不同,其名称也不相同,使用时需注意。例如

—NO_2(以 N 配位)	硝基
—ONO(以 O 配位)	亚硝酸根
—SCN(以 S 配位)	硫氰根
—NCS(以 N 配位)	异硫氰根

某些常见配合物通常用习惯名称,如$[Cu(NH_3)_4]^{2+}$称铜氨配离子、$[Ag(NH_3)_2]^+$称银氨配离子、$K_3[Fe(CN)_6]$称铁氰化钾、$K_4[Fe(CN)_6]$称亚铁氰化钾、$H_2[SiF_6]$称氟硅酸。有时也用俗名,如 $K_3[Fe(CN)_6]$称赤血盐,$K_4[Fe(CN)_6]$称黄血盐。

下面列举一些配合物的命名:

$[Pt(NH_3)_6]Cl_4$	四氯化六氨合铂(Ⅳ)
$[PtCl(NO_2)(NH_3)_4]CO_3$	碳酸一氯·一硝基·四氨合铂(Ⅳ)
$[Co(ONO)(NH_3)_5]SO_4$	硫酸一亚硝酸根·五氨合钴(Ⅲ)
$[CrBr_2(H_2O)_4]Br·2H_2O$	二水合溴化二溴·四水合铬(Ⅲ)
$H_2[SiF_6]$	六氟合硅(Ⅳ)酸
$K[PtCl_3(NH_3)]$	三氯·一氨合铂(Ⅱ)酸钾
$K_2[HgI_4]$	四碘合汞(Ⅱ)酸钾
$K_3[Fe(SCN)_6]$	六硫氰根合铁(Ⅲ)酸钾
$Na_3[CoCl_3(NO_2)_3]$	三氯·三硝基合钴(Ⅲ)酸钠
$[Ni(CO)_4]$	四羰基合镍
$[Co_2(CO)_8]$	八羰基合二钴
$[PtCl_2(NH_3)_2]$	二氯·二氨合铂(Ⅱ)
$[Cr(OH)_3(H_2O)(en)]$	三羟基·一水·一乙二胺合铬(Ⅲ)

7.1.4 配合物的类型

根据配位体的不同和中心体个数的不同,可将配合物分为以下几类。

1. 简单配合物

由一个中心体与几个单齿配位体组成的配合物称为简单配合物,如 $K_3[Fe(CN)_6]$、$[Cu(NH_3)_4]SO_4$ 等。

2. 螯合物

1) 螯合物的形成及稳定性

由一个中心体与几个多齿配位体形成的具有环状结构的配合物称为螯合物。例如,乙二胺或氨基乙酸分别与铜盐形成的二乙二胺合铜(Ⅱ)或二氨基乙酸根合铜(Ⅱ)螯合物。这个名称是由于同一配位体的双齿好像一对蟹钳螯住中心原子。

$$2NH_2CH_2CH_2NH_2 + Cu^{2+} \Longleftrightarrow \left[\begin{array}{c} H_2CH_2N \\ | \\ H_2CH_2N \end{array} Cu \begin{array}{c} NH_2CH_2 \\ | \\ NH_2CH_2 \end{array} \right]^{2+}$$

$$2H_2N-CH_2-\overset{O}{\overset{\|}{C}}-OH + Cu^{2+} \Longleftrightarrow \begin{array}{c} O=C-O \\ | \\ H_2C-H_2N \end{array} Cu \begin{array}{c} O-C=O \\ | \\ NH_2-CH_2 \end{array} + 2H^+$$

由于螯合物具有环状结构,比相同配位原子的简单配位化合物稳定得多。这种因成环而使配合物稳定性增强的现象称为螯合效应。影响螯合物稳定性的主要因素有:

(1) 螯合环的大小。以五、六元环最稳定,它们相应的键角分别为 108°、120°,有利于成键。更小的环由于张力较大,使得稳定性较差或不能形成;更大的环因为键合的原子轨道不能发生较大程度重叠而不易形成。

(2) 螯合环的数目。中心离子相同时,螯合环数目越多,螯合物越稳定。许多螯合物具有特征的颜色,常用作金属指示剂和用于金属离子定性分析、比色分析等。例如,利用丁二酮肟与 Ni^{2+} 形成鲜红色的二丁二酮肟合镍(Ⅱ)沉淀鉴定 Ni^{2+};利用 Fe^{2+} 与邻二氮菲反应生成橘红色的稳定配合物,采用光度法可进行微量铁的测定。

2) 螯合剂的类型

能形成螯合环的配位体称为螯合剂。分析化学中重要的螯合剂一般是以氮、氧或硫为配位原子的有机化合物。常见的有以下几种类型:

(1) "OO 型"螯合剂。以两个氧原子为配位原子的螯合剂。这类螯合剂有羟基酸、多元醇、多元酚等,如 Cu^{2+} 与乳酸根离子生成的可溶性螯合物。

柠檬酸根和酒石酸根都能与许多金属离子形成可溶性的螯合物,在分析化学中被广泛用作掩蔽剂。例如,酒石酸与 Al^{3+} 的螯合反应:

$$\begin{array}{c} O \\ \| \\ C-OH \\ | \\ CHOH \\ | \\ CHOH \\ | \\ C-OH \\ \| \\ O \end{array} + \frac{1}{3}Al^{3+} \Longleftrightarrow \begin{array}{c} O \\ \| \\ C-O \\ | \\ CHOH \\ | \\ CHOH \\ | \\ C-OH \\ \| \\ O \end{array} \frac{1}{3}Al^{3+} + H^+$$

(2) "NN 型"螯合剂。这类螯合剂包括有机胺类和含氮杂环化合物。例如,邻二氮菲与 Fe^{2+} 形成红色螯合物,此螯合剂可作为测定微量 Fe^{2+} 的显色剂,还可用作氧化还原指示剂。

$$\text{Fe}^{2+} + 3 \underset{\text{N N}}{\bigcirc\bigcirc\bigcirc} \rightleftharpoons \left[\left(\underset{\underset{\text{Fe}}{\text{N N}}}{\bigcirc\bigcirc\bigcirc} \right)_3 \right]^{2+}$$

(3)"NO 型"螯合剂。这类螯合剂含有 N 和 O 两种配位原子。氨羧螯合剂、氨基乙酸 NH_2CH_2COOH、α-氨基丙酸 $CH_2CH(NH_2)COOH$、邻氨基苯甲酸、8-羟基喹啉及其衍生物都属于这类螯合剂。例如,8-羟基喹啉与 Al^{3+} 的螯合反应:

$$\frac{1}{3}Al^{3+} + \underset{\text{OH}}{\bigcirc\bigcirc_{\text{N}}} \rightleftharpoons \underset{\underset{\frac{1}{3}Al}{\text{O}}}{\bigcirc\bigcirc_{\text{N}}} + H^+$$

氨羧螯合剂是指含有—$N(CH_2COOH)_2$ 基团的有机化合物,其分子中含有氨氮 $\left(\overset{..}{\underset{|}{N}} \right)$ 和羧氧 $\left(-\overset{O}{\underset{O^-}{C}} \right)$ 配位原子,前者易与 Co^{2+}、Ni^{2+}、Zn^{2+}、Cu^{2+}、Cd^{2+}、Hg^{2+} 等金属离子配位;后者几乎与所有高价金属离子配位。因氨羧螯合剂同时具有氨氮和羧氧的配位能力,故氨羧螯合剂几乎与所有的金属离子配位。

已经研究的氨羧螯合剂有几十种,较重要的有乙二胺四乙酸(EDTA)、环己二胺四乙酸(CyDTA)、乙二醇二乙醚二胺四乙酸(EGTA)、氨三乙酸(NTA)、乙二胺四丙酸(EDTP)、2-羟乙基乙二胺三乙酸(HEDTA),其中 EDTA 应用最广。

(4)含硫的螯合剂。含硫螯合剂可分为"SS 型"、"SO 型"和"SN 型"等。例如,二乙胺基二硫代甲酸钠(铜试剂)与 Cu^{2+} 形成黄色配合物,该螯合剂属于"SS 型",可用于测定微量铜,也可用于除去人体内过量的铜:

$$\underset{H_5C_2}{\overset{H_5C_2}{>}}N-C\underset{SNa}{\overset{S}{<}} + \frac{1}{2}Cu^{2+} \rightleftharpoons \underset{H_5C_2}{\overset{H_5C_2}{>}}N-C\underset{S}{\overset{S}{<}}\frac{1}{2}Cu\downarrow + Na^+$$

"SO 型"和"SN 型"螯合剂能与许多金属离子形成稳定螯合物,在分析化学中可作为掩蔽剂和显色剂。例如,巯基乙酸与金属离子形成的螯合物:

$$\underset{CH_2-SH}{\overset{O}{\underset{|}{C}}-OH} + \frac{1}{2}Cd^{2+} \rightleftharpoons \underset{CH_2-SH}{\overset{O}{\underset{|}{C}}-O}\frac{1}{2}Cd + H^+$$

3) 乙二胺四乙酸的螯合物

乙二胺四乙酸是"NO"型螯合剂,能与许多金属离子形成稳定的螯合物,在分析化学、生物学和药物学中都有广泛的用途。

乙二胺四乙酸简称 EDTA,用 H_4Y 表示,结构式如下:

$$\begin{array}{c}\text{}^-\text{OOCH}_2\text{C} \qquad\qquad\qquad\qquad \text{CH}_2\text{COOH}\\ \diagdown\overset{+}{\text{NH}}-\text{CH}_2-\text{CH}_2-\overset{+}{\text{NH}}\diagup\\ \text{HOOCH}_2\text{C}\diagup \qquad\qquad\qquad\qquad \diagdown\text{CH}_2\text{COO}^-\end{array}$$

从结构式可以看出,EDTA 是一个四元酸。它可以接受两个质子,相当于六元酸,用 H_6Y^{2+} 表示。它在水中有六级解离平衡:

$H_6Y^{2+} \rightleftharpoons H^+ + H_5Y^+$ $\qquad K_{a_1} = 1.26\times10^{-1} = 10^{-0.90} \qquad pK_{a_1} = 0.90$

$H_5Y^+ \rightleftharpoons H^+ + H_4Y$ $\qquad K_{a_2} = 2.51\times10^{-2} = 10^{-1.60} \qquad pK_{a_2} = 1.60$

$H_4Y \rightleftharpoons H^+ + H_3Y^-$ $\qquad K_{a_3} = 1.00\times10^{-2} = 10^{-2.00} \qquad pK_{a_3} = 2.00$

$H_3Y^- \rightleftharpoons H^+ + H_2Y^{2-}$ $\qquad K_{a_4} = 2.14\times10^{-3} = 10^{-2.67} \qquad pK_{a_4} = 2.67$

$H_2Y^{2-} \rightleftharpoons H^+ + HY^{3-}$ $\qquad K_{a_5} = 6.92\times10^{-7} = 10^{-6.16} \qquad pK_{a_5} = 6.16$

$HY^{3-} \rightleftharpoons H^+ + Y^{4-}$ $\qquad K_{a_6} = 5.50\times10^{-11} = 10^{-10.26} \qquad pK_{a_6} = 10.26$

由于分六步解离,EDTA 在溶液中存在 H_6Y^{2+}、H_5Y^+、H_4Y、H_3Y^-、H_2Y^{2-}、HY^{3-} 和 Y^{4-} 七种型体,见表 7-2 和图 7-1。很明显,加碱可以促进它的解离,所以溶液的 pH 越高,其解离度就越大,当 pH>10.3 时,EDTA 几乎完全解离,以 Y^{4-} 形式存在。

表 7-2 不同 pH 下 EDTA 的主要存在型体

pH	<0.9	0.9~1.6	1.6~2.0	2.0~2.7	2.7~6.2	6.2~10.3	>10.3
EDTA 的主要存在型体	H_6Y^{2+}	H_5Y^+	H_4Y	H_3Y^-	H_2Y^{2-}	HY^{3-}	Y^{4-}

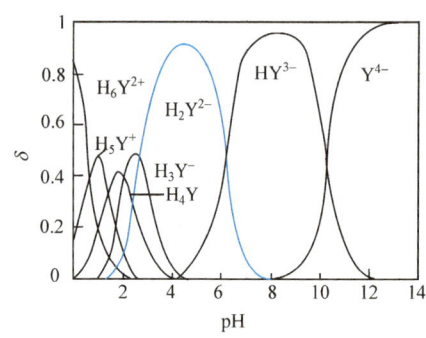

图 7-1 EDTA 的分布分数与 pH 的关系

EDTA 微溶于水(22 ℃时,每 100 mL 溶解 0.02 g),难溶于酸和一般有机溶剂,但易溶于氨性溶液或 NaOH 溶液中,生成相应的盐溶液。由于 EDTA 在水中的溶解度小,通常将它制成二钠盐,即乙二胺四乙酸二钠(含二分子结晶水),一般也简称 EDTA,用 $Na_2H_2Y\cdot2H_2O$ 表示。EDTA 二钠盐的溶解度较大,22 ℃时每 100 mL 可溶解 11.1 g,此溶液的浓度约为 0.3 mol·L^{-1},pH 约为 4.4。

EDTA 具有很强的配位能力,它与金属离子的配位反应有以下特点:

(1) 范围广泛,EDTA 几乎能与所有的金属离子(碱金属离子除外)发生配位反应,生成稳定的螯合物:

$$M^{2+} + H_2Y^{2-} \rightleftharpoons MY^{2-} + 2H^+$$
$$M^{3+} + H_2Y^{2-} \rightleftharpoons MY^- + 2H^+$$
$$M^{4+} + H_2Y^{2-} \rightleftharpoons MY + 2H^+$$

(2) 稳定性高,EDTA 与金属离子所形成的配合物一般都具有五元环的结构,所以稳定常数大,稳定性高。

(3) 配位比简单,EDTA 与金属离子大多数形成 1∶1 的配合物。EDTA 分子中含有两个可键合的氮原子和四个可键合的氧原子,即含有六个配位原子,因大多数金属离子的配位数不超过六,所以一般形成 1∶1 的配合物。由于 EDTA 具有六个配位原子,它与金属离子配位时,形成四个 $\underset{O-C-C-N}{\overset{M}{\diagup\diagdown}}$ 五元环及一个 $\underset{N-C-C-N}{\overset{M}{\diagup\diagdown}}$ 五元环,因此 EDTA 与大多数金属离子所形成的螯合物具有较大的稳定性。

（4）水溶性好，EDTA 与金属离子形成的配合物大多带电荷，因此能溶于水中，配合反应速度大多较快，从而使配位滴定能在水溶液中进行。

（5）配合物颜色加深，EDTA 与无色金属离子配位时，一般生成无色配位体，与有色金属离子则生成颜色更深的配合物。例如，Cu^{2+} 显浅蓝色，而 $[CuY]^{2-}$ 显深蓝色；Ni^{2+} 显浅绿色，而 $[NiY]^{2-}$ 显蓝绿色。

3. 多核配合物

含有两个或两个以上中心体的配合物称为多核配合物。若多核配合物中的中心元素相同，则称为同多核配合物，若不同则称为异多核配合物，如图 7-2 所示。

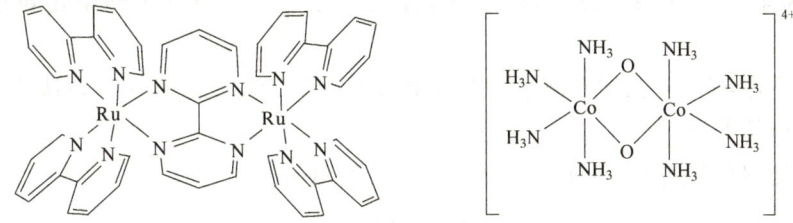

同双核配合物

异双核配合物

图 7-2　多核配合物

4. 非经典配合物

非经典配合物是指配位体以 π 键电子与中心体形成配位键的一类有机金属化合物，如图 7-3 所示。

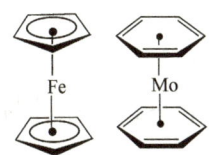

图 7-3　非经典配合物

许多有机化合物（如烯烃或炔烃类）虽然没有孤对电子可提供，但是其 π 键电子可以与中心体的空轨道相互重叠形成一种特殊的配位键，即 π 配位键。

7.2 配合物的价键理论

7.2.1 配合物价键理论的基本要点

配合物价键理论是鲍林在电子对成键概念和杂化轨道理论的基础上发展起来的。其基本内容包括以下几个方面：

(1) 中心体与配位体间的结合是通过金属离子或原子 M 提供空的价轨道，配位体 L 中的配位原子提供孤对电子形成 σ 配位键来完成的，其本质为共价键。

(2) 为了使整个配位离子或配合物处于能量较低的稳定状态，中心的空轨道在形成配位键时，必须采取一定的杂化方式，以形成新的、具有合理空间分布的杂化轨道与配位体成键。

(3) 配离子的空间结构、中心离子的配位数以及配离子的稳定性主要取决于形成配位键时所用杂化轨道的类型。

杂化轨道类型与配离子空间构型关系如表 7-3 所示。

表 7-3 配合物的杂化轨道与空间构型

配位数	杂化类型	空间构型	实 例
2	sp	直线形	$[Ag(NH_3)_2]^+$、$[Cu(NH_3)_2]^+$、$[Ag(CN)_2]^-$
3	sp^2	平面三角形	$[CuCl_3]^{2-}$、$[HgI_3]^-$
4	sp^3	四面体	$[Zn(NH_3)_4]^{2+}$、$[Ni(NH_3)_4]^{2+}$、$[BF_4]^-$
4	dsp^2	平面正方形	$[Cu(NH_3)_4]^{2+}$、$[Zn(CN)_4]^{2-}$、$[Pt(NH_3)_2Cl_2]$
5	dsp^3	三角双锥	$[Fe(CO)_5]$、$[Ni(CN)_5]^{3-}$、$[CuCl_5]^{3-}$
6	sp^3d^2	八面体	$[FeF_6]^{3-}$、$[Fe(H_2O)_6]^{2+}$
6	d^2sp^3	八面体	$[Fe(CN)_6]^{3-}$、$[Cr(NH_3)_6]^{3+}$、$[Co(NH_3)_6]^{3+}$、$[Ti(H_2O)_6]^{3+}$

7.2.2 外轨型配合物和内轨型配合物

根据参与杂化的轨道能级不同，配合物分为外轨型配合物和内轨型配合物。

1. 外轨型配合物

如果配位原子的电负性很大，如卤素、氧等，不易给出孤对电子，中心离子或原子的内层电子结构不发生变化，仅用其外层的空轨道 ns、np 和 nd 与配位体结合，这样形成的配合物称为外轨型配合物。

例如，$[FeF_6]^{3-}$ 可以认为是 Fe^{3+}（d^5）与 6 个 F^- 配合而成。其价层电子分布示意如下：

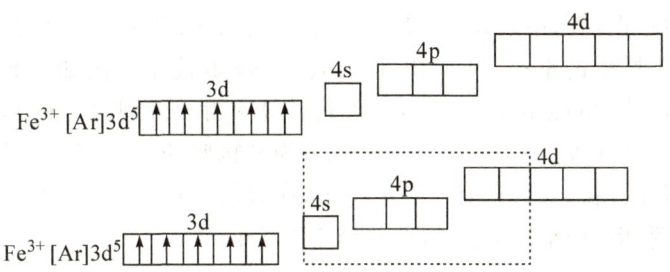

而 F^- 的电子结构式是 $2s^22p^6$，Fe^{3+} 可吸引 6 个 F^-，使其以各自的孤对电子填入 Fe^{3+} 的 6 个空轨道，形成 6 个配位键，虚线框中表示参与杂化的轨道。1 个 4s、3 个 4p 和 2 个 4d 共形成 6 个简并或等价的 sp^3d^2 杂化轨道，以接受 F^- 提供的 6 对电子，形成的 6 个配位键指向八面体的六个顶角，故空间构型是八面体。由于其杂化采用的轨道能级较高(外层轨道)，因而外轨型配合物的稳定性较差，类似于离子化合物，在水中易解离。显然在 $[FeF_6]^{3-}$ 中，中心离子的 5 个 3d 电子仍然按照洪德规则分布，与原自由电子的状态相同。由于自旋平行(未成对)的电子数目较多，常将这种状态称为高自旋态。

2. 内轨型配合物

如果配位原子的电负性很小，如碳(如 CN^-，以 C 配位)、氮(如 NO_2^-，以 N 配位)等，比较容易给出孤对电子，由于对中心离子的影响较大使其结构发生变化，$(n-1)d$ 轨道上的成单电子被强行配对，腾出内层能量较低的空 d 轨道接受配位体的孤对电子，即采用 $(n-1)d$、ns、np 轨道杂化成键，这样形成的配合物称为内轨型配合物。

例如，$[Fe(CN)_6]^{3-}$ 就是将 Fe^{3+} 的 5 个成单的 3d 电子挤进 3 个轨道，腾出两个内层空 d 轨道，连同外层的 4s、4p 轨道一起杂化，形成 6 个等价的 d^2sp^3 杂化轨道，以接受 CN^- 提供的孤对电子，构成以 Fe^{3+} 为中心，指向八面体的 6 个 σ 配位键。这样的配位键杂化时，涉及内层空轨道，能级较低，形成的配合物比较稳定，在水中不易解离。Fe^{3+} 价层电子分布示意如下：

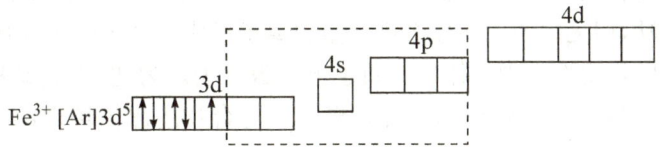

内轨型配合物电子经过重排，自旋平行的电子数目减少，故称为低自旋态。

配合物是外轨型还是内轨型，可粗略地根据中心离子与配位原子的电负性差值的大小判断。若差值很大，如 F、O 等作为配位原子时，常形成外轨型配合物；若差值较小，如 CN^- 中的 C 等一般常形成内轨型配合物。但是也有例外，如 $[Zn(CN)_4]^{2-}$，由于 Zn^{2+} 为 $3d^{10}$ 的满层结构，因此只能以外层空轨道形成的 sp^3 杂化轨道成键，是外轨型配合物；NH_3、Cl^- 则有时生成外轨型配合物，有时生成内轨型配合物。

7.2.3 *配合物的磁性*

判断一个配合物是内轨型配合物还是外轨型配合物，主要是看形成配合物后中心体中的单电子个数是否发生改变。这可以通过测定配合物的磁矩大小来判断，因为化合物的磁性大小 μ 与化合物中单电子的个数 n 有关：$\mu = \sqrt{n(n+2)}\mu_B$，其中 μ_B 称为玻尔磁子，它是磁矩的单位(简写为 B.M.)。

如果形成外轨型配合物,中心离子 d 轨道单电子数未变;如果形成内轨型配合物,中心离子 d 轨道电子往往要经过重排,使单电子数减少,磁矩较小。例如,$[FeF_6]^{3-}$ 的磁矩为 5.92 μ_B,而 $[Fe(CN)_6]^{3-}$ 的磁矩为 1.73 μ_B。经过计算求得 n 分别为 5 和 1,说明 Fe^{3+} 与 6 个 F^- 配位时,5 个 3d 电子未发生重排,所以 $[FeF_6]^{3-}$ 为外轨型;Fe^{3+} 与 6 个 CN^- 配位时,5 个自旋平行的 3d 电子发生重排,变为只有 1 个单电子,所以 $[Fe(CN)_6]^{3-}$ 为内轨型。以 $[FeF_6]^{3-}$ 和 $[Fe(CN)_6]^{3-}$ 为例,将两类配合物的特性总结于表 7-4。

表 7-4 两种类型配合物的比较

配离子	$[FeF_6]^{3-}$	$[Fe(CN)_6]^{3-}$
类型	外轨型配合物	内轨型配合物
自旋状态	高自旋状态	低自旋状态
杂化轨道	$nsnp^3nd^2$	$(n-1)d^2nsnp^3$
空间构型	正八面体	正八面体
磁矩 μ	5.92 μ_B	1.73 μ_B
未配对电子	$n=5$	$n=1$
稳定性	较差	好

配合物的价键理论概念明确,又能在一定程度上说明配合物的形成条件、配离子的配位数和空间构型等问题,然而它不能定量甚至半定量地说明配合物的性质。

7.3 配合物的晶体场理论

7.3.1 配合物晶体场理论的基本要点

价键理论将配合物的形成归于配位键的存在,用于说明配合物的形成、空间构型、配位数及稳定性等比较成功,但无法说明为什么许多金属离子形成配合物后颜色有很大的变化,并且同一类型的配合物的稳定性与中心体的 d 轨道电子数有关。为此,人们又从离子键的角度来看配合物的形成。1929 年,贝特(Bethe)首先提出了配合物的晶体场理论。其基本内容包括以下几个方面:

(1) 在配合物中,中心离子处于配位体(负离子或极性分子)形成的晶体场中,它与配位体之间的作用是纯粹的静电作用,由于静电吸引而放出能量,体系能量降低。

(2) 在配位体静电场的作用下,中心离子原来简并的 5 条 d 轨道能级发生分裂,有些轨道能量降低,有些轨道能量升高,如图 7-4 所示,配位体电场的这种作用称为配位体场效应。d 轨道分裂的情况主要取决于中心离子的性质和配位体的空间构型。

(3) d 轨道能级的分裂导致 d 轨道上的电子发生重排。在构型各异的配合物中,由于 d 轨道能级分裂的情况不同,也就产生不同的晶体场稳定化能(CFSE)。

下面以八面体场和四面体场的情况为例,介绍晶体场理论。

1. 简并态 d 轨道的分裂

在八面体配合物中,当 6 个配位体分别沿 $\pm x$、$\pm y$、$\pm z$ 方向向金属中心离子靠近时,这时的 d_{z^2} 和 $d_{x^2-y^2}$ 轨道与配位体处于迎头相顶状态。这些轨道上的电子受配位体静电场排斥作

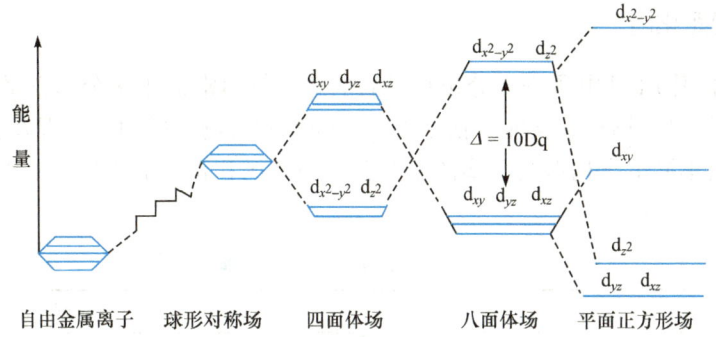

图 7-4　在不同构型的配合物中,中心离子 d 轨道的分裂

用,因而能量比八面体场的平均能量高,而 d_{xy}、d_{yz}、d_{xz} 3 个轨道却正好插在配位体空隙中间,因而能量比八面体场的平均能量低。这样原来 5 个简并态 d 轨道分裂成两组:一组是能量较高的 d_{z^2} 和 $d_{x^2-y^2}$ 轨道,称为 e_g 轨道;另一组是能量较低的 d_{xy}、d_{yz}、d_{xz} 轨道,称为 t_{2g} 轨道。

在正四面体配合物中,4 个配位体靠近金属中心离子时,它们和中心离子的 d_{xy}、d_{yz}、d_{xz} 轨道靠得较近,而与 d_{z^2} 和 $d_{x^2-y^2}$ 轨道离得较远。因此,中心离子的 d_{xy}、d_{yz}、d_{xz} 轨道的能量比四面体场的平均能量高,而 d_{z^2} 和 $d_{x^2-y^2}$ 轨道的能量比平均能量低,这与八面体场中 d 轨道的分裂情况正好相反。

2. 晶体场分裂能

不同中心离子的 d 轨道受不同构型配位体电场的影响,能级发生分裂,分裂后最高能级和最低能级之差称为分裂能,通常用 Δ 表示。对于八面体场来说,分裂能用 Δ_o 表示,把 Δ_o 分为 10 份,以 Dq 为单位,即 $\Delta_o = 10$ Dq。根据量子力学中的重心不变原理,d 轨道在分裂过程中应该保持总能量不变,即 4 个 e_g 电子的能量总和与 6 个 t_{2g} 电子的能量总和相等。于是有

$$4E_{e_g} + 6E_{t_{2g}} = 0 \text{ Dq}, \quad \Delta_o = E_{e_g} - E_{t_{2g}} = 10 \text{ Dq}$$

得

$$E_{e_g} = 6 \text{ Dq}, \quad E_{t_{2g}} = -4 \text{ Dq}$$

因此 d 轨道分裂结果是,e_g 能量升高 6 Dq,t_{2g} 能量降低 4 Dq。

对于正四面体场,分裂能用 Δ_t 表示。由于正四面体配位体进攻的方向和八面体场中的位置不同,故 d 轨道受到配位体的排斥作用不像八面体场那样强烈。在配位体相同,中心原子与配位体距离相同的情况下,正四面体场中 d 轨道分裂能仅是八面体场的 4/9。根据计算可知,在四面体场中,d 轨道分裂结果使 t_{2g} 能量升高 1.78 Dq,使 e_g 能量降低 2.67 Dq。

影响分裂能大小的主要因素有:

(1) 中心体的价态越高,对配位体的吸引越强烈,使配位体越靠近 d 轨道,排斥力增大,分裂能也增大。

(2) 中心体的半径越大,d 轨道距核越远,越容易受到配位体的排斥,分裂能越大。不同的 d 轨道产生的分裂能大小顺序为 3d<4d<5d。

(3) 同一中心体与不同配位体结合时,分裂能的大小顺序为
$I^- < Br^- < S^{2-} < SCN^- < Cl^- < NO_3^- < F^- < OH^- < C_2O_4^{2-} < H_2O < NCS^- < NH_3 < en < NO_2^- < CO(羰基)$

以上的顺序是通过光谱学测定得到的,所以又称为光谱化学序列。

3. 晶体场稳定化能

由于晶体场的作用，d 电子进入分裂轨道后的总能量通常低于未分裂前的总能量，这个总能量的下降值称为晶体场稳定化能。根据电子在强场和弱场中的填充情况及各轨道的相对能量高低，可计算出不同电子构型的金属离子在正八面体场和正四面体场中的能量变化情况，如表 7-5 所示。

表 7-5 各晶体场中金属离子的稳定化能 (CFSE/Dq)

d^n	弱场		强场	
	正八面体	正四面体	正八面体	正四面体
d^0	0	0	0	0
d^1	−4	−2.67	−4	−2.67
d^2	−8	−5.34	−8	−5.34
d^3	−12	−3.56	−12	−8.01
d^4	−6	−1.78	−16	−10.66
d^5	0	0	−20	−8.90
d^6	−4	−2.67	−24	−7.12
d^7	−8	−5.34	−18	−5.34
d^8	−12	−3.56	−12	−3.56
d^9	−6	−1.78	−6	−1.78
d^{10}	0	0	0	0

从晶体场稳定化能可以分析具有不同电子结构的金属离子在形成配合物后稳定性的变化，一般晶体场稳定化能的值越负，说明放出的能量越多，配合物越稳定。

对于相同的金属离子，由于晶体场强度不同，可分为强场和弱场两种。前者由于晶体场排斥作用强，一般 d 电子多自旋成对，总的自旋平行电子数较少，故称为低自旋配合物；后者由于晶体场排斥作用较弱，中心离子的电子结构前后没有变化，未成对的单电子数不变，总的自旋平行电子数较多，故称为高自旋配合物。

配合物到底是高自旋还是低自旋主要是由分裂能 Δ 和电子成对能 P 的相对大小决定的。一个电子从低能级跃迁到高能级需要吸收能量，显然分裂能 Δ 值越大，电子越不容易跃迁到高能级；当一个轨道中已有一个电子时，它对将进入该轨道的第二个电子有排斥作用，只有提供一定的能量克服这种排斥力，第二个电子才能进去和第一个电子成对，克服这种排斥作用所消耗的能量称为电子成对能 P。一般来说，如果中心离子相同，其中的 d 电子数也相同，在强的配位场中 $\Delta > P$，电子跃迁需要较高的能量，所以 d 电子将尽可能占据能量较低的轨道，形成低自旋配合物；在弱的配位场中 $\Delta < P$，电子成对需要较高的能量，结果 d 电子尽可能占据较多的自旋平行轨道，形成高自旋配合物。

7.3.2 晶体场理论的应用

1. 配合物的稳定性

Co^{3+} 半径 63 pm，Fe^{3+} 半径 64 pm，二者电荷也相同，为什么 Co^{3+} 配合物总比 Fe^{3+} 配合物

稳定？由表 7-5 可见，在八面体场中 Co^{3+}（d^6）的稳定化能在弱场和强场中分别为 4 Dq 和 24 Dq，而 Fe^{3+}（d^5）的稳定化能分别为 0 Dq 和 20 Dq，故不论弱场还是强场，稳定化能总是 $Co^{3+}>Fe^{3+}$，因此 Co^{3+} 配合物总比 Fe^{3+} 配合物稳定。

2. 配合物或水合金属离子的颜色

当金属离子形成配合物后，d 轨道发生分裂，产生的分裂能恰好处于可见光的能量范围之内。因此，当受到光照时，电子可以吸收光能而发生跃迁，称为 d-d 跃迁。此时金属离子配合物显示出所吸收光的互补色。

对于具有 d^0 和 d^{10} 电子层结构的金属离子，不能产生 d-d 跃迁，所以配合物的颜色为无色。例如，Na^+、K^+、Ca^{2+}、Sc^{3+} 及 Ag^+、Zn^{2+}、Cd^{2+}、Hg^{2+} 等离子的溶液及其配合物都是无色的。

而其他 d 电子结构的金属离子的配合物及其水合离子都具有特定的颜色。例如，d^1 结构的 $[Ti(H_2O)_6]^{3+}$ 为紫红色，d^2 结构的 $[V(H_2O)_6]^{3+}$ 为绿色，d^3 结构的 $[Cr(H_2O)_6]^{3+}$ 为紫色，d^4 结构的 $[Cr(H_2O)_6]^{2+}$ 为天蓝色，d^5 结构的 $[Fe(H_2O)_6]^{3+}$ 为浅紫色，d^6 结构的 $[Fe(H_2O)_6]^{2+}$ 为淡绿色，d^7 结构的 $[Co(H_2O)_6]^{2+}$ 为粉红色，d^8 结构的 $[Ni(H_2O)_6]^{2+}$ 为绿色，d^9 结构的 $[Cu(H_2O)_6]^{2+}$ 为蓝色等。

3. 金属离子水合能的变化规律

第四周期元素的金属离子 M^{2+} 由气态转为无限稀释水溶液中水合离子时的水合能随着电子数 n 从 0～10，即由 Ca^{2+} 到 Zn^{2+} 呈直线关系，因为随着核电荷的增加，3d 层逐渐收缩变小，放出的水合能就越大。但水合能的实验值并非如此，而是有两个峰，即

$$Ca < Ti < V < Cr > Mn < Fe < Co < Ni < Cu > Zn$$

$[Ca(H_2O)_6]^{2+}$（d^0）、$[Mn(H_2O)_6]^{2+}$（d^5）、$[Zn(H_2O)_6]^{2+}$（d^{10}）的晶体场稳定化能均为零，故水合能都基本落在直线上。其他离子若扣去晶体场稳定化能，也几乎全部落在直线上，如图 7-5 所示。

4. 配合物的磁性

Ni^{2+} 和 NH_3 生成 $[Ni(NH_3)_6]^{2+}$ 为顺磁性；Ni^{2+} 和 CN^- 生成 $[Ni(CN)_4]^{2-}$ 为反磁性。这主要是由于前者为八面体，Ni^{2+} 的电子分别占据一个 d_{z^2} 和一个 $d_{x^2-y^2}$，故为顺磁性；而后者为平面正方形，$d_{x^2-y^2}$ 能量高，CN^- 的配位体场强，故 Ni^{2+} 的电子只能在 d_{xy} 中成对，没有单电子，为反磁性。

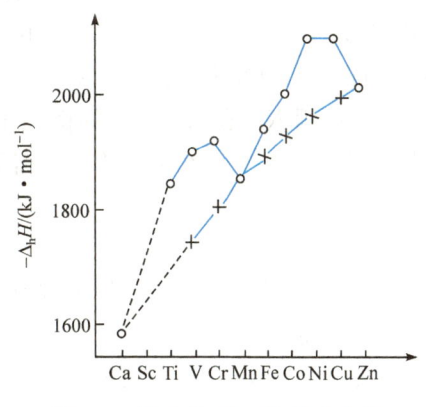

图 7-5 从 Ca^{2+} 到 Zn^{2+} 的水合能

总之，晶体场理论与价键理论恰好用两个极端的化学键理论来讨论配合物的形成，前者是纯离子键理论，而后者则是纯共价键理论。晶体场理论虽然比较成功地解释了配合物的磁性、稳定性、配合物的颜色以及与配合物有关的一些热力学现象，但是其明显的不足在于无法对光谱化学序列给出合理的解释，即为什么带电离子产生的分裂能比一些中性分子还要小，也不能解释为什么 CN^- 和 CO 具有如此强的配位能力。

分子轨道理论（MOT）发展起来以后，在晶体场理论的基础上，结合分子轨道理论，产生了

能够克服以上两种理论缺点的新理论,即配合物的配位场理论(LFT)。有关分子轨道理论及配位场理论的详细介绍可参阅相关的配位化学参考书,这里不做详细介绍。

7.4 配合物的配位解离平衡

配位反应所涉及的平衡关系较为复杂,在本节中为了简便地定量处理各类因素对配位平衡的影响,引入了酸效应系数、共存离子效应系数、混合配位效应系数等副反应系数,导出了相应的条件稳定常数。

7.4.1 配合物的平衡常数

1. 稳定常数与不稳定常数

在 AgCl 沉淀上加氨水时,由于 Ag^+ 与氨形成稳定的 $[Ag(NH_3)_2]^+$,AgCl 沉淀会溶解。若向此溶液中加入 KI 溶液,则有黄色沉淀 AgI 析出。这一现象说明 $[Ag(NH_3)_2]^+$ 的溶液中仍有 Ag^+ 存在,即溶液中既有 Ag^+ 与 NH_3 的配位反应,也有 $[Ag(NH_3)_2]^+$ 的解离反应。配位反应和解离反应的速率相等时,达到平衡状态,称为配位解离平衡。

$$Ag^+ + 2NH_3 \underset{\text{解离}}{\overset{\text{配位}}{\rightleftharpoons}} [Ag(NH_3)_2]^+$$

根据化学平衡原理,Ag^+ 和 NH_3 形成配离子 $[Ag(NH_3)_2]^+$ 的平衡常数为

$$K_{\text{稳}} = \frac{[Ag(NH_3)_2^+]}{[Ag^+][NH_3]^2}$$

$K_{\text{稳}}$ 称为 $[Ag(NH_3)_2]^+$ 的稳定常数(或形成常数)。$[Ag^+]$、$[NH_3]$ 和 $[Ag(NH_3)_2^+]$ 分别表示平衡时 Ag^+、NH_3 和 $[Ag(NH_3)_2]^+$ 的浓度。$K_{\text{稳}}$ 越大,表示形成配离子的倾向越大,配合物越稳定。$[Ag(NH_3)_2]^+$ 的 $K_{\text{稳}} = 1.7 \times 10^7$,$[Ag(CN)_2]^-$ 的 $K_{\text{稳}} = 1 \times 10^{21}$,因此 $[Ag(CN)_2]^-$ 比 $[Ag(NH_3)_2]^+$ 更稳定。在 $[Ag(CN)_2]^-$ 溶液中加 KI 溶液,就不会析出 AgI 沉淀。

除了可用 $K_{\text{稳}}$ 表示配离子的稳定性外,也可从配离子的解离程度来表示其稳定性。例如,配离子 $[Ag(NH_3)_2]^+$ 在水中达到解离平衡的平衡常数为

$$K_{\text{不稳}} = \frac{[Ag^+][NH_3]^2}{[Ag(NH_3)_2^+]}$$

$K_{\text{不稳}}$ 称为 $[Ag(NH_3)_2]^+$ 的不稳定常数(或解离常数)。$K_{\text{不稳}}$ 越大,表示配离子越容易解离,配合物越不稳定。

在配位滴定反应中,金属离子与 EDTA 的配位反应大多数形成 1∶1 的配合物,其反应通常在不表示出酸度和电荷的情况下书写,可以简单地表示为

$$M + Y \rightleftharpoons MY$$

其稳定常数记为 K_{MY},根据平衡关系可以表示为

$$K_{MY} = \frac{[MY]}{[M][Y]} \tag{7-1}$$

K_{MY} 越大,配合物越稳定,反之越不稳定。由于配合物的稳定常数大多都较大,因此常用其对数值表示,即 $\lg K_{MY}$,如 $\lg K_{Fe(III)Y} = 25.10$、$\lg K_{AlY} = 16.30$、$\lg K_{CaY} = 10.69$、$\lg K_{MgY} = 8.69$ 等。一些常见金属离子与 EDTA 形成配合物的稳定常数见附录 5。

2. 逐级稳定常数

在溶液中,配离子的生成一般是分步进行的,因此在溶液中存在一系列的配位平衡,每一步都有相应的稳定常数,称为逐级稳定常数。例如

$$Cu^{2+} + NH_3 \rightleftharpoons [Cu(NH_3)]^{2+} \qquad K_1 = \frac{[Cu(NH_3)^{2+}]}{[Cu^{2+}][NH_3]}$$

$$[Cu(NH_3)]^{2+} + NH_3 \rightleftharpoons [Cu(NH_3)_2]^{2+} \qquad K_2 = \frac{[Cu(NH_3)_2^{2+}]}{[Cu(NH_3)^{2+}][NH_3]}$$

$$[Cu(NH_3)_2]^{2+} + NH_3 \rightleftharpoons [Cu(NH_3)_3]^{2+} \qquad K_3 = \frac{[Cu(NH_3)_3^{2+}]}{[Cu(NH_3)_2^{2+}][NH_3]}$$

$$[Cu(NH_3)_3]^{2+} + NH_3 \rightleftharpoons [Cu(NH_3)_4]^{2+} \qquad K_4 = \frac{[Cu(NH_3)_4^{2+}]}{[Cu(NH_3)_3^{2+}][NH_3]}$$

K_1、K_2、K_3、K_4 分别为各级配离子的逐级稳定常数。

对于配合物 ML_n,其逐级形成反应及对应的逐级稳定常数表示如下:

$$M + L \rightleftharpoons ML \qquad 第一级稳定常数 \ K_1 = \frac{[ML]}{[M][L]}$$

$$\cdots \qquad \cdots$$

$$ML_{n-1} + L \rightleftharpoons ML_n \qquad 第 n 级稳定常数 \ K_n = \frac{[ML_n]}{[ML_{n-1}][L]}$$

ML_n 配合物的逐级解离及对应的不稳定常数(解离常数)表示如下:

$$ML_n \rightleftharpoons ML_{n-1} + L \qquad K_1' = [ML_{n-1}][L]/[ML_n]$$

$$ML_{n-1} \rightleftharpoons ML_{n-2} + L \qquad K_2' = [ML_{n-2}][L]/[ML_{n-1}]$$

$$\cdots$$

$$ML \rightleftharpoons M + L \qquad K_n' = [M][L]/[ML]$$

由上可见,第一级稳定常数是第 n 级不稳定常数的倒数,第 n 级稳定常数是第一级不稳定常数的倒数。

3. 累积稳定常数

在许多配位平衡的计算中,更常用的是累积稳定常数 β。对于配位反应:

$$M + nL \rightleftharpoons ML_n$$

用累积稳定常数表示比逐级稳定常数方便,将逐级稳定常数依次相乘即可得到累积稳定常数。

$$\beta_1 = K_1 = \frac{[ML]}{[M][L]}$$

$$\cdots$$

$$\beta_n = K_1 K_2 K_3 \cdots K_n = \frac{[ML_n]}{[M][L]^n} \tag{7-2}$$

一些常见配离子的累积稳定常数见附录 6。

由上述累积稳定常数表达式可见,各级配合物的浓度为

$$[ML] = \beta_1 [M][L]$$

$$\cdots$$

$$[ML_n] = \beta_n [M][L]^n \tag{7-3}$$

7.4.2 配位反应的副反应系数

在 EDTA 滴定中,被测金属离子 M 与 EDTA 配位,生成配合物 MY,此为主反应。反应物 M 和 Y 及反应产物 MY 都可能同溶液中其他组分发生副反应,使 MY 配合物的稳定性受到影响,如下所示:

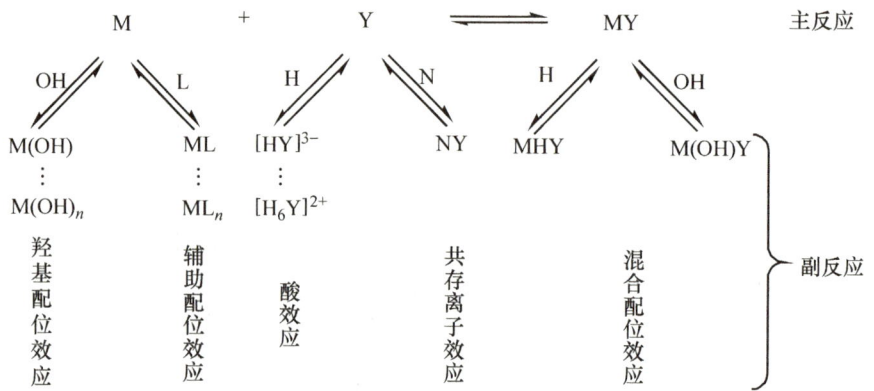

其中:L 为辅助配位剂;N 为共存离子。如果反应物 M 或 Y 发生了副反应,不利于主反应的进行;如果反应产物 MY 发生了副反应,如在酸度较高情况下,生成酸式配合物 MHY,在碱度较高时,生成 $M(OH)Y$,$M(OH)_2Y$ 等碱式配合物,这些配合物统称为混合配合物。这种副反应称为混合配位效应。它有利于主反应的进行。但这种混合配合物大多数不太稳定,可以忽略不计。为了定量说明各种副反应的大小,在此引入副反应系数 α,定义如下:

$$\alpha = \frac{总浓度}{某分布形式的平衡浓度}$$

下面对配位剂和金属离子的副反应系数分别进行讨论。

1. 配位剂的副反应系数

1) 酸效应系数

配位剂 Y 是碱,易于接受质子形成其共轭酸,因此酸度对配位剂的副反应是最常见的。配位剂 Y 与 H^+ 反应逐级形成 HY、H_2Y、$\cdots$、H_nY 氢配合物。这种由于 H^+ 的存在而使配位剂参加主反应能力降低的现象称为酸效应,酸效应的大小用酸效应系数 $\alpha_{Y(H)}$ 衡量,它是指未与 M 反应的配位剂的各种型体的总浓度与游离配位剂浓度[Y]的比值,即

$$\alpha_{Y(H)} = \frac{[Y']}{[Y]} = \frac{[Y]+[HY]+\cdots+[H_nY]}{[Y]}$$

$$= \frac{[Y]+\beta_1[H][Y]+\beta_2[H]^2[Y]+\cdots+\beta_n[H]^n[Y]}{[Y]}$$

则

$$\alpha_{Y(H)} = 1+\beta_1[H]+\beta_2[H]^2+\cdots+\beta_n[H]^n \tag{7-4}$$

由此可见,酸效应系数只与有关常数和溶液中的[H^+]有关。$\alpha_{Y(H)}$ 仅是[H^+]的函数。

【例 7-1】 计算 pH＝5.00 和 pH＝12.00 时 EDTA 的酸效应系数及其对数值。

解 pH＝5.00 时

$$\alpha_{Y(H)} = 1 + \beta_1[H^+] + \beta_2[H^+]^2 + \beta_3[H^+]^3 + \beta_4[H^+]^4 + \beta_5[H^+]^5 + \beta_6[H^+]^6$$

$$= 1 + 10^{10.26-5.00} + 10^{16.42-10.00} + 10^{19.09-15.00} + 10^{21.09-20.00} + 10^{22.69-25.00} + 10^{23.59-30.00}$$

$$= 1 + 10^{5.26} + 10^{6.42} + 10^{4.09} + 10^{1.09} + 10^{-2.31} + 10^{-6.41} = 10^{6.45} = 2.82 \times 10^6$$

所以

$$\lg \alpha_{Y(H)} = 6.45$$

用上述相同的方法可以计算出，当溶液 pH＝12.00 时，$\alpha_{Y(H)} = 1.02$，$\lg \alpha_{Y(H)} = 0.01$。

由上述计算可以看出，在某一酸度时，副反应系数中只有两三项是主要的，其他几项可以省略。配位滴定中 $\alpha_{Y(H)}$ 是一个重要的数值，为了应用方便，可以计算出在不同 pH 时 EDTA 的 $\lg \alpha_{Y(H)}$，见附录 7。

2) 共存离子效应

假如除了金属离子 M 与配位体 Y 反应外，共存离子 N 也能与配位体 Y 反应。这种由于共存离子 N 与配位体 Y 反应而使主反应能力降低的现象称为共存离子效应。共存离子效应的大小用共存离子效应系数 $\alpha_{Y(N)}$ 表示，它是指未与金属离子 M 反应的配位体 Y 的各种型体的总浓度 $[Y']$ 与游离配位体浓度 $[Y]$ 的比值，即

$$\alpha_{Y(N)} = \frac{[Y']}{[Y]} = \frac{[NY]+[Y]}{[Y]} = 1 + K_{NY}[N] \tag{7-5}$$

若有多种共存离子 N_1、N_2、N_3、$\cdots$、N_n 存在，则

$$\alpha_Y = \frac{[Y']}{[Y]} = \frac{[Y]+[N_1Y]+[N_2Y]+[N_3Y]+\cdots+[N_nY]}{[Y]}$$

$$= \alpha_{Y(N_1)} + \alpha_{Y(N_2)} + \alpha_{Y(N_3)} + \cdots + \alpha_{Y(N_n)} - (n-1)$$

当有多种共存离子存在时，$\alpha_{Y(N)}$ 往往只取其中一种或少数几种影响较大的共存离子效应系数之和，而其他次要项可忽略不计。

3) Y 的总副反应系数

当体系中既有共存离子 N 又有酸效应时，Y 的总副反应系数为

$$\alpha_Y = \alpha_{Y(H)} + \alpha_{Y(N)} - 1 \tag{7-6}$$

【例 7-2】 在 pH＝6.0 的溶液中含有浓度均为 0.010 mol·L^{-1} 的 EDTA、Zn^{2+} 及 Ca^{2+}，计算 $\alpha_{Y(Ca)}$ 和 α_Y。

解 查附录 5 得 $K_{CaY}=10^{10.69}$，查附录 7 得 pH＝6.0 时，$\alpha_{Y(H)}=10^{4.65}$，则

$$\alpha_{Y(Ca)} = 1 + K_{CaY}[Ca] = 1 + 10^{10.69} \times 0.010 = 10^{8.69}$$

$$\alpha_Y = \alpha_{Y(H)} + \alpha_{Y(N)} - 1 = 10^{4.65} + 10^{8.69} - 1 \approx 10^{8.69}$$

2. 金属离子的副反应系数

1) 配位效应与配位效应系数

在金属离子 M 与配位体 Y 的主反应体系中，若有另外一种配位体 L 存在，且 L 与 M 也发生配位反应。这种由于配位体 L 与金属离子的配位反应而使主反应能力降低的现象称为配位效应。配位效应的大小用配位效应系数 $\alpha_{M(L)}$ 表示，它是指未与 Y 反应的金属离子的各种

型体的总浓度[M′]与游离金属离子浓度[M]的比值,即

$$\alpha_{M(L)} = \frac{[M']}{[M]} = \frac{[M]+[ML]+[ML_2]+\cdots+[ML_n]}{[M]}$$
$$= 1 + \beta_1[L] + \beta_2[L]^2 + \cdots + \beta_n[L]^n \tag{7-7}$$

$\alpha_{M(L)}$值越大,表示副反应越严重,故 $\alpha_{M(L)}$ 称为配位剂 L 对金属离子 M 的副反应系数,它仅是[L]的函数。

一般情况下,配位体 L 是为了防止金属离子水解所加的辅助配位剂或是滴定所用的缓冲剂,也可能是为了消除干扰而加入的掩蔽剂。例如,在 pH=10 时滴定 Zn^{2+},加入氨-氯化铵缓冲溶液,在控制 pH 的同时,又因 NH_3 与 Zn^{2+} 配位形成了$[Zn(NH_3)]^{2+}$、$[Zn(NH_3)_2]^{2+}$、$[Zn(NH_3)_3]^{2+}$ 和$[Zn(NH_3)_4]^{2+}$ 等,从而防止 $Zn(OH)_2$ 沉淀的析出。该反应是 Zn^{2+} 的副反应,它影响 Zn^{2+} 与 EDTA 的主反应。这种影响可以通过控制配位剂、缓冲溶液、掩蔽剂等试剂的用量或选择不同的种类来降低或消除。

当配位剂 L 的平衡浓度[L]一定时,$\alpha_{M(L)}$为一定值。等式右边各项的数值分别与 M、ML、ML_2、$\cdots$、ML_n 的浓度大小相对应。根据其大小,可很快地估计出该配位平衡中各组分的分布情况。其中数值最大的一项或几项就是配合物的主要存在形式。

2) 金属离子的总副反应系数

若溶液中有两种配位剂 L 和 A 同时对金属离子 M 产生副反应,则 M 的总副反应系数 α_M 为

$$\alpha_M = \frac{[M']}{[M]} = \frac{[M]+[ML]+[ML_2]+\cdots+[ML_n]}{[M]}$$
$$+ \frac{[M]+[MA]+[MA_2]+\cdots+[MA_m]}{[M]} - \frac{[M]}{[M]}$$
$$= \alpha_{M(L)} + \alpha_{M(A)} - 1 \approx \alpha_{M(L)} + \alpha_{M(A)}$$

同理,若溶液中有多种配位剂 L_1、L_2、L_3、$\cdots$、L_n 同时与金属离子 M 发生反应,则 M 的总副反应系数 α_M 为

$$\alpha_M = \alpha_{M(L_1)} + \alpha_{M(L_2)} + \alpha_{M(L_3)} + \cdots + \alpha_{M(L_n)} - (n-1)$$
$$\approx \alpha_{M(L_1)} + \alpha_{M(L_2)} + \alpha_{M(L_3)} + \cdots + \alpha_{M(L_n)} \tag{7-8}$$

在低酸度的情况下,OH^- 的浓度较高,OH^- 也可以看成是一种配位剂,能与金属离子形成羟基配合物而引起副反应,其羟基配合效应系数可用 $\alpha_{M(OH)}$ 表示。一些金属离子在不同 pH 的 $lg\alpha_{M(OH)}$ 值见附录 8。

【例 7-3】 计算 pH=5、10、11、12,溶液中游离氨的平衡浓度均为 0.1 mol·L^{-1} 时 Zn^{2+} 的总副反应系数。已知$[Zn(OH)_4]^{2+}$ 的 $lg\beta_1$、$lg\beta_2$、$lg\beta_3$、$lg\beta_4$ 分别为 4.4、10.1、14.2、15.5,$[Zn(NH_3)_4]^{2+}$ 的 $lg\beta_1$、$lg\beta_2$、$lg\beta_3$、$lg\beta_4$ 分别为 2.37、4.81、7.31、9.46。

解 溶液中可能存在 Zn^{2+} 的水解效应及辅助配位效应。

(1) pH=5 时,$[OH^-]=10^{-9.0}$,$[NH_3]=0.1=10^{-1}$,则

$$\alpha_{Zn(OH)} = 1 + \beta_1[OH^-] + \beta_2[OH^-]^2 + \beta_3[OH^-]^3 + \beta_4[OH^-]^4$$
$$= 1 + 10^{4.4-9.0} + 10^{10.1-18.0} + 10^{14.2-27.0} + 10^{15.5-36.0} = 1$$

$$\alpha_{Zn(NH_3)} = 1 + \beta_1[NH_3] + \beta_2[NH_3]^2 + \beta_3[NH_3]^3 + \beta_4[NH_3]^4$$
$$= 1 + 10^{2.37-1.00} + 10^{4.81-2.00} + 10^{7.31-3.00} + 10^{9.46-4.00} = 10^{5.49}$$

则

$$\alpha_{Zn} = \alpha_{Zn(OH)} + \alpha_{Zn(NH_3)} - 1 \approx \alpha_{Zn(NH_3)} = 10^{5.49}, \quad \lg\alpha_{Zn} = 5.49$$

(2) pH=10 时,用上述方法计算出

$$\alpha_{Zn(OH)} = 10^{2.4}, \quad \alpha_{Zn(NH_3)} = 10^{5.49}$$

则

$$\alpha_{Zn} = \alpha_{Zn(OH)} + \alpha_{Zn(NH_3)} - 1 \approx \alpha_{Zn(NH_3)} = 10^{5.49}$$

(3) pH=11 时,用上述方法计算出

$$\alpha_{Zn(OH)} = 10^{5.40}, \quad \alpha_{Zn(NH_3)} = 10^{5.49}$$

则

$$\alpha_{Zn} = \alpha_{Zn(OH)} + \alpha_{Zn(NH_3)} - 1 = 10^{5.40} + 10^{5.49} - 1 = 10^{5.75}$$

(4) pH=12 时,用上述方法计算出

$$\alpha_{Zn(OH)} = 10^{8.50}, \quad \alpha_{Zn(NH_3)} = 10^{5.49}$$

则

$$\alpha_{Zn} = \alpha_{Zn(OH)} + \alpha_{Zn(NH_3)} - 1 = 10^{8.50} + 10^{5.49} - 1 = 10^{8.50}$$

计算表明,在 pH=5、10 的情况下可以忽略金属离子的水解效应的影响,尽管在 pH=10 时水解效应增加,但相对配位效应仍可以忽略;当 pH=11 时,两种效应大致相等,必须同时考虑它们的影响;当 pH 升至 12 时,主要以 Zn^{2+} 的水解效应为主。

【例 7-4】 在 0.02 mol·L^{-1} Zn^{2+} 溶液中加入 pH=10 的氨缓冲溶液,使溶液中游离氨的浓度为 0.10 mol·L^{-1}。计算溶液中游离 Zn^{2+} 的浓度。

解 查附录 6 得[Zn(NH$_3$)$_4$]$^{2+}$ 的各级累积稳定常数为 $\beta_1=10^{2.37}$、$\beta_2=10^{4.81}$、$\beta_3=10^{7.31}$、$\beta_4=10^{9.46}$。已知[NH$_3$]=0.10 mol·L^{-1},得

$$\begin{aligned}\alpha_{Zn(NH_3)} &= 1+\beta_1[NH_3]+\beta_2[NH_3]^2+\beta_3[NH_3]^3+\beta_4[NH_3]^4\\ &= 1+10^{-1}\times10^{2.37}+10^{-2}\times10^{4.81}+10^{-3}\times10^{7.31}+10^{-4}\times10^{9.46}\\ &= 10^{5.49}\end{aligned}$$

查附录 8 得 pH=10 时,$\lg\alpha_{Zn(OH)}=2.4$,此值与 $\alpha_{Zn(NH_3)}$ 比较可以忽略不计,所以

$$\alpha_{Zn} \approx \alpha_{Zn(NH_3)} = 10^{5.49}$$

$$[Zn^{2+}] = \frac{c_{Zn^{2+}}}{\alpha_{Zn}} = \frac{0.02}{10^{5.49}} = 6.47\times10^{-8}\,(\text{mol}\cdot L^{-1})$$

7.4.3 条件稳定常数

在配位滴定中,由于副反应的存在,配合物的实际稳定性下降,配合物的稳定常数不能真实反映主反应进行的程度。在这种情况下,可以用条件稳定常数 K'_{MY} 表示:

$$K'_{MY} = \frac{[MY']}{[M'][Y']}$$

[M′]表示未与配位剂 Y 反应的金属离子的各种型体的总浓度:

$$[M'] = [M]+[ML]+[ML_2]+\cdots+[ML_n]$$

[Y′]表示未与金属离子 M 反应的配位剂各种型体总浓度。
[MY′]表示各型体配合物浓度之和。

由于 MY 生成的混合配合物大多数不稳定,因此它的混合配位效应副反应系数一般情况下可以忽略。

根据副反应系数的定义可以求得 K'_{MY}。

$$[M'] = \alpha_{M(L)}[M], \qquad [Y'] = \alpha_{Y(H)}[Y]$$

将其代入 K'_{MY} 表达式,得到 K'_{MY} 的计算公式:

$$K'_{MY} = \frac{[MY]}{\alpha_{M(L)}[M]\alpha_{Y(H)}[Y]} = \frac{K_{MY}}{\alpha_{M(L)}\alpha_{Y(H)}}$$

或

$$\lg K'_{MY} = \lg K_{MY} - \lg \alpha_{M(L)} - \lg \alpha_{Y(H)} \tag{7-9}$$

在一定条件下,$\alpha_{Y(H)}$ 和 $\alpha_{M(L)}$ 为定值,故在一定条件下 K'_{MY} 为常数,称为条件稳定常数,也称表观稳定常数。显然,副反应系数越大,K'_{MY} 越小。这说明酸效应和配位效应越大,配合物的实际稳定性越小。

若溶液中无其他配位剂存在,$\lg \alpha_{M(L)} = 0$,此时只有酸效应的影响,则

$$\lg K'_{MY} = \lg K_{MY} - \lg \alpha_{Y(H)} \tag{7-10}$$

【例 7-5】 计算 pH 为 4.0、10.0 时的 CaY 的条件稳定常数。

解 (1) pH=4.0 时,查附录 7 得 $\lg \alpha_{Y(H)} = 8.44$,则

$$\lg K'_{CaY} = \lg K_{CaY} - \lg \alpha_{Y(H)} = 10.69 - 8.44 = 2.25$$

(2) pH=10.0 时,查附录 7 得 $\lg \alpha_{Y(H)} = 0.45$,则

$$\lg K'_{CaY} = \lg K_{CaY} - \lg \alpha_{Y(H)} = 10.69 - 0.45 = 10.24$$

【例 7-6】 计算 pH 为 2、5、10、12 时 ZnY 的条件稳定常数。

解 可能存在的副反应是 EDTA 的酸效应及 Zn^{2+} 的水解效应。

(1) pH=2 时,查附录 7、8 得 $\lg \alpha_{Y(H)} = 13.51$,$\lg \alpha_{Zn(OH)} = 0$,则

$$\lg K'_{ZnY} = \lg K_{ZnY} - \lg \alpha_{Y(H)} = 16.50 - 13.51 = 2.99$$

(2) pH=5 时,查附录 7、8 得 $\lg \alpha_{Y(H)} = 6.45$,$\lg \alpha_{Zn(OH)} = 0$,则

$$\lg K'_{ZnY} = \lg K_{ZnY} - \lg \alpha_{Y(H)} = 16.50 - 6.45 = 10.05$$

(3) pH=10 时,查附录 7、8 得 $\lg \alpha_{Y(H)} = 0.45$,$\lg \alpha_{Zn(OH)} = 2.40$,则

$$\lg K'_{ZnY} = \lg K_{ZnY} - \lg \alpha_{Y(H)} - \lg \alpha_{Zn(OH)} = 16.50 - 0.45 - 2.40 = 13.65$$

(4) pH=12 时,查附录 7、8 得 $\lg \alpha_{Y(H)} = 0.01$,$\lg \alpha_{Zn(OH)} = 8.5$,则

$$\lg K'_{ZnY} = \lg K_{ZnY} - \lg \alpha_{Y(H)} - \lg \alpha_{Zn(OH)} = 16.50 - 0.01 - 8.50 = 7.99$$

由以上计算可以看出,在配位滴定中,酸度直接影响反应的完全程度。在低 pH 区,配位剂的酸效应增强,配合物极不稳定;在高 pH 区,酸效应的影响降低,但 pH 升至一定值后,又出现了金属离子的水解效应。因此,在配位滴定中控制酸度是非常重要的。

【例 7-7】 计算在 pH=5.00 的 0.10 mol·L^{-1} AlY 溶液中,游离 F^- 浓度为 0.010 mol·L^{-1} 时,AlY 的条件稳定常数。

解 在 pH=5.00 时,查附录 7、8 得 $\lg \alpha_{Y(H)} = 6.45$,$\lg \alpha_{Al(OH)} = 0.4$。已知 AlF 的 $\lg \beta_1 = 6.13$,$\lg \beta_2 = 11.15$,$\lg \beta_3 = 15.00$,$\lg \beta_4 = 17.75$,$\lg \beta_5 = 19.37$,$\lg \beta_6 = 19.84$。

$$\alpha_{Al(F)} = 1 + \beta_1[F] + \beta_2[F]^2 + \beta_3[F]^3 + \beta_4[F]^4 + \beta_5[F]^5 + \beta_6[F]^6$$
$$= 1 + 10^{6.13-2.00} + 10^{11.15-4.00} + 10^{15.00-6.00} + 10^{17.75-8.00} + 10^{19.37-10.00} + 10^{19.84-12.00}$$
$$= 1 + 10^{4.13} + 10^{7.15} + 10^{9.00} + 10^{9.75} + 10^{9.37} + 10^{7.84} = 10^{9.96}$$
$$\alpha_{Al} = \alpha_{Al(F)} + \alpha_{Al(OH)} - 1 = 10^{9.96} + 10^{0.4} - 1 \approx 10^{9.96}$$
$$\lg\alpha_{Al} = 9.96$$
$$\lg K'_{AlY} = \lg K_{AlY} - \lg\alpha_{Y(H)} - \lg\alpha_{Al(F)} = 16.3 - 6.45 - 9.96 = -0.11$$

可见溶液中 AlY 配合物已被 F^- 破坏,其条件稳定常数极小,也就是说 F^- 是 Al^{3+} 的很好的掩蔽剂。

7.5 配合物的应用

配合物的应用十分广泛,它已渗透到自然科学的各个领域,无论是工业还是农业上,无论化学领域还是生物、医学领域,都离不开配合物。本节主要从以下几个方面进行简单介绍。

7.5.1 在化学领域中的应用

配位体作为试剂参与的反应几乎涉及分析化学的所有领域,它可作为显色剂、沉淀剂、萃取剂、滴定剂、掩蔽剂等。例如,Cu^{2+} 和 Fe^{3+} 都会氧化 I^- 生成 I_2,因此在用 I^- 测定 Cu^{2+} 时,共同存在的 Fe^{3+} 会产生干扰,如果加入 F^- 或 PO_4^{3-},使其与 Fe^{3+} 配合生成稳定的 $[FeF_6]^{3-}$ 或 $[Fe(HPO_4)]^+$ 就能防止 Fe^{3+} 的干扰。又如,Cu^{2+} 的特效试剂(铜试剂),学名 N,N'-二乙氨基二硫代甲酸钠,它与 Cu^{2+} 在有氨的溶液中生成棕色螯合物沉淀。

配合物在元素分离和分析中的应用主要利用它们的溶解度、颜色以及稳定性等差异。例如,Zr^{4+} 与 Hf^{4+} 的离子半径几乎相等,性质非常相似,但在 0.125 mol·L^{-1} Hf 中 K_2ZrF_6 与 K_2HfF_6 的溶解度分别为 1.86 g 和 3.74 g(20 ℃,100 g H_2O 中),后者约为前者的 2 倍,曾利用这种差别用分级结晶法制取无铪的锆。

7.5.2 在工农业领域中的应用

在工业上,电镀、染料、颜料、防腐、冶金、硬水软化等方面都涉及配合物的应用。例如,在电镀液中常加入适当的配位剂,目的就是为了得到光滑、均匀、致密的镀层。电镀上的配位剂,以前主要是用 CN^-,由于其毒性大、污染严重,现在更多的是采用无氰电镀。镀铜时采用焦磷酸钾作配位剂。

土壤中的磷常与 Fe^{3+}、Al^{3+} 形成难溶磷酸盐而不被植物吸收。如果施肥后,其中某些成分(如腐殖酸)可与 Fe^{3+}、Al^{3+} 作用生成螯合物,使磷酸根释放出来,土壤中可溶性磷增多,从而提高了土壤的肥力。

7.5.3 在生命科学和医学领域中的应用

配合物在生命机体的正常代谢过程中起着重要的作用。例如,人体和动物体中氧的运载体是肌红蛋白和血红蛋白,它们都含有血红素基团,而血红素是铁的配合物;植物叶中的叶绿素是镁的配合物,它是进行光合作用的基础。生物体内的大多数反应都是在酶的催化下进行的,而许多酶分子含有以配合形态存在的金属。这些金属往往起活性中心的作用,如铁酶、锌酶、铜酶和钼酶。

二巯丙醇(BAL)是一种很好的解毒药,因为它与砷、汞以及一些重金属形成稳定配合物而解毒。古老而经典的配合物顺式二氯二氨合铂(Ⅱ)能有选择性地结合脱氧核糖核酸,阻碍癌细胞分裂,表现出良好的抗癌活性。

7.6 配位滴定法

配位滴定法是以配位反应为基础的滴定分析方法。配位反应广泛应用于分析化学的各种测定中,作为滴定用的配位剂分为无机和有机两种。目前应用最多的是氨羧类的有机配位剂,并以 EDTA 为主要代表,因此配位滴定法主要是指用 EDTA 作为标准溶液的滴定分析法。

7.6.1 EDTA 滴定法基本原理

1. 配位滴定曲线

在配位滴定中,随着滴定剂的加入,溶液中金属离子 M 的浓度逐渐减小。在化学计量点附近,金属离子浓度发生突变,即 pM(金属离子浓度的负对数)发生突变。以 pM 值对滴定剂的加入量作图,即可得到配位滴定曲线,如图 7-6 和图 7-7 所示。

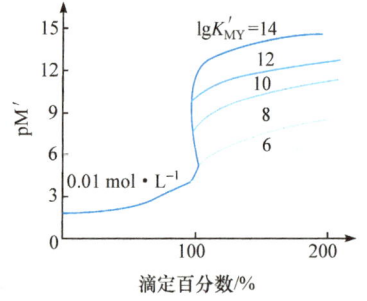

图 7-6 不同 $\lg K'_{MY}$ 的配位滴定曲线

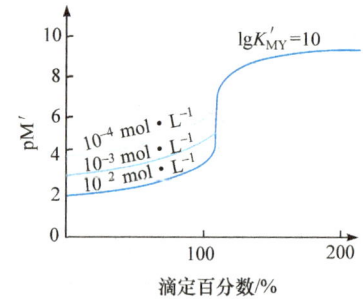

图 7-7 不同 c_M 的配位滴定曲线

化学计量点的 pM 值是比较重要的。设金属离子的原始浓度为 c_M,化学计量点时的分析化学浓度为 c_M^{sp},且与 EDTA 在计量点时的浓度相等,则 $c_M^{sp} = \frac{1}{2}c_M$。

化学计量点时,$[M'] = [Y']$,而 $[MY] + [M'] = c_M^{sp}$,若配合物比较稳定,游离的金属离子的浓度 $[M']$ 很小,则 $[MY] \approx c_M^{sp}$,代入条件稳定常数计算式

$$K'_{MY} = \frac{[MY']}{[M'][Y']}$$

$$K'_{MY} = \frac{c_M^{sp}}{[M']^2}, \quad [M'] = \sqrt{\frac{c_M^{sp}}{K'_{MY}}}$$

$$pM' = \frac{1}{2}(\lg K'_{MY} + pc_M^{sp}) \tag{7-11}$$

影响突跃范围的主要因素有:

(1) 配合物的条件稳定常数。在 M 和 Y 浓度一定的条件下,K'_{MY} 越大,滴定突跃范围越大,如图 7-6 所示。

(2) 金属离子的浓度。条件稳定常数一定时,金属离子的浓度越大,滴定曲线的起始点的 pM 越小,滴定突跃范围也就越大,如图 7-7 所示。

2. 金属指示剂

在配位滴定中，常用指示剂指示终点，金属离子指示剂（简称金属指示剂）是一种应用最广的判断滴定终点的方法。与酸碱滴定曲线相类似，在化学计量点附近，被滴定金属离子的 pM 产生突跃。因此要求指示剂能在此突跃区间内发生颜色变化，并且指示剂变色的 pM_{ep} 应尽量与化学计量点的 pM_{sp} 一致，以减小终点误差。

1) 金属指示剂的作用原理

金属指示剂也是一种有机配位剂，在一定条件下与金属离子形成一种既稳定而颜色又与本身颜色显著不同的配合物，因而能指示滴定过程中金属离子浓度的变化情况。

滴定前，加入指示剂形成 MIn，溶液呈乙色：

$$M + In \rightleftharpoons MIn$$
（甲色）　（乙色）

滴定过程中，随着 EDTA 滴定剂的加入，M 逐渐被配位，形成无色或浅色的 MY 配合物，溶液仍呈 MIn 的颜色。直至近终点时，溶液中的金属离子几乎全部反应，再加入稍过量的 EDTA 即可夺取 MIn 中的 M，使指示剂游离出来，溶液变成指示剂 In 的颜色，从而指示滴定终点。

金属指示剂实际上是一种有机显色剂，一般具有酸碱指示剂的性质，在不同酸度的溶液中呈现不同的颜色。因此，为了使终点变色敏锐，应在 MIn 配合物的颜色与游离指示剂颜色有显著差别的酸度范围内进行滴定。

2) 金属指示剂应具备的条件

（1）颜色对比度大。在滴定的 pH 范围内，指示剂本身的颜色应与指示剂和金属离子形成配合物的颜色有明显不同。

（2）MIn 配合物的稳定性适当。指示剂与金属离子形成的配合物的稳定性既不能太强，又不能太弱。若稳定性太强，则在终点时指示剂就不能被 EDTA 从 MIn 中置换出来而变色；若稳定性太弱，易解离，则终点不敏锐或提前到达。

（3）MIn 水溶性好。显色反应灵敏、迅速，有良好的变色可逆性。

（4）金属指示剂有良好的选择性。

3) 金属指示剂的封闭、僵化、氧化变质现象

（1）封闭现象。当指示剂与某些金属离子（干扰离子 N）形成比被测定金属离子 M 的 EDTA 配合物（MY）还要稳定的配合物（NIn），致使化学计量点时滴入过量的 EDTA 仍不能使 NIn 中的指示剂 In 游离出来，因而看不到终点颜色的变化，该现象称为指示剂的封闭现象。例如，在 pH=10 时，以铬黑 T 为指示剂用 EDTA 滴定 Ca、Mg 总量时，铬黑 T 被 Fe^{3+}、Al^{3+}、Cu^{2+}、Co^{2+}、Ni^{2+} 封闭，可以采用掩蔽剂或返滴定法消除。Fe^{3+}、Al^{3+} 可用三乙醇胺作掩蔽剂消除；Cu^{2+}、Co^{2+}、Ni^{2+} 可用 KCN 或 Na_2S 等作掩蔽剂消除。

（2）僵化现象。有些指示剂本身或金属指示剂配合物在水中的溶解度太小，因而使滴定终点变化不明显；有些金属指示剂与金属离子形成配合物的稳定性仅次于相应的 EDTA 配合物，使得化学计量点处 EDTA 与 MIn 之间的置换反应缓慢，终点拖长，这种现象称为金属指示剂的僵化现象。例如，用 1-(2-吡啶偶氮)-2-萘酚（PAN）作指示剂，在温度较低时，易发生僵化。通常采用加热或加入适当的有机溶剂，增加金属指示剂及其金属指示剂配合物的溶解度，从而加快反应速度，使终点变化敏锐。

(3) 氧化变质现象。金属指示剂大多数具有双键基团，易被日光、空气、氧化剂等分解。有些指示剂在水溶液中稳定性差，日久会变质，在使用时会出现反常现象。为了防止指示剂变质，可以采用中性盐，如 KNO_3 或 NaCl 按照一定的比例稀释后配成固体指示剂；或者在指示剂的溶液中加入一些防止变质的试剂，如配制铬黑 T 时可以加入适量的盐酸羟胺或三乙醇胺等。一般金属指示剂溶液都不能久置，最好是临用时配制。

4) 常用的金属指示剂

(1) 酸性铬蓝 K：该指示剂为棕黑色粉末，能溶于水。它在酸性溶液中呈玫瑰色，在碱性溶液中呈蓝灰色，若有萘酚绿 B 衬托则呈蓝绿色。其结构式为

在碱性溶液中与 Ca^{2+}、Mg^{2+}、Mn^{2+}、Zn^{2+} 和 Cu^{2+} 等离子形成玫瑰红色配合物。酸性铬蓝 K 在实际应用中多配成与萘酚绿 B 质量比为 1∶2.5 的混合物，然后用 KNO_3 稀释 50 倍，简称 KB 指示剂。KB 指示剂常用于 pH＝10 时滴定试样中的 Ca^{2+}、Mg^{2+} 合量；pH＞12 时滴定 Ca^{2+}。

(2) 二甲酚橙(XO)：该指示剂为紫红色结晶粉末，易溶于水，不溶于乙醇。其结构式为

指示剂本身在 pH＜6.3 时呈黄色；在 pH＞6.3 时呈红色；在 pH＝6.3 呈红黄的混合色。XO 与金属离子形成紫红色配合物，因此 XO 指示剂仅适用于在 pH＜6 的酸性溶液中使用。例如，在 pH＝5 时，用 EDTA 可以直接测定 Pb^{2+}、Zn^{2+}、Cd^{2+} 和 Hg^{2+} 等，终点由红色变为亮黄色。Fe^{3+}、Al^{3+}、Ni^{2+}、TiO^{2+} 等离子对二甲酚橙有封闭作用，可用氟化物掩蔽 Al^{3+}、TiO^{2+}，抗坏血酸掩蔽 Fe^{3+}，邻二氮菲掩蔽 Ni^{2+} 等。

(3) 磺基水杨酸钠(SS)：该指示剂为白色结晶，其结构式为

它与 Fe^{3+} 在不同的酸度范围内形成配位比不同的颜色差别较大的配合物。

    pH＝1.8～2.5 $[FeIn]^+$ 紫红色

    pH＝4～8 $[FeIn_2]^-$ 橘红色

    pH＝8～11 $[FeIn_3]^{3-}$ 黄色

通常在 pH=1.8~2.0 时,以磺基水杨酸钠作指示剂,用 EDTA 标准溶液滴定硅酸盐试样中的铁,终点由紫红色变为黄色,若铁含量较低时终点为淡黄色或无色。还可利用磺基水杨酸钠与 Fe^{3+} 在 pH=4~8 溶液中生成稳定的橘红色配合物;或在 pH=8~11 溶液中生成稳定的黄色配合物,进行玻璃、石英砂、高纯石灰石等试样中的微量铁的分光光度测定。

由于指示剂溶液为无色,对铁是一种低灵敏度的单色指示剂,因此可适当多加一些,故在分析中常配成 100 g·L^{-1} 的水溶液。当采用磺基水杨酸钠作指示剂时,由于其水溶液酸性较强,配制时应用氨水溶液中和至 pH=2 左右使用。

(4) 铬黑 T(EBT):该指示剂为黑色粉末,易溶于水及醇,其结构式为

EBT 与许多金属离子(如 Ca^{2+}、Mg^{2+}、Zn^{2+} 和 Cd^{2+} 等)形成紫红色的配合物,在 pH<6.3 或 pH>11.6 的溶液中,指示剂本身呈紫红色或橙色,不能选用。因此,只有在 pH=6.3~11.6 时使用,终点由金属离子配合物的紫红色变成游离指示剂的蓝色,才有明显的颜色变化。根据实验结果可知,EBT 指示剂的适宜酸度范围为 pH=9~10.5。例如,在 pH=10 的氨-氯化铵缓冲溶液中,用 EDTA 滴定 Zn^{2+}、Cd^{2+}、Pb^{2+}、Hg^{2+} 以及钙镁合量时,EBT 是良好的指示剂。但 Fe^{3+}、Al^{3+}、Cu^{2+}、Co^{2+} 和 Ni^{2+} 有封闭作用,应预先消除。

聚合及氧化反应使 EBT 水溶液不稳定:在 pH<6.5 的酸性溶液中,指示剂聚合严重,聚合后的指示剂不与金属离子配位,配制溶液时可加入三乙醇胺减缓聚合速度;在碱性溶液中指示剂易氧化变质,加入盐酸羟胺或抗坏血酸等还原剂可以防止其氧化。也可配成固体指示剂。通常可采用如下三种方法配制:

(i) EBT 与 NaCl 按 1∶100 的质量比,研磨后装入棕色瓶中,有效期为一年。

(ii) 1.0 g EBT 加入 40 mL 三乙醇胺,稀释至 200 mL,约稳定一周。

(iii) 0.5 g EBT 和 0.45 g 盐酸羟胺溶于 100 mL 乙醇中,约稳定一周。

(5) PAN:该指示剂为橙红色针状结晶,难溶于水,易溶于有机溶剂(如甲醇、乙醇、氯仿)及碱、氨溶液中,其结构式为

PAN 与金属离子形成红色配合物 MIn,而 PAN 本身在 pH=1.9~12.2 呈黄色,因此 PAN 可在 pH=1.9~12.2 使用。在水泥化学分析中以 PAN 为指示剂用铜盐返滴法测定试样中的铝,或以 CuY 和 PAN 为指示剂用 EDTA 直接滴定法测定铝。

实际上常用 Cu-PAN 作指示剂测定多种金属离子,并可在同一溶液中进行连续测定。它是 CuY 和 PAN 的混合物。在被测离子 M 的溶液中加入少量 CuY,并滴加 PAN,此时 M 被置换出 CuY 中的 Cu^{2+},而 Cu^{2+} 与 PAN 生成 Cu-PAN,溶液呈紫红色:

$$M + CuY + PAN(黄色) \rightleftharpoons MY + Cu\text{-}PAN(紫红色)$$

当滴加 EDTA 与 M 定量反应后,稍过量的 EDTA 就会夺取 Cu-PAN 中的 Cu^{2+} 使 PAN 游离出来,溶液由紫红色变为黄色(CuY 为蓝色),表明到达终点:

$$Cu\text{-}PAN(紫红色) + Y \rightleftharpoons CuY + PAN(黄色)$$

滴定前后 CuY 的量没有发生变化,不影响测定结果。Cu-PAN 与 EDTA 的置换反应比较缓慢,滴定时常需加热。Ni^{2+} 对 Cu-PAN 有封闭作用。

(6) 钙黄绿素:该指示剂为有金属光泽的橙色结晶粉末,易溶于水,溶液为黄色并带有绿色荧光,其结构式为

在 pH<11 时,本身具有黄绿色荧光;pH>12 时,本身呈橘红色,无黄绿色荧光,而与 Ca^{2+}、Sr^{2+}、Ba^{2+} 配位时才呈黄绿色荧光,其中对 Ca^{2+} 尤为灵敏,是在高镁情况下滴定 Ca^{2+} 的良好指示剂。在调整溶液 pH 时,应采用 KOH 而不用 NaOH,这是因为碱金属离子与钙黄绿素产生微弱的荧光,但其中 Na^+ 最强,而 K^+ 最弱。

钙黄绿素在合成或储存过程中因分解而含有少量的荧光黄,致使滴定终点仍有微弱的荧光。为了改善滴定终点,常将钙黄绿素(用"C"表示)、甲基百里香酚蓝(用"M"表示)、酚酞(用"P"表示)按照 1:1:0.2(质量比)配成混合物,用 KNO_3 固体稀释 50 倍,储存于磨口试剂瓶中保存。该试剂又称为 CMP 三混指示剂(或荧光指示剂)。终点时钙黄绿素的残余荧光被游离的酚酞与甲基百里香酚蓝的混合色紫红色所遮蔽;终点时 Mg^{2+} 的返色可利用甲基百里香酚蓝与之形成的蓝色配合物予以消除,使终点由黄绿色荧光消失变为红色,非常敏锐。该指示剂不受 SiO_3^{2-} 和 $Mg(OH)_2$ 的影响,常用于硅酸盐样品中 Ca^{2+} 的测定。

(7) 钙指示剂(NN):该指示剂为紫黑色粉末,其水溶液或乙醇溶液均不稳定,通常用干燥的 NaCl 或 KNO_3 等固体盐稀释 100 倍使用,其结构式为

钙指示剂在 pH=7.4~13.6 显蓝色,在 pH=12~13 时钙指示剂与 Ca^{2+} 形成稳定的酒红色配合物,因此用 EDTA 标准溶液滴定 Ca^{2+} 的终点为酒红色变为纯蓝色。由于 $Mg(OH)_2$ 沉淀吸附该指示剂,因此应先调整 pH 约 12.5,使 $Mg(OH)_2$ 沉淀后,再加入指示剂。在高镁样品中,由于大量 $Mg(OH)_2$ 吸附指示剂而产生误差,应使用 CMP 荧光指示剂或 MTB 指示剂。但 Fe^{3+}、Al^{3+}、TiO^{2+}、Cu^{2+}、Co^{2+}、Ni^{2+} 等有封闭作用,可用三乙醇胺和 KCN 消除干扰。

(8) 甲基百里香酚蓝(MTB):该指示剂是具有金属光泽的黑色粉末,溶于水,但水溶液不稳定,通常用 KNO_3 固体稀释 100 倍后使用,其结构式为

在酸性或碱性溶液中，MTB 与金属离子形成的配合物均呈蓝色。在酸性溶液中滴定终点由蓝色变为黄色；在碱性溶液中滴定终点是由蓝色变为无色或淡灰色。在 pH>13.4 的溶液中，因指示剂本身的颜色为蓝色，故滴定终点无颜色变化。MTB 是用于滴定 Ca^{2+} 的良好指示剂，特别是镁含量较高时，该指示剂不被 $Mg(OH)_2$ 沉淀所吸附，终点变色敏锐。在实际应用中，用 MTB 作指示剂滴定 Ca^{2+} 时，溶液的最佳 pH=12.8±0.1，此时终点颜色为无色或淡灰色，底色浅、返色慢、易于观察。若 pH 过高，指示剂本身的颜色加深，影响终点观察；若 pH<12.5，由于 $Mg(OH)_2$ 沉淀不完全，终点返色快，测定值偏高。还应注意，调整溶液 pH 时，NaOH 比 KOH 所得溶液的底色深，因此采用 KOH 调整溶液碱度。

7.6.2 终点误差及准确滴定的条件

1. 终点误差

用 EDTA(或 Y)滴定金属离子 M 时，终点误差 TE 类似酸碱滴定的终点误差计算，可用式(7-12)表示：

$$\mathrm{TE} = \frac{[Y']_{ep} - [M']_{ep}}{c_M^{sp}} \tag{7-12}$$

设滴定终点与化学计量点的 pM′ 值之差为 ΔpM′，即

$$\Delta pM' = pM'_{ep} - pM'_{sp}$$

$$[M']_{ep} = [M']_{sp} \times 10^{-\Delta pM'} \tag{1}$$

同理得

$$[Y']_{ep} = [Y']_{sp} \times 10^{-\Delta pY'} \tag{2}$$

终点一般与计量点接近，可以认为 $[MY]_{ep} \approx [MY]_{sp}$，则

$$\frac{[MY]_{ep}}{[M']_{ep}[Y']_{ep}} = \frac{[MY]_{sp}}{[M']_{sp}[Y']_{sp}} = K'_{MY}$$

$$\frac{[M']_{ep}}{[M']_{sp}} = \frac{[Y']_{sp}}{[Y']_{ep}} \tag{3}$$

将式(3)取负对数，得

$$pM'_{ep} - pM'_{sp} = pY'_{sp} - pY'_{ep}$$

$$\Delta pM' = -\Delta pY' \tag{4}$$

化学计量点时

$$[M']_{sp} = [Y']_{sp} = \sqrt{\frac{c_M^{sp}}{K'_{MY}}} \tag{5}$$

又因为终点在化学计量点附近,所以 $c_M^{sp} \approx c_M^{ep}$,将式(1)~式(5)代入式(7-12)中整理得

$$\text{TE} = \frac{10^{\Delta pM'} - 10^{-\Delta pM'}}{\sqrt{c_M^{sp} K'_{MY}}} \tag{7-13}$$

式(7-13)是计算配位滴定终点误差的公式,就是林邦(Ringbom)终点误差公式。它表明终点误差与 K'_{MY},c_M^{sp} 以及 $\Delta pM'$ 值有关。若金属-EDTA 配合物的 K'_{MY} 值越大,被测离子的浓度 c_M 越大(计量点时 c_M^{sp} 也大),则终点的误差越小;若 $\Delta pM'$ 值越大,终点离计量点越远,则终点误差越大。

2. 配位滴定准确滴定的条件

讨论配位滴定中单一离子准确滴定和混合离子分别滴定的条件。

1) 单一离子的准确滴定条件

【例 7-8】 设用 EDTA 标准溶液滴定等浓度的金属离子,若金属离子浓度为 c_M,$\Delta pM' = \pm 0.2$,计算 $\lg(c_M^{sp} K'_{MY})$ 分别为 4、6、8 时的终点误差。

解 根据误差公式

$$\text{TE} = \frac{10^{\Delta pM'} - 10^{-\Delta pM'}}{\sqrt{c_M^{sp} K'_{MY}}}$$

$\lg(c_M^{sp} K'_{MY}) = 4$ 时

$$\text{TE} = \frac{10^{0.2} - 10^{-0.2}}{(10^4)^{\frac{1}{2}}} \times 100\% \approx 1\%$$

$\lg(c_M^{sp} K'_{MY}) = 6$ 时

$$\text{TE} = \frac{10^{0.2} - 10^{-0.2}}{(10^6)^{\frac{1}{2}}} \times 100\% \approx 0.1\%$$

$\lg(c_M^{sp} K'_{MY}) = 8$ 时

$$\text{TE} = \frac{10^{0.2} - 10^{-0.2}}{(10^8)^{\frac{1}{2}}} \times 100\% \approx 0.01\%$$

配位滴定通常采用金属指示剂检测终点,一般目测终点的 $\Delta pM'$ 值为 $\pm(0.2 \sim 0.5)$,$\Delta pM'$ 至少也是 0.2。若允许 $\text{TE} = \pm 0.1\%$,则

$$\lg(c_M^{sp} K'_{MY}) \geqslant 6 \tag{7-14}$$

一般常将 $\lg(c_M^{sp} K'_{MY})$ 简写为 $\lg cK'$,因此通常将 $\lg cK' \geqslant 6$ 作为判别能否准确进行配位滴定的条件。当然,若允许终点误差比较大,则 $\lg cK'$ 值也可以适当小些,反之亦然。

使用式(7-14)判断能否准确滴定时,金属离子的浓度是采用计量点时的浓度还是原始浓度,可以视计算方便进行选择。

2) 混合离子准确滴定的条件

在实际工作中,经常遇到多种金属离子共存于同一溶液中,而 EDTA 与很多金属离子生成稳定的配合物。因此,判断能否进行分别滴定是非常重要的。

设溶液中含有 M、N 两种金属离子,且 $K_{MY} > K_{NY}$,在化学计量点的分析浓度分别为 c_M^{sp}、c_N^{sp}。则在此情况下,分别滴定的条件是什么?

考虑到混合离子中选择滴定的允许误差可以适当放宽,所以设 $\Delta pM' = 0.2$,$\text{TE} = \pm 0.3\%$,由林邦误差公式可得

$$\lg(c_M^{sp} K'_{MY}) \geqslant 5 \tag{7-15}$$

若金属离子 M 无副反应，则
$$\lg(c_M^{sp} K'_{MY}) = \lg(c_M^{sp} K_{MY}) - \lg\alpha_Y = \lg(c_M^{sp} K_{MY}) - \lg[\alpha_{Y(H)} + \alpha_{Y(N)} - 1] \quad (1)$$

因此，能否准确地选择性地确定 M 而 N 不干扰的关键是 $\lg[\alpha_{Y(H)} + \alpha_{Y(N)} - 1]$ 项，若 $\alpha_{Y(H)} \ll \alpha_{Y(N)}$，即 $\alpha_{Y(H)} + \alpha_{Y(N)} - 1 \approx \alpha_{Y(N)}$，干扰最严重。若能将此情况下不干扰的极限条件求出来，就可不加掩蔽剂或不分离 N 而准确地滴定 M。

当 $\alpha_{Y(H)} \ll \alpha_{Y(N)}$ 时
$$\alpha_Y \approx \alpha_{Y(N)} = 1 + c_N^{sp} K_{NY} \approx c_N^{sp} K_{NY} \quad (2)$$

若不考虑 $\lg\alpha_M$，将式(2)代入式(1)得
$$\lg(c_M^{sp} K'_{MY}) = \lg(c_M^{sp} K_{MY}) - \lg(c_N^{sp} K_{NY}) \geqslant 5$$

或
$$\Delta\lg(cK) \geqslant 5 \quad (7\text{-}16)$$

式(7-16)是配位滴定的分别滴定判别式，它表示滴定体系满足此条件时，只要有合适的指示 M 终点的方法，则在 M 的适宜酸度范围内，都可准确滴定 M，而 N 不干扰。终点误差 $TE \leqslant 0.3\%$ ($\Delta pM = \pm 0.2$)。

假若在滴定反应中有其他副反应存在，则分别滴定的判别式以条件常数表示，式(7-16) 变为
$$\Delta\lg(cK') \geqslant 5 \quad (7\text{-}17)$$

若允许 $TE \leqslant 0.1\%$，则分别滴定的判别式为
$$\Delta\lg(cK) \geqslant 6 \quad (7\text{-}18)$$

【例 7-9】 EDTA 和 Mg^{2+} 的浓度均为 $0.02 \text{ mol} \cdot L^{-1}$。

(1) 在 pH=5.00 时，若允许 $TE = \pm 0.1\%$，EDTA 能否滴定 Mg^{2+}？

(2) 在 pH=10 的氨性缓冲溶液中，以铬黑 T 作指示剂，EDTA 能否滴定 Mg^{2+}？终点误差有多大 [$\lg K_{Mg\text{-}EBT} = 7.0$，$\lg\alpha_{EBT(H)} = 1.6$]？

解 (1) pH=5.00 时，查附录 7 得 $\lg\alpha_{Y(H)} = 6.45$，则
$$\lg K'_{MgY} = \lg K_{MgY} - \lg\alpha_{Y(H)} = 8.70 - 6.45 = 2.25$$
$$\lg(c_{Mg}^{sp} K'_{MgY}) = -2.0 + 2.25 = 0.25 < 6$$

故 EDTA 不能准确滴定 Mg^{2+}。

(2) pH=10.00 时，查附录 7 得 $\lg\alpha_{Y(H)} = 0.45$，则
$$\lg K'_{MgY} = 8.70 - 0.45 = 8.25$$
$$\lg(c_{Mg}^{sp} K'_{MgY}) = -2.0 + 8.25 = 6.25 > 6$$

故 EDTA 可以滴定 Mg^{2+}。
$$[Mg^{2+}]_{sp} = \sqrt{\frac{c_{Mg}^{sp}}{K'_{MgY}}} = \sqrt{\frac{10^{-2}}{10^{8.25}}} = 10^{-5.12}, \quad pMg_{sp} = 5.12$$
$$\lg K'_{Mg\text{-}EBT} = \lg K_{Mg\text{-}EBT} - \lg\alpha_{EBT(H)} = 7.0 - 1.6 = 5.4$$

即
$$pMg_{ep} = 5.4$$
$$\Delta pMg = pMg_{ep} - pMg_{sp} = 5.4 - 5.12 = 0.3$$

所以
$$TE = \frac{10^{0.3} - 10^{-0.3}}{\sqrt{10^{-2} \times 10^{8.25}}} \approx +0.1\%$$

7.6.3 配位滴定中的酸度控制

在配位滴定过程中,随着滴定的进行,配合物不断生成,有 H^+ 逐渐释放出来:

$$M + H_2Y \Longrightarrow MY + 2H^+$$

因此,溶液的酸度不断增大,这样不仅降低了配合物 MY 的条件稳定常数 $\lg K'_{MY}$,使滴定突跃范围减小,而且破坏了指示剂变色的适宜酸度,导致产生较大的误差。因此通常在配位滴定中必须选择适当的缓冲溶液控制滴定溶液的酸度。

1. 单一离子滴定适宜的酸度范围(最高酸度和最低酸度)

由条件稳定常数 $\lg K'_{MY}$ 计算式可以看出,随着 pH 的升高,$\lg \alpha_{Y(H)}$ 值降低,$\lg K'_{MY}$ 增大,配位反应完全。但当 pH 升至某一数值时,水解效应严重甚至产生氢氧化物沉淀,无法进行滴定;当 pH 降低时,$\lg \alpha_{Y(H)}$ 值升高,$\lg K'_{MY}$ 减小,减小至一定数值后,因酸效应的影响而无法准确滴定。因此,对每一种金属离子都有一个满足准确滴定所允许的最高酸度(最低 pH)和最低酸度(最高 pH),也就是滴定的适宜酸度范围。

1) 最高酸度(最低 pH)

当 TE 为 $\pm 0.1\%$,则准确滴定的条件为

$$\lg c K'_{MY} \geqslant 6$$

若金属离子的浓度 $c = 10^{-2.0}$ mol·L^{-1} 时,准确滴定的条件为

$$\lg K'_{MY} \geqslant 8$$

由于 pH 较小时,以 EDTA 的酸效应为主,因此在求所允许的最低 pH 的过程中,仅考虑酸效应的影响,可得滴定各种金属离子时所允许的最低 pH 为

$$\lg K'_{MY} = \lg K_{MY} - \lg \alpha_{Y(H)} \geqslant 8$$

则

$$\lg \alpha_{Y(H)} \leqslant \lg K_{MY} - 8 \tag{7-19}$$

式(7-19)可以计算出滴定各种金属离子允许的最大 $\lg \alpha_{Y(H)}$ 所对应的 pH,即滴定某一金属离子所允许的最高酸度即最低 pH。

【例 7-10】 为什么用 EDTA 标准溶液滴定 Ca^{2+} 时,可在 pH=10.0 而不是 pH=5.0 的溶液中进行,但滴定 Zn^{2+} 时,则可在 pH=5.0 的溶液中进行?

解 查附录 7 得 pH=5.0 时,$\lg \alpha_{Y(H)} = 6.45$;pH=10.0 时,$\lg \alpha_{Y(H)} = 0.45$。根据 $\lg K'_{MY} = \lg K_{MY} - \lg \alpha_{Y(H)}$,则 pH=5.0 时

$$\lg K'_{CaY} = 10.69 - 6.45 = 4.24 < 8$$
$$\lg K'_{ZnY} = 16.50 - 6.45 = 10.05 > 8$$

pH=10.0 时

$$\lg K'_{CaY} = 10.69 - 0.45 = 10.24 > 8$$
$$\lg K'_{ZnY} = 16.50 - 0.45 = 16.05 > 8$$

由此可见,pH=5.0 时,EDTA 标准溶液不能准确滴定 Ca^{2+},但可以准确滴定 Zn^{2+};在 pH=10.0 时,Ca^{2+}、Zn^{2+} 均可用 EDTA 标准溶液准确滴定。

【例 7-11】 试计算 0.02 mol·L^{-1} EDTA 滴定同浓度的 Ca^{2+} 溶液允许的最低 pH ($\lg K_{CaY} = 10.69$)。

解 已知 $c = 0.02$ mol·L^{-1},$\lg K_{CaY} = 10.69$。由式(7-19)可得

$$\lg \alpha_{Y(H)} \leqslant \lg c + \lg K_{CaY} - 6 = \lg 0.01 + 10.69 - 6 = 2.69$$

用内插法求得

$$pH_{min} \geqslant 7.6$$

因此，用 EDTA 滴定 $0.02 \text{ mol} \cdot L^{-1}$ Ca^{2+} 溶液允许的最低 pH 为 7.6。

酸效应曲线

根据式(7-19)，用与例 7-11 同样的方法可计算出滴定各种金属离子所允许的最低 pH。若将金属离子的最低 pH 对其 $\lg K_{MY}$ 值[或最低 pH 对其相应的最大 $\lg \alpha_{Y(H)}$ 值]作图，所得的曲线称为 EDTA 的酸效应曲线或林邦曲线，如图 7-8 所示。

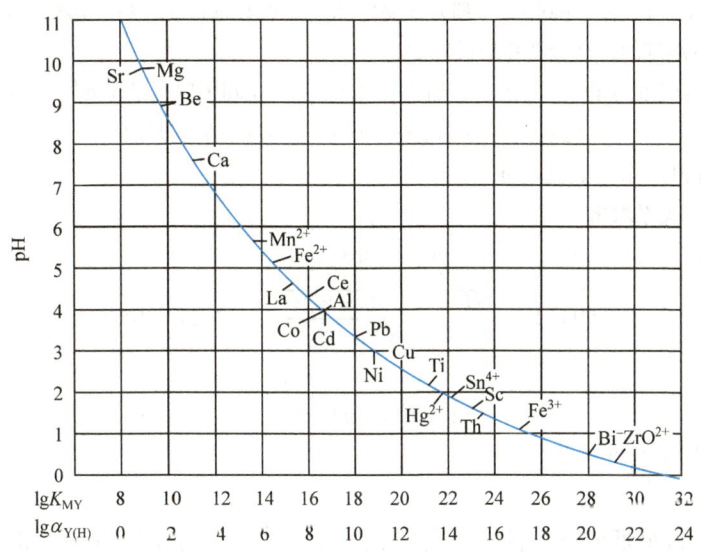

图 7-8　EDTA 的酸效应曲线

金属离子浓度 $0.010 \text{ mol} \cdot L^{-1}$，TE=±0.1%

酸效应曲线有如下用途：

(1) 粗略地确定各种单一金属离子进行准确滴定所允许的最低 pH。若要准确滴定必须大于其最低值，图 7-8 中金属离子位置所对应的 pH 就是滴定该金属离子 $c=0.01 \text{ mol} \cdot L^{-1}$ 时所允许的最低 pH。例如，Fe^{3+}，pH≥1.2；Mn^{2+}，pH≥5.4；Ca^{2+}，pH≥7.6；Mg^{2+}，pH≥9.6。

(2) 估计出各金属离子的滴定酸度。例如，ZrO^{2+}、Bi^{3+} 可以在较强的酸性溶液中进行滴定；Fe^{3+}、Th^{4+}、Hg^{2+} 等可以在 pH=1～2 的溶液中进行滴定；Cu^{2+}、Pb^{2+}、Zn^{2+}、Cd^{2+}、Ni^{2+}、Mn^{2+} 等可以在 pH=5～6 的酸性溶液中进行滴定；Ca^{2+}、Mg^{2+} 通常在 pH=9.5～10 的缓冲溶液中进行滴定。

(3) 判断出某一酸度下各共存离子相互间的干扰情况。例如，在 pH=10.0 时，滴定钙镁合量时，溶液中共存的 Fe^{3+}、Al^{3+}、Mn^{2+}、TiO^{2+} 等离子，位于 Ca^{2+}、Mg^{2+} 的下面，干扰测定，必须消除其影响。又如，当溶液中有 Bi^{3+}、Zn^{2+}、Mg^{2+} 三种离子共存时，可采用 MTB 作指示剂，首先在 pH=1.0 时用 EDTA 溶液滴定 Bi^{3+}，然后在 pH=5～6 时滴定 Zn^{2+}，最后在 pH=10 时滴定 Mg^{2+}。

2) 最低酸度(最高 pH)

直接滴定金属离子的最低酸度(最高 pH)一般粗略地由金属离子的水解酸度求出,可由溶度积常数求得。少数金属离子极易水解,且其 EDTA 配合物的稳定常数很大,此时可提高滴定酸度。

$$M + n\text{OH} \rightleftharpoons M(\text{OH})_n \downarrow$$

$$[\text{OH}^-] = \sqrt[n]{\frac{K_{sp}}{c_M}} \tag{7-20}$$

注意,式(7-20)中的 c_M 是指待测金属离子 M 的原始浓度。

【例 7-12】 用 2.0×10^{-2} mol·L^{-1} EDTA 滴定 2.0×10^{-2} mol·L^{-1} Fe^{3+} 溶液。若用 ΔpM$=\pm 0.2$,TE$=\pm 0.1\%$,计算滴定的最高酸度和最低酸度。

解 依据准确滴定的条件 $\lg c K_{MY} \geqslant 6$,而 $c_{Fe} = 1.0 \times 10^{-2}$ mol·L^{-1},故 $\lg K'_{FeY} \geqslant 8$,则

$$\lg \alpha_{Y(H)} = \lg K_{FeY} - \lg K'_{FeY} = 25.1 - 8 = 17.1$$

查附录 7 得最低的 pH=1.2(最高酸度)。

最低酸度由 K_{sp} 关系求出

$$K_{sp} = 3.8 \times 10^{-38}$$

$$[\text{OH}^-] = \sqrt[3]{\frac{K_{sp}}{c_{Fe}}} = \sqrt[3]{\frac{3.8 \times 10^{-38}}{2.0 \times 10^{-2}}} = 1.24 \times 10^{-12}$$

即 pOH=11.9,则

$$\text{pH} = 14 - 11.9 = 2.1$$

所以适用的 pH 范围是 1.2~2.1。

按 K_{sp} 计算所得最低酸度可能与实际情况略有出入,因为在计算中通常忽略了羟基配合物、离子强度等因素的影响。

7.6.4 提高配位滴定选择性的方法

由于 EDTA 和许多金属离子形成配合物,而在试样中往往同时存在多种金属离子,在滴定时相互间发生干扰,因此进行选择性的滴定是配位滴定需要解决的主要问题。

在配位滴定中提高滴定选择性的途径,主要是设法降低干扰离子与 EDTA 形成配合物的稳定性,或者降低干扰离子的浓度,其方法一般有如下四种。

1. 控制酸度进行分步滴定

利用控制酸度的方法进行分别滴定的条件,一般可根据林邦误差公式推导出。

当 $c_M = c_N$,TE$=\pm 0.3\%$,用指示剂检测终点时,ΔpM$=\pm 0.2$,则

$$\Delta \lg K = \lg K_{MY} - \lg K_{NY} \geqslant 5$$

即

$$\Delta \lg K \geqslant 5$$

故一般以 $\Delta \lg K \geqslant 5$ 作为判断能否利用控制酸度进行分别滴定的条件判据。

【例 7-13】 某一硅酸盐试液含有 Fe^{3+}、Al^{3+}、Ca^{2+}、Mg^{2+} 四种离子,假定它们的浓度均为 10^{-2} mol·L^{-1},能否通过控制酸度的方法分别测定 Fe^{3+} 和 Al^{3+} 含量? 已知 $\lg K_{Fe(III)Y}=25.1$,$\lg K_{AlY}=16.3$,$\lg K_{CaY}=10.69$,$\lg K_{MgY}=8.70$。

解 比较已知的 $\lg K_{MY}$ 数值可知,$\lg K_{Fe(III)Y}$ 最大,$\lg K_{AlY}$ 次之,所以滴定 Fe^{3+} 时,最可能发生干扰的是 Al^{3+}。

$$\Delta \lg K = \lg K_{Fe(III)Y} - \lg K_{AlY} = 25.1 - 16.3 = 8.8 > 5$$

根据分别滴定的条件判据可知,滴定 Fe^{3+} 时共存的 Al^{3+} 没有干扰,可以通过控制酸度进行分别滴定。一般可控制 pH=2.0,这样既能满足 Fe^{3+} 所允许的最低 pH,而又远小于滴定 Al^{3+}、Ca^{2+}、Mg^{2+} 时所允许的最低 pH,可以避免其他三种离子的干扰,以磺基水杨酸钠为指示剂,用 EDTA 标准溶液滴定。滴定 Fe^{3+} 后的溶液继续滴定 Al^{3+},此时应考虑 Ca^{2+}、Mg^{2+} 是否会干扰 Al^{3+} 的测定,由于

$$\Delta \lg K = \lg K_{AlY} - \lg K_{CaY} = 16.3 - 10.69 = 5.61 > 5$$

故 Ca^{2+}、Mg^{2+} 不会造成干扰。

测定时,先调节 pH=3,滴入过量的 EDTA 煮沸,使大部分 Al^{3+} 与 EDTA 配位,再加六次甲基四胺缓冲溶液,控制 pH 为 4~6,使 Al^{3+} 与 EDTA 配位完全,然后用 PAN 指示,用 Cu^{2+} 标准溶液返滴过量的 EDTA,即可测出 Al^{3+} 的含量。

控制溶液的酸度分别滴定所选择的 pH 是综合了滴定适宜的 pH、指示剂的变色,同时考虑共存离子的影响等情况后确定的,而实际滴定时所选取的 pH 范围一般比上述求得的适宜 pH 范围更窄。

2. 利用掩蔽效应进行选择性滴定

如果被测离子和干扰离子的配合物的稳定常数相差不大,就不能利用控制酸度的方法进行分别滴定。此时可利用掩蔽剂来降低干扰离子浓度以消除干扰。但须注意干扰离子存在的量不能太大,否则不能得到满意的结果。

掩蔽方法按所用反应类型不同,可分为配位掩蔽法、沉淀掩蔽法和氧化还原掩蔽法等。其中使用最多的是配位掩蔽法。

（1）配位掩蔽法：利用某一配位剂与干扰离子形成稳定配合物,降低干扰离子浓度,消除其干扰的方法称为配位掩蔽法。例如,测定 Ca^{2+}、Mg^{2+} 含量时,Fe^{3+}、Al^{3+} 对测定有干扰,若在酸性溶液中加入三乙醇胺掩蔽 Fe^{3+}、Al^{3+},然后调 pH 至 10 滴定 Ca^{2+}、Mg^{2+} 含量,即可消除其影响。又如,在 Al^{3+} 与 Zn^{2+} 两种离子共存时,可用 NH_4F 掩蔽 Al^{3+},使其生成稳定的 $[AlF_6]^{3-}$,在 pH=5~6 时,用 EDTA 滴定 Zn^{2+}。表 7-6 列出了一些常用的掩蔽剂。

表 7-6 一些常用的掩蔽剂

掩蔽剂	被掩蔽的金属离子						pH
氟化物	Al^{3+}	Sn^{4+}	ZrO^{2+}	TiO^{2+}			>4
三乙醇胺	Al^{3+}	Sn^{4+}	Fe^{3+}	TiO^{2+}			10
乙酰丙酮	Al^{3+}	Fe^{3+}					5~6
邻二氮菲	Zn^{2+}	Cu^{2+}	Co^{2+}	Ni^{2+}	Cd^{2+}	Hg^{2+}	5~6
氰化物	Zn^{2+}	Cu^{2+}	Co^{2+}	Ni^{2+}	Cd^{2+}	Hg^{2+} Fe^{2+}	10
2,3-二巯丙醇	Zn^{2+}	Pb^{2+}	Bi^{3+}	Sb^{3+}	Sn^{4+}	Cd^{2+} Cu^{2+}	10
硫脲	Hg^{2+}	Cu^{2+}					弱酸
碘化物	Hg^{2+}						

(2) 氧化还原掩蔽法：利用氧化还原反应，加入一种氧化剂或还原剂，通过改变干扰离子价态消除干扰的方法称为氧化还原掩蔽法。例如，锆铁中锆的测定，锆、铁的 EDTA 配合物的稳定常数(它们的 $\lg K_{MY}$ 分别是 29.5、25.1)差距不大，在 pH=1.0 时，用EDTA滴定 ZrO^{2+}，Fe^{3+} 将会干扰测定，可以加入适量的抗坏血酸或盐酸羟胺等还原剂将 Fe^{3+} 还原成 Fe^{2+}，消除干扰。这是因为 $\lg K_{Fe(Ⅲ)Y}=25.1$，$\lg K_{Fe(Ⅱ)Y}=14.32$，$Fe(Ⅱ)Y$ 的稳定性远小于 $Fe(Ⅲ)Y$。

氧化还原掩蔽法的应用范围较窄，只限于易发生氧化还原反应的金属离子且其氧化型物质或还原型物质又不干扰测定的情况，因此目前只有少数几种离子可用这种方法来消除干扰。

(3) 沉淀掩蔽法：利用沉淀反应加入与干扰离子生成沉淀的沉淀剂，不需分离，在沉淀剂存在下直接滴定被测离子的方法称为沉淀掩蔽法。例如，在 Ca^{2+}、Mg^{2+} 共存的溶液中，由于二者的 EDTA 配合物的稳定常数相近，不能通过控制酸度的方式分步滴定，找不到合适的配位掩蔽剂，在溶液中也无价态变化，但它们的氢氧化物溶解度相差较大，若采用 KOH 溶液调整溶液 pH>12，Mg^{2+} 形成 $Mg(OH)_2$ 沉淀，残余的 Mg^{2+} 不干扰 Ca^{2+} 的滴定，通常采用 KOH 调整溶液 pH，这里的掩蔽剂是 KOH。常用的沉淀掩蔽剂列于表7-7。

表 7-7 常用的沉淀掩蔽剂

掩蔽剂	被掩蔽离子	被滴定离子	pH	指示剂
KOH	Mg^{2+}	Ca^{2+}	12	钙试剂
NH_4F	Ba^{2+}、Sr^{2+}、Ca^{2+}、Mg^{2+}、稀土离子	Zn^{2+}、Cd^{2+}、Mn^{2+}	10	铬黑 T
NH_4F	Ba^{2+}、Sr^{2+}、Ca^{2+}、Mg^{2+}、稀土离子	Cu^{2+}、Co^{2+}、Ni^{2+}	10	紫脲酸铵
K_2CrO_4	Ba^{2+}	Sr^{2+}	10	MgY+铬黑 T
Na_2S 或铜试剂	Hg^{2+}、Pb^{2+}、Bi^{3+}、Cu^{2+}、Cd^{2+} 等	Ca^{2+}、Mg^{2+}	10	铬黑 T

应该指出，一些掩蔽剂的使用，除明确它的使用条件外，还需注意它的性质和加入时的条件。例如，三乙醇胺应在酸性条件下加入，然后调整碱度，如果溶液已是碱性，Fe^{3+}、Al^{3+} 会发生水解，加入三乙醇胺则不易掩蔽；KCN 必须在碱性溶液中使用，否则产生剧毒的 HCN 气体，滴定后的溶液应加入 $FeSO_4$，使之生成稳定的 $[Fe(CN)_6]^{4-}$，以防止污染环境。此外，掩蔽剂的用量必须适当，既要稍过量，使干扰离子能被完全掩蔽，又不能过量太多，以免被测离子也可能部分被掩蔽。

3. 利用解蔽作用进行选择性滴定

在金属离子的 EDTA 溶液中加入适当的试剂，将已配位的配位剂或金属离子释放出来，从而解除掩蔽，这一方法称为解蔽，所用的试剂称为解蔽剂。例如，Zn^{2+} 与 Mg^{2+} 共存时，为了分别测定二者的含量，可以先在 pH=10 的溶液中加入 KCN，使 Zn^{2+} 形成 $[Zn(CN)_4]^{2-}$ 而掩蔽，用 EDTA 滴定 Mg^{2+}。然后在滴定完 Mg^{2+} 的溶液中加入甲醛，破坏 $[Zn(CN)_4]^{2-}$，使 Zn^{2+} 重新释放出来，用 EDTA 滴定 Zn^{2+}。解蔽反应如下：

$$[Zn(CN)_4]^{2-} + 4HCHO + 4H_2O \rightleftharpoons Zn^{2+} + 4OH^- + 4HOCH_2CN（羟基乙腈）$$

4. 利用沉淀分离或选用其他滴定剂进行滴定

当利用酸效应、掩蔽效应及解蔽效应均不能消除干扰时，可以采用沉淀分离或选用其他滴定剂，还可结合其他方法消除干扰。

例如，由于 EGTA(阴离子简写为 X)与 Ca^{2+} 的配位能力比 EDTA 稍强($lgK_{CaX}=10.97$，$lgK_{CaY}=10.69$)，而与 Mg^{2+} 的配位能力却比 EDTA 弱得多($lgK_{MgX}=5.21$，$lgK_{MgY}=8.7$)，因此可以利用 EGTA 与 Ca^{2+}、Mg^{2+} 配位能力的差别，在 Mg^{2+} 存在下直接滴定 Ca^{2+}，其效果比用 EDTA 好，尤其是对高镁含量的硅酸盐试样，即使 MgO 含量达到 2.0%以上，仍能获得满意的结果。

7.6.5 配位滴定方式和应用

在配位滴定中，采用不同的滴定方式可以扩大配位滴定的应用范围，同时可以提高配位滴定的选择性。常用的滴定方式有直接滴定、返滴定、置换滴定和间接滴定四种。

1. 直接滴定

直接滴定是在适宜的酸度下，加入必要的其他试剂和指示剂，用 EDTA 直接进行滴定的方式。直接滴定是配位滴定中最基本的滴定方式。采用直接滴定必须具备以下条件：

(1) 条件稳定常数满足 $lgK'_{MY} \geqslant 8$。
(2) 被测金属离子与 EDTA 配位反应速率应很快，并且有变色敏锐的指示剂。
(3) 干扰离子应预先掩蔽或分离。
(4) 在选定的滴定条件下，被测金属离子不发生水解及沉淀反应。

直接滴定具有简便、迅速、引入误差少的优点。用直接滴定难以实现准确滴定时，才用其他方式。在硅酸盐试样的化学分析中，Fe^{3+}、Ca^{2+}、Al^{3+}、Mg^{2+}、Mn^{2+}、TiO^{2+} 等离子可用直接滴定进行测定。

2. 返滴定

返滴定是在试样溶液中加入过量的 EDTA 标准溶液，再用另外一种金属离子标准溶液返滴定剩余的 EDTA，由实际消耗 EDTA 的量计算被测离子含量的方式。

通常在下列情况下采用返滴定：
(1) 用直接滴定无敏锐的指示剂，或对指示剂有封闭作用。
(2) 被测金属离子与 EDTA 的配位作用很慢。
(3) 被测金属离子在选定的滴定条件下发生水解。

例如，用直接滴定方式滴定 Al^{3+}，对二甲酚橙指示剂有封闭作用，Al^{3+} 与 EDTA 配位反应缓慢，溶液酸度不高时(如 pH>4)，Al^{3+} 易发生水解形成一系列多核羟基配合物，这时可采用返滴定解决上述问题。又如，测定 Ba^{2+} 时没有变色敏锐的指示剂，可加入过量EDTA溶液，与 Ba^{2+} 反应后，用铬黑 T 作指示剂，再用 Mg^{2+} 标准溶液返滴定过量的EDTA。

3. 置换滴定

置换滴定是利用置换反应，置换出等物质的量的另一种金属离子或 EDTA，然后进行滴定的方式。当直接滴定和返滴定存在困难时，可用置换滴定。

例如，测定含有 Cu^{2+}、Zn^{2+}、Al^{3+} 等离子的试液中的 Al^{3+} 时，首先加入过量的EDTA，加热使这些离子都与 EDTA 配位。然后在 pH=5~6 时，以二甲酚橙作指示剂，锌盐标准溶液滴定剩余的 EDTA。最后加入适量的 NH_4F，使$[AlY]^-$转化为更稳定的配合物$[AlF_6]^{3-}$，置换出等物质的量的 EDTA,再用 Zn^{2+} 标准溶液滴定,由此可以计算出 Al^{3+} 的含量。反应如下:

$$[AlY]^- + 6F^- \rightleftharpoons [AlF_6]^{3-} + Y^{4-}$$
$$Y^{4-} + Cu^{2+} \rightleftharpoons [CuY]^{2-}$$

此外,还可以用待测金属离子置换出另一配合物中的金属离子,然后用 EDTA 溶液滴定。例如,Ag^+ 与 EDTA 的配合物不稳定($\lg K_{AgY} = 7.32$),因而不能用 EDTA 直接滴定 Ag^+。但在试液中加入过量的$[Ni(CN)_4]^{2-}$后,会发生如下置换反应:

$$2Ag^+ + [Ni(CN)_4]^{2-} \rightleftharpoons 2[Ag(CN)_2]^- + Ni^{2+}$$

用 EDTA 滴定置换出的 Ni^{2+},即可求得 Ag^+ 的含量。

4. 间接滴定

有些金属离子(如 K^+、Na^+ 等)形成的配合物不稳定,可采用间接滴定;有些非金属离子(如 SO_4^{2-}、PO_4^{3-} 等)通过转化也可采用间接滴定进行测定。

例如,K^+ 可沉淀为 $K_2Na[Co(NO_2)_6] \cdot 6H_2O$,沉淀过滤溶解后,用 EDTA 标准溶液滴定其中的 Co^{2+},以此间接测定 K^+ 的含量。又如,PO_4^{3-} 可加碱镁混合剂生成沉淀 $MgNH_4PO_4 \cdot 6H_2O$,沉淀过滤溶解后,用 EDTA 标准溶液滴定其中的 Mg^{2+},以此间接测定 PO_4^{3-} 的含量。

习　题

1. 指出下列配合物的中心离子、配位体、配位数、配离子电荷数和配合物名称。
   $Na_2[HgI_4]$　　　　　$[CrCl_2(H_2O)_4]Cl$　　　　$[Co(NH_3)(en)_2](NO_3)_2$
   $Fe_3[Fe(CN)_6]_2$　　　$K[Co(NO_2)_4(NH_3)_2]$　　$Fe(CO)_5$

2. 写出下列配合物的化学式、中心离子的电荷、配位数、空间构型和杂化轨道。
   二氰合银(Ⅰ)酸钾　　　硫酸四氨合铜(Ⅱ)　　　二氯化四氨合镍(Ⅱ)
   六氰合铁(Ⅲ)酸钾　　　六氰合铁(Ⅲ)酸钙　　　六硝基合钴(Ⅲ)酸钾

3. 根据价键理论,指出下列配合物是属于外轨型配合物还是内轨型配合物,以及杂化轨道成键的类型和相应的空间几何构型。
   (1) $[Co(NH_3)_6]^{3+}$　　(未成对电子数 $n=0$)
   (2) $[Cr(NH_3)_6]^{3+}$　　(未成对电子数 $n=3$)
   (3) $[FeF_6]^{3-}$　　　　(磁矩 $6.0\ \mu_B$)
   (4) $[Ni(CN)_4]^{2-}$　　 (磁矩 $0\ \mu_B$)

4. 解释下列现象:
   (1) AgCl 溶于氨水形成$[Ag(NH_3)_2]^+$后,若用 HNO_3 酸化溶液,则又析出沉淀。
   (2) 将 KSCN 加入 $NH_4Fe(SO_4)_2 \cdot 12H_2O$ 溶液中出现红色,但加入 $K_3[Fe(CN)_6]$ 溶液并不出现红色。

5. EDTA 作为配位滴定剂有哪些特点?

6. 已知$[Zn(NH_3)_4]^{2+}$ 的 $\lg \beta_n$ 分别为 2.37、4.81、7.31、9.46。试求:
   (1) $[Zn(NH_3)_2]^{2+}$ 的 K_1。
   (2) $[Zn(NH_3)_3]^{2+}$ 的 K_3 和 β_3。
   (3) $[Zn(NH_3)_4]^{2+}$ 的 $K_{不稳}$。　　　　　　　(2.34×10^2,3.16×10^2,2.0×10^7,7.08×10^{-3})

7. 配合物的稳定常数和条件稳定常数有什么不同? 为什么引入条件稳定常数?

8. 当 pH=5.0 时,能否用 EDTA 测定 Ca^{2+}? 在 pH=10.0、12.0 时情况又如何?

9. 欲使 0.50 g AgCl 完全溶解于 200 mL 氨水中,则氨水的初始浓度至少应为多少? (0.42 mol·L^{-1})

10. 在 0.1 mol·L^{-1}[AlF$_6$]$^{3-}$ 溶液中,游离 F$^-$ 的浓度为 0.010 mol·L^{-1},计算溶液中游离 Al^{3+} 的浓度,并指出溶液中配合物的主要存在形式。 (1.0×10^{-11} mol·L^{-1},[AlF$_4$]$^-$,[AlF$_5$]$^{2-}$,[AlF$_3$])

11. 计算 pH 分别为 5 和 10 时的 lgK'_{MgY}。计算结果说明什么?

12. 在 pH=10 的氨性缓冲溶液中,若 $c_{NH_4^+}+c_{NH_3}=1.0$ mol·L^{-1},计算:
    (1) Zn^{2+} 的配位效应系数 α_{Zn}。
    (2) 此时与 EDTA 配合物的条件稳定常数。 (10$^{7.72}$,10$^{6.87}$)

13. 计算:
    (1) pH=10.0 含有游离 CN$^-$ 为 0.10 mol·L^{-1} 的溶液中的 lg$\alpha_{Hg(CN)}$ 值。 (37.5)
    (2) 如溶液中同时存在 EDTA,Hg^{2+} 与 EDTA 是否会形成 Hg(Ⅱ)-EDTA 配合物?

14. 在 pH=5.0 的 HAc-Ac$^-$ 缓冲溶液中,乙酸总浓度为 0.2 mol·L^{-1},计算 K'_{PbY}。已知 Pb(Ac)$_4^{2-}$ 的 lgβ_1~lgβ_4 为 2.52,4.0,6.4,8.5。 (10$^{6.63}$)

15. 用 EDTA 滴定 Ca^{2+}、Mg^{2+},采用 EBT 为指示剂。此时,存在少量的 Fe^{3+} 和 Al^{3+} 对体系将有什么影响?如何消除它们的影响?

16. 拟订分析方案,指出滴定剂、酸度、指示剂及所需其他试剂,并说明滴定的方式。
    (1) 含有 Fe^{3+} 的试液中测定 Bi^{3+}。
    (2) Zn^{2+}、Mg^{2+} 混合液中二者的测定(列举三种方案)。
    (3) 水泥中 Fe^{3+}、Al^{3+}、Ca^{2+}、Mg^{2+} 的测定。
    (4) Al^{3+}、Zn^{2+}、Mg^{2+} 混合液中 Zn^{2+} 的测定。
    (5) Bi^{3+}、Al^{3+}、Pb^{2+} 混合液中三组分的测定。
    (6) Bi^{3+}、Pb^{2+}、Al^{3+}、Mg^{2+} 混合液中测定 Bi^{3+}、Pb^{2+}。

17. 若滴定剂及被测离子的浓度均为 1.0×10^{-2} mol·L^{-1},用 EDTA 标准溶液分别滴定 Fe^{3+}、Zn^{2+}、Cu^{2+} 时,若要求 ΔpM'=±0.2,TE=±0.1%,分别计算滴定的适宜酸度范围。
    (Fe^{3+}:1.3~2.2,Zn^{2+}:4.1~6.54,Cu^{2+}:3.0~5.2)

18. EDTA 和 Ca^{2+} 的浓度均为 0.020 00 mol·L^{-1}。
    (1) 在 pH=5.00 时,若允许 TE=±0.1%,EDTA 能否滴定 Ca^{2+}?
    (2) 在 pH=10 的氨性缓冲溶液中,以铬黑 T 作指示剂,EDTA 能否滴定 Ca^{2+}?终点误差有多大(铬黑 T 的酸解离常数 $K_{a_1}=10^{-6.3}$,$K_{a_2}=10^{-11.6}$,$K_{Ca-EBT}=10^{5.4}$)? (−1.6%)

19. 称取 0.5000 g 黏土样品,用碱溶后分离除去 SiO$_2$,用容量瓶配成 250.0 mL 溶液。吸取 100.0 mL,在 pH=2.0~2.5 的热溶液中,用磺基水杨酸钠作指示剂,用 0.020 00 moL·L^{-1} EDTA 滴定 Fe^{3+},用去 7.20 mL。滴定 Fe^{3+} 后的溶液,在 pH=3.0 时加入过量的 EDTA 溶液,再调至 pH=4.0~5.0 煮沸,用 PAN 作指示剂,以 CuSO$_4$ 标准溶液(每毫升含纯 CuSO$_4$·5H$_2$O 0.005 000 g)滴定至溶液呈紫红色。再加入 NH$_4$F,煮沸后,又用 CuSO$_4$ 标准溶液滴定,耗去 CuSO$_4$ 标准溶液 25.20 mL。计算黏土中 Fe$_2$O$_3$ 和 Al$_2$O$_3$ 的质量分数。 (5.75%,12.86%)

20. 用配位滴定法测定铝盐中的铝,称取试样 0.2500 g,溶解后,加入 0.05000 mol·L^{-1} EDTA 25.00 mL,在适当条件下使 Al^{3+} 配位完全,调节 pH 5~6,加入二甲酚橙指示剂,用 0.02000 mol·L^{-1} Zn(Ac)$_2$ 溶液 21.50 mL 滴定至终点,计算试样中铝的含量,分别用 Al 和 Al$_2$O$_3$ 表示。 (8.85%,16.72%)

21. 用配位滴定法测定含钙的试样:
    (1) 用 G.R. CaCO$_3$(纯度为 99.80%)配制含 CaO 1 mg·mL^{-1} 标准溶液 1000 mL,需称 CaCO$_3$ 的质量是多少?
    (2) 取上述含钙标准溶液 20.00 mL,用 EDTA 18.52 mL 滴定至终点,求 EDTA 的浓度。
    (3) 含钙试样 100 mg 的试液,滴定时消耗上述 EDTA 6.64 mL,计算试样中 CaO 的质量分数。
    (1.7893 g,0.01936 mol·L^{-1},7.21%)

第8章 氧化还原反应与氧化还原滴定法

学习要求

(1) 掌握氧化还原反应的基本概念并能配平氧化还原方程式。
(2) 理解电极电势的概念及其影响因素,并会用能斯特方程进行有关计算。
(3) 掌握电极电势的某些应用、元素电势图及其应用。
(4) 掌握氧化还原滴定法的基本原理及其实际应用。

酸碱反应、配位反应及沉淀反应属于非氧化还原反应,也就是说在反应过程中,反应物之间没有发生电子的转移。而氧化还原反应(redox reation)是指在反应过程中,反应物之间发生了电子的转移或电子对的偏移。它是一类普遍存在且与生产实际和日常生活密切相关的化学反应。本章主要介绍氧化还原反应的基本概念、配平、电极电势及其影响因素和应用、能斯特方程及元素电势图。最后在此基础上,讨论以氧化还原反应为基础的氧化还原滴定法原理及其实际应用。

8.1 氧化还原反应

8.1.1 氧化数

1. 氧化数的概念

不同的元素或化合物之间发生化学反应时,有些反应能够发生电子转移。有些反应中虽然没有发生电子转移,但电子对明显的偏向某一方,即电子发生偏移。为了描述某一指定元素的原子在化学反应中得失电子的状态或电子偏移的状态,提出了元素氧化数的概念。

1970年,国际纯粹与应用化学联合会(IUPAC)对氧化数定义如下:氧化数(又称氧化值)是指某元素一个原子的荷电数,这种荷电数由假设把每个化学键中的电子指定给电负性更大的原子而求得。

2. 氧化数的计算规则

(1) 单质中电子对不发生偏移,故其氧化数为零。
(2) 在化合物中,氟的氧化数为 -1;氢的氧化数一般为 $+1$,但在离子型氢化物中,其氧化数为 -1,如 NaH;氧的氧化数一般为 -2,但在过氧化物中为 -1,在超氧化物中为 $-1/2$。
(3) 碱金属的氧化数都为 $+1$;碱土金属的氧化数都为 $+2$。
(4) 对于电中性化合物,所有元素的氧化数的代数和为零;对于离子,所有元素的氧化数的代数和为离子所带的电荷数。

根据以上规则,可以确定化合物中某一元素的氧化数。

> **【例 8-1】** 试计算 $S_2O_3^{2-}$ 和 $S_4O_6^{2-}$ 中 S 的氧化数。
>
> **解** 对于 $S_2O_3^{2-}$,设 S 的氧化数为 x,则 $2x+3\times(-2)=-2$,$x=+2$,即在 $S_2O_3^{2-}$ 中,S 的氧化数为 $+2$。
> 对于 $S_4O_6^{2-}$,设 S 的氧化数为 x,则 $4x+6\times(-2)=-2$,$x=+2.5$,即在 $S_4O_6^{2-}$ 中,S 的氧化数为 $+2.5$。

由此可以看出,氧化数可以是分数或小数,因为氧化数体现的是元素的原子相互结合时电子对的得失或偏移程度。

利用氧化数的改变,可以确定氧化和还原、氧化剂和还原剂以及配平氧化还原反应方程式等。

8.1.2 氧化还原反应的基本概念

1. 氧化剂和还原剂

在氧化还原反应中,若一种反应物的组成元素的氧化数升高,则必有另一种反应物的组成元素的氧化数降低。氧化数升高的物质称为还原剂,还原剂是使另一种物质还原,本身被氧化,它的反应产物称为氧化产物;氧化数降低的物质称为氧化剂,氧化剂是使另一种物质氧化,本身被还原,它的反应产物称为还原产物。下列反应:

$$2KMnO_4 + 5H_2O_2 + 3H_2SO_4 = 2MnSO_4 + K_2SO_4 + 5O_2\uparrow + 8H_2O$$

其中 $KMnO_4$ 是氧化剂,Mn 的氧化数从 $+7$ 降低到 $+2$,它本身被还原,使得 H_2O_2 被氧化;H_2O_2 是还原剂,O 的氧化数从 -1 升高到 0,它本身被氧化,使得 $KMnO_4$ 被还原;虽然 H_2SO_4 也参加了反应,但没有氧化数的变化,通常把这类物质称为介质。

氧化剂和还原剂是同一物质的氧化还原反应称为自身氧化还原反应。例如

$$2KClO_3 = 2KCl + 3O_2\uparrow$$

2. 氧化还原电对及半反应

在氧化还原反应中,氧化剂与它的还原产物、还原剂与它的氧化产物组成的电对称为氧化还原电对。也就是说,一个氧化还原反应是由两个或两个以上氧化还原电对共同作用的结果。例如

$$Zn + Cu^{2+} \rightleftharpoons Zn^{2+} + Cu$$

在上述氧化还原反应中,存在两个电对:Zn^{2+}/Zn 和 Cu^{2+}/Cu。在氧化还原电对中,氧化数高的物质称为氧化态,如 Zn^{2+}、Cu^{2+};氧化数低的物质称为还原态,如 Zn、Cu。书写电对时,氧化态在左侧,还原态在右侧,中间用"/"隔开。每个电对中,氧化态(O)与还原态(R)之间存在下列共轭关系:

$$O + ne^- \rightleftharpoons R$$

如

$$Cu^{2+} + 2e^- = Cu \qquad Zn^{2+} + 2e^- = Zn$$

这种关系与前面酸碱反应中的共轭酸碱对的关系类似。上面电对物质的共轭关系式称为氧化还原半反应。每一个电对都对应一个氧化还原半反应,如电对 $Cr_2O_7^{2-}/Cr^{3+}$:

$$Cr_2O_7^{2-} + 14H^+ + 6e^- = 2Cr^{3+} + 7H_2O$$

氧化态的氧化能力与还原态的还原能力存在与共轭酸碱强弱相似的关系,即氧化态的氧化能力越强,对应还原态的还原能力越弱;氧化态的氧化能力越弱,对应还原态的还原能力越强。例如,Sn^{4+}/Sn^{2+} 电对中,Sn^{2+} 是强还原剂,Sn^{4+} 则是弱氧化剂。

同一物质在不同的电对中可表现出不同的氧化还原性质。例如,Fe^{2+} 在 Fe^{3+}/Fe^{2+} 电对中为还原态,反应中作还原剂;而在 Fe^{2+}/Fe 电对中为氧化态,反应中作氧化剂。这说明物质的氧化还原能力的大小是相对的。

在氧化还原反应中,还可能伴随有酸碱反应、沉淀反应和配位反应等,这些影响必须在氧化还原半反应中表示出来。例如,电对 MnO_4^-/Mn^{2+} 和 Cu^{2+}/CuI 的半反应分别为

$$MnO_4^- + 8H^+ + 5e^- = Mn^{2+} + 4H_2O$$

$$Cu^{2+} + I^- + e^- = CuI$$

8.1.3 氧化还原反应方程式的配平

配平氧化还原反应方程式的方法主要有氧化数法和离子-电子法。配平时首先必须知道氧化剂和还原剂作用后的生成物是什么,然后采用适当的方法使反应式两边平衡。

1. 氧化数法

氧化数法既可以配平分子反应式,也可以配平离子反应式,是一种常用的配平反应式的方法。氧化数法是根据氧化还原反应中氧化剂和还原剂的氧化数变化相等的原则配平反应方程式。

用氧化数法配平氧化还原反应方程式的一般步骤如下:

(1) 写出反应物和生成物的化学式,同时标出氧化剂原子和还原剂原子在反应前后氧化数的改变值。

(2) 根据氧化剂氧化数减少的总值和还原剂氧化数增加的总值必须相等的原则,求出氧化剂和还原剂及其生成物化学式前面的系数。最后核对反应式两边各原子总数是否相等。

【例 8-2】 配平下列反应方程式:

$$Cu + HNO_3 \longrightarrow Cu(NO_3)_2 + NO$$

解 在这个反应中,一部分 HNO_3 作为氧化剂,另一部分 HNO_3 作为介质。先把作为氧化剂的 HNO_3 根据氧化数改变值配平,然后根据氮原子数添加 HNO_3 作为介质,HNO_3 作为氧化剂配平,得

$$3Cu + 2HNO_3 \longrightarrow 3Cu(NO_3)_2 + 2NO$$

检查两边的氮原子数,应添加 6 个 HNO_3 分子,得

$$3Cu + 2HNO_3 + 6HNO_3 \longrightarrow 3Cu(NO_3)_2 + 2NO$$

反应式左边多 8 个氢原子,右边应添加 4 个水分子,并将 HNO_3 合并,得

$$3Cu + 8HNO_3 = 3Cu(NO_3)_2 + 2NO\uparrow + 4H_2O$$

【例 8-3】 配平下列离子反应方程式:

$$MnO_4^- + Cl^- + H^+ \longrightarrow Mn^{2+} + Cl_2 + H_2O$$

解 先使两边的氯原子相等并注明氧化数,锰的氧化数由 +7 变为 +2,氯的氧化数由 -1 变为 0。

$$\overset{+7}{Mn}O_4^- + 2\overset{-1}{Cl}^- + H^+ \longrightarrow \overset{+2}{Mn}^{2+} + \overset{0}{Cl}_2 + H_2O$$

$$\begin{array}{l} 2-7 = -5 \\ 0-(-2) = +2 \end{array} \bigg| \begin{array}{l} \times 2 = -10 \\ \times 5 = +10 \end{array}$$

$$2MnO_4^- + 10Cl^- + H^+ \longrightarrow 2Mn^{2+} + 5Cl_2 + H_2O$$

要完成离子反应方程式的配平,必须使方程式两边的离子电荷相等。右边的电荷是+4,左边的电荷是 −12,H^+ 如乘以系数 16,则两边的电荷相等,即都是+4。16 个 H^+ 可以生成 8 个 H_2O。写出配平方程式:

$$2MnO_4^- + 10Cl^- + 16H^+ \rightleftharpoons 2Mn^{2+} + 5Cl_2 + 8H_2O$$

检查两边的氧原子的数目都是 8 个,证明反应式已配平。

2. 离子-电子法

在有些化合物中,元素的氧化数比较难于确定,它们参加的氧化还原反应用氧化数配平存在一定的困难。对于这一类的反应,用离子-电子法配平比较方便。离子-电子法主要是根据氧化还原反应中有关电对的半反应式来配平方程式的。电对的半反应式可根据实践经验写出或从标准电极电势表中查出,再按照氧化剂得到的电子总数和还原剂失去的电子总数必须相等的原则及质量守恒定律,使反应式两边各物种的电荷数及原子总数平衡。

用离子-电子法配平氧化还原反应方程式的步骤如下:

(1) 写出反应物和生成物的化学式,并分别列出两个电对的半反应式,而半反应式两边的电荷数相等,原子数也相等。

(2) 根据氧化剂得到的电子总数和还原剂失去的电子总数相等的原则,求出氧化剂和还原剂及其生成物化学式前面的系数,再将两个半反应式相加,即得配平的离子反应方程式。最后核对反应式两边的电荷数和原子数是否相等。

【例 8-4】 配平下列离子反应方程式:

$$Fe^{2+} + Cl_2 \longrightarrow Fe^{3+} + Cl^-$$

解 第一步: $Fe^{2+} \longrightarrow Fe^{3+}$(氧化) $Cl_2 \longrightarrow Cl^-$(还原)

第二步:调整化学计量数并加一定数目的电子,使半反应两端的原子数和电荷数相等:

$Fe^{2+} \rightleftharpoons Fe^{3+} + e^-$(氧化半反应) $Cl_2 + 2e^- \rightleftharpoons 2Cl^-$(还原半反应)

第三步:根据氧化剂获得的电子数和还原剂失去的电子数必须相等的原则,将两个半反应式加和为一个配平的离子反应式:

$$2Fe^{2+} \rightleftharpoons 2Fe^{3+} + 2e^-$$
$$+) \ Cl_2 + 2e^- \rightleftharpoons 2Cl^-$$
$$\overline{2Fe^{2+} + Cl_2 \rightleftharpoons 2Fe^{3+} + 2Cl^-}$$

配平半反应式时,如果氧化剂或还原剂与其产物内所含的 O 原子数目不同,可以根据介质的酸碱性,分别在半反应式中加 H^+、OH^- 和 H_2O,并利用水的解离平衡使两边的 H、O 原子数相等。不同介质条件下配平 H、O 原子的经验规则见表 8-1,以供参考。

表 8-1 不同介质条件下配平 H、O 原子的经验规则

介质种类	反应物中	
	多一个 O 原子	少一个 O 原子
酸性介质	$+2H^+ \xrightarrow{\text{结合一个 O 原子}} H_2O$	$+H_2O \xrightarrow{\text{提供一个 O 原子}} 2H^+$
碱性介质	$+H_2O \xrightarrow{\text{结合一个 O 原子}} 2OH^-$	$+2OH^- \xrightarrow{\text{提供一个 O 原子}} H_2O$
中性介质	$+H_2O \xrightarrow{\text{结合一个 O 原子}} 2OH^-$	$+H_2O \xrightarrow{\text{提供一个 O 原子}} 2H^+$

总的来说,反应物中 O 原子多了,由 H 原子来结合。在酸性介质中,加酸提供 H 原子与多出的 O 原子结合生成 H_2O;中性或碱性介质中,由 H_2O 结合多的 O 原子生成 OH^-。反应物中 O 原子少了,在酸性或中性介质中,由 H_2O 提供 O 原子生成 H^+;在碱性介质中,由 OH^- 提供 O 原子生成 H_2O。

【例 8-5】 配平下列离子反应方程式:

$$MnO_4^- + SO_3^{2-} \longrightarrow Mn^{2+} + SO_4^{2-} (酸性介质)$$

解 第一步:$MnO_4^- \longrightarrow Mn^{2+}$(还原)　$SO_3^{2-} \longrightarrow SO_4^{2-}$(氧化)

第二步:由于反应是在酸性介质中进行的,在第一个半反应式中,产物的 O 原子数比反应物少时,应在左侧加 H^+ 使所有的 O 原子都化合而成 H_2O,并使 O 原子数和电荷数均相等,即

$$MnO_4^- + 8H^+ + 5e^- = Mn^{2+} + 4H_2O$$

在另一个半反应式的左边加 H_2O,使两边的 O 原子和电荷均相等,即

$$SO_3^{2-} + H_2O = SO_4^{2-} + 2H^+ + 2e^-$$

第三步:根据获得和失去电子数必须相等的原则,将两边的电子消去,加和而成一个配平的离子反应方程式:

$$
\begin{array}{r}
\times 2) \; MnO_4^- + 8H^+ + 5e^- = Mn^{2+} + 4H_2O \\
+) \times 5) \; SO_3^{2-} + H_2O = SO_4^{2-} + 2H^+ + 2e^- \\
\hline
2MnO_4^- + 6H^+ + 5SO_3^{2-} = 2Mn^{2+} + 5SO_4^{2-} + 3H_2O
\end{array}
$$

8.2 原电池和电极电势

8.2.1 原电池

1. 原电池

原电池是利用自发的氧化还原反应产生电流的装置,它可使化学能转化为电能,证明氧化还原反应中有电子转移。例如,将金属锌片插入硫酸铜溶液中,可发生下列放热反应:

$$Zn + Cu^{2+} \rightleftharpoons Zn^{2+} + Cu$$

溶液的颜色逐渐变浅,金属锌表面有暗红色的金属铜析出,溶液的温度升高,化学能转化成为热能。

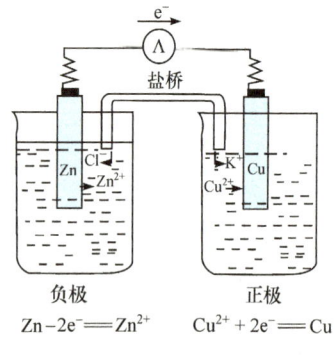

图 8-1　铜锌原电池示意图

由于氧化还原反应可以看成是由两个半反应即氧化反应和还原反应组成的,若将两个半反应分开,然后用导线将其连接在一起,则还原剂发生氧化反应后产生的电子可以通过导线传递到氧化剂的半反应中,由此产生电流,将化学能转化为电能。例如,铜锌置换反应若改成图 8-1 的形式,则有电流产生。左边溶液由金属锌和硫酸锌溶液组成,发生氧化反应:$Zn - 2e^- = Zn^{2+}$;右边溶液由金属铜和硫酸铜溶液组成,发生还原反应:$Cu^{2+} + 2e^- = Cu$。电子的得失通过导线传递,产生的电流可用来做功,即把化学能转化为电能。

原电池是由两个半电池构成的。半电池中的导体称为电极。电极与电极之间还要由导线和盐桥相连接才能组成回路,产生电流。失去电子的电极称为负极;得到电子的电极称为正极。在原电池中,负极上发生氧化反应;正极上发生还原反应。电流的方向是从正极到负极,而电子流动的方向是从负极到正极。例如,上述铜锌原电池就是由锌半电池和铜半电池构成的。Zn 和 $ZnSO_4$ 溶液(电对 Zn^{2+}/Zn)组成锌半电池,其中 Zn^{2+} 是氧化态,Zn 是还原态;Cu 和 $CuSO_4$ 溶液(电对 Cu^{2+}/Cu)组成铜半电池,其中 Cu^{2+} 是氧化态,Cu 是还原态。电对中的金属本身可作为导电材料。

2. 原电池的表示方法

为了方便地表示一个原电池的组成,对原电池和各部分采用特定的符号表示。一般要求如下:

(1) 将原电池的负极写在左边,正极写在右边,并分别以符号(一)和(+)表示。

(2) 原电池中相邻的不同相之间用"∣"隔开,表示其相界面;不存在相界面用","表示;连接两个电极的盐桥用符号"∥"表示。

(3) 用化学式表示电池物质的组成,并要注明物质的状态,而气体要注明其分压,溶液要注明其浓度。如不注明,一般指 100 kPa 或 $1\ mol \cdot L^{-1}$。

(4) 对于某些电极的电对自身不是金属导电体时,则需外加一个能导电而又不参与电极反应的惰性电极,通常用铂作惰性电极。

例如,铜锌原电池可表示为

$$(-)Zn \mid Zn^{2+}(c_1) \parallel Cu^{2+}(c_2) \mid Cu(+)$$

理论上任意两个氧化还原电对都可以组成一个原电池,一个电对为正极,另一个电对为负极。

【例 8-6】 写出下列电池的电池符号:
(1) $Fe + 2H^+ (1.0\ mol \cdot L^{-1}) \Longrightarrow Fe^{2+}(0.1\ mol \cdot L^{-1}) + H_2(100\ kPa)$
(2) $MnO_4^- (0.1\ mol \cdot L^{-1}) + 5Fe^{2+}(0.1\ mol \cdot L^{-1}) + 8H^+(1.0\ mol \cdot L^{-1}) \Longrightarrow Mn^{2+}(0.1\ mol \cdot L^{-1}) + 5Fe^{3+}(0.1\ mol \cdot L^{-1}) + 4H_2O$

解 (1) $(-)Fe(s) \mid Fe^{2+}(0.1\ mol \cdot L^{-1}) \parallel H^+(1.0\ mol \cdot L^{-1}) \mid H_2(100\ kPa), Pt(+)$
(2) $(-)Pt \mid Fe^{2+}(0.1\ mol \cdot L^{-1}), Fe^{3+}(0.1\ mol \cdot L^{-1}) \parallel MnO_4^-(0.1\ mol \cdot L^{-1}), Mn^{2+}(0.1\ mol \cdot L^{-1}), H^+(1.0\ mol \cdot L^{-1}) \mid Pt(+)$

3. 电极的类型

电极是电池的基本组成部分,众多的氧化还原反应对应各种电极。根据电极的组成不同,常见电极分为以下四种类型。

1) 金属-金属离子电极

金属-金属离子电极是将金属置于其离子溶液中构成的电极,如 $Cu \mid Cu^{2+}$、$Zn \mid Zn^{2+}$、$Ag \mid Ag^+$ 等,如图 8-2 所示。

2) 气体-离子电极

气体-离子电极是将指定气体通入含有其相关离子的溶液中构成的电极,如氢电极

Pt,H$_2$(p)|H$^+$(c)。这类电极需要外加惰性的导电材料,一般采用的是金属铂,如图 8-3 所示。

3) 金属-金属难溶盐-阴离子电极

金属-金属难溶盐-阴离子电极是将金属表面涂以该金属的某种难溶盐或氧化物,然后置于含有与难溶盐相同阴离子的溶液中构成的电极,如 Ag,AgCl | Cl$^-$、Hg,Hg$_2$Cl$_2$ | Cl$^-$ 等。Hg,Hg$_2$Cl$_2$ | Cl$^-$ 电极就是实验室常用的甘汞电极,如图 8-4 所示。由于标准氢电极使用不便,因此实验室常用甘汞电极为参比电极。

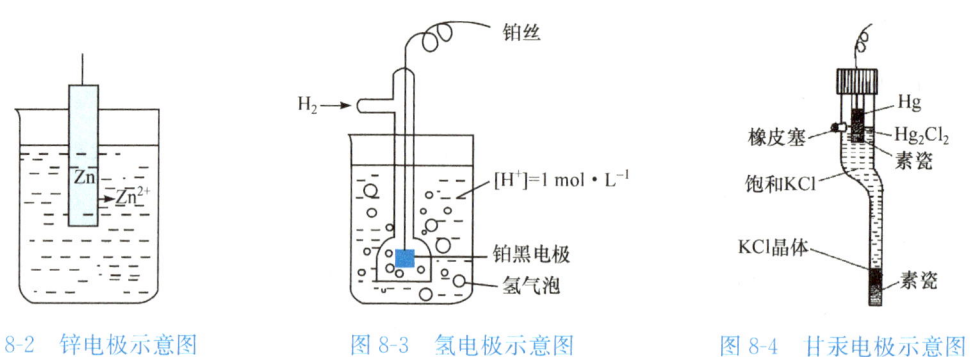

图 8-2　锌电极示意图　　　图 8-3　氢电极示意图　　　图 8-4　甘汞电极示意图

4) 氧化还原电极

氧化还原电极是将惰性导电材料插入含有同一元素的两个不同氧化态离子的溶液中构成的电极,如 Pt | Sn^{2+}(c_1),Sn^{4+}(c_2)、Pt | Fe^{2+}(c_1),Fe^{3+}(c_2)等。

8.2.2　电极电势

1. 电极电势的产生

当把金属 M 放入其盐溶液中时,一方面金属 M 表面构成晶格的金属原子在极性很大的水分子的作用下有失去电子变成水合离子 M^{n+} 进入溶液的倾向,金属的活泼性越强,溶液的浓度越低,这种倾向越大;另一方面,盐溶液中的金属离子 M^{n+} 又有从金属表面获得电子成为金属原子沉积到金属表面的倾向,金属越不活泼,溶液中金属离子的浓度越高,这种倾向越大。这两种倾向在金属表面达到平衡后,在金属与溶液界面处形成双电层,产生电势差。这种产生在金属和其金属离子溶液之间的电势差称为电极电势。金属的电极电势高低除与金属自身的活泼性及溶液中金属离子的浓度有关外,还与温度有关。

在铜锌原电池中,锌片与铜片分别插在其各自的盐溶液中,构成 Cu | Cu^{2+} 电极和 Zn | Zn^{2+} 电极。实验的结果表明,若将两个电极以导线连接并构成回路,电子将通过导线由锌流向铜电极,二者相比锌电极的电极电势比铜电极的要低。

2. 标准电极电势

到目前为止,单个电极的电极电势的绝对值还无法测量或从理论上计算得到,但是从实用的角度,用电极电势的相对值即可说明水溶液中物质的氧化还原能力。所以只要确立一个参照标准,就可以利用不同的电极组成原电池来比较不同电极之间电势的相对高低。通常所用电极的电极电势就是相对电极电势。

1) 标准氢电极

标准氢电极的组成为:将镀有铂黑的铂片置于[H$^+$]为 1.0 mol·L^{-1} 的硫酸溶液中,然后

不断通入压力为 100 kPa 的纯氢气,使铂黑吸附氢气达到饱和,形成一个氢电极。在这个电极周围发生如下反应:

$$H_2 \rightleftharpoons 2H^+ + 2e^-$$

这时产生在标准氢电极与硫酸溶液之间的电势称为氢的标准电极电势,该电势的大小规定为零,并规定在任何温度下标准氢电极的电极电势都为零,即 $\varphi^{\ominus}_{H^+/H_2} = 0$ V。

2) 标准电极电势的测定

如果参加电极反应的物质均处于标准状态,这时的电极称为标准电极,对应的电极电势称为标准电极电势,用 $\varphi^{\ominus}$ 表示,SI 单位为 V,通常测定时的温度为 298.15 K。标准状态是指组成电极的离子浓度为 $1.0 \text{ mol} \cdot L^{-1}$,气体的分压为 100 kPa,液体或固体都是纯净物质。如果原电池的两个电极均为标准电极,这时的电池称为标准电池,对应的电动势称为标准电池电动势,用 $E^{\ominus}$ 表示:$E^{\ominus} = \varphi^{\ominus}_+ - \varphi^{\ominus}_-$。

用标准氢电极与其他标准电极组成原电池,通过测量原电池的电动势的大小及电流流动的方向,可确定其他电极相对于标准氢电极的电极电势的大小。例如,测定标准锌电极的电势时,电子是由锌流向氢电极,所以标准氢电极为正极,锌电极为负极。

图 8-5 为标准原电池 $(-)Zn | Zn^{2+}(1.0 \text{ mol} \cdot L^{-1}) \| H^+(1.0 \text{ mol} \cdot L^{-1}) | H_2(p^{\ominus}), Pt(+)$,测量结果为 $E^{\ominus} = 0.76$ V,$E^{\ominus} = \varphi^{\ominus}_{H^+/H_2} - \varphi^{\ominus}_{Zn^{2+}/Zn} = 0 - \varphi^{\ominus}_{Zn^{2+}/Zn} = 0.76$ V,所以可得到锌电极的标准电极电势为 $\varphi^{\ominus}_{Zn^{2+}/Zn} = -0.76$ V。

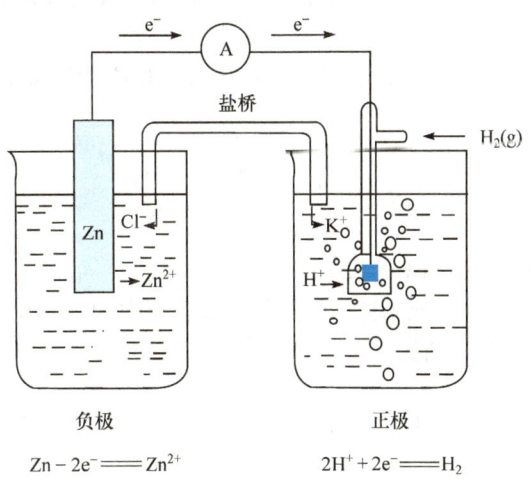

图 8-5　锌标准电极电势的测定

用同样的方法可以获得其他电极的标准电极电势。附录 9 列出了常见的各种电极的标准电极电势。

标准电极电势是一个非常重要的物理参数,它将物质在水溶液中的氧化还原能力定量化。标准电极电势高,说明电对中氧化态在标准状态下氧化能力强,还原态的还原能力弱;标准电极电势低,说明标准状态下,电对中还原态的还原能力强,氧化态的氧化能力弱。

3) 使用标准电极电势表时注意的事项

(1) 由于介质的酸碱性影响 $\varphi^{\ominus}$ 值,因此查表时可根据电极反应中是否有 H^+ 或 OH^- 来选择合适的电极电势。若电极反应中没有 H^+ 或 OH^-,可根据电极物质的实际存在所需的介质条件判断。

(2) $\varphi^{\ominus}$ 大小反映物质得失电子的能力是一强度性质的物理量,与电极反应的书写无关。例如,$Ag^+ + e^- \rightleftharpoons Ag$,$\varphi^{\ominus}_{Ag^+/Ag} = 0.799$ V;$2Ag^+ + 2e^- \rightleftharpoons 2Ag$,$\varphi^{\ominus}_{Ag^+/Ag} = 0.799$ V。

(3) $\varphi^{\ominus}$ 值是衡量物质在水溶液中氧化还原能力大小的物理量,不适用于非水溶液体系。

8.2.3 能斯特方程

标准电极电势是在标准状态下测定的,通常参考温度为 298.15 K。如果条件(如温度、浓度及压力等)改变,则电对的电极电势也将随之发生改变。

德国化学家能斯特(Nernst)将影响电极电势大小的因素(如电极物质的本性、溶液中物质的浓度、分压、介质和温度等)概括为一个公式,称为能斯特方程。

对于任意电极反应

$$O + ne^- \rightleftharpoons R$$

能斯特方程为

$$\varphi = \varphi^{\ominus} + \frac{RT}{nF} \ln \frac{[O]}{[R]} \tag{8-1}$$

式中:φ 为电极在任意状态时的电极电势;$\varphi^{\ominus}$ 为电极在标准状态时的电极电势;R 为摩尔气体常量,8.314 J·mol^{-1}·K^{-1};n 为电极反应中转移电子的物质的量;F 为法拉第常量,96 485 C·mol^{-1};T 为热力学温度;[O] 或 [R] 表示氧化态或还原态物质的浓度(严格地说应该为活度)。

当温度为 298.15 K 时,将各常数值代入式(8-1),其相应的浓度对电极电势影响的能斯特方程为

$$\varphi = \varphi^{\ominus} + \frac{0.059}{n} \lg \frac{[O]}{[R]} \tag{8-2}$$

应用能斯特方程时必须注意以下几点:

(1) 如果电对中某一物质是纯固体、纯液体或稀溶液中的 H_2O,其相对浓度为常数,可以视为 1,不写入能斯特方程中。例如

$$Cu^{2+} + 2e^- \rightleftharpoons Cu \qquad \varphi_{Cu^{2+}/Cu} = \varphi^{\ominus}_{Cu^{2+}/Cu} + \frac{0.059}{2} \lg[Cu^{2+}]$$

(2) 如果电对中某一物质是气体,其浓度用相对分压代替。例如

$$2H^+ + 2e^- \rightleftharpoons H_2(g) \qquad \varphi_{H^+/H_2} = \varphi^{\ominus}_{H^+/H_2} + \frac{0.059}{2} \lg \frac{[H^+]^2}{p_{H_2}/p^{\ominus}}$$

(3) 如果在电极反应中,除氧化态、还原态物质外,还有参加电极反应的其他物质(如 H^+、OH^-)存在,则应把这些物质的浓度也表示在能斯特方程中。例如

$$MnO_4^- + 8H^+ + 5e^- \rightleftharpoons Mn^{2+} + 4H_2O$$

$$\varphi_{MnO_4^-/Mn^{2+}} = \varphi^{\ominus}_{MnO_4^-/Mn^{2+}} + \frac{0.059}{5} \lg \frac{[MnO_4^-][H^+]^8}{[Mn^{2+}]}$$

(4) 在电对中，[氧化态]或[还原态]的方次应等于该物质在电极反应式中的化学计量数。例如

$$Br_2(l) + 2e^- \rightleftharpoons 2Br^- \qquad \varphi_{Br_2/Br^-} = \varphi^{\ominus}_{Br_2/Br^-} + \frac{0.059}{2}\lg\frac{1}{[Br^-]^2}$$

8.2.4 影响电极电势的因素

电极电势不仅取决于氧化还原电对本身的性质，还与氧化态和还原态的浓度、溶液的酸度等有关。而氧化态和还原态的浓度又常受到溶液中共存物质的影响，如大量电解质离子的存在、酸度的改变、与氧化态或还原态配位的配位剂的存在、与氧化态或还原态生成沉淀的物质的存在等。它们虽不参与电子转移，但对氧化还原过程产生影响。这些物质的存在都将改变氧化态、还原态参加反应的有效浓度，从而影响电对的氧化还原能力。下面主要从浓度和酸度两个方面进行讨论。

1. 浓度对电极电势的影响

对于特定的电极在一定的温度下，电极中氧化态和还原态的相对浓度决定电极电势的高低。[O]/[R]越大，电极电势值越高；[O]/[R]越小，电极电势值越低。

1) 电对物质本身浓度的变化对电极电势的影响

【例 8-7】 计算下列电极的 φ 值(298.15 K)：

(1) $Fe^{3+}(0.1\ mol\cdot L^{-1}) + e^- \rightleftharpoons Fe^{2+}(1.0\ mol\cdot L^{-1})$

(2) $I_2 + 2e^- \rightleftharpoons 2I^-(0.1\ mol\cdot L^{-1})$

(3) $Cl_2(1.0\ kPa) + 2e^- \rightleftharpoons 2Cl^-(0.1\ mol\cdot L^{-1})$

解 (1) $\varphi_{Fe^{3+}/Fe^{2+}} = \varphi^{\ominus}_{Fe^{3+}/Fe^{2+}} + \frac{0.059}{n}\lg\frac{[Fe^{3+}]}{[Fe^{2+}]} = 0.771 + 0.059\lg\frac{0.1}{1.0} = 0.712(V)$

(2) $\varphi_{I_2/I^-} = \varphi^{\ominus}_{I_2/I^-} + \frac{0.059}{n}\lg\frac{1}{[I^-]^2} = 0.535 + \frac{0.059}{2}\lg\frac{1}{0.1^2} = 0.594(V)$

(3) $\varphi_{Cl_2/Cl^-} = \varphi^{\ominus}_{Cl_2/Cl^-} + \frac{0.059}{n}\lg\frac{p_{Cl_2}/p^{\ominus}}{[Cl^-]^2} = 1.36 + \frac{0.059}{2}\lg\frac{1.0/100}{0.1^2} = 1.36(V)$

计算结果表明，电对物质浓度相对值发生改变时，才能引起电极电势的变化，如(1)、(2)；若改变氧化态或还原态的浓度，但它们的改变没有引起[O]/[R]相对值的改变，如(3)，则电极电势不发生变化。

2) 沉淀的生成对电极电势的影响

当电对中氧化态或还原态与沉淀剂作用生成沉淀时，其浓度会发生变化，从而引起电极电势值的变化。

【例 8-8】 在电极 $Ag^+ + e^- \rightleftharpoons Ag$ 中加入 NaCl 溶液,则发生 $Ag^+ + Cl^- \rightleftharpoons AgCl$ 沉淀反应,计算在 298.15 K 反应达到平衡,且当 $[Cl^-] = 1.0 \text{ mol} \cdot L^{-1}$ 时的 $\varphi_{Ag^+/Ag}$。

解 电极反应
$$Ag^+ + e^- \rightleftharpoons Ag \qquad \varphi^{\ominus}_{Ag^+/Ag} = 0.799 \text{ V}$$
$$\varphi_{Ag^+/Ag} = \varphi^{\ominus}_{Ag^+/Ag} + 0.059 \lg[Ag^+]$$

因为
$$Ag^+ + Cl^- \rightleftharpoons AgCl$$
$$K_{sp} = [Ag^+][Cl^-] = 1.8 \times 10^{-10}, \qquad [Ag^+] = \frac{K_{sp}}{[Cl^-]}, \qquad [Cl^-] = 1.0 \text{ mol} \cdot L^{-1}$$

则
$$\varphi_{Ag^+/Ag} = 0.799 + 0.059 \lg(1.8 \times 10^{-10}) = 0.224 \text{ (V)}$$

与 $\varphi^{\ominus}_{Ag^+/Ag}$ 比较,由于产生 AgCl 沉淀,电极中 Ag^+ 的浓度降低,电极电势值下降,Ag^+ 的氧化能力降低,Ag 的还原能力增大。

【例 8-9】 298.15 K 时,在电极 $S + 2e^- \rightleftharpoons S^{2-}$ 中加入 Zn^{2+} 溶液,发生 $Zn^{2+} + S^{2-} \rightleftharpoons ZnS$,计算反应达到平衡,$[Zn^{2+}] = 1.0 \text{ mol} \cdot L^{-1}$ 时的 $\varphi_{S/S^{2-}}$。

解 电极反应
$$S + 2e^- \rightleftharpoons S^{2-} \qquad \varphi^{\ominus}_{S/S^{2-}} = -0.48 \text{ V}$$
$$\varphi_{S/S^{2-}} = \varphi^{\ominus}_{S/S^{2-}} + \frac{0.059}{2} \lg \frac{1}{[S^{2-}]}$$

因为
$$Zn^{2+} + S^{2-} \rightleftharpoons ZnS \qquad K_{sp} = 2.5 \times 10^{-22}$$
$$K_{sp} = [Zn^{2+}][S^{2-}] \qquad [Zn^{2+}] = 1.0 \text{ mol} \cdot L^{-1}$$

所以
$$[S^{2-}] = K_{sp}$$
$$\varphi_{S/S^{2-}} = -0.048 + \frac{0.059}{2} \lg \frac{1}{2.5 \times 10^{-22}} = 0.160 \text{ (V)}$$

与 $\varphi^{\ominus}_{S/S^{2-}}$ 比较,$\varphi_{S/S^{2-}}$ 升高了,说明由于 ZnS 沉淀的生成,S^{2-} 浓度降低,电极电势值升高,S^{2-} 的还原能力下降。

总之,沉淀的生成会改变氧化态或还原态的浓度,从而引起电极电势值变化。当氧化态被沉淀时,电极电势值下降,生成沉淀的 K_{sp} 越小,电极电势值下降得越多;当还原态被沉淀时,电极电势值要升高,生成沉淀的 K_{sp} 越小,电极电势值升高得越多。

在 Ag^+/Ag、S/S^{2-} 电极中加入沉淀剂,Ag^+、S^{2-} 分别生成 AgCl、ZnS 沉淀,从而形成了另一类电极,即 AgCl/Ag、S/ZnS 固体电极。其电极反应为
$$AgCl + e^- \rightleftharpoons Ag + Cl^- \qquad S + Zn^{2+} + 2e^- \rightleftharpoons ZnS$$

当 Cl^- 和 Zn^{2+} 浓度分别为 $1.0 \text{ mol} \cdot L^{-1}$ 时,上面两个电极为标准电极,其标准电极电势 $\varphi^{\ominus}_{AgCl/Ag} = 0.224 \text{ V}$,$\varphi^{\ominus}_{S/ZnS} = 0.160 \text{ V}$。由电极反应可知,这类电极的电极电势值由电极的 $\varphi^{\ominus}$ 和沉淀剂的浓度决定。对于确定的电极,当保持沉淀剂的平衡浓度一定时,其电极电势为固定值,如饱和甘汞电极 $\varphi_{Hg_2Cl_2/Hg} = 0.268 \text{ V}$。因此,这类电极经常用作参比电极。

3)配合物的生成对电极电势的影响

在电极中加入配位剂使其与氧化态或还原态生成稳定的配合物,溶液中游离的氧化态或

还原态的浓度明显降低,从而使电极电势发生变化。

【例 8-10】 298.15 K 时,向标准银电极中加入氨水,使平衡时 $[NH_3]=[Ag(NH_3)_2^+]=1.0$ mol·L^{-1},求 $\varphi_{Ag^+/Ag}$。

解 电极反应

$$Ag^+ + e^- \rightleftharpoons Ag \qquad \varphi_{Ag^+/Ag}^{\ominus} = 0.799 \text{ V}$$

加入 NH_3 后

$$Ag^+ + 2NH_3 \rightleftharpoons [Ag(NH_3)_2]^+ \qquad K_{稳[Ag(NH_3)_2]^+} = 1.1 \times 10^7$$

当 $[NH_3]=[Ag(NH_3)_2^+]=1.0$ mol·L^{-1} 时,$[Ag^+] = \dfrac{1}{K_{稳[Ag(NH_3)_2]^+}}$,则

$$\varphi_{Ag^+/Ag} = \varphi_{Ag^+/Ag}^{\ominus} + \frac{0.059}{n}\lg[Ag^+] = \varphi_{Ag^+/Ag}^{\ominus} + 0.059\lg\frac{1}{K_{稳[Ag(NH_3)_2]^+}}$$

$$= 0.799 + 0.059\lg\frac{1}{1.1 \times 10^7} = 0.384 \text{(V)}$$

此时的电极对应另一类新电极,即 $[Ag(NH_3)_2]^+/Ag$ 电极,电极反应为 $[Ag(NH_3)_2]^+ + e^- \rightleftharpoons Ag + 2NH_3$,$\varphi_{[Ag(NH_3)_2]^+/Ag}^{\ominus} = 0.384$ V。由上面的计算过程可知,这类电极 $\varphi^{\ominus}$ 值除与原来电极 $\varphi^{\ominus}$ 值有关外,还与生成配合物的稳定性有关。当氧化态生成配合物时,配合物的稳定性越大,对应电极的 $\varphi^{\ominus}$ 值越低;当还原态生成配合物时,生成配合物的稳定性越大,对应电极的 $\varphi^{\ominus}$ 值越高。

【例 8-11】 计算 $[CN^-]=[Fe(CN)_6^{3-}]=[Fe(CN)_6^{4-}]=1.0$ mol·L^{-1} 时的 $\varphi_{Fe^{3+}/Fe^{2+}}$。

解 电极反应

$$Fe^{3+} + e^- \rightleftharpoons Fe^{2+} \qquad \varphi_{Fe^{3+}/Fe^{2+}}^{\ominus} = 0.771 \text{ V}$$

加入 CN^- 后,发生配位反应

$$Fe^{3+} + 6CN^- \rightleftharpoons [Fe(CN)_6]^{3-} \qquad K_{稳[Fe(CN)_6]^{3-}} = 1.0 \times 10^{42}$$

$$Fe^{2+} + 6CN^- \rightleftharpoons [Fe(CN)_6]^{4-} \qquad K_{稳[Fe(CN)_6]^{4-}} = 1.0 \times 10^{35}$$

$$[CN^-]=[Fe(CN)_6^{3-}]=[Fe(CN)_6^{4-}]=1.0 \text{ mol·L}^{-1}$$

$$[Fe^{3+}] = \frac{1}{K_{稳[Fe(CN)_6]^{3-}}} \qquad [Fe^{2+}] = \frac{1}{K_{稳[Fe(CN)_6]^{4-}}}$$

则

$$\varphi_{Fe^{3+}/Fe^{2+}} = \varphi_{Fe^{3+}/Fe^{2+}}^{\ominus} + \frac{0.059}{n}\lg\frac{[Fe^{3+}]}{[Fe^{2+}]} = \varphi_{Fe^{3+}/Fe^{2+}}^{\ominus} + \frac{0.059}{n}\lg\frac{K_{稳[Fe(CN)_6]^{4-}}}{K_{稳[Fe(CN)_6]^{3-}}}$$

$$= 0.771 + 0.059\lg\frac{1.0 \times 10^{35}}{1.0 \times 10^{42}} = 0.358 \text{(V)}$$

此时

$$\varphi_{Fe^{3+}/Fe^{2+}} = \varphi_{[Fe(CN)_6]^{3-}/[Fe(CN)_6]^{4-}}^{\ominus} = 0.358 \text{ V}$$

由上面的计算可知,由于 $K_{稳[Fe(CN)_6]^{3-}} > K_{稳[Fe(CN)_6]^{4-}}$,$\varphi_{[Fe(CN)_6]^{3-}/[Fe(CN)_6]^{4-}}^{\ominus} < \varphi_{Fe^{3+}/Fe^{2+}}^{\ominus}$。电极电势值的降低说明氧化态的氧化能力下降,而还原态的还原能力升高,即氧化能力 $Fe^{3+} >$ $[Fe(CN)_6]^{3-}$,还原能力 $Fe^{2+} < [Fe(CN)_6]^{4-}$。同理,可根据 $\varphi^{\ominus}$ 值大小比较配合物的氧化性

大小。例如,由 $\varphi^{\ominus}_{Co^{3+}/Co^{2+}} = 1.84$ V 和 $\varphi^{\ominus}_{[Co(NH_3)_6]^{3+}/[Co(NH_3)_6]^{2+}} = 0.1$ V 可知,$K_{稳[Co(NH_3)_6]^{3+}} > K_{稳[Co(NH_3)_6]^{2+}}$,因此在以上两个电对中,$Co^{3+}$ 是较强氧化剂,$[Co(NH_3)_6]^{2+}$ 是强还原剂。

2. 酸度对电极电势的影响

由能斯特方程可知,如果 OH^- 或 H^+ 参与了电极反应,则溶液的酸度变化会引起电极电势的变化。

【例 8-12】 计算电极 $NO_3^- + 4H^+ + 3e^- \rightleftharpoons NO + 2H_2O$ 在下列条件下的电极电势(298.15 K):
(1) pH=1.00,其他物质均处于标准状态。
(2) pH=7.00,其他物质均处于标准状态。

解 $NO_3^- + 4H^+ + 3e^- \rightleftharpoons NO + 2H_2O$ $\varphi^{\ominus}_{NO_3^-/NO} = 0.96$ V

$$\varphi_{NO_3^-/NO} = \varphi^{\ominus}_{NO_3^-/NO} + \frac{0.059}{n}\lg\frac{[NO_3^-][H^+]^4}{p_{NO}/p^{\ominus}}$$

(1) pH=1.00,$[H^+]=0.10$ mol·L^{-1},则

$$\varphi_{NO_3^-/NO} = 0.96 + \frac{0.059}{3}\lg 0.10^4 = 0.88(V)$$

(2) pH=7.00,$[H^+]=1.0\times10^{-7}$ mol·L^{-1},则

$$\varphi_{NO_3^-/NO} = 0.96 + \frac{0.059}{3}\lg(1.0\times10^{-7})^4 = 0.41(V)$$

计算结果表明,NO_3^- 的氧化能力随酸度的降低而下降。浓 HNO_3 表现出极强的氧化态,而中性的硝酸盐氧化能力很弱。

3. 条件电极电势

当溶液酸度发生改变、存在与氧化态或还原态发生配位、沉淀、水解等副反应以及存在其他电解质时,用能斯特方程计算有关电对的电极电势时,如果采用该电对的标准电极电势,则计算的结果与实际情况相差较大,为此引入条件电极电势。

对于任意电极反应

$$O + ne^- \rightleftharpoons R$$

严格地讲,其电势可通过下式求出:

$$\varphi = \varphi^{\ominus} + \frac{0.059}{n}\lg\frac{a_O}{a_R}$$

实际上知道的是浓度而不是活度。在离子强度较大时,若以浓度代替活度,必须引入相应的活度系数 γ_O、γ_R。考虑到氧化态和还原态副反应的发生,还必须引入相应的副反应系数 α_O、α_R。当引入条件电极电势时,能斯特方程可表示为

$$\varphi = \varphi^{\ominus\prime} + \frac{0.059}{n}\lg\frac{c_O}{c_R}$$

其中

$$\varphi^{\ominus\prime} = \varphi^{\ominus} + \frac{0.059}{n}\lg\frac{\gamma_O \alpha_R}{\gamma_R \alpha_O} \tag{8-3}$$

$\varphi^{\ominus\prime}$ 称为条件电极电势,是指在特定条件下(一定温度和一定介质条件下)氧化态和还原态

的总浓度均为 1 mol·L^{-1} 时，校正了各种外界影响因素之后的实际电极电势。也就是说，条件电极电势只有在条件一定时才是常数。可见，条件电极电势与标准电极电势的关系与配位反应中条件稳定常数与稳定常数的关系类似。条件电极电势的大小说明了在某些外界因素影响下氧化还原电对的实际氧化还原能力。因此，在实际工作中，应用条件电极电势比用标准电极电势更符合实际情况，更能正确地判断氧化还原反应的方向、顺序和反应完全的程度。部分电对的条件电极电势见附录 10。

【例 8-13】 计算 1 mol·L^{-1} HCl 溶液中 $c_{Ce^{4+}} = 1.00 \times 10^{-2}$ mol·L^{-1}，$c_{Ce^{3+}} = 1.00 \times 10^{-3}$ mol·L^{-1} 时 Ce^{4+}/Ce^{3+} 电对的电极电势。

解 查附录 10 得半反应 $Ce^{4+} + e^- \rightleftharpoons Ce^{3+}$ 在 1 mol·L^{-1} HCl 介质中的 $\varphi^{\ominus\prime} = 1.28$ V，则

$$\varphi = \varphi^{\ominus\prime}_{Ce^{4+}/Ce^{3+}} + 0.059 \lg \frac{c_{Ce^{4+}}}{c_{Ce^{3+}}} = 1.28 + 0.059 \lg \frac{1.00 \times 10^{-2}}{1.00 \times 10^{-3}} = 1.34 \text{(V)}$$

在处理有关氧化还原反应的电势计算时，采用条件电极电势是较为合理的，但由于条件电极电势的数据目前还较少，应用还不普遍。对于没有条件电极电势数值的电对，仍采用标准电极电势的数值。

8.3　氧化还原反应的方向和程度

8.3.1　氧化还原反应的方向

氧化剂和还原剂的强弱可用有关电对的电极电势衡量。电对的电势越高，其氧化态的氧化能力越强；电对的电势越低，其还原态的还原能力越强。通常，作为一种氧化剂，可以氧化电势比它低的还原剂；作为一种还原剂，可以还原电势比它高的氧化剂。因此，在氧化还原反应中，较强的氧化剂与较强的还原剂作用，生成较弱的氧化剂和较弱的还原剂，即根据有关电对的电势可以判断反应进行的方向。例如，Fe^{3+} 与 Sn^{2+} 作用生成 Fe^{2+} 与 Sn^{4+} 的反应，电对的标准电极电势如下：

$$\varphi^{\ominus}_{Fe^{3+}/Fe^{2+}} = 0.771 \text{ V}, \qquad \varphi^{\ominus}_{Sn^{4+}/Sn^{2+}} = 0.154 \text{ V}$$

$\varphi^{\ominus}_{Fe^{3+}/Fe^{2+}} > \varphi^{\ominus}_{Sn^{4+}/Sn^{2+}}$，说明在两种氧化剂 Fe^{3+} 和 Sn^{4+} 中，Fe^{3+} 比 Sn^{4+} 容易得到电子，即 Fe^{3+} 是较强的氧化剂；而在两种还原剂 Fe^{2+} 和 Sn^{2+} 中，Sn^{2+} 比 Fe^{2+} 容易失去电子，即 Sn^{2+} 是较强的还原剂。因此，当 Fe^{3+} 与 Sn^{2+} 相遇时，Sn^{2+} 给出电子，Fe^{3+} 接受电子，发生下列氧化还原反应：

$$2Fe^{3+} + Sn^{2+} \rightleftharpoons 2Fe^{2+} + Sn^{4+}$$

显然，反应的方向是从左向右的。

当一种氧化剂可以氧化几种还原剂时，首先被氧化的是最强的还原剂。例如，在含有 Sn^{2+} 和 Fe^{2+} 的酸性溶液中加入 $KMnO_4$，由于 MnO_4^-/Mn^{2+} 电对的标准电极电势为 1.51 V，Sn^{2+} 和 Fe^{2+} 都可以被 MnO_4^- 所氧化。但由于 Sn^{2+} 的还原性比 Fe^{2+} 强，更容易失去电子，因此首先被氧化的是 Sn^{2+}，反应式为

$$2MnO_4^- + 16H^+ + 5Sn^{2+} \rightleftharpoons 2Mn^{2+} + 5Sn^{4+} + 8H_2O$$

同理，当一种还原剂可以还原几种氧化剂时，首先被还原的是最强的氧化剂。也就是说，在实际工作中，当溶液中含有不止一种氧化剂或还原剂，电极电势差大的两种物质首先反应。

【例 8-14】 重铬酸钾法测定铁矿石中的铁时,铁矿石经酸溶解后,为使 $Fe^{3+} \xrightarrow{SnCl_2} Fe^{2+}$ 反应进行完全,应加入过量的 $SnCl_2$。溶液中有 Sn^{2+}、Fe^{2+},用 $K_2Cr_2O_7$ 标准溶液滴定 Fe^{2+} 时,Sn^{2+} 是否干扰?

解 由 $\varphi^{\ominus}_{Cr_2O_7^{2-}/Cr^{3+}} = 1.33$ V,$\varphi^{\ominus}_{Fe^{3+}/Fe^{2+}} = 0.771$ V,$\varphi^{\ominus}_{Sn^{4+}/Sn^{2+}} = 0.154$ V 可知,$Cr_2O_7^{2-}$ 是强的氧化剂,Sn^{2+} 是强的还原剂,二者电势差最大。所以,当用 K_2CrO_7 溶液滴定 Fe^{2+} 时,Sn^{2+} 会干扰测定。因此,必须在滴定前将过量的 Sn^{2+} 除去,才会得到准确的结果。

有些物质既具有氧化剂的性质,又具有还原剂的性质。过氧化氢就是这样一种物质,它在酸性介质中作为氧化剂时的半反应如下:

$$H_2O_2 + 2H^+ + 2e^- = 2H_2O \qquad \varphi^{\ominus}_{H_2O_2/H_2O} = 1.77 \text{ V}$$

H_2O_2 在酸性介质中作为还原剂时的半反应如下:

$$O_2 + 2H^+ + 2e^- = H_2O_2 \qquad \varphi^{\ominus}_{O_2/H_2O_2} = 0.682 \text{ V}$$

例如,在酸性溶液中,H_2O_2 与 I^- 作用时,表现出氧化剂的性质;而 H_2O_2 与 $KMnO_4$ 作用时,又表现出还原剂的性质:

$$2I^- + H_2O_2 + 2H^+ = I_2 + 2H_2O$$
$$2MnO_4^- + 5H_2O_2 + 6H^+ = 2Mn^{2+} + 5O_2 + 8H_2O$$

8.3.2 氧化还原反应的程度

对于可逆的氧化还原反应,其进行的程度可以通过原电池的电动势判断,即当一个氧化还原反应组成的原电池的电动势为零时,没有电流产生,此时反应停止,反应达到平衡。通过有关电对的标准电极电势计算氧化还原反应的平衡常数,并从其平衡常数的大小讨论反应进行的程度。

氧化还原反应的通式为

$$n_2 O_1 + n_1 R_2 \rightleftharpoons n_2 R_1 + n_1 O_2$$

氧化剂和还原剂两个电对的电极电势分别为

$$\varphi_1 = \varphi_1^{\ominus} + \frac{0.059}{n_1} \lg \frac{[O_1]}{[R_1]}$$

$$\varphi_2 = \varphi_2^{\ominus} + \frac{0.059}{n_2} \lg \frac{[O_2]}{[R_2]} \tag{8-4}$$

式中:$\varphi_1^{\ominus}$、$\varphi_2^{\ominus}$ 分别为氧化剂、还原剂两个电对的标准电极电势;n_1、n_2 分别为氧化剂、还原剂半反应中的电子转移数目。当反应达到平衡时,$\varphi_1 = \varphi_2$,即

$$\varphi_1^{\ominus} + \frac{0.059}{n_1} \lg \frac{[O_1]}{[R_1]} = \varphi_2^{\ominus} + \frac{0.059}{n_2} \lg \frac{[O_2]}{[R_2]}$$

整理得

$$n_1 n_2 (\varphi_1^{\ominus} - \varphi_2^{\ominus}) = 0.059 \lg \frac{[R_1]^{n_2}[O_2]^{n_1}}{[O_1]^{n_2}[R_2]^{n_1}} = 0.059 \lg K^{\ominus}$$

则

$$\lg K^{\ominus} = \frac{nE^{\ominus}}{0.059} = \frac{n(\varphi_1^{\ominus} - \varphi_2^{\ominus})}{0.059} \tag{8-5}$$

式中:n 为反应中电子转移数 n_1 和 n_2 的最小公倍数,即氧化还原反应中的电子转移数。由此

可以看出，$E^{\ominus}$ 越大，$K^{\ominus}$ 值越大，反应进行得越完全。

例如，氧化还原反应：$2Fe^{3+} + Sn^{2+} \rightleftharpoons 2Fe^{2+} + Sn^{4+}$，已知 $\varphi^{\ominus}_{Fe^{3+}/Fe^{2+}} = 0.771$ V，$\varphi^{\ominus}_{Sn^{4+}/Sn^{2+}} = 0.154$ V，若在混合的瞬间四种离子的浓度都是 1 mol·L^{-1}，则反应自左向右进行。在反应过程中，Fe^{3+} 和 Sn^{2+} 的浓度逐渐减小，Fe^{2+} 和 Sn^{4+} 的浓度逐渐增大，最后达到平衡，则这个氧化还原反应的平衡常数为

$$K^{\ominus} = \frac{[Fe^{2+}]^2[Sn^{4+}]}{[Fe^{3+}]^2[Sn^{2+}]}$$

$$\lg K^{\ominus} = \frac{n(\varphi^{\ominus}_{Fe^{3+}/Fe^{2+}} - \varphi^{\ominus}_{Sn^{4+}/Sn^{2+}})}{0.059} = \frac{2 \times (0.771 - 0.154)}{0.059} \approx 21$$

$$K^{\ominus} \approx 10^{21}$$

从平衡常数值可见，这个反应达到平衡时，生成物浓度的乘积为反应物浓度乘积的 10^{21} 倍。所以该氧化还原反应进行得非常完全。

氧化还原反应的平衡常数与原电池的标准电动势有关。用测定原电池电动势的方法还可确定弱酸的解离常数、水的离子积、难溶电解质的溶度积常数和配离子的稳定常数等。

【例 8-15】 已知 298.15 K 时下列半反应的 $\varphi^{\ominus}$ 值，求 AgCl 的溶度积常数 K_{sp}。

$$Ag^+ + e^- \rightleftharpoons Ag \qquad \varphi^{\ominus}_{Ag^+/Ag} = 0.799 \text{ V}$$

$$AgCl + e^- \rightleftharpoons Ag + Cl^- \qquad \varphi^{\ominus}_{AgCl/Ag} = 0.222 \text{ V}$$

解 设计一个原电池

$$(-)Ag|AgCl|Cl^-(1.0 \text{ mol·L}^{-1}) \| Ag^+(1.0 \text{ mol·L}^{-1}) | Ag(+)$$

电极反应为

$$Ag^+ + e^- \rightleftharpoons Ag$$
$$-) \quad AgCl + e^- \rightleftharpoons Ag + Cl^-$$

电池反应为

$$Ag^+ + Cl^- \rightleftharpoons AgCl$$

$$E^{\ominus} = \varphi^{\ominus}_{Ag^+/Ag} - \varphi^{\ominus}_{AgCl/Ag} = 0.799 - 0.222 = 0.577(\text{V})$$

$$\lg K^{\ominus} = \frac{nE^{\ominus}}{0.059} \qquad K^{\ominus} = \frac{1}{K_{sp}}$$

当 $n = 1$ 时

$$-\lg K_{sp} = \frac{nE^{\ominus}}{0.059} = 9.78$$

$$K_{sp} = 1.6 \times 10^{-10}$$

上述电池反应并不是氧化还原反应，然而，Ag^+/Ag 与 $AgCl/Ag$ 两个电对确实能组成一对原电池，产生电流。其电极电势差是由于两个半电池中 Ag^+ 浓度的不同而引起的，这样的原电池称为浓差电池。

8.4 氧化还原反应的速率

从电极电势及原电池电动势的大小讨论氧化还原反应进行的方向与程度是可行的，但是对于任何反应，还有一个更为重要的方面是其反应速率的快慢。对于金属腐蚀或橡胶老化等反应，希望进行得越慢越好，而对于化工生产中一些产品的合成，则希望反应能在可控制的速率下进行。影响一个反应速率快慢的主要因素有哪些呢？

8.4.1 有效碰撞与活化能

能导致化学反应的碰撞称为有效碰撞,它至少应满足以下两个条件:①碰撞微粒有足够的动能;②发生有效碰撞还应采取一定的取向。碰撞理论把具有足够高的能量、能够发生有效碰撞的分子称为活化分子。活化分子的最低能量与反应物分子的平均能量之差称为反应的活化能,用符号 E_a 表示。一个反应活化能的大小对反应速率的影响很大,同样条件下,活化能越大,活化分子所占的百分数越小,则单位体积内反应物分子的有效碰撞频率越低,反应速率越慢。

8.4.2 浓度对反应速率的影响

在氧化还原反应中,由于反应机理比较复杂,因此不能从总的氧化还原反应方程式来判断反应物浓度对反应速率的影响程度。但一般说来,反应物的浓度越大,反应速率越大。

例如,在酸性溶液中,一定量的 $K_2Cr_2O_7$ 与 KI 反应:

$$Cr_2O_7^{2-} + 6I^- + 14H^+ = 2Cr^{3+} + 3I_2 + 7H_2O$$

此反应速率较慢,增大 I^- 的浓度或提高溶液的酸度可加速反应。实验证明,在 0.4 mol·L^{-1} 酸度下,KI 过量约 5 倍,放置 5 min 反应即进行完全。

8.4.3 温度对反应速率的影响

实践证明,对于大多数反应来说,溶液的温度每升高 10 ℃,反应速率增大 2~3 倍。例如,在酸性溶液中,MnO_4^- 与 $C_2O_4^{2-}$ 的反应为

$$2MnO_4^- + 5C_2O_4^{2-} + 16H^+ = 2Mn^{2+} + 10CO_2 + 8H_2O$$

从标准电极电势来看,$\varphi^{\ominus}_{MnO_4^-/Mn^{2+}} = 1.45 \text{ V}$,$\varphi^{\ominus}_{CO_2/C_2O_4^{2-}} = 0.49 \text{ V}$,反应是可能进行完全的。但在室温下这个反应速率较小,将溶液加热可使反应速率增大,所以用 $KMnO_4$ 溶液滴定 $H_2C_2O_4$ 时,通常将溶液加热至 75~85 ℃。

应该注意,不是所有的情况下都可以用升高溶液温度的办法增大反应速率。有些物质(如 I_2)具有挥发性,如将溶液加热,则会引起挥发损失;有些物质(如 Sn^{2+}、Fe^{2+} 等)很容易被空气中的氧气氧化,如将溶液加热,就会促进它们的氧化,从而引起误差。在这些情况下,如果要提高反应的速率,就只有采用其他办法。

8.4.4 催化剂对反应速率的影响

催化剂是指能够参加化学反应,但在反应前后其数量及性质均不发生改变的一类物质。从活化能的角度看,催化剂由于可参加化学反应,改变了原有的反应过程,降低了反应的活化能,在相同温度、浓度条件下使活化分子的比例大幅度增加,从而加快了反应速率。

例如,在酸性溶液中,MnO_4^- 与 $C_2O_4^{2-}$ 的反应速率缓慢,若加入 Mn^{2+},就能促进反应迅速地进行。反应机理可能如下:

$$Mn(\text{Ⅶ}) \xrightarrow{Mn(\text{Ⅱ})} Mn(\text{Ⅵ}) \xrightarrow{Mn(\text{Ⅱ})} Mn(\text{Ⅳ}) \xrightarrow{Mn(\text{Ⅱ})} Mn(\text{Ⅲ})$$

$$Mn(\text{Ⅲ}) \xrightarrow{C_2O_4^{2-}} MnC_2O_4^+, Mn(C_2O_4)_2^-, Mn(C_2O_4)_3^{3-} \longrightarrow Mn(\text{Ⅱ}) + CO_2$$

如果不加 Mn^{2+}，而利用 MnO_4^- 与 $C_2O_4^{2-}$ 发生作用后生成的微量 Mn^{2+} 作催化剂，反应也可以进行，这种生成物本身就能起催化作用的反应称为自动催化反应。它在开始时反应速率较小，随着生成物（催化剂）的增多，反应速率就逐渐增大，经过一最高点后，由于反应物的浓度越来越低，反应速率又逐渐降低。这是自动催化反应的一个特点。

生物体内的各种化学变化是在酶的催化下进行的，所以酶是一种生物化学催化剂。具有催化作用的蛋白质称为酶。它与其他蛋白质一样，主要由氨基酸组成。酶的催化作用与一般催化剂的共性是：用量少而催化效率高，虽然酶在细胞内的相对含量很低，却能使一个慢速反应变为快速反应；酶仅能改变化学反应的速率，并不能改变化学平衡；反应前后酶本身也不发生变化。但是，酶作为生物催化剂，与一般的催化剂又有所不同，主要是酶的催化效率极高、具有高度的专一性、作用条件温和。酶很不稳定，更易失去活性。所以酶的作用一般都要求在常温、常压、接近中性等条件下进行，而在高温、强酸、强碱等条件下都能使酶破坏，以致完全失去活性。

从上面的讨论中可见，为了使氧化还原反应能按所需方向定量地、迅速地进行，选择和控制适当的反应条件（包括温度、浓度和酸度等）是十分必要的。

8.5 元素电势图及其应用

8.5.1 元素电势图

当一个元素具有多种氧化态时，其任意两个氧化态可以组成一个电对，构成一个电极。在一定条件下将元素的多个氧化态由高到低排布，各不同氧化数物种之间用直线连接起来，在直线上标出两种不同氧化数物种所组成电对的标准电极电势。这种表明元素各种氧化数物种之间标准电极电势关系的图解称为元素的标准电极电势图，简称元素电势图。

例如，酸性条件下碘的元素电势图为

$$H_5IO_6 \xrightarrow{1.60\ V} IO_3^- \xrightarrow{1.13\ V} HIO \xrightarrow{1.45\ V} I_2 \xrightarrow{0.53\ V} I^-$$
（上方：$1.20\ V$；下方：$0.99\ V$）

碱性条件下碘的元素电势图为

$$H_3IO_6^{2-} \xrightarrow{0.70\ V} IO_3^- \xrightarrow{0.56\ V} IO^- \xrightarrow{0.44\ V} I_2 \xrightarrow{0.53\ V} I^-$$
（下方：$0.49\ V$）

8.5.2 元素电势图的应用

从元素电势图不仅可以全面地看出一种元素各氧化态之间的电极电势高低和相互关系，而且可以判断哪些氧化态在酸性或碱性溶液中能稳定存在。现介绍以下几方面的应用。

1. 计算任意电对的电极电势

利用电势图可以计算出任意两个电对之间的电极电势的大小。从已知电对计算未知电对的电极电势时，在电对的变化过程中，电对的电势与转移电子数的乘积遵循以下关系：

$$\varphi^{\ominus} = \frac{n_1\varphi_1^{\ominus} + n_2\varphi_2^{\ominus} + n_3\varphi_3^{\ominus} + \cdots}{n_1 + n_2 + n_3 + \cdots} \tag{8-6}$$

式中:$\varphi^{\ominus}$代表不相邻电对的标准电极电势;$\varphi_1^{\ominus}$、$\varphi_2^{\ominus}$、$\varphi_3^{\ominus}$、$\cdots$分别代表依次相邻电对的标准电极电势;n_1、n_2、n_3、$\cdots$分别代表依次相邻电对中转移电子的物质的量;$n_1 + n_2 + n_3 + \cdots$代表不相邻电对中转移电子的物质的量。

在酸性条件下碘的电势图中,计算由高碘酸与碘离子组成电极的电极电势,有如下的关系式存在:

$$n_{H_5IO_6/I^-}\varphi^{\ominus}_{H_5IO_6/I^-} = n_{H_5IO_6/IO_3^-}\varphi^{\ominus}_{H_5IO_6/IO_3^-} + n_{IO_3^-/I_2}\varphi^{\ominus}_{IO_3^-/I_2} + n_{I_2/I^-}\varphi^{\ominus}_{I_2/I^-}$$

即

$$8\varphi^{\ominus}_{H_5IO_6/I^-} = 2 \times 1.6 + 5 \times 1.20 + 1 \times 0.53$$

则

$$\varphi^{\ominus}_{H_5IO_6/I^-} = \frac{2 \times 1.6 + 5 \times 1.20 + 1 \times 0.53}{8} = 1.22(\text{V})$$

2. 判断元素某氧化态的稳定性及两种氧化态是否可共存

【例 8-16】 已知酸性条件下铜的元素电势图为 $Cu^{2+} \xrightarrow{0.159\ V} Cu^+ \xrightarrow{0.52\ V} Cu$,试说明为什么酸性溶液中不存在 Cu^+。

解 从电势图可以看出,在酸性条件下,Cu^+作为氧化剂时的电势为 0.52 V,而作为还原剂时其电势为 0.159 V,因此可以发生自身氧化还原反应:

$$2Cu^+ = Cu + Cu^{2+}$$

这种自身氧化还原反应称为歧化反应。歧化反应是指同一物质的分子或离子中同一价态的同一元素间发生的氧化还原反应。同一价态的元素在发生氧化还原反应过程中发生了"氧化数变化上的分歧",有些升高,有些降低。歧化反应是自身氧化还原反应的一种特殊类型。在元素电势图中,如果一个氧化态右边的电势比左边的大,则该氧化态在给定的条件下能够发生歧化反应。例如,碘在酸性条件下的电势中次碘酸是不稳定的,可以发生歧化,因此在酸性条件下不存在次碘酸。

【例 8-17】 已知酸性条件下锡的元素电势图为 $Sn^{4+} \xrightarrow{0.154\ V} Sn^{2+} \xrightarrow{-0.136\ V} Sn$,试判断 Sn^{4+} 与 Sn 能否共存于同一溶液。

解 Sn^{4+} 作为氧化剂时的电势为 0.154 V,而 Sn 作为还原剂时的电势为 -0.136 V,所以可以发生氧化还原反应:

$$Sn^{4+} + Sn = 2Sn^{2+}$$

因此,Sn^{4+} 与 Sn 不能共存于同一溶液中,这就是在配制容易被氧化的 $SnCl_2$ 溶液时,溶液中常要加入几颗金属锡粒的原因。

这种含有同一元素的不同价态的两种物质发生反应,生成只含有该元素中间价态的物质的反应称为反歧化反应,又称为归中反应。发生归中反应的条件是要符合中间价态理论:含有同一元素的不同价态的两种物质,只有当这种元素有中间价态时,才有可能发生归中反应。如果一个氧化态左边的电势比其右边的电势要高,则其两端的物种不能共存于同一溶液。

8.6 氧化还原滴定法

氧化还原滴定法是以氧化还原反应为基础的滴定分析法。通常可以采用适当的氧化剂作滴定剂直接测定具有还原性物质的含量,或用适当的还原剂作滴定剂测定具有氧化性物质的含量。氧化还原反应是电子转移的过程,情况比较复杂。氧化还原反应通常是分步进行的,速度快慢也不同,而且在主反应进行的同时常伴有副反应,因此控制反应条件显得尤为重要。此外,在氧化还原滴定中采用多种氧化滴定剂或还原滴定剂,一般按照滴定剂分为各种不同的方法,如高锰酸钾法、重铬酸钾法、碘量法、溴酸钾法和铈量法等。

8.6.1 氧化还原滴定法基本原理

1. 氧化还原滴定曲线

氧化还原滴定同其他滴定方法一样,随着标准溶液的不断加入,溶液的性质不断发生变化。在氧化还原滴定中,物质的氧化态或还原态浓度随着滴定剂的加入而逐渐改变,电对的电势也随之发生改变,这种电势的改变可用滴定曲线表示。滴定曲线可通过实验测得的数据进行描绘,也可以用能斯特方程计算后绘制。

1) 滴定曲线的绘制

现以在 1 mol·L^{-1} H$_2$SO$_4$ 溶液中,用 0.1000 mol·L^{-1} Ce(SO$_4$)$_2$ 滴定 20.00 mL 0.1000 mol·L^{-1} FeSO$_4$ 溶液为例,说明滴定过程中可逆的、对称的电对[①]的电极电势的计算方法。滴定反应为

$$Ce^{4+} + Fe^{2+} \rightleftharpoons Ce^{3+} + Fe^{3+}$$

滴定开始后,溶液中同时存在两个电对,根据能斯特方程,两个电对的电极电势分别为

$$\varphi_{Fe^{3+}/Fe^{2+}} = \varphi^{\ominus\prime}_{Fe^{3+}/Fe^{2+}} + 0.059\lg\frac{c_{Fe^{3+}}}{c_{Fe^{2+}}} \qquad \varphi^{\ominus\prime}_{Fe^{3+}/Fe^{2+}} = 0.68 \text{ V}$$

$$\varphi_{Ce^{4+}/Ce^{3+}} = \varphi^{\ominus\prime}_{Ce^{4+}/Ce^{3+}} + 0.059\lg\frac{c_{Ce^{4+}}}{c_{Ce^{3+}}} \qquad \varphi^{\ominus\prime}_{Ce^{4+}/Ce^{3+}} = 1.44 \text{ V}$$

由平衡原理可知,在滴定过程中的任意一点,只要体系达到平衡,两电对的电极电势相等,即 $\varphi_{Fe^{3+}/Fe^{2+}} = \varphi_{Ce^{4+}/Ce^{3+}}$。因此,溶液中各平衡点的电极电势可以选择比较便于计算的任何一个电对来计算。各滴定阶段电极电势的计算方法如下:

(1) 滴定开始至化学计量点前:滴入的 Ce^{4+} 几乎完全被还原成 Ce^{3+},Ce^{4+} 浓度极小,不易直接求得。相反,知道了滴定百分数,$c_{Fe^{2+}}/c_{Fe^{3+}}$ 值也就易于确定。此时,用 Fe^{3+}/Fe^{2+} 电对计算电极电势的变化比较方便。

例如,滴入 Ce^{4+} 标准溶液 10.00 mL 时,有 50% 的 Fe^{2+} 被氧化成 Fe^{3+},此时,电极电势为

$$\varphi_{Fe^{3+}/Fe^{2+}} = 0.68 + 0.059\lg\frac{50}{50} = 0.68(\text{V})$$

当滴入 Ce^{4+} 标准溶液 19.98 mL 时,有 99.9% 的 Fe^{2+} 被氧化成 Fe^{3+},剩余 0.1% 的 Fe^{2+},则

---

① 对称的电对是指氧化还原半反应中氧化态与还原态的系数相同的电对,如 Fe^{3+} + e$^-$ ⇌ Fe^{2+};而不对称的电对是指氧化态与还原态的系数不同的电对,如 Cl$_2$ + 2e$^-$ ⇌ 2Cl$^-$。

$$\varphi_{Fe^{3+}/Fe^{2+}} = 0.68 + 0.059 \lg \frac{99.9}{0.1} = 0.68 + 0.059 \lg 10^3 = 0.86(V)$$

同样,可以计算 Ce^{4+} 标准溶液不同滴入量时的 $\varphi_{Fe^{3+}/Fe^{2+}}$。

(2) 化学计量点时:当滴入 20.00 mL Ce^{4+} 标准溶液时,反应达到化学计量点。此时 $c_{Ce^{4+}}$ 和 $c_{Fe^{2+}}$ 都很小,不易直接求出,不能单独按某一电对计算 φ 值。但两电对的电极电势相等,故可以由两电对的能斯特方程联立求得。

设化学计量点的电势为 φ_{sp},则

$$\varphi_{sp} = \varphi_{Ce^{4+}/Ce^{3+}} = 1.44 + 0.059 \lg \frac{c_{Ce^{4+}}}{c_{Ce^{3+}}}$$

$$\varphi_{sp} = \varphi_{Fe^{3+}/Fe^{2+}} = 0.68 + 0.059 \lg \frac{c_{Fe^{3+}}}{c_{Fe^{2+}}}$$

两式相加,得

$$2\varphi_{sp} = 1.44 + 0.68 + 0.059 \lg \frac{c_{Ce^{4+}} c_{Fe^{3+}}}{c_{Ce^{3+}} c_{Fe^{2+}}}$$

根据等物质的量原则,化学计量点时

$$c_{Ce^{4+}} = c_{Fe^{2+}}, \qquad c_{Ce^{3+}} = c_{Fe^{3+}}, \qquad \lg \frac{c_{Ce^{4+}} c_{Fe^{3+}}}{c_{Ce^{3+}} c_{Fe^{2+}}} = 0$$

则

$$\varphi_{sp} = \frac{\varphi^{\ominus\prime}_{Fe^{3+}/Fe^{2+}} + \varphi^{\ominus\prime}_{Ce^{4+}/Ce^{3+}}}{2} = \frac{0.68 + 1.44}{2} = 1.06(V)$$

对于一般的可逆对称氧化还原反应:

$$n_2 O_1 + n_1 R_2 \rightleftharpoons n_2 R_1 + n_1 O_2$$

可用类似方法求得其化学计量点时的电势 φ_{sp}:

$$\varphi_{sp} = \frac{n_1 \varphi^{\ominus\prime}_1 + n_2 \varphi^{\ominus\prime}_2}{n_1 + n_2} \tag{8-7}$$

式(8-7)即为可逆对称氧化还原反应化学计量点的计算式。

如果电对的氧化态和还原态的系数不相等,即不对称。例如

$$Cr_2O_7^{2-} + 6Fe^{2+} + 14H^+ \rightleftharpoons 2Cr^{3+} + 6Fe^{3+} + 7H_2O$$

则 φ_{sp} 除与两电对的 $\varphi^{\ominus\prime}_1$ 及 n 有关,还与离子的浓度有关,不能用式(8-7)计算,在此不作推导。

(3) 化学计量点后:在化学计量点后,Fe^{2+} 几乎全部被氧化成 Fe^{3+},Fe^{2+} 的浓度不易直接求出,溶液中 Ce^{3+}、Ce^{4+} 的浓度均易求得,故此时溶液的电势用 Ce^{4+}/Ce^{3+} 电对计算比较方便。

当滴入 Ce^{4+} 标准溶液 20.02 mL 时,过量 0.1%,则

$$\varphi_{Ce^{4+}/Ce^{3+}} = 1.44 + 0.059 \lg \frac{0.1}{100} = 1.44 + 0.059 \lg 10^{-3} = 1.26(V)$$

同理,可以计算过量 Ce^{4+} 标准溶液不同量时的 $\varphi_{Ce^{4+}/Ce^{3+}}$。将计算结果绘成滴定曲线,如图 8-6 所示。由滴定曲线可见,从化学计量点前 Fe^{2+} 剩余 0.1% 到化学计量点后 Ce^{4+} 过量 0.1%,溶液的电势增加了 0.40 V,有一个较大的突跃范围,此突跃范围可作为选择指示剂的依据。

2）突跃范围及影响因素

化学计量点附近电势突跃的大小与氧化态和还原态两电对的条件电极电势相差的大小有关。电极电势相差越大，滴定突跃也越大；反之，则较小。例如，在 1 mol·L^{-1} HCl 溶液中，用 Fe^{3+} 标准溶液滴定 Sn^{2+}（$\varphi^{\ominus\prime}_{\mathrm{Sn}^{4+}/\mathrm{Sn}^{2+}}=0.14$ V）时，其电势突跃部分（0.23～0.50 V）就比上例的电势突跃（0.86～1.26 V）小。突跃范围越大，越有利于指示剂的选择。

氧化还原滴定曲线常因介质的不同而改变其位置和突跃范围的大小。例如，图 8-7 是用 KMnO$_4$ 溶液在不同介质中滴定 Fe^{2+} 的滴定曲线。

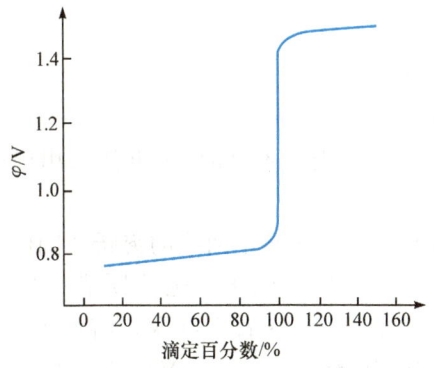

图 8-6　0.1000 mol·L^{-1} Ce^{4+} 滴定 0.1000 mol·L^{-1} Fe^{2+} 的滴定曲线

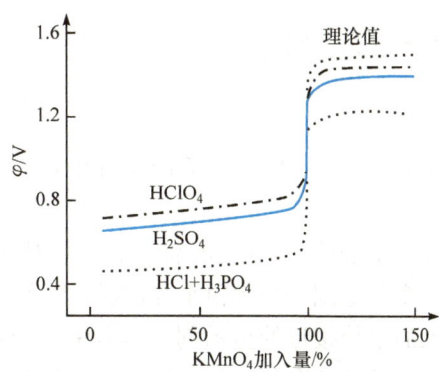

图 8-7　用 KMnO$_4$ 溶液在不同介质中滴定 Fe^{2+} 的滴定曲线

由图 8-7 可以看出：化学计量点前，电势由被滴定剂的电对决定，有利于降低被滴定剂氧化态浓度的介质将使该电对的电势值降低，突跃范围增大；化学计量点后，电势按滴定剂电对的电势计算，有利于增加滴定剂电对的氧化态浓度的介质将使该电对的电势值升高，突跃范围增大。

2. 检测终点的方法

在氧化还原滴定中，除了用电势法确定终点外，还常采用下面各类指示剂在化学计量点附近的颜色变化指示滴定终点。

1）氧化还原指示剂

氧化还原指示剂是本身具有氧化还原性质的有机化合物，其氧化态和还原态具有不同的颜色。在滴定过程中指示剂由氧化态得到电子转变为还原态，或由还原态失去电子转变为氧化态，根据颜色的变化指示终点。例如，用 K$_2$Cr$_2$O$_7$ 溶液滴定 Fe^{2+}，用二苯胺磺酸钠作指示剂。二苯胺磺酸钠的还原态为无色，氧化态为紫色。滴定到化学计量点时，少许过量的 K$_2$Cr$_2$O$_7$ 就能使二苯胺磺酸钠氧化，溶液由无色变为紫红色，以指示滴定终点。

现用 O$_{\mathrm{In}}$ 和 R$_{\mathrm{In}}$ 分别表示指示剂的氧化态和还原态，其氧化还原电对为 O$_{\mathrm{In}}$/R$_{\mathrm{In}}$，电极反应为

$$\mathrm{O_{In}} + n\mathrm{e}^- \rightleftharpoons \mathrm{R_{In}}$$

随着滴定过程中溶液电势的变化，指示剂的 $c_{\mathrm{O_{In}}}/c_{\mathrm{R_{In}}}$ 也按能斯特方程的关系而变化：

$$\varphi = \varphi^{\ominus\prime}_{\mathrm{In}} + \frac{0.059}{n}\lg\frac{c_{\mathrm{O_{In}}}}{c_{\mathrm{R_{In}}}}$$

与酸碱指示剂的颜色变化情况相似,当 $c_{O_{In}} = c_{R_{In}}$ 时,O_{In} 和 R_{In} 各占 50%,溶液显中间色,$\varphi = \varphi_{In}^{\ominus\prime}$,此时溶液的电势称为指示剂的理论变色点,其值等于条件电极电势(或标准电极电势)。

当 $c_{O_{In}}/c_{R_{In}} \geqslant 10$ 时,溶液呈现氧化态颜色,此时

$$\varphi \geqslant \varphi_{In}^{\ominus\prime} + \frac{0.059}{n}\lg 10 = \varphi_{In}^{\ominus\prime} + \frac{0.059}{n}$$

当 $c_{O_{In}}/c_{R_{In}} \leqslant 1/10$ 时,溶液呈现还原态颜色,此时

$$\varphi \leqslant \varphi_{In}^{\ominus\prime} + \frac{0.059}{n}\lg 0.1 = \varphi_{In}^{\ominus\prime} - \frac{0.059}{n}$$

故指示剂的变色范围为

$$\varphi_{In}^{\ominus\prime} \pm \frac{0.059}{n} \tag{8-8}$$

在实际工作中,式(8-8)采用条件电极电势比较合适,当查不到时,可近似采用标准电极电势。

选择指示剂的原则:指示剂的变色范围应全部或部分落在滴定曲线的突跃范围内。由于指示剂的变色范围一般都很小,故选择指示剂时只需选择变色点的电势在突跃范围内,或与化学计量点的电势接近的指示剂,以减小终点误差。例如,1 mol·L^{-1} H$_2$SO$_4$ 溶液中,用 Ce^{4+} 滴定 Fe^{2+},滴定突跃为 0.86~1.26 V,选择邻苯胺基苯甲酸($\varphi_{In}^{\ominus\prime}$=0.89 V)或邻二氮菲亚铁盐($\varphi_{In}^{\ominus\prime}$=1.06 V)为指示剂都是适宜的。

几种常用的氧化还原指示剂如表 8-2 所示。

表 8-2 常用的氧化还原指示剂

指示剂	$\varphi_{In}^{\ominus\prime}$/V [H$^+$]=1 mol·L^{-1}	颜色变化 氧化态	颜色变化 还原态	配制方法
次甲基蓝	0.36	蓝	无色	0.05 g 指示剂溶于少量水中,稀释至 100 mL
二苯胺	0.76	紫	无色	1 g 指示剂溶于 100 mL 含 2 mL H$_2$SO$_4$ 溶液中
二苯胺磺酸钠	0.85	紫红	无色	0.8 g 指示剂加 2 g Na$_2$CO$_3$,加水稀释至 100 mL
邻苯氨基苯甲酸	0.89	紫红	无色	0.11 g 指示剂溶于 20 mL 5 g·100 mL^{-1} Na$_2$CO$_3$ 溶液,用水稀释至 100 mL
邻二氮菲亚铁盐	1.06	浅蓝	红	1.624 g 邻二氮菲和 0.695 g FeSO$_4$·7H$_2$O 溶于少量水中,稀释至 100 mL
5-硝基邻二氮菲亚铁盐	1.25	浅蓝	紫红	1.7 g 5-硝基邻二氮菲溶于 100 mL 0.025 mol·L^{-1} FeSO$_4$ 溶液

2) 自身氧化还原指示剂

在氧化还原滴定中利用标准溶液本身的颜色变化指示终点,称为自身氧化还原指示剂。例如,KMnO$_4$ 作为标准溶液滴定无色或浅色的还原物质溶液时,由于 MnO$_4^-$ 本身呈深紫色,反应后被还原成无色的 Mn^{2+},只要 MnO$_4^-$ 稍微过量,就可使溶液呈粉红色,指示滴定终点的到达,此时,$c_{\frac{1}{5}KMnO_4} = 1 \times 10^{-5}$ mol·L^{-1},非常灵敏。同时由于过量 KMnO$_4$ 的量很小,对分析结果影响不大。

3)专属指示剂

有些物质本身不具有氧化还原性,但能与氧化剂或还原剂产生特殊的颜色,可以指示滴定终点。例如,可溶性淀粉与游离碘生成深蓝色配合物的反应就是专属反应。当 I_2 被还原为 I^- 时,蓝色消失;当 I^- 被氧化成 I_2 时,蓝色出现。溶液中只要有少量的 I_2(浓度约为 5×10^{-5} mol·L^{-1}),即能看到蓝色,反应极灵敏。因此,常采用淀粉作为碘量法的专属指示剂。

8.6.2 氧化还原滴定前的预处理

1. 预氧化和预还原

在氧化还原滴定中,常将待测组分先氧化为高价状态后再用还原剂标准溶液滴定;或先还原为低价状态后再用氧化剂标准溶液滴定。这种滴定前使待测组分转变适当价态的步骤称为预氧化(preoxidation)或预还原(prereduction)。在进行氧化还原滴定之前,必须使欲测组分处于一定的价态,因此通常需要对待测组分进行预处理。

1)预氧化剂或预还原剂必须符合的条件
(1) 必须将待测组分定量地氧化或还原。
(2) 反应速率快。
(3) 反应具有一定的选择性。
(4) 过量的氧化剂或还原剂要易于除去。

2)除去过量的氧化剂或还原剂的方法
(1) 加热分解。例如,$(NH_4)_2S_2O_8$ 等可采用加热煮沸分解而除去。
(2) 过滤。例如,$NaBiO_3$ 不溶于水,可采用过滤法除去。
(3) 利用化学反应。例如,用 $HgCl_2$ 可除去过量的 $SnCl_2$,其反应为

$$SnCl_2 + 2HgCl_2 = SnCl_4 + Hg_2Cl_2 \downarrow$$

生成的 Hg_2Cl_2 沉淀不被一般滴定剂氧化,不必过滤除去。

2. 预还原剂和预氧化剂

常用的预还原剂和预氧化剂列于表 8-3 和表 8-4。

表 8-3 常用的预还原剂

还原剂	反应条件	主要应用	除去方法
SO_2 $SO_2 + 2H_2O = SO_4^{2-} + 4H^+ + 2e^-$ $\varphi^\ominus = 0.17$ V	1 mol·L^{-1} H_2SO_4 (SCN^- 共存,加速反应)	$Fe^{3+} \to Fe^{2+}$ $As(V) \to As(III)$ $Sb(V) \to Sb(III)$ $Cu(II) \to Cu(I)$	煮沸,通 CO_2
$SnCl_2$ $Sn^{2+} = Sn^{4+} + 2e^-$ $\varphi^\ominus = 0.15$ V	酸性,加热	$Fe^{3+} \to Fe^{2+}$ $Mo(VI) \to Mo(V)$ $As(V) \to As(III)$	快速加入过量的 $HgCl_2$ $Sn^{2+} + 2HgCl_2 =$ $Sn^{4+} + Hg_2Cl_2 \downarrow + 2Cl^-$

续表

还原剂	反应条件	主要应用	除去方法
锌-汞齐还原柱	H_2SO_4 介质	$Fe^{3+} \to Fe^{2+}$ $Cr^{3+} \to Cr^{2+}$ $Ti(Ⅳ) \to Ti(Ⅲ)$ $V(Ⅴ) \to V(Ⅱ)$	
盐酸肼、硫酸肼或肼	酸性	$As(Ⅴ) \to As(Ⅲ)$	浓 H_2SO_4，加热
汞阴极	恒定电势下	$Fe^{3+} \to Fe^{2+}$ $Cr^{3+} \to Cr^{2+}$	

表 8-4　常用的预氧化剂

氧化剂	反应条件	主要应用	除去方法
$(NH_4)_2S_2O_8$ $S_2O_8^{2-} + 2e^- \rightleftharpoons 2SO_4^{2-}$ $\varphi^\ominus = 2.01\ V$	酸性 Ag^+ 作催化剂	$Mn^{2+} \to MnO_4^-$ $Cr^{3+} \to Cr_2O_7^{2-}$ $Ce^{3+} \to Ce^{4+}$ $VO^{2+} \to VO_3^-$	煮沸分解
$NaBiO_3$ $NaBiO_3(固体) + 6H^+ + 2e^- \rightleftharpoons Bi^{3+} + Na^+ + 3H_2O$ $\varphi^\ominus = 1.80\ V$	室温，HNO_3 介质 H_2SO_4 介质	$Mn^{2+} \to MnO_4^-$ $Ce^{3+} \to Ce^{4+}$	过滤
H_2O_2 $H_2O_2 + 2e^- \rightleftharpoons 2OH^-$ $\varphi^\ominus = 0.88\ V$	NaOH 介质 HCO_3^- 介质 碱性介质	$Cr^{3+} \to CrO_4^{2-}$ $Co^{2+} \to Co^{3+}$ $Mn(Ⅱ) \to Mn(Ⅳ)$	煮沸分解，加少量 Ni^{2+} 或 I^- 作催化剂，加速 H_2O_2 分解
高锰酸盐	焦磷酸盐和氟化物，Cr^{3+} 存在时	$Ce^{3+} \to Ce^{4+}$ $VO^{2+} \to VO_3^-$	亚硝酸钠和尿素
高氯酸	热、浓 $HClO_4$	$Cr^{3+} \to Cr_2O_7^{2-}$ $VO^{2+} \to VO_3^-$	迅速冷却至室温，用水稀释

3. 有机物的除去

试样中存在的有机物往往干扰测定，因为具有氧化还原性质或配位性质的有机物会使溶液的电势发生变化。为此，必须在测定之前进行预处理，以除去试样中的有机物。常用方法有干法灰化和湿法灰化等。干法灰化是在高温下使有机物被空气中的氧或纯氧氧化而破坏；湿法灰化是使用氧化性酸（如 HNO_3、H_2SO_4、$HClO_4$），于它们的沸点时使有机物分解除去。

8.6.3　常用的氧化还原滴定法

1. 高锰酸钾法

1) 方法简介

用 $KMnO_4$ 作滴定剂进行滴定分析的方法称为高锰酸钾法。$KMnO_4$ 是一种强氧化剂，它

的氧化作用与溶液的酸度有关,在强酸性溶液中与还原性物质作用时,其半反应为

$$MnO_4^- + 8H^+ + 5e^- \rightleftharpoons Mn^{2+} + 4H_2O \qquad \varphi_{MnO_4^-/Mn^{2+}}^{\ominus} = 1.51 \text{ V}$$

在微酸性、中性或弱碱性溶液中,MnO_4^- 被还原为 MnO_2(褐色),其半反应为

$$MnO_4^- + 2H_2O + 3e^- \rightleftharpoons MnO_2 + 4OH^- \qquad \varphi_{MnO_4^-/MnO_2}^{\ominus} = 0.588 \text{ V}$$

在强碱性介质(2 mol·L^{-1} NaOH)中,MnO_4^- 被还原为 MnO_4^{2-},其半反应为

$$MnO_4^- + e^- \rightleftharpoons MnO_4^{2-} \qquad \varphi_{MnO_4^-/MnO_4^{2-}}^{\ominus} = 0.564 \text{ V}$$

由于高锰酸钾在强酸性溶液中 φ 值较高,氧化能力强,同时生成的 Mn^{2+} 接近无色,便于终点观察,因此高锰酸钾滴定多在强酸性溶液中进行。通常选用硫酸为介质,不宜使用硝酸或盐酸溶液。因 Cl^- 具有还原性,能还原高锰酸钾,这样就过多消耗了高锰酸钾溶液;而 HNO_3 具有氧化性,可能会氧化某些被滴定物质,高锰酸钾的用量就会减少。

高锰酸钾法的优点是:

(1) 氧化能力强,应用范围广,可直接或间接测定许多物质。

(2) 用它滴定无色或浅色溶液时,一般不需要另加指示剂。

主要缺点是:试剂常含少量杂质,标准溶液不够稳定,需要经常标定;此外,由于氧化能力强,干扰也较多。

2) 高锰酸钾溶液的配制和标定

纯的 $KMnO_4$ 溶液相当稳定,实际上由于各种因素的影响,$KMnO_4$ 溶液易分解:

$$4KMnO_4 + 2H_2O \rightleftharpoons 4MnO_2 + 3O_2 \uparrow + 4KOH$$

高锰酸钾固体中常含有少量杂质(如二氧化锰、硫酸盐、氯化物等),不能用来直接配制标准溶液。配制方法如下:

(1) 称取稍多于理论量的高锰酸钾固体,溶于一定体积的水中。

(2) 加热煮沸并保持微沸 1 h(去除少量的有机物质),冷却后储存于棕色瓶中。

(3) 于暗处放置数天,使溶液中可能存在的还原性物质完全氧化。

(4) 用微孔玻璃漏斗过滤去除 MnO_2 沉淀之后再进行标定,储存于棕色瓶中,置于暗处以避免 $KMnO_4$ 的催化分解。久置的 $KMnO_4$ 溶液应重新标定其浓度。

标定 $KMnO_4$ 溶液的基准物质有 $H_2C_2O_4 \cdot 2H_2O$、$FeSO_4 \cdot (NH_4)_2SO_4 \cdot 6H_2O$、$Na_2C_2O_4$、$As_2O_3$ 及纯铁丝等。$Na_2C_2O_4$ 性质稳定,不含结晶水,容易提纯,是最常用的基准物质。$Na_2C_2O_4$ 在 105~110 ℃ 烘干 2 h 后冷却即可使用。

为了使反应能够定量地顺利进行,应注意以下滴定条件:

(1) 温度。室温下此反应速率缓慢,需将其加热至 75~85 ℃,但温度不宜过高,否则在酸性溶液中会使部分 $H_2C_2O_4$ 分解为 CO_2、CO 和 H_2O。

(2) 酸度。为了使滴定反应能够正常地进行,溶液应保持足够的酸度。一般在滴定开始时溶液的酸度约为 1 mol·L^{-1}。酸度不够时容易生成 MnO_2 沉淀;酸度过高又会促使 $H_2C_2O_4$ 分解。

(3) 滴定速度。滴定速度不宜过快,以免引起 $KMnO_4$ 在热的酸性溶液中发生分解:

$$4MnO_4^- + 12H^+ \rightleftharpoons 4Mn^{2+} + 5O_2 + 6H_2O$$

(4) 催化剂。用 $KMnO_4$ 进行滴定时,最初加入的几滴溶液褪色较慢。当 $KMnO_4$ 与 $Na_2C_2O_4$ 作用完全后生成 Mn^{2+},反应速率逐渐加快。因此,在滴定前加入几滴 $MnSO_4$ 溶液可加快反应速率。

(5) 滴定终点。用 $KMnO_4$ 滴定至终点后,溶液的颜色不能持久。这是因为空气中的还原性气体和灰尘都可与 MnO_4^- 缓慢作用,从而使溶液的颜色消失,故若 0.5～1 min 不褪色,就可认为终点已到。

2. 重铬酸钾法

1) 方法简介

用重铬酸钾溶液作氧化剂进行滴定分析的方法称为重铬酸钾法。重铬酸钾也是一种较强的氧化剂,在酸性介质中与还原剂作用,$Cr_2O_7^{2-}$ 得到 6 个电子,被还原为 Cr^{3+}:

$$Cr_2O_7^{2-} + 14H^+ + 6e^- \rightleftharpoons 2Cr^{3+} + 7H_2O \qquad \varphi^{\ominus}_{Cr_2O_7^{2-}/Cr^{3+}} = 1.33 \text{ V}$$

实际上,在酸性溶液中,$Cr_2O_7^{2-}/Cr^{3+}$ 的条件电极电势比标准电极电势低得多。例如,在 3 mol·L^{-1} HCl 中,$\varphi'^{\ominus}_{Cr_2O_7^{2-}/Cr^{3+}} = 1.08$ V;在 4 mol·L^{-1} H_2SO_4 中,$\varphi'^{\ominus}_{Cr_2O_7^{2-}/Cr^{3+}} = 1.15$ V;在 1 mol·L^{-1} $HClO_4$ 中,$\varphi'^{\ominus}_{Cr_2O_7^{2-}/Cr^{3+}} = 1.025$ V。由于 $K_2Cr_2O_7$ 的氧化能力比 $KMnO_4$ 弱,因此应用范围不及高锰酸钾法广泛,主要用于铁含量的测定。

与 $KMnO_4$ 法相比,$K_2Cr_2O_7$ 法具有突出的优点:

(1) $K_2Cr_2O_7$ 易提纯,可制成纯度为 99.99% 的 $K_2Cr_2O_7$。在通常条件下很稳定,在 140～180 ℃ 干燥 2 h 后即可准确称量,用容量瓶直接配制成一定浓度的标准溶液,不必再进行标定。

(2) $K_2Cr_2O_7$ 标准溶液相当稳定,只要保存在密闭容器中,浓度可长期保持不变。$K_2Cr_2O_7$ 法可用 HCl 为介质。因为在 3 mol·L^{-1} HCl 介质中,$\varphi'^{\ominus}_{Cr_2O_7^{2-}/Cr^{3+}} = 1.08$ V,比 $\varphi'^{\ominus}_{Cl_2/Cl^-} = 1.36$ V 小得多,在浓度小于 3 mol·L^{-1} 的 HCl 介质中,$K_2Cr_2O_7$ 不与 Cl^- 反应,故可在 HCl 介质中滴定。

(3) 在室温下 $K_2Cr_2O_7$ 不与 Cl^- 作用,故可在 HCl 溶液中滴定。$K_2Cr_2O_7$ 溶液为橘黄色,颜色不是很深,且还原产物 Cr^{3+} 为绿色,在绿色的背景中不易观察微过量 $K_2Cr_2O_7$ 的橘黄色,需要外加氧化还原指示剂,常采用二苯胺磺酸钠作指示剂。应该指出,$K_2Cr_2O_7$ 有毒,使用时应注意废液的处理,以免污染环境。

2) 铁矿石中全铁的测定

重铬酸钾法是测定矿石中全铁量的常用方法。其方法为:试样用热浓 HCl 溶解,用 $SnCl_2$ 趁热还原 Fe^{3+} 为 Fe^{2+},过量的 Sn^{2+} 可将甲基橙还原为氢化甲基橙而褪色,不仅指示还原的终点,Sn^{2+} 还能继续使氢化甲基橙还原成 N,N-二甲基对苯二胺和对氨基苯磺酸,过量的 Sn^{2+} 则可以消除。其反应为

$$2Fe^{3+} + Sn^{2+} \rightleftharpoons 2Fe^{2+} + Sn^{4+}$$

$$(CH_3)_2NC_6H_4N=NC_6H_4SO_3Na(甲基橙) \xrightarrow{2H^+}$$

$$(CH_3)_2NC_6H_4NH-NHC_6H_4SO_3Na(氢化甲基橙) \xrightarrow{2H^+}$$

$$(CH_3)_2NC_6H_4H_2N(N,N\text{-}二甲基对苯二胺) + NH_2C_6H_4SO_3Na(对氨基苯磺酸)$$

再用水稀释,并加入 H_2SO_4-H_3PO_4 混酸和指示剂二苯胺磺酸钠,立即用 $K_2Cr_2O_7$ 标准溶液滴定至溶液由浅绿色变为紫色:

$$Cr_2O_7^{2-} + 14H^+ + 6Fe^{2+} \rightleftharpoons 2Cr^{3+} + 6Fe^{3+} + 7H_2O$$

(橙黄色)   (绿色)   (黄色)

H_3PO_4 的作用是生成无色的 $Fe(HPO_4)_2^-$，消除 Fe^{3+} 的黄色对终点的影响，便于观察滴定终点；减小 Fe^{3+} 的浓度，从而降低 Fe^{3+}/Fe^{2+} 电对的电极电势，使电极电势突跃增大，二苯胺磺酸钠变色点的电势可落在滴定的电势突跃范围内。

重铬酸钾法测定铁速度较快，准确度高，应用广泛。另外，$SnCl_2$-$TiCl_3$ 联合还原是一种常用的预处理方法，试样溶解后，在 Na_2WO_4 存在下，用 $TiCl_3$ 作为还原剂，把 Fe^{3+} 还原成 Fe^{2+}，"钨蓝"的出现表示 Fe^{3+} 已被还原完全，滴加 $K_2Cr_2O_7$ 溶液至蓝色刚好消失（也可以用水稀释，放置至蓝色消失），最后在 H_3PO_4 存在下以二苯胺磺酸钠为指示剂，用 $K_2Cr_2O_7$ 标准溶液滴定，同样可以获得准确的分析结果。

3. 碘量法

碘量法是利用 I_2 的氧化性和 I^- 的还原性进行滴定分析的方法，可分为碘滴定法和滴定碘法。

1) 碘滴定法

对于电极电势比 $\varphi^{\ominus}_{I_2/I^-}$ 小的还原性物质，利用 I_2 的氧化性，直接用碘溶液作为滴定剂进行滴定，这种方法称为碘滴定法或直接碘量法。其半反应为

$$I_2 + 2e^- = 2I^- \quad \text{或} \quad I_3^- + 2e^- = 3I^- \quad \varphi^{\ominus}_{I_2/I^-} = 0.545 \text{ V}$$

由标准电极电势值可看出，I_2 是较弱的氧化剂。因此，I_2 只能直接滴定较强的还原剂，如 S^{2-}、SO_3^{2-}、Sn^{2+}、$S_2O_3^{2-}$ 等。由于固体 I_2 在水中溶解度很小，容易挥发，通常将 I_2 溶解在 KI 溶液中，此时 I_2 以 I_3^- 形式存在，但为方便起见，常将 I_3^- 写成 I_2。用碘滴定法可以测定 AsO_3^{3-}、SbO_3^{3-}、Sn^{2+} 及钢铁中的硫等。应该注意的是，碘滴定法不能在碱性溶液中进行，因为 I_2 在碱性溶液中会发生歧化反应。

2) 滴定碘法

对于电极电势比 $\varphi^{\ominus}_{I_2/I^-}$ 大的氧化性物质，利用 I^- 的还原性，一定条件下 I^- 与氧化剂作用析出 I_2，然后用 $Na_2S_2O_3$ 标准溶液滴定生成 I_2，这种方法称为滴定碘法或间接碘量法。根据 $Na_2S_2O_3$ 溶液消耗的量，就可间接测定一些氧化性物质的含量。例如，$K_2Cr_2O_7$ 在酸性溶液中与过量的 KI 作用，产生的 I_2 用 $Na_2S_2O_3$ 标准溶液滴定：

$$Cr_2O_7^{2-} + 14H^+ + 6I^- = 2Cr^{3+} + 3I_2 + 7H_2O$$
$$I_2 + 2S_2O_3^{2-} = 2I^- + S_4O_6^{2-}$$

根据 $Na_2S_2O_3$ 标准溶液消耗的量，可以计算出 $K_2Cr_2O_7$ 的含量。

利用滴定碘法可以测定很多氧化物质，如 $Cr_2O_7^{2-}$、ClO_3^-、IO_3^-、BrO_3^-、MnO_4^-、MnO_2、NO_3^-、H_2O_2 等。

碘量法常用淀粉作指示剂，碘滴定法以蓝色出现为终点，滴定碘法以蓝色消失为终点。间接碘量法的反应条件非常重要。

(1) 溶液的酸度。$Na_2S_2O_3$ 与 I_2 的反应需在弱酸性或中性溶液中进行。

在碱性溶液中，I_2 会发生歧化反应，$Na_2S_2O_3$ 与 I_2 发生副反应：

$$S_2O_3^{2-} + 4I_2 + 10OH^- = 2SO_4^{2-} + 8I^- + 5H_2O$$

在强酸溶液中，$Na_2S_2O_3$ 会发生分解，I^- 容易被空气氧化：

$$S_2O_3^{2-} + 2H^+ = SO_2 + S + H_2O$$
$$4I^- + 4H^+ + O_2 = 2I_2 + 2H_2O$$

(2) 防止 I_2 的挥发和溶液中 I^- 被氧化。

综上所述，碘量法测定对象广泛，既可测定氧化剂，又可测定还原剂；I_3^-/I^- 电对可逆性好，副反应少；与很多氧化还原反应不同，碘量法既可以在酸性溶液中滴定，又可在中性或弱碱性介质中滴定。因此，碘量法是一种应用十分广泛的滴定方法。

碘量法中两种主要误差来源是 I_2 的挥发和 I^- 在酸性溶液中易被空气氧化。为了防止 I_2 的挥发和 I^- 的氧化，可采取以下措施：加入过量的 KI（一般比理论量大 2～3 倍）使 I_2 变成 I_3^-，I_3^- 易溶解，难挥发；溶液温度勿过高（<25 ℃）；析出碘的反应最好在带塞的碘量瓶中进行；反应完全后立即滴定，滴定速度要快，滴定时轻轻摇动，不要剧烈摇动；光及 Cu^{2+}、NO_2^- 等杂质催化空气氧化 I^-，因此应将析出碘的反应瓶置于暗处，反应完毕后将溶液稀释，降低酸度并立即滴定。

3) 碘溶液的配制和标定

碘在水中的溶解度很小，且容易挥发，通常把碘溶解在浓的 KI 溶液中，形成 I_3^-，溶解度增大，挥发性大大降低，而电极电势没有明显变化。碘溶液应避免与橡皮等有机物接触，也要防止碘见光遇热浓度发生变化。

由于碘的挥发性，无法准确称量一定质量的固体碘，因而所配制的碘溶液需要标定。可用 $Na_2S_2O_3$ 标准溶液标定碘溶液，也可以用 As_2O_3 标定。As_2O_3 难溶于水，可溶于碱溶液中：

$$As_2O_3 + 6OH^- \Longrightarrow 2AsO_3^{3-} + 3H_2O$$

AsO_3^{3-} 与 I_2 的反应如下：

$$AsO_3^{3-} + I_2 + H_2O \Longrightarrow AsO_4^{3-} + 2I^- + 2H^+$$

这个反应是可逆的，在中性或微碱性（pH≈8.00）溶液中，反应能定量地向右进行。

4) 硫代硫酸钠标准溶液的配制

硫代硫酸钠（$Na_2S_2O_3 \cdot 5H_2O$）一般都含有少量杂质，如 S、Na_2SO_3、Na_2SO_4、Na_2CO_3、NaCl 等，同时还易风化、潮解，因此不能直接配制成准确浓度的溶液，只能先配制成近似浓度的溶液，然后再标定。

$Na_2S_2O_3$ 溶液浓度不稳定，容易改变，原因如下：

(1) 溶解的 CO_2 的作用：在稀酸溶液（pH<4.60）中含有 CO_2 时，会促使 $Na_2S_2O_3$ 分解，同时使溶液的 pH 降低，适宜细菌生长：

$$Na_2S_2O_3 + H_2CO_3 \Longrightarrow NaHCO_3 + NaHSO_3 + S\downarrow$$

此分解作用一般在配成溶液的最初 10 d 内发生。

(2) 空气中 O_2 的氧化作用：

$$2Na_2S_2O_3 + O_2 \Longrightarrow 2Na_2SO_4 + 2S\downarrow$$

(3) 细菌的作用：

$$Na_2S_2O_3 \xrightarrow{\text{细菌}} Na_2SO_3 + S\downarrow$$

因此，配制 $Na_2S_2O_3$ 溶液时，为了除去水中的 CO_2 并杀死细菌，需用新煮沸并冷却的去离子水；加入少量 Na_2CO_3（约 0.02%）使溶液呈微碱性，抑制细菌的生长。为了避免日光促进 $Na_2S_2O_3$ 的分解，溶液应保存在棕色瓶中，放置暗处，经 8～14 d 待溶液浓度稳定后再标定。长期保存的溶液隔 1～2 个月标定一次，若发现溶液变浑浊，应重新配制溶液。

标定 $Na_2S_2O_3$ 溶液的基准物质有 $K_2Cr_2O_7$、KIO_3、$KBrO_3$、$K_3[Fe(CN)_6]$、纯铜等。这些物质除纯碘外，都能与过量的 KI 反应而析出 I_2：

$$IO_3^- + 5I^- + 6H^+ = 3I_2 + 3H_2O$$
$$BrO_3^- + 6I^- + 6H^+ = 3I_2 + 3H_2O + Br^-$$
$$Cr_2O_7^{2-} + 6I^- + 14H^+ = 2Cr^{3+} + 3I_2 + 7H_2O$$
$$2[Fe(CN)_6]^{3-} + 2I^- = 2[Fe(CN)_6]^{4-} + I_2$$
$$2Cu^{2+} + 4I^- = 2CuI\downarrow + I_2$$

析出的 I_2 用 $Na_2S_2O_3$ 标准溶液滴定：
$$2S_2O_3^{2-} + I_2 = S_4O_6^{2-} + 2I^-$$

这些标定方法是间接碘法的应用。标定时应注意以下几点：

(1) 基准物质（如 $K_2Cr_2O_7$）与 KI 反应时，溶液的酸度越大，反应速率越快，但酸度太大时，I^- 容易被空气中的 O_2 氧化，因此在开始滴定时，酸度一般为 $0.8\sim 1.0$ mol·L^{-1}。

(2) $K_2Cr_2O_7$ 与 KI 的反应速率较慢，应将溶液置于碘量瓶中，并于暗处放置一定时间（5 min），待反应完全后再以 $Na_2S_2O_3$ 溶液滴定；而 KIO_3 与 KI 的反应快，不需要放置。

(3) 以淀粉为指示剂时，应先以 $Na_2S_2O_3$ 溶液滴定至溶液呈浅黄色，此时大部分 I_2 已作用，加入淀粉溶液，用 $Na_2S_2O_3$ 溶液继续滴定至蓝色恰好消失，即为终点。淀粉指示剂若加入太早，则大量的 I_2 与淀粉结合成稳定的蓝色物质，这一部分碘就不容易与 $Na_2S_2O_3$ 反应，易产生滴定误差。

5) 铜的测定

间接碘量法测铜的原理是：在 pH = $3.20\sim 4.00$ 的弱酸性溶液中，Cu^{2+} 与过量的 KI 反应，生成 CuI 沉淀，并定量析出 I_2。析出的 I_2 用 $Na_2S_2O_3$ 标准溶液滴定：
$$2Cu^{2+} + 4I^- = 2CuI\downarrow + I_2$$
$$I_2 + 2S_2O_3^{2-} = 2I^- + S_4O_6^{2-}$$

CuI 对 I_2 有吸附作用，可加入 KSCN 或 NH_4SCN，使 CuI 转变为溶解度更小的、吸附 I_2 更少的 CuSCN。

在强酸溶液中，I^- 易被空气氧化而生成过多的 I_2；在碱性溶液中，Cu^{2+} 会水解，I_2 也会分解。因此，该反应应该在弱酸性（pH = $3.2\sim 4.0$）溶液中进行。通常利用 HAc-NH_4Ac、HAc-NaAc 等缓冲溶液控制酸度。

Fe^{3+} 也能与 KI 作用生成 I_2，妨碍铜的测定。若试样中有 Fe^{3+} 的存在，应加入 NH_4HF_2 使 Fe^{3+} 形成稳定的 $[FeF_6]^{3-}$，还可作为缓冲液控制 pH = $3\sim 4$。

碘量法测定铜快速、准确，适用于铜合金、铜矿、胆矾等试样中铜的测定。

4. 其他方法

1) 溴酸钾法

溴酸钾法是用 $KBrO_3$ 作氧化剂的滴定方法。在酸性溶液中，$KBrO_3$ 的氧化性很强，其半反应为
$$BrO_3^- + 6H^+ + 6e^- = Br^- + 3H_2O \qquad \varphi^{\ominus} = 1.44 \text{ V}$$

$KBrO_3$ 很容易提纯，可以直接配制标准溶液。也可以用碘量法标定 $KBrO_3$ 溶液的浓度。酸性条件下，一定量 $KBrO_3$ 与过量 KI 作用，析出 I_3^-，反应式如下：
$$BrO_3^- + 6I^- + 6H^+ = Br^- + 3H_2O + 3I_2$$
$$I^- + I_2 = I_3^-$$

用 $Na_2S_2O_3$ 标准溶液标定反应析出的 I_2，因此溴酸钾法常与碘量法配合作用。但是 $KBrO_3$ 和

还原剂的反应进行得很慢,因此需在 $KBrO_3$ 标准溶液中加入过量的 KBr(或者滴定前加入),溶液酸化时,Br^- 被 BrO_3^- 氧化而生成游离的溴,反应式如下:

$$BrO_3^- + 5Br^- + 6H^+ \rightleftharpoons 3Br_2 + 3H_2O$$

反应生成的溴能够氧化溶液中的还原剂。半反应为

$$Br_2 + 2e^- \rightleftharpoons 2Br^- \qquad \varphi^{\ominus} = 1.09 \text{ V}$$

配合使用时,通常用过量的 $KBrO_3$ 标准溶液与待测物质反应,剩余的 $KBrO_3$ 再与 KI 作用,析出的 I_2 用 $Na_2S_2O_3$ 标准溶液滴定。这种方法常用于有机分析中,主要用于苯酚的测定。在酸性苯酚溶液中加入过量 $KBrO_3$-KBr 标准溶液,则反应首先生成溴,苯酚再与溴反应,反应式如下:

$$\text{C}_6\text{H}_5\text{OH} + 3Br_2 \rightleftharpoons \text{C}_6\text{H}_2\text{Br}_3\text{OH} + 3HBr$$

反应后,过量的 Br_2 用 KI 还原:

$$Br_2 + 2I^- \rightleftharpoons 2Br^- + I_2$$

用 $Na_2S_2O_3$ 标准溶液滴定析出的 I_2。加入 $KBrO_3$ 的总量减去剩余量,即可计算出试样中苯酚的含量。

此方法还可以用来测定甲酚、对氨基苯磺酰胺、间苯二酚及苯胺等。8-羟基喹啉可以与多种金属离子形成沉淀,可通过溴酸钾法测得沉淀中 8-羟基喹啉的含量,间接测定金属离子的含量。8-羟基喹啉与溴的反应为

$$\text{C}_9\text{H}_7\text{NO} + 2Br_2 \rightleftharpoons \text{C}_9\text{H}_5\text{Br}_2\text{NO} + 2H^+ + 2Br^-$$

溴可以与含有双键的有机化合物发生加成反应,此法可以用于测定不饱和有机物的含量,如乙酸乙烯酯的测定:

$$CH_3COOCH=CH_2 + Br_2 \rightleftharpoons CH_3COOCHBrCH_2Br$$

但是用溴处理多种不饱和有机化合物时,常会发生取代、水解等副反应,干扰加成反应。

2) 硫酸铈法

硫酸铈 $Ce(SO_4)_2$ 是一种强氧化剂,因其在酸度较低的溶液中易水解,因此需要在酸度较高的溶液中使用。酸性溶液中,Ce^{4+} 与还原剂作用时,Ce^{4+} 被还原为 Ce^{3+},半反应为

$$Ce^{4+} + e^- \rightleftharpoons Ce^{3+} \qquad \varphi^{\ominus} = 1.61 \text{ V}$$

酸的种类和浓度对 Ce^{4+}/Ce^{3+} 电对的电极电势影响较大。在 $0.50 \sim 4.00 \text{ mol} \cdot L^{-1}$ H_2SO_4 溶液中,电极电势为 $1.44 \sim 1.42$ V;在 $1.00 \sim 8.00 \text{ mol} \cdot L^{-1}$ $HClO_4$ 溶液中,电极电势为 $1.70 \sim 1.87$ V;而在 $1.00 \text{ mol} \cdot L^{-1}$ HCl 溶液中,电极电势为 1.28 V,这时 Cl^- 将 Ce^{4+} 还原为 Ce^{3+},产生 Cl_2。因此,Ce^{4+} 作滴定剂时,常用 $Ce(SO_4)_2$ 溶液。在 H_2SO_4 介质中,$Ce(SO_4)_2$ 的电极电势介于 $KMnO_4$ 和 $K_2Cr_2O_7$ 之间,因此,能用 $KMnO_4$ 滴定的物质一般也可以用 $Ce(SO_4)_2$ 滴定。$Ce(SO_4)_2$ 溶液具有以下优点:

(1) 性质稳定,长时间放置或加热煮沸也不易分解。

(2) 标准溶液配制简单,可由容易提纯的硫酸铈铵 $Ce(SO_4)_2 \cdot 2(NH_4)_2SO_4 \cdot 2H_2O$ 直接配制。

(3) 与 $KMnO_4$ 溶液不同,可以在 HCl 溶液中直接滴定 Fe^{2+},发生下列反应:
$$Ce^{4+} + Fe^{2+} = Ce^{3+} + Fe^{3+}$$

(4) Ce^{4+} 被还原为 Ce^{3+} 的过程中只有一个电子转移,并且不生成中间价态的产物,因此反应简单。

(5) 副反应少,即使有机物存在,Ce^{4+} 仍可以准确滴定 Fe^{2+}。

由于 Ce^{4+} 显黄色,Ce^{3+} 为无色,因此 Ce^{4+} 可以作为自身指示剂,但是灵敏度不高,一般采用邻二氮菲亚铁盐作指示剂。另外,Ce^{4+} 易水解,生成碱式盐沉淀,所以 Ce^{4+} 不能在碱性或中性溶液中滴定。

F^- 对硫酸铈铵法的干扰较严重,因为 Ce^{4+} 能与 F^- 形成稳定的配合物,且 F^- 浓度较大时,与 Ce^{4+} 生成氟化物沉淀;Ce^{3+} 也能与 F^- 形成配合物,这使得 Ce^{4+}/Ce^{3+} 电对的电极电势降低,影响滴定终点的判断。

习 题

1. 求下列元素的氧化数:
   (1) K_2O_2 中的 O   (2) CrO_2^- 中的 Cr   (3) $S_2O_8^{2-}$ 中的 S   (4) $C_2O_4^{2-}$ 中的 C

2. 配平或完成下列反应式:
   (1) $PbO_2 + Cl^- \longrightarrow Pb^{2+} + Cl_2$
   (2) $P_4 + HNO_3 \longrightarrow H_3PO_4 + NO$
   (3) $HgS + NO_3^- + Cl^- \longrightarrow HgCl_4^{2-} + NO_2 + S$
   (4) $Bi(OH)_3 + Cl_2 \longrightarrow BiO_3^- + Cl^-$
   (5) $I_2 + KOH \longrightarrow$
   (6) $Cr_2O_7^{2-} + Fe^{2+} \longrightarrow$ (酸性介质)
   (7) $I_2 + S_2O_3^{2-} \longrightarrow$
   (8) $FeS + NO_3^- \longrightarrow$ (酸性介质)
   (9) $PbS + H_2O_2 \longrightarrow$
   (10) $Mn^{2+} + NaBiO_3 \longrightarrow$ (酸性介质)

3. 写出下列电池的电池符号,计算电动势(298.15 K),并判断反应能否自发进行。
   (1) $2Fe^{3+}(0.1\ mol \cdot L^{-1}) + 2Cl^-(1.0\ mol \cdot L^{-1}) = 2Fe^{2+}(0.1\ mol \cdot L^{-1}) + Cl_2(100\ kPa)$
   (2) $Cr_2O_7^{2-}(1.0\ mol \cdot L^{-1}) + 6Cl^-(1.0\ mol \cdot L^{-1}) + 14H^+(1.0\ mol \cdot L^{-1}) = 2Cr^{3+}(1.0\ mol \cdot L^{-1}) + 3Cl_2(100\ kPa) + 7H_2O$
   (3) $NO_3^-(1.0\ mol \cdot L^{-1}) + 2Fe^{2+}(1.0\ mol \cdot L^{-1}) + 3H^+(1.0\ mol \cdot L^{-1}) = HNO_2(0.01\ mol \cdot L^{-1}) + 2Fe^{3+}(0.1\ mol \cdot L^{-1}) + H_2O$

4. 回答下列问题或解释下列现象:
   (1) 何为条件电极电势?它与标准电极电势的关系是什么?使用条件电极电势有何优点?
   (2) $\varphi^{\ominus}_{I_2/I^-}$ (0.534 V) $> \varphi^{\ominus}_{Cu^{2+}/Cu^+}$ (0.159 V),但是 Cu^{2+} 能将 I^- 氧化为 I_2。

5. 试述下列原因:
   (1) 配制 $SnCl_2$ 溶液时,为了防止 Sn^{2+} 被空气中的氧氧化,通常在溶液中加少许 Sn 粒。
   (2) 金属铁能还原 Cu^{2+},而 $FeCl_3$ 溶液又能使金属铜溶解。
   (3) 净氯水慢慢加到含有 Br^- 和 I^- 的酸性溶液中,以 CCl_4 萃取,CCl_4 层变为紫色。
   (4) Fe^{2+} 存在加速 $KMnO_4$ 氧化 Cl^- 的反应。

6. 回答下列问题或解释下列现象:
   (1) 氧化还原滴定法共分几类?这些方法的基本反应是什么?
   (2) 电极电势的突跃范围如何估计?计量点的电势与氧化剂和还原剂的电子转移数的关系?
   (3) 在 $1.0\ mol \cdot L^{-1}\ H_2SO_4$ 介质中用 Ce^{4+} 滴定 Fe^{2+} 时,使用二苯胺磺酸钠为指示剂,误差超过 0.1%,

而加入 0.5 mol·L^{-1} H$_3$PO$_4$ 后,滴定的终点误差小于 0.1%。

7. 在酸性溶液中含 Fe^{3+}、Cr$_2$O$_7^{2-}$、MnO$_4^-$,当通入 H$_2$S 时,还原的顺序如何?写出有关的化学反应式。

8. 计算 298.15 K 时 AgBr/Ag 电对和 AgI/Ag 电对的标准电极电势。 (0.074 V,−0.172 V)

9. 计算下列反应的平衡常数:
   (1) 1 mol·L^{-1} H$_2$SO$_4$ 溶液中,反应 Ce^{4+} +Fe^{2+} ⇌ Ce^{3+} +Fe^{3+}。
   (2) 0.5 mol·L^{-1} H$_2$SO$_4$ 溶液中,反应 2I$^-$ +2Fe^{3+} ⇌ I$_2$ +2Fe^{2+}。 (8×10^{12},2.5×10^4)

10. 已知反应 2MnO$_4^-$ +10Cl$^-$ +16H$^+$ ⇌ 2Mn^{2+} +5Cl$_2$ +8H$_2$O。
    (1) 试判断上述反应在标准状态时能否正向进行。
    (2) 若[H$^+$]=1.0×10^{-5} mol·L^{-1} 其他物质仍处于标准状态,试判断上述反应的方向。
    (3) 计算上述反应的平衡常数。 (2.63×10^{25})

11. 已知 Cu^{2+} +2e$^-$ ⇌ Cu,$\varphi^{\ominus}_{Cu^{2+}/Cu}$=0.34 V;Cu$^+$ +e$^-$ ⇌ Cu,$\varphi^{\ominus}_{Cu^{2+}/Cu^+}$=0.159 V;$K_{sp,CuCl}$=1.2×10^{-6}。
    计算:
    (1) 反应 Cu^{2+} +Cu ⇌ 2Cu$^+$ 的平衡常数。
    (2) 反应 Cu^{2+} +Cu+2Cl$^-$ ⇌ 2CuCl(s) 的平衡常数。 (9.5×10^{-7},6.6×10^5)

12. 对于氧化还原反应 BrO$_3^-$ +5Br$^-$ +6H$^+$ ⇌ 3Br$_2$ +3H$_2$O,计算:
    (1) 此反应的平衡常数。
    (2) 当溶液的 pH=7.00,[BrO$_3^-$]=0.10 mol·L^{-1},[Br$^-$]=0.70 mol·L^{-1},游离溴的平衡浓度。
    (4.9×10^{36},4.4×10^{-3} mol·L^{-1})

13. 选择一种能使含 Cl$^-$、Br$^-$、I$^-$ 混合溶液中的 I$^-$ 氧化成 I$_2$ 的氧化剂,而 Br$^-$、Cl$^-$ 却不发生变化,试根据 $\varphi^{\ominus}$ 值判断 H$_2$O$_2$、Cr$_2$O$_7^{2-}$ 和 Fe^{3+} 三种氧化剂中哪种合适。已知 I$_2$ +2e$^-$ ⇌ 2I$^-$,$\varphi^{\ominus}$=0.53 V;Br$_2$ +2e$^-$ ⇌ 2Br$^-$,$\varphi^{\ominus}$=1.09 V;Cl$_2$ +2e$^-$ ⇌ 2Cl$^-$,$\varphi^{\ominus}$=1.36 V;H$_2$O$_2$ +2H$^+$ +2e$^-$ ⇌ 2H$_2$O,$\varphi^{\ominus}$=1.77 V;Cr$_2$O$_7^{2-}$ +14H$^+$ +6e$^-$ ⇌ 2Cr^{3+} +7H$_2$O,$\varphi^{\ominus}$=1.33 V;Fe^{3+} +e$^-$ ⇌ Fe^{2+},$\varphi^{\ominus}$=0.77 V。

14. 已知溴的元素电势图如下:

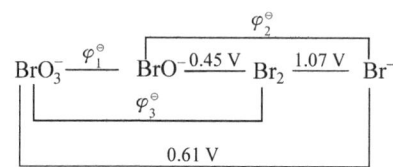

   (1) 求 $\varphi^{\ominus}_1$、$\varphi^{\ominus}_2$ 和 $\varphi^{\ominus}_3$。
   (2) 判断哪些物质可以歧化。
   (3) Br$_2$(l) 和 NaOH 混合最稳定的产物是什么?写出反应式并求出 $K^{\ominus}$。
   (0.535 V,0.76 V,0.52 V,Br$_2$、BrO$^-$ 可以歧化,BrO$_3^-$ 和 Br$^-$,4.8×10^{46})

15. 已知 298.15 K 时有下列电池:

   (−)Pt,H$_2$(100 kPa) | H$^+$(缓冲液) ‖ Cu^{2+}(0.010 mol·L^{-1}) | Cu(+)

   φ_-=−0.266 V

   向右半电池中加入氨水,并使溶液中[NH$_3$]=1.00 mol·L^{-1},测得 E=0.172 V。计算[Cu(NH$_3$)$_4$]$^{2+}$ 的稳定常数(忽略体积变化)。 (3.98×10^{12})

16. 含有 PbO 和 PbO$_2$ 的试样 1.234 g,加入 20.00 mL 0.2500 mol·L^{-1} 乙二酸溶液,此时 Pb(Ⅳ) 还原为 Pb(Ⅱ),降低溶液酸度,使全部 Pb(Ⅱ) 定量沉淀为 PbC$_2$O$_4$,过滤、洗涤。滤液酸化,消耗 0.040 00 mol·L^{-1} KMnO$_4$ 溶液 10.00 mL。沉淀用酸溶解后,用同浓度的 KMnO$_4$ 溶液滴定终点时,消耗 30.00 mL。试计算试样中 PbO 和 PbO$_2$ 的质量分数。 (36.18%,19.38%)

17. 称取软锰矿试样 0.4012 g,以 0.4488 g Na$_2$C$_2$O$_4$ 处理,滴定剩余的 Na$_2$C$_2$O$_4$ 需消耗 0.010 12 mol·L^{-1} KMnO$_4$ 标准溶液 30.20 mL。计算试样中 MnO$_2$ 的质量分数。 (56.01%)

18. 将 1.000 g 钢样中的铬氧化为 $Cr_2O_7^{2-}$，加入 25.00 mL 0.1000 mol·L^{-1} FeSO$_4$ 标准溶液，然后用 0.018 00 mol·L^{-1} KMnO$_4$ 溶液 7.00 mL 返滴过量 FeSO$_4$。计算钢中铬的质量分数。 (3.24%)

19. 准确称取铁矿石试样 0.5000 g，用酸溶解后加入 SnCl$_2$，使 Fe^{3+} 还原为 Fe^{2+}，然后用 24.50 mL KMnO$_4$ 标准溶液滴定。已知 1 mL KMnO$_4$ 相当于 0.012 60 g H$_2$C$_2$O$_4$·2H$_2$O。

(1) 矿样中 Fe 及 Fe$_2$O$_3$ 的质量分数各为多少？

(2) 取市售双氧水 3.00 mL 稀释定容至 250.0 mL，从中取出 25.00 mL 试液，需用上述 KMnO$_4$ 溶液 21.18 mL 滴定至终点。计算每 100.0 mL 市售双氧水所含 H$_2$O$_2$ 的质量。

(54.73%，78.25%，24.02 g)

第9章 沉淀反应与沉淀滴定法和重量分析法

学习要求

(1) 掌握溶度积的概念、溶度积与溶解度之间的换算关系。
(2) 学会利用溶度积原理判断沉淀的生成与溶解,掌握沉淀溶解平衡中的相关计算。
(3) 掌握银量法及重量分析法的基本原理和实际应用。

沉淀与溶解反应的特征是在反应过程中伴有物相的生成或消失,存在固态难溶电解质与由它离解产生的离子之间的平衡,这种平衡称为沉淀溶解平衡。与酸碱平衡体系不同,沉淀溶解平衡是一种两相化学平衡体系。在科学研究和生产实践中,经常利用沉淀的生成或溶解制备所需要的物质或材料。沉淀溶解平衡是定量分析中沉淀滴定法和重量分析法的主要依据。

本章讨论沉淀溶解平衡的规律,以溶度积规则为依据,分析沉淀的生成、溶解、转化及分步沉淀等问题。最后在此基础上,介绍以沉淀反应为基础的沉淀滴定法和重量分析法原理及其实际应用。

9.1 沉淀溶解平衡

9.1.1 固有溶解度和溶度积

1. 固有溶解度

以常见的难溶电解质 $BaSO_4$ 为例,在水溶液中 $BaSO_4$ 固体中的 Ba^{2+} 与 SO_4^{2-} 分别在水分子的偶极作用下脱离固体表面进入溶液,这个过程称为固体的溶解。当溶液中的 Ba^{2+} 与 SO_4^{2-} 超过一定浓度时,正、负离子可以被固体表面上的相反电荷吸引而脱水回到固体表面,这就是沉淀过程。因此,在这个体系中,溶解和沉淀形成了矛盾的统一体——沉淀溶解平衡。

难溶电解质 MA 在水中达到沉淀溶解平衡时,存在如下关系:

$$MA(固) \rightleftharpoons MA(水) \rightleftharpoons M^+ + A^-$$

上式表明,固体 MA 的溶解部分以离子状态的 M^+、A^- 和不带电荷的分子状态的 MA(水)存在。分子状态 MA(水)也可以是离子对状态 $M^+ \cdot A^-$,它的浓度 $[MA]_水$ 在一定温度下是一常数,称为分子溶解度或固有溶解度,以 s° 表示。若溶液中不存在其他平衡时,则固体 MA 的溶解度 s 为固有溶解度和离子 M^+(或 A^-)浓度之和:

$$s = [\text{MA}]_\text{水} + [\text{M}^+] = [\text{MA}]_\text{水} + [\text{A}^-]$$

则
$$s = s^\circ + [\text{M}^+] = s^\circ + [\text{A}^-] \tag{9-1}$$

大多数难溶电解质的固有溶解度 s° 都较小,故在一般计算中可以忽略,即
$$s = [\text{M}^+] = [\text{A}^-]$$

也就是说 MA(水)几乎完全离解为[M$^+$]和[A$^-$]。为了方便通常简写为
$$\text{MA}(\text{固}) \rightleftharpoons \text{M}^+ + \text{A}^-$$

实际上,有些化合物的固有溶解度很大。例如,$HgCl_2$ 溶液中,按照 $HgCl_2$ 的溶度积(2.0×10^{-14})计算的溶解度为 1.7×10^{-5} mol·L^{-1},而实测的溶解度为 0.25 mol·L^{-1},这说明在其饱和溶液中主要以未解离的中性分子 $HgCl_2$ 的形式存在。

2. 溶度积

对于任意一个化学式为 M_mA_n 的难溶电解质,在一定温度下,其饱和溶液的沉淀溶解平衡为

$$M_mA_n \rightleftharpoons m\text{M}^{n+} + n\text{A}^{m-}$$
$$K_{sp} = [\text{M}^{n+}]^m[\text{A}^{m-}]^n \tag{9-2}$$

式中:K_{sp} 称为溶度积或溶度积常数,其定义为,在一定温度下,难溶电解质的饱和溶液中,离子浓度的幂次方乘积为一常数。与其他平衡常数一样,它的大小仅与难溶电解质的本性和温度有关,而与离子浓度无关。严格地说,K_{sp} 应该是离子活度幂次方的乘积。当难溶电解质溶解度很小时,离子强度也较小,一般近似认为离子的活度系数约等于 1,此时可用浓度代替活度进行计算。只有在溶液中含有高浓度的强电解质时,才考虑活度问题。

9.1.2 溶度积与溶解度的相互换算

首先应当指出的是,溶度积是沉淀溶解过程达到平衡时,组成沉淀的有关离子浓度的乘积,在一定温度条件下,对于指定的物质是一个常数。溶解度则是指在一定温度条件下,单位体积的溶剂中所溶有的溶质的量,经常用微溶化合物的饱和溶液的物质的量浓度表示其溶解度,其值是可变的,不是一个常数。

溶度积的大小代表一个难溶电解质的溶解度的相对大小,一般溶度积常数小的物质,其溶解度也小。例如,$BaSO_4$ 的 $K_{sp} = 1.1 \times 10^{-10}$,$AgCl$ 的 $K_{sp} = 1.8 \times 10^{-10}$,$CaCO_3$ 的 $K_{sp} = 2.8 \times 10^{-9}$,可以说三种化合物的溶解度大小顺序为

$$BaSO_4 < AgCl < CaCO_3$$

但是应当注意,这种比较只能在化学式结构相同的物质间进行,如上面三种物质都为 AB 型结构。Ag_2CO_3 的 $K_{sp} = 8.1 \times 10^{-12}$,但不能确定地说 Ag_2CO_3 的溶解度比以上三种物质都小,因为 Ag_2CO_3 为 A_2B 型化合物,与上面的三种化合物有不同的结构组成,具体溶解度大小要通过计算进行比较。

溶度积和溶解度都反映了物质溶解能力的大小,二者之间必然存在联系。根据溶度积表达式可以进行溶解度和溶度积之间的相互换算。

1. 由溶度积计算溶解度

【例 9-1】 已知 25 ℃时，AgCl 的 $K_{sp}=1.8\times10^{-10}$，Ag_2CO_3 的 $K_{sp}=8.1\times10^{-12}$。计算两种化合物在该温度下的溶解度。

解 对于 AgCl，设其溶解度为 s，则在其饱和溶液中有

$$AgCl \rightleftharpoons Ag^+ + Cl^-$$
$$s\phantom{{}+{}}\ s$$

$$K_{sp}=1.8\times10^{-10}=s^2$$

$$s=\sqrt{1.8\times10^{-10}}=1.3\times10^{-5}(\text{mol}\cdot\text{L}^{-1})$$

同理，对于 Ag_2CO_3 有

$$Ag_2CO_3 \rightleftharpoons 2Ag^+ + CO_3^{2-}$$
$$2s\phantom{{}+{}}\ s$$

$$K_{sp}=8.1\times10^{-12}=(2s)^2 s=4s^3$$

$$s=\sqrt[3]{\frac{8.1\times10^{-12}}{4}}=1.3\times10^{-4}(\text{mol}\cdot\text{L}^{-1})$$

比较两个溶解度可知，虽然 Ag_2CO_3 的 $K_{sp}=8.1\times10^{-12}$ 比 AgCl 的 $K_{sp}=1.8\times10^{-10}$ 小，但其溶解度却比 AgCl 大。这也进一步说明，对不同类型的难溶电解质不能直接用 K_{sp} 值的大小比较其溶解度的大小，必须通过计算比较。

2. 由溶解度计算溶度积

【例 9-2】 已知 25 ℃时 $BaSO_4$ 的饱和溶解度为 2.42×10^{-3} g·L^{-1}，计算其溶度积。

解 $BaSO_4$ 的摩尔质量为 233.4 g·mol^{-1}，所以其溶解度为

$$\frac{2.42\times10^{-3}}{233.4}=1.0\times10^{-5}(\text{mol}\cdot\text{L}^{-1})$$

$$K_{sp}=s^2=(1.0\times10^{-5})^2=1.0\times10^{-10}$$

因此，对于任一难溶电解质 M_mA_n，在一定温度下 s 与 K_{sp} 的关系为

$$M_mA_n \rightleftharpoons mM^{n+}+nA^{m-}$$
$$ms\phantom{{}+{}}\ ns$$

$$K_{sp}=[M^{n+}]^m[A^{m-}]^n=(ms)^m(ns)^n$$

$$s=\sqrt[m+n]{\frac{K_{sp}}{m^m n^n}} \tag{9-3}$$

但值得注意的是，上述换算方法仅适用于溶液中不发生副反应或副反应程度不大的难溶电解质。常见难溶电解质的溶度积见附录 11。

9.1.3 溶度积规则

溶度积代表溶液中沉淀溶解过程达到平衡时各相关离子浓度间的关系，即饱和溶液中离子浓度间的关系，因此可以通过比较实际溶液中各相关离子浓度与溶度积间的关系判断溶液是否处于饱和状态。对于任意一个化学式为 M_mA_n 的难溶电解质，其溶液中的离子可能存在

下列几种关系：

(1) $K_{sp}=[M^{n+}]^m[A^{m-}]^n$，说明此时的溶液为饱和溶液，沉淀与溶解处于平衡状态。

(2) $K_{sp}<[M^{n+}]^m[A^{m-}]^n$，说明此时溶液为过饱和溶液，溶液中将产生沉淀，直到$K_{sp}=[M^{n+}]^m[A^{m-}]^n$的状态。

(3) $K_{sp}>[M^{n+}]^m[A^{m-}]^n$，说明此时溶液为不饱和溶液，若有沉淀存在，则沉淀会继续溶解，直到$K_{sp}=[M^{n+}]^m[A^{m-}]^n$关系成立。

9.1.4 影响沉淀溶解度的因素

影响沉淀溶解度的因素很多，如同离子效应、盐效应、酸效应和配位效应等。此外，沉淀本身的性质、溶液的温度、溶剂、沉淀的粒度和结构对溶解度也有一定的影响。

1. 同离子效应

难溶电解质溶液的解离平衡和弱电解质溶液的解离平衡一样，在难溶电解质的沉淀溶解平衡体系中加入相同离子或不同离子也会引起多相离子平衡的移动，改变难溶电解质的溶解度。根据溶度积规则，若向 $BaSO_4$ 饱和溶液中加入 $BaCl_2$ 溶液，由于 Ba^{2+} 浓度增大，$[Ba^{2+}]\cdot[SO_4^{2-}]>K_{sp,BaSO_4}$，因此溶液中有沉淀析出，从而使 $BaSO_4$ 的溶解度降低。同样，若加入 Na_2SO_4，也会产生相同的效果。这种加入含有难溶化合物构晶离子的强电解质时引起难溶电解质溶解度降低的现象称为同离子效应。

【例 9-3】 计算 $BaSO_4$ 在 $0.1\ mol\cdot L^{-1}\ Na_2SO_4$ 溶液中的溶解度。

解 设在 $0.1\ mol\cdot L^{-1}\ Na_2SO_4$ 溶液中的溶解度为 $x\ mol\cdot L^{-1}$，则

$$BaSO_4 \rightleftharpoons Ba^{2+} + SO_4^{2-}$$

平衡时 $\quad\quad\quad\quad\quad\quad\quad\quad x \quad\quad x+0.1$

$$K_{sp}=[Ba^{2+}][SO_4^{2-}]=x(x+0.1)=1.1\times10^{-10}$$

由于 $BaSO_4$ 溶解度很小，$x\ll 0.1$，故 $x+0.1\approx 0.1$，则

$$0.1x=1.1\times10^{-10}$$

$$x=1.1\times10^{-9}(mol\cdot L^{-1})$$

在 $0.1\ mol\cdot L^{-1}\ Na_2SO_4$ 溶液中，$BaSO_4$ 的溶解度（$1.1\times10^{-9}\ mol\cdot L^{-1}$）比在纯水中的溶解度（$1.1\times10^{-5}\ mol\cdot L^{-1}$）小近万倍。

由此可知，同离子效应可使难溶电解质的溶解度大大降低。利用这一原理，在分析化学中使用沉淀剂分离溶液中的某种离子，并用含相同离子的强电解质溶液洗涤所得的沉淀，以减少因溶解而引起的损失。

【例 9-4】 用 $BaSO_4$ 重量法测定 SO_3 含量时，首先将含硫酸盐试样处理成 SO_4^{2-} 形式的试样溶液，总体积控制在 200 mL，计算以下两种情况下 $BaSO_4$ 沉淀的溶解损失量。

(1) 加入等物质的量的 Ba^{2+}。

(2) 加入过量的 Ba^{2+}，使溶液中的 $[Ba^{2+}]=0.01\ mol\cdot L^{-1}$。已知 $K_{sp}=1.1\times10^{-10}$。

解 (1) 加入等物质的量的 Ba^{2+}，此时 $BaSO_4$ 沉淀的溶解度为 s，则

$$[Ba^{2+}] = [SO_4^{2-}] = s$$

$$K_{sp} = [Ba^{2+}][SO_4^{2-}] = s^2$$

$$s = \sqrt{K_{sp}} = \sqrt{1.1 \times 10^{-10}} = 1.1 \times 10^{-5} (mol \cdot L^{-1})$$

在 200 mL 溶液中的溶解损失量为

$$1.1 \times 10^{-5} \times 233.4 \times 200/1000 \approx 0.5 \, (mg)$$

(2) 加入过量的 Ba^{2+},使溶液中的$[Ba^{2+}]=0.01 \, mol \cdot L^{-1}$。此时$[SO_4^{2-}]=s$,则

$$K_{sp} = [Ba^{2+}][SO_4^{2-}] = 0.01s$$

$$s = \frac{K_{sp}}{0.01} = \frac{1.1 \times 10^{-10}}{0.01} = 1.1 \times 10^{-8} (mol \cdot L^{-1})$$

在 200 mL 溶液中的溶解损失量为

$$1.1 \times 10^{-8} \times 233.4 \times 200/1000 \approx 5 \times 10^{-4} (mg)$$

以上计算结果表明,加入适当过量的沉淀剂,$BaSO_4$ 沉淀的溶解损失量远小于重量分析所允许的溶解损失量,可以认为沉淀已经完全。因此,利用同离子效应是使沉淀完全的重要措施之一。

2. 盐效应

如果向难溶电解质的饱和溶液中加入不含相同离子的强电解质,将会使难溶电解质的溶解度有所增大,这种现象称为盐效应。强电解质盐类的浓度越大,沉淀构晶离子的电荷越高,盐效应越强。因此,在利用同离子效应降低溶解度时,应考虑盐效应的影响,即沉淀剂不能过量太多。应该指出,如果沉淀本身溶解度很小,一般来说,盐效应的影响很小,可以不予考虑。只有沉淀的溶解度较大,而且溶液的离子强度很高时,才考虑盐效应的影响。

此外,酸效应、配位效应等因素均对沉淀的溶解度有影响,可引入相应的副反应系数进行溶解度计算。

对于 1∶1 型沉淀,可用下式表示副反应:

$$MA \rightleftharpoons M + A$$

$$\begin{array}{ccc} {}_{OH}\!\diagup\!\diagdown{}_L & \Updownarrow{}_H \\ MOH \quad ML & HA \\ \vdots \quad \vdots & \vdots \end{array}$$

此时,溶液中金属离子总浓度$[M']$和沉淀剂总浓度$[A']$分别为

$$[M'] = [M] + [ML] + [ML_2] + \cdots + [M(OH)] + [M(OH)_2] + \cdots$$

$$[A'] = [A] + [HA] + [H_2A] + \cdots$$

引入相应的副反应系数 α_M、α_A,则

$$K_{sp} = [M][A] = \frac{[M'][A']}{\alpha_M \alpha_A} = \frac{K'_{sp}}{\alpha_M \alpha_A}$$

即

$$K'_{sp} = [M'][A'] = K_{sp}\alpha_M \alpha_A \tag{9-4}$$

K'_{sp} 称为条件溶度积。关于酸效应和配位效应将在 9.2 节中详细介绍。

3. 其他影响因素

1) 本身性质

难溶电解质本身的性质是决定其溶解度大小的主要因素。

2) 温度

大多数难溶电解质的溶解过程是吸热过程,故温度升高将使其溶解度增大。

3) 溶剂的影响

无机物沉淀大多为离子型沉淀,它们在极性较小的有机溶剂中的溶解度比在极性较大的水中的溶解度小。例如,在 $CaSO_4$ 溶液中加入适量的乙醇,会使 $CaSO_4$ 的溶解度大大降低。

4) 沉淀粒度

同一种沉淀在相同质量时,颗粒越小,其总表面积越大。因为小晶体比大晶体有更多的角、边和表面,处于这些位置的离子受晶体内离子的吸引力小,而受到溶剂分子的作用机会多,易进入溶液中,因此小颗粒沉淀的溶解度比大颗粒沉淀的溶解度大。在沉淀形成后,常将沉淀和母液一起放置一段时间,这个过程称为陈化。陈化可使小晶体逐渐转变为大晶体,有利于沉淀的过滤和洗涤。

5) 沉淀结构

有些沉淀在初生态时和放置后溶解度不同,这是因为放置前后沉淀的结构发生了变化。例如,初生态的 CoS 为 α 型沉淀,当放置后转变成 β 型沉淀,它们的 K_{sp} 分别是 4.0×10^{-21} 和 2.0×10^{-25},显然初生态的溶解度较大。某些沉淀的陈化可使沉淀结构发生转变。

9.2 溶度积规则的应用

9.2.1 沉淀的生成

在沉淀反应中,根据溶度积原理可以推测沉淀能否生成。当溶液中微溶电解质的离子浓度乘积(简称离子积)大于该物质在此温度下的溶度积常数时,则该微溶物将沉淀析出。

由于没有绝对不溶于水的物质,所以任何一种沉淀的析出实际上都不能绝对完全。因为溶液中沉淀溶解平衡总是存在的,即溶液中总会含有极少量的待沉淀的离子残留。一般认为,当残留在溶液中的某种离子浓度小于 10^{-5} mol·L^{-1} 时,就可认为这种离子沉淀完全。

【例 9-5】 将 20 mL 1 mol·L^{-1} Na_2SO_4 溶液与 20 mL 1 mol·L^{-1} $CaCl_2$ 溶液混合后,是否有 $CaSO_4$ 生成?已知 $CaSO_4$ 的 $K_{sp}=9.1\times10^{-6}$。

解 混合后离子未发生反应时构成沉淀的离子浓度均为 0.5 mol·L^{-1}。其离子积为
$$[Ca^{2+}][SO_4^{2-}] = 0.5^2 = 0.25 > K_{sp} = 9.1\times10^{-6}$$
根据溶度积原理,可以断定溶液中有 $CaSO_4$ 沉淀生成。设沉淀达到平衡时剩余$[Ca^{2+}]=[SO_4^{2-}]=x$ mol·L^{-1},则
$$[Ca^{2+}][SO_4^{2-}] = x^2 = K_{sp} = 9.1\times10^{-6}$$
$$x = \sqrt{9.1\times10^{-6}} = 3.0\times10^{-3} \text{(mol·L}^{-1}\text{)}$$

给定的两个溶液混合后有沉淀生成,且沉淀完成后,溶液中剩余的 Ca^{2+} 和 SO_4^{2-} 浓度均为 3.0×10^{-3} mol·L^{-1}。

【例 9-6】 在 0.30 mol·L^{-1} HCl 溶液中含 0.1 mol·L^{-1} Cd^{2+}，室温下通 H$_2$S 气体达到饱和，此时 CdS 是否沉淀？

解 解法一：利用解离常数进行计算。H$_2$S 为二元弱酸，它在溶液中分两步离解：

$$H_2S \rightleftharpoons H^+ + HS^- \qquad K_{a_1} = \frac{[H^+][HS^-]}{[H_2S]}$$

$$HS^- \rightleftharpoons H^+ + S^{2-} \qquad K_{a_2} = \frac{[H^+][S^{2-}]}{[HS^-]}$$

$$K_{a_1} K_{a_2} = \frac{[H^+]^2[S^{2-}]}{[H_2S]} = 9.2 \times 10^{-22}$$

$$[S^{2-}] = \frac{[H_2S]}{[H^+]^2} K_{a_1} K_{a_2}$$

通常 H$_2$S 饱和溶液中 H$_2$S 的平衡浓度按 0.1 mol·L^{-1} 计，故

$$[S^{2-}] = \frac{0.1}{(0.30)^2} \times 9.2 \times 10^{-22} = 1.0 \times 10^{-21} (\text{mol} \cdot L^{-1})$$

$$[Cd^{2+}][S^{2-}] = 0.1 \times 1.0 \times 10^{-21} = 1.0 \times 10^{-22} > K_{sp} = 8.0 \times 10^{-27}$$

所以有 CdS 沉淀析出。

解法二：利用 S^{2-} 的分布分数计算。设 S^{2-} 的分布分数为 $\delta_{S^{2-}}$，其总浓度为 $c_{S^{2-}}$，则

$$c_{S^{2-}} = [S^{2-}] + [HS^-] + [H_2S] \approx 0.1 (\text{mol} \cdot L^{-1})$$

$$\delta_{S^{2-}} = \frac{K_{a_1} K_{a_2}}{[H^+]^2 + K_{a_1}[H^+] + K_{a_1} K_{a_2}}$$

$$= \frac{1.3 \times 10^{-7} \times 7.1 \times 10^{-15}}{(0.3)^2 + 1.3 \times 10^{-7} \times 0.3 + 1.3 \times 10^{-7} \times 7.1 \times 10^{-15}} = 1.0 \times 10^{-20}$$

$$[S^{2-}] = c_{S^{2-}} \delta_{S^{2-}} = 0.1 \times 1.0 \times 10^{-20} = 1.0 \times 10^{-21} (\text{mol} \cdot L^{-1})$$

$$[Cd^{2+}][S^{2-}] = 0.1 \times 1.0 \times 10^{-21} = 1.0 \times 10^{-22} > K_{sp} = 8.0 \times 10^{-27}$$

所以有 CdS 沉淀析出。

【例 9-7】 室温下，往 0.01 mol·L^{-1} Zn^{2+} 的酸性溶液中通入 H$_2$S 达到饱和，如果 Zn^{2+} 能完全沉淀为 ZnS，则沉淀完全时溶液中的[H$^+$]应是多少？

解 若 Zn^{2+} 在溶液中的浓度不超过 10^{-5} mol·L^{-1}，就可以认为沉淀完全。因此，溶液中剩下的 [S^{2-}]至少需为

$$[S^{2-}] = \frac{K_{sp}}{[Zn^{2+}]} = \frac{2.5 \times 10^{-22}}{10^{-5}} = 2.5 \times 10^{-17} (\text{mol} \cdot L^{-1})$$

溶液中[S^{2-}]为 2.5×10^{-17} mol·L^{-1} 时，[H$^+$]可计算如下：

$$[H^+]^2 = \frac{[H_2S] K_{a_1} K_{a_2}}{[S^{2-}]} = \frac{0.1 \times 9.2 \times 10^{-22}}{2.5 \times 10^{-17}} = 3.7 \times 10^{-6}$$

$$[H^+] = 1.9 \times 10^{-3} (\text{mol} \cdot L^{-1})$$

即[H$^+$]必须在 1.9×10^{-3} mol·L^{-1} 以下。

用沉淀反应分离溶液中的某种离子时，要使离子沉淀完全，一般应采取以下几种措施：

(1) 选择适当的沉淀剂，使沉淀的溶解度尽可能小。例如，Ca^{2+} 可以沉淀为 CaSO$_4$ 和 CaC$_2$O$_4$，它们的 K_{sp} 分别为 9.1×10^{-6} 和 2.5×10^{-9}，它们都属于同类型的难溶电解质。因此，常选用 C$_2$O$_4^{2-}$ 作为 Ca^{2+} 的沉淀剂，从而可使 Ca^{2+} 沉淀得更加完全。

(2) 可加入适当过量的沉淀剂。这实际上是根据同离子效应，加入过量的沉淀剂使沉淀更加完全。但沉淀剂的用量不是越多越好，否则就会引起其他效应(盐效应、配位效应等)。一

一般情况下，沉淀剂过量 50%～100% 是合适的，如果沉淀剂不是易挥发的，则以过量 20%～30% 为宜。

(3) 对于某些离子沉淀时，还必须控制溶液的 pH，才能确保沉淀完全。在化学试剂生产中，控制 Fe^{3+} 的含量是衡量产品质量的重要标志之一，要除去 Fe^{3+}，一般都要通过控制溶液的 pH，使 Fe^{3+} 生成 $Fe(OH)_3$ 沉淀。

9.2.2 沉淀的溶解

同样根据溶度积原理和化学平衡移动原理，如果设法降低难溶电解质饱和溶液中相关离子的浓度，则可以使平衡向沉淀溶解的方向移动，从而使沉淀溶解。

降低溶液中离子平衡浓度的方法主要有以下几种。

1. 生成弱电解质使沉淀溶解

(1) 生成微弱离解的水，可使许多微溶的金属氢氧化物[如 $Mg(OH)_2$、$Al(OH)_3$ 和 $Fe(OH)_3$ 等]溶解在酸溶液中。例如，$Mg(OH)_2$ 沉淀可溶于 HCl 溶液，由于酸中的 H^+ 与 OH^- 结合成 H_2O，降低了 OH^- 的浓度，使 $[Mg^{2+}][OH^-]^2 < K_{sp}$，$Mg(OH)_2$ 沉淀开始溶解。溶解反应如下：

$$Mg(OH)_2 \rightleftharpoons Mg^{2+} + 2OH^-$$
$$+$$
$$2HCl = 2Cl^- + 2H^+$$
$$\Updownarrow$$
$$2H_2O$$

$Mg(OH)_2$ 沉淀还溶于铵盐溶液。由于 NH_4^+ 与 OH^- 结合成氨水，从而降低了 OH^- 的浓度：

$$Mg(OH)_2 \rightleftharpoons Mg^{2+} + 2OH^-$$
$$+$$
$$2NH_4Cl = 2Cl^- + 2NH_4^+$$
$$\Updownarrow$$
$$2NH_3 + 2H_2O$$

【例 9-8】 欲恰好溶解 0.010 mol $Mn(OH)_2$，需要 1.0 L 多大浓度的 NH_4Cl？已知 $Mn(OH)_2$ 的 $K_{sp}=1.9\times10^{-13}$，NH_3 的 $K_b=1.8\times10^{-5}$。

解 $Mn(OH)_2$ 溶于 NH_4Cl 可建立平衡，设平衡时 NH_4^+ 的浓度为 x，则溶液中有如下平衡关系：

$$Mn(OH)_2 + 2NH_4^+ \rightleftharpoons Mn^{2+} + 2NH_3 + 2H_2O$$
$$x 0.010 \phantom{Mn^{2+} +} 0.020$$

$$K = \frac{0.010\times0.020^2}{x^2} = \frac{K_{sp}}{K_b^2}$$

$$x = \sqrt{\frac{K_b^2\times0.010\times0.020^2}{K_{sp}}} = 0.08 (\text{mol}\cdot\text{L}^{-1})$$

应加入的 NH_4Cl 的实际浓度为 $0.02+0.08=0.10(\text{mol}\cdot\text{L}^{-1})$。

（2）若沉淀是弱酸盐，如 $CaCO_3$、CaC_2O_4、CdS 等，都能溶于较强的酸中。以 CaC_2O_4 为例，其溶解过程可表示如下：

$$CaC_2O_4 \rightleftharpoons Ca^{2+} + C_2O_4^{2-}$$
$$\Updownarrow H^+$$
$$HC_2O_4^- \xrightleftharpoons{H^+} H_2C_2O_4$$

当溶液中$[H^+]$增加时，将使沉淀溶解平衡向生成弱酸方向移动，使 CaC_2O_4 沉淀溶解。这种溶液酸度对沉淀溶解度的影响称为酸效应。

酸效应主要是指溶液中$[H^+]$的大小对弱酸、多元酸或难溶酸离解平衡的影响。若沉淀是强酸盐（如 $BaSO_4$、AgCl 等），其溶解度受酸效应影响不大；若沉淀是弱酸盐或多元酸盐[如 CaC_2O_4、$Ca_3(PO_4)_2$]或难溶酸（如硅酸、钨酸），以及许多有机沉淀剂形成的沉淀，则酸效应就很显著。酸效应的产生是构成沉淀的构晶离子与溶液中的 H^+ 或 OH^- 反应，使溶液中构晶离子的浓度降低，导致沉淀的溶解度增大。若已知平衡时溶液的 pH，可以利用分布分数或酸效应系数计算其溶解度。

【例 9-9】 计算 pH＝3.0 时 CaC_2O_4 的溶解度。已知 CaC_2O_4 的 $K_{sp}=2.5\times10^{-9}$，$H_2C_2O_4$ 的 $K_{a_1}=5.9\times10^{-2}$，$K_{a_2}=6.4\times10^{-5}$。

解 设 pH＝3.0 时 CaC_2O_4 的溶解度为 s。

解法一：利用解离常数进行溶解度计算。

$$s=[Ca^{2+}]=[C_2O_4^{2-}]+[HC_2O_4^-]+[H_2C_2O_4]$$

$$=[C_2O_4^{2-}]\left(1+\frac{[H^+]}{K_{a_2}}+\frac{[H^+]^2}{K_{a_1}K_{a_2}}\right)$$

$$s^2=[Ca^{2+}][C_2O_4^{2-}]\left(1+\frac{[H^+]}{K_{a_2}}+\frac{[H^+]^2}{K_{a_1}K_{a_2}}\right)$$

$$=K_{sp}\left(1+\frac{[H^+]}{K_{a_2}}+\frac{[H^+]^2}{K_{a_1}K_{a_2}}\right)$$

$$=2.5\times10^{-9}\times\left(1+\frac{10^{-3}}{6.4\times10^{-5}}+\frac{10^{-6}}{5.9\times10^{-2}\times6.4\times10^{-5}}\right)$$

$$s=2.25\times10^{-4}(\text{mol}\cdot\text{L}^{-1})$$

解法二：利用分布分数进行溶解度计算。

$$s=[Ca^{2+}]$$
$$=[C_2O_4^{2-}]+[HC_2O_4^-]+[H_2C_2O_4]=c_{C_2O_4^{2-}}$$

$$\delta_{C_2O_4^{2-}}=\frac{[C_2O_4^{2-}]}{c_{C_2O_4^{2-}}}=\frac{K_{a_1}K_{a_2}}{[H^+]^2+[H^+]K_{a_1}+K_{a_1}K_{a_2}}=10^{-1.22}$$

$$K_{sp}=[Ca^{2+}][C_2O_4^{2-}]=s c_{C_2O_4^{2-}}\delta_{C_2O_4^{2-}}=s^2\delta_{C_2O_4^{2-}}$$

$$s=\sqrt{\frac{K_{sp}}{\delta_{C_2O_4^{2-}}}}=\sqrt{\frac{2.0\times10^{-9}}{10^{-1.22}}}=2.25\times10^{-4}(\text{mol}\cdot\text{L}^{-1})$$

解法三：考虑酸效应，引入酸效应系数 $\alpha_{C_2O_4^{2-}(H)}$ 进行溶解度计算。

$$K_1 = \frac{1}{K_{a_2}}, \quad K_2 = \frac{1}{K_{a_1}}$$

$$\lg\beta_1 = \lg K_1 = 4.19, \quad \lg\beta_2 = \lg(K_1 K_2) = 5.41$$

$$pH = 3.0, \quad [H^+] = 10^{-3.0} \text{ mol} \cdot L^{-1}$$

$$\alpha_{C_2O_4^{2-}(H)} = 1 + \beta_1[H^+] + \beta_2[H^+]^2 = 1 + 10^{4.19-3.00} + 10^{5.41-6.00} = 16.3$$

$$s = [Ca^{2+}] = [C_2O_4^{2-}] + [HC_2O_4^-] + [H_2C_2O_4]$$

因为

$$\alpha_{C_2O_4^{2-}(H)} = \frac{[C_2O_4^{2-}]'}{[C_2O_4^{2-}]}$$

所以

$$[C_2O_4^{2-}] = \frac{[C_2O_4^{2-}]'}{\alpha_{C_2O_4^{2-}(H)}}$$

则

$$[Ca^{2+}][C_2O_4^{2-}] = [Ca^{2+}]\frac{[C_2O_4^{2-}]'}{\alpha_{C_2O_4^{2-}(H)}} = s\frac{s}{\alpha_{C_2O_4^{2-}(H)}} = K_{sp}$$

故

$$s = \sqrt{K_{sp,CaC_2O_4}\alpha_{C_2O_4^{2-}(H)}} = \sqrt{2.5\times10^{-9}\times16.3} = 2.0\times10^{-4} (\text{mol}\cdot L^{-1})$$

【例 9-10】 计算在 pH=4.0，浓度为 0.010 mol·L^{-1} 的 $Na_2C_2O_4$ 溶液中 CaC_2O_4 的溶解度。已知 CaC_2O_4 的 $K_{sp} = 2.5\times10^{-9}$，$H_2C_2O_4$ 的 $K_{a_1} = 5.9\times10^{-2}$，$K_{a_2} = 6.4\times10^{-5}$。

解 在这种情况下，需要同时考虑酸效应和同离子效应的影响。设 pH=4.0 时 CaC_2O_4 的溶解度为 s，则有物料平衡

$$s + 0.010 = [C_2O_4^{2-}] + [HC_2O_4^-] + [H_2C_2O_4]$$

$$s + 0.010 = [C_2O_4^{2-}]\left(1 + \frac{[H^+]}{K_{a_2}} + \frac{[H^+]^2}{K_{a_1}K_{a_2}}\right)$$

$$(s+0.010)s = [Ca^{2+}][C_2O_4^{2-}]\left(1 + \frac{[H^+]}{K_{a_2}} + \frac{[H^+]^2}{K_{a_1}K_{a_2}}\right)$$

$$= K_{sp}\left(1 + \frac{[H^+]}{K_{a_2}} + \frac{[H^+]^2}{K_{a_1}K_{a_2}}\right)$$

$$= 2.5\times10^{-9}\times\left(1 + \frac{10^{-4}}{6.4\times10^{-5}} + \frac{10^{-8}}{5.9\times10^{-2}\times6.4\times10^{-5}}\right)$$

$$= 6.4\times10^{-9}$$

因为同离子效应的存在，$s+0.010 \approx 0.010$，所以有

$$s = 6.4\times10^{-7} (\text{mol}\cdot L^{-1})$$

【例 9-11】 计算 $PbCO_3$ 在水中的溶解度（考虑 CO_3^{2-} 水解的影响）。解离出的 Pb^{2+} 是否会生成 $Pb(OH)_2$ 沉淀？已知 $PbCO_3$ 的溶度积 $K_{sp} = 7.4\times10^{-14}$，$H_2CO_3$ 的 $K_{a_1} = 4.2\times10^{-7}$、$K_{a_2} = 5.6\times10^{-11}$。

解 由酸解离常数可得 CO_3^{2-} 的碱解离常数 $K_{b_1} = 1.8\times10^{-4}$，$K_{b_2} = 2.4\times10^{-8}$，碱的第一级解离常数比较大，加之碱的浓度即 CO_3^{2-} 的浓度很小，根据稀释定律，水解将进行得比较完全，第二级解离常数相对第一级要小得多，可以忽略，设溶解度为 s，则整个过程可以看成是

$$PbCO_3 + 2H_2O \rightleftharpoons Pb^{2+} + HCO_3^- + OH^-$$
$$ s \phantom{^{2+}} s   s$$

$$K = s^3 = K_{sp}K_{b_1}$$
$$s = \sqrt[3]{K_{sp}K_{b_1}} = \sqrt[3]{7.4 \times 10^{-14} \times 1.8 \times 10^{-4}} = 2.4 \times 10^{-6} (\text{mol} \cdot \text{L}^{-1})$$

查得 $Pb(OH)_2$ 的 $K_{sp} = 1.2 \times 10^{-15} > s^3$,所以不会产生 $Pb(OH)_2$ 沉淀。

【例 9-12】 计算 CuS 在水中的溶解度。已知 H_2S 的 $K_{a_1} = 1.3 \times 10^{-7}$、$K_{a_2} = 7.1 \times 10^{-15}$,$CuS$ 的 $K_{sp} = 6.3 \times 10^{-36}$。

解 由于 CuS 的 $K_{sp} = 6.3 \times 10^{-36}$ 非常小,因此解离出的 S^{2-} 总浓度也很小,即使 S^{2-} 完全水解,产生的 OH^- 浓度对水的解离影响不大,即溶液的 $pH \approx 7$。设溶解度为 s,由物料平衡得

$$s = [Cu^{2+}] = [S^{2-}] + [HS^-] + [H_2S]$$

$$s = [Cu^{2+}] = [S^{2-}]\left(1 + \frac{[H^+]}{K_{a_2}} + \frac{[H^+]^2}{K_{a_1}K_{a_2}}\right)$$

$$s^2 = [Cu^{2+}][S^{2-}]\left(1 + \frac{[H^+]}{K_{a_2}} + \frac{[H^+]^2}{K_{a_1}K_{a_2}}\right) = K_{sp}\left(1 + \frac{[H^+]}{K_{a_2}} + \frac{[H^+]^2}{K_{a_1}K_{a_2}}\right)$$

$$= 6.3 \times 10^{-36} \times \left(1 + \frac{10^{-7}}{7.1 \times 10^{-15}} + \frac{10^{-14}}{1.3 \times 10^{-7} \times 7.1 \times 10^{-15}}\right)$$

$$= 6.3 \times 10^{-36} \times 2.49 \times 10^7$$

$$s = 1.6 \times 10^{-14} (\text{mol} \cdot \text{L}^{-1})$$

2. 利用氧化还原反应使沉淀溶解

许多难溶电解质即使是在强酸中也很难有明显的溶解。例如,上面计算的 CuS 在水中的溶解度只有 1.6×10^{-14} $mol \cdot L^{-1}$。若要在 1 L 强酸中溶解 0.10 mol CuS,需要酸的浓度为 x,则溶液中的平衡关系为

$$CuS + 2H^+ \rightleftharpoons Cu^{2+} + H_2S$$
$$\qquad\qquad x \qquad 0.10 \quad 0.10$$

$$K = \frac{K_{sp}}{K_{a_1}K_{a_2}} = \frac{0.10 \times 0.10}{x^2}$$

$$[H^+] = \sqrt{\frac{K_{a_1}K_{a_2} \times 0.10 \times 0.10}{K_{sp}}} = \sqrt{\frac{1.3 \times 10^{-7} \times 7.1 \times 10^{-15} \times 0.10 \times 0.10}{6.3 \times 10^{-36}}}$$

$$= 1.2 \times 10^6 (\text{mol} \cdot \text{L}^{-1})$$

而现在强酸的最大浓度也不超过 20 $mol \cdot L^{-1}$。可以说 CuS 在酸中是不溶的,但 CuS 在硝酸中却可以溶解。这是因为其中不仅包含了溶解反应,还含有氧化还原反应。正是氧化还原反应的存在导致了 CuS 的溶解:

$$3CuS + 8HNO_3 \rightleftharpoons 3Cu(NO_3)_2 + 3S\downarrow + 2NO\uparrow + 4H_2O$$

更难溶的 HgS 甚至在硝酸中也不溶,只能溶解在王水中。

3. 利用生成配合物使沉淀溶解

许多难溶电解质因其解离出的金属离子能生成更为稳定的配合物而在含有配位体的溶液中发生溶解。溶液中存在与构晶离子形成可溶性配合物的配位剂,会使沉淀的溶解度增大,甚至完全溶解,这一现象称为配位效应。配位效应对沉淀溶解度的影响与配位剂的浓度及配合

物的稳定性有关。配位剂的浓度越高,生成的配合物越稳定,则难溶电解质的溶解度越大。

例如,用 Cl^- 沉淀 Ag^+ 时,$Ag^+ + Cl^- \rightleftharpoons AgCl\downarrow$。若溶液中有 NH_3,则 NH_3 能与 Ag^+ 作用,形成 $[Ag(NH_3)_2]^+$,此时 AgCl 溶解度远大于在纯水中的溶解度。AgCl 在 $0.01\ mol \cdot L^{-1}$ 氨水中的溶解度比在纯水中溶解度大 40 倍。如果氨水的浓度足够大,则不能生成 AgCl 沉淀。

又如,红色的 HgI_2 可以溶解在 KI 溶液中,生成无色的 $[HgI_4]^{2-}$:

$$Hg^{2+} + 2I^- \rightleftharpoons HgI_2(红色)$$
$$HgI_2 + 2I^- \rightleftharpoons [HgI_4]^{2-}$$

【例 9-13】 计算 AgI 在 $0.010\ mol \cdot L^{-1}$ 氨水中的溶解度。

解 已知 $[Ag(NH_3)_2]^+$ 的 $\lg\beta_1 = 3.24$、$\lg\beta_2 = 7.05$、$K_{sp} = 9.3 \times 10^{-17}$。由于 Ag^+ 与氨可生成配合物,因此

$$s = [I^-]$$
$$s = [Ag^+] + [Ag(NH_3)^+] + [Ag(NH_3)_2^+] = c_{Ag^+}$$
$$\alpha_{Ag(NH_3)} \approx \alpha_{Ag} = \frac{c_{Ag^+}}{[Ag^+]} = 1 + \beta_1[NH_3] + \beta_2[NH_3]^2$$
$$= 1 + 10^{3.24} \times 0.01 + 10^{7.05} \times 0.01^2 = 1.1 \times 10^3$$
$$[Ag^+] = \frac{c_{Ag^+}}{\alpha_{Ag(NH_3)}} = \frac{s}{\alpha_{Ag(NH_3)}}$$

所以

$$K_{sp} = [I^-][Ag^+] = s \frac{s}{\alpha_{Ag(NH_3)}}$$
$$s = \sqrt{K_{sp}\alpha_{Ag(NH_3)}} = \sqrt{9.3 \times 10^{-17} \times 1.1 \times 10^3} = 3.2 \times 10^{-7}\ (mol \cdot L^{-1})$$

由此可以看出,如果外界条件发生变化,如酸度的变化、配位剂的存在等,都会使金属离子浓度或沉淀剂浓度发生变化,因而影响沉淀的溶解度和条件溶度积。这与配位滴定中,外界条件变化引起金属离子或配位剂浓度变化,从而影响条件稳定常数的情况类似。

9.2.3 沉淀的转化

将一种难溶电解质转化为另一种难溶电解质的过程称为沉淀的转化。例如,锅炉的水垢主要有两种物质 $CaCO_3$ 和 $CaSO_4$,在除垢过程中,可用盐酸洗涤除去 $CaCO_3$,但 $CaSO_4$ 不溶于盐酸而无法除去。一种解决的方法是先用 Na_2CO_3 溶液浸泡,然后用盐酸洗涤。用 Na_2CO_3 溶液浸泡的目的是

$$CaSO_4 + CO_3^{2-} \longrightarrow CaCO_3 + SO_4^{2-}$$

使 $CaSO_4$ 转化为 $CaCO_3$ 而被盐酸溶解。由上式可得

$$K = \frac{K_{sp,CaSO_4}}{K_{sp,CaCO_3}} = \frac{9.1 \times 10^{-6}}{2.8 \times 10^{-9}} = 3.3 \times 10^3 = \frac{[SO_4^{2-}]}{[CO_3^{2-}]}$$

溶液中 $[SO_4^{2-}] = 3.3 \times 10^3 [CO_3^{2-}]$ 时,用 $1.0\ mol \cdot L^{-1}\ Na_2CO_3$ 溶液很容易将 $CaSO_4$ 转化为 $CaCO_3$。

由溶度积较大的难溶电解质向溶度积较小的难溶电解质的转化是容易进行的,但反过来则难以进行。例如,将 $BaSO_4$ 转化为 $BaCO_3$ 的反应为

$$BaSO_4 + CO_3^{2-} \longrightarrow BaCO_3 + SO_4^{2-}$$

$$K = \frac{K_{sp,BaSO_4}}{K_{sp,BaCO_3}} = \frac{1.1 \times 10^{-10}}{5.1 \times 10^{-9}} = \frac{1}{46} = \frac{[SO_4^{2-}]}{[CO_3^{2-}]}$$

溶液中达到平衡时,$[CO_3^{2-}] = 46[SO_4^{2-}]$,若使 $BaSO_4$ 转化为 $BaCO_3$,必须使 $[CO_3^{2-}]$ 是 $[SO_4^{2-}]$ 的 46 倍以上,开始时可以满足该条件,但是随着转换反应的进行,溶液中 $[SO_4^{2-}]$ 逐渐增大,需要的 $[CO_3^{2-}]$ 也越来越大。室温下 Na_2CO_3 溶液的饱和浓度为 $2.0\ mol \cdot L^{-1}$,平衡溶液中 $[SO_4^{2-}] = \frac{2.0}{46} = 0.04(mol \cdot L^{-1})$,此时 $BaSO_4$ 不易转化为 $BaCO_3$,必须分批多次(3~5 次)用饱和 Na_2CO_3 溶液处理沉淀,$BaSO_4$ 才能转化为 $BaCO_3$。

9.2.4 分步沉淀

当溶液中含有两种或两种以上可被同一种试剂沉淀的离子时,如向含有 Cl^-、Br^-、I^- 的混合溶液中滴加 $AgNO_3$ 时,先生成何种沉淀?是否所有的沉淀一起生成?

从溶度积原理可以得知,首先满足溶度积原理的离子先被沉淀出来。如果几种离子同时满足溶度积,则可同时沉淀出来。

例如,在含有 $0.010\ mol \cdot L^{-1}\ I^-$ 和 $0.010\ mol \cdot L^{-1}\ Cl^-$ 溶液中逐滴加入 $AgNO_3$,生成 AgI 和 AgCl 沉淀所需要的 Ag^+ 浓度分别为

$$[Ag^+]_{AgI} \geqslant \frac{K_{sp,AgI}}{[I^-]} = \frac{9.3 \times 10^{-17}}{0.010} = 9.3 \times 10^{-15} (mol \cdot L^{-1})$$

$$[Ag^+]_{AgCl} \geqslant \frac{K_{sp,AgCl}}{[Cl^-]} = \frac{1.8 \times 10^{-10}}{0.010} = 1.8 \times 10^{-8} (mol \cdot L^{-1})$$

由计算可以看出,加入 $AgNO_3$ 时,沉淀 I^- 时所需要的 Ag^+ 浓度远小于沉淀 Cl^- 时所需要的 Ag^+ 浓度,所以 I^- 首先沉淀出来。

当 Cl^- 开始沉淀出来时,溶液中 I^- 浓度为

$$[I^-] = \frac{K_{sp,AgI}}{[Ag^+]} = \frac{9.3 \times 10^{-17}}{1.8 \times 10^{-8}} = 5.2 \times 10^{-9} (mol \cdot L^{-1})$$

9.3 沉淀滴定法

沉淀滴定法是依据沉淀反应进行的滴定分析方法。虽然沉淀反应很多,但能用于沉淀滴定的反应很少。目前应用较多的是银量法,它是利用生成 AgCl、AgBr、AgI、AgCN 和 AgSCN 的沉淀反应,测定 Cl^-、Br^-、I^-、CN^-、SCN^- 和 Ag^+ 等离子含量的方法。银量法通常分为莫尔(Mohr)法、福尔哈德(Volhard)法和法扬斯(Fajans)法。本节主要介绍银量法的基本原理及应用。

9.3.1 莫尔法

1. 基本原理

用 K_2CrO_4 作指示剂的银量法称为莫尔法。以滴定 Cl^- 为例,在含有 Cl^- 的中性溶液中加

入 K_2CrO_4 指示剂,用 $AgNO_3$ 标准溶液进行滴定,其反应如下:

$$Ag^+ + Cl^- \rightleftharpoons AgCl\downarrow(白色)$$

$$2Ag^+ + CrO_4^{2-} \rightleftharpoons Ag_2CrO_4\downarrow(砖红色)$$

根据分步滴定原理,由于 AgCl 沉淀的溶解度小于 Ag_2CrO_4 沉淀的溶解度,因此在滴定过程中,随着 $AgNO_3$ 的不断加入,首先析出 AgCl 沉淀,待 AgCl 定量沉淀后,过量 1 滴 $AgNO_3$ 标准溶液即与 K_2CrO_4 生成砖红色的 Ag_2CrO_4 沉淀,从而指示滴点终点。

2. 滴定条件

1) 指示剂用量

根据溶度积原理,可以从理论上计算出到达化学计量点时所需要的 CrO_4^{2-} 浓度:

$$[Ag^+]_{sp} = [Cl^-]_{sp} = \sqrt{K_{sp,AgCl}} = \sqrt{1.8\times10^{-10}} = 1.34\times10^{-5}(mol\cdot L^{-1})$$

$$[CrO_4^{2-}] = \frac{K_{sp,Ag_2CrO_4}}{[Ag^+]^2} = \frac{1.1\times10^{-12}}{(1.34\times10^{-5})^2} = 6.13\times10^{-3}(mol\cdot L^{-1})$$

由于 K_2CrO_4 本身显黄色,当其浓度过高时,颜色太深,影响砖红色终点的判断,实验证明,K_2CrO_4 浓度以 5.0×10^{-3} $mol\cdot L^{-1}$ 为宜。显然,K_2CrO_4 浓度降低后,要使 Ag_2CrO_4 沉淀析出,必须多加一些 $AgNO_3$ 溶液,这样滴定就过量了,将产生正误差。但滴定误差一般都小于 0.1%,不影响滴定结果。

2) 滴定酸度

滴定应在中性或弱碱性溶液中进行,适宜的酸度为 pH=6.5~10.5。这是因为在酸性溶液中,CrO_4^{2-} 与 H^+ 发生如下反应:

$$2H^+ + 2CrO_4^{2-} \rightleftharpoons 2HCrO_4^- \rightleftharpoons Cr_2O_7^{2-} + H_2O$$

从而降低了 CrO_4^{2-} 的浓度,影响 Ag_2CrO_4 沉淀的生成,所以滴定时溶液 pH 不能小于 6.50。而在强碱性溶液中,Ag^+ 则沉淀为 Ag_2O:

$$2Ag^+ + 2OH^- \rightleftharpoons 2AgOH \rightleftharpoons Ag_2O\downarrow + H_2O$$

因此滴定时溶液 pH 不能高于 10.5。若酸度或碱度过高,可以用稀 NaOH 溶液或稀 HNO_3 溶液进行中和。Ag^+ 与 NH_3 易形成 $[Ag(NH_3)_2]^+$,因此如果有铵盐存在时,要求酸度范围较窄,应控制 pH=6.5~7.2。

3) 方法选择性

莫尔法的选择性较差,能与 Ag^+ 生成微溶性化合物或配合物的阴离子(如 PO_4^{3-}、$C_2O_4^{2-}$、AsO_4^{3-}、CO_3^{2-}、S^{2-} 等)和能与 CrO_4^{2-} 生成微溶性化合物的阳离子(如 Ba^{2+}、Pb^{2+}、Hg^{2+} 等)都干扰测定。另外,Fe^{3+}、Al^{3+}、Bi^{3+}、Sn^{4+} 等高价金属离子在中性或弱酸性溶液中发生水解,也会干扰测定。

4) 测定对象

莫尔法能测定 Cl^-、Br^-,但不能测定 I^- 和 SCN^-。因为 AgI 或 AgSCN 沉淀强烈吸附 I^- 或 SCN^-,致使终点提前,且终点变化不明显。

5) 滴定操作

滴定时必须剧烈摇动溶液,以降低沉淀对被测离子的吸附。

9.3.2 福尔哈德法

用铁铵矾 $[NH_4Fe(SO_4)_2\cdot12H_2O]$ 作指示剂的银量法称为福尔哈德法。本法包括直接法和返滴法。

1. 基本原理

在含 Ag^+ 的酸性溶液中,以铁铵矾为指示剂,用 NH_4SCN 标准溶液进行滴定。首先析出 AgSCN 沉淀,当 AgSCN 定量沉淀后,稍过量的 NH_4SCN 溶液与 Fe^{3+} 生成的红色配合物可指示滴定终点。其反应如下:

$$Ag^+ + SCN^- \rightleftharpoons AgSCN \downarrow \qquad K_{sp} = 1.1 \times 10^{-12}$$

$$Fe^{3+} + SCN^- \rightleftharpoons [Fe(SCN)]^{2+}(红色) \qquad K_1 = 138$$

用 NH_4SCN 标准溶液可以直接测定 Ag^+。实验证明,能观察到红色的 $[Fe(SCN)]^{2+}$ 的最低浓度为 6.0×10^{-6} mol·L^{-1},通常 $[Fe^{3+}] \approx 0.015$ mol·L^{-1}。

在分析上更有意义的是采用返滴法测定卤化物。在含卤离子的酸性溶液中,首先加入一定量过量的 $AgNO_3$ 标准溶液,以铁铵矾为指示剂,用 NH_4SCN 标准溶液返滴定过量的 $AgNO_3$:

$$Ag^+ + X^- \rightleftharpoons AgX \downarrow$$

$$Ag^+(剩余) + SCN^- \rightleftharpoons AgSCN \downarrow$$

$$Fe^{3+} + SCN^- \rightleftharpoons [Fe(SCN)]^{2+}(红色)$$

2. 滴定条件

1) 滴定酸度

滴定时,溶液的酸度一般控制在 $0.1 \sim 1$ mol·L^{-1},若酸度过低,Fe^{3+} 将水解形成 $[Fe(OH)]^{2+}$、$[Fe(OH)_2]^+$ 等深色配合物,影响终点观察,碱度过高还会出现 $Fe(OH)_3$ 沉淀。由于滴定通常在 HNO_3 介质中进行,许多弱酸盐(如 PO_4^{3-}、AsO_4^{3-}、S^{2-} 等)都不干扰卤素离子的测定,故此法选择性高。

2) 指示剂用量

从理论计算可知,产生 $[Fe(SCN)]^{2+}$ 的 Fe^{3+} 最低浓度为 0.04 mol·L^{-1},但实际上,浓度这么高的 Fe^{3+} 使溶液呈较深的黄色,影响终点观察。实验证明,当 Fe^{3+} 的浓度为 0.015 mol·L^{-1} 时,颜色变化明显,滴定误差小于 0.1%。

3) 吸附与沉淀转换引起误差

直接法测定 Ag^+ 时,生成的 AgSCN 沉淀强烈地吸附 Ag^+,使终点提前,结果偏低。因此,在滴定时,必须剧烈摇动溶液,使被吸附的 Ag^+ 释出。

返滴法测定 Cl^- 时,终点的判断经常会遇到困难。这是由于 AgSCN 的溶解度小于 AgCl 的溶解度,因此用 NH_4SCN 标准溶液返滴定剩余的 Ag^+ 达到化学计量点后,稍过量的 SCN^- 与 AgCl 沉淀发生沉淀转化反应:

$$AgCl + SCN^- \rightleftharpoons AgSCN \downarrow + Cl^-$$

因此,随着不断地摇动溶液,反应不断向右进行,终点的红色也逐渐消失,得不到稳定的终点,直至转化达到平衡,以致多消耗 NH_4SCN 标准溶液,引入较大的负误差。为了避免这一转化,通常采用以下两种措施:

(1) 往试样溶液中加入一定量过量的 $AgNO_3$ 标准溶液,将溶液加热煮沸使 AgCl 沉淀凝聚,过滤除去沉淀,用稀 HNO_3 洗涤沉淀,洗涤液并入滤液中,然后用 NH_4SCN 标准溶液返滴定滤液中剩余的 $AgNO_3$。

(2) 试样溶液中加入一定量过量的 $AgNO_3$ 标准溶液,生成 AgCl 沉淀后,加入 1,2-二氯乙烷或硝基苯 1~2 mL,用力摇动,使 AgCl 沉淀表面覆盖一层有机物,AgCl 沉淀不再与滴定溶液接触,从而避免了 SCN^- 与 AgCl 的沉淀转化反应。

用返滴定法测定 I^- 和 Br^- 时,AgI 和 AgBr 沉淀的溶解度均小于 AgSCN 沉淀,不会发生上述转化。但在测定 I^- 时,必须先加入 $AgNO_3$ 标准溶液后再加指示剂,否则会发生 $2Fe^{3+} + 2I^- \rightleftharpoons 2Fe^{2+} + I_2$ 的反应;测定 PO_4^{3-}、CN^-、$C_2O_4^{2-}$、S^{2-}、CrO_4^{2-} 与测定 Cl^- 类似,需采用改进的福尔哈德法。

4) 干扰物质的影响

强氧化剂和氮的氧化物以及铜盐、汞盐都与 SCN^- 发生反应,必须预先除去。

9.3.3 法扬斯法

用吸附指示剂指示终点的银量法称为法扬斯法。

1. 基本原理

吸附指示剂是一些有机染料,它们的阴离子在溶液中容易被带正电荷的胶状沉淀所吸附,吸附后结构发生变化,以致引起颜色变化,从而指示滴定终点。以荧光黄作指示剂,$AgNO_3$ 标准溶液滴定 Cl^- 为例。

荧光黄是一种有机弱酸,用 HFl 表示,在溶液中可以离解为黄绿色的阴离子 Fl^-。在化学计量点前,溶液中 Cl^- 过量,这时 AgCl 沉淀胶粒吸附 Cl^- 而带负电荷,Fl^- 受到排斥而不被吸附,溶液呈黄绿色。而在化学计量点之后,稍过量的 $AgNO_3$ 溶液使 AgCl 沉淀胶粒吸附 Ag^+ 而带正电荷。这时,带正电荷的胶粒强烈地吸附 Fl^-,可能是在 AgCl 沉淀表面上形成了荧光黄银化合物而呈粉红色,溶液由黄绿色变成粉红色,指示滴定终点。

Cl^- 过量时: $AgCl \cdot Cl^- + Fl^-$(黄绿色)

Ag^+ 过量时: $AgCl \cdot Ag^+ + Fl^- \longrightarrow AgCl \cdot Ag^+ \cdot Fl^-$(粉红色)

若用 NaCl 滴定 Ag^+,则颜色的变化正好相反。

2. 滴定条件

为了使终点颜色变化明显,使用吸附指示剂时应注意以下几点。

1) 吸附表面积的影响

指示剂的颜色变化发生在沉淀胶粒表面,欲使终点变色敏锐,应尽可能使卤化银沉淀呈胶体状态,具有较大的比表面积。为此,常加入糊精、淀粉等高分子化合物,阻止卤化银凝聚,使其保持胶体状态。

2) 溶液酸度适当

常用的吸附指示剂大多是有机弱酸,其 K_a 值各不相同,适用的酸度范围也不同,为使指示剂呈阴离子状态,必须控制适当的酸度。例如,荧光黄指示剂的 $K_a \approx 10^{-7}$,只能在中性或弱酸性(pH=7.0~10.0)溶液中使用,若溶液 pH 远小于 7.0 时,荧光黄大部分以 HFl 形式存在,不被卤化银沉淀吸附,无法指示终点;二氯荧光黄的 $K_a = 10^{-4}$,可以在 pH=4.0~10.0 使用;曙红的 $K_a = 10^{-2}$,是更强的酸,故溶液 pH 小至 2.0 时仍可以指示滴定终点。

3) 溶液浓度适中

溶液的浓度不能太低,因为浓度太低时,沉淀很少,观察终点比较困难。测定对象不同,测定的灵敏度不同,要求的溶液浓度也不同。例如,以荧光黄作指示剂,用 $AgNO_3$ 滴定 Cl^- 时,Cl^- 浓度要求在 $0.005\ mol \cdot L^{-1}$ 以上;但测定 Br^-、I^-、SCN^- 等离子时灵敏度较高,浓度可以低至 $0.001\ mol \cdot L^{-1}$。

4)避光滴定

卤化银沉淀对光敏感,遇光易分解析出金属银,使沉淀很快转变为灰黑色,影响终点观察,因此在滴定过程中应避免强光照射。

5)胶粒吸附能力适当

胶体微粒对指示剂的吸附能力应略小于对被测离子的吸附能力,否则将在化学计量点前变色。但若吸附能力太小,将使终点延迟。卤化银对卤离子和常见的几种吸附指示剂吸附能力大小的顺序如下:

$$I^- > 二甲基二碘荧光黄 > Br^- > 曙红 > Cl^- > 荧光黄$$

因此,滴定 Cl^- 时不能选择曙红,而应选用荧光黄作指示剂。现将常用的几种吸附指示剂列于表 9-1。

表 9-1 常用吸附指示剂

指示剂名称	被测离子	滴定剂	滴定条件
荧光黄	Cl^-、Br^-、I^-	$AgNO_3$	$pH = 7.0 \sim 10.0$
二氯荧光黄	Cl^-、Br^-、I^-	$AgNO_3$	$pH = 4.0 \sim 10.0$
曙红	Br^-、I^-、SCN^-	$AgNO_3$	$pH = 2.0 \sim 10.0$
甲基紫	Ag^+	NaCl	酸性溶液
溴甲酚绿	SCN^-	$AgNO_3$	$pH = 4.0 \sim 5.0$
二甲基二碘荧光黄	I^-	$AgNO_3$	中性溶液
罗丹明 6G	Ag^+	NaBr	稀 HNO_3

9.3.4 银量法的应用

1. 标准溶液的配制与标定

1)$AgNO_3$ 标准溶液

$AgNO_3$ 可以制备纯度很高的产品,能直接配制标准溶液。由于基准 $AgNO_3$ 在保存和干燥时有少量 Ag^+ 易被还原而变黑,因此通常情况下采用化学纯的 $AgNO_3$,用 NaCl 基准物质标定。

NaCl 容易吸潮,使用前应在 $500 \sim 600\ ℃$ 下进行干燥,然后放入干燥器中冷却备用。在标定 $AgNO_3$ 溶液时,所选用的指示剂应与测定试样所用的指示剂一致,以减少分析方法的系统误差。

2)NH_4SCN 标准溶液

市售的 NH_4SCN 试剂含有杂质,而且易吸潮,不符合基准物质的要求,不能直接配制标准溶液。可用已标定的 $AgNO_3$ 标准溶液按福尔哈德直接滴定法进行标定。

2. 芒硝中氯化钠的测定

芒硝中的氯化钠常采用莫尔法进行测定。

1) 测定原理

芒硝试样用水在加热情况下溶解,然后用快速滤纸过滤除去水不溶物,制成试样溶液。移取适量的试样溶液(接近中性),以 K_2CrO_4 为指示剂,用 $AgNO_3$ 标准溶液进行滴定。因 AgCl 溶解度小于 Ag_2CrO_4,首先析出 AgCl 沉淀,待 Cl^- 全部反应后,稍过量的 $AgNO_3$ 即与 CrO_4^{2-} 形成砖红色的 Ag_2CrO_4 沉淀而指示滴定终点。

2) 测定条件

芒硝试样组成简单,基本无干扰,可直接进行测定。

(1) 严格控制指示剂的加入量。若滴定终点时溶液总体积为 100 mL,100 g·L^{-1} K_2CrO_4 的加入量以 1 mL 为宜。若指示剂过多,终点提前,造成较大的负误差。

(2) 必须控制试样溶液的酸度为中性或弱碱性,否则影响反应的完全程度,甚至无法进行滴定。芒硝试样配成水溶液后基本为中性,一般不必调整酸度。

9.4 重量分析法

重量分析法是通过称量物质的重量进行测定的方法。测定时,通常先用适当的方法使被测组分与其他组分分离,然后称量,并由此计算出该组分的含量。

9.4.1 重量分析法的分类及特点

1. 分类

根据分离方法的不同,重量分析法可分为挥发法、电解法和沉淀法三种,其中以沉淀法最重要,应用最广泛。

1) 挥发法

挥发法(又称气化法)是利用物质的挥发性质,通过加热或其他方法使被测组分从试样中挥发逸出,然后根据试样质量的减轻计算被测物质的含量;或者采用某一特性吸收剂定量吸收逸出的被测组分的气体,然后根据吸收剂质量的增加计算该组分的含量。

例如,高硅(SiO_2>95%)试样中 SiO_2 的测定就是采用 HF 挥发法,在加热情况下使 SiO_2 以 SiF_4 的形式挥发,所失质量即为试样中 SiO_2 的质量。另外,在水泥的生产控制分析中,测定原料、燃料的附着水或结晶水的含量及煤的挥发组分也常用此法。

2) 电解法

电解法是利用电解的方法使被测金属离子在电极上还原析出,然后称量,电极增加的质量即为被测金属的质量。

3) 沉淀法

沉淀法是利用沉淀反应使待测组分以微溶化合物的形式沉淀下来,再将沉淀过滤、洗涤、烘干或灼烧成为组成一定的物质,然后称其质量,根据其质量计算被测组分的含量。

例如,水泥试样中的 SO_3 含量的测定:

$$试样 \xrightarrow{HCl} SO_4^{2-} \xrightarrow{BaCl_2} BaSO_4 \downarrow \xrightarrow{过滤,洗涤,灼烧} BaSO_4 \longrightarrow 恒量$$

(沉淀形式)　　　　　　(称量形式)

由所得 $BaSO_4$ 沉淀的质量计算出试样中 SO_3 的质量分数。

2. 特点

重量分析法是化学分析法中最经典的分析方法,适合于含量高于 1% 的常量组分的测定。重量分析法直接用分析天平称量而获得分析结果,不需要与标准试样或基准物质进行比较,因此准确度较高,一般测定的相对误差小于 0.1%。但是重量分析法操作烦琐、费时,分析速度慢,不能满足快速分析的要求,对微量和痕量组分的测定误差较大,已逐渐被其他分析方法所代替,但有些成分的分析仍以它为主。本节主要讨论沉淀重量法。

9.4.2 重量分析法对沉淀的要求

试样分解制成溶液后,加入适当的沉淀剂,使被测组分沉淀下来,所得的沉淀称为沉淀形式。沉淀经过滤、洗涤、烘干或灼烧,转化成称量形式,然后称量,并根据称量形式的化学式计算被测组分的含量。沉淀形式和称量形式可能相同,也可能不同。例如,在 SiO_2 含量的测定中,沉淀形式是 $SiO_2 \cdot nH_2O$,灼烧后所得称量形式是 SiO_2。而在有些情况下,沉淀形式和称量形式是相同的。例如,在 SO_3 含量的测定中,用 $BaCl_2$ 作为沉淀剂,由于 $BaSO_4$ 在灼烧过程中不发生变化,因此两种形式都是 $BaSO_4$。

为了获得准确的分析结果,重量分析对沉淀形式和称量形式分别提出了一定的要求,并对沉淀剂也提出了相应的要求。

1. 对沉淀形式的要求

(1) 沉淀的溶解度小,以保证被测组分沉淀完全。通常,沉淀的溶解损失应小于分析天平的称量误差,即 0.2 mg。

(2) 沉淀纯净,尽量避免混入杂质。

(3) 沉淀易于过滤和洗涤,为此沉淀时应尽量获得粗大的晶形沉淀。对于无定形沉淀,应掌握好沉淀条件,改善沉淀的性质。

(4) 沉淀易于转化为称量形式。

2. 对称量形式的要求

(1) 化学组成恒定。组成必须与化学式完全符合,否则无法准确计算分析结果。

(2) 性质稳定。要求称量形式不易受空气中水分、CO_2 和 O_2 等的影响,而且在干燥或灼烧过程中不易分解等。

(3) 摩尔质量大。称量形式的摩尔质量应尽可能大,被测组分在称量形式中的质量分数要小,这样可以增大称量形式的质量,减少称量误差,提高测定的准确度。

3. 对沉淀剂的要求

(1) 沉淀剂具有一定的挥发性,这样过量的沉淀剂易于在干燥或灼烧过程中挥发除去,不影响称量的准确性。

(2) 沉淀剂具有一定的特效性,或创造条件使其具有特效性,这就要求沉淀剂仅与被测离子产生沉淀,而不与其他组分作用,省去分离干扰物质这一步骤。

(3) 沉淀剂本身具有较大的溶解度,可以减少沉淀对沉淀剂的吸附,易于获得较纯净的沉淀。

从对沉淀剂的要求来看,许多有机沉淀剂比无机沉淀剂具有一定的优越性。有机沉淀剂选择性较高,组成固定,称量形式的摩尔质量较大,能形成溶解度较小的粗晶沉淀,便于过滤和洗涤,而且多数情况下沉淀只需烘干不必灼烧,因此在沉淀分离中,有机沉淀剂的应用越来越广泛。

9.4.3 影响沉淀纯净的因素

在重量分析中,不仅要求沉淀的溶解度小,而且要求沉淀必须纯净。但是沉淀从溶液中析出时,或多或少地会夹杂溶液中的其他组分一起沉淀下来而被沾污。因此,应了解沉淀形成过程中杂质混入的原因,从而找出减少杂质的方法,以求获得符合重量分析要求的沉淀。影响沉淀纯净的因素主要分为共沉淀和后沉淀两大类。

1. 共沉淀

在进行沉淀反应时,溶液中某些本来不应沉淀的组分同时也被沉淀带下来而混杂于沉淀之中,这种现象称为共沉淀。

1) 表面吸附

表面吸附是在沉淀表面上吸附了某些杂质所引起的共沉淀。产生表面吸附的主要原因是由于沉淀晶体表面上的离子电荷作用力未完全达到平衡,表面存在较大的静电引力,尤其是边、角、棱上,于是溶液中带相反电荷的离子被吸引到沉淀的表面上,形成第一吸附层。为了保持电中性,第一吸附层外面需要吸引溶液中带相反电荷的抗衡离子,形成第二吸附层(又称扩散层)。第一吸附层和第二吸附层共同组成了包围沉淀颗粒表面的双电层,从而形成了沉淀表面的吸附杂质,使沉淀被沾污。

沉淀对杂质离子的吸附遵循以下吸附规律:

(1) 第一吸附层的选择规律是构晶离子优先被吸附,其次是与构晶离子大小相近、电荷相同的离子易被吸附。

(2) 第二吸附层的选择规律是离子所带的电荷越高越易被吸附。另外,与构晶离子形成溶解度或离解度较小的化合物的离子易被吸附。

例如,$BaSO_4$ 重量法测定水泥中 SO_3 的含量,用 HCl 将试样处理成试液,然后用 $BaCl_2$ 沉淀 SO_4^{2-} 生成 $BaSO_4$ 沉淀。试液中含有 Ba^{2+}、H^+、Cl^-,沉淀表面的 SO_4^{2-} 因静电引力优先吸附过量的构晶离子 Ba^{2+},形成第一吸附层,使沉淀表面带正电荷;然后 Ba^{2+} 又吸引溶液中带负电荷的抗衡离子 Cl^-,形成第二吸附层。这样,因吸附作用使 $BaSO_4$ 沉淀表面吸附了一层 $BaCl_2$ 分子的共沉淀,使沉淀被沾污。若溶液中除 Cl^- 外还存在 NO_3^-,因为 $Ba(NO_3)_2$ 比 $BaCl_2$ 溶解度小,根据吸附规律可以判断 $BaSO_4$ 沉淀吸附 Ba^{2+} 后再吸附的是 NO_3^- 而不是 Cl^-,其形成的吸附物质是 $Ba(NO_3)_2$。

又如,在含有 Ba^{2+}、Fe^{3+}、Fe^{2+}、Cl^- 的溶液中加入过量的稀 H_2SO_4,产生 $BaSO_4$ 沉淀,$BaSO_4$ 沉淀表面优先吸附构晶离子 SO_4^{2-},形成第一吸附层,然后吸附带正电荷的抗衡离子 Fe^{3+} 而不是 Fe^{2+},形成第二吸附层,则表面吸附的杂质为 $Fe_2(SO_4)_3$,这是因为 Fe^{3+} 所带电荷高于 Fe^{2+}。以上两种情况的表面吸附现象如图 9-1 所示。

2) 吸留和包藏

吸留是杂质机械地嵌入沉淀内部,包藏是指母液机械地包藏在沉淀中。这是由于沉淀剂加入太快,沉淀急速生长,沉淀表面吸附的杂质来不及离开就被随后生成的沉淀所覆盖,使杂

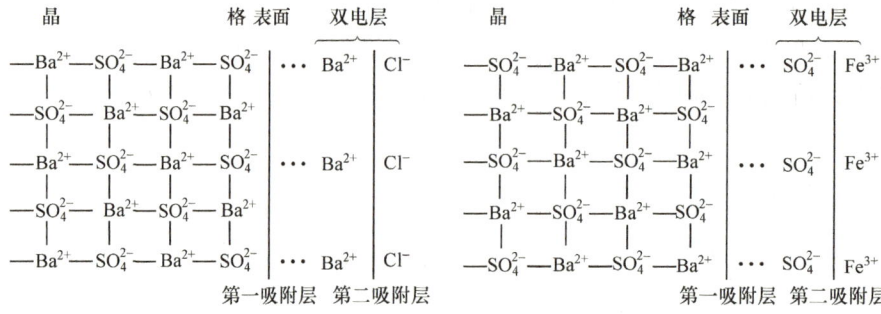

图 9-1 $BaSO_4$ 晶体表面吸附示意图

质或母液被吸留或包藏在沉淀内部。这些共沉淀不能用洗涤的方法除去,可以通过改变沉淀条件、陈化或重结晶的方法予以减免。

3) 混晶

如果溶液中杂质离子与沉淀构晶离子的半径相近,晶体结构相似,杂质会进入晶格排列形成混晶共沉淀,而沾污沉淀。例如,AgCl 与 AgBr、$BaSO_4$ 与 $PbSO_4$、$MgNH_4PO_4 \cdot 6H_2O$ 与 $MgNH_4AsO_4 \cdot 6H_2O$ 等都可形成混晶共沉淀。混晶中的杂质离子不易用洗涤和陈化的方法除去,减少和消除混晶最好的方法就是将这类杂质离子预先分离除去。

2. 后沉淀

当沉淀从溶液中析出后,与母液一起放置一段时间,溶液中某些杂质离子可能沉淀到原沉淀表面,这一现象称为后沉淀。这类现象大多发生在该沉淀形成的稳定的过饱和溶液中。

例如,在 Mg^{2+} 存在下沉淀 CaC_2O_4 时,CaC_2O_4 沉淀析出时并没有发现 MgC_2O_4 沉淀析出。但如果将 CaC_2O_4 沉淀在含 Mg^{2+} 的母液中长时间放置,则会有较多的 MgC_2O_4 在 CaC_2O_4 的表面上析出。其原因可解释为:由于 CaC_2O_4 沉淀在母液中长时间放置,CaC_2O_4 沉淀表面选择性地吸附构晶离子 $C_2O_4^{2-}$,从而使沉淀表面上 $C_2O_4^{2-}$ 的浓度大大增加,致使 $C_2O_4^{2-}$ 浓度和 Mg^{2+} 浓度的乘积大于 MgC_2O_4 沉淀的溶度积,于是在 CaC_2O_4 沉淀表面析出了 MgC_2O_4 沉淀。因此,避免和减少后沉淀的主要方法是缩短沉淀在母液中的放置时间。

3. 获得纯净沉淀的方法

1) 选择适当的分析程序

当溶液中被测组分含量较低而杂质含量较高时,应先沉淀低含量的被测组分。否则,若先沉淀高含量的杂质组分,会因共沉淀现象将低含量的被测组分部分带走,从而引起较大的误差。

2) 降低易被吸附的杂质离子的浓度

应尽量避免易被吸附离子的存在或设法降低其浓度,因此需要在稀溶液中进行沉淀。对于干扰严重的杂质离子,应预先进行掩蔽或分离。例如,将 SO_4^{2-} 沉淀成 $BaSO_4$ 时,溶液中较多的 Fe^{3+}、Al^{3+} 等离子需预先采用氨水沉淀法沉淀分离除去,或者将溶液酸度提高至 $0.3 \text{ mol} \cdot L^{-1}$,使生成共沉淀物质的溶解度增大,达到减少共沉淀的目的。

3) 选择适当的沉淀条件

沉淀的吸附作用和沉淀粒度、沉淀类型、温度及陈化过程等有密切的关系。因此,要获得纯净的沉淀,必须根据具体情况选择合适的沉淀条件。

4) 选择适当的沉淀剂

有机沉淀剂与被测组分形成的沉淀一般纯度都比较高,吸附杂质少,可以优先选用。

5) 选择适当的洗涤液

吸附是可逆过程,可以通过洗涤的方法使沉淀表面上吸附的杂质进入溶液,与沉淀分离,达到提高沉淀纯度的目的。所选洗涤液应在烘干或灼烧过程中能够除去。

6) 再沉淀

再沉淀是指将沉淀过滤、洗涤、重新溶解后,使沉淀中残留的杂质进入溶液,再进行第二次沉淀。这一方法对除去吸留的杂质特别有效,但操作烦琐,必要时才采用。

9.4.4 沉淀的形成与沉淀条件的选择

为了获得大而纯且易于过滤和洗涤的沉淀,必须了解沉淀的形成过程和选择适当的条件。

1. 沉淀的类型和形成过程

1) 沉淀的类型

按照沉淀颗粒的物理性质不同,沉淀的类型通常分为以下三类:第一类是晶形沉淀,如 $BaSO_4$、$MgNH_4PO_4$ 等;第二类是无定形沉淀,又称非晶形沉淀,如 $Fe_2O_3 \cdot nH_2O$、$Al_2O_3 \cdot nH_2O$、$SiO_2 \cdot nH_2O$ 等;第三类是介于二者之间的凝乳状沉淀,如 $AgCl$ 等。它们之间的最大差别是颗粒大小不同。最大的是晶形沉淀,粒径为 $0.1 \sim 1~\mu m$;最小的是无定形沉淀,粒径在 $0.02~\mu m$ 以下;凝乳状沉淀的粒径大小介于二者之间。

晶形沉淀是由较大的颗粒组成,内部排列规则,结构紧密,因而沉淀体积较小,极易沉降于容器底部,沉淀易于过滤洗涤。无定形沉淀是由许多松散聚集在一起的微小颗粒所组成,内部颗粒排列杂乱无章,颗粒中还含有大量数目不等的水分子,因此其结构是松散的絮状沉淀,沉淀体积庞大,不易沉降,过滤与洗涤较为困难。

在沉淀重量法中,希望获得大颗粒的沉淀,但是生成的沉淀类型首先取决于沉淀的性质,并且与沉淀形成时的条件及沉淀后的处理有密切的关系。

2) 沉淀的形成过程

沉淀的形成过程是一个较为复杂的过程,一般可以简单地描述如下:

构晶离子 $\xrightarrow{\text{成核作用}}$ 晶核 $\xrightarrow{\text{成长过程}}$ 沉淀微粒 $\begin{array}{l} \xrightarrow{v_{\text{定向}} > v_{\text{聚集}}} \text{晶形沉淀} \\ \xrightarrow{v_{\text{聚集}} > v_{\text{定向}}} \text{无定形沉淀} \end{array}$

将沉淀剂加入试液中,当形成沉淀的构晶离子的浓度积大于沉淀的溶度积时,离子通过相互碰撞聚集成微小的晶核,溶液中的构晶离子向晶核表面扩散并沉积在晶核上,晶核逐渐长大形成沉淀微粒。这种由离子形成晶核再进一步聚集成沉淀微粒的速度称为聚集速度。在聚集的同时,构晶离子又能按一定的顺序排列于晶格中的速度称为定向速度。一般如果聚集速度大,定向速度小,即构晶离子很快聚集起来生成沉淀微粒,而来不及进行晶格排列,则得到无定形沉淀。反之,如果定向速度大,而聚集速度小,即构晶离子较慢地聚集成沉淀,有足够的时间进行晶格排列,则得到晶形沉淀。

聚集速度主要由沉淀时的条件决定,其中最主要的条件是溶液中生成沉淀物的过饱和度。

聚集速度与溶液的相对过饱和度成正比。可用如下经验公式表示：

$$v = K\frac{Q-s}{s} \tag{9-5}$$

式中：v 为形成沉淀的初始速度（聚集速度）；Q 为加入沉淀剂瞬间生成沉淀物的浓度；s 为沉淀物的溶解度；$(Q-s)$ 为沉淀物的过饱和度；$\frac{Q-s}{s}$ 为沉淀物的相对过饱和度；K 为比例常数，它与沉淀物的性质、温度、溶液中存在的其他物质有关。

从式(9-5)可以看出，聚集速度与溶液的相对过饱和度有关，相对过饱和度越大，聚集速度越大。若要聚集速度小，必须使相对过饱和度小。而相对过饱和度是由沉淀物的溶解度和加入的沉淀剂瞬间生成沉淀物的浓度决定。若沉淀的溶解度大，加入的沉淀剂瞬间生成沉淀物的浓度不太大，则相对过饱和度就小，有可能获得晶形沉淀；反之，若沉淀的溶解度很小，瞬间生成沉淀物的浓度又很大，则获得无定形沉淀。

定向速度的大小主要由沉淀物本身的性质决定。一般极性强的盐类（如 $BaSO_4$、CaC_2O_4、$MgNH_4PO_4$ 等）具有较大的定向速度，因此易形成晶形沉淀；而硫化物、氢氧化物，尤其是高价金属离子的氢氧化物（如 $Fe_2O_3 \cdot nH_2O$、$Al_2O_3 \cdot nH_2O$ 等）和难溶酸（如 $SiO_2 \cdot nH_2O$），定向速度很小，一般形成无定形沉淀。

形成沉淀的类型并不是绝对的，对同一沉淀改变沉淀条件也可以改变沉淀的类型。例如，对 $BaSO_4$ 而言，在稀溶液中沉淀通常获得晶形沉淀，但当 $BaSO_4$ 沉淀从较浓的溶液（如 $0.75 \sim 3.0\ mol \cdot L^{-1}$）中析出时，得到的却是无定形沉淀。由此可见，沉淀的类型不仅取决于沉淀的本质，也取决于沉淀的条件。

2. 沉淀条件的选择

聚集速度和定向速度的相对大小直接影响沉淀的类型，其中聚集速度主要由沉淀条件决定。在重量分析中，晶形沉淀是较为理想的沉淀类型，但是沉淀类型主要取决于沉淀的本质。在某些特定条件下虽然可改变沉淀的类型，但较为困难。因此，通常情况下不是改变类型，而是针对不同类型的沉淀选择适当的沉淀条件，获得重量分析所要求的沉淀。

1）晶形沉淀的沉淀条件

对晶形沉淀而言，主要应考虑如何获得易于过滤、洗涤并具有较大粒度的纯净沉淀。同时，因晶形沉淀的溶解度较大，在具体操作中应注意防止溶解损失。其沉淀条件可概括为"稀、慢、搅、热、陈、冷过滤"。

（1）稀：必须在稀溶液中进行沉淀，并要求加入的沉淀剂也为稀溶液，这样可以降低溶液中沉淀物的相对过饱和度，从而降低聚集速度，有利于获得较大粒度的沉淀。

（2）慢：必须缓慢地加入沉淀剂，以使溶液的相对过饱和度小，同时又能保持适当的过饱和度。

（3）搅：在不断地搅拌下加入沉淀剂，可以防止局部过饱和度过大。

（4）热：沉淀必须在热溶液中进行，这样溶液中沉淀的溶解度可以稍大，相对过饱和度稍低，同时又能减少沉淀对杂质的吸附，防止形成胶体。

（5）陈：沉淀完毕后，将沉淀和母液放置一段时间，这一过程称为沉淀的陈化。陈化可以使小晶体逐渐转变成较大晶体，同时又可使晶体变得更加完整和纯净，即获得大而纯的完整晶体。

在陈化过程中,因小晶体比大晶体的边和角多,小晶体具有较大的溶解度。当大小晶体同处于相同溶液中,对大晶体为饱和溶液时,对小晶体则为不饱和溶液,因此小晶体就会不断地溶解。溶解到一定程度,对小晶体为饱和溶液,对大晶体则为过饱和溶液,于是溶液中的构晶离子就不断地沉积在大晶体上,直至饱和为止。此时对小晶体又为不饱和溶液,小晶体继续溶解。如此反复进行下去,必然导致小晶体向大晶体的转化,从而获得粗大的晶体。晶体的转化过程中,随着小晶体的不断溶解,小晶体原来吸附与吸留的杂质排到溶液中,并且进行有序的晶格排列,使有缺陷的晶体的晶格进一步完整,因此陈化又能使沉淀变得纯净与完整。通常在室温时,陈化时间为8～10 h,若在加热和搅拌的情况下,陈化时间可缩短至几十分钟。

(6) 冷过滤:热溶液中沉淀的溶解损失较大,因此在沉淀完毕后,应将溶液冷却后再进行过滤。

2) 无定形沉淀的沉淀条件

无定形沉淀所含水分较多,结构松散、体积庞大,不仅吸附和吸留杂质多,而且难于过滤和洗涤,甚至形成溶胶。因此,对无定形沉淀而言,主要考虑减少含水量,获得结构紧密的沉淀,以减少杂质的吸附和吸留,同时防止形成溶胶。其沉淀条件可概括为"浓、快、热、搅、电解质、不陈化、再沉淀"。

(1) 浓:沉淀应在较浓的溶液中进行,溶液浓度大,离子的水合程度小,可获得结构较为紧密的沉淀。

(2) 快:加入沉淀剂的速度可适当快些,沉淀产生的速度快,可得到含水量较少的沉淀。

(3) 热:沉淀应在热溶液中进行,既可减少沉淀的表面吸附,又可防止生成溶胶。

(4) 搅:沉淀的同时应不断搅拌,以减少沉淀的吸附。沉淀完毕可加热水稀释,充分搅拌,使吸附的杂质转移到溶液中。

(5) 电解质:沉淀时加入适量的强电解质,既可防止形成溶胶,又可破坏胶体,促进沉淀凝聚。

(6) 不陈化:沉淀完毕后,应立即趁热过滤,不需陈化。该类沉淀一经陈化,就会过分失水,使沉淀黏结,给过滤和洗涤造成困难,甚至无法进行过滤。

(7) 再沉淀:必要时进行再沉淀,无定形沉淀的杂质含量较高,再沉淀可以降低其含量。

3) 均相沉淀法

一般的沉淀操作中,尽管沉淀剂是在不断搅拌下缓慢加入,但在加入沉淀剂的瞬间仍然难免出现局部过浓现象,为此可以采用均相沉淀法。

均相沉淀法是在试样溶液中加入某种试剂,改变溶液的条件,使沉淀剂在整个溶液中慢慢地产生,从而使沉淀缓慢、均匀地析出。这样可防止出现局部过浓现象,得到颗粒粗大、吸附杂质少、易于过滤和洗涤的晶形沉淀。

例如,沉淀 Ca^{2+} 时,若往中性或碱性溶液中直接加入沉淀剂 $(NH_4)_2C_2O_4$,得到 CaC_2O_4 细晶沉淀。若先将溶液用 HCl 酸化后再加入 $(NH_4)_2C_2O_4$,则由于酸效应,沉淀剂主要以 $HC_2O_4^-$ 和 $H_2C_2O_4$ 形式存在,而游离的 $C_2O_4^{2-}$ 浓度很小,故此时不产生 CaC_2O_4 沉淀。然后加入尿素,加热煮沸,尿素发生水解产生 NH_3:

$$CO(NH_2)_2 + H_2O \xrightarrow{\triangle} 2NH_3 + CO_2 \uparrow$$

NH_3 逐步中和溶液中的酸,随着酸度逐渐降低,$C_2O_4^{2-}$ 浓度逐渐增大,使 CaC_2O_4 沉淀缓慢地析出,从而获得粗大的纯净沉淀。

均相沉淀法除了利用中和反应产生沉淀剂外,也可用相应的有机酯类化合物或其他化合物水解而获得,还可以利用配合物分解反应和氧化还原反应进行均相沉淀。

9.4.5 沉淀称量前的处理

如何使沉淀完全并获得纯净及易于分离的沉淀是重量分析中的首要问题,但沉淀后的过滤、洗涤、烘干或灼烧等环节同样影响分析结果的准确度。

1. 沉淀的过滤和洗涤

沉淀常用滤纸或玻璃砂芯滤器过滤。对于需要灼烧的沉淀,应根据沉淀的形状选用快、中、慢不同过滤速度的滤纸。一般非晶形沉淀,如 $Fe(OH)_3$、$Al(OH)_3$ 等,应用疏松的快速滤纸过滤;粗粒的晶形沉淀,如 $MgNH_4PO_4 \cdot 6H_2O$ 等,可用较紧密的中速滤纸;较细粒的沉淀,如 $BaSO_4$ 等,选用最紧密的慢速滤纸,以防沉淀穿过滤纸。

洗涤沉淀的目的在于将沉淀表面所吸附的杂质和残留的母液除去。洗涤时要尽量减少沉淀的溶解损失和避免形成溶胶,因此需选合适的洗液。选择洗液的原则是:对于溶解度很小而又不易形成溶胶的沉淀,可用沉淀剂稀溶液洗涤,但沉淀剂必须在烘干或灼烧时易挥发或易分解除去,如用 $(NH_4)_2C_2O_4$ 稀溶液洗涤 CaC_2O_4 沉淀;对于溶解度较小而又可能分散成溶胶的沉淀,应用易挥发的电解质稀溶液洗涤,如用稀 HCl 溶液洗涤 SiO_2 沉淀。用热洗涤液洗涤,则过滤较快,且能防止形成溶胶。洗涤沉淀时应遵循"少量多次"的洗涤原则。为缩短分析时间和提高洗涤效率,采用倾泻法进行沉淀过滤和洗涤。

2. 沉淀的烘干或灼烧

烘干是为了除去沉淀中的水分和可挥发物质,使沉淀形式转化成组成固定的称量形式。灼烧沉淀除有上述作用外,有时还可以使沉淀形式在较高温度下分解成组成固定的称量形式。烘干或灼烧的温度和时间随沉淀不同而异。例如,二丁二酮肟合镍(Ⅱ)只需在 110~120 ℃烘干 40~60 min 即可冷却、称量,磷钼酸喹啉则需在 130 ℃烘干 45 min。盛放沉淀的玻璃砂芯滤器都需要烘干至恒量,沉淀也应烘干至恒量。

灼烧温度一般在 800 ℃以上,如常用瓷坩埚盛放 $BaSO_4$ 沉淀。若需用氢氟酸处理沉淀,则应用铂坩埚。灼烧用的瓷坩埚和盖应预先在灼烧沉淀的高温下灼烧、冷却、称量,直至恒量。然后用滤纸包好沉淀,放入已灼烧至恒量的坩埚中,再加热烘干、灰化、灼烧至恒量。沉淀经烘干或灼烧至恒量后,即可由其质量计算测定结果。

9.4.6 重量分析结果的计算

1. 重量分析中的换算因数

重量分析是根据称量形式的质量计算被测组分含量的。重量分析的结果可按照式(9-6)进行计算:

$$w_A = \frac{m_A}{m_s} \tag{9-6}$$

式中:w_A 为被测组分 A 的质量分数;m_A 为被测组分 A 的质量,g;m_s 为样品的质量,g。

(1) 如果被测组分与称量形式相同,则直接将称量形式的质量代入式(9-6)即可计算。

（2）如果被测组分与称量形式不同，则需引入一换算因数，将称量形式的质量换算成被测组分的形式进行计算：

$$m_{被测形式} = m_{称量形式} F$$

式中：F 为换算因数。

$$a \text{ 被测组分} \Longleftrightarrow b \text{ 称量形式}$$

$$F = \frac{aM_{被测组分形式}}{bM_{称量形式}} \quad \text{或} \quad F = \frac{aM_{表示形式}}{bM_{称量形式}} \tag{9-7}$$

求换算因数时，要注意分子和分母中所含被测组分的原子或分子数目相等，所以在被测组分的摩尔质量和称量形式的摩尔质量之前，有时需要乘以适当的系数。表 9-2 列出一些重量分析中常见的换算因数。

表 9-2 换算因数实例

被测组分或表示形式	称量形式	换算因数 F
SO_3	$BaSO_4$	M_{SO_3}/M_{BaSO_4}
$Na_2S_2O_3$	$BaSO_4$	$M_{Na_2S_2O_3}/2M_{BaSO_4}$
Fe	Fe_2O_3	$2M_{Fe}/M_{Fe_2O_3}$
Fe_3O_4	Fe_2O_3	$2M_{Fe_3O_4}/3M_{Fe_2O_3}$
Cr_2O_3	$PbCrO_4$	$M_{Cr_2O_3}/2M_{PbCrO_4}$
P_2O_5	$Mg_2P_2O_7$	$M_{P_2O_5}/M_{Mg_2P_2O_7}$

2. 计算实例

【例 9-14】 采用氨水重量法测定铁矿石中铁的含量。称取 0.1500 g 试样，经样品处理后，将其中的铁沉淀为 $Fe_2O_3 \cdot nH_2O$，然后在高温炉中灼烧成 Fe_2O_3 称量形式。称得质量为 0.1102 g，计算铁含量，分别以 Fe、Fe_2O_3、Fe_3O_4 三种形式表示。

解 （1）以 Fe 形式表示铁含量。

$$F = \frac{2M_{Fe}}{M_{Fe_2O_3}}$$

则

$$w_{Fe} = \frac{m_{Fe}}{m_s} = \frac{m_{Fe_2O_3} \dfrac{2M_{Fe}}{M_{Fe_2O_3}}}{m_s} = \frac{0.1102 \times \dfrac{2 \times 55.85}{159.7}}{0.1500} = 0.5139 = 51.38\%$$

（2）以 Fe_2O_3 形式表示铁含量。由于被测组分与称量形式相同，因此 $F=1$，则

$$w_{Fe_2O_3} = \frac{m_{Fe_2O_3}}{m_s} = \frac{0.1102}{0.1500} = 0.7347 = 73.47\%$$

（3）以 Fe_3O_4 形式表示铁含量。

$$F = \frac{2M_{Fe_3O_4}}{3M_{Fe_2O_3}}$$

则

$$w_{Fe_3O_4} = \frac{m_{Fe_3O_4}}{m_s} = \frac{m_{Fe_2O_3} \dfrac{2M_{Fe_3O_4}}{3M_{Fe_2O_3}}}{m_s} = \frac{0.1102 \times \dfrac{2 \times 231.5}{3 \times 159.7}}{0.1500} = 0.7100 = 71.00\%$$

【例 9-15】 一硅酸盐试样 0.5000 g，经分解后得 NaCl 及 KCl 混合物的质量为 0.1803 g。将此混合物溶解于水，加入 $AgNO_3$ 溶液，得 AgCl 沉淀质量为 0.3904 g。此样品中 Na_2O 和 K_2O 的质量分数各为多少？

解 设 NaCl 和 KCl 的质量分别为 x_{NaCl} g 和 x_{KCl} g，则

$$x_{NaCl} + x_{KCl} = 0.1803 \quad (1)$$

根据换算因数，将氯化物的质量换算为相应的 AgCl 沉淀的质量，则

$$x_{NaCl} \frac{M_{AgCl}}{M_{NaCl}} + x_{KCl} \frac{M_{AgCl}}{M_{KCl}} = 0.3904$$

即

$$2.451 x_{NaCl} + 1.922 x_{KCl} = 0.3904 \quad (2)$$

解式(1)和式(2)的联立方程，得

$$x_{NaCl} = 0.0828 \quad x_{KCl} = 0.0975$$

再由 NaCl 和 KCl 的质量计算 Na_2O，K_2O 的质量分数：

$$w_{Na_2O} = \frac{0.0828 \times \frac{M_{Na_2O}}{2M_{NaCl}}}{0.5000} = 0.0876 = 8.76\%$$

$$w_{K_2O} = \frac{0.0975 \times \frac{M_{K_2O}}{2M_{KCl}}}{0.5000} = 0.1234 = 12.34\%$$

在称量形式中均含有被测组分，当二者形式不同时，引入换算因数后进行计算。但当称量形式中不含被测组分时，可以依据已知条件找出二者的相当关系，即可进行计算。

9.4.7 重量分析法的应用

1. $BaSO_4$ 重量法测定水泥中 SO_3

称取一定量的水泥试样，用盐酸分解试样，使水泥中的硫酸盐呈 SO_4^{2-} 的形式，在控制溶液酸度为 $0.25 \sim 0.3 \text{ mol} \cdot \text{L}^{-1}$ 的条件下，用 $BaCl_2$ 沉淀剂沉淀 SO_4^{2-}，生成溶解度较小的 $BaSO_4$ 沉淀。经过滤、洗涤、灰化，在 850 ℃ 的高温炉中灼烧，获得称量形式的 $BaSO_4$，以 SO_3 形式计算含量。该方法是水泥化学分析中测定 SO_3 的基准方法。

2. 氯化铵凝聚重量法测定水泥熟料、生料试样中 SiO_2

二氧化硅的测定方法主要有重量法和容量法两大类。在水泥化学分析中常采用氯化铵凝聚重量法和氟硅酸钾容量法。以下介绍氯化铵凝聚重量法。

试样用无水碳酸钠在 950～1000 ℃下烧结，使不溶性的硅酸盐转化成可溶性的硅酸钠，用盐酸分解熔融块：

$$Na_2SiO_3 + 2HCl = H_2SiO_3 + 2NaCl$$

在含有硅酸的浓盐酸溶液中加入足量的固体氯化铵，于沸水浴上加热蒸发，使硅酸迅速脱水析出。而氯化铵是强电解质，当其浓度足够大时，对胶体硅酸有盐析作用，促使硅酸凝聚，并且加热蒸发有利于硅酸脱水迅速凝聚。另外，铵盐的存在降低了硅酸对其他离子的吸附作用，从而获得较为纯净的硅酸沉淀。沉淀用中速滤纸过滤，先用稀盐酸溶液洗涤，然后用热水洗至无 Cl^-，经灰化后于 950～1000 ℃下灼烧 30 min，取出，冷却，称量，反复灼烧直至恒量。

3. 磷钼酸喹啉重量法测定磷

磷肥中含有多种磷的化合物，其中可溶于水的 H_3PO_4 及 $Ca(H_2PO_4)_2$ 等成分统称为水溶磷。通常需要测定水溶磷的磷肥有过磷酸钙和重过磷酸钙等。水溶磷的测定是用水提取磷肥试样中的水溶磷，然后在酸性溶液中使它与喹啉和钼酸钠形成黄色磷钼酸喹啉沉淀，沉淀经过过滤、洗涤后在 180 ℃ 烘干至恒量，反应式如下：

$$H_3PO_4 + 12MoO_4^{2-} + 24H^+ = H_3(PO_4 \cdot 12MoO_3) \cdot H_2O + 11H_2O$$

$$H_3(PO_4 \cdot 12MoO_3) \cdot H_2O + 3C_9H_7N = (C_9H_7N)_3H_3(PO_4 \cdot 12MoO_3) \cdot H_2O \downarrow$$

由试样质量和所得到的沉淀质量即可求得水溶磷的含量。

4. 丁二酮肟测定钢铁中镍

丁二酮肟是测定镍选择性较高的有机沉淀剂，丁二酮肟分子式为 $C_4H_8O_2N_2$，摩尔质量为 116.2 g·mol^{-1}，是二元弱酸，以 H_2D 表示，在氨性溶液中以 HD^- 为主，可与 Ni^{2+} 形成溶解度很小的鲜红色沉淀（$K_{sp}=2\times10^{-24}$）：

红色沉淀 Ni(HD)$_2$

沉淀经过滤、洗涤，在 120 ℃ 下烘干至恒量，即可获得二丁二酮肟合镍（Ⅱ）沉淀的质量，以此计算镍的质量分数。

习　题

1. 写出下列微溶化合物在纯水中的溶度积表达式：AgCl、Ag_2S、CaF_2、Ag_2CrO_4。
2. 已知下列各难溶电解质的溶解度，计算它们的溶度积。
   (1) CaC_2O_4 的溶解度为 5.07×10^{-5} mol·L^{-1}。
   (2) PbF_2 的溶解度为 2.1×10^{-3} mol·L^{-1}。
   (3) 每升碳酸银饱和溶液中含 Ag_2CO_3 0.035 g。　　　　　　(2.57×10^{-9}，3.7×10^{-8}，8.8×10^{-12})
3. 25 ℃ 时，AgCl、Ag_2CrO_4、CaF_2 三种物质的溶解度大小顺序依次为_____。

$$(CaF_2>Ag_2CrO_4>AgCl)$$

4. 通过计算，判断在下列情况下能否生成沉淀。
   (1) 0.02 mol·L^{-1} $BaCl_2$ 溶液与 0.01 mol·L^{-1} Na_2CO_3 溶液等体积混合。
   (2) 0.05 mol·L^{-1} $MgCl_2$ 溶液与 0.1 mol·L^{-1} 氨水等体积混合。
5. 计算 CaF_2 的溶解度。
   (1) 在纯水中（忽略水解）。
   (2) 在 0.01 mol·L^{-1} $CaCl_2$ 溶液中。

(3) 在 $0.01\ mol \cdot L^{-1}$ HCl 溶液中。

$(2.0 \times 10^{-4}\ mol \cdot L^{-1}, 2.6 \times 10^{-5}\ mol \cdot L^{-1}, 1.3 \times 10^{-3}\ mol \cdot L^{-1})$

6. 在 pH=2.0,含 $0.010\ mol \cdot L^{-1}$ EDTA 及 $0.10\ mol \cdot L^{-1}$ HF 的溶液中加入 $CaCl_2$,使溶液中的 $c_{Ca^{2+}} = 0.10\ mol \cdot L^{-1}$,能否产生 CaF_2 沉淀(不考虑体积变化)?

7. $Cd(NO_3)_2$ 溶液中通入 H_2S 生成沉淀 CdS,使溶液中所剩 Cd^{2+} 浓度不超过 $2.0 \times 10^{-6}\ mol \cdot L^{-1}$,计算溶液允许的最大酸度。 $(0.15\ mol \cdot L^{-1})$

8. 一溶液含 Pb^{2+}、Co^{2+} 两种离子,浓度均为 $0.1\ mol \cdot L^{-1}$,通 H_2S 气体达到饱和,欲使 PbS 完全沉淀,而 CoS(α 态)不沉淀,则溶液的酸度为多少? $(0.048 \sim 2.9\ mol \cdot L^{-1})$

9. 在含有 $0.001\ mol \cdot L^{-1}\ CrO_4^{2-}$ 和 $0.001\ mol \cdot L^{-1}\ Cl^-$ 的溶液中加入固体 $AgNO_3$,哪种化合物先沉淀?当溶解度较大的微溶物开始沉淀时,溶解度较小的微溶物的阴离子浓度是多少?

$(AgCl, 5.5 \times 10^{-6}\ mol \cdot L^{-1})$

10. Cl^-、Br^-、I^- 都与 Ag^+ 生成难溶性银盐,当混合溶液中上述三种离子的浓度均为 $0.010\ mol \cdot L^{-1}$ 时,加入 $AgNO_3$ 溶液,它们的沉淀顺序如何?当第三种银盐开始析出时,前两种离子的浓度各是多少?

$(AgI, AgBr, AgCl, 5.2 \times 10^{-9}\ mol \cdot L^{-1}, 2.8 \times 10^{-5}\ mol \cdot L^{-1})$

11. 已知某溶液中含有 $0.01\ mol \cdot L^{-1}\ Zn^{2+}$ 和 $0.01\ mol \cdot L^{-1}\ Cd^{2+}$,当在此溶液中通入 H_2S 达到饱和时,哪种沉淀先析出?为了使 Cd^{2+} 沉淀完全,则溶液中 $[H^+]$ 应为多少?此时 ZnS 沉淀能否析出?

$(0.34\ mol \cdot L^{-1},不能析出)$

12. 简述重量分析对沉淀形式和称量形式的要求。重量分析一般误差来源是什么?如何减少这种误差?

13. 计算下列换算因数:

(1) 根据 $BaSO_4$ 的质量计算 S、SO_3、Na_2SO_4 和 $Na_2S_2O_3$ 的质量。

(2) 根据 $Mg_2P_2O_7$ 的质量计算 P、P_2O_5、MgO 和 $MgSO_4 \cdot 7H_2O$ 的质量。

(3) 根据 $(NH_4)_3PO_4 \cdot 12MoO_3$ 的质量计算 $Ca_3(PO_4)_2$ 和 P_2O_5 的质量。

(4) 根据 Fe_2O_3 的质量计算 Fe、FeO、Fe_3O_4 和 $FeNH_4(SO_4)_2 \cdot 12H_2O$ 的质量。

(5) 根据 $Cu(C_2H_3O_2)_2 \cdot 3Cu(AsO_2)_2$ 的质量计算 Cu、CuO、Cu_2O、As 和 As_2O_3 的质量。

14. 称取基准物质 NaCl 0.1500 g 溶于水,加入 35.00 mL $AgNO_3$ 溶液,以铁铵矾为指示剂,用 NH_4SCN 溶液返滴定过量的 $AgNO_3$,用去 7.00 mL。另取 40.00 mL $AgNO_3$ 溶液,以铁铵矾为指示剂,用 NH_4SCN 溶液滴定至终点,用去 35.00 mL。计算 $AgNO_3$ 溶液和 NH_4SCN 溶液的浓度。

$(0.095\ 06\ mol \cdot L^{-1}, 0.1086\ mol \cdot L^{-1})$

15. 称取食盐试样 0.2000 g 溶于水,以 K_2CrO_4 为指示剂,用 $0.1500\ mol \cdot L^{-1}\ AgNO_3$ 标准溶液滴定,用去 22.50 mL。计算 NaCl 的质量分数。 (98.62%)

16. $BaSO_4$ 重量法测定水泥试样中的 SO_3 含量,称取 0.5000 g 试样,用 $BaCl_2$ 溶液将溶液中的 SO_4^{2-} 沉淀为 $BaSO_4$,过滤、洗涤、灼烧获得 0.0392 g 纯 $BaSO_4$。计算试样中 SO_3 的质量分数。 (2.69%)

17. 若 0.5000 g 含铁化合物产生 0.4990 g Fe_2O_3,求试样中 Fe_2O_3 和 Fe 的质量分数。 (99.79%,69.79%)

18. 称取磷酸盐矿 0.5428 g,其中磷被沉淀为 $MgNH_4PO_4 \cdot 6H_2O$,并灼烧为 $Mg_2P_2O_7$,质量为 0.2234 g。计算:

(1) 样品中 P_2O_5 的质量分数。

(2) $MgNH_4PO_4 \cdot 6H_2O$ 沉淀的质量。

(26.25%,0.4927 g)

19. 测定某样品中钾和钠的含量,先将 0.5000 g 样品用 HCl 处理得到 KCl+NaCl 混合物 0.1180 g,再经 $AgNO_3$ 沉淀得到 AgCl 0.2451 g。计算样品中 Na_2O 和 K_2O 的质量分数。 (10.6%,3.64%)

第 10 章 s 区 元 素

学习要求

(1) 了解碱金属与碱土金属电子层结构的特点及其在自然界的主要存在形式。
(2) 了解、掌握碱金属和碱土金属单质的物理、化学性质及其制备。
(3) 掌握碱金属和碱土金属氧化物、氢氧化物及其重要盐类的化学性质。
(4) 掌握离子型盐类溶解性的变化规律。

s 区元素主要指元素电子层结构中,最后一个电子填充在 s 轨道上的元素,包括ⅠA 族、ⅡA 族及 He 元素。但 He 由于结构及性质的特殊性,被划为稀有气体。H 虽然为ⅠA 族元素,但其特殊的电子层结构导致 H 与本族其他元素的性质有较大的差异。因此,一般将 H 与稀有气体放在一起讨论,或单独讨论其特殊的性质变化规律。

ⅠA 族元素(除 H 以外)Li、Na、K、Rb、Cs、Fr 称为碱金属,因为无论是金属还是其氧化物,与水作用都生成强碱性溶液。其中 Fr 为放射性元素,其半衰期很短,无法研究其性质变化规律,但根据元素性质变化的周期性推测,其活泼性与 Cs 类似。

ⅡA 族元素 Be、Mg、Ca、Sr、Ba、Ra 称为碱土金属。因为无论是金属还是其氧化物,与水作用都生成强碱性溶液,同时生成溶解性相对较小的类似于黏土(Al_2O_3)不溶于水的氢氧化物,所以称为碱土金属。在碱土金属中,Ra 为放射性元素,其化学性质与 Ba 类似。

10.1 s 区元素的通性

10.1.1 碱金属与碱土金属的价电子层结构特点

碱金属的价电子层结构为 ns^1,氧化态为 +1;碱土金属的价电子层结构为 ns^2,氧化态为 +2。

碱金属和碱土金属均为各周期中原子半径最大的前两个元素,在同一族中原子半径从上到下依次增大,电离能依次降低,所以是活泼的金属,且其活泼性从上到下依次增强。

在 s 区元素的化合物中,除锂和铍的部分化合物为共价型外,其余碱金属和碱土金属的化合物均为离子型。

10.1.2 碱金属与碱土金属元素在自然界的主要存在形式

由于碱金属及碱土金属的化学活泼性,在自然界中主要以化合物的形式存在。例如,Na、K 主要以可溶盐形式存在于海水、盐湖及井盐中;Li 除了主要矿物锂辉石、锂云母外,在我国自贡的井盐中也含有少量的 LiBr。其他碱土金属主要以碳酸盐或硅铝酸盐的形式存在。常见的矿物主要有锂辉石（$LiAlSi_2O_6$）、氯化钠（$NaCl$）、钠长石（$Na[AlSi_3O_8]$）、钾长石（$K[AlSi_3O_8]$）、绿柱石[$Be_3Al_2(SiO_3)_6$]、菱镁矿（$MgCO_3$）、方解石（$CaCO_3$）、石膏（$CaSO_4$）、天青石（$SrSO_4$）、重晶石（$BaSO_4$）、毒重石（$BaCO_3$）等。

10.2 碱金属与碱土金属的单质

10.2.1 碱金属与碱土金属单质的物理性质

（1）对于碱金属，由于其半径较大，且只有一个价电子，形成的金属键相对较弱，因此碱金属的硬度、密度和熔点都比较低。其中 Li 为最轻的金属，Na 与 K 的密度也小于水的密度，Cs 的熔点则低于人的体温（表 10-1）。

表 10-1 硬度、密度和熔点的变化规律

元素	Li	Na	K	Rb	Cs
硬度（莫氏）	0.6	0.4	0.5	0.3	0.2
密度/($g·mL^{-1}$)	0.534	0.97	0.86	1.53	1.88
熔点/℃	181	97	63	39	28

元素	Be	Mg	Ca	Sr	Ba
硬度（莫氏）		2.0	1.5	1.8	
密度/($g·mL^{-1}$)	1.85	1.74	1.54	2.6	3.51
熔点/℃	1289	650	842	769	729

（2）碱土金属的原子半径比同周期碱金属的小，且有两个价电子，金属键比较强，所以其熔点、硬度比碱金属大得多。但其密度仍比较小，属轻金属。

（3）碱金属与碱土金属均为银灰色金属，具有良好的导电性、导热性。其中 Cs 的电离能最小，在受到光照时，电子可获得能量从金属表面逸出产生光电流，所以 Cs 常用来制造光电管的阴极。

（4）碱金属之间极易形成液态合金，比较重要的有钠钾合金，组成为含 77.2% 的 K 和 22.8% 的 Na，其熔点为 −12.6 ℃，由于具有较高的比热容，常用作核反应堆的冷却剂。

（5）碱金属溶解于金属 Hg 中，形成的合金称为汞齐。Na、K 用作还原剂时，常因其反应活性太强，反应速率太快而难以控制，若采用钠汞齐则反应比较平缓，所以钠汞齐常用作有机反应中的还原剂。

10.2.2 碱金属与碱土金属单质的化学性质

1. 与 H_2 反应生成离子型氢化物

碱金属和碱土金属在加热或高压条件下可与 H_2 直接反应，生成离子型氢化物，在离子型氢化物中，H 的氧化态为 −1。

Be 的活泼性相对较差，不能与 H_2 直接反应生成氢化物：

$$2Na + H_2 \xrightarrow{300\sim1000\ ℃} 2NaH$$

$$2Li + H_2 \xrightarrow{700\ ℃} 2LiH$$

离子型氢化物与 H_2O 反应放出 H_2，生成相应的氢氧化物：

$$CaH_2 + 2H_2O = Ca(OH)_2 + 2H_2\uparrow$$

2. 与 H_2O 反应生成氢氧化物

碱金属与碱土金属中，除了 Be 和 Mg 与冷水反应时因表面生成致密的氧化物膜或难溶的氢氧化物而阻止反应进行外，其他单质都能与 H_2O 直接发生反应，生成相应的氢氧化物和 H_2，并放出大量的热：

$$2Na + 2H_2O = 2NaOH + H_2\uparrow + 281.8 \text{ kJ} \cdot \text{mol}^{-1}$$

$$Ca + 2H_2O = Ca(OH)_2 + H_2\uparrow + 414.4 \text{ kJ} \cdot \text{mol}^{-1}$$

Na、K、Rb、Cs 由于生成的氢氧化物溶解度大，且反应放出的热量能使其熔化为液态，故反应相当激烈，不但能引起燃烧，量大时还可能引起爆炸。

Li、Ca、Sr、Ba 由于生成的氢氧化物溶解度相对较小，而且其熔点相对较高，故反应程度较为平缓。

Be、Mg 可与高温水蒸气反应，生成氧化物和 H_2：

$$Mg + H_2O \xrightarrow{\triangle} MgO + H_2\uparrow$$

3. 与 O_2 反应

碱金属与碱土金属在空气中燃烧时发生以下三种反应。

1）生成正常的氧化物

金属 Li、Be、Mg、Ca、Sr、Ba 在空气中燃烧，主要产物为氧化物：

$$4Li + O_2 = 2Li_2O\text{（白色）}$$

$$2Ca + O_2 = 2CaO\text{（白色）}$$

2）生成过氧化物

金属 Na 在空气中燃烧，生成浅黄色的 Na_2O_2：

$$2Na + O_2 = Na_2O_2\text{（浅黄色）}$$

过氧离子 O_2^{2-} 是 O_2 分子得到两个电子后生成的，其分子轨道排布式为

$$(\sigma_{1s})^2(\sigma_{1s}^*)^2(\sigma_{2s})^2(\sigma_{2s}^*)^2(\sigma_{2p_z})^2\begin{cases}(\pi_{2p_y})^2 & (\pi_{2p_y}^*)^2 \\ (\pi_{2p_x})^2 & (\pi_{2p_x}^*)^2\end{cases}$$

在一定条件下，过氧离子 O_2^{2-} 仍具有夺取电子的能力。因此，Na_2O_2 为碱性条件下常用的氧化剂之一。

3）生成超氧化物

金属 K、Rb、Cs 在空气中燃烧，产物为超氧化物：

$$K + O_2 = KO_2\text{（红色）}$$

超氧离子 O_2^- 是 O_2 分子得到一个电子后生成的，其分子轨道排布式为

$$(\sigma_{1s})^2(\sigma_{1s}^*)^2(\sigma_{2s})^2(\sigma_{2s}^*)^2(\sigma_{2p_z})^2\begin{cases}(\pi_{2p_y})^2 & (\pi_{2p_y}^*)^2 \\ (\pi_{2p_x})^2 & (\pi_{2p_x}^*)^1\end{cases}$$

与过氧离子 O_2^{2-} 相比，超氧离子 O_2^- 的氧化能力更强。

4. 与非金属反应

碱金属与碱土金属均可直接与大多数非金属反应，生成相应的化合物，如硫化物、卤化物、氮化物等。

5. 碱金属与碱土金属离子的焰色反应

除了 Be 和 Mg,其他碱金属和碱土金属离子在灼烧时都能产生特征的火焰,称为焰色反应,可用来定性地检验这些元素离子的存在。

例如,Li 盐灼烧时产生的火焰为红色,Na 盐为黄色,K、Rb、Cs 盐为紫色,Ca 盐为橙红色,Sr 盐为红色,Ba 盐为绿色。

6. 碱金属与液氨反应

碱金属可溶于液氨中,生成一种还原性很强的蓝色液体:

$$2Na + 2NH_3 = 2NaNH_2 + H_2\uparrow$$

10.2.3 碱金属与碱土金属单质的制备

碱金属与碱土金属的活泼性很高,用一般的还原剂无法将其还原为单质。工业上常用电解其熔点相对较低的无水氯化物制取碱金属和碱土金属单质。

1. 电解法制备金属 Na

为了降低 NaCl 的熔点,防止生成的金属 Na 挥发,在电解槽中加入 $CaCl_2$,使混合物的熔点由 801 ℃ 降低至 600 ℃。因为混合熔融物的密度比金属 Na 大,所以可使生成的 Na 浮在表面,易于收集。

电解槽中的反应主要有

$$2Cl^- = Cl_2 + 2e^- \text{(阳极反应)}$$

$$2Na^+ + 2e^- = 2Na \text{(阴极反应)}$$

$$2NaCl \xrightarrow{\text{电解}} 2Na + Cl_2\uparrow \text{(电解反应)}$$

2. 热还原法制备金属 Mg

首先将自然界中的含镁矿石[如菱镁矿($MgCO_3$)等]转化成 MgO,然后用焦炭在高温电弧炉中还原 MgO 制备金属 Mg:

$$MgO + C \xrightarrow{1800\ ℃} CO\uparrow + Mg\uparrow$$

3. 置换法制备金属 K

工业上不用电解熔融 KCl 的方法制金属 K,原因是:①金属 K 在 KCl 熔融液中的溶解度大,产率低;②在熔盐温度下,金属 K 易挥发,遇空气中的 O_2 能发生爆炸反应,给生产带来极大危险。生产金属 K 是用金属 Na 还原熔融的 KCl:

$$Na + KCl = NaCl + K\uparrow$$

因为 Na 的沸点为 881.4 ℃,而 K 的沸点只有 756.5 ℃,只要将温度控制在 800 ℃ 左右,就可以收集到 K 蒸气,而 Na 仍存在于熔融液中。

4. 碱土金属单质的制备

碱土金属的活泼性比碱金属略差。除了用电解氯化物法制备其单质外,还可以用其他还

原性稍强的物质通过置换反应制备碱土金属单质。例如

$$BeCl_2 + Mg = MgCl_2 + Be$$
$$MgO + CaC_2 = Mg + CaO + 2C$$
$$3CaO + 2Al = 3Ca + Al_2O_3$$
$$3BaO + Si = BaSiO_3 + 2Ba$$

10.3　碱金属与碱土金属的重要化合物

10.3.1　氧化物

1. 普通氧化物

s 区元素的氧化物大都呈现碱性,只有 BeO 是两性的。

大多数氧化物可由其碳酸盐或硝酸盐加热分解得到,但 Na_2O、K_2O 一般只能用过量的金属 Na 或 K 与其过氧化物、超氧化物或硝酸盐反应得到:

$$Na_2O_2 + 2Na = 2Na_2O$$
$$2KNO_3 + 10K = 6K_2O + N_2 \uparrow$$

碱金属氧化物由 Li 到 Cs 颜色逐渐加深,Li_2O(白色)、Na_2O(白色)、K_2O(淡黄色)、Rb_2O(亮黄色)、Cs_2O(橙红色)。

碱土金属氧化物均为白色。

在碱金属氧化物中,Li_2O 的熔点最高,为 1700 ℃,Na_2O 在 1275 ℃时升华,其他氧化物在 400 ℃以上可发生分解。

碱土金属氧化物熔点较高,BeO 的熔点为 2530 ℃,MgO 的熔点为 2852 ℃,常用作耐火材料,煅烧过的 BeO 和 MgO 不溶于水。但其他碱土金属氧化物则与水发生剧烈反应,放出大量的热。例如

$$CaO + H_2O = Ca(OH)_2 + 65.2 \text{ kJ} \cdot \text{mol}^{-1}$$

2. 过氧化物

碱金属与碱土金属中,除了 Li 和 Be 的过氧化物难以制备外,其他元素的过氧化物都已成功合成。其中最具实用价值的为 Na_2O_2。

过氧化物与冷水反应,可生成相应的氢氧化物,并产生 H_2O_2 或 O_2:

$$Na_2O_2 + 2H_2O = 2NaOH + H_2O_2$$

过氧化物容易吸收 CO_2,生成相应的碳酸盐,并放出 O_2:

$$2Na_2O_2 + 2CO_2 = 2Na_2CO_3 + O_2$$

因此,Na_2O_2 常用作纺织品、麦秆、羽毛等物品的漂白剂和急救供氧试剂,也可用于潜水艇吸收 CO_2。

分析化学中,Na_2O_2 常用作分解矿样的氧化剂:

$$2Fe(CrO_2)_2 + 7Na_2O_2 \xrightarrow{\triangle} 4Na_2CrO_4 + Fe_2O_3 + 3Na_2O$$
$$Cr_2O_3 + 3Na_2O_2 = 2Na_2CrO_4 + Na_2O$$
$$MnO_2 + Na_2O_2 = Na_2MnO_4$$

在酸性介质中,当遇到 $KMnO_4$ 时,Na_2O_2 显还原性,O_2^{2-} 被氧化为 O_2:

$$5O_2^{2-} + 2MnO_4^- + 16H^+ = 2Mn^{2+} + 5O_2\uparrow + 8H_2O$$

3. 超氧化物

因为 O_2^- 中有一个未成对的电子,所以超氧化物具有顺磁性,并呈现出一定的颜色,如 KO_2 为橙黄色,RbO_2 为深棕色,CsO_2 为深黄色。

超氧化物均为强氧化剂,与水剧烈反应,放出 O_2 和 H_2O_2:

$$2KO_2 + 2H_2O = 2KOH + H_2O_2 + O_2\uparrow$$

超氧化物还可除去 CO_2,并再生出 O_2,可以用于急救器、潜水和登山供氧等:

$$4KO_2 + 2CO_2 = 2K_2CO_3 + 3O_2$$

10.3.2 氢氧化物

1. 氢氧化物的通性

碱金属与碱土金属氢氧化物均为白色固体。在空气中放置,可吸收水分和 CO_2,所以固体 NaOH 和 $Ca(OH)_2$ 是碱性条件下常用的干燥剂。

碱金属的氢氧化物易溶于水和醇类。碱土金属的氢氧化物则溶解度相对较低。其中 $Be(OH)_2$ 和 $Mg(OH)_2$ 为难溶氢氧化物。

以上所有氢氧化物中,只有 $Be(OH)_2$ 是两性的:

$$Be(OH)_2 + 2OH^- = Be(OH)_4^{2-}$$

氢氧化物碱性的强弱主要取决于 M—O—H 中 M 金属离子与 H 离子争夺 O 的能力大小,该能力与金属离子的电荷及其离子半径的比值有关:

$$\varphi = \frac{Z}{r^+}$$

φ 值越大,说明金属离子吸引氧的能力越大。化学键不易从 M—O 之间断裂,氢氧化物的碱性就越弱,酸性越强(表 10-2)。一般认为:$\sqrt{\varphi}<7$ 时,金属氢氧化物为碱性;$7<\sqrt{\varphi}<10$ 时,金属氢氧化物为两性;$\sqrt{\varphi}>10$ 时,金属氢氧化物为酸性。

表 10-2 第三周期元素氧化物水合物的酸碱性变化规律

元 素	Na	Mg	Al	Si	P	S	Cl
氧化物的水合物	NaOH	$Mg(OH)_2$	$Al(OH)_3$	H_2SiO_3	H_3PO_4	H_2SO_4	$HClO_4$
r^{n+} 半径/nm	0.102	0.072	0.0535	0.040	0.038	0.029	0.027
$\sqrt{\varphi}$ 值	3.13	5.27	7.49	10	11.5	14.4	16.1
酸碱性	强碱	中强碱	两性	弱酸	中强酸	强酸	强酸

离子势判断氧化物水合物的酸碱性只是一个经验规律。计算表明,对某些物质是不适用的,如 $Zn(OH)_2$ 的 Zn^{2+} 半径为 0.074 nm,$\sqrt{\varphi}=5.2$,按酸碱性的标度,$Zn(OH)_2$ 应为碱性,而实际上为两性。

2. 氢氧化物的化学性质

1) 与两性元素单质反应

$$2Al + 2NaOH + 6H_2O == 2Na[Al(OH)_4] + 3H_2\uparrow$$
$$2Zn + 2NaOH + 6H_2O == 2Na[Zn(OH)_4] + 3H_2\uparrow$$
$$2B + 2NaOH + 6H_2O == 2Na[B(OH)_4] + 3H_2\uparrow$$
$$Si + 2NaOH + H_2O == Na_2SiO_3 + 2H_2\uparrow$$

2) 与酸性或两性氧化物反应

$$2NaOH + CO_2 == Na_2CO_3 + H_2O$$
$$2NaOH + SiO_2 == Na_2SiO_3 + H_2O$$

少量 NaOH 溶液一般用塑料瓶盛放。当用玻璃瓶盛放时，一定要用橡皮塞，而不能用玻璃塞，否则会因反应生成的 Na_2SiO_3 将瓶口黏结，无法打开。

3) 与某些非金属单质发生歧化反应

$$P_4 + 3NaOH + 3H_2O == PH_3 + 3NaH_2PO_2$$
$$4S + 6NaOH == 2Na_2S + Na_2S_2O_3 + 3H_2O$$
$$Cl_2 + 2NaOH == NaCl + NaClO + H_2O$$

3. 典型氢氧化物简介

1) NaOH 和 KOH

NaOH 的熔点(591 K)较低，具有熔解金属氧化物与非金属氧化物的能力，因此在工业生产和分析化学中常用于矿物原料和硅酸盐试样的分解。

NaOH 和 KOH 均具有极强的腐蚀性，分别称为苛性钠(烧碱)和苛性钾，对皮肤、玻璃、金属、陶瓷等有强烈的腐蚀性，使用时一定要多加注意。

Fe、Ni、Ag 制容器对 NaOH 有一定的抗腐蚀性，因此在熔融或蒸发含有 NaOH 的样品时常用 Fe、Ni 容器。分析化学中，常用 Ag 坩埚在 NaOH 存在下熔融分解试样。

NaOH 中常含有 Na_2CO_3，实验室中配制较纯的 NaOH 溶液时，首先将其配制成浓度很高的溶液。Na_2CO_3 在其中的溶解度较小，放置一段时间后可沉淀下来。取其上清液稀释，可得到相对较纯的 NaOH 溶液。

2) $Mg(OH)_2$

$Mg(OH)_2$ 加热至 350 ℃ 即脱水分解：

$$Mg(OH)_2 \xrightarrow{\triangle} MgO + H_2O$$

$Mg(OH)_2$ 易溶于酸或铵盐溶液：

$$Mg(OH)_2 + 2HCl == MgCl_2 + 2H_2O$$

将海水和廉价的石灰乳反应，可以得到 $Mg(OH)_2$ 沉淀，也称氧化镁乳：

$$Mg^{2+} + Ca(OH)_2 == Mg(OH)_2 + Ca^{2+}$$

$Mg(OH)_2$ 的乳状悬浊液在医药上用作抗酸药和缓泻剂。

3) $Ca(OH)_2$

$Ca(OH)_2$ 为疏松的白色粉末，微溶于水。在水中的溶解度为 $0.0103\ mol \cdot L^{-1}$(293 K)。$Ca(OH)_2$ 的溶解度随温度升高而减小。例如，293 K 时，每 100 g 水溶解 0.076 g $Ca(OH)_2$；

273 K 时,溶解量为 0.085 g。

Ca(OH)$_2$ 有较强的碱性,属于强碱。Ca(OH)$_2$ 溶液能吸收空气中的 CO$_2$,生成 CaCO$_3$ 沉淀。

工业 Ca(OH)$_2$ 俗称熟石灰或消石灰,其澄清的饱和溶液称为石灰水。Ca(OH)$_2$ 与水组成的乳状悬浊液称为石灰乳,可用于消毒杀菌。

Ca(OH)$_2$ 价格低廉,来源充足,并具有较强的碱性,生产上常用来调节溶液的 pH 或沉淀分离某些物质。

4) Ba(OH)$_2$

Ba(OH)$_2$ 为白色固体,溶于水,有毒。从水溶液中析出的结晶为 Ba(OH)$_2$·8H$_2$O 白色晶体,熔点为 351 K,密度为 2.18 g·mL^{-1}。

在碱土金属氢氧化物中,Ba(OH)$_2$ 的碱性是最强的,属于强碱,极易与空气中的 CO$_2$ 反应生成 BaCO$_3$:

$$Ba(OH)_2 + CO_2 = BaCO_3 \downarrow + H_2O$$

Ba(OH)$_2$ 可用作定量分析的标准碱。

10.3.3 碱金属与碱土金属的盐类

1. 碱金属盐类的通性

碱金属盐类大多数为离子型晶体,只有 Li 的某些化合物为共价型,因为 Li$^+$ 具有强烈的极化能力。

碱金属的大多数盐类可溶于水,只有 Li 的化合物溶解度较小,如 LiF、Li$_2$CO$_3$、Li$_3$PO$_4$ 等。Na 的难溶化合物较少,常见的主要有六羟基合锑(Ⅴ)酸钠 Na[Sb(OH)$_6$]、乙酸铀酰锌钠 NaZn(UO$_2$)$_3$(Ac)$_9$·6H$_2$O。

K、Rb、Cs 的难溶盐主要有钴亚硝酸盐 M$_3$[Co(NO$_2$)$_6$]、四苯硼化物 MB(C$_6$H$_5$)$_4$、高氯酸盐 MClO$_4$ 及氯铂酸盐 M$_2$[PtCl$_6$]。

碱金属与弱酸形成的盐在溶液中水解呈碱性。所以,许多可溶性碱金属弱酸盐常被当作碱使用,如 Na$_2$CO$_3$、Na$_2$S、Na$_3$PO$_4$、Na$_2$SiO$_3$ 等。

碱金属盐类有形成水合物的倾向,且金属离子的半径越小,形成水合盐的倾向越大。Li 盐多为水合物,在空气中的吸潮性极强。Na 盐也有吸潮性。制造炸药的原料一般不用 NaNO$_3$,而采用 KNO$_3$,就是为了防止因吸潮而导致炸药失效。

碱金属盐类具有较高的热稳定性。其卤化物受热只挥发,而不易分解。其碳酸盐中,只有 Li$_2$CO$_3$ 受热时易分解为 Li$_2$O 和 CO$_2$,其余都不易发生分解。只有硝酸盐受热可分解为亚硝酸盐并放出 O$_2$:

$$2KNO_3 \xrightarrow{\triangle} 2KNO_2 + O_2 \uparrow$$

碱金属盐具有形成复盐的能力,主要有光卤石类(如 MCl·MgCl$_2$·6H$_2$O)和矾类 [如 M(Ⅰ)M(Ⅲ)(SO$_4$)$_2$·12H$_2$O]。

2. 碱土金属盐类的通性

与碱金属盐类不同,大多数碱土金属的盐类难溶于水,只有其氯化物、硝酸盐是可溶的。其他盐类(如碳酸盐、磷酸盐、硫酸盐等)大多不溶。典型的难溶盐主要有 CaCO$_3$、CaSO$_4$、

CaC_2O_4、$BaSO_4$、$BaCrO_4$ 等。

可溶性 Be 盐、Ba 盐有剧毒,致死量约为 0.8 g。

$CaCl_2$ 常用作制冷剂。$CaCl_2 \cdot 6H_2O$ 与冰水按 1.444:1(质量比)配制的混合物平衡温度为 $-55\ ℃$。冬天在道路上喷洒 $CaCl_2$ 溶液,可防止路面结冰。

$BeCl_2$ 和 $MgCl_2$ 的水合物受热时可水解为相应的氧化物和 HCl:

$$BeCl_2 \cdot 4H_2O \xrightarrow{\triangle} BeO + 2HCl + 3H_2O$$

3. 常见 s 区盐类简介

1) LiBr

LiBr 为白色立方晶体或粉末。密度为 $3.464\ g \cdot mL^{-1}$(298.15 K),熔点为 823 K。常温下,溶解度为 $177\ g \cdot (100\ g\ H_2O)^{-1}$。易溶于乙醇和乙醚,微溶于吡啶,可溶于甲醇、丙酮、乙二醇等有机溶剂。

LiBr 是一种高效的水蒸气吸收剂和空气湿度调节剂。可用作吸收式制冷剂、有机化学中的 HCl 脱除剂、纤维蓬松剂,医药上的催眠剂和镇静剂等,还可用作某些高能电池的电解质。

2) $MgCl_2$

无水 $MgCl_2$ 的熔点为 987 K,沸点为 1685 K。$MgCl_2 \cdot 6H_2O$ 为无色、易潮解的六水合物,有苦咸味,溶于水和乙醇。加热即水解生成 $Mg(OH)Cl$:

$$MgCl_2 \cdot 6H_2O \xrightarrow{\triangle} Mg(OH)Cl + HCl + 5H_2O$$

无水 $MgCl_2$ 需要在干燥的 HCl 气流中加热脱水才能得到。

$MgCl_2$ 主要用作电解生产金属 Mg 的原料、消毒剂、灭火剂、冷冻盐水等。$MgCl_2$ 溶液与 MgO 混合而形成坚硬耐磨的镁质水泥,是除水泥、石膏外又一类凝胶材料。其缺点是容易吸潮泛卤,产品易变形等。

3) $MgCO_3$

$MgCO_3$ 为白色粉末,密度为 $2.958\ g \cdot mL^{-1}$。在自然界主要以菱镁矿的形式存在,是 Mg 元素的重要来源之一。$MgCO_3$ 的热稳定性较差,加热到 623 K 即发生分解:

$$MgCO_3 = MgO + CO_2 \uparrow$$

$MgCO_3$ 溶于稀酸,不溶于水。但可溶于含有 CO_2 的水中,生成 $Mg(HCO_3)_2$。天然水中常含有可溶性的 $Mg(HCO_3)_2$ 和 $Ca(HCO_3)_2$,称为暂时硬水。烧开水时,溶解在水中的碳酸氢盐转化为碳酸盐而沉淀下来,形成水垢。

$MgCO_3$ 用于制造镁盐、MgO、防火涂料、陶器、玻璃、化妆品、牙膏、橡胶填料、药物等。

4) $MgSO_4$

$MgSO_4$ 为白色粉末,密度为 $2.66\ g \cdot mL^{-1}$,加热到 1397 K 分解。在自然界中,$MgSO_4$ 以苦盐 $MgSO_4 \cdot 7H_2O$ 和硫镁矿 $MgSO_4 \cdot H_2O$ 的形式存在。

$MgSO_4 \cdot 7H_2O$ 易溶于水,不仅是常用的泻药,而且对降低血压也有显著作用。$MgSO_4$ 还可用作印染业的媒染剂、造纸业的填充剂和防火织物的填料等。

5) $CaSO_4$

$CaSO_4$ 为白色固体,熔点为 1723 K,密度为 $2.69\ g \cdot mL^{-1}$,难溶于水,其二水合物 $CaSO_4 \cdot 2H_2O$ 俗称石膏或生石膏,加热脱水后,生成熟石膏或烧石膏($2CaSO_4 \cdot H_2O$ 或 $CaSO_4 \cdot$

$1/2H_2O$)。

石膏矿为单斜晶体,呈板状或纤维状。

熟石膏粉末与水混合后,有可塑性,但不久即硬化,重新变成生石膏,此过程放出大量热并膨胀,因此可用于铸造业模具及雕塑等领域。$CaSO_4$ 还可用于制造硫酸和水泥,作为油漆、塑料等的白颜料或填料。

6) $CaCO_3$

$CaCO_3$ 为白色晶体或粉状固体,密度为 $2.7 \sim 2.93 \text{ g} \cdot \text{mL}^{-1}$,为天然石灰石、大理石和冰洲石的主要成分。

纯 $CaCO_3$ 的晶体矿物为方解石,具有晶体的各向异性,是制作偏光仪的晶体之一。

天然 $CaCO_3$ 主要用作建筑材料,如生产水泥、石灰、人造石等。

沉淀 $CaCO_3$(人工合成 $CaCO_3$)主要用作医药上的解酸剂、含钙食品添加剂、纸张填料、塑料增强剂、涂料白色颜料等。

7) CaC_2

纯 CaC_2 为白色晶体,密度为 $2.22 \text{ g} \cdot \text{mL}^{-1}$,熔点为 2573 K,可导电。工业品 CaC_2 俗称电石,由于含有游离碳而呈灰色。

电石是由生石灰(CaO)与焦炭(或无烟煤)混合,在电炉中煅烧制得的:

$$2CaO + 4C \Longrightarrow 2CaC_2 + O_2 \uparrow$$

CaC_2 与水反应生成乙炔:

$$CaC_2 + 2H_2O \Longrightarrow C_2H_2 + Ca(OH)_2$$

因此,电石是有机合成的重要原料之一。

8) $Sr(NO_3)_2$

$Sr(NO_3)_2$ 为白色晶体,熔点为 843 K,密度为 $2.986 \text{ g} \cdot \text{mL}^{-1}$,易溶于水。其溶解度随温度升高而显著增大,微溶于乙醇。

将 $SrCO_3$ 与 HNO_3 作用,并于 20 ℃下结晶,即得二水合硝酸锶 $Sr(NO_3)_2 \cdot 2H_2O$:

$$2H_2O + SrCO_3 + 2HNO_3 \Longrightarrow Sr(NO_3)_2 \cdot 2H_2O + H_2CO_3$$

$Sr(NO_3)_2 \cdot 2H_2O$ 受热即失去水分,燃烧时产生特征的洋红色火焰,用于制造焰火和夜光弹。例如,红色焰火的配方为 $KClO_3$ 34%(质量分数,下同),$Sr(NO_3)_2$ 45%,炭粉 10%,镁粉 4%,松香 7%。

9) $BaSO_4$

$BaSO_4$ 为白色斜方晶体,密度为 $4.50 \text{ g} \cdot \text{mL}^{-1}$,熔点为 1853 K,其天然矿物为重晶石。

$BaSO_4$ 不溶于水、稀酸和乙醇,是碱土金属硫酸盐中溶解度最小的。利用这一性质,分析化学中常用 Ba^{2+} 检验溶液中是否有 SO_4^{2-} 存在。例如,在酸性介质中滴加 $BaCl_2$ 溶液,若产生白色沉淀,则证明溶液中含有 SO_4^{2-}。

$BaSO_4$ 难溶于水,是唯一没有毒性的钡盐,能强烈阻止 X 射线,在医学上用于消化道的 X 射线造影检查。

$BaSO_4$ 的另一主要用途是用作白色颜料。$BaSO_4$ 与 ZnS 的混合物称为立德粉或锌钡白,是配制白漆的颜料之一。

重晶石是制备各种钡产品的主要原料。以重晶石生产可溶性钡盐的反应大致如下:

$$BaSO_4 + 4C \xrightarrow{\text{燃烧}} BaS + 4CO \uparrow$$

$$BaS + CO_2 + H_2O = BaCO_3 + H_2S$$
$$BaCO_3 + 2HCl = BaCl_2 + H_2O + CO_2\uparrow$$
$$BaCO_3 \xrightarrow{\triangle} BaO + CO_2\uparrow$$
$$BaO + H_2O = Ba(OH)_2$$
$$2BaO + O_2 = 2BaO_2$$

10.3.4 离子晶体溶解性的变化规律

(1) 离子晶体溶解度与晶格能的大小有关。一般晶格能越大,溶解度越小。

(2) 离子晶体溶解度与正、负离子的水合能有关。一般离子的水合能越大,溶解度越大。

(3) 研究结果表明,离子晶体的晶格能及水合能与正、负离子的半径大小有关:

$$U = f_1\left(\frac{1}{r_{M^+} + r_{X^-}}\right)$$

$$\Delta H_{水合} = f_2\left(\frac{1}{r_{M^+}}\right) + f_3\left(\frac{1}{r_{X^-}}\right)$$

当正、负离子的半径差别增大时,难以形成稳定的离子晶体,晶格能大大降低,而水合能相对增大,所以这类盐易溶于水。例如,Li 的卤化物 LiF、LiCl、LiBr、LiI 在水中的溶解度依次增大,LiF 是难溶的,而 LiI 易溶于水。原因是 Li^+ 与 I^- 半径差别很大,晶格能小于水合能,导致溶解过程能量降低,过程自发进行。

习 题

1. 在 s 区元素中,金属 Li 的电极电势最低,但 Li 的金属活泼性却不是最强的,原因何在?
2. 试从元素的电子层结构及离子极化的观点讨论 s 区元素 Li 与 Be 化合物性质的特殊性,如溶解度、热稳定性等。
3. 碱金属包括哪些元素? 它们在过量的氧气中燃烧时,各生成何种氧化物? 写出各类氧化物与水作用的反应式通式。
4. 试说明在电解熔融 NaCl 制备金属 Na 时加入 $CaCl_2$ 的目的。
5. 如何以重晶石为原料制备 $BaCl_2$? 写出所需的各步反应式。
6. 由海水结晶得到的食盐中含有 Ca^{2+}、Mg^{2+}、SO_4^{2-} 等杂质离子,设计实验步骤由粗食盐提纯 NaCl。
7. 如何配制不含 Na_2CO_3 杂质的 NaOH 稀溶液?
8. 一固体混合物中可能含有 $MgCO_3$、Na_2SO_4、$Ba(NO_3)_2$、$AgNO_3$、$CuSO_4$。将混合物溶于水得到无色溶液和白色沉淀,将溶液进行焰色反应,火焰呈黄色,沉淀可溶于盐酸并放出气体。试判断哪些物质肯定存在、哪些物质可能存在、哪些物质肯定不存在,并分析其原因。
9. 一白色粉状混合物,可能含有 KCl、$MgSO_4$、$BaCl_2$ 和 $CaCO_3$。根据下列实验事实确定其实际组成。
   (1) 混合物溶于水得无色溶液。
   (2) 将溶液进行焰色反应,透过蓝色钴玻璃可观察到紫色。
   (3) 向溶液中加入 NaOH,生成白色沉淀。
10. 以 C 还原 MgO 制备金属 Mg 时,要以大量的冷 H_2 将炉口馏出的 Mg 蒸气稀释、冷却,以得到金属 Mg 粉。能否用空气、N_2 或 CO_2 代替 H_2 作冷却剂? 为什么?
11. 简要解释碱土金属碳酸盐的热稳定性规律。
12. 简要回答下列问题:
    (1) LiF 的溶解度比 AgF 小,而 LiI 的溶解度却比 AgI 大。

(2) 在水中的溶解度 $LiClO_4 > NaClO_4 > KClO_4$。

(3) $Be(OH)_2$ 为两性物质而 $Mg(OH)_2$ 却显碱性。

13. 碱金属氢化物在有机合成中应用广泛,是基于它们的(   )。
    A. 催化作用　　　　　B. 还原作用　　　　　C. 产生大量的热　　　　　D. 缓解反应速率

14. $BaSO_4$ 在水中的溶解度比 $BeSO_4$ 小得多,主要原因是(   )。
    A. 共价性大　　　　　B. 水合作用弱　　　　　C. 晶格能大　　　　　D. 吸收大量的热

15. 在配制冷冻剂时,采用 $CaCl_2·6H_2O$ 好还是无水 $CaCl_2$ 好?

16. 用 NaOH 熔融法分解矿石时,最适合用(   )。
    A. 铂坩埚　　　　　B. 石英坩埚　　　　　C. 镍坩埚　　　　　D. 瓷坩埚

17. 写出下列具有工业价值矿物的化学组成:
    (1) 萤石　　　　(2) 天青石　　　　(3) 毒重石　　　　(4) 绿柱石

18. 下列各物质热分解温度最低的是(   )。
    A. Li_2CO_3　　　　B. K_2CO_3　　　　C. $BeCO_3$　　　　D. $MgCO_3$

19. 写出下列反应方程式:
    (1) 金属铍溶解在氢氧化钠中
    (2) 金属钠与硝酸钠反应
    (3) 氯化钠与高氯酸混合
    (4) 硫粉溶解于氢氧化钠
    (5) 过氧化钠与三氧化二铬共熔
    (6) 超氧化钾与二氧化碳反应
    (7) 在高温下加热氧化钡
    (8) 重晶石与碳粉共熔
    (9) 将过氧化钠加入酸性高锰酸钾溶液中
    (10) 加热六水合氯化镁

第 11 章 p 区元素

学习要求

(1) 了解 p 区元素的通性、元素在自然界的存在形式,掌握常见单质的物理、化学性质。
(2) 掌握 p 区元素氧化物、氢氧化物、含氧酸及其盐的重要化学性质。
(3) 掌握 p 区元素各类重要化合物的性质及其反应。

p 区元素是指元素电子层结构中,最后一个电子填充在 p 轨道上的元素,包括ⅢA～ⅦA 族及零族元素(稀有气体)。一般对稀有气体单独讨论。本章主要讨论除零族元素外的 p 区各族元素的单质与主要化合物的性质。

11.1 硼族元素

11.1.1 硼族元素的通性

ⅢA 族包括 B、Al、Ga、In、Tl 五种元素,统称为硼族元素。除了 B 为非金属元素外,Al、Ga、In、Tl 均为金属元素,其金属性随原子序数的增大而增强。硼族元素的价电子层结构为 ns^2np^1,主要氧化态为 +3 和 +1。

由于硼族元素的价轨道数为 4(1 个 s 轨道和 3 个 p 轨道),而价电子数为 3,小于价轨道数,因此硼族元素又称为缺电子元素。在形成正常的化合物后,由于还剩有 1 个空的价轨道,硼族元素化合物仍有很强的继续接受电子的能力。这种能力表现在分子的自聚合以及与电子对给予体形成稳定配位化合物的趋向。

氧化数为 +3 的硼族元素具有相当强的形成共价键的倾向。特别是 B 原子,其原子半径小,电负性较大,具有极强的极化能力,决定了 B 的化合物大多为共价化合物。

Al 及其以下的元素虽然均为金属,但 +3 这一较高的氧化数,以及 Ga、In、Tl 的 18 电子层结构,产生较为强烈的极化能力,使原子之间易形成极性共价键。

Tl 为第六周期元素,Tl 原子具有全充满的 4f 和 5d 轨道。4f 和 5d 轨道电子云相对较为分散,对原子核的屏蔽作用较小,6s 电子又有较大的穿透作用,导致 6s 轨道的能量显著降低,使 6s 电子成为"惰性电子对"而不容易失去。因此,Tl 通常只失去 p 轨道上的 1 个电子,表现为较活泼的金属元素。而 +3 氧化态的 Tl 不稳定,为强氧化剂。具有惰性电子对效应的元素还有与 Tl 处于同一周期的 Pb 和 Bi,其最高价态的化合物均具有强氧化性。

11.1.2 硼族元素的单质

1. 硼族元素在自然界的分布

(1) 自然界中 B 主要以各种硼酸盐形式存在。最常见的为硼砂($Na_2B_4O_7 \cdot 10H_2O$),还有方硼矿($2Mg_3B_8O_{15} \cdot MgCl_2$)、白硼石矿($Ca_2B_6O_{11} \cdot 3H_2O$)等,我国辽宁等地还有硼镁矿($Mg_2B_2O_5 \cdot H_2O$)。

(2) 自然界中 Al 主要以铝矾土矿形式存在,即含有杂质的水合氧化铝矿($Al_2O_3 \cdot xH_2O$),其次还有冰晶石矿($Na_3[AlF_6]$),再就是为数众多的硅铝酸盐矿。Al 在地壳中的含量仅次于 O 和 Si,居第三位。在所有金属元素中居第一位,比 Fe 几乎多了一倍,是 Cu 的近千倍。

(3) Ga、In、Tl 为稀散元素,没有单独的矿床,大多以杂质形式共生于其他元素的矿物中。Ga 在地壳中的含量为 5×10^{-4}% 左右,以很低的含量分布于铝矾土矿和某些硫化物矿中,如 Ga 与 Cu 共生的硫化物 $GaCuS_2$,锗石中含 0.1%~0.85% 的 Ga。Ga 还容易和 Ge 共存于煤中。燃烧剩下的烟道灰中含有微量的 Ga 和 Ge。In 共生于闪锌矿中。Tl 则常与 Pb 的硫化物共生,如铊石的组成为 $TlPbAs_5S_9$。

2. 硼族元素的单质

1) 单质硼及其性质

单质硼有多种同素异形体,无定形硼为棕色粉末,晶态硼呈灰黑色。晶态硼的硬度近似于金刚石,有很高的电阻,但其电导率却随着温度的升高而增大,说明单质硼与单质硅类似,具有半导体特性。

单质硼的化学性质主要表现在以下几个方面:

(1) 与非金属反应。高温下 B 可与 N_2、O_2、X_2、S 等单质反应。例如,可在空气中燃烧,生成 B_2O_3 和少量 BN;在室温下即能与 F_2 发生反应,但不与 H_2 反应:

$$4B + 3O_2 == 2B_2O_3$$
$$2nB + nN_2 == (BN)_{2n}$$
$$2B + 3F_2 == 2BF_3$$

(2) 与氧化物反应(强烈的亲氧性)。B 能从许多稳定的氧化物(如 SiO_2、P_2O_5、H_2O)中夺取 O,通常用作还原剂。例如,在赤热条件下,B 与水蒸气反应生成硼酸 $B(OH)_3$ 和 H_2:

$$2B + 6H_2O(g) == 2B(OH)_3 + 3H_2 \uparrow$$

(3) 与酸反应。B 不与 HCl 反应,但与热浓 H_2SO_4、热浓 HNO_3 反应生成 $B(OH)_3$:

$$2B + 3H_2SO_4(浓) == 2B(OH)_3 + 3SO_2 \uparrow$$
$$B + 3HNO_3(浓) == B(OH)_3 + 3NO_2 \uparrow$$

(4) 与强碱反应。在氧化剂存在下,B 与强碱共熔生成偏硼酸盐:

$$2B + 2NaOH + 3KNO_3 == 2NaBO_2 + 3KNO_2 + H_2O$$

(5) 与金属反应。高温下,B 几乎能与所有的金属反应生成金属硼化物,大多为一些非整比化合物。其组成中 B 原子数目越多,结构越复杂。

无定形硼用于生产硼钢。硼钢的抗冲击性能好。又因为 B 具有吸收中子的特性,硼钢不仅是制造喷气式发动机的优质钢材,还用于制造原子反应堆的控制棒。

2) 金属 Al 及其性质

Al 为银白色金属,密度为 2.7 g·mL^{-1},熔点为 930 K,沸点为 2740 K。具有良好的延展性和导电性,可代替 Cu 制造电线、高压电缆等各类导电材料。

Al 的化学性质主要表现在以下几个方面:

(1) Al 为典型的两性元素。Al 易溶于稀酸,可从稀酸中置换 H_2。但 Al 与 HCl 反应比与 H_2SO_4 反应速率快,而与碱反应的速率比与酸反应的速率更快:

$$2Al + 3H_2SO_4 == Al_2(SO_4)_3 + 3H_2\uparrow$$

$$2Al + 2NaOH + 6H_2O == 2Na[Al(OH)_4] + 3H_2\uparrow$$

在冷的浓 HNO_3 和浓 H_2SO_4 中,Al 的表面被钝化,而不能进一步发生反应。但 Al 可与热的浓 H_2SO_4 反应:

$$2Al + 6H_2SO_4 == Al_2(SO_4)_3 + 3SO_2\uparrow + 6H_2O$$

(2) Al 的亲氧性。Al 接触空气,其表面生成一层致密的氧化膜,可阻止内层的 Al 被继续氧化,使 Al 在空气中有很高的稳定性。致密氧化膜生成的条件是:金属在生成氧化物后,体积不发生明显的变化。

Al 与 O_2 在高温下反应,并放出大量的热:

$$4Al + 3O_2 == 2Al_2O_3$$

利用该反应,Al 常被用来从其他金属氧化物中置换金属,该方法称为铝热法。例如

$$2Al + Fe_2O_3 == 2Fe + Al_2O_3$$

反应中放出的热量可将反应混合物加热至很高的温度(3273 K),使生成的金属熔化而与 Al_2O_3 熔渣分层。铝热法常被用来还原某些难以还原的金属氧化物,如 MnO_2、Cr_2O_3 等。所以,Al 是冶金工业上常用的还原剂之一。

(3) 与其他非金属反应。在高温下,Al 容易与其他非金属反应,生成硫化物、卤化物等:

$$2Al + 3S == Al_2S_3$$

$$2Al + N_2 == 2AlN$$

$$2Al + 3X_2 == 2AlX_3$$

$$4Al + 3C == Al_4C_3$$

3) 金属 Ga 及其性质

Ga 为银白色软金属,硬度与 Pb 相近。密度为 5.91 g·mL^{-1},熔点为 302.78 K(29.78 ℃),放在人的手掌中即可熔化。而其沸点为 2676 K,熔点、沸点相差之大是所有金属中独一无二的。Ga 凝固时体积会发生膨胀,这一点与其他金属不同。

液态 Ga 的蒸气压较低,在 1273 K 时只有 0.133 Pa,适用于真空装置中的液封。Ga 与 Al、Zn、Sn、In 等形成低熔合金,与 V、Nb、Zr 形成的合金具有超导性。

Ga 的化学活泼性比 Al 低,也属于两性金属元素。主要生成 +1 和 +3 氧化态的化合物。Ga 的化学性质主要表现在以下几个方面:

(1) 常温下 Ga 不与 O_2 和 H_2O 反应。高温时,Ga 与 O_2、S 等反应,生成 +3 价的氧化物和硫化物:

$$4Ga + 3O_2 == 2Ga_2O_3$$

$$2Ga + 3S == Ga_2S_3$$

(2) Ga 与卤素在常温下反应(与碘反应需要加热)生成 GaX_3 或 GaX:

$$2Ga + 3X_2 == 2GaX_3$$

(3) Ga 与稀酸作用缓慢,易溶于热的 HNO_3、浓的 HF 和热浓的 $HClO_4$ 及王水中:

$$Ga + 4HNO_3 = Ga(NO_3)_3 + NO\uparrow + 2H_2O$$

$$2Ga + 12HF = 2H_3[GaF_6] + 3H_2\uparrow$$

$$2Ga + 6HClO_4 = 2Ga(ClO_4)_3 + 3H_2\uparrow$$

(4) Ga 与 NaOH 溶液反应,生成镓酸盐并放出 H_2:

$$2Ga + 2NaOH + 6H_2O = 2Na[Ga(OH)_4] + 3H_2\uparrow$$

(5) Ga 及其氧化物、氢氧化物均为两性,反应与 Al 类似。

Ga 的熔点、沸点相差悬殊,可制作高温温度计,用于测量炼钢炉、原子能反应堆的高温。液态 Ga 常代替汞,用于各种高温真空泵或紫外线灯泡。

利用 Ga 熔点低的特性,将 Ga 与 Zn、Sn、In 制成低熔点合金,用于自动救火水龙头的开关。一旦发生火灾,温度升高,低熔合金开关保险熔化,水龙头自动喷水灭火。Ga 与 As、Sb、P 等生成的砷化镓、锑化镓、磷化镓等都是优良的半导体材料。磷化镓为半导体发光材料,能够发射出红光或绿光。

低温时,Ga 有良好的超导性。在接近 0 K 时,电阻几乎为零。钒三镓合金为超导材料。

应当注意的是,Ga 及其化合物都有毒,其毒性远远超过 Hg 与 As。Ga 可以损伤肾脏,破坏骨髓,沉积在软组织中,造成神经、肌肉中毒。

4) 金属 In 及其性质

In 为银白色略带淡蓝色的金属,熔点为 430 K,沸点为 2353 K,密度为 7.31 g·mL^{-1},延展性好,比铅软。

常温下 In 与空气中的 O_2 反应缓慢,表面形成极薄的氧化膜。加热时能与 O_2、S、卤素、Se、Te、P 等非金属反应,还能与许多金属形成合金。

大块金属 In 不易与沸水和碱反应,但粉状 In 可以与水反应,生成 $In(OH)_3$。

In 与稀酸作用缓慢,易溶于热的 HNO_3 或乙酸、乙二酸中。

In 的主要用途是作为金属包覆层或制成合金,以增强金属材料的耐腐蚀性,特别是在发动机轴承中,可以减轻油的腐蚀,提高润滑性。In 有优良的反射性能,可用来制作反射镜。铟合金可作为反应堆控制棒,其低熔合金可用于玻璃与玻璃、玻璃与金属的封接。

5) 金属 Tl 及其性质

Tl 为灰白色重而软的金属,熔点为 576.7 K,沸点为 1730 K,密度为 11.85 g·mL^{-1}。

室温下,Tl 可与空气中的 O_2 反应,失去光泽变得灰暗,生成氧化亚铊 Tl_2O 膜。Tl 与 O_2 反应还可生成 Tl_2O_3。

室温下,Tl 与卤素反应易生成 TlX。TlX_3 不稳定,$TlBr_3$ 和 TlI_3 难以生成,原因是 +3 价 Tl 具有强氧化性。

高温时,Tl 能与 S、Se、Te、P 等非金属反应,生成相应的 +1 价化合物。

Tl 不溶于碱,与 HCl 反应较慢。但能迅速溶解在 HNO_3、稀 H_2SO_4 中,生成 +1 价可溶性的 Tl 盐。

Tl 的某些化合物对红外辐射特别敏感,或者在红外区有光传导性,被用于红外探照灯、红外照相技术、军事光学仪器等。Tl 的某些化合物,还可用作有机合成的催化剂。

Tl 及其化合物对人体和生物体都有毒。可以制杀鼠药、杀虫剂,食入少量的 Tl 盐可使毛发脱落。工业废水中不允许含 Tl。空气中 Tl 的最高容许量为 0.1 μg·L^{-1},致死量为 1.75 g Tl_2SO_4。

11.1.3 硼族元素的重要化合物

1. 硼的氢化物

B 可以生成一系列的共价氢化物,其物理性质类似于烷烃,故称为硼烷。其中最简单的是乙硼烷 B_2H_6,而无甲硼烷 BH_3 存在。

与 C 的氢化物类似,硼烷分为 B_nH_{n+4} 和 B_nH_{n+6} 两大类,如 B_2H_6、B_5H_9、B_6H_{10} 和 B_3H_9、B_4H_{10}、B_5H_{11} 等。

B 的缺电子性使硼烷具有较为复杂的结构。这里只讨论乙硼烷的结构与性质。

1) 乙硼烷的结构特点

根据经典价键理论,乙硼烷 B_2H_6 是不存在的。如果 B_2H_6 具有与乙烷相同的结构,至少需要 14 个价电子。但 B_2H_6 的价电子总数只有 12 个,无法形成类似乙烷的结构。

B_2H_6 的出现对价键理论提出了新的挑战。通过对 B_2H_6 深入研究,结果发现在 B_2H_6 中,有两个 H 的性质与其他四个 H 不同。从理论上推断,B_2H_6 只能具有如图 11-1 所示的结构,这种结构无法用价键理论给出合理的解释。

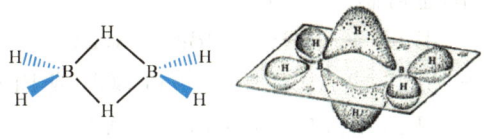

图 11-1 B_2H_6 的成键结构示意图

B 复杂的成键特征用一般化学键理论是无法解释的。直到 20 世纪 60 年代初,美国科学家利普斯科姆(Lipscomb)提出多中心键理论以后,人们才对 B_2H_6 的分子结构有了正确的认识。多中心键理论补充了价键理论的不足,大大促进了硼结构化学的发展。利普斯科姆也因为这一成就荣获 1976 年的诺贝尔(Nobel)化学奖。他根据 B 原子的缺电子特点,归纳出了 B 原子在各种硼烷中表现出的五种成键类型:

(1) 端梢的两中心两电子硼氢键 B—H,即正常的共价键。
(2) 三中心两电子的氢桥键。
(3) 两中心两电子的 B—B 键,即正常的共价键。
(4) 开口的三中心两电子硼桥键。
(5) 闭合的三中心两电子硼键。

B_2H_6 中有四个正常的 B—H 键和两个三中心两电子氢桥键。

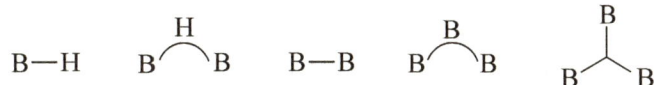

2) B_2H_6 的性质

常温下 B_2H_6 为气体,有毒,有令人不适的特殊气味,不稳定。

(1) B_2H_6 非常活泼,暴露于空气中易燃或爆炸,并放出大量的热:

$$B_2H_6 + 3O_2 = B_2O_3 + 3H_2O + 2166 \text{ kJ} \cdot \text{mol}^{-1}$$

(2) B_2H_6 为强还原剂,能与强氧化剂反应,如与卤素反应生成 BX_3:

$$B_2H_6 + 3X_2 = BX_3 + 6HX$$

（3）B_2H_6 易水解，释放出 H_2，生成 H_3BO_3，并放出大量的热：
$$B_2H_6 + 6H_2O = 2H_3BO_3 + 6H_2\uparrow + 4184 \text{ kJ} \cdot \text{mol}^{-1}$$

（4）B_2H_6 在 373 K 以下稳定，高于此温度则分解放出 H_2，转变为高硼烷。B_2H_6 的热分解产物很复杂，控制不同条件，可得到不同的主产物。例如
$$2B_2H_6 \xrightarrow{\text{加压、加热}} B_4H_{10} + H_2\uparrow$$

（5）B_2H_6 与 LiH 反应，生成还原性比 B_2H_6 更强的硼氢化锂 $LiBH_4$：
$$B_2H_6 + 2LiH = 2LiBH_4$$

$LiBH_4$ 溶于水或乙醇，无毒，化学性质稳定，广泛用于有机合成中。

2. 硼的卤化物

1）卤化硼的制备

（1）以萤石、浓 H_2SO_4 和 B_2O_3 反应制备 BF_3：
$$B_2O_3 + 3CaF_2 + 3H_2SO_4 = 2BF_3 + 3CaSO_4 + 3H_2O$$

（2）以 B_2O_3 与 HF 作用，也可制得 BF_3：
$$B_2O_3 + 6HF = 2BF_3 + 3H_2O$$

（3）用置换法，使 BF_3 与 $AlCl_3$ 或 $AlBr_3$ 反应，可得 BCl_3 或 BBr_3：
$$BF_3 + AlCl_3 = BCl_3 + AlF_3$$
$$BF_3 + AlBr_3 = BBr_3 + AlF_3$$

（4）用卤化法，以 B_2O_3 与 C 为原料，通入氯气，可制备 BCl_3：
$$B_2O_3 + 3C + 3Cl_2 = 2BCl_3 + 3CO$$

2）卤化硼的性质

（1）BX_3 均为共价化合物。熔点、沸点都很低，并有规律地按 F、Cl、B、I 顺序逐渐升高。其挥发性随相对分子质量的增大而降低。常温下，BF_3 为气体，BCl_3 和 BBr_3 为液体，BI_3 为固体。

（2）三卤化硼的蒸气分子均为单分子。

（3）BF_3 为无色有窒息气味的气体，不能燃烧。BF_3 水解得 HBF_4：
$$4BF_3 + 3H_2O = 3HBF_4 + H_3BO_3$$

HBF_4 为强酸，仅以离子状态存在于水溶液中。

（4）BF_3 为缺电子化合物，是很强的路易斯酸，可以与路易斯碱（如 H_2O、醚、醇、胺等）结合生成加合物。在许多有机反应中用作酸性催化剂。

（5）BCl_3 略加压即可液化为无色、具有高折射率的液体。在潮湿的空气中发烟，发生强烈水解：
$$BCl_3 + 3H_2O = H_3BO_3 + 3HCl\uparrow$$

与 BF_3 相比，BCl_3 的路易斯酸性稍强。

硼卤化物的物理、化学性质与硅的卤化物很相似。例如，BCl_3 和 $SiCl_4$ 都强烈地水解。

3. 硼的氧化物

1）B_2O_3 的制备

制备 B_2O_3 的一般方法是加热 H_3BO_3 使其脱水：

$$2H_3BO_3 \rightleftharpoons B_2O_3 + 3H_2O$$

高温下脱水得玻璃态的 B_2O_3,很难粉碎。在 200 ℃ 以下减压缓慢脱水,可得白色粉末状 B_2O_3。作为 H_3BO_3 的酸酐,B_2O_3 有很强的吸水性,在潮湿的空气中与 H_2O 结合转化为 H_3BO_3,因此可用作干燥剂。

2) B_2O_3 的性质

(1) B_2O_3 熔点为 723 K,沸点为 2338 K。易溶于水生成 H_3BO_3。但在热的水蒸气中,则生成偏硼酸 HBO_2,同时放热:

$$B_2O_3(无定形) + 3H_2O(l) \rightleftharpoons 2H_3BO_3(aq)$$

(2) 熔融的 B_2O_3 可以溶解许多金属氧化物,得到有特征颜色的偏硼酸盐玻璃,可用于定性分析中鉴定金属离子,称为硼珠实验。例如

$$B_2O_3 + CuO == Cu(BO_2)_2 (蓝色)$$
$$B_2O_3 + NiO == Ni(BO_2)_2 (绿色)$$

(3) B_2O_3 与 NH_3 在 873 K 反应,可制得氮化硼 $(BN)_x$,其结构与石墨相同,因其为白色,故称为"白石墨":

$$xB_2O_3 + 2xNH_3 == (BN)_{2x} + 3xH_2O$$

(4) B_2O_3 在 873 K 与 CaH_2 反应生成六硼化钙 CaB_6,金属硼化物在电子业中有重要用途。

4. 硼酸

1) H_3BO_3 的结构

在 H_3BO_3 晶体中,每个 B 原子以 sp^2 杂化轨道与 O 原子结合,生成平面三角形结构。每个 O 原子通过氢键与另一个 H_3BO_3 中的 H 原子结合而连成层片状结构,层与层之间以微弱的范德华力相吸引。因此,H_3BO_3 晶体为片状,有滑腻感,可作润滑剂。

2) H_3BO_3 的性质

(1) H_3BO_3 微溶于水,273 K 时的溶解度为 $6.35 \text{ g} \cdot (100 \text{ g H}_2\text{O})^{-1}$,加热时,由于晶体中的部分氢键断裂,溶解度增大,373 K 时的溶解度为 $27.6 \text{ g} \cdot (100 \text{ g H}_2\text{O})^{-1}$。

(2) H_3BO_3 为一元弱酸,$K_a = 5.8 \times 10^{-10}$。其弱酸性并不是自身电离出 H^+ 产生的,而是由于 B 为缺电子原子,利用未参与成键的空价轨道,加合 H_2O 电离的 OH^- 而释放出 H^+:

(3) H_3BO_3 的电离方式表现出硼化合物的缺电子特点。H_3BO_3 是典型的路易斯酸,其酸性可通过加入甘露醇或甘油(丙三醇)而大为增强。例如,H_3BO_3 溶液的 pH≈5~6,加入甘油后,pH≈3~4,表现出一元酸的性质,可用强碱滴定:

(4) H_3BO_3 与甲醇或乙醇在浓 H_2SO_4 存在的条件下生成硼酸酯：
$$H_3BO_3 + 3CH_3CH_2OH \rlap{=}= B(CH_3CH_2O)_3 + 3H_2O$$
硼酸酯在高温下燃烧，产生特有的绿色火焰。此反应可用于鉴别 H_3BO_3、硼酸盐等化合物。

(5) H_3BO_3 在加热脱水分解过程中，先转变为偏硼酸 HBO_2，继续加热变成 B_2O_3。

(6) 在与酸性较强的氧化物（如 P_2O_5 或 As_2O_5）或酸反应时，H_3BO_3 则表现出弱碱性：
$$H_3BO_3 + H_3PO_4 \rlap{=}= BPO_4 + 3H_2O$$

5. 硼砂

1) 硼砂的组成

H_3BO_3 可以缩合为多硼酸，多硼酸在溶液中不稳定，而多硼酸盐很稳定。其中最重要的为四硼酸钠盐 $Na_2B_4O_5(OH)_4 \cdot 8H_2O$，也称为硼砂。

2) 硼砂的性质

(1) 硼砂为无色半透明晶体或白色结晶粉末。在空气中容易风化失水，加热到650 K左右失去全部结晶水成无水盐，在 1150 K 熔为玻璃态。

(2) 熔融的硼砂可发生硼砂珠反应，能溶解一些金属氧化物，并依金属的不同而显出特征的颜色。例如
$$Na_2B_4O_7 + CoO \rlap{=}= 2NaBO_2 \cdot Co(BO_2)_2$$
此反应可用于定性分析及焊接金属时的除锈过程。

(3) 硼砂为强碱弱酸盐，在水溶液中水解而显碱性：
$$[B_4O_5(OH)_4]^{2-} + 5H_2O \rlap{=}= 2H_3BO_3 + 2[B(OH)_4]^-$$
硼砂水解时，得到等物质的量的酸和碱，所以其水溶液具有缓冲作用（pH=9.24）。

6. Al_2O_3

Al_2O_3 有多种变体，其中最常见的是 α-Al_2O_3 和 γ-Al_2O_3，为不溶于水的白色粉末。

1) α-Al_2O_3

自然界中的刚玉为 α-Al_2O_3，属于六方紧密堆积晶体结构，6 个 O 原子构成一个八面体，在整个晶体中，有 2/3 的八面体空隙为 Al 原子所占据。由于这种紧密堆积结构晶格能大，因此 α-Al_2O_3 的熔点(2288.15 K)和硬度(8.8)都很高。常温下不溶于酸或碱，耐腐蚀，且绝缘性好。常用作球磨机中的磨料，也可以制成刚玉坩埚和其他耐火材料。

2) γ-Al_2O_3

加热使 $Al(OH)_3$ 脱水，在较低的温度下生成 γ-Al_2O_3。其晶体属于面心立方紧密堆积结构，Al 原子不规则地排列在由 O 原子构成的八面体和四面体空隙中，这种结构使γ-Al_2O_3的密度不高。具有较大的表面积，生成的颗粒也较小，具有较高的吸附能力和催化活性，性质比 α-Al_2O_3 活泼，具有典型的两性，既可溶于酸，又可溶于碱，称为活性 Al_2O_3。

7. $Al(OH)_3$

加 $NH_3 \cdot H_2O$ 或碱于铝盐溶液中，可沉淀出蓬松的白色 $Al(OH)_3$ 沉淀，为两性氢氧化物，但其碱性略强于酸性，仍属于弱碱。$Al(OH)_3$ 不溶于 NH_3 中，与 NH_3 不生成配合物。$Al(OH)_3$ 与 Na_2CO_3 共溶于 HF 中，可生成冰晶石 $Na_3[AlF_6]$：
$$Al(OH)_3 + OH^- \rlap{=}= [Al(OH)_4]^-$$

$$2Al(OH)_3 + 12HF + 3Na_2CO_3 = 2Na_3[AlF_6] + 3CO_2\uparrow + 9H_2O$$

8. 卤化铝

AlX_3 除 AlF_3 为离子型化合物外,$AlCl_3$、$AlBr_3$ 和 AlI_3 均为共价型化合物。这里主要介绍 $AlCl_3$ 的制备、结构特点和性质。

1) $AlCl_3$ 的制备

无水 $AlCl_3$ 的制备方法有两种。

(1) 熔融态 Al 与氯气反应:

$$2Al + 3Cl_2 = 2AlCl_3$$

(2) 向 Al_2O_3 与焦炭的混合物中通入氯气:

$$Al_2O_3 + 3C + 3Cl_2 = 2AlCl_3 + 3CO$$

利用溶液反应只能得到 $AlCl_3 \cdot 6H_2O$。

2) $AlCl_3$ 的结构

在气相或非极性溶剂中,$AlCl_3$ 以二聚体形式存在。因为 $AlCl_3$ 为缺电子分子,Al 原子有空的价轨道,Cl 原子有孤对电子。Al 原子采取 sp^3 杂化成键,形成四面体结构。两个 $AlCl_3$ 分子以 Cl 桥键结合,形成 Al_2Cl_6 分子,这种 Cl 桥键与 B_2H_6 的 H 桥键结构相似,但成键机理完全不同。

3) $AlCl_3$ 的性质

无水 $AlCl_3$ 在常温下为白色固体,遇水发生强烈水解并放热:

$$AlCl_3 + H_2O = Al(OH)Cl_2 + HCl$$

$AlCl_3$ 可逐级水解,直至产生 $Al(OH)_3$ 沉淀。碱式氯化铝 $Al(OH)_2Cl$ 是一种高效净水剂,是由介于 $AlCl_3$ 和 $Al(OH)_3$ 之间的一系列中间水解产物聚合而成的高效无机高分子化合物,其组成式为 $[Al_2(OH)_nCl_{6-n}]_m$,$1 \leq n \leq 5$,$m \leq 10$,为多羟基多核配合物,通过羟基架桥而聚合。

$AlCl_3$ 易溶于乙醚等有机溶剂中,这也恰好证明它是一种共价型化合物。$AlCl_3$ 也是有机合成中常用的酸性催化剂。

9. 硫酸铝与明矾

无水 $Al_2(SO_4)_3$ 为白色粉末。由水溶液结晶得到的 $Al_2(SO_4)_3 \cdot 18H_2O$ 为无色针状晶体。

$Al_2(SO_4)_3$ 易与 K^+、Rb^+、Cs^+、NH_4^+、Ag^+ 等一价金属离子的硫酸盐结合,形成复盐,称为矾,其通式为 $MAl(SO_4)_2 \cdot 12H_2O$(M 代表一价金属离子)。$KAl(SO_4)_2 \cdot 12H_2O$ 俗称明矾。$Al_2(SO_4)_3$ 与明矾均易溶于水,并发生水解,其水解产物 $Al(OH)_3$ 为胶状沉淀,具有较好的吸附和凝聚作用。因此,$Al_2(SO_4)_3$ 与明矾常用作净水剂或絮凝剂。

10. 铝盐

在溶液中,由于 Al^{3+} 强烈水解,因此铝盐溶液显酸性。

在铝盐溶液中加入 Na_2CO_3 或 Na_2S,会促使双向水解反应的进行,从而在产生 CO_2 或 H_2S 的同时生成 $Al(OH)_3$ 沉淀:

$$2Al^{3+} + 3S^{2-} + 6H_2O = 2Al(OH)_3\downarrow + 3H_2S\uparrow$$

$$2Al^{3+} + 3CO_3^{2-} + 3H_2O = 2Al(OH)_3\downarrow + 3CO_2\uparrow$$

11. 铝酸盐

Al_2O_3 与碱熔融得铝酸盐：

$$Al_2O_3 + 2NaOH = 2NaAlO_2 + H_2O$$

固态铝酸盐有 $NaAlO_2$、$KAlO_2$ 等，在水溶液中尚未找到 AlO_2^-，铝酸盐在水溶液中是以 $[Al(OH)_4]^-$ 水合配离子形式存在的。

铝酸盐水解使溶液显碱性，向其溶液中通入 CO_2 气体可促进水解，得到 $Al(OH)_3$：

$$2NaAlO_2 + 3H_2O + CO_2 = 2Al(OH)_3\downarrow + Na_2CO_3$$

工业上利用该反应，可由铝矾土矿得到 $Al(OH)_3$，用于制备 Al_2O_3。

11.2 碳 族 元 素

11.2.1 碳族元素的通性

ⅣA 族包括 C、Si、Ge、Sn 和 Pb 五种元素，称为碳族元素。其中 C 与 Si 为非金属元素，Ge、Sn、Pb 为金属元素。碳族元素的价电子层结构为 ns^2np^2，主要氧化态为 +2 和 +4。因为 6s 电子对的"惰性"，Pb 以 +2 为稳定氧化态，Pb(Ⅳ) 在酸性介质中具有强氧化性。

碳族元素中的 C、Si、Ge 电负性较大，失去价电子成为正离子很困难，因此倾向于将 s 电子激发到 p 轨道上，从而形成较多的共价键。所以，C、Si、Ge 的稳定氧化数为 +4。

碳族元素中，C、Si 有自相成键的特性。但是 C—C 键的键能（347 kJ·mol^{-1}）比 Si—Si 键的键能（226 kJ·mol^{-1}）大得多。因此，C 原子相互结合生成链状键的能力最强。这也是构成有机化合物的基础。

虽然 Si—Si 键比 C—C 键弱，但是 Si—O 键有更大的键能（464 kJ·mol^{-1}）。因此，Si 多以 Si—O—Si 键形成链状键或网格状键，产生各种多硅酸盐。

碳族元素中，C 的原子半径最小，电负性最大，电离能也最高，无 d 轨道可用。因此，C 与本族其他元素之间的差异较大，主要表现在：

(1) 最大配位数或成键数为 4，原因是只有 2s、2p 四个价轨道。

(2) 成键能力强，有 4 个价电子，且正好有 4 个价轨道，价电子完全参与成键，故碳族元素又称为等电子元素。

(3) 可形成多重键，原子半径的大小正适合形成稳定的 π 键。

11.2.2 碳族元素在自然界的存在形式

1. C 元素的分布

C 在地壳中的丰度为 0.027%，在自然界中分布很广。以单质形式存在的主要有金刚石与石墨，以化合物形式存在的有煤、石油、天然气、动植物体、石灰石、白云石、CO_2 等。

2. Si 元素的分布

Si 在地壳中的丰度为 27.7%，在所有元素中居第二位，地壳中含量最多的元素 O 与 Si 结合形成的 SiO_2 占地壳总质量的 87%。自然界没有单质 Si，Si 以大量的硅酸盐矿和石英矿形式存在，是构成地球矿物界的主要元素。

3. Ge 元素的分布

Ge 在地壳中的丰度为 $7\times10^{-7}\%$,比 Au、Ag、Pt 还要多。不过至今还没有发现工业开采规模的富集 Ge 矿,因为 Ge 是最分散的元素之一,大量的 Ge 以分散状态存在于各种金属的硅酸盐矿和硫化物矿以及各种类型的煤中。其中,含 Ge 量最高的是低温闪锌矿,含量为 $0.01\%\sim0.1\%$,含 Ge 量较高的矿物还有硫银锗矿 $4Ag_2S \cdot GeS_2$、锗石矿 $CuS \cdot FeS \cdot GeS_2$。Ge 在各类煤中的含量为 $0.001\%\sim0.01\%$,相当于 1 t 煤中含有 10 g Ge,而烟道灰中的含 Ge 量通常比煤中高出 100~1000 倍,所以说 Ge 是烟道灰中的宝贝。

4. Sn 元素的分布

Sn 在地壳中的含量为 $4\times10^{-3}\%$,我国 Sn 的储藏量居世界第一位,云南个旧是闻名于世的"锡都"。Sn 主要以锡石矿 SnO_2 的形式存在于自然界中。此外,还有少量 Sn 的硫化物矿,如银锡矿 $4Ag_2S \cdot SnS_2$ 等。

5. Pb 元素的分布

Pb 约占地壳质量的 $1.6\times10^{-5}\%$。Pb 易富集,形成方铅矿 PbS。其他还有白铅矿 $PbCO_3$ 和硫酸铅矿 $PbSO_4$。此外,Pb 还存在于各种铀矿和钍矿中。许多天然放射性元素(如 U、Th、Ra、Ac、Fr、At、Po 等)最终都蜕变成稳定的 Pb。Pb 有四种稳定同位素:^{204}Pb、^{206}Pb、^{207}Pb 和 ^{208}Pb,此外还有 20 多种放射性同位素。

11.2.3 碳族元素的单质

1. 碳的同素异形体

1) 金刚石

金刚石是自然界最硬的矿石。在所有物质中,其硬度最大。测定物质硬度的刻画法规定,以金刚石的硬度为 10 来度量其他物质的硬度。例如,金属 Cr 的硬度为 9、Fe 为 4.5、Pb 为 1.5、Na 为 0.4 等。在所有单质中,金刚石熔点最高,达 3823 K。

金刚石晶体属立方晶系,是典型的原子晶体,每个 C 原子以 sp^3 杂化轨道与其他 C 原子形成共价键。由于金刚石晶体中 C—C 键很强,所有价电子都参与了共价键的形成,晶体中没有自由电子,因此金刚石不仅硬度大,熔点高,而且不导电。

室温下,金刚石对所有的化学试剂都显惰性,但在空气中加热到 1100 K 左右时,燃烧成 CO_2。

金刚石俗称钻石,除用作装饰品外,主要用于制造钻探用的钻头和磨削工具,是重要的现代工业原料之一。

2) 石墨

石墨是世界上最软的矿石之一。其密度比金刚石小,熔点比金刚石低 50 K,为 3773 K。

在石墨晶体中,C 原子以 sp^2 杂化轨道与其他 C 原子形成共价单键,构成平面的六角网状结构。网状层中,每个 C 原子均剩余一个未杂化的单电子 p 轨道,m 个单电子 p 轨道相互重叠,形成一个 m 中心 m 电子的大 π 键。这些离域 π 键电子可以在整个网状层中活动,所以石墨具有层向的良好导电、导热性质。

石墨的层与层之间是以分子间力结合的。因此,石墨容易沿着与层平行的方向滑动、裂开,具有润滑性。

石墨能导电,具有一定的化学惰性,耐高温,易于机械加工,大量用于制作电极、高温热电偶、坩埚、电刷、润滑剂和铅笔芯等。

3) 无定形碳

无定形碳实际为具有石墨结构的微晶碳,常见的有木炭、焦炭、炭黑。

以特殊方法制备的多孔状炭黑称为活性炭,具有较强的吸附脱色能力。在制药、制糖工业中常用作脱色剂,在有机合成工业中用作催化剂载体。

2. 单质 Si

1) 单质 Si 的物理性质

Si 分为晶态和无定形两种同素异形体。晶态 Si 又分为单晶 Si 和多晶 Si,均具有金刚石晶格。晶体硬而脆,具有金属光泽,能导电,但电导率不及金属,且随温度升高而增加,具有半导体性质。晶态 Si 的熔点为 1683 K,沸点为 2628 K,密度为 $2.32 \sim 2.34 \text{ g} \cdot \text{mL}^{-1}$。

单晶 Si 是目前世界上制备出的最纯净的物质之一。一般半导体器件要求 Si 的纯度达到六个 9 以上。大规模集成电路的要求更高,Si 的纯度必须达到 99.999 999 9%。目前,人们已经能制造出纯度为 99.999 999 999 9% 的单晶 Si。

单晶 Si 是现代科学技术中不可缺少的基本材料。

2) 单质 Si 的化学性质

Si 在常温下不活泼,其主要化学性质如下:

(1) 与非金属反应。

常温下 Si 只能与 F_2 反应,在 F_2 中瞬间燃烧,生成 SiF_4,加热时能与其他卤素反应生成 SiX_4:

$$Si + 2X_2 = SiX_4 (X = F、Cl、Br、I)$$

Si 与 O_2 反应生成 SiO_2:

$$Si + O_2 = SiO_2$$

在高温下,Si 与 C、N_2、S 等非金属单质化合,分别生成 SiC、Si_3N_4、SiS_2 等:

$$Si + C = SiC$$
$$3Si + 2N_2 = Si_3N_4$$

SiC 和 Si_3N_4 是新型耐高温材料,具有较高的硬度。

(2) 与酸反应。

Si 与 HF 反应,生成 SiF_4 和 H_2,还可与 HF 和 HNO_3 的混合酸反应,与其他酸不反应:

$$Si + 4HF = SiF_4 + 2H_2 \uparrow$$
$$3Si + 4HNO_3 + 18HF = 3H_2SiF_6 + 4NO \uparrow + 8H_2O$$

(3) 与碱反应。

无定形 Si 能与碱发生剧烈反应,生成可溶性硅酸盐,并放出 H_2:

$$Si + 2NaOH + H_2O = Na_2SiO_3 + 2H_2 \uparrow$$

3. 单质 Ge

Ge 为银灰色脆性金属,具有金刚石晶格。熔点为 1210 K,沸点为 3103 K,密度为

$5.35\ g·mL^{-1}$(293 K)。室温下 Ge 的可塑性很小,加工性能类似石英与玻璃,有明显的非金属性质。液态 Ge 凝固时,体积膨胀 5%,超纯单晶 Ge 为重要的半导体材料。

Ge 为两性金属元素,主要生成+2、+4 氧化态的化合物,其化学性质比 Si 活泼,主要表现在以下几个方面。

(1) 室温下单质 Ge 稳定,不与水和 O_2 反应。加热到 973 K 以上时,Ge 与 O_2 反应生成 GeO_2:

$$Ge + O_2 = GeO_2$$

(2) 加热条件下,Ge 与卤素或 S 反应生成卤化物或硫化物:

$$Ge + 2X_2 = GeX_4$$
$$Ge + S = GeS$$
$$Ge + 2S = GeS_2$$

(3) Ge 不与非氧化性酸反应,可溶于热的浓 H_2SO_4,生成 $Ge(SO_4)_2$:

$$Ge + 4H_2SO_4 = Ge(SO_4)_2 + 2SO_2\uparrow + 4H_2O$$

与浓 HNO_3 反应,生成白色的 $GeO_2·H_2O$ 沉淀:

$$Ge + 4HNO_3 = GeO_2·H_2O\downarrow + 4NO_2\uparrow + H_2O$$

(4) Ge 易溶于 HNO_3 与 HF 的混合酸,生成 $H_2[GeF_6]$:

$$Ge + 4HNO_3 + 6HF = H_2[GeF_6] + 4NO_2\uparrow + 4H_2O$$

(5) Ge 与 Si 类似,易溶于熔融的 NaOH 中,生成 Na_2GeO_3:

$$Ge + 2NaOH + H_2O = Na_2GeO_3 + 2H_2\uparrow$$

在 H_2O_2、NaClO 等氧化剂存在下,Ge 可溶于碱性溶液中生成锗酸盐。

4. 单质 Sn

Sn 为柔软金属,熔点为 505 K,沸点为 2533 K。Sn 有白锡、灰锡和脆锡三种同素异形体,白锡为银白色带有蓝光的柔软金属,有延展性,加热到 434 K 时转变成脆锡。当温度低于 291 K 时,白锡可转化为粉末状灰锡,温度越低,转化速度越快。因此,Sn 制品在低温下长期放置会自行毁坏,这一现象称为"锡疫"。

Sn 为两性金属,比 Ge 的金属性强,主要生成+2 和+4 氧化态的化合物,化学性质主要表现在以下几个方面。

(1) 室温下,Sn 既不被空气氧化,也不与水反应,常用来镀在某些金属表面以防锈蚀。

(2) 加热时,Sn 与 O_2、卤素、S 等非金属反应,分别生成氧化物、卤化物、硫化物等:

$$Sn + 2X_2 = SnX_4$$
$$Sn + S = SnS$$
$$Sn + 2S = SnS_2$$
$$Sn + O_2 = SnO_2$$

(3) Sn 可缓慢溶于稀 HCl,迅速溶于热的浓 HCl,均生成 $SnCl_2$:

$$Sn + 2HCl = SnCl_2 + H_2\uparrow$$

(4) Sn 与稀 H_2SO_4 几乎不反应,但能溶于热的浓 H_2SO_4 生成 $Sn(SO_4)_2$:

$$Sn + 4H_2SO_4 = Sn(SO_4)_2 + 2SO_2\uparrow + 4H_2O$$

(5) Sn 与稀 HNO_3 反应缓慢,生成 $Sn(NO_3)_2$,浓 HNO_3 则迅速将 Sn 氧化为难溶于水的 β-锡酸,即 $SnO_2·H_2O$:

$$3Sn + 8HNO_3 =\!=\!= 3Sn(NO_3)_2 + 2NO\uparrow + 4H_2O$$
$$Sn + 4HNO_3 =\!=\!= SnO_2 \cdot H_2O + 4NO_2\uparrow + H_2O$$

(6) $NH_3 \cdot H_2O$ 和 Na_2CO_3 溶液几乎对 Sn 不起作用，Sn 可溶于 NaOH 溶液，生成 $Na_2[Sn(OH)_4]$：

$$Sn + 2NaOH + 2H_2O =\!=\!= Na_2[Sn(OH)_4] + H_2\uparrow$$

除了镀在铁皮表面制造马口铁外，Sn 的重要应用之一是制造合金。

5. 单质 Pb

Pb 为略带蓝色的银白色重金属，熔点 601 K，沸点 2013 K，密度（11.35 g·mL^{-1}）较大，质软，强度不高。Pb 可以轧成极薄的铅箔。但 Pb 的延展性不好，用拉伸法制铅丝只能拉伸到直径大于 1.6 mm，再细的铅丝只能用挤压法生产。Pb 还有一个独特的长处，就是具有极高的锻接性能，新切开的 Pb 表面在室温下，用不太高的压力就能迅速地锻接在一起。

Pb 为两性偏碱金属，主要氧化数为 +2 和 +4。但由于 6s 电子对具有"惰性"，难以失去，因此 Pb 主要生成 +2 价的化合物。

(1) 室温下，Pb 可与空气中的 O_2、H_2O 和 CO_2 反应，表面生成一层致密的 $PbCO_3 \cdot Pb(OH)_2$ 保护膜而失去金属光泽：

$$2Pb + O_2 + CO_2 + H_2O =\!=\!= PbCO_3 \cdot Pb(OH)_2$$

(2) 加热时，Pb 与 O_2、S、卤素等非金属直接反应，分别生成氧化物、硫化物、卤化物等：

$$Pb + X_2 =\!=\!= PbX_2$$
$$Pb + S =\!=\!= PbS$$
$$2Pb + O_2 =\!=\!= 2PbO$$

(3) 空气存在下，Pb 能与 H_2O 缓慢反应生成 $Pb(OH)_2$：

$$2Pb + O_2 + 2H_2O =\!=\!= 2Pb(OH)_2$$

(4) Pb 与酸反应生成 Pb(Ⅱ)化合物。

(ⅰ) Pb 与稀 HCl 或稀 H_2SO_4 反应，因生成难溶的 $PbCl_2$ 和 $PbSO_4$ 而使反应终止：

$$Pb + 2HCl =\!=\!= PbCl_2\downarrow + H_2\uparrow$$
$$Pb + H_2SO_4 =\!=\!= PbSO_4\downarrow + H_2\uparrow$$

(ⅱ) Pb 溶于热的浓 HCl 或浓 H_2SO_4：

$$Pb + 3HCl =\!=\!= H[PbCl_3] + H_2\uparrow$$
$$Pb + 3H_2SO_4 =\!=\!= Pb(HSO_4)_2 + SO_2 + 2H_2O$$

(ⅲ) Pb 不与浓 HNO_3 反应，与稀 HNO_3 反应生成可溶的 $Pb(NO_3)_2$：

$$3Pb + 8HNO_3 =\!=\!= 3Pb(NO_3)_2 + 2NO\uparrow + 4H_2O$$

(ⅳ) 在 O_2 存在条件下，Pb 可溶于 HAc，生成易溶的 $Pb(Ac)_2$，这就是用 HAc 从含铅矿石浸取 Pb 的原理：

$$2Pb + O_2 + 2H_2O =\!=\!= 2Pb(OH)_2$$
$$Pb(OH)_2 + 2HAc =\!=\!= Pb(Ac)_2 + 2H_2O$$

$Pb(Ac)_2$ 为假盐，因为在水溶液中不能像其他盐一样有单独的 Pb^{2+} 和 Ac^-，而是 Ac^- 与 Pb^{2+} 生成的配合物。

(ⅴ) 在强碱溶液中，Pb 能缓慢溶解，生成亚铅酸盐：

$$Pb + NaOH + 2H_2O =\!=\!= Na[Pb(OH)_3] + H_2\uparrow$$

11.2.4 碳族元素的氧化物

1. 碳的氧化物

1) CO_2

CO_2 为无色、无臭气体。在大气中约占 0.03%，海洋中约占 0.014%，还存在于火山喷射气和某些泉水中。地面上的 CO_2 主要来自煤、石油、天然气及其他含碳化合物的燃烧。$CaCO_3$ 矿石的分解、动物的呼吸以及发酵过程都产生大量的 CO_2。

当阳光通过大气层时，CO_2 可吸收其中的红外线。这如同给地球罩上一层硕大无比的塑料薄膜，留住温暖的红外线，使地球成为昼夜温差不太悬殊的温室。CO_2 的温室效应为生命提供了舒适的生活环境，是绿色植物进行光合作用的原料。绿色植物每年通过光合作用，将大气中的 CO_2 变成纤维素、淀粉和蛋白质等，并且放出 O_2。

CO_2 没有极性，因此分子间作用力小，熔点、沸点低，键能大，分子具有很高的热稳定性。例如，在 2273 K 时 CO_2 只有 1.8% 分解：

$$2CO_2 = 2CO + O_2$$

CO_2 临界温度高，加压时易液化，液态 CO_2 的气化热很高，217 K 时为 25.1 kJ·mol^{-1}。当液态 CO_2 自由蒸发气化时，一部分 CO_2 被冷凝成雪花状固体，俗称"干冰"。在常压下，干冰直接升华，因此常用作制冷剂。

CO_2 为酸性氧化物，可与碱反应。工业上，Na_2CO_3、$NaHCO_3$、NH_4HCO_3、$Pb(OH)_2$·$2PbCO_3$、啤酒、饮料、干冰等生产中都要耗用大量的 CO_2。

CO_2 一般不助燃，空气中含 CO_2 量达到 2.5% 时，火焰就会熄灭。因此，CO_2 是目前大量使用的灭火剂。但燃烧的镁条在 CO_2 气中能继续燃烧，说明 CO_2 不助燃也是相对的：

$$2Mg + CO_2 = 2MgO + C$$

CO_2 虽然无毒，但空气中的 CO_2 含量过高时，会使人因为缺氧而发生窒息的危险。进入封闭较长时间的地窖及洞穴时，应手持燃着的蜡烛，若蜡烛熄灭，表示窖内 CO_2 浓度过高，暂不宜进入。

2) CO

(1) CO 的结构特点。

按照杂化轨道理论，CO 分子中，C 原子采取 sp 杂化轨道与 O 原子成键。C 原子剩余的 p 轨道可与 O 原子的 p 轨道形成一个正常的 π 键和一个配位 π 键。这种三重键结构能够圆满地解释 CO 键能大、键长短、偶极矩几乎等于零的事实。如果没有配位 π 键，CO 应该是极性很强的分子，因为 O 原子的电负性比 C 原子大得多，但由于 O 提供配位电子对，使电子云向 C 原子方向转移，导致 O 原子略带正电，C 原子略带负电，因此 CO 为 C 带负电的偶极分子，但偶极矩近乎为零。

因略带负电，CO 的 C 原子较易作为配位原子，与其他金属原子形成羰基配位化合物。

(2) CO 的性质。

CO 为无色、无臭气体。

(i) CO 的还原性。在高温下，CO 可以从许多金属氧化物中夺取 O，使金属还原。冶金工业中常用焦炭作还原剂，实际上起主要作用的是 CO：

$$Fe_2O_3 + 3CO = 2Fe + 3CO_2$$

$$FeO + CO = Fe + CO_2$$
$$CuO + CO = Cu + CO_2$$

在常温下，CO 还能还原一些化合物中的金属离子。例如，CO 能使 $PdCl_2$ 溶液、银氨溶液变黑，反应十分灵敏，可用于检测微量 CO 的存在：

$$CO + PdCl_2 + H_2O = Pd + CO_2 + 2HCl$$
$$CO + 2Ag[(NH_3)_2]OH = 2Ag\downarrow + CO_2 + 4NH_3 + H_2O$$

(ii) CO 相当活泼，容易与 O、S 以及卤素化合。

CO 能在空气中燃烧，生成 CO_2，并放出大量的热：

$$2CO + O_2 = 2CO_2 + 565 \text{ kJ} \cdot \text{mol}^{-1}$$

CO 与 S 反应，生成硫化碳酰：

$$CO + S = COS$$

CO 与卤素 F_2、Cl_2、Br_2 反应，可以生成卤化碳酰，卤化碳酰很容易水解，与 NH_3 反应生成尿素：

$$CO + Cl_2 = COCl_2$$
$$COCl_2 + 4NH_3 = CO(NH_2)_2 + 2NH_4Cl$$

氯化碳酰 $COCl_2$ 又名"光气"，是极毒的气体。工业上用于制造甲苯二异氰酸酯，是生产聚氨酯塑料的一种中间体。

(iii) 在催化剂存在下，CO 与 H_2 反应，可生成甲醇等有机化合物。

(iv) CO 是一种重要的配体。

CO 能与许多过渡金属配位，生成金属羰基化合物，如 $Fe(CO)_5$、$Ni(CO)_4$ 和 $Cr(CO)_6$ 等。羰基化合物有剧毒。

CO 能与血液中的血红素结合生成羰基配合物，使血液失去输送 O_2 的作用，如果血液中 50% 的血红素与 CO 结合，即可引起心肌坏死。空气中只要有 1/800（体积比）的 CO 就能使人在 30 min 内死亡。

(3) CO 的制备。

实验室制备 CO 气体的方法主要有以下几种。

(i) 将 HCOOH 滴加到热的浓 H_2SO_4 中发生脱水：

$$HCOOH(\text{浓热硫酸}) = CO\uparrow + H_2O$$

(ii) 乙二酸晶体与浓 H_2SO_4 共热：

$$H_2C_2O_4(\text{浓热硫酸}) = CO\uparrow + CO_2\uparrow + H_2O$$

反应中产生的混合气体通过固体 NaOH 吸收 CO_2，可得到纯的 CO 气体。

工业上，大量 CO 的主要来源为水煤气：

$$C + H_2O = CO + H_2$$

2. SiO_2

SiO_2 分为晶态和无定形两大类。晶态 SiO_2 主要存在于石英矿中，常以石英、鳞石英和方石英三种变体出现。某些石英矿有特殊的名称，如大而透明的石英晶体称为水晶。紫水晶、玛瑙和碧玉都是含杂质的有色 SiO_2 晶体。普通沙子是混有杂质的石英细粒。硅藻土和蛋白石则属于无定形 SiO_2 矿石。

1) SiO_2 的结构特点

SiO_2 是以 Si—O 键形成的原子晶体。晶体中,每个 Si 原子采用 sp^3 杂化轨道与 O 原子结合,形成 Si—O 四面体基本结构单元。许多 Si—O 四面体通过顶点的 O 原子连成一个整体。从总体上看,Si∶O=1∶2,所以最简式为 SiO_2,但与 CO_2 不同,并非表示单个分子。

2) SiO_2 的性质

(1) SiO_2 为原子晶体,具有较高的熔点和硬度,其化学性质不活泼,高温下不与 H_2 反应,但能够被 C、Mg、Al 还原为单质 Si:

$$SiO_2 + 2Mg =\!=\!= 2MgO + Si$$
$$SiO_2 + 2C =\!=\!= Si + 2CO\uparrow$$

(2) 除 HF 外,SiO_2 不与其他酸反应。SiO_2 遇 HF 气体或溶液,生成 SiF_4 或易溶于水的 H_2SiF_6:

$$SiO_2 + 4HF =\!=\!= SiF_4 + 2H_2O$$
$$SiO_2 + 6HF =\!=\!= H_2SiF_6 + 2H_2O$$

(3) SiO_2 为酸性氧化物,能溶于热的强碱溶液或熔融的 Na_2CO_3 中,生成可溶硅酸盐:

$$SiO_2 + 2NaOH =\!=\!= Na_2SiO_3 + H_2O$$
$$SiO_2 + Na_2CO_3 =\!=\!= Na_2SiO_3 + CO_2\uparrow$$

3) SiO_2 的用途

石英加热至 1900 K 左右,熔化为黏稠液体,内部的 Si—O 四面体结构变为杂乱排列,冷却时因黏度大不易再结晶,故其结构呈无定形状,形成石英玻璃。

石英玻璃具有许多特殊性质,如热膨胀系数小、可以耐受温度的剧变等,用于制造耐高温的玻璃仪器。

石英可拉成具有很高强度和弹性的丝,是制作光导纤维的原料。水晶可以制作镜片或光学仪器,玛瑙和碧玉可作装饰宝石。硅藻土为多孔性物质,可作工业用吸附剂和保温隔音材料。

人造粉状 SiO_2 是塑料、橡胶等有机高分子材料的增强剂和填料,超细 SiO_2 还可以作为纺织物的增强剂。由于可以代替炭黑制造白色橡胶制品,因此粉状 SiO_2 常称为"白炭黑"。

3. SnO_2

SnO_2 为锡石矿的主要成分,熔点为 1903 K,2073~2173 K 时升华,密度为 6.95 g·mL^{-1},不溶于水,较难溶于酸或碱,在浓 H_2SO_4 中长期加热能溶解。与强碱或 Na_2CO_3 及单质 S 共熔,生成可溶的锡酸盐与硫代锡酸盐:

$$SnO_2 + 2NaOH =\!=\!= Na_2SnO_3 + H_2O$$
$$SnO_2 + 2Na_2CO_3 + 4S =\!=\!= Na_2SnS_3 + Na_2SO_4 + 2CO_2\uparrow$$

SnO_2 对空气和热都很稳定,金属 Sn 在空气中加热或溶于热的浓 HNO_3 中,均可制得 SnO_2:

$$Sn + O_2 \xrightarrow{\triangle} SnO_2$$

4. Pb 的氧化物

Pb 的氧化物除了 PbO 和 PbO_2 外,常见的还有混合氧化物 Pb_2O_3(橙色)和

Pb_3O_4（红色）。

加热 PbO_2，会逐步发生下列转变：

$$PbO_2 \xrightarrow{\sim 600\ K} Pb_2O_3 \xrightarrow{\sim 700\ K} Pb_3O_4 \xrightarrow{800\ K} PbO$$

1) PbO

PbO 有两种变体：一种为红色四方晶体，又称密陀僧，熔点为 1159 K，沸点为 1745 K，密度为 9.53 g·mL^{-1}；另一种为黄色正交晶体，又称铅黄，熔点为 1159 K，沸点为 1745 K，密度为 8.0 g·mL^{-1}。二者的转变温度为 761.5 K。

PbO 为两性偏碱，难溶于水，易溶于 HAc 或 HNO_3，生成 Pb(Ⅱ)盐：

$$PbO + 2HAc = Pb(Ac)_2 + H_2O$$

在加热条件下，PbO 易被 H_2、C、CO 等还原为 Pb，Pb 在空气中加热即得 PbO：

$$PbO + CO \xrightarrow{\triangle} Pb + CO_2$$

2) PbO_2

在碱性溶液中，用强氧化剂（如 NaClO）氧化 Pb(Ⅱ)化合物，或者电解 Pb(Ⅱ)盐溶液，或者令 Pb_3O_4 与 HNO_3 反应，均可得到棕黑色的 PbO_2 沉淀：

$$Na[Pb(OH)_3] + NaClO = PbO_2\downarrow + NaCl + NaOH + H_2O$$

$$Pb_3O_4 + 4HNO_3 = PbO_2 + 2Pb(NO_3)_2 + 2H_2O$$

PbO_2 为两性，但酸性大于碱性，可溶于浓碱生成铅酸盐。与酸反应，多因其强氧化性而生成 Pb^{2+}：

$$PbO_2 + 2NaOH = Na_2PbO_3 + H_2O$$

$$PbO_2 + 4HCl = PbCl_4（易分解）+ 2H_2O$$

PbO_2 是酸性介质中的强氧化剂，可将浓 HCl 氧化为 Cl_2，与 H_2SO_4 反应放出 O_2，在 Ag^+ 催化下，可将 Mn^{2+} 氧化为 MnO_4^-：

$$PbO_2 + 4HCl = PbCl_2 + Cl_2\uparrow + 2H_2O$$

$$2PbO_2 + 2H_2SO_4 = 2PbSO_4 + O_2\uparrow + 2H_2O$$

$$5PbO_2 + 4H^+ + 2Mn^{2+} \xrightarrow{Ag^+} 5Pb^{2+} + 2MnO_4^- + 2H_2O$$

PbO_2 受热可分解放出 O_2：

$$2PbO_2 \xrightarrow{\triangle} 2PbO + O_2\uparrow$$

PbO_2 与可燃物（如 P 或 S）在一起研磨会着火，可用于制造火柴。

11.2.5 Ge、Sn、Pb 的氢氧化物

1. Ge、Sn、Pb 氢氧化物的通性

由于 Ge、Sn、Pb 的氧化物难溶于水，其氢氧化物一般用可溶性盐加碱制备。这些氢氧化物实际上是一些组成不定的氧化物的水合物 $xMO_2 \cdot yH_2O$ 和 $xMO \cdot yH_2O$，都具有一定的两性。

在这些氢氧化物中，酸性最强的是 $Ge(OH)_4$，但为弱酸（$K_1 = 8 \times 10^{-10}$），碱性最强的是 $Pb(OH)_2$，但仍具有两性。

2. Sn(OH)$_2$

向 Sn^{2+} 盐的溶液中加入适量的强碱溶液,析出白色胶状两性 Sn(OH)$_2$ 沉淀,可溶于酸,也能溶于过量的碱溶液中,生成亚锡酸盐:

$$Sn(OH)_2 + 2HCl = SnCl_2 + 2H_2O$$
$$Sn(OH)_2 + 2NaOH = Na_2[Sn(OH)_4]$$

碱性介质中 Na$_2$[Sn(OH)$_4$] 为良好的还原剂,能将 Bi^{3+} 还原为金属铋 Bi,自身被氧化为锡酸盐:

$$3[Sn(OH)_4]^{2-} + 2Bi^{3+} + 6OH^- = 3[Sn(OH)_6]^{2-} + 2Bi\downarrow$$

3. H$_2$SnO$_3$

锡酸 H$_2$SnO$_3$ 有两种形态:α-锡酸与 β-锡酸。α-锡酸是由 Sn(Ⅳ)盐或 SnX$_4$ 在室温下水解,或与适量碱作用得到的。β-锡酸则是由金属 Sn 与浓 HNO$_3$ 反应得到的。

α-锡酸与 β-锡酸均为 SnO$_2$ 的水合物 xSnO$_2\cdot y$H$_2$O,α-锡酸长期放置或加热会逐渐变成 β-锡酸。

α-锡酸与 β-锡酸的不同之处在于前者为典型的两性物质,可与酸碱反应;后者则不与酸碱溶液反应,仅与碱共熔时可生成锡酸盐。

4. Pb(OH)$_2$

Pb(OH)$_2$ 为两性偏碱,溶于酸生成铅盐,溶于浓碱生成亚铅酸盐:

$$Pb(OH)_2 + 2HCl = PbCl_2 + 2H_2O$$
$$Pb(OH)_2 + NaOH = Na[Pb(OH)_3]$$

将 Pb(OH)$_2$ 于 373 K 脱水,可得红色 PbO,如果加热温度低,则得到黄色 PbO:

$$Pb(OH)_2 \xrightarrow{\triangle} PbO + H_2O$$

11.2.6 碳族元素的含氧酸及其盐

1. C 的含氧酸及其盐

CO$_2$ 溶于水后,大部分以水合 CO$_2$ 形式存在,只生成少量 H$_2$CO$_3$。H$_2$CO$_3$ 为二元弱酸,仅存在于水溶液中,pH≈4。可生成碳酸盐和碳酸氢盐。

在 CO$_3^{2-}$ 及 HCO$_3^-$ 中,C 原子均采取 sp^2 杂化轨道与 O 原子成键,CO$_3^{2-}$ 为平面三角形结构。

1) 碳酸盐的溶解性

A. 碳酸盐

铵和碱金属(Li 除外)的碳酸盐易溶于水。其他金属的碳酸盐难溶于水。例如,(NH$_4$)$_2$CO$_3$、Na$_2$CO$_3$、K$_2$CO$_3$ 等易溶于水,CaCO$_3$、MgCO$_3$、PbCO$_3$ 等难溶于水。

B. 碳酸氢盐

对于难溶碳酸盐,其相应的碳酸氢盐有较大的溶解度。例如,难溶的 CaCO$_3$ 矿石在 CO$_2$ 和水的长期侵蚀下,可以部分地转变为 Ca(HCO$_3$)$_2$ 而溶解。

对于易溶碳酸盐,其相应的碳酸氢盐却具有相对较低的溶解度。例如,向浓的

$(NH_4)_2CO_3$ 溶液中通入 CO_2 至饱和,可沉淀出 NH_4HCO_3,这是生产碳铵化肥的基础。

酸式盐反常的溶解度是由于 HCO_3^- 能够通过氢键,形成双聚或多聚链状结构,溶解时需要更多的能量(图 11-2)。

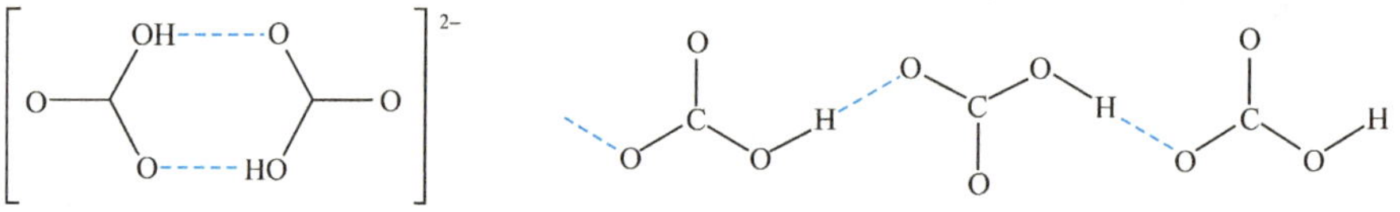

图 11-2 HCO_3^- 氢键示意图

2) 碳酸盐的水解性

可溶性碳酸盐和碳酸氢盐在水溶液中均因水解而分别显强碱性和弱碱性:

$$CO_3^{2-} + H_2O \Longleftrightarrow HCO_3^- + OH^-$$

$$HCO_3^- + H_2O \Longleftrightarrow H_2CO_3 + OH^-$$

向可溶性碳酸盐溶液中加入金属离子,产物可能为碳酸盐、碱式碳酸盐或氢氧化物。实际产物由该金属离子的氢氧化物及碳酸盐溶解度的相对大小而定。

若碳酸盐的溶解度远小于氢氧化物的溶解度,则生成碳酸盐沉淀;反之,生成氢氧化物沉淀。当二者溶解度接近时,则生成碱式碳酸盐沉淀。

具体结果分为以下三类:

(1) 氢氧化物碱性较强的离子(不发生水解的金属离子)可沉淀为碳酸盐,如碱土金属离子 Ca^{2+}、Sr^{2+}、Ba^{2+} 等:

$$Ca^{2+} + CO_3^{2-} \Longleftrightarrow CaCO_3 \downarrow$$

(2) 氢氧化物碱性较弱的离子,如 Cu^{2+}、Zn^{2+}、Pb^{2+}、Mg^{2+} 等,其氢氧化物和碳酸盐的溶解度相差不多,则可沉淀为碱式碳酸盐。例如

$$2Mg^{2+} + 2CO_3^{2-} + H_2O \Longleftrightarrow Mg_2(OH)_2CO_3 \downarrow + CO_2 \uparrow$$

$$2Cu^{2+} + 2CO_3^{2-} + H_2O \Longleftrightarrow Cu_2(OH)_2CO_3 \downarrow + CO_2 \uparrow$$

(3) 强水解性的金属离子,如 Al^{3+}、Cr^{3+}、Fe^{3+} 等,沉淀为氢氧化物。例如

$$2Fe^{3+} + 3CO_3^{2-} + 3H_2O \Longleftrightarrow 2Fe(OH)_3 \downarrow + 3CO_2 \uparrow$$

3) 碳酸盐的热稳定性

一般来说,碳酸盐的热稳定性顺序为

碱金属的碳酸盐＞碱土金属碳酸盐＞副族元素和过渡元素的碳酸盐

碱金属和碱土金属碳酸盐的热稳定性为

阳离子半径大的碳酸盐＞阳离子半径小的碳酸盐

碳酸盐受热分解的难易程度还与阳离子的极化作用有关。阳离子的极化作用越大,碳酸盐越不稳定。

2. 硅酸及其盐

1) 硅酸

硅酸为白色胶冻状或絮状固体,其组成较复杂,往往随生成条件而变,常用通式 $xSiO_2 \cdot yH_2O$ 表示,是无定形 SiO_2 的水合物。目前确认的硅酸有:

偏硅酸 H_2SiO_3 $x=1, y=1, SiO_2 \cdot H_2O$

二偏硅酸　　H$_2$Si$_2$O$_5$　　$x=2, y=1, 2$SiO$_2 \cdot$H$_2$O
正硅酸　　　H$_4$SiO$_4$　　$x=1, y=2,$ SiO$_2 \cdot 2$H$_2$O
焦硅酸　　　H$_6$Si$_2$O$_7$　　$x=2, y=3, 2$SiO$_2 \cdot 3$H$_2$O

在各种硅酸中，以偏硅酸的组成最简单，所以常用 H$_2$SiO$_3$ 代表硅酸。硅酸为二元弱酸，在水中的溶解度较小，溶液呈微弱的酸性。

SiO$_2$ 为硅酸酸酐，但 SiO$_2$ 不溶于水，所以硅酸不能用 SiO$_2$ 与水直接作用制得，只能用可溶性硅酸盐与酸作用生成：

$$\text{SiO}_4^{4-} + 4\text{H}^+ \rightleftharpoons \text{H}_4\text{SiO}_4$$

$$\text{SiO}_3^{2-} + \text{H}_2\text{O} + 2\text{H}^+ \rightleftharpoons \text{H}_4\text{SiO}_4$$

刚开始主要生成 H$_4$SiO$_4$，并不立即沉淀，而是以单分子形式存在于溶液中。当放置一段时间后，H$_4$SiO$_4$ 逐渐脱水缩合成多硅酸胶体溶液，即硅酸溶胶。在溶胶中加酸或电解质，可沉淀出白色透明，有弹性的固体，即硅酸凝胶。将硅酸凝胶烘干并活化，可制得硅胶。

2) 硅胶

硅胶为具有物理吸附作用的吸附剂，可以再生，反复使用，实际工作中常用作干燥剂和催化剂载体。

硅胶的制备方法是将适量的 Na$_2$SiO$_3$ 溶液与酸混合，调节酸的用量，使生成的凝胶中含 8%～10%（质量分数）SiO$_2$，将凝胶静置 24 h，使其陈化。然后用热水洗去反应中生成的盐，将洗净的凝胶于 333～343 K 烘干，并缓慢升温到 573 K 活化，即得到多孔性硅胶。

将硅凝胶以 CoCl$_2$ 溶液浸泡，干燥活化后可制得变色硅胶。因为无水 CoCl$_2$ 为蓝色，水合 CoCl$_2 \cdot$6H$_2$O 为粉红色，根据变色硅胶由蓝变红的程度可以判断硅胶的吸水程度。

3) 硅酸盐

硅酸盐是由多种硅酸根离子与各种金属离子结合而成的一大类硅的含氧酸盐。

硅酸盐分为可溶和不溶两大类。天然存在的硅酸盐都是不溶的，结构十分复杂。只有 Na、K 的某些硅酸盐是可溶的。最常见的可溶硅酸盐为 Na$_2$SiO$_3$。

A. Na$_2$SiO$_3$

Na$_2$SiO$_3$ 工业制备方法是将不同比例的 Na$_2$CO$_3$ 与 SiO$_2$ 混合后，置于反射炉中煅烧（～1600 K），可得到组成不同的多种硅酸钠盐。其中最简单的是偏硅酸钠 Na$_2$SiO$_3$。

煅烧后的产物为玻璃态物质，常因含有铁盐等杂质而呈蓝绿色。溶于水得黏稠状溶液，俗称"水玻璃"，又称"泡花碱"，其化学组成为 Na$_2$O$\cdot n$SiO$_2$。

水玻璃在建筑业用作黏合剂。木材、织物等经它浸泡后可以防腐、防火。由于 Na$_2$SiO$_3$ 水解显强碱性，水玻璃还可用作洗涤剂的添加物。另外，水玻璃是制备硅胶和分子筛的原料。

B. 天然硅酸盐

所有硅酸盐的最基本结构是 Si—O 四面体。Si—O 四面体之间可有多种形式的连接方式，导致多种硅酸根离子的存在，使得硅酸盐具有多种结构(图 11-3)。天然硅酸盐的主要结构形式有：

(1) 单个 Si—O 四面体的正硅酸盐，Si∶O=1∶4，如橄榄石 Mg$_2$SiO$_4$、锆英石 ZrSiO$_4$。

(2) 两个 Si—O 四面体共用一个角顶 O 原子，Si∶O=2∶7，如钪硅石 Sc$_2$Si$_2$O$_7$、锌黄石 Ca$_2$ZnSi$_2$O$_7$。

(3) 有限个 Si—O 四面体通过共用两个角顶 O 原子而形成的环状结构，Si∶O=1∶3，如蓝锥石 BaTiSi$_3$O$_9$、绿柱石 Be$_3$Al$_2$Si$_6$O$_{18}$。

(4) 无限个 Si—O 四面体通过共用两个角顶 O 原子而形成的单链状结构，这类硅酸盐具有纤维状结构，Si：O=1：3，如透辉石 $CaMg(SiO_3)_2$。

(5) 如果上述的单链状结构中，部分 Si—O 四面体通过第二个角顶 O 原子与另一个单链中的部分 Si—O 四面体共用，则形成双链状结构，Si：O=4：11，如透闪石（角闪石棉）$Ca_2Mg_5(Si_4O_{11})_2(OH)_2$、纤维砣纹石（温石棉）$Mg_6Si_4O_{11}(OH)_6 \cdot H_2O$。

(6) 每个硅氧四面体共用三个角顶 O 原子时，形成层片状结构，Si：O=3：10，如滑石、白云母 $KAl_2(AlSi_3O_{10})(OH)_2$。

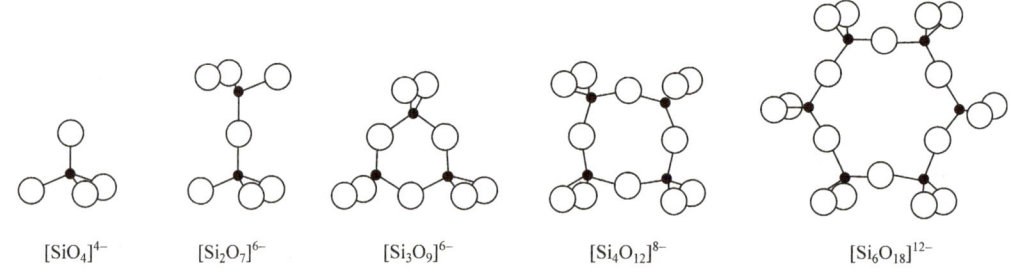

$[SiO_4]^{4-}$ $[Si_2O_7]^{6-}$ $[Si_3O_9]^{6-}$ $[Si_4O_{12}]^{8-}$ $[Si_6O_{18}]^{12-}$

图 11-3　硅酸根及其多聚体结构示意图

在 Si—O 四面体中，如果有 Al 原子代替 Si 原子，网络骨架则带有负电荷，因此在骨架的空隙中必须存在中和负电荷的阳离子。这样的矿物为铝硅酸盐，如正长石 $KAlSi_3O_8$、钠沸石 $Na_2(Al_2Si_3O_{10}) \cdot 2H_2O$、黏土 $Al_2O_3 \cdot 2SiO_2 \cdot 2H_2O$ 等都是铝硅酸盐。

C. 分子筛

分子筛为天然的或人工合成的沸石型水合铝硅酸盐。具有多孔的笼形骨架结构，在结构中有许多孔径均匀的通道和排列整齐、内表面相当大的空穴。这类铝硅酸盐的晶体只能让直径比空穴孔径小的分子进入孔穴，从而使不同大小的分子得以分离，起到筛选分子的作用。通常把这样的天然铝硅酸盐称为沸石分子筛（zeolite molecular sieve）。

分子筛具有吸附能力和离子交换能力，其吸附选择性远远高于活性炭等吸附剂，而且吸附容量大，热稳定性好，并可以活化再生，反复使用。

分子筛广泛用于分离技术，如分离蛋白质、多糖和合成高分子等，还可用于干燥气体或液体，用作催化剂载体等。

11.2.7　碳族卤化物

1. 碳族卤化物概述

C 和 Si 只生成四卤化物，Ge、Sn、Pb 可以形成二卤化物和四卤化物两大类。

Ge、Sn、Pb 金属直接与卤素或浓的氢卤酸反应或者用它们的氧化物与氢卤酸反应，都可以得到相应的卤化物。

Ge、Sn、Pb 的卤化物易水解，在过量的氢卤酸或含有卤离子的溶液中易形成配离子。

由于 Pb(Ⅳ) 具有氧化性，因此不存在 $PbBr_4$ 和 PbI_4。

从卤化物的熔点、沸点可知，MX_4 具有共价化合物的特征，熔点低，易挥发或升华。MX_2 为离子型化合物，熔点较高。

2. 卤化硅

Si 的卤化物主要有 SiF_4 和 $SiCl_4$，为四面体结构的共价非极性分子，熔点、沸点都比较低，挥发性也比较大，易于蒸馏提纯。

SiF_4 和 $SiCl_4$ 强烈水解，在潮湿空气中发烟。

1) SiF_4

SiF_4 为无色带刺激性臭味的气体，易水解，与 HF 可生成比 H_2SO_4 酸性还强的 H_2SiF_6：

$$3SiF_4 + 3H_2O == H_2SiO_3 + 2H_2SiF_6$$

用纯碱溶液吸收 SiF_4 气体，可得白色的 Na_2SiF_6 晶体：

$$3SiF_4 + 3Na_2CO_3 == Na_2SiO_3 + 2Na_2SiF_6 + 3CO_2$$

生产磷肥时，利用上述反应可以除去有害的废气 SiF_4，同时得到副产物 Na_2SiF_6。Na_2SiF_6 可用作农业杀虫剂、搪瓷乳白剂及木材防腐剂等。有一定腐蚀性，灼热时分解为 NaF 和 SiF_4。

2) $SiCl_4$

$SiCl_4$ 室温下为无色液体，易挥发，有强烈的刺激性。因在潮湿空气中水解而产生白色酸雾，常用作烟雾剂：

$$SiCl_4 + 3H_2O == H_2SiO_3 + 4HCl\uparrow$$

可由 Si 直接与 Cl_2 反应，或将 SiO_2 与焦炭、Cl_2 一起加热制备：

$$SiO_2 + 2C + 2Cl_2 == SiCl_4 + 2CO$$

3. 锡的卤化物

1) $SnCl_2$

氯化亚锡 $SnCl_2$ 为常用的还原剂，可将汞盐还原为亚汞盐：

$$SnCl_2 + 2HgCl_2 == SnCl_4 + Hg_2Cl_2\downarrow$$

$SnCl_2$ 过量时，亚汞盐会被 $SnCl_2$ 进一步还原为金属汞：

$$SnCl_2 + Hg_2Cl_2 == SnCl_4 + 2Hg$$

该反应常用来检验 Hg^{2+} 或 Sn^{2+} 的存在。

$SnCl_2$ 还可将 Fe^{3+} 还原为 Fe^{2+}，将单质 I_2 还原为 I^-。其溶液易被空气中的 O_2 氧化：

$$2Sn^{2+} + O_2 + 4H^+ == 2Sn^{4+} + 2H_2O$$

因此，常在 $SnCl_2$ 溶液中加入 Sn 粒，以防止氧化：

$$Sn^{4+} + Sn == 2Sn^{2+}$$

$SnCl_2$ 易水解，生成碱式盐沉淀：

$$SnCl_2 + H_2O == Sn(OH)Cl\downarrow + HCl$$

配制 $SnCl_2$ 溶液时，为防止其水解，应先用三分之一体积的 $6\ mol\cdot L^{-1}$ HCl 加热溶解 $SnCl_2$ 固体，然后以蒸馏水稀释至所需体积，同时加入少量 Sn 粒以防止氧化。

2) $SnCl_4$

$SnCl_4$ 为典型的共价化合物，易挥发，遇水强烈水解，在湿空气中因水解而发烟：

$$SnCl_4 + 4H_2O == Sn(OH)_4 + 4HCl\uparrow$$

加 HCl 可抑制其水解，在 HCl 中可生成 $H_2[SnCl_6]$：

$$SnCl_4 + 2HCl == H_2[SnCl_6]$$

SnCl$_4$ 与 NH$_4$Cl 作用可生成 (NH$_4$)$_2$[SnCl$_6$]结晶：

$$SnCl_4 + 2NH_4Cl = (NH_4)_2[SnCl_6]$$

4. 铅的卤化物

1) PbCl$_2$、PbI$_2$

Pb 与 Cl$_2$ 反应、PbO 与 HCl 反应均可得到白色的 PbCl$_2$。PbCl$_2$ 在冷水中的溶解度较小，但易溶于热水中：

$$PbO + 2HCl = PbCl_2 + H_2O$$

PbCl$_2$ 还可溶于 HCl，与 Cl$^-$ 生成配离子：

$$PbCl_2 + 2HCl = H_2[PbCl_4]$$

PbI$_2$ 为亮黄色沉淀，易溶于沸水，因生成配合物而易溶于 KI 溶液中：

$$PbI_2 + 2KI = K_2[PbI_4]$$

2) PbCl$_4$

低温下 PbO$_2$ 溶于浓 HCl 中，生成 PbCl$_4$：

$$PbO_2 + 4HCl = PbCl_4 + 2H_2O$$

PbCl$_4$ 只有在低温时稳定，常温下即分解为 Cl$_2$ 和 PbCl$_2$：

$$PbCl_4 = PbCl_2 + Cl_2\uparrow$$

11.2.8 碳族元素的硫化物

Ge、Sn、Pb 可以生成 MS 和 MS$_2$ 两大类硫化物，Pb 只有 PbS，没有 PbS$_2$。这两类硫化物不溶于水。高氧化态的硫化物显酸性，低氧化态的显碱性。

重要的硫化物有 SnS（棕色）、SnS$_2$（金黄色）、PbS（黑色）。主要化学性质表面在以下几个方面。

(1) 均不溶于稀 HCl。

(2) 在浓 HCl 中可生成配合物而溶解：

$$SnS + 4HCl = H_2SnCl_4 + H_2S\uparrow$$
$$PbS + 4HCl = H_2PbCl_4 + H_2S\uparrow$$
$$SnS_2 + 6HCl = H_2SnCl_6 + 2H_2S\uparrow$$

(3) SnS$_2$ 可溶于强碱和 Na$_2$S 溶液：

$$3SnS_2 + 6OH^- = SnO_3^{2-} + 2SnS_3^{2-} + 3H_2O$$
$$SnS_2 + S^{2-} = SnS_3^{2-}$$

(4) SnS 可被 S$_2^{2-}$ 氧化而溶解：

$$SnS + S_2^{2-} = SnS_3^{2-}$$

SnS$_3^{2-}$ 在中性或碱性条件下可以稳定存在，遇酸则分解为硫化物，并放出 H$_2$S：

$$2SnS_3^{2-} + 2H^+ = SnS_2 + H_2S\uparrow$$

(5) PbS 可被硝酸氧化而溶解：

$$3PbS + 8HNO_3 = 3Pb(NO_3)_2 + 2NO + 3S\downarrow + 4H_2O$$

11.2.9 其他重要化合物

1. Pb(NO$_3$)$_2$ 和 Pb(Ac)$_2$

Pb(NO$_3$)$_2$ 为工业生产中使用的主要 Pb 盐。Pb 或 PbO 与 HNO$_3$ 反应可生成

$Pb(NO_3)_2$。

将 PbO 溶于 HAc,蒸发结晶可得到 $Pb(Ac)_2 \cdot 3H_2O$ 晶体。$Pb(Ac)_2 \cdot 3H_2O$ 极易溶于水,1 g 冷水能溶解 0.6 g $Pb(Ac)_2 \cdot 3H_2O$,1 g 沸水能溶解 2 g $Pb(Ac)_2 \cdot 3H_2O$。$Pb(Ac)_2 \cdot 3H_2O$ 有甜味,俗称"铅糖"。$Pb(Ac)_2$ 溶液易吸收空气中的 CO_2,生成白色 $PbCO_3$ 沉淀。

2. $PbSO_4$

Pb^{2+} 与 SO_4^{2-} 在溶液中反应,生成白色的 $PbSO_4$ 沉淀。$PbSO_4$ 难溶于水,但可溶于浓 H_2SO_4(>75%)、浓 HNO_3、HAc 和饱和 NH_4Ac 溶液中:

$$PbSO_4 + H_2SO_4(>75\%) = Pb(HSO_4)_2$$
$$PbSO_4 + 2HNO_3 = H_2SO_4 + Pb(NO_3)_2$$
$$PbSO_4 + 3Ac^- = [Pb(Ac)_3]^- + SO_4^{2-}$$

3. $PbCrO_4$

Pb^{2+} 与 CrO_4^{2-} 在溶液中生成黄色的 $PbCrO_4$ 沉淀,$PbCrO_4$ 难溶于水,但可溶于 HNO_3 和强碱溶液中:

$$2PbCrO_4 + 2H^+ = 2Pb^{2+} + Cr_2O_7^{2-} + H_2O$$
$$PbCrO_4 + 3OH^- = [Pb(OH)_3]^- + CrO_4^{2-}$$

$PbCrO_4$ 为重要的黄色颜料,在分析化学中常用于鉴定 Pb^{2+} 的存在。

4. $PbCO_3 \cdot Pb(OH)_2$

向含有 Pb^{2+} 的溶液中加入可溶性碳酸盐,生成白色的 $PbCO_3 \cdot Pb(OH)_2$ 沉淀:

$$2Pb^{2+} + 2H_2O + 3CO_3^{2-} = PbCO_3 \cdot Pb(OH)_2 \downarrow + 2HCO_3^-$$

$PbCO_3 \cdot Pb(OH)_2$ 是常用的白色颜料之一,俗称"铅白",主要用于油漆、涂料、造纸等行业。

11.3 氮族元素

11.3.1 氮族元素的通性

ⅤA 族包括 N、P、As、Sb、Bi 五种元素。其价电子层结构为 ns^2np^3,np 轨道处于半充满的稳定状态,其第一电离能大于同周期右侧相邻的元素,电子亲和能却较小,化学活性相应较低。

氮族元素的常见氧化态为 +1、+3 和 +5,其中金属 Bi 因惰性电子对效应而以 +3 为稳定氧化态。

氧化数为 +5 的氮族化合物中,除 +5 价的 P 几乎不具有氧化性外,其余的在酸性溶液中都具有氧化性。HNO_3 和 Bi_2O_5 都是强氧化剂。

氧化数为 +3 的氮族化合物,在酸性溶液中除 HNO_2 具有明显的氧化性外,其余都是还原剂,其中亚磷酸及其盐为强还原剂,+3 价的 As、Sb、Bi 还原性依次减弱。

氮族元素中,半径较小的 N 和 P 为非金属元素,随着原子半径的增大,Sb 和 Bi 过渡为金属元素,处于中间的 As 为准金属元素。因此,氮族元素在性质的递变上表现出从典型的非金属到金属的完整过渡。

11.3.2 氮族元素在自然界的分布

1. N 元素的分布

N 在地壳中的丰度为 0.46%，绝大部分 N 以 N_2 的形式存在于空气中。除了土壤中含有一些铵盐、硝酸盐外，N 很少以无机化合物形式存在于自然界，只有智利硝石矿中含有 KNO_3。N 普遍存在于有机体中，是组成动植物体蛋白质和核酸的重要元素。

2. P 元素的分布

P 在自然界中主要以磷酸盐的形式出现，在地壳中的丰度为 0.118%。P 的矿物主要有磷酸钙 $Ca_3(PO_4)_2 \cdot H_2O$ 和磷灰石 $Ca_5F(PO_4)_3$，这两种矿物是制造磷肥和大多含磷化合物的主要原料。

P 称为生命元素，存在于细胞、蛋白质、骨骼和牙齿中，P 是细胞核的重要成分，磷酸与糖结合而成的核苷酸是遗传基因的物质基础，直接关系到千变万化的生物世界。P 在脑细胞中含量丰富，脑磷脂供给大脑活动所需的巨大能量，因此可以说 P 是思维元素。P 在生命起源、进化以及生物生存、繁殖中都起着重要作用。

3. As、Sb、Bi 的分布

As、Sb、Bi 的原子半径相对较大，容易形成硫化物，所以称为亲硫元素。自然界中主要有雌黄 As_2S_3、雄黄 As_4S_4、砷硫铁矿 $FeAsS$、辉锑矿 Sb_2S_3、辉铋矿 Bi_2S_3 等。另外，还有少量的氧化物矿，如砒霜 As_2O_3、铋华 Bi_2O_3 等。在黄铁矿 FeS_2、闪锌矿 ZnS 等硫化物矿藏中也含有少量的 As。

11.3.3 氮及其化合物

1. N_2 及其性质

标准状况下，N_2 的气体密度为 $1.25\ g \cdot L^{-1}$，熔点为 63 K，沸点为 75 K，临界温度为 126 K，较难液化。N_2 在水中的溶解度很小。

N_2 为双原子分子，有一个 σ 键和两个 π 键，三个键的总键能为 $941.69\ kJ \cdot mol^{-1}$，因为键能较大，相对比较稳定。在一般条件下活泼性很差，曾被称为惰性气体，是已知双原子分子中最稳定的一个。目前还没有找到在常温下能使 N_2 活化并发生反应的催化剂。N 的化合物一般都需要在高温和高压条件下进行合成：

$$N_2 + 6Li \xrightarrow{\text{常温}} 2Li_3N$$

$$N_2 + 3Mg \xrightarrow{\text{炽热}} Mg_3N_2$$

$$nN_2 + 2nB \xrightarrow{>1200\ ℃} (BN)_{2n}$$

$$2nN_2 + 3nSi \xrightarrow{>1200\ ℃} (Si_3N_4)_n$$

$$N_2 + 3H_2 \xrightarrow{\text{高温、催化剂}} 2NH_3$$

$$N_2 + O_2 \xrightarrow{\text{放电}} 2NO$$

工业生产所用的大量 N_2 是由液化空气分馏制备,常以 $1.52×10^7$ Pa 的压力装在钢瓶中运输和使用。由空气分馏得到的 N_2 纯度约为 99.7%,主要杂质为少量 O_2 和稀有气体。若要求纯度更高的 N_2,可将分馏的 N_2 通过灼热的铜丝,通过生成氧化铜,除去其中少量的 O_2。

各种气体钢瓶形状相似或相同,一般从其表面所涂的颜色区分钢瓶的用途,如蓝色为 O_2 钢瓶,黑色为 N_2 钢瓶,银灰色为 CO_2 钢瓶等。

2. NH_3

常温常压下,NH_3 为无色有刺激性气味的气体。常压下,NH_3 的熔点为 195.3 K,沸点为 240 K。液 NH_3 的气化热较高,为 23.35 kJ·mol^{-1},因此可以作为冷冻机的制冷剂。

NH_3 极易溶于水,温度为 273 K 时,1 L 水能溶解 1200 L NH_3。通常把溶有 NH_3 的水溶液称为氨水。市售浓氨水的密度为 0.91 g·mL^{-1},约含 NH_3 28%。NH_3 在常温下很容易被加压液化,由于分子极性和氢键的存在,液 NH_3 是一个很好的溶剂,在许多物理性质方面与 H_2O 非常相似。

NH_3 和 H_2O 相比,差别在于:

(1) NH_3 是比 H_2O 更强的亲质子试剂,或者说更好的电子对给予体。

(2) NH_3 放出质子 H^+ 的倾向弱于 H_2O 分子。

液 NH_3 能够溶解碱金属生成一种蓝色溶液。这种碱金属液 NH_3 溶液能够导电,并缓慢分解放出 H_2,有很强的还原性。碱金属液 NH_3 溶液显蓝色,是因为在溶液中生成"NH_3 合电子"。NH_3 的化学性质主要表现在以下几个方面。

1) 良好的配位体

NH_3 分子中,由于 N 原子上孤对电子的存在,可与许多金属离子或缺电子元素形成配位键,生成各种形式的氨合物。例如,$[Ag(NH_3)_2]^+$、$[Cu(NH_3)_4]^{2+}$、$BF_3·NH_3$ 等均为以 NH_3 为配位体的配合物。

2) 弱碱性

NH_3 在水中主要形成水合物 $NH_3·H_2O$ 与 $2NH_3·H_2O$。在这些水合物中既不存在 NH_4^+ 与 OH^-,也不存在 NH_4OH 分子,NH_3 分子通过氢键(键长为 276 pm)与 H_2O 连接。298.15 K 时,0.1 mol·L^{-1} NH_3 溶液中只有 1.34% 的 NH_3 发生电离作用。因此,NH_3 显弱碱性,NH_3 的解离常数为 $K_b=1.8×10^{-5}$,与酸反应生成相应的铵盐:

$$2NH_3 + H_2SO_4 = (NH_4)_2SO_4$$

3) 取代反应

NH_3 分子中的 H 可以被其他原子或基团取代。例如

$$COCl_2(光气) + 4NH_3 = CO(NH_2)_2(尿素) + 2NH_4Cl$$
$$SOCl_2 + 4NH_3 = SO(NH_2)_2(亚硫胺) + 2NH_4Cl$$
$$HgCl_2 + 2NH_3 = Hg(NH_2)Cl↓(氨基氯化汞) + NH_4Cl$$

这些取代反应实际上是 NH_3 参与的复分解反应,类似于水解反应,所以这类反应也常称为氨解反应。

4) 还原性

NH_3 分子中,N 的氧化数为 -3,因此可在一定条件下失去电子而显还原性。例如

$$4NH_3 + 3O_2 = 6H_2O + 2N_2$$

在催化剂(铂网)的作用下,NH_3 可被氧化为 NO:

$$4NH_3 + 5O_2 =\!= 4NO + 6H_2O$$

Cl_2 或 Br_2 在常温下也能将气态或溶液中的 NH_3 氧化为 N_2：

$$2NH_3 + 3Cl_2 =\!= 6HCl + N_2$$

若 Cl_2 过量，则可生成 NCl_3：

$$NH_3 + 3Cl_2 =\!= NCl_3 + 3HCl$$

NH_3 通过热的 CuO，可被氧化为 N_2：

$$2NH_3 + 3CuO =\!= 3Cu + 3H_2O + N_2\uparrow$$

NH_3 与 H_2O_2 或高锰酸盐反应，均可被氧化为 N_2：

$$2NH_3 + 3H_2O_2 =\!= 6H_2O + N_2\uparrow$$

$$2NH_3 + 2MnO_4^- =\!= 2MnO_2 + 2OH^- + 2H_2O + N_2\uparrow$$

5) NH_3 的制备

实验室中，通常用非氧化性铵盐与强碱反应，或金属氮化物的水解制备少量氨气：

$$(NH_4)_2SO_4 + CaO =\!= CaSO_4 + 2NH_3\uparrow + H_2O$$

$$2NH_4Cl + Ca(OH)_2 =\!= CaCl_2 + 2NH_3\uparrow + 2H_2O$$

3. 铵盐

铵盐易溶于水，其颜色主要由阴离子的颜色决定。NH_4^+ 与 Na^+ 为等电子体，因此 NH_4^+ 具有 +1 价金属离子的性质。NH_4^+ 有较大的半径（148 pm），近似于 K^+（133 pm）、Rb^+（148 pm）的半径，所以铵盐常与钾盐、铷盐同晶，并有相似的溶解度。

铵盐的化学特性主要表现在以下几个方面。

1) 水解性

由于 NH_3 的弱碱性，铵盐均发生一定程度的水解，强酸铵盐的水溶液显弱酸性：

$$NH_4Cl + H_2O =\!= NH_3 \cdot H_2O + HCl$$

2) 热稳定性

铵盐的一个重要性质是热稳定性差，固态铵盐加热易分解为 NH_3 和相应的酸：

$$NH_4HCO_3 =\!= NH_3 + CO_2\uparrow + H_2O$$

$$NH_4Cl =\!= NH_3 + HCl$$

$$(NH_4)_2SO_4 =\!= NH_3 + NH_4HSO_4$$

NH_3 与氧化性酸形成的铵盐在受热时，可发生氧化还原反应，生成 N_2 或 N 的氧化物。分解过程中放出大量的热，并产生大量的气体。若此过程是在密闭容器中进行，则可引起爆炸。所以，此类铵盐常用来制造炸药。例如，NH_4NO_3、NH_4ClO_3 等与硫磺或木炭的混合物即为常见的黑火药：

$$2NH_4NO_3 =\!= 2N_2\uparrow + O_2\uparrow + 4H_2O$$

$$2NH_4ClO_3 =\!= N_2\uparrow + O_2\uparrow + Cl_2\uparrow + 4H_2O$$

$$(NH_4)_2Cr_2O_7 =\!= N_2\uparrow + Cr_2O_3 + 4H_2O$$

3) 铵盐的鉴定反应

在铵盐溶液中加入强碱并加热，可释放出 NH_3，这是检验铵盐的反应之一，称为气室法：

$$NH_4^+ + OH^- \xrightarrow{\triangle} NH_3\uparrow + H_2O$$

铵盐的另一种鉴定方法是向含有 NH_4^+ 的溶液中加入奈斯勒（Nessler）试剂（$K_2[HgI_4]$ +

KOH),可产生特征的红褐色沉淀：

$$NH_4Cl + 2K_2[HgI_4] + 4KOH \Longrightarrow \left[O \begin{matrix} Hg \\ \diagdown \diagup \\ \diagup \diagdown \\ Hg \end{matrix} NH_2\right] I \downarrow + KCl + 7KI + 3H_2O$$

当溶液中含有过渡金属离子时，可能会因有色沉淀的生成干扰 NH_4^+ 的鉴定。

4. 氮的氧化物

N 与 O 可形成多种氧化物，在这些氧化物中，N 的氧化数从 +1 变到 +5。常见 N 的氧化物中，以 NO 和 NO_2 较为重要。

1) N_2O

N_2O 为无色气体，有甜味，能溶于水，但不与水作用。能助燃，为中性氧化物，过去曾用作麻醉剂，俗称"笑气"。

N_2O 的分子为直线形，NH_4NO_3 加热分解可产生 N_2O。加热时应注意温度不能高于 573 K。当温度过高时，N_2O 可分解为 N_2 和 O_2：

$$NH_4NO_3 \xrightarrow{463 \sim 573 \text{ K}} N_2O \uparrow + 2H_2O$$

2) NO

NO 为无色气体，微溶于水但不与水反应，常温下可与 O_2 立即反应，生成红棕色的 NO_2：

$$2NO + O_2 == 2NO_2$$

NO 为奇电子分子，有顺磁性。易与卤素加合反应，生成卤化亚硝酰：

$$2NO + Cl_2 == 2NOCl$$

NO 也可以作为配位体与过渡金属离子生成配位化合物。与 Fe^{2+} 生成的亚硝酰配合物，是检验 NO_3^- "棕色环实验"显色的原因：

$$NO + FeSO_4 == [Fe(NO)]SO_4（棕色）$$

稀 HNO_3 与中等活泼的金属反应可生成 NO。

3) N_2O_3

N_2O_3 为不稳定的蓝色气体，将 NO 和 NO_2 缩合在一起可以得到 N_2O_3：

$$NO（无色）+ NO_2（红棕色）== N_2O_3（蓝色）$$

常压下 N_2O_3 即可分解为 NO 和 NO_2。N_2O_3 为亚硝酸的酸酐。

4) NO_2

NO_2 为红棕色有毒气体，低温时易聚合成无色的 N_2O_4：

$$2NO_2 == N_2O_4$$

NO_2 易溶于水，生成 HNO_3 与 HNO_2，或通入碱溶液中，生成硝酸盐与亚硝酸盐的混合物：

$$2NO_2 + H_2O == HNO_3 + HNO_2$$
$$2NO_2 + 2NaOH == NaNO_3 + NaNO_2 + H_2O$$

NO_2 为奇电子分子，有顺磁性。将 NO 氧化，或 Cu 与浓 HNO_3 反应均可用于制备 NO_2：

$$2NO + O_2 == 2NO_2$$
$$Cu + 4HNO_3（浓）== Cu(NO_3)_2 + 2NO_2 \uparrow + 2H_2O$$

5) N_2O_5

N_2O_5 为白色固体,易潮解,极不稳定,能爆炸性地分解为 NO_2 和 O_2,是强氧化剂,溶于水生成 HNO_3,是 HNO_3 的酸酐:

$$N_2O_5 + H_2O = 2HNO_3$$

N_2O_5 可用 P_2O_5 使 HNO_3 脱水或用 NO_2 与臭氧反应制备:

$$2HNO_3 \xrightarrow{P_2O_5} N_2O_5 + H_2O$$

$$2NO_2 + O_3 = N_2O_5 + O_2$$

5. HNO_2 及其盐

将等物质的量的 NO 与 NO_2 混合物溶解于冰冻的水中,或者向亚硝酸盐的冷溶液中加入强酸,都可在溶液中生成 HNO_2:

$$NO + NO_2 + H_2O \xrightarrow{冰冻} 2HNO_2$$

$$NaNO_2 + HCl \xrightarrow{冰冻} HNO_2 + NaCl$$

HNO_2 很不稳定,仅存在于冷的稀溶液中,微热甚至常温下便会分解为 NO、NO_2 和 H_2O。HNO_2 及其盐的性质主要表现在以下几个方面。

1) 弱酸性

HNO_2 比 HAc 酸性略强。与碱反应可生成相应的亚硝酸盐。其解离常数为 $K_a = 5.1 \times 10^{-4}$。

2) 氧化性

HNO_2 及其盐既有氧化性,又有还原性,但以氧化性为主。而且其氧化能力在稀溶液时比 NO_3^- 强,这一点从其酸性溶液的标准电极电势值可以看出:

$$HNO_2 + H^+ + e^- = NO + H_2O \quad \varphi^\ominus = 0.99 \text{ V}$$

$$HNO_3 + 3H^+ + 3e^- = NO + 2H_2O \quad \varphi^\ominus = 0.96 \text{ V}$$

在稀溶液中,HNO_2 可将 I^- 氧化为 I_2,而 NO_3^- 则不能:

$$2HNO_2 + 2H^+ + 2I^- = 2NO\uparrow + I_2 + 2H_2O$$

3) 还原性

虽然在酸性溶液中 HNO_2 是较强的氧化剂,但遇到氧化性更强的 $KMnO_4$、Cl_2 等,则表现出还原性,被氧化为硝酸盐:

$$5NO_2^- + 2MnO_4^- + 6H^+ = 5NO_3^- + 2Mn^{2+} + 3H_2O$$

$$NO_2^- + Cl_2 + H_2O = NO_3^- + 2H^+ + 2Cl^-$$

在碱性溶液中,NO_2^- 的还原性是主要的,空气中的 O_2 能将 NO_2^- 氧化为 NO_3^-:

$$NO_2^- + H_2O + e^- = NO + 2OH^- \quad \varphi^\ominus = -0.46 \text{ V}$$

$$O_2 + 2H_2O + 4e^- = 4OH^- \quad \varphi^\ominus = 0.401 \text{ V}$$

$$2NO_2^- + O_2 = 2NO_3^-$$

利用 HNO_2 及其盐的还原性可区分 NO_2^- 和 NO_3^-。

4) 良好的配位体

NO_2^- 中的 N 和 O 原子上均有孤对电子,分别能与许多过渡金属离子形成配位化合物,如 $[Co(NO_2)_6]^{3-}$ 与 $[Co(NO_2)(NH_3)_5]^{2+}$ 等,前者与 K^+ 反应可生成黄色沉淀,此方法可用于鉴

定 K^+ 的存在：

$$3K^+ + [Co(NO_2)_6]^{3-} = K_3[Co(NO_2)_6]\downarrow \text{（黄色）}$$

5) 热稳定性

虽然 HNO_2 不稳定，易分解，但亚硝酸盐的热稳定性很高，受热时一般不分解。因此，可在高温下以金属还原硝酸盐制备亚硝酸盐：

$$Pb(\text{粉}) + NaNO_3 \xrightarrow{\triangle} PbO + NaNO_2$$

除浅黄色的 $AgNO_2$ 微溶于水外，一般亚硝酸盐都易溶于水。亚硝酸盐有毒，长期食用含亚硝酸盐食物可致癌。

亚硝酸盐广泛用于涂料工业及建筑工业。在有机合成中用于制备重氮化合物。有些肉食品加工业在加工肉制品时，常添加少量 $NaNO_2$ 作为防腐剂。

在酸性溶液中，NO_2^- 与对氨基苯磺酸和 α-萘胺反应，生成有特征的浅粉红色溶液，可证明 NO_2^- 的存在。该反应用于检验低浓度的 NO_2^-。

6. HNO_3 及其盐

1) HNO_3

纯 HNO_3 为无色透明油状液体，密度为 $1.53\ g\cdot mL^{-1}$。市售浓 HNO_3 质量分数为 $68\%\sim70\%$，密度为 $1.42\ g\cdot mL^{-1}$，物质的量浓度约为 $15\ mol\cdot L^{-1}$。

溶有过量 NO_2 的浓 HNO_3 为棕黄色，称为发烟 HNO_3。由于 HNO_3 生成的是分子内氢键而不是分子间氢键，因此 HNO_3 的沸点相对较低，为 $359\ K$，且达沸点时易发生分解。HNO_3 受光照时也会缓慢分解：

$$4HNO_3 = 2H_2O + 4NO_2\uparrow + O_2\uparrow$$

除强酸性外，HNO_3 的化学性质主要表现在强氧化性。作为氧化剂，HNO_3 的还原产物十分复杂，根据 HNO_3 的浓度不同、还原剂的还原能力不同，其还原产物可以是 NO_2、NO、N_2O、N_2 甚至 NH_4^+。

（1）与金属反应。

除少数金属（Au、Pt、Ir、Rh、Ru、Ti、Nb 等）外，HNO_3 几乎可以氧化所有金属，生成硝酸盐。例如

$$4HNO_3 + Cu = Cu(NO_3)_2 + 2NO_2\uparrow + 2H_2O$$
$$4HNO_3 + Hg = Hg(NO_3)_2 + 2NO_2\uparrow + 2H_2O$$

Fe、Al、Cr 等金属与冷的浓 HNO_3 接触可被钝化，其表面生成一层致密的氧化物薄膜，能够阻止 HNO_3 对金属的进一步氧化。所以，可用 Al 或 Fe 制容器盛装浓 HNO_3。

稀 HNO_3 也有较强的氧化能力，与浓 HNO_3 不同之处在于，稀 HNO_3 的反应速率慢，氧化能力较弱，被氧化物质一般不能达到最高氧化态。例如

$$6Hg + 8HNO_3 = 3Hg_2(NO_3)_2 + 2NO\uparrow + 4H_2O$$
$$Cu + 4HNO_3(\text{浓}) = Cu(NO_3)_2 + 2NO_2\uparrow + 2H_2O$$
$$3Cu + 8HNO_3(\text{稀}) = 3Cu(NO_3)_2 + 2NO\uparrow + 4H_2O$$
$$Zn + 4HNO_3(\text{浓}) = Zn(NO_3)_2 + 2NO_2\uparrow + 2H_2O$$
$$3Zn + 8HNO_3(\text{稀}\ 1:2) = 3Zn(NO_3)_2 + 2NO\uparrow + 4H_2O$$
$$4Zn + 10HNO_3(\text{较稀}, 2\ mol\cdot L^{-1}) = 4Zn(NO_3)_2 + N_2O\uparrow + 5H_2O$$

$$4Zn + 10HNO_3(很稀,1:1) = 4Zn(NO_3)_2 + NH_4NO_3 + 3H_2O$$

与金属反应时,浓 HNO_3 的还原产物一般为 NO_2,稀 HNO_3 一般为 NO。HNO_3 越稀,金属越活泼,HNO_3 还原产物的氧化数越低。

(2) 与非金属反应。

非金属中除 Cl_2、O_2、稀有气体外,都能被 HNO_3 氧化为相应的氧化物或含氧酸:

$$4HNO_3 + 3C = 3CO_2\uparrow + 4NO\uparrow + 2H_2O$$
$$2H_2O + 5HNO_3 + 3P = 3H_3PO_4 + 5NO\uparrow$$
$$2HNO_3 + S = H_2SO_4 + 2NO\uparrow$$
$$10HNO_3 + 3I_2 = 6HIO_3 + 10NO\uparrow + 2H_2O$$

(3) 王水。

浓 HCl 和浓 HNO_3 以 3:1 的体积比组成的混合物称为王水。其氧化性比浓 HNO_3 强,在浓 HNO_3 中不溶的 Au 和 Pt 可溶于王水。例如

$$Au + HNO_3 + 4HCl = H[AuCl_4] + NO + 2H_2O$$
$$3Pt + 4HNO_3 + 18HCl = 3H_2[PtCl_6] + 4NO + 8H_2O$$

在王水中,起氧化作用的仍是浓 HNO_3,但浓 HCl 的存在使生成的金属离子可与大量的 Cl^- 形成稳定的配合物,金属的电极电势大大降低,相对提高了浓 HNO_3 的氧化性。

2) 硝酸盐

与其他含氧酸盐不同,几乎所有硝酸盐都是可溶于水的,而且易于结晶。

硝酸盐的热稳定性比其他含氧酸盐差得多。根据硝酸盐中阳离子的不同,硝酸盐的分解产物也不同。以金属活动顺序表为例,主要可分为以下几种类型:

(1) $K\sim Mg$ 的硝酸盐分解为亚硝酸盐和 O_2。例如

$$2NaNO_3 \xrightarrow{\triangle} 2NaNO_2 + O_2\uparrow$$

(2) $Mg\sim Cu$ 的硝酸盐分解为金属氧化物、NO_2 和 O_2。例如

$$2Pb(NO_3)_2 \xrightarrow{\triangle} 2PbO + 4NO_2\uparrow + O_2\uparrow$$

(3) Cu 之后的金属硝酸盐分解为金属单质、NO_2 和 O_2。例如

$$2AgNO_3 \xrightarrow{\triangle} 2Ag + 2NO_2\uparrow + O_2\uparrow$$
$$Hg(NO_3)_2 \xrightarrow{\triangle} Hg + 2NO_2\uparrow + O_2\uparrow$$

许多硝酸盐带有结晶水,受热时,若金属离子为易水解型,则有可能首先发生水解反应。因为 HNO_3 为挥发性酸,水解生成的 HNO_3 可挥发掉而促使水解进行。例如

$$Mg(NO_3)_2 \cdot 6H_2O \xrightarrow{402.5\ K} Mg(OH)NO_3 + HNO_3 + 5H_2O$$
$$Cu(NO_3)_2 \cdot 3H_2O \xrightarrow{443\ K} Cu(OH)NO_3 + HNO_3 + 2H_2O$$

在试管中加入少量硝酸盐的稀溶液,再加入少量 Fe^{2+} 的酸性溶液,然后沿试管壁加入浓 H_2SO_4,则在浓 H_2SO_4 和试液的界面上形成一棕色环,此棕色环可证明 NO_3^- 的存在:

$$NO_3^- + 3Fe^{2+} + 4H^+ = 3Fe^{3+} + NO + 2H_2O$$
$$Fe^{2+} + NO + SO_4^{2-} = [Fe(NO)]SO_4(棕色)$$

11.3.4 磷及其化合物

1. 单质磷

1) 单质磷的物理性质

磷有多种同素异形体,常见的有白磷、红磷和黑磷。

白磷是由 P_4 分子组成的分子晶体,P_4 分子为四面体构型。分子中 P—P 键长为 221 pm,键角∠PPP 为 60°。

在 P_4 分子中,P 原子以三个 p 轨道与另外三个 P 原子的 p 轨道形成三个 σ 键,这种纯 p 轨道间形成的键角应为 90°,实际上却为 60°,所以 P_4 分子中的键具有张力,这种张力的存在使每个 P—P 键的键能减弱,易于断裂,因此白磷在常温下有很高的化学活性。

纯白磷为无色透明的晶体,遇光逐渐变为黄色,所以又称黄磷。黄磷有剧毒,误食 0.1 g 就能致死。

白磷不溶于水,易溶于 CS_2 中。与空气接触缓慢氧化,部分反应能量以光能的形式放出,这就是白磷在暗处发光的原因,称为磷光现象。当白磷在空气中缓慢氧化,表面上积聚的热量使温度达到 313 K 时,便发生自燃。因此,白磷一般要储存在水下,以隔绝空气,防止氧化。

将白磷隔绝空气,在 673 K 加热数小时,可转化为红磷。红磷为紫磷的无定形体,为暗红色的粉末,不溶于水、碱和 CS_2 中,无毒性。红磷的结构为长链状大分子结构。

黑磷最稳定。将白磷在高压下或在常压用 Hg 作催化剂,并以小量黑磷作"晶种",在 493~643 K 长时间加热,可得到黑磷。黑磷具有石墨状的结构并可导电,所以黑磷有"金属磷"之称。

2) 单质磷的化学性质

在空气中自燃为氧化物:

$$P_4 + 3O_2 == P_4O_6$$
$$P_4 + 5O_2 == P_4O_{10}$$

在 Cl_2 中燃烧为氯化物:

$$P_4 + 6Cl_2 == 4PCl_3$$
$$P_4 + 10Cl_2 == 4PCl_5$$

可被浓 HNO_3 氧化为 H_3PO_4:

$$3P_4 + 20HNO_3 + 8H_2O == 12H_3PO_4 + 20NO$$

在浓碱中发生歧化反应:

$$P_4 + 3OH^- + 3H_2O == PH_3 + 3H_2PO_2^-$$

白磷还可将 Au、Ag、Cu 与 Pb 从其盐中取代出来。例如,白磷与热的铜盐反应生成 Cu_3P,在冷溶液中则析出 Cu:

$$11P + 15CuSO_4 + 24H_2O \xrightarrow{\triangle} 5Cu_3P + 6H_3PO_4 + 15H_2SO_4$$
$$P_4 + 10CuSO_4 + 16H_2O == 10Cu + 4H_3PO_4 + 10H_2SO_4$$

$CuSO_4$ 可以解白磷中毒。如白磷不慎沾到皮肤上,可用 $CuSO_4$ 溶液冲洗。

P 与 H_2 反应生成 PH_3:

$$P_4 + 6H_2 == 4PH_3$$

2. 磷的氧化物

1) 制备

磷在常温下缓慢被氧化,或在不充分的空气中燃烧时,可生成+3价的P_4O_6。

若在空气中或O_2中充分地燃烧,则生成+5价的P_4O_{10}。

2) 性质

由于P_4O_6分子具有类似球状的结构而容易滑动,因此P_4O_6为有滑腻感的白色吸潮性蜡状固体,熔点为296.8 K,沸点(在N_2中)为446.8 K,易溶于有机溶剂。

P_4O_6有很强的毒性,溶于冷水中缓慢地生成H_3PO_3,为H_3PO_3的酸酐:

$$P_4O_6 + 6H_2O(冷) =\!=\!= 4H_3PO_3$$

P_4O_6在热水中歧化,生成H_3PO_4,放出PH_3:

$$P_4O_6 + 6H_2O(热) =\!=\!= 3H_3PO_4 + PH_3\uparrow$$

P_4O_{10}为白色粉末状固体,熔点为693 K,573 K时升华。有很强的吸水性,在空气中很快潮解,是最强的干燥剂之一,可将浓H_2SO_4脱水生成SO_3。

P_4O_{10}为H_3PO_4的酸酐,与水反应激烈,放出大量热,生成P(V)的各种含氧酸,并不能立即转变成H_3PO_4,一般为多聚偏磷酸。只有在HNO_3存在下煮沸,才能转变成H_3PO_4:

$$P_4O_{10} + 6H_2O \xrightarrow[\triangle]{HNO_3} 4H_3PO_4$$

3. H_3PO_4与磷酸盐

1) H_3PO_4

纯H_3PO_4为无色晶体,熔点为315.5 K,沸点为486 K,能与水以任何比例混溶。市售H_3PO_4的质量分数约为82%。H_3PO_4溶液黏度较大,是由于溶液中存在大量的氢键。由于加热H_3PO_4会使其逐渐脱水缩合,因此H_3PO_4没有固定的沸点。

H_3PO_4的基本性质如下:

(1) H_3PO_4为三元中强酸:

$$K_{a_1} = 7.6 \times 10^{-3} \quad K_{a_2} = 6.3 \times 10^{-8} \quad K_{a_3} = 4.4 \times 10^{-13}$$

可与碱反应,生成磷酸盐、磷酸一氢盐和磷酸二氢盐。

(2) H_3PO_4不具有氧化性,为非氧化性酸。无论在碱性介质还是酸性介质中,从其电极电势分析,H_3PO_4几乎没有氧化性:

$$H_3PO_4 + 2H^+ + 2e^- =\!=\!= H_3PO_3 + H_2O \quad \varphi^\ominus = -0.276 \text{ V}$$
$$PO_4^{3-} + 2H_2O + 2e^- =\!=\!= HPO_3^{2-} + 3OH^- \quad \varphi^\ominus = -1.05 \text{ V}$$

(3) PO_4^{3-}具有很强的配位能力,可与许多金属离子生成可溶性的配合物,如Fe^{3+}可与PO_4^{3-}生成无色的、可溶性的配离子$[Fe(PO_4)_2]^{3-}$或$[Fe(HPO_4)_2]^-$。利用这一性质,分析化学中常用磷酸盐掩蔽Fe^{3+}。

(4) H_3PO_4受强热时脱水,依次生成焦磷酸、三磷酸和多聚偏磷酸。三磷酸为链状结构,多聚偏磷酸为环状结构。

工业生产中,常用76%左右的H_2SO_4分解磷酸钙矿制备H_3PO_4:

$$Ca_3(PO_4)_2 + 3H_2SO_4 =\!=\!= 3CaSO_4 + 2H_3PO_4$$

2) 磷酸盐

由于 H_3PO_4 受热易脱水缩合,因此可形成多种盐。分为简单磷酸盐和复杂磷酸盐两类。

简单磷酸盐是指 H_3PO_4 的正盐、一氢盐和二氢盐。其性质主要体现在溶解性、水解性和热稳定性三个方面。

A. 溶解性

磷酸二氢盐可溶于水,而一氢盐与正盐大多不溶于水,只有碱金属 K^+、Na^+ 及 NH_4^+ 的磷酸盐及一氢盐为可溶的。

难溶磷酸盐一般可溶于强酸性溶液中:

$$PO_4^{3-} + 3Ag^+ \Longrightarrow Ag_3PO_4 \downarrow$$

$$HPO_4^{2-} + 3Ag^+ \Longrightarrow Ag_3PO_4 \downarrow + H^+$$

$$H_2PO_4^- + 3Ag^+ \Longrightarrow Ag_3PO_4 \downarrow + 2H^+$$

B. 水解性

磷酸盐可发生水解(酸式盐同时可发生电离)。例如,当浓度均为 $0.10 \text{ mol} \cdot L^{-1}$ 时,下列三种磷酸盐溶液的 pH 分别为

NaH_2PO_4 $[H^+] = \sqrt{K_{a_1} K_{a_2}} = 2.2 \times 10^{-5} (\text{mol} \cdot L^{-1})$ $pH = 4.66$

Na_2HPO_4 $[H^+] = \sqrt{K_{a_2} K_{a_3}} = 1.7 \times 10^{-10} (\text{mol} \cdot L^{-1})$ $pH = 9.77$

Na_3PO_4 $pH = 12.6$

C. 热稳定性

磷酸正盐对热十分稳定,一氢盐受热分解为焦磷酸盐,二氢盐则分解为三聚偏磷酸盐,在更高温度下,则形成链状多聚偏磷酸盐玻璃体,即格氏盐:

$$2Na_2HPO_4 \xrightarrow{\triangle} Na_4P_2O_7 + H_2O$$

$$3NaH_2PO_4 \xrightarrow{673 \sim 773 \text{ K}} (NaPO_3)_3 + 3H_2O$$

$$xNaH_2PO_4 \xrightarrow{973 \text{ K}} (NaPO_3)_x + xH_2O$$

4. 磷的卤化物

所有卤素单质均可与白磷和红磷反应,根据反应物比例不同,可生成 +3 或 +5 价的卤化物。

Cl_2、Br_2 与白磷直接反应生成 PCl_3、PBr_3。在 CS_2 中白磷与 I_2 反应生成 PI_3。而 PF_3 则不能直接以 F_2 与白磷反应,而是以 AsF_3 与 PCl_3 通过交换反应制备:

$$PCl_3 + AsF_3 \Longrightarrow AsCl_3 + PF_3 \uparrow$$

所有 PX_3 与 NH_3 结构类似,均为三角锥形结构,P 原子上留有一对孤对电子,可与金属离子形成配合物。

PX_3 水解生成 H_3PO_3 与相应的 HX,常用 PX_3 水解制备 HX 气体(如 HBr、HI 等):

$$PX_3 + 3H_2O \Longrightarrow H_3PO_3 + 3HX \uparrow$$

在 PX_5 中,最重要的是 PCl_5。以白磷与过量的 Cl_2 反应,或以 PCl_3 与 Cl_2 继续反应,均可得到 PCl_5。

气态 PCl_5 分子为三角双锥形结构,但在固态条件下,不再存在三角双锥分子结构,而是形成离子晶体,其中有正四面体结构的 $[PCl_4]^+$ 和正八面体结构的 $[PCl_6]^-$。

PCl$_5$ 遇水强烈水解,生成 POCl$_3$ 或 H$_3$PO$_4$:

$$PCl_5 + H_2O = POCl_3 + 2HCl$$
$$PCl_5 + 4H_2O = H_3PO_4 + 5HCl$$

11.3.5 As、Sb、Bi 的化合物

1. As、Sb、Bi 的氧化物及其含氧酸盐

1) 制备

As、Sb、Bi 的单质或硫化物在空气中燃烧,生成+3 价的氧化物:

$$4As + 3O_2 = As_4O_6$$
$$2As_2S_3 + 9O_2 = As_4O_6 + 6SO_2$$

As$_2$O$_3$ 除有少量矿物外,主要来源为燃烧含 As 硫化物的烟道灰。用升华法把砒霜 As$_2$O$_3$ 从烟道灰中提出,将其蒸气冷凝,形成透明的玻璃状固体,放置,逐渐变为不透明的瓷状物。

与 P$_4$O$_6$ 一样,除 Bi 外,As、Sb 的+3 价氧化物是以 As$_4$O$_6$ 和 Sb$_4$O$_6$ 形式存在,其结构与 P$_4$O$_6$ 相似。

As、Sb 的单质或+3 价氧化物直接与浓 HNO$_3$ 反应,可得相应的+5 价含氧酸,将其加热脱水即得+5 价的氧化物:

$$3As + 5HNO_3 + 2H_2O = 3H_3AsO_4 + 5NO\uparrow$$
$$3As_2O_3 + 4HNO_3 + 7H_2O = 6H_3AsO_4 + 4NO\uparrow$$
$$2H_3AsO_4 = As_2O_5 + 3H_2O$$

+5 价 Bi 的氧化物和含氧酸尚未制得,只有+5 价 Bi 的含氧酸盐,常见的为 NaBiO$_3$:

$$Bi(OH)_3 + Cl_2 + 3NaOH = NaBiO_3 + 2NaCl + 3H_2O$$

2) 性质

As$_2$O$_3$ 为两性偏酸,微溶于水,味略甜,在弱酸性介质中溶解度最小。可与强酸或强碱反应,生成相应的砷化物或亚砷酸盐。Sb$_2$O$_3$ 为两性略偏碱性,而 Bi$_2$O$_3$ 则为碱性氧化物,不溶于碱只溶于酸:

$$As_2O_3 + 6HCl = 2AsCl_3 + 3H_2O$$
$$As_2O_3 + 2NaOH + H_2O = 2NaH_2AsO_3$$
$$Sb_2O_3 + 6HCl = 2SbCl_3 + 3H_2O$$
$$Bi_2O_3 + 6HCl = 2BiCl_3 + 3H_2O$$

+3 价氧化物中,Sb$_2$O$_3$ 的还原性大于 As$_2$O$_3$。第六周期的 6s 电子对具有"惰性",使得+3 价 Bi 的还原性很弱。只有在碱性条件下,可被强氧化剂(如 NaClO)氧化为+5 价:

$$NaH_2AsO_3 + 4NaOH + I_2 = Na_3AsO_4 + 2NaI + 3H_2O$$
$$NaSbO_2 + 2NaOH + 2AgNO_3 = NaSbO_3 + 2Ag + H_2O + 2NaNO_3$$

+5 价 As、Sb 的氧化物及含氧酸均为酸性,与碱反应可生成相应的盐。结构分析证明,锑酸不是三元酸,而是一元弱酸,其结构为 H[Sb(OH)$_6$],而不是 H$_3$SbO$_4$。

在酸性条件下,+5 价 As、Sb、Bi 的氧化性依次增强,H$_3$AsO$_4$ 可将 I$^-$ 氧化为 I$_2$,H[Sb(OH)$_6$] 能将 Cl$^-$ 氧化为 Cl$_2$,而+5 价铋盐可将 Mn^{2+} 氧化为 MnO$_4^-$:

$$H_3AsO_4 + 2HI \rightleftharpoons H_3AsO_3 + I_2 + H_2O(加碱,反应逆向进行)$$

$$H[Sb(OH)_6] + 2HCl \rightleftharpoons H[Sb(OH)_4] + Cl_2 + 2H_2O$$

$$4MnSO_4 + 10NaBiO_3 + 14H_2SO_4 == 4NaMnO_4 + 5Bi_2(SO_4)_3 + 3Na_2SO_4 + 14H_2O$$

2. As、Sb、Bi 的卤化物

常见的 As、Sb、Bi 卤化物为 $AsCl_3$（无色液体）、$SbCl_3$、$BiCl_3$。可由单质与 Cl_2 反应制备，或由 +3 价氧化物与 HCl 反应制备。

As、Sb、Bi 的 +3 价盐都发生水解反应，但水解产物不同。例如，$AsCl_3$ 的水解和 PCl_3 相似，不过水解能力稍弱：

$$AsCl_3 + 3H_2O == H_3AsO_3 + 3HCl$$

由于 +3 价 Sb 和 Bi 的碱性比 As 强，因此水解能力比 +3 价 As 差，$SbCl_3$ 和 $BiCl_3$ 水解不完全，生成难溶于水的氯化锑酰和氯化铋酰：

$$SbCl_3 + H_2O == SbOCl\downarrow + 2HCl$$

$$BiCl_3 + H_2O == BiOCl\downarrow + 2HCl$$

3. As、Sb、Bi 的硫化物

As、Sb、Bi 均可生成难溶于水的硫化物。其中 As_2S_3、As_2S_5 为黄色，Sb_2S_3、Sb_2S_5 为橙色，Bi_2S_3 为黑色，不存在 Bi_2S_5。

加热时，As、Sb、Bi 的 +3 价硫化物与 O_2 反应，生成相应的氧化物，放出 SO_2：

$$2M_2S_3 + 9O_2 == 2M_2O_3 + 6SO_2 (M=As、Sb、Bi)$$

+3 价硫化物的酸碱性与其相应的氧化物相似。As_2S_3 为酸性，不溶于酸。Sb_2S_3 为两性，可溶于酸与碱。Bi_2S_3 为碱性，不溶于碱，只溶于酸：

$$As_2S_3 + 6NaOH == Na_3AsO_3 + Na_3AsS_3 + 3H_2O$$

$$Sb_2S_3 + 12HCl == 2H_3[SbCl_6] + 3H_2S\uparrow$$

$$Sb_2S_3 + 6NaOH == Na_3SbO_3 + Na_3SbS_3 + 3H_2O$$

$$Bi_2S_3 + 6HCl == 2BiCl_3 + 3H_2S\uparrow$$

反应中生成的 Na_3AsS_3 称为硫代亚砷酸钠，Na_3SbS_3 为硫代亚锑酸钠。

与 +3 价氧化物相似，As 和 Sb 的 +3 价硫化物都具有还原性，可与具有氧化性的过硫化物反应：

$$As_2S_3 + 3Na_2S_2 == 2Na_3AsS_4 + S$$

$$Sb_2S_3 + 3(NH_4)_2S_2 == 2(NH_4)_3SbS_4 + S$$

酸性 As_2S_3 与两性 Sb_2S_3 溶于 Na_2S 或 $(NH_4)_2S$ 中：

$$As_2S_3 + 3Na_2S == 2Na_3AsS_3$$

$$Sb_2S_3 + 3(NH_4)_2S == 2(NH_4)_3SbS_3$$

Bi_2S_3 不溶于碱及可溶性硫化物。

与氧化物相似，As_2S_5 和 Sb_2S_5 的酸性比 +3 价硫化物强，因此更易溶于 Na_2S 或 $(NH_4)_2S$ 中：

$$As_2S_5 + 3Na_2S == 2Na_3AsS_4$$

$$Sb_2S_5 + 3(NH_4)_2S = 2(NH_4)_3SbS_4$$

所有的硫代酸盐与硫代亚酸盐都只存在于中性或碱性介质中,遇酸立即分解为相应的硫化物并放出 H_2S:

$$2Na_3AsS_3 + 6HCl = As_2S_3 + 3H_2S\uparrow + 6NaCl$$

$$2Na_3SbS_4 + 6HCl = Sb_2S_5 + 3H_2S\uparrow + 6NaCl$$

用这种方法可制得纯度较高的+5价硫化物。

11.4 氧族元素

11.4.1 氧族元素的通性

ⅥA 族包括 O、S、Se、Te、Po 五种元素,其中 Po 为放射性元素,对其化学性质的研究较少。Se、Te 属于稀散元素,无富集矿藏,近来对其研究虽渐增多,但多属专题性论述,本章主要讨论 O、S 及其重要化合物的性质。

氧族元素的价电子层结构为 ns^2np^4,与稀有气体的 8 电子稳定结构相差两个电子,所以氧族元素的典型氧化态为 -2。除 O 外,其他元素最外电子层都有空的 d 轨道可用于成键,因而可形成 +2、+4 与 +6 的氧化态。

O 只有与 F 结合时才显示正价态,如在 OF_2 中 O 为 +2 价。氧族元素形成链状键的倾向比碳族和氮族差,如 O 可形成 O_2^{2-},S 则可形成更长一些的硫链(如 S_2^{2-}、S_6^{2-} 等)。在形成链状键时,过氧离子 O_2^{2-} 因过多的电子对间排斥作用而不稳定,易于分解,过硫离子 S_2^{2-}、S_6^{2-} 等因可利用空的 d 轨道形成 d-p π 键,抵消了电子对间的部分排斥作用,所以 S—S 键与 O—O 键相比更稳定。

11.4.2 氧族元素在自然界的分布

O 是地球上含量最多、分布最广的元素,约占地壳总质量的 46.6%,遍及岩石层、水层和大气层。在岩石层中,O 主要以氧化物和含氧酸盐的形式存在。在海水中,O 占海水质量的 89%。在大气层中,O 以单质状态存在,约占大气质量的 23%。

自然界中的 O 有三种同位素:^{16}O、^{17}O、^{18}O。在普通 O 中,^{16}O 的含量占 99.76%,^{17}O 占 0.04%,^{18}O 占 0.2%。^{18}O 为稳定同位素,常作为示踪原子,用于反应机理的研究。

S 在地壳中的含量为 0.045%,为分布较广的元素。在自然界中以单质硫与化合态硫两种形态出现。天然含硫化合物包括金属硫化物、硫酸盐与有机硫化物三大类。最常见的硫化物矿为黄铁矿 FeS_2,是制造硫酸的重要原料。其次为黄铜矿 $CuFeS_2$、方铅矿 PbS、闪锌矿 ZnS 等。硫酸盐矿以石膏 $CaSO_4 \cdot 2H_2O$、重晶石 $BaSO_4$ 及芒硝 $Na_2SO_4 \cdot 10H_2O$ 最为丰富。有机硫化物除存在于煤和石油等沉积物中,还广泛地存在于生物体的蛋白质、氨基酸中。单质硫主要存在于火山附近。

Se 与 Te 属稀散元素,通常以极少量存在于某些金属的硫化物中,在处理和提炼这些金属时,Se 与 Te 通常留在废渣中。因此,硫酸工业的烟道灰和洗涤塔的淤泥、电解铜的阳极渣等都成为制取 Se 与 Te 的主要原料。

11.4.3 氧族元素的单质

1. 单质氧

1) 物理性质

单质氧以 O_2 和 O_3 两种同素异形体存在。在高空约 25 km 处，O_2 分子受到太阳光紫外线的辐射而分解为 O 原子。O 原子不稳定，与 O_2 分子结合生成 O_3 分子。

当 O_3 的浓度在大气中达到最大值时，形成厚度约 20 km 的环绕地球的臭氧层。O_3 吸收波长为 220～330 nm 的紫外光后，又分解为 O_2。因此，高空大气层中存在 O_3 和 O_2 互相转化的动态平衡，消耗了太阳辐射到地球上的大部分紫外线，使地球上的生物免遭紫外线的伤害。

O_2 为无色、无臭气体，在 90 K 时凝聚成淡蓝色的液体，54 K 时凝聚成淡蓝色固体。在 O_2 的分子轨道能级中，反键轨道上有两个成单电子，所以 O_2 有明显的顺磁性。293 K 时 1 L 水中只能溶解 30 mL O_2。O_2 在水中的溶解度虽小，但却是水生动植物赖以生存的基础。

臭氧因具有一种特殊的腥臭味而得名，O_3 为淡蓝色气体，比 O_2 易液化，161 K 时变为暗蓝色液体，22 K 时凝成黑色晶体。

O_3 在稀薄状态下并不臭，闻起来有清新爽快之感。松林中或雷雨之后的空气中都会因为有少量 O_3 的存在，而令人呼吸舒畅。

2) 制备

实验室以含氧酸盐热分解制备少量的 O_2：

$$2KMnO_4 \xrightarrow{\triangle} MnO_2 + K_2MnO_4 + O_2 \uparrow$$

$$2KClO_3 \xrightarrow[\triangle]{MnO_2} 2KCl + 3O_2 \uparrow$$

工业生产中，以液化空气分馏制备大量工业用 O_2。也可电解水获取纯净的 O_2，供医疗救护使用。

O_3 分解为放热反应，所以由 O_2 生成 O_3 为吸热反应，在足够能量的支持下，可将 O_2 转化为 O_3。主要方法有紫外线照射和无声放电两种。

3) 化学性质

除 Pt、Au 及稀有气体以外，加热条件下，O_2 可与大多数金属、非金属反应，通过间接方法还可与 Xe 形成氧化物。纯 O_2 参与的反应比空气中发生的要激烈得多：

$$2Mg + O_2 = 2MgO$$

$$C + O_2 = CO_2$$

$$2H_2S + 3O_2 = 2H_2O + 2SO_2$$

$$PbS + 2O_2 = PbSO_4$$

O_3 为强氧化剂，氧化能力介于 O 原子和 O_2 分子之间，仅次于 F_2。可氧化一些还原性较弱的单质或化合物。有时，可将某些元素氧化为不稳定的高氧化态：

$$H_2S + O_3 = H_2SO_3$$

$$3SO_2 + O_3 = 3SO_3$$

$$2Ag + 2O_3 = Ag_2O_2 + 2O_2$$

$$Hg + O_3 = HgO + O_2$$

O_3 可定量地将 I^- 氧化为 I_2，可利用该反应测定 O_3 的含量：

$$2I^- + O_3 + H_2O = I_2 + O_2 + 2OH^-$$

O_3 还可定量地氧化烯烃中的双键,用于确定烯烃中不饱和键的位置:

$$CH_3CH_2CH=CH_2 \xrightarrow{O_3} CH_3CH_2CHO + HCHO$$

$$CH_3CH=CHCH_3 \xrightarrow{O_3} 2CH_3CHO$$

难以氧化的 CN^- 也可被 O_3 氧化,在含氰废水的处理中,可用 O_3 脱氰:

$$O_3 + CN^- = OCN^- + O_2$$

$$2OCN^- + 3O_3 + H_2O = 2HCO_3^- + N_2 + 3O_2$$

2. 单质硫

1) 物理性质

单质硫为黄色晶状固体,熔点为 385.8 K(斜方硫)和 392 K(单斜硫),沸点为 717.6 K,密度为 2.06 g·mL^{-1}(斜方硫)和 1.99 g·mL^{-1}(单斜硫)。其导热性和导电性很差,性松脆,不溶于水,能溶于 CS_2。从 CS_2 中再结晶,可以得到纯度很高的晶状硫。

单质硫有多种同素异形体,其中最常见的是斜方硫和单斜硫。斜方硫也称为菱形硫或 α 硫,单斜硫又称 β 硫。斜方硫在 368.4 K 以下稳定,单斜硫在 368.4 K 以上稳定。368.4 K 是两种变体的转变温度,在这个温度时,两种变体处于平衡状态:

$$S(斜方) \underset{<368.4\ K}{\overset{>368.4\ K}{\rightleftharpoons}} S(单斜) + 0.398\ kJ·mol^{-1}$$

斜方硫和单斜硫都是由 S_8 环状分子组成,在环状分子中,每个 S 原子采取 sp^3 杂化轨道成键。

单质硫熔化时,S_8 环状分子断开,并发生聚合,形成很长的 S 链。此时液态硫的颜色变深,黏度增加。温度高于 563 K 时,长 S 链就会断裂成较小的短链分子,所以黏度下降。当温度达到 717.6 K 时,开始沸腾,变成蒸气,蒸气中有 S_8、S_6、S_4、S_2 等分子存在。在 1473 K 以上时,硫蒸气解离为 S 原子。

将熔融的单质硫急速倾入冷水中,缠绕在一起的长链状 S 被固定,成为能拉伸的弹性硫。但放置后,弹性硫会逐渐转变成晶状硫。弹性硫与晶状硫不同之处在于晶状硫能溶解在 CS_2 中,而弹性硫只能部分溶解。

2) 化学性质

S 为相对比较活泼的元素,主要表现在以下几个方面:

(1) 除 Au、Pt 外,直接加热,S 几乎能与所有的金属反应,生成金属硫化物。例如

$$Fe + S = FeS$$
$$Zn + S = ZnS$$
$$Cu + S = CuS$$
$$Hg + S = HgS$$

(2) 除稀有气体、I_2、N_2 以外,硫与大多数非金属反应。例如

$$H_2 + S = H_2S$$
$$C + 2S = CS_2$$
$$S + O_2 = SO_2$$
$$Cl_2 + 2S = S_2Cl_2$$

$$2P + 5S =\!\!=\!\!= P_2S_5$$

（3）S 能溶于 NaOH、Na_2S 及 $(NH_4)_2S$ 溶液中，形成多硫化物。例如

$$6S + 6NaOH \xrightarrow{\triangle} 2Na_2S_2 + Na_2S_2O_3 + 3H_2O$$

$$Na_2S + xS =\!\!=\!\!= Na_2S_{x+1}$$

多硫化物具有颜色，其颜色的深浅与溶解 S 的量有关，随 S 溶解量的增大，颜色由浅黄色逐渐变为深棕色。这也是长时间暴露于空气中的可溶性硫化物颜色加深的原因。

（4）S 可被浓 HNO_3 氧化为 H_2SO_4：

$$S + 2HNO_3(浓) \xrightarrow{\triangle} H_2SO_4 + 2NO\uparrow$$

3) 单质硫的制备

工业上，多用黄铁矿与焦炭混合燃烧制备单质硫：

$$3FeS_2 + 12C + 14O_2 =\!\!=\!\!= Fe_3O_4 + 12CO_2 + 6S$$

将 H_2S 催化氧化也是制备单质硫的重要途径：

$$2H_2S + O_2 \xrightarrow{催化剂} 2H_2O + 2S$$

以冶炼硫化物矿时所产生的 SO_2 为原料，也可以制得单质硫：

$$SO_2 + 2H_2S =\!\!=\!\!= 3S + 2H_2O$$

$$SO_2 + C =\!\!=\!\!= CO_2 + S$$

利用 S 的升华性可将其提纯，或溶于 CS_2 中结晶提纯，得到高纯度的斜方硫。

单质硫主要用于制造硫酸，同时在橡胶制品工业、造纸工业以及火柴、焰火、硫酸盐、亚硫酸盐、硫化物等产品的生产中也消耗大量的单质硫。漂染工业、农业和医药工业中也有单质硫的需求。

11.4.4 氧族元素的氢化物

1. H_2O_2

1) H_2O_2 的物理性质

纯 H_2O_2 为淡蓝色的黏稠液体，其极性比 H_2O 强。H_2O_2 分子间有较强的氢键，比 H_2O 的缔合程度大，沸点也远高于水，但其熔点与水接近，相对密度随温度变化正常。可以与水以任意比例互溶，实验室中常用的 H_2O_2 溶液有质量分数为 3% 和 30% 两种。3% 的 H_2O_2 水溶液在医药上称为双氧水，有消毒杀菌的作用。

H_2O_2 有较强的氧化性，对皮肤及黏膜有较强的腐蚀作用。纯 H_2O_2 比较稳定，但在光照、受热时分解，重金属离子对其分解有催化作用，使分解加剧：

$$2H_2O_2 \xrightarrow{\triangle} 2H_2O + O_2\uparrow$$

一般 H_2O_2 应保存在棕色瓶中，并置于阴凉干燥处。若在其中加入少量 $Na_4P_2O_7$ 或 8-羟基喹啉等配位剂，可防止金属离子对其分解的催化作用。

2) H_2O_2 的化学性质

H_2O_2 为二元弱酸，与强碱反应可生成过氧化物：

$$Ba(OH)_2 + H_2O_2 =\!\!=\!\!= BaO_2 + 2H_2O$$

H_2O_2 在酸性溶液中为强氧化剂。例如，H_2O_2 能将碘化物氧化为 I_2，该反应可用来定性检出或定量测定 H_2O_2 或过氧化物的含量：

$$H_2O_2 + 2I^- + 2H^+ = I_2 + 2H_2O$$

另外，H_2O_2 可将黑色的 PbS 氧化为白色的 $PbSO_4$：

$$PbS(黑) + 4H_2O_2 = PbSO_4(白) + 4H_2O$$

其他反应还有

$$H_2O_2 + H_2SO_3 = H_2O + H_2SO_4$$
$$H_2O_2 + 2Fe^{2+} + 2H^+ = 2H_2O + 2Fe^{3+}$$

由于在 H_2O_2 中，O 的氧化数为 -1，因而 H_2O_2 既具有氧化性又具有还原性，工业上常用 H_2O_2 的还原性除 Cl_2，因为不会给反应体系带来杂质：

$$H_2O_2 + Cl_2 = 2Cl^- + 2H^+ + O_2$$

$$K_2Cr_2O_7(橙色) + 4H_2O_2 + H_2SO_4 \xrightarrow{乙醚} 2CrO_5(蓝色) + K_2SO_4 + 5H_2O$$

H_2O_2 是重要的无机化工产品，无论作为氧化剂还是还原剂，其最大优点是不会引入其他杂质。

H_2O_2 可将有色的物质氧化为无色，可用作漂白剂。由于对动物性物质不会产生损伤，因此常用来漂白象牙、丝、羽毛等物质。在医学上 H_2O_2 用作消毒剂和杀菌剂。

2. H_2S

1）物理性质

常温下，H_2S 为无色、有恶臭味的有毒气体，空气中含量超过 0.1% 时，可使人畜中毒，在使用时应避免直接吸入，长期接触 H_2S 气体会导致毛发脱落。

常温下，1 L 水可溶解 2.6 L H_2S，生成氢硫酸，其饱和浓度约为 $0.1\ mol \cdot L^{-1}$。氢硫酸为二元弱酸，其饱和溶液的 pH 约为 4.0：

$$H_2S \rightleftharpoons HS^- + H^+ \qquad K_{a_1} = 1.3 \times 10^{-7}$$
$$HS^- \rightleftharpoons S^{2-} + H^+ \qquad K_{a_2} = 7.1 \times 10^{-15}$$

H_2S 的分子结构与 H_2O 类似，只是键角比水分子小，约为 $90°$。

2）化学性质

H_2S 中，S 的氧化态为 -2，处于 S 的最低氧化态，所以 H_2S 具有还原性。从其电极电势看，无论在碱性还是酸性介质中，H_2S 都具有较强的还原性：

$$S + 2H^+ + 2e^- = H_2S \qquad \varphi^\ominus = 0.141\ V$$
$$S + 2e^- = S^{2-} \qquad \varphi^\ominus = -0.48\ V$$

H_2S 可被 I_2、Br_2、O_2、SO_2 等氧化为单质 S，甚至氧化为 H_2SO_4：

$$2H_2S + O_2 = 2H_2O + 2S$$
$$H_2S + Cl_2 = 2HCl + S(气体反应)$$
$$H_2S + 4Cl_2 + 4H_2O = 8HCl + H_2SO_4(溶液反应)$$
$$H_2S + I_2 = 2HI + S$$
$$H_2S + 4Br_2 + 4H_2O = 8HBr + H_2SO_4$$
$$2KMnO_4 + 5H_2S + 3H_2SO_4 = K_2SO_4 + 2MnSO_4 + 5S + 8H_2O$$

3）H_2S 的制备

工业生产中，H_2S 为某些化工生产的副产品。例如，以重晶石制备可溶性钡盐时，先以焦炭将 $BaSO_4$ 还原为 BaS，然后通入 CO_2 生产碳酸钡，同时产生 H_2S 气体：

$$BaS + CO_2 + H_2O \rightleftharpoons BaCO_3 + H_2S$$

实验室中常以 FeS 与 H_2SO_4 反应制备少量的 H_2S 气体：

$$FeS + H_2SO_4 \rightleftharpoons H_2S\uparrow + FeSO_4$$

有机生物的腐烂分解过程及原油的提炼过程中也有 H_2S 气体产生,并可能对生产设备产生腐蚀作用。

分析化学中,常以 H_2S 为沉淀剂分离金属离子,因为大多数金属离子能形成难溶性的金属硫化物。

11.4.5 金属硫化物

金属硫化物可以看成是氢硫酸生成的正盐。在饱和的 H_2S 水溶液中,$[H^+]$ 与 $[S^{2-}]$ 之间的关系为

$$[H^+]^2[S^{2-}] = 9.23 \times 10^{-22}$$

在酸性溶液中通 H_2S 气体,溶液中 $[H^+]$ 增大时,$[S^{2-}]$ 降低。所以,只能沉淀出溶度积较小的金属硫化物。而在碱性溶液中通入 H_2S,溶液中 $[H^+]$ 较小,$[S^{2-}]$ 升高,可以将多种金属离子沉淀为硫化物。因此,控制适当的酸度,利用 H_2S 能将溶液中不同的金属离子按组分离。这是定性分析中用 H_2S 分离溶液中阳离子的理论基础。

1. 金属硫化物的酸碱性

金属硫化物的酸碱性与其氧化物酸碱性是相对应的。同周期元素最高氧化态的硫化物,从左到右,碱性减弱,酸性增强,如 Sb_2S_5 的酸性比 SnS_2 强。

同族元素的硫化物,从上到下,碱性增强,酸性减弱,如 Bi_2S_3 的碱性比 Sb_2S_3 强。

2. 溶解性

硫化物可按溶解性分为三大类:可溶型、水解型和难溶型。

碱金属、碱土金属及 $(NH_4)_2S$ 属于可溶型硫化物。可溶型硫化物溶液由于 S^{2-} 的强烈水解而呈现强碱性,如 Na_2S 常称为硫化碱。可溶性硫化物可溶解单质硫,形成多硫化物。

高价金属的硫化物(如 Al_2S_3、Cr_2S_3)只能用干法生产,属于水解型硫化物:

$$Al_2S_3 + 6H_2O \rightleftharpoons 2Al(OH)_3\downarrow + 3H_2S\uparrow$$

$$Cr_2S_3 + 6H_2O \rightleftharpoons 2Cr(OH)_3\downarrow + 3H_2S\uparrow$$

难溶型硫化物大多为黑色或棕褐色,只有 ZnS 为白色,MnS 为浅粉色,CdS、SnS_2、As_2S_3、As_2S_5 为黄色,Sb_2S_3、Sb_2S_5 为橙色。

难溶型硫化物与酸反应时,又可分为以下几类:

(1) 难溶于水,但可溶 $2.0 \text{ mol} \cdot L^{-1}$ 稀 HCl 的金属硫化物有 MnS、FeS、ZnS 等。

(2) 难溶于稀 HCl,但可溶于 $6.0 \text{ mol} \cdot L^{-1}$ 以上浓 HCl 的金属硫化物有 SnS、CdS、CoS、NiS、PbS 等。

(3) 难溶于 HCl,但可溶于 HNO_3 的金属硫化物有 Ag_2S、CuS、As_2S_5、Sb_2S_5 等。

(4) 难溶于 HNO_3,但可溶于王水的金属硫化物有 HgS。

(5) 可溶于 Na_2S 的金属硫化物有 SnS_2、As_2S_3、Sb_2S_3、As_2S_5、Sb_2S_5、HgS。

(6) 可溶于 Na_2S_2 的金属硫化物有 SnS、As_2S_3、Sb_2S_3。

3. 可溶性硫化物的制备

Na_2S 是工业用途较多的水溶性硫化物,在空气中易潮解。常见商品是其水合晶体 $Na_2S \cdot 9H_2O$。

$(NH_4)_2S$ 是常用的水溶性硫化物试剂之一,因易被氧化而略显黄色。

可溶性硫化物(如 Na_2S、BaS)可用焦炭还原相应的硫酸盐制备:

$$Na_2SO_4 + 4C \xrightarrow{900 \sim 1100\ ℃} Na_2S + 4CO \uparrow$$

$$BaSO_4 + 4C \xrightarrow{900\ ℃} BaS + 4CO \uparrow$$

$(NH_4)_2S$ 可将 H_2S 通入氨水中制备:

$$2NH_3 \cdot H_2O + H_2S = (NH_4)_2S + 2H_2O$$

4. 多硫化物

Na_2S 或 $(NH_4)_2S$ 溶液能溶解单质硫,在溶液中生成多硫化物:

$$Na_2S + (x-1)S = Na_2S_x$$

$$(NH_4)_2S + (x-1)S = (NH_4)_2S_x$$

多硫化物溶液一般显黄色,其颜色随溶解 S 的增多而加深,最深为红色。

当多硫化物 M_2S_x 中的 $x=2$[如 Na_2S_2 或 $(NH_4)_2S_2$]时,称为过硫化物。

过硫化钠 Na_2S_2 是常用的分析化学试剂,在制革工业中用作原皮的脱毛剂。多硫化钙 CaS_4 在农业上用作杀虫剂。

多硫化物在酸性溶液中不稳定,易分解生成 H_2S 和单质 S:

$$S_x^{2-} + 2H^+ = H_2S \uparrow + (x-1)S \downarrow$$

多硫化物为硫化试剂,在反应中可向其他反应物提供活性 S 而表现出氧化性。例如

$$SnS + (NH_4)_2S_2 = (NH_4)_2SnS_3$$

$$As_2S_3 + 3Na_2S_2 = 2Na_3AsS_4 + S$$

11.4.6 硫的氧化物

硫的常见氧化物为 SO_2 和 SO_3。

1. SO_2

1) 物理性质

SO_2 为无色、有刺激性气味气体,比空气重 2.26 倍。SO_2 的职业性慢性中毒会引起食欲丧失、大便不通和气管炎症。空气中 SO_2 的含量不得超过 $0.02\ mg \cdot L^{-1}$。

SO_2 为极性分子,常压下,温度为 263 K 就能液化,易溶于水。标准状况下,1 L 水能溶解 40 L SO_2,相当于质量分数为 10% 的溶液。SO_2 是造成酸雨的主要因素之一。

2) 化学性质

SO_2 中,S 的氧化数为 +4,所以 SO_2 既有氧化性又有还原性,但以还原性为主。只有遇到强还原剂时,SO_2 才表现出氧化性:

$$SO_2 + Br_2 + 2H_2O = H_2SO_4 + 2HBr$$

$$3SO_2(过量) + KIO_3 + 3H_2O = 3H_2SO_4 + KI$$

$$SO_2 + 2H_2S \rightleftharpoons 3S\downarrow + 2H_2O$$
$$SO_2 + 2CO \rightleftharpoons S\downarrow + 2CO_2$$

SO_2 可与一些有机色素结合为无色化合物，因此可用作纸张、草制品等的漂白剂。但这种加成物不是很稳定，时间一长就可分解，而显露出原有的颜色。SO_2 主要用于制造硫酸和亚硫酸盐。

3）制备

SO_2 主要有两种制备方法，工业上多采用煅烧黄铁矿或直接燃烧硫磺：

$$3FeS_2 + 8O_2 \rightleftharpoons Fe_3O_4 + 6SO_2$$
$$S + O_2 \rightleftharpoons SO_2$$

硫酸盐的热分解也是 SO_2 的来源之一。石膏在焦炭的还原下可分解为 CaO 和 SO_2，但分解温度高达 900～1350 ℃，能耗较大。若与黏土、沙子混合煅烧，则可降低分解温度，分解产生的 SO_2 可以用来生产硫酸，生成的固体产物可研磨成为水泥。这是石膏联产硫酸、水泥生产工艺的反应原理：

$$2CaSO_4 + C \rightleftharpoons 2CaO + 2SO_2\uparrow + CO_2\uparrow$$

实验室多采用亚硫酸盐加酸分解制备 SO_2：

$$Na_2SO_3 + 2H_2SO_4 \rightleftharpoons 2NaHSO_4 + SO_2\uparrow + H_2O$$

2. SO_3

1）物理性质

常温下，SO_3 为无色易挥发液体，温度降至 17 ℃ 以下，可得到固体 SO_3。固态 SO_3 无色且易挥发，熔点为 289.9 K，沸点为 317.8 K，263 K 时固体密度为 2.29 g·mL^{-1}，293 K 时液体密度为 1.92 g·mL^{-1}。

2）化学性质

SO_3 中，S 原子处于最高氧化态+6，所以 SO_3 为强氧化剂。加热时，可将 P、碘化物及 Fe、Zn 等氧化：

$$5SO_3 + 2P \stackrel{\triangle}{\rightleftharpoons} 5SO_2 + P_2O_5$$
$$SO_3 + 2KI \stackrel{\triangle}{\rightleftharpoons} K_2SO_3 + I_2$$

SO_3 极易吸收水分，在空气中强烈发烟，溶于水即生成 H_2SO_4 并放出大量热。

3）制备

SO_3 可通过 SO_2 的催化氧化制备，工业上常用的催化剂是 V_2O_5：

$$2SO_2 + O_2 \stackrel{V_2O_5}{\rightleftharpoons} 2SO_3$$

11.4.7 硫的含氧酸及其盐

1. 亚硫酸及其盐

SO_2 溶于水，主要以水合 $SO_2·H_2O$ 的形式存在，有少部分与水结合形成亚硫酸：

$$SO_2 + H_2O \rightleftharpoons H_2SO_3$$

H_2SO_3 与 H_2CO_3 类似，仅存于溶液中，加热或加强酸都可促使其分解，放出 SO_2 气体：

$$H_2SO_3 \stackrel{\triangle}{\rightleftharpoons} SO_2\uparrow + H_2O$$

H_2SO_3 为二元弱酸,在水溶液中分两步解离:

$$H_2SO_3 \rightleftharpoons H^+ + HSO_3^- \quad K_{a_1} = 1.3 \times 10^{-2}$$
$$HSO_3^- \rightleftharpoons H^+ + SO_3^{2-} \quad K_{a_2} = 6.3 \times 10^{-8}$$

H_2SO_3 与碱作用可生成正盐与酸式盐。

碱金属亚硫酸盐易溶于水,水解显弱碱性:

$$Na_2SO_3 + H_2O \rightleftharpoons NaHSO_3 + NaOH$$

其他金属的正盐均微溶于水,所有酸式盐都易溶于水。

H_2SO_3 及其盐中,硫的氧化数为 +4,所以 H_2SO_3 及其盐既有氧化性又有还原性,但以还原性为主。

由以下的电极电势可以看出,在碱性介质中,亚硫酸盐为较强的还原剂:

$$SO_4^{2-} \xrightarrow{0.17\ V} H_2SO_3 \xrightarrow{0.45\ V} S(酸性)$$

$$SO_4^{2-} \xrightarrow{-0.92\ V} SO_3^{2-} \xrightarrow{-0.66\ V} S(碱性)$$

H_2SO_3 及其盐可将 MnO_4^- 还原为 Mn^{2+},$Cr_2O_7^{2-}$ 还原为 Cr^{3+},IO_3^- 还原为 I_2 或 I^-,Br_2、Cl_2 被还原为 Br^-、Cl^-。在空气中可被氧化为硫酸盐,故难以制得较纯的亚硫酸盐:

$$2Na_2SO_3 + O_2 \rightleftharpoons 2Na_2SO_4$$
$$Na_2SO_3 + H_2O + Cl_2 \rightleftharpoons H_2SO_4 + 2NaCl$$
$$3SO_3^{2-} + Cr_2O_7^{2-} + 8H^+ \rightleftharpoons 2Cr^{3+} + 3SO_4^{2-} + 4H_2O$$
$$5SO_3^{2-} + 2MnO_4^- + 6H^+ \rightleftharpoons 2Mn^{2+} + 5SO_4^{2-} + 3H_2O$$

H_2SO_3 在酸性条件下具有一定的氧化性,可被更强的还原剂还原为单质硫:

$$2H^+ + SO_3^{2-} + 2H_2S \rightleftharpoons 3S + 3H_2O$$

亚硫酸正盐受热时可发生歧化反应,生成硫化物和硫酸盐:

$$4Na_2SO_3 \xrightarrow{\triangle} 3Na_2SO_4 + Na_2S$$

亚硫酸酸式盐在受热时可脱水生成一缩二亚硫酸盐:

$$2NaHSO_3 \xrightarrow{\triangle} Na_2S_2O_5 + H_2O$$

亚硫酸盐有很多实际用途。例如,$Ca(HSO_3)_2$ 大量用于造纸工业,用于溶解木质素,制造纸浆;Na_2SO_3 和 $NaHSO_3$ 大量用于染料工业及用作漂白织物时的脱氯剂。

另外,农业上使用 $NaHSO_3$ 作为抑制剂,促使农作物增产。这是因为 $NaHSO_3$ 能抑制植物消耗能量和营养的光呼吸,从而提高净光合作用。

2. 硫酸及其盐

1) 物理性质

工业上多采用黄铁矿煅烧或硫磺燃烧制备 SO_2,然后在 V_2O_5 催化下将 SO_2 氧化为 SO_3,生成的 SO_3 用浓 H_2SO_4 吸收制成发烟硫酸,发烟硫酸用水稀释可得任意浓度的 H_2SO_4。

纯 H_2SO_4 为无色油状液体,沸点为 611 K,凝固点为 283.36 K,有很强的腐蚀性和酸性,工业 H_2SO_4 的浓度为 98.3%,密度为 1.854 g·mL^{-1},相当于 18 mol·L^{-1}。

浓 H_2SO_4 溶于水产生大量的热,若不小心将水倾入浓 H_2SO_4 中,会因为产生剧热而导致爆炸。因此,在稀释浓 H_2SO_4 时,只能在搅拌条件下将浓 H_2SO_4 缓慢地倾入水中,绝不能把水倾入浓 H_2SO_4 中!

H_2SO_4 是化学工业最常见、最重要的产品之一,其用途十分广泛,大量用于制造磷肥、过磷酸钙、硫酸铵、炸药及染料、颜料等。

2) 化学性质

A. 强酸性

H_2SO_4 为二元强酸,在稀溶液中,第一步完全电离,第二步电离程度则较低:

$$HSO_4^- \rightleftharpoons H^+ + SO_4^{2-} \qquad K_{a_2} = 1.0 \times 10^{-2}$$

B. 强脱水性

浓 H_2SO_4 为 SO_3 的水合物,有强烈的吸水性,是工业和实验室中最常用的干燥剂,可用于干燥 Cl_2、H_2 和 CO_2 等气体。浓 H_2SO_4 不但能吸收游离的水分,还能从一些有机化合物中夺取与 H_2O 组成相当的 H 与 O,使这些有机物炭化。例如,蔗糖或纤维素可被浓 H_2SO_4 脱水而生成炭黑:

$$C_{12}H_{22}O_{11} \xrightarrow{\text{浓 } H_2SO_4} 12C + 11H_2O$$

因此,浓 H_2SO_4 可严重破坏动植物的组织、损坏衣服和腐蚀皮肤等,使用时必须注意。

C. 强氧化性

浓 H_2SO_4 具有很强的氧化性,加热时氧化性更显著。在氧化金属与非金属时,一般被还原为 SO_2,但遇到强还原剂时,可被还原为单质硫甚至 H_2S:

$$C + 2H_2SO_4(\text{浓}) = CO_2\uparrow + 2SO_2\uparrow + 2H_2O$$

$$Cu + 2H_2SO_4(\text{浓}) = CuSO_4 + SO_2\uparrow + 2H_2O$$

$$Zn + 2H_2SO_4(\text{浓}) = ZnSO_4 + SO_2\uparrow + 2H_2O$$

$$3Zn + 4H_2SO_4(\text{浓}) = 3ZnSO_4 + S + 4H_2O$$

$$4Zn + 5H_2SO_4(\text{浓}) = 4ZnSO_4 + H_2S\uparrow + 4H_2O$$

加热时 Au 与 Pt 也不与浓 H_2SO_4 反应。此外,冷的浓 H_2SO_4(93%以上)不与 Fe、Al 等金属作用,因为 Fe、Al 在冷的浓 H_2SO_4 中可被钝化,在其表面生成致密的氧化膜,阻止反应的进一步进行。所以可用 Fe、Al 器皿盛放浓 H_2SO_4。

稀 H_2SO_4 具有一般酸类的通性,与浓 H_2SO_4 的氧化反应不同,稀 H_2SO_4 的氧化反应是由 H_2SO_4 中的 H^+ 引起的。稀 H_2SO_4 只能与金属活泼性顺序在 H 以前的金属(如 Zn、Mg、Fe 等)反应放出 H_2:

$$H_2SO_4 + Fe = FeSO_4 + H_2\uparrow$$

3) 硫酸盐的溶解性

H_2SO_4 与碱反应可生成正盐与酸式盐,与碱金属和 NH_4^+ 可形成稳定的酸式盐,与其他金属离子则生成稳定的正盐。

酸式硫酸盐及大多数硫酸盐可溶于水,只有 Ca、Sr、Ba、Pb、Ag 及 Hg 的硫酸盐是难溶或微溶的。其中最难溶的是 $BaSO_4$,可用来检验 SO_4^{2-} 的存在。

具有工业价值的硫酸盐主要有芒硝 $Na_2SO_4 \cdot 10H_2O$、石膏 $CaSO_4 \cdot 2H_2O$、重晶石 $BaSO_4$、胆矾 $CuSO_4 \cdot 5H_2O$、绿矾 $FeSO_4 \cdot 7H_2O$、泻盐 $MgSO_4 \cdot 7H_2O$ 等。

4) 硫酸盐的热稳定性

加热条件下,硫酸盐的变化可分为以下三种情况:

(1) 碱金属及碱土金属硫酸盐(除 Li、Be 外)直接加热时不发生分解,必须添加还原剂(如焦炭等),才能还原为硫化物。

(2) 大多数其他金属硫酸盐受热可分解为金属氧化物与 SO_3。分解温度与金属离子的极化能力有关,极化能力越大,越容易分解。

(3) Ag_2SO_4、$HgSO_4$ 受热可分解为单质、SO_3 和 O_2。其原因是,由硫酸盐分解产生的金属氧化物在分解温度下可继续分解,生成 O_2 与金属单质。

许多硫酸盐有很重要的用途。例如,$Al_2(SO_4)_3$ 可用作净水剂、造纸充填剂和媒染剂;胆矾常用于消毒剂和农药;绿矾可用于农药和治疗贫血的药剂;芒硝 $Na_2SO_4 \cdot 10H_2O$ 是重要的化工原料等。

3. 焦硫酸及其盐

以浓 H_2SO_4 溶解 SO_3,可得到发烟 H_2SO_4,20% 的发烟 H_2SO_4 是指溶解了 20% SO_3 的 H_2SO_4,发烟 H_2SO_4 比浓 H_2SO_4 的氧化性更强,其酸性也比 H_2SO_4 强。当浓 H_2SO_4 溶解 SO_3 的物质的量比为 1∶1 时,称为焦硫酸 $H_2S_2O_7$。

焦酸是指两个酸分子脱去一分子 H_2O 后形成的酸。焦硫酸盐一般可用金属硫酸盐与 SO_3 在密闭容器中反应制备,碱金属焦硫酸盐则可用其酸式盐加热分解得到:

$$2KHSO_4 = K_2S_2O_7 + H_2O$$

$H_2S_2O_7$ 具有比浓 H_2SO_4 更强的氧化性、吸水性和腐蚀性,是良好的磺化剂,用于制造某些染料、炸药和有机磺酸化合物。与 H_2O 作用生成 H_2SO_4。

在更高的温度下,焦硫酸盐可分解为硫酸盐并放出 SO_3,可用于熔融金属氧化物矿样。焦硫酸盐在分析化学中的一个重要用途是与一些难溶的碱性或两性氧化物(如 Fe_2O_3、Al_2O_3、TiO_2 等)共熔,生成可溶性的硫酸盐:

$$Fe_2O_3 + 3K_2S_2O_7 \xrightarrow{\triangle} 3K_2SO_4 + Fe_2(SO_4)_3$$

$$Cr_2O_3 + 3K_2S_2O_7 \xrightarrow{\triangle} 3K_2SO_4 + Cr_2(SO_4)_3$$

$$Al_2O_3 + 3K_2S_2O_7 \xrightarrow{\triangle} 3K_2SO_4 + Al_2(SO_4)_3$$

4. 硫代硫酸及其盐

硫代硫酸 $H_2S_2O_3$ 非常不稳定,易分解出 SO_2 及 S 沉淀,但硫代硫酸盐相对比较稳定。

市售硫代硫酸钠 $Na_2S_2O_3 \cdot 5H_2O$ 俗称"海波"或"大苏打",为无色透明晶体,易溶于水,其水溶液显弱碱性。$Na_2S_2O_3$ 在中性或碱性溶液中很稳定,在酸性(pH≤4.6)溶液中迅速分解:

$$Na_2S_2O_3 + 2HCl = 2NaCl + S\downarrow + H_2O + SO_2\uparrow$$

利用该反应可以定性鉴定 $S_2O_3^{2-}$ 的存在。

$S_2O_3^{2-}$ 具有与 SO_4^{2-} 类似的结构,均为四面体结构。可以看成是 SO_4^{2-} 中的一个 O 原子被 S 原子取代的结果。其中一个 S 的氧化态为 +4,另一个为 0,平均氧化态为 +2。因此,硫代硫酸盐具有一定的还原性。

除还原性外,$S_2O_3^{2-}$ 还是很好的配位体,可以与许多金属离子形成稳定的配合物。从标准电极电势值看,$Na_2S_2O_3$ 为中等强度的还原剂:

$$S_4O_6^{2-} + 2e^- = 2S_2O_3^{2-} \qquad \varphi^{\ominus} = 0.08 \text{ V}$$

I_2 可将 $Na_2S_2O_3$ 氧化为连四硫酸钠 $Na_2S_4O_6$:

$$2Na_2S_2O_3 + I_2 = 2NaI + Na_2S_4O_6$$

较强的氧化剂(如 Cl_2、Br_2 等)可将 $Na_2S_2O_3$ 氧化为 Na_2SO_4。因此在纺织和造纸工业中，可用 $Na_2S_2O_3$ 作脱氯剂：

$$Na_2S_2O_3 + 4Cl_2 + 5H_2O == 8HCl + Na_2SO_4 + H_2SO_4$$

不溶于水的 AgX(X=Cl、Br)可溶于 $Na_2S_2O_3$ 溶液，形成稳定的配离子：

$$AgBr + 2Na_2S_2O_3 == Na_3[Ag(S_2O_3)_2] + NaBr$$

$Na_2S_2O_3$ 溶于水，但重金属硫代硫酸盐难溶于水，并且不太稳定。例如

$$Na_2S_2O_3 + 2AgNO_3 == Ag_2S_2O_3 \downarrow (白色) + 2NaNO_3$$

$$Ag_2S_2O_3 + H_2O == H_2SO_4 + Ag_2S \downarrow (黑色)$$

5. 过硫酸及其盐

过硫酸可认为是 H—O—O—H 的衍生物，H—O—O—H 分子中一个 H 被磺基—HSO_3 取代的产物称为过一硫酸，若两个 H 都被—HSO_3 取代则称为过二硫酸。

在过硫酸中，过氧键—O—O—中 O 原子的氧化数为 -1，S 原子的氧化数仍然是 $+6$。过二硫酸为无色晶体，338 K 时熔化并分解。

所有过二硫酸及其盐在酸性介质中均为强氧化剂，其标准电极电势为

$$S_2O_8^{2-} + 2e^- == 2SO_4^{2-} \qquad \varphi^\ominus = 2.01\ V$$

过二硫酸盐可将金属 Cu 氧化为 $CuSO_4$：

$$Cu + K_2S_2O_8 == CuSO_4 + K_2SO_4$$

在 Ag^+ 的催化作用下，过二硫酸盐可将 Mn^{2+} 氧化为 MnO_4^-：

$$5S_2O_8^{2-} + 2Mn^{2+} + 8H_2O \xrightarrow{Ag^+} 10SO_4^{2-} + 2MnO_4^- + 16H^+$$

如果没有 Ag^+ 的催化作用，过二硫酸盐只能将 Mn^{2+} 氧化为 $MnO(OH)_2$ 棕色沉淀：

$$S_2O_8^{2-} + Mn^{2+} + 3H_2O == 2SO_4^{2-} + MnO(OH)_2 \downarrow + 4H^+$$

过二硫酸盐受热易分解：

$$2K_2S_2O_8 \xrightarrow{\triangle} 2K_2SO_4 + 2SO_3 \uparrow + O_2 \uparrow$$

6. 连二亚硫酸钠

连二亚硫酸钠 $Na_2S_2O_4$ 俗称"保险粉"，为白色粉状固体，用 Zn 粉还原 $NaHSO_3$，或用钠汞齐与干燥的 SO_2 反应可得到 $Na_2S_2O_4$：

$$2NaHSO_3 + Zn == Na_2S_2O_4 + Zn(OH)_2$$

$$2Na[Hg] + 2SO_2 == Na_2S_2O_4 + 2Hg$$

$Na_2S_2O_4$ 具有很强的还原性，上述反应必须在无氧的条件下进行，在热水中或受热时便可歧化分解：

$$2S_2O_4^{2-} + H_2O == S_2O_3^{2-} + 2HSO_3^-$$

$$2Na_2S_2O_4 \xrightarrow{\triangle} Na_2S_2O_3 + Na_2SO_3 + SO_2 \uparrow$$

$Na_2S_2O_4$ 溶液在空气中放置，可被氧化为亚硫酸盐或进一步生成硫酸盐：

$$2Na_2S_2O_4 + O_2 + 2H_2O == 4NaHSO_3$$

因此，$Na_2S_2O_4$ 常用来除去 O_2。由于其具有强还原性，可还原多种有机染料，使其无色，因此广泛用于印染工业、染料合成、造纸、食物保存等行业。

11.5 卤族元素

11.5.1 卤族元素的通性

ⅦA 族包括 F、Cl、Br、I、At 五种元素,其中 At 为放射性元素,十分不稳定,对其研究较少,推测其性质类似于 I。因此,对于卤素,主要限于对 F、Cl、Br 与 I 的单质及化合物性质的讨论。

卤素的价电子层结构为 ns^2np^5,与稀有气体的 8 电子稳定结构只相差一个电子,所以卤族元素都具有 -1 的氧化态。由于 F 为电负性最大的元素,只能得到电子,难以失去电子,因此 F 的氧化态为唯一的 -1。

其他元素(如 Cl、Br、I)除 -1 氧化态外,由于最外价电子层还有空的 d 轨道可以利用,因此在遇到电负性更大的元素(如 F 和 O)时,可将电子激发到最外层的 d 轨道上,形成 +1、+3、+5、+7 的氧化态,但在这些正价态的化合物或酸根中,卤素与 O 或 F 形成的是共价键,不存在正价态的卤素离子。

11.5.2 卤素在自然界的分布

F 的主要矿物有萤石 CaF_2、冰晶石 $Na_3[AlF_6]$、氟磷酸钙 Ca_2FPO_4 等;Cl、Br、I 则主要以离子形式存在于海水中。陆地上还有部分盐湖、盐井出产 NaCl,其中也含有少量溴盐和碘盐。

11.5.3 卤素的单质

1. 卤素单质的物理性质

1) 单质 F_2

最活泼的单质 F_2 是目前已知最强的氧化剂。因此,自然界中没有游离态的 F 存在,只有 F 的化合物。单质 F_2 是通过电解得到的。

2) 单质 Cl_2

Cl_2 为黄绿色气体,标准状况下,1 L Cl_2 质量为 3.21 g,大约是同体积空气质量的 2.5 倍。Cl_2 易液化,冷却至 239 K,或常温时在 0.6 MPa 下,Cl_2 就可变成黄绿色油状液体。液氯在 172 K 还可以凝固成黄绿色固体。Cl_2 具有强烈的窒息性气味,有毒,吸入少量时,会刺激眼睛、鼻腔和喉头黏膜,引起胸部疼痛、咳嗽或失明,吸入大量就会窒息死亡。

3) 单质 Br_2

常温下,Br_2 是唯一的液态非金属单质。为易挥发的红棕色液体,Br_2 蒸气毒性很大,气味刺鼻,能刺激眼睛和黏膜,使人不住地流泪和咳嗽。在军事上,将 Br_2 安装在催泪弹中用作催泪剂。

保存 Br_2 时,为了防止 Br_2 的挥发,通常在盛 Br_2 的容器中加入一些硫酸。Br_2 的密度(3.12 g·mL^{-1})很大,硫酸(密度为 1.854 g·mL^{-1})就像油浮在水面上一样浮在 Br_2 的上面,起保护作用。

Br_2 易溶于许多有机溶剂中,Br_2 在乙醇、乙醚、氯仿、CCl_4 和 CS_2 中形成的溶液随浓度的不同,呈现从黄到棕红的颜色。利用 Br_2 在有机溶剂中的易溶性,可从水溶液中将其分离出来。

4) 单质 I_2

I_2 为具有紫黑色光泽的片状晶体,具有较高的蒸气压,在微热下即升华。纯 I_2 蒸气呈深蓝色,在空气呈紫红色。I_2 易溶于许多有机溶剂中。例如,I_2 在乙醇和乙醚中生成的溶液显棕色,这是由于生成了溶剂合物。I_2 在介电常数较小的溶剂(如 CCl_4 和 CS_2)中生成紫色溶液。在这些溶液中,I_2 以分子状态存在。利用 I_2 在有机溶剂中的易溶性,可以将其从水溶液中分离出来。

I_2 在水中的溶解度虽然很小,但在 KI 或其他碘化物溶液中,可生成 I_3^- 而使溶解度明显增大:

$$I_2 + I^- \rightleftharpoons I_3^-$$

2. 卤素单质的化学性质

1) 与金属反应

适当的温度下,F_2 可以与所有金属 M 反应生成氟化物 MF_n,并且是该金属的最高价态。常温下 F_2 与 Cu、Ni 及 Mg 反应时,可在这些金属表面生成致密的氟化物膜而阻止反应进一步进行,所以单质 F_2 可存放于 Cu 或 Ni 制容器中。

Cl_2 可与大多数金属反应生成氯化物,反应相对比较剧烈。例如,Na、Fe、Sn、Sb、Cu 等能在 Cl_2 中燃烧。但常温下,干燥的 Cl_2 与 Fe 不反应,因此可用钢瓶保存液态 Cl_2。

能与 Cl_2 反应的金属同样也与 Br_2 反应,只是反应活性不如 Cl_2。例如,常温下 Br_2 可与活泼的金属直接反应,而与其他金属的反应需要在较高的温度下才能发生。

单质 I_2 的反应活性比 Cl_2、Br_2 差,可以与活泼金属直接反应,在加热条件下,与大多数其他金属也可直接反应。

2) 与非金属反应

F_2 几乎与所有的非金属(O_2、N_2 除外)都能直接化合,在低温下 F_2 仍可以与 S、P、Si、C 等剧烈反应产生火焰。

F_2 在低温和黑暗中即可与 H_2 直接化合生成 HF,放出大量的热并引起爆炸。

甚至极不活泼的稀有气体 Xe 也能在 523 K 与 F_2 发生化学反应,生成氟化物:

$$F_2 + Xe \xrightarrow{523\ K} XeF_2$$

$$2F_2 + Xe \xrightarrow{523\ K} XeF_4$$

Cl_2 可与大多数非金属单质直接化合,反应程度虽不如 F_2 猛烈,但也比较剧烈。例如,Cl_2 能与 P、S、F、I、H 等多种非金属单质反应生成氯化物:

$$2P(过量) + 3Cl_2 == 2PCl_3$$

$$2P + 5Cl_2(过量) == 2PCl_5$$

$$2S + Cl_2 == S_2Cl_2$$

$$S + Cl_2(过量) == SCl_2$$

Cl_2 与 H_2 在常温下反应较慢,但在点燃或强光照射下则可发生爆炸性反应。因为光照下 Cl_2 分解为活性很高的自由基 Cl 原子,直接与 H_2 分子碰撞发生反应,同时又产生了活性很高的 H 原子,这是一个链式反应,具有极快的反应速率,所以反应是爆炸性的。

一般能与 Cl_2 反应的非金属同样也可与 Br_2 和 I_2 单质反应。由于 Br_2 和 I_2 的氧化能力较

弱,反应活性不如 Cl_2,需要较高的温度反应才能发生,如与 P 作用只生成 PBr_3、PI_3:

$$3Br_2 + 2P \xlongequal{} 2PBr_3$$

$$3I_2 + 2P \xlongequal{} 2PI_3$$

Br_2 和 I_2 与 H_2 的反应只有在较高的温度下才能进行,且生成 HI 的反应平衡常数较小,温度再升高时,HI 可分解为 H_2 和 I_2。

3) 与碱溶液反应

除了 F_2 可将水分解外,其他卤素都可与碱发生歧化反应。根据条件不同,生成次卤酸盐或卤酸盐。例如

$$Cl_2 + 2NaOH \xlongequal{} NaCl + NaClO + H_2O$$

$$3Cl_2 + 6NaOH \xlongequal{\triangle} 5NaCl + NaClO_3 + 3H_2O$$

$$Br_2 + 2NaOH \xlongequal{\text{低温}} NaBr + NaBrO + H_2O$$

$$3Br_2 + 6NaOH \xlongequal{} 5NaBr + NaBrO_3 + 3H_2O$$

$$3I_2 + 6NaOH \xlongequal{} 5NaI + NaIO_3 + 3H_2O$$

Cl_2 在常温下与碱发生歧化反应,生成次氯酸盐,在加热条件下生成氯酸盐。Br_2 与碱在低温下生成次溴酸盐,在常温下生成溴酸盐。I_2 与碱反应只生成碘酸盐。

在酸性条件下,以上反应会逆向进行,发生反歧化反应。在中性条件下,反应则处于平衡状态,但平衡常数很小,只有在 Cl_2 的水溶液中能检测到 HClO 的存在。

4) 卤素之间的相互置换

卤素单质的氧化能力为 $F_2 > Cl_2 > Br_2 > I_2$。

卤素离子的还原能力为 $F^- < Cl^- < Br^- < I^-$。

Cl_2 能将 Br^- 和 I^- 氧化成为单质。如果 Cl_2 过量,置换出的 I_2 可进一步被氧化成更高价态的碘酸及其盐。同理,Br_2 可置换 I^-:

$$Cl_2 + 2NaBr \xlongequal{} Br_2 + 2NaCl$$

$$Cl_2 + 2NaI \xlongequal{} I_2 + 2NaCl$$

$$5Cl_2 + I_2 + 6H_2O \xlongequal{} 2HIO_3 + 10HCl$$

$$Br_2 + 2NaI \xlongequal{} I_2 + 2NaBr$$

3. 卤素单质的制备与用途

1) F_2 的制备与用途

F_2 的制备是以萤石为原料,与浓 H_2SO_4 反应先制得 HF,然后将 HF 与 KHF_2 按 2:3(物质的量比)混合,在 100 ℃下电解,产生 F_2 与 H_2:

$$2HF \xrightarrow[\text{电解}]{100\ ℃} H_2 \uparrow + F_2 \uparrow$$

F_2 的主要用途之一是在核工业中分离提纯 ^{235}U 元素,因为核反应的主要原料是 ^{235}U,但与同位素 ^{238}U 混合在一起难以分离。利用 F_2 与铀化合物反应,可生成气态的 UF_6,然后根据其质量上的差异,利用扩散速度不同的原理,将 $^{235}UF_6$ 与 $^{238}UF_6$ 分离。

大量的 F_2 用于制备 F 的有机化合物,如制冷剂氟利昂(CCl_2F_2)、杀虫剂 CCl_3F、高效灭火剂 CBr_2F_2 等。

2) Cl_2 的制备与用途

工业上,以电解 NaCl 水溶液或其熔融盐制备 Cl_2:

$$2NaCl + 2H_2O \xrightarrow{电解} 2NaOH + H_2\uparrow + Cl_2\uparrow$$

实验室中常用浓 HCl 与 MnO_2 反应制取少量的 Cl_2：

$$MnO_2 + 4HCl = MnCl_2 + Cl_2\uparrow$$

Cl_2 可用于纸浆和棉布的漂白，也可用于饮用水的消毒。大量的 Cl_2 用于制取 HCl、农药、染料，以及对碳氢化合物的氯化制取氯仿、聚氯乙烯等。

3) Br_2 与 I_2 的制备与用途

Br 主要以 Br^- 形式存在于海水中。7 t 海水中约含有 0.454 kg 溴，将海水调节至 pH=3.5，通入 Cl_2 将 Br^- 置换出，用空气将生成的 Br_2 从海水中吹出，收集后，用 Na_2CO_3 溶液处理，使之歧化：

$$3Br_2 + 3Na_2CO_3 = 5NaBr + NaBrO_3 + 3CO_2$$

过滤除去不溶性杂质后，以 H_2SO_4 酸化该溶液，则发生反歧化反应，重新析出 Br_2：

$$5HBr + HBrO_3 = 3Br_2\uparrow + 3H_2O$$

I 主要存在于海洋植物（如海带）中，其制备方法与 Br 基本相同。

大量的 Br_2 用于制造染料、AgBr、NaBr、KBr 以及无机溴酸盐。Br 的另一个主要用途是制取二溴乙烷 $C_2H_4Br_2$，可用作抗震汽油的添加剂，提高发动机的工作效率。Br 的有机化合物抗氧化能力强，具有不燃性，可用作阻燃剂。

I 的化合物在医药、染料、化学试剂等方面有广泛的应用。例如，I_2 与 KI 的乙醇溶液即碘酒，是常用的消毒剂；碘仿 CHI_3 可用作防腐剂；AgI 除用作照相底片的感光剂外，还可作为人工降雨造云的晶种等。I 是维持人体甲状腺正常功能所必需的元素，当人体缺 I 时会患甲状腺肿大，因此碘化物可以防止和治疗甲状腺肿大。

11.5.4 卤化氢与氢卤酸

1. 卤化氢 HX 的物理性质

HX 均为无色、有毒的气体，有强烈的刺激性气味，在空气中发烟，形成酸雾。分子具有极性，可溶于水，HF 可无限制地溶于水；在 0 ℃时 1 L 水可溶解 500 L HCl。卤化氢溶于水生成氢卤酸，除氢氟酸为弱酸外，其他均为强酸。而且氢碘酸为最强的无机酸。卤化氢易于液化，液态的卤化氢并不导电。

卤化氢的性质按 HCl—HBr—HI 的顺序有规律地变化。例如，其熔点、沸点随着相对分子质量的增加而升高，但 HF 的表现例外。HF 性质反常的原因是 HF 分子之间存在氢键，而其他卤化氢分子中无氢键缔合作用，因此 HF 的熔点、沸点和气化热特别高。

氢卤酸均为恒沸点酸，即在蒸发时，无论起始浓度多大，最后都会达到溶液、蒸气中的组成不变。例如，HF 的恒沸点为 393 K，其组成为 35.35%。HF 由于氢键的作用，多以二聚体 H_2F_2 形式存在，且其酸性比 HF 强得多，可生成相应的盐，如 KHF_2 等。

2. 卤化氢的化学性质

卤化氢的主要化学性质体现在其酸性与还原性两方面。X^- 的还原能力按 $F^-<Cl^-<Br^-<I^-$ 的顺序依次增强。例如，氢碘酸在常温下即可被空气中的 O_2 所氧化；而氢溴酸与 O_2 的反应进行得很慢；HCl 不能被 O_2 所氧化，但在强氧化剂作用下，仍可表现出还原性；而氢氟酸不具还原性。

HF 酸性虽弱,但腐蚀性很强。例如

$$SiO_2 + 4HF == SiF_4 + 2H_2O$$
$$CaSiO_3 + 6HF == CaF_2 + SiF_4 + 3H_2O$$

HF 可腐蚀硅酸盐和玻璃制品,所以氢氟酸应保存在塑料容器中。HCl、HBr 和 HI 除酸性外,主要表现的是其还原性。例如

$$8HI + H_2SO_4(浓) == H_2S\uparrow + 4I_2 + 4H_2O$$
$$2HBr + H_2SO_4(浓) == SO_2\uparrow + Br_2\uparrow + 2H_2O$$
$$2KMnO_4 + 16HCl == 2KCl + 2MnCl_2 + 5Cl_2\uparrow + 8H_2O$$

3. 卤化氢的制备

HF 主要由萤石与浓 H_2SO_4 反应制备:

$$CaF_2 + H_2SO_4(浓) == CaSO_4 + 2HF$$

HCl 可用浓 H_2SO_4 与 NaCl 反应或热分解水合氯化镁制备:

$$NaCl + H_2SO_4 == NaHSO_4 + HCl$$
$$MgCl_2 \cdot H_2O \xrightarrow{\triangle} MgO + 2HCl$$
$$3HClO \xrightarrow{\triangle} HClO_3 + 2HCl$$

有机合成过程中也常有副产物 HCl 产生,如氯乙烯的生产中:

$$C_2H_4 + Cl_2 == C_2H_3Cl + HCl$$

HBr 与 HI 由于其还原性较强,不能用浓 H_2SO_4 与其盐反应制备,一般是用其磷化物水解,或直接用单质制备:

$$PBr_3 + 3H_2O == H_3PO_3 + 3HBr$$
$$PI_3 + 3H_2O == H_3PO_3 + 3HI$$
$$2P + 3Br_2 + 6H_2O == 2H_3PO_3 + 6HBr$$

实际操作时,是向红磷与 Br_2 或 I_2 的混合物上滴加水,产生 HBr 气体或 HI 气体。将生成的 HX 气体通入水中,即生成相应的氢卤酸。

11.5.5 卤化物

除稀有气体外,大多数元素都能与卤素反应生成相应的卤化物。根据与卤素结合元素的金属性与非金属性的不同,卤化物主要分为离子型和共价型两类,在这两类中又分为可溶型、难溶型、水解型。

碱金属卤化物除 LiF 为难溶盐外,其他都易溶于水;碱土金属卤化物除氟化物外,大多溶于水,但 Be 与 Mg 的卤化物在加热时可发生水解。

其他金属卤化物大多溶于水,Ag 的卤化物除 AgF 易溶于水外,其他均难溶于水。金属卤化物的价态越高,水解性越强,如 $FeCl_3$、$AlCl_3$、$SnCl_4$、$TiCl_4$ 可发生强烈水解。高价金属卤化物多为共价型,如 $SnCl_4$、$TiCl_4$ 常温下均为液体。

典型离子型卤化物的溶解度取决于离子键的强弱,如 Ca 的卤化物溶解度为 $CaF_2<CaCl_2<CaBr_2<CaI_2$。氟化物的溶解度一般与金属离子的半径大小有关,相同条件下,金属离子与卤素离子的半径差值越大,卤化物越易溶于水。例如,AgF、HgF_2 可溶于水,而其他卤化物则难溶于水,LiF 难溶于水,而 LiI 则易溶于水。

非金属卤化物除 CCl_4、SF_6 不与水反应外,其他均发生水解反应或分解反应:

$$SiCl_4 + 3H_2O == H_2SiO_3 + 4HCl$$

$$NCl_3 + 3H_2O == 3HClO + NH_3$$

$$2NI_3 == N_2 + 3I_2$$

11.5.6 卤素的含氧酸及其盐

除 F 外,其他卤素均可形成次卤酸、亚卤酸、卤酸、高卤酸及相应的含氧酸盐。

1. 次卤酸及其盐

次氯酸 HClO、次溴酸 HBrO 和次碘酸 HIO 都是存在的,但其中比较稳定的是 HClO 及其盐,所以主要讨论 HClO 及其盐的性质。

纯 HClO 是不存在的,只存在于水溶液中:

$$Cl_2 + H_2O == HClO + HCl$$

$$2Cl_2 + 2HgO + H_2O == HgO \cdot HgCl_2 + 2HClO$$

利用第二个反应,可以蒸发浓缩得到浓度相对较大的 HClO 溶液。HClO 为一元弱酸,在光照或加热时分解或歧化:

$$2HClO \xrightarrow{h\nu} 2HCl + O_2 \uparrow$$

$$3HClO \xrightarrow{\triangle} HClO_3 + 2HCl$$

酸性条件下,HClO 为强氧化剂,主要用于杀菌消毒和漂白。

工业上,用无隔膜法电解食盐水溶液可得 NaClO。将 Cl_2 通入石灰乳中,可得到 $Ca(ClO)_2$ 与 $CaCl_2$ 的混合物,即漂白粉:

$$2Ca(OH)_2 + 2Cl_2 == Ca(ClO)_2 \cdot CaCl_2 + 2H_2O$$

次氯酸盐为良好的氧化剂和漂白剂,但受热易分解或歧化:

$$Ca(ClO)_2 == CaCl_2 + O_2 \uparrow$$

$$3Ca(ClO)_2 == 2CaCl_2 + Ca(ClO_3)_2$$

2. 亚卤酸及其盐

亚卤酸中只有亚氯酸 $HClO_2$ 能在溶液中存在,且其热稳定性差,很容易分解:

$$8HClO_2 == 6ClO_2 + Cl_2 + 4H_2O$$

亚氯酸盐相对较为稳定,将 ClO_2 与碱反应可得亚氯酸盐与氯酸盐的混合物:

$$2ClO_2 + 2OH^- == ClO_2^- + ClO_3^- + H_2O$$

若以 ClO_2 与 Na_2O_2 反应,则得到不含有氯酸盐的 $NaClO_2$:

$$2ClO_2 + Na_2O_2 == 2NaClO_2 + O_2$$

固体亚氯酸盐在受到撞击、加热时,可迅速分解爆炸,其溶液受热则发生歧化反应:

$$3NaClO_2 == 2NaClO_3 + NaCl$$

用 H_2SO_4 与 $Ba(ClO_2)_2$ 反应可制备 $HClO_2$ 溶液:

$$Ba(ClO_2)_2 + H_2SO_4 == BaSO_4 \downarrow + 2HClO_2$$

3. 卤酸及其盐

用相应的钡盐与 H_2SO_4 反应可制备卤酸 HXO_3:

$$Ba(XO_3)_2 + H_2SO_4 = BaSO_4 + 2HXO_3$$

碘酸 HIO_3 可以用 I_2 与发烟 HNO_3 反应制取：

$$10HNO_3(浓) + I_2 = 2HIO_3 + 10NO_2 + 4H_2O$$

HIO_3 为白色固体，比较稳定，而 $HClO_3$、$HBrO_3$ 则无纯品，只能存在于溶液中，其最大浓度分别为 40% 与 50%。当浓度增大或加热时，容易发生分解反应：

$$8HClO_3 \xrightarrow{\triangle} 2Cl_2\uparrow + 3O_2\uparrow + 2H_2O + 4HClO_4$$

$$4HBrO_3 \xrightarrow{\triangle} 2Br_2\uparrow + 5O_2\uparrow + 2H_2O$$

卤酸盐中，重要的是 $NaClO_3$ 与 $KClO_3$。一般是利用无隔膜法电解食盐水，使生成的 Cl_2 与 $NaOH$ 直接反应，并加热得到：

$$3Cl_2 + 6NaOH \xrightarrow{\triangle} NaClO_3 + 5NaCl + 3H_2O$$

$KClO_3$ 的溶解度较小，向以上溶液中加入 KCl 可使 $KClO_3$ 结晶沉淀出来。碘酸盐可用 I_2 与碱直接发生歧化反应得到。卤酸盐相对于卤酸稳定得多，但与还原性物质混合或受撞击时，容易发生爆炸性分解反应：

$$4KClO_3 \xrightarrow{\triangle} 3KClO_4 + KCl$$

$$2KClO_3 \xrightarrow[\triangle]{MnO_2} 2KCl + 3O_2\uparrow$$

$$2Zn(ClO_3)_2 \xrightarrow{\triangle} 2ZnO + 2Cl_2\uparrow + 5O_2\uparrow$$

卤酸盐中，氯酸盐是制取炸药的原料之一，与 P、S、C 等的混合物受撞击时发生猛烈爆炸。$NaClO_3$ 还可用作除草剂。溴酸盐和碘酸盐是分析化学中常用的氧化剂。

4. 高卤酸及其盐

电解 $KClO_3$ 溶液可得到 $KClO_4$，向其溶液中加入 H_2SO_4 则得到 $HClO_4$ 溶液，通过减压蒸馏可得到纯的 $HClO_4$：

$$KClO_3 + H_2O \xrightarrow{电解} KClO_4 + H_2\uparrow$$

$$KClO_4 + H_2SO_4(浓) = KHSO_4 + HClO_4$$

$HClO_4$ 为最强的无机含氧酸，纯的 $HClO_4$ 在受热或振荡时能发生爆炸性分解，并具有强烈的腐蚀性和氧化性，但其盐多为难溶或微溶的。

高溴酸盐可通过 F_2 氧化溴酸盐得到：

$$BrO_3^- + F_2 + 2OH^- = BrO_4^- + 2F^- + H_2O$$

高碘酸盐比较容易获得，在碱性条件下用 Cl_2 氧化碘酸盐可得到高碘酸盐：

$$Cl_2 + IO_3^- + 6OH^- = IO_6^{5-} + 2Cl^- + 3H_2O$$

在其中加入钡盐可生成 $Ba_5(IO_6)_2$，分离后加入 H_2SO_4，可制得 H_5ClO_6 溶液。在酸性条件下，H_5ClO_6 具有较强的氧化性：

$$H_5IO_6 + H^+ + 2e^- = IO_3^- + 3H_2O \qquad \varphi^\ominus = 1.60\ V$$

$$2Mn^{2+} + 5H_5IO_6 = 2MnO_4^- + 5IO_3^- + 7H_2O + 11H^+$$

高氯酸盐大多易溶于水。但 K^+、NH_4^+、Cs^+、Rb^+ 的高氯酸盐的溶解度都很小。$KClO_4$ 比 $KClO_3$ 更稳定。$Mg(ClO_4)_2$、$Ca(ClO_4)_2$ 可用作干燥剂：

$$KClO_4 \xrightarrow{\triangle} KCl + 2O_2\uparrow$$

11.5.7 拟卤素及其盐

拟卤素是指某些 -1 价的阴离子在参加反应时,其反应类型与 X^- 很相近,在游离状态下的性质与卤素单质很相似,所以称为拟卤素或类卤素。

这一类的物质主要有氰$(CN)_2$、硫氰$(SCN)_2$、硒氰$(SeCN)_2$ 与氧氰$(OCN)_2$,其性质与卤素相似的方面主要有:

(1) 游离态均为有挥发性、有毒、有刺激性气味的气体。

(2) 其氢化物除 HCN 酸为弱酸外,其他均为强酸。

(3) 其金属盐的溶解性与 X^- 金属盐类似。

例如,所有银盐、汞盐、铅盐都难溶于水,与碱作用都发生歧化反应:

$$(CN)_2 + 2OH^- = CN^- + OCN^- + H_2O$$
$$(CN)_2 + H_2O = HCN + HOCN$$

拟卤素可形成与卤素相似的配合物,如 $K_2[HgI_4]$ 与 $K_2[Hg(SCN)_4]$、$H[AuCl_4]$ 与 $H[Au(CN)_4]$。

具有一定的还原性。例如

$$4H^+ + 2Cl^- + MnO_2 = Mn^{2+} + Cl_2 + 2H_2O$$
$$4H^+ + 2SCN^- + MnO_2 = Mn^{2+} + (SCN)_2 + 2H_2O$$
$$2Cu^{2+} + 4I^- = 2CuI + I_2$$
$$2Cu^{2+} + 4CN^- = 2CuCN + (CN)_2$$

氰化物具有苦杏仁味,剧毒,主要用于提炼黄金和白银,也用于电镀行业:

$$4Au + 8CN^- + O_2 + 2H_2O = 4[Au(CN)_2]^- + 4OH^-$$
$$4Ag + 8NaCN + 2H_2O + O_2 = 4Na[Ag(CN)_2] + 4NaOH$$

硫氰化物也具有毒性,一般是用氰化物与单质硫共熔制备:

$$KCN + S \xrightarrow{\triangle} KSCN$$
$$4NH_3 + CS_2 = NH_4SCN + (NH_4)_2S$$

SCN^- 的典型反应是用来检验 Fe^{3+} 的存在:

$$Fe^{3+} + 3SCN^- = Fe(SCN)_3 \text{(血红)}$$

习 题

1. 简述乙硼烷的成键情况、分子结构、性质和用途。
2. H_3BO_3 与 H_3PO_3 化学式相似,为什么 H_3BO_3 为一元弱酸,而 H_3PO_3 为二元中强酸?
3. 什么是硼珠实验?什么是硼砂珠实验?它们有什么用途?
4. 写出硼砂的分子式和硼砂水解反应式,说明硼砂溶液为什么具有缓冲作用。
5. 为什么 BF_3 易水解,而 CF_4、SF_6 却不水解?
6. 最简单的硼烷为 B_2H_6,$AlCl_3$ 气态分子也以双聚体形式存在,为什么 BCl_3 不能形成类似的双聚体?
7. 如何使高温灼烧过的 Al_2O_3 转化为 Al(Ⅲ) 的可溶盐?
8. 在水中加入铝盐可除去其中过量的 F^-,其依据是什么?
9. 为什么 TlF 易溶于水,而 TlCl、TlBr、TlI 却难溶于水?
10. 为什么镓可以用来制造高温测量温度计?

11. 完成并配平下列有关的化学反应方程式：
    (1) 金属铊溶解于稀硝酸中。
    (2) 金属铝溶于苛性钠溶液中。
    (3) 碘化钾与三氯化铊反应。
    (4) 乙硼烷溶于水。
    (5) 三氟化硼水解。
    (6) 三氯化硼水解。

12. 常用硅粉与苛性钠溶液制备少量氢气，但很少用锌粉与稀盐酸或稀硫酸反应的方法。为什么？

13. 单质硅的结构与金刚石相同，但其熔点、硬度却比金刚石差。为什么？

14. 什么是"锡疫"？

15. 单质硅不溶于强酸如 HNO_3、H_2SO_4，但却能溶于弱酸 HF 溶液中。为什么？

16. C 与 O 的电负性差别较大，但 CO 的偶极矩却几乎为零。为什么？

17. Pb 为什么能够耐稀硫酸和稀盐酸的腐蚀？换成浓硫酸和浓盐酸又如何？

18. 为什么 Sn 与盐酸反应生成的是 $SnCl_2$，而 Sn 与 Cl_2 反应，即使 Sn 是过量的，生成的也是 $SnCl_4$？

19. 如何配制及保存 $SnCl_2$ 溶液？

20. 常温下，$PbCl_2$ 在盐酸中的溶解度随盐酸浓度的增大先逐渐减小，然后又逐渐增大。试解释原因。

21. 如何用实验方法证实 Pb_3O_4 中铅有不同氧化态？

22. 碱性介质中 I_2 能将 As(Ⅲ)氧化为 As(Ⅴ)，而酸性介质中 As(Ⅴ)能将 I^- 氧化为 I_2。两种说法有无矛盾？请说明原因。

23. 除去下列杂质：
    (1) H_2 中的少量 CO。
    (2) CO 中的少量 CO_2。
    (3) CO 中的少量 N_2。
    (4) CO 中的少量 SO_2。

24. 将 14 mg 某黑色固体 A 与热的浓烧碱溶液反应，产生 22.4 mL（标准状况）无色气体 B。固体 A 的燃烧产物为白色固体 C，C 与氢氟酸反应可生成一无色气体 D。将 D 通入水中，生成白色沉淀 E 和溶液 F。用适量的烧碱溶液处理沉淀 E，可得无色溶液 G。在 G 中加入氯化铵则 E 又重新出现。溶液 F 中加入过量氯化钠可得一无色晶体 H。试确定 A~H 各为何物，写出相关的化学反应方程式。

25. 金属 A 与过量干燥的氯气共热反应后，生成无色液体 B。B 又可与金属 A 反应转化为白色固体 C。将 B 溶于盐酸后通入 H_2S 气体得黄色沉淀 D。D 可溶于 Na_2S 溶液中生成无色溶液 E。将 C 溶于稀盐酸后，加入适量的 $HgCl_2$ 有白色沉淀 F 生成。向 C 的盐酸溶液中加入适量的 NaOH 溶液有白色沉淀生成 G 成。G 溶于过量的 NaOH 溶液得无色溶液 H。试确定 A~H 各为何物，写出相关的化学反应方程式。

26. 金属 A 略呈蓝色，溶于浓硝酸得无色溶液 B 和红棕色气体 C。将溶液 B 蒸发结晶后加热分解可得黄色固体 D 和红棕色气体 C。D 溶于硝酸又得到溶液 B。碱性条件下 B 与次氯酸钠溶液反应得一黑色沉淀 E，E 不溶于硝酸。将 E 加入盐酸中有白色沉淀 F 和气体 G 生成。G 可使湿润的淀粉碘化钾试纸变蓝。F 可溶于过量的氯化钠溶液中，得一无色溶液 H。向 H 中加入 KI 溶液有黄色沉淀 I 生成。试确定 A~I 各为何物，写出相关的化学反应方程式。

27. 试分离下列各组离子：
    (1) Pb^{2+}、Mg^{2+}、Ag^+
    (2) Pb^{2+}、Sn^{2+}、Ba^{2+}
    (3) Mg^{2+}、Bi^{3+}、Sn^{2+}、Ag^+

28. 完成并配平下列化学反应方程式：
    (1) 萤石与硫酸的混合物刻蚀玻璃。
    (2) 铅丹溶于过量的氢碘酸中。

(3) 向氯化汞溶液中滴加过量的氯化亚锡。
(4) 向泡花碱溶液中通入过量的二氧化碳气体。
(5) 二氧化铅溶于浓盐酸中。
(6) 硫化亚锡溶于过硫化钠溶液中。
(7) 亚锡酸钠溶液中加入硝酸铋。

29. 实验室中如何制备少量的氮气和氨气？

30. 为什么 N 只能形成 NCl_3 一种氯化物，而 P 可以生成 PCl_3、PCl_5 两种氯化物？

31. 为什么三甲基胺 $N(CH_3)_3$ 为三角锥形结构且碱性较强，而三甲硅烷基胺 $N[Si(CH_3)_3]_3$ 却为平面结构且碱性很弱？

32. 举例说明硝酸盐热分解的三种类型。

33. 制备硝酸银时，为了充分利用反应原料，用浓硝酸还是用稀硝酸更好？

34. 化合物 A 为易溶于水的无色液体。在 A 的水溶液中加入 HNO_3 并加热，再加入 $AgNO_3$ 时生成白色沉淀 B。B 可溶于氨水形成无色溶液 C。向 C 中加入 HNO_3 时又得到沉淀 B。向 A 的水溶液中通入 H_2S 至饱和，生成难溶于稀硝酸的黄色沉淀 D，但溶于 K_2S 溶液得到溶液 E。酸化 E 时 D 又重新沉淀出来。D 还可溶于 KOH 溶液中，生成 E 与 F 的混合溶液。试确定 A～F 各为何物，写出相关的化学反应方程式。

35. 氧化物 A 为白色固体，微溶于水，但易溶于 NaOH 溶液和浓盐酸中。A 溶于浓盐酸得无色溶液 B。向 B 溶液中通入 H_2S 至饱和得黄色沉淀 C。C 难溶于盐酸，但易溶于 NaOH 溶液得无色溶液 D。若将 C 溶于 Na_2S_2 溶液中则得无色溶液 E。向 B 溶液中滴加溴水，则溴水褪色，B 转化为无色溶液 F。向 F 的酸性溶液中加入淀粉碘化钾溶液，溶液变蓝。试确定 A～F 各为何物，写出相关的化学反应方程式。

36. 氯化物 A 为白色晶体。将 A 溶于稀盐酸并加入溴水，溴水褪色，A 溶液转化为无色 B 溶液。若向 A 溶液中滴加 NaOH 溶液，则产生白色沉淀 C，NaOH 过量时 C 溶解得无色溶液 D。取少量 A 晶体加入试管中再加水，有白色沉淀 E 生成。向试管中通入 H_2S 气体至饱和，白色沉淀 E 转化为橙色沉淀 F。试确定 A～F 各为何物，写出相关的化学反应方程式。

37. 长期暴露于空气中的 $(NH_4)_2S$ 溶液为什么颜色会逐渐变深？

38. 现有五瓶无色溶液：Na_2S、Na_2SO_3、$Na_2S_2O_3$、Na_2SO_4、$Na_2S_2O_8$ 均失去了标签。试加以鉴别，并写出相关的化学反应方程式。

39. 有一白色固体钾盐 A，加入无色油状液体 B 有黑紫色固体 C 和无色气体 D 生成。C 微溶于水，但易溶于含 A 的溶液得棕黄色溶液 E。将 E 分为两份，一份加入无色溶液 F，另一份通入黄绿色气体 G，都褪色变成无色溶液。溶液 F 遇酸有乳白色沉淀 H 产生，同时有无色气体 I 放出。将气体 G 通入 F 溶液后，再加入 $BaCl_2$ 溶液，产生难溶于硝酸的白色沉淀 J。将气体 D 通入 $Pb(NO_3)_2$ 溶液得黑色沉淀 K。若将 D 通入 $NaHSO_3$ 溶液，则有乳白色沉淀析出。试确定 A～K 各为何物，写出相关的化学反应方程式。

40. 以反应方程式表示下列物质的制备过程：
(1) 由纯碱和硫磺制备大苏打。
(2) 由黄铁矿制备保险粉。

41. 完成并配平下列化学反应方程式：
(1) 向三氯化铁溶液中通入硫化氢。
(2) 向氢硫酸溶液中加入溴水。
(3) 三硫化二铝溶于水。
(4) 向双氧水溶液中加入少量 KI 溶液。

42. 为什么单质溴与单质碘易溶于四氯化碳而微溶于水？

43. 为什么碘在水中的溶解度较小，而在 KI 溶液中的溶解度却较大？

44. 一般弱酸的电离度随溶液浓度的增大而降低，但浓氢氟酸的电离度却大于稀溶液，为什么？

45. 有一白色固体，可能是 KI、CaI_2、KIO_3、$BaCl_2$ 中的一种或两种的混合物。根据下列实验事实判断其确切组成：

(1) 将白色固体溶于水得一无色溶液。
(2) 将上述溶液以稀硫酸酸化后有白色沉淀生成,同时溶液变为黄色,再加入淀粉溶液后溶液变为蓝色。
(3) 向蓝色溶液中加入氢氧化钠,溶液蓝色消失,但白色沉淀依然存在。

46. 将一常见的易溶于水的钠盐 A 与浓硫酸混合后加热得无色气体 B。将 B 通入酸性高锰酸钾溶液后有黄绿色气体 C 生成。将 C 通入另一钠盐 D 的水溶液中则溶液变黄、变橙最后变为红棕色,说明有单质 E 生成。向 E 中加入氢氧化钠溶液得无色溶液 F,酸化 F 溶液时 E 又出现。试确定 A~F 各为何物,写出相关的化学反应方程式。

47. 有白色钠盐晶体 A 和 B,均易溶于水。A 的水溶液为中性,B 的水溶液呈碱性。A 溶液加入 $FeCl_3$ 溶液后,溶液呈棕色。A 溶液中加入 $AgNO_3$ 溶液有黄色沉淀析出。晶体 B 与浓盐酸反应有黄绿色气体生成。此气体与冷 NaOH 溶液作用可得含 B 的溶液。向 A 溶液中滴加 B 溶液时,溶液呈红棕色,当滴加过量 B 溶液时,红棕色消失。试确定 A、B 各为何物,写出相关的化学反应方程式。

48. 完成并配平下列化学反应方程式:
(1) 向氯酸钾溶液加盐酸。
(2) 向溴化亚铁溶液中通入过量的氯气。
(3) 溴化钠与浓硫酸反应。
(4) 碘化钠与浓硫酸反应。
(5) 向碘水中加入氢氧化钠溶液。
(6) 向碘化钾溶液中通入过量的氯气。

第 12 章 ds 区元素

学习要求

(1) 了解铜、锌副族元素的通性及其在自然界的分布。
(2) 掌握铜、锌副族单质的物理、化学性质。
(3) 掌握铜、锌副族重要化合物的性质及其应用。

ⅠB族与ⅡB族元素称为 ds 区元素,其特点是次外层 d 轨道已处于全充满状态。元素不像 d 区元素具有多变的氧化态。ⅠB族元素称为铜副族元素,ⅡB族元素称为锌副族元素。

12.1 铜副族元素

12.1.1 铜副族元素的通性

ⅠB族包括 Cu、Ag、Au 三种元素。

铜副族元素原子的价电子层结构为 $(n-1)d^{10}ns^1$,从最外电子层看,与碱金属一样,都只有一个 s 电子,但次外层的电子数不相同。铜副族元素的次外层为 18 电子结构,而碱金属的次外层为 8 电子结构。

18 电子层结构对核的屏蔽效应比 8 电子结构小,铜副族元素的有效核电荷较大,对最外层 s 电子的吸引力比碱金属强。因此,与同周期的碱金属相比,铜副族元素的原子半径较小,第一电离能较高,标准电极电势为正值。单质的熔点、沸点、固体相对密度及硬度等均比碱金属高。因此,铜副族元素的金属活泼性远小于碱金属。

ⅠB族自上而下,按 Cu、Ag、Au 的顺序活泼性递减,与碱金属自上而下,金属活泼性递增的顺序则刚好相反。

铜副族元素的氧化数有+1、+2、+3 三种,而碱金属的氧化数只有+1。这是由于铜副族元素的 s 电子和次外层的 d 电子能量相差不大,与其他元素化合时,不仅 ns 电子能参加成键,$(n-1)d$ 电子也可以部分参加成键。其中,铜最常见的氧化数为+2,银为+1,金为+3。

由于 18 电子结构离子具有很强的极化力和明显的变形性,因此铜副族元素一方面易形成共价化合物,另一方面,由于其离子的 d、s、p 轨道能量相差不大,有能量较低的空轨道,所以铜副族元素也易形成配合物。

Cu 与 Au 是所有金属中仅有的呈现特殊颜色的两种金属。铜为紫红色,金为黄色。

铜副族元素的导电性与导热性在所有金属中是最好的,银居首位,铜次之。

由于铜副族元素均为面心立方晶体,有较多的滑移面,因而都有很好的延展性。

12.1.2 铜副族元素在自然界的分布

Cu 在自然界的分布十分广泛,可以以单质的形式存在,迄今世界上发现的最大单块金属 Cu 重达 42 t。除游离 Cu 外,主要是以硫化物和含氧化合物的形式存在,如辉铜矿 Cu_2S、铜蓝 CuS、黄铜矿 $Cu_2S \cdot Fe_2S_3$、赤铜矿 Cu_2O、黑铜矿 CuO、孔雀石 $Cu_2(OH)_2CO_3$ 等。

Ag 主要以游离态或硫化物的形式存在于自然界,单独的银矿为闪银矿 Ag_2S 及少量的角银矿 AgCl。

Au 主要以单质的形式存在,分成岩脉金(散布在岩石中)和冲积金(分散在沙砾中)两种。Au 还有少量的共生矿,如 $AgAuTe_4$。

12.1.3 铜副族元素单质的物理性质

1. 单质铜的物理性质

Cu 为富有延展性的紫红色金属,纯 Cu 的导电性与导热性很高,仅次于 Ag,但比 Ag 便宜得多。

Cu 属于生命元素,是细胞内部氧化过程的催化剂。存在于人体的血浆 Cu 蓝蛋白,其相对分子质量约为 151 000,含有 8 个 Cu 原子,这种蛋白能使血浆中的 Fe^{2+} 氧化为 Fe^{3+}。

人体如果缺 Cu,会造成贫血、动脉硬化、胆固醇升高、头发变白、肤色素脱失(白癜风)等病症。但 Cu 为人体的痕量元素,摄入过量会引起中毒。

Cu 参与植物的各种代谢活动,施有 Cu 肥的土壤能显著地提高产量,增强植物抗病虫害的能力。

2. 单质银的物理性质

纯 Ag 为银白色,具有很好的延展性,其导电性与导热性在所有金属中是最高的。以 Hg 的导电性为1,则 Cu 的导电性为57,而 Ag 的导电性为59,居首位。因此,Ag 常用来制作灵敏度极高的仪器元件。

3. 单质金的物理性质

Au 为黄色,是所有金属元素中延展性最好的。作为贵金属,常用于电镀和饰物等领域。Au 为国际通用货币。一个国家的黄金储量在一定程度上可衡量该国家的经济力量。Au、Ag、Cu 又称为"货币金属",是金属货币的主要成分。

12.1.4 铜副族元素单质的化学性质

1. 单质铜的化学性质

Cu 为不太活泼的重金属元素,常温下不与干燥空气反应,但加热时能与 O_2 生成黑色的氧化铜 CuO,高温下可生成 Cu_2O:

$$2Cu + O_2 \xlongequal{} 2CuO$$
$$4Cu + O_2 \xlongequal{} 2Cu_2O$$

在潮湿的空气中,Cu 表面慢慢生成一层绿色的铜锈,其主要成分为碱式碳酸铜

$Cu(OH)_2 \cdot CuCO_3$：

$$2Cu + O_2 + H_2O + CO_2 =\!=\!= Cu(OH)_2 \cdot CuCO_3$$

Cu 不与稀 HCl 或稀 H_2SO_4 反应，但在空气中，Cu 可以缓慢溶解于稀酸中，生成铜盐：

$$2Cu + 4HCl + O_2 =\!=\!= 2CuCl_2 + 2H_2O$$

$$2Cu + 2H_2SO_4 + O_2 =\!=\!= 2CuSO_4 + 2H_2O$$

Cu 易被 HNO_3 或热浓 H_2SO_4 等氧化而溶解：

$$3Cu + 8HNO_3(\text{稀}) =\!=\!= 3Cu(NO_3)_2 + 2NO\uparrow + 4H_2O$$

$$Cu + 4HNO_3(\text{浓}) =\!=\!= Cu(NO_3)_2 + 2NO_2\uparrow + 2H_2O$$

$$Cu + 2H_2SO_4(\text{浓}) =\!=\!= CuSO_4 + SO_2\uparrow + 2H_2O$$

常温下 Cu 可与卤素直接化合。加热时，Cu 与 S 直接反应生成 CuS：

$$Cu + Cl_2 =\!=\!= CuCl_2$$

$$Cu + S \xrightarrow{\triangle} CuS$$

此外，Cu 与 $FeCl_3$ 反应而溶解：

$$Cu + 2FeCl_3 =\!=\!= 2FeCl_2 + CuCl_2$$

2. 单质银的化学性质

Ag 的特征氧化数为 +1，其化学活泼性比 Cu 差。常温下，不与 H_2O 和空气中的 O_2 反应。Ag 与空气中的 H_2S 反应，可生成黑色的 Ag_2S：

$$4Ag + 2H_2S + O_2 =\!=\!= 2Ag_2S + 2H_2O$$

Ag 不与稀 HCl 或稀 H_2SO_4 反应，但能溶解于 HNO_3 或热的浓 H_2SO_4 中：

$$3Ag + 4HNO_3(\text{稀}) =\!=\!= 3AgNO_3 + NO\uparrow + 2H_2O$$

$$Ag + 2HNO_3(\text{浓}) =\!=\!= AgNO_3 + NO_2\uparrow + H_2O$$

$$2Ag + 2H_2SO_4(\text{浓}) =\!=\!= Ag_2SO_4 + SO_2\uparrow + 2H_2O$$

Ag 在常温下与卤素反应很慢，但在加热的条件下即可生成卤化物：

$$2Ag + F_2 =\!=\!= 2AgF\text{（暗棕色）}$$

$$2Ag + Cl_2 =\!=\!= 2AgCl\downarrow\text{（白色）}$$

$$2Ag + Br_2 =\!=\!= 2AgBr\downarrow\text{（黄色）}$$

$$2Ag + I_2 =\!=\!= 2AgI\downarrow\text{（橙色）}$$

Ag 对 S 有很强的亲和力。加热时，可与 S 直接反应生成 Ag_2S。

3. 单质金的化学性质

Au 的化学性质不活泼，加热时不与空气中的 O_2 反应，不与稀酸或浓酸反应。Au 可溶解于王水中：

$$Au + 4HCl + HNO_3 =\!=\!= H[AuCl_4] + NO\uparrow + 2H_2O$$

Au 不与 O_2 或 S 直接反应，但 Au 与干燥的卤素在加热时可发生反应。例如，Au 在 473 K 时与 Cl_2 反应，可得到褐红色的晶体 $AuCl_3$。

Au 还可在空气存在下，溶解于氰化物溶液中，形成 $[Au(CN)_2]^-$。这是氰化法提取 Au 的基础，广泛用于 Au 的冶炼中。用 Zn 或 Al 还原 $[Au(CN)_2]^-$ 溶液，即可得粗金产品：

$$4Au + 8CN^- + O_2 + 2H_2O \Longrightarrow 4[Au(CN)_2]^- + 4OH^-$$

$$2[Au(CN)_2]^- + Zn \Longrightarrow 2Au + [Zn(CN)_4]^{2-}$$

Au 表现为 +3 和 +1 两种氧化态，+3 价最稳定。

由 Au 的标准电极电势可知，在酸性溶液中，Au^+ 容易歧化为 Au^{3+} 和 Au：

$$Au^{3+} \xrightarrow{1.41\ V} Au^+ \xrightarrow{1.68\ V} Au$$

歧化反应平衡常数约为 10^{13}。因此，Au^+ 在水溶液中不能存在，即使是溶解度很小的 AuCl 也要歧化。

但 Au^+ 的配合物，如 $[Au(CN)_2]^-$，因其稳定性高，所以可在水溶液中存在。$[Au(CN)_2]^-$ 的稳定常数为 2.0×10^{38}。

12.1.5　铜副族元素的重要化合物

1. Cu 的重要化合物

1）氧化物与氢氧化物

在 Cu^{2+} 溶液中加入强碱，即生成淡蓝色的 $Cu(OH)_2$ 絮状沉淀：

$$Cu^{2+} + 2OH^- \Longrightarrow Cu(OH)_2 \downarrow$$

$Cu(OH)_2$ 的热稳定性比碱金属氢氧化物差得多，受热易脱水，分解为黑色 CuO：

$$Cu(OH)_2 \xrightarrow{\triangle} CuO + H_2O$$

$Cu(OH)_2$ 微显两性，既可溶于酸，也能溶于浓的 NaOH 溶液中，形成蓝紫色的 $[Cu(OH)_4]^{2-}$：

$$Cu(OH)_2 + H_2SO_4 \Longrightarrow CuSO_4 + 2H_2O$$

$$Cu(OH)_2 + 2OH^-(浓) \Longrightarrow [Cu(OH)_4]^{2-}$$

黑色 CuO 不溶于水，对热很稳定。当温度超过 1273 K 时，可发生分解，放出 O_2，生成红色 Cu_2O：

$$4CuO \Longrightarrow 2Cu_2O + O_2 \uparrow$$

由此可见，高温条件下 Cu^+ 比 Cu^{2+} 稳定。但在常温下，Cu^+ 不稳定，容易发生歧化：

$$Cu_2O + 2H^+ \Longrightarrow Cu + Cu^{2+} + H_2O$$

在碱性条件下，Cu^{2+} 具有一定的氧化性，可以将醛基氧化为羧基，自身被还原为红色的 Cu_2O：

$$RCHO + 2Cu(OH)_2 \Longrightarrow Cu_2O + RCOOH + 2H_2O$$

2）Cu 的卤化物

无水 $CuCl_2$ 可由 $CuCl_2 \cdot 2H_2O$ 在 HCl 气氛中脱水制备，为棕黄色共价化合物晶体。易溶于水、乙醇和丙酮中。$CuCl_2$ 的浓溶液为黄绿色，原因是 $[Cu(H_2O)_4]^{2+}$ 为蓝色，而 $[CuCl_4]^{2-}$ 则为黄色，二者共存使得溶液呈绿色。

$CuCO_3$ 或 CuO 与 HCl 反应可得绿色的 $CuCl_2 \cdot 2H_2O$ 晶体。

$CuCl_2$ 加热到 773 K 以上时，分解为白色的 CuCl 并放出 Cl_2，这再次说明，Cu^+ 在高温下才能稳定存在，而 Cu^{2+} 在高温下不稳定，但在常温下则比较稳定：

$$2CuCl_2 \xrightarrow{\triangle} 2CuCl + Cl_2 \uparrow$$

+1 价 Cu 的卤化物，除 CuF 可溶于水并发生歧化反应，难以存在外，其他卤化物 CuCl、

CuBr、CuI 均为白色难溶化合物,且溶解度依次降低。这说明,常温下 Cu^+ 的化合物在形成难溶盐时可以稳定存在。

Cu 的+1 价卤化物可用适当的还原剂,在 X^- 存在条件下制备:

$$2Cu^{2+} + 2X^- + SO_2 + 2H_2O = 2CuX\downarrow + 4H^+ + SO_4^{2-}$$

$$Cu^{2+} + 2Cl^- + Cu = 2CuCl\downarrow$$

$$CuCl + HCl = H[CuCl_2]$$

$$2Cu^{2+} + 4I^- = 2CuI\downarrow + I_2$$

CuCl 的 HCl 溶液可吸收 CO,形成 $Cu(CO)Cl\cdot H_2O$。可用于测定混合气体中 CO 的含量。

Cu^{2+} 与 I^- 反应生成溶解度很小的 CuI。可用碘量法测定 I_2,以确定 Cu^{2+} 的含量。

3) $CuSO_4\cdot 5H_2O$

$CuSO_4\cdot 5H_2O$ 俗称"胆矾"或"蓝矾",为蓝色斜方晶体,其水溶液呈蓝色。

$CuSO_4\cdot 5H_2O$ 可用热的浓 H_2SO_4 溶解 Cu 屑,或在空气充足的情况下,用热的稀 H_2SO_4 与 Cu 屑反应制备:

$$Cu + 2H_2SO_4(浓) = CuSO_4 + SO_2\uparrow + 2H_2O$$

$$2Cu + 2H_2SO_4 + O_2 = 2CuSO_4 + 2H_2O$$

少量 Fe^{2+} 的存在对 Cu 的氧化有催化作用。因为 Fe^{2+} 比 Cu 更容易被 O_2 氧化,而生成的 Fe^{3+} 容易与 Cu 反应生成 Cu^{2+}。从反应速率看,气-液反应和液-固反应比气-固反应快得多。

无水 $CuSO_4$ 为白色粉末,不溶于乙醇和乙醚,其吸水性很强,吸水后即显出特征蓝色。可利用这一性质检验乙醚、乙醇等有机溶剂中的微量水分,也可用作干燥剂。$CuSO_4$ 水溶液由于 Cu^{2+} 的水解而显酸性。为防止水解,配制铜盐溶液时常加入少量相应的酸:

$$2CuSO_4 + H_2O = [Cu_2(OH)SO_4]^+ + HSO_4^-$$

$CuSO_4$ 是制备其他铜化合物的重要原料。在电镀、电池、印染、染色、木材保存、颜料、农药等领域中大量使用 $CuSO_4$。农业上将 $CuSO_4$ 与石灰乳混合制得"波尔多液",可用于防治或消灭植物的多种病虫害,加入储水池中可以防止藻类生长。

4) CuS

向 Cu^{2+} 盐溶液中通入 H_2S,生成黑色 CuS 沉淀:

$$Cu^{2+} + H_2S = CuS\downarrow + 2H^+$$

CuS 的 $K_{sp} = 6\times 10^{-36}$,不溶于水与非氧化性稀酸,但溶于热的稀 HNO_3 中:

$$3CuS + 2NO_3^- + 8H^+ = 3Cu^{2+} + 2NO\uparrow + 3S\downarrow + 4H_2O$$

CuS 可溶于浓的 NaCN 溶液中,被还原为 $[Cu(CN)_4]^{3-}$:

$$2CuS + 10CN^- = 2[Cu(CN)_4]^{3-} + 2S^{2-} + (CN)_2\uparrow$$

5) Cu 的典型配合物

Cu^{2+} 的价电子层结构为 $3s^23p^63d^9$,Cu^+ 的为 $3s^23p^63d^{10}$。Cu^{2+} 比 Cu^+ 更容易形成配合物。Cu 的常见配合物为 NH_3 配合物,如 $[Cu(NH_3)_4]^{2+}$。

向 $CuSO_4$ 溶液中加入少量氨水,得到浅蓝色的 $Cu_2(OH)_2SO_4$ 沉淀:

$$2CuSO_4 + 2NH_3\cdot H_2O = (NH_4)_2SO_4 + Cu_2(OH)_2SO_4\downarrow$$

加入过量氨水,则沉淀溶解,生成蓝色的 $[Cu(NH_3)_4]^{2+}$ 溶液:

$$Cu_2(OH)_2SO_4 + 8NH_3 = 2[Cu(NH_3)_4]^{2+} + SO_4^{2-} + 2OH^-$$

$[Cu(NH_3)_4]^{2+}$ 溶液加热即水解生成碱式盐,加强热可得到 CuO:

$$2[Cu(NH_3)_4]^{2+} + SO_4^{2-} + 2OH^- \xrightarrow{\triangle} Cu_2(OH)_2SO_4\downarrow + 8NH_3\uparrow$$

$$Cu_2(OH)_2SO_4 \xrightarrow{\triangle} 2CuO + H_2SO_4$$

Cu_2O 或 $CuCl$ 溶于 $NH_3·H_2O$ 形成无色的 $[Cu(NH_3)_2]^+$，可很快被空气中的 O_2 氧化为蓝色的 $[Cu(NH_3)_4]^{2+}$。利用这种性质可以除去混合气体中少量的 O_2：

$$Cu_2O + 4NH_3·H_2O == 2[Cu(NH_3)_2]^+ + 2OH^- + 3H_2O$$

$$4[Cu(NH_3)_2]^+ + 8NH_3·H_2O + O_2 == 4[Cu(NH_3)_4]^{2+} + 4OH^- + 6H_2O$$

与 $CuCl$ 一样，$[Cu(NH_3)_2]^+$ 也可以吸收 CO 生成羰基配合物，用于合成 NH_3 工业除去原料气体中的少量 CO，以防止催化剂因 CO 中毒而失效。

Cu^{2+} 与 Cu^+ 均易与 CN^- 形成稳定的配合物 $[Cu(CN)_4]^{3-}$：

$$2Cu^{2+} + 10CN^- == 2[Cu(CN)_4]^{3-} + (CN)_2\uparrow$$

2. Ag 的重要化合物

1) Ag_2O

在 $AgNO_3$ 溶液中加入 $NaOH$ 或 Na_2CO_3，首先析出的是白色 $AgOH$ 或 Ag_2CO_3，但 $AgOH$ 或 Ag_2CO_3 在常温下极不稳定，立即脱水或分解为褐色的 Ag_2O 沉淀：

$$Ag^+ + OH^- == AgOH\downarrow$$

$$2AgOH == Ag_2O\downarrow + H_2O$$

$$2AgNO_3 + Na_2CO_3 == Ag_2CO_3\downarrow + 2NaNO_3$$

$$Ag_2CO_3 == Ag_2O\downarrow + CO_2\uparrow$$

Ag_2O 为共价型化合物，微溶于水，溶液呈弱碱性。在强碱溶液中可形成不稳定的 $[Ag(OH)_2]^-$。

Ag_2O 的生成热很小（$31\ kJ·mol^{-1}$），因此不稳定。加热到 573 K 时，即分解为 Ag 和 O_2：

$$2Ag_2O == 4Ag + O_2\uparrow$$

Ag_2O 具有氧化性，容易被 CO 或 H_2O_2 还原：

$$Ag_2O + CO == 2Ag + CO_2$$

$$Ag_2O + H_2O_2 == 2Ag + H_2O + O_2\uparrow$$

Ag_2O 与 MnO_2、Co_2O_3、CuO 的混合物能在室温下将 CO 迅速氧化为 CO_2，因此常用于防毒面具中。

2) 卤化银

将 Ag_2O 溶于氢氟酸中，蒸发可得无色 AgF 晶体。其他卤化银可在 $AgNO_3$ 溶液中加入可溶的卤化物如 $NaCl$、$NaBr$、KI 等制备：

$$Ag_2O + 2HF == 2AgF + H_2O$$

$$Ag^+ + Cl^- == AgCl\downarrow（白色）$$

$$Ag^+ + Br^- == AgBr\downarrow（淡黄）$$

$$Ag^+ + I^- == AgI\downarrow（黄色）$$

卤化银中只有 AgF 是可溶的，且在空气中潮解。Ag 的其他卤化物均难溶于水，不溶于 HNO_3。从 $AgCl$ 到 $AgBr$、AgI，溶解度依次降低，颜色依次加深。卤化银具有感光性。

3) $AgNO_3$

将 Ag 溶于 HNO_3 蒸发结晶,可得到无色透明的 $AgNO_3$ 晶体:

$$Ag + 2HNO_3(浓) = AgNO_3 + NO_2\uparrow + H_2O$$

$$3Ag + 4HNO_3(稀) = 3AgNO_3 + NO\uparrow + 2H_2O$$

原料 Ag 一般从精炼 Cu 的阳极泥中得到,其中含杂质 Cu。因此,产品中含有 $Cu(NO_3)_2$。根据硝酸盐的热分解温度不同,可将粗产品加热到 473~573 K,此时 $Cu(NO_3)_2$ 分解为黑色不溶于水的 CuO,将混合物中的 $AgNO_3$ 溶解后,过滤除去 CuO,然后将滤液重结晶得到纯的 $AgNO_3$。

另一种提纯方法是向含有 Cu^{2+} 的 $AgNO_3$ 溶液中加入新沉淀出的 Ag_2O,溶液中存在下列两个平衡:

$$Ag_2O(s) + H_2O = 2AgOH\downarrow = 2Ag^+ + 2OH^-$$

$$Cu^{2+} + 2OH^- = Cu(OH)_2\downarrow$$

由于 $Cu(OH)_2$ 的溶解度比 AgOH 的溶解度小,Cu^{2+} 大部分沉淀下来,随着 $Cu(OH)_2$ 沉淀的生成,Ag_2O 逐渐溶解,平衡向右移动,过滤除去 $Cu(OH)_2$ 并重结晶,也可得到纯的 $AgNO_3$。

$AgNO_3$ 熔点为 481.5 K,加热到 713 K 分解,如果受日光直接照射,或有微量有机物存在时,也会逐渐分解。因此,$AgNO_3$ 晶体或溶液都应装在棕色玻璃瓶中,避光保存。

4) Ag_2S

向 Ag^+ 溶液中通入 H_2S,生成黑色的 Ag_2S 沉淀:

$$2Ag^+ + H_2S = Ag_2S\downarrow + 2H^+$$

Ag_2S 的溶度积常数为 2×10^{-49},Ag_2S 不溶于 HCl,但溶于热的浓 HNO_3 或 NaCN 溶液中:

$$3Ag_2S + 8HNO_3(浓) = 6AgNO_3 + 3S\downarrow + 2NO\uparrow + 4H_2O$$

$$Ag_2S + 4CN^- = 2[Ag(CN)_2]^- + S^{2-}$$

5) Ag 的重要配合物

Ag^+ 的价电子层结构为 $4s^24p^64d^{10}$,具有空的外层 5s、5p 轨道。因此,Ag^+ 可形成稳定程度不同的 2 配位直线形配离子,其稳定程度顺序为

$$[AgCl_2]^- < [Ag(NH_3)_2]^+ < [Ag(S_2O_3)_2]^{3-} < [Ag(CN)_2]^-$$

Ag 盐的一个重要特点为多数难溶于水,常见可溶的盐类有 $AgNO_3$、Ag_2SO_4、AgF、$AgClO_4$ 等。难溶银盐溶解的主要方法是将其转化为配合物。

$[Ag(NH_3)_2]^+$ 可被甲醛或葡萄糖等还原,在玻璃器皿表面生成银镜:

$$2[Ag(NH_3)_2]^+ + HCHO + 2OH^- = 2Ag\downarrow + HCOONH_4 + 3NH_3 + H_2O$$

银镜反应可以用来鉴别区分醛和酮。因为相同条件下,酮不发生银镜反应。

需要注意的是,镀银后的银氨溶液不能储存。放置时间过长,会析出有强爆炸性的 Ag_3N 沉淀。因此,加 HCl 可破坏溶液中的 $[Ag(NH_3)_2]^+$,将其转化为 AgCl 回收。

在酸性介质中,Ag^+/Ag 电对的电极电势为 0.799 V,说明 Ag^+ 为中等强度的氧化剂,可被许多还原剂还原为 Ag。典型的反应有

$$2NH_2OH + 2AgBr = N_2\uparrow + 2Ag\downarrow + 2HBr + 2H_2O$$

$$5N_2H_4 + 4Ag^+ = N_2\uparrow + 4Ag\downarrow + 4N_2H_5^+$$

$$H_3PO_3 + 2AgNO_3 + H_2O = H_3PO_4 + 2Ag\downarrow + 2HNO_3$$

3. Au 的重要化合物

Au 虽然可形成 +1 和 +3 价两种价态的化合物,但以 +3 价的化合物更为稳定。+1 价的化合物容易发生歧化反应生成 Au 和 Au^{3+}。在水溶液中能够稳定存在的 +1 价 Au 的化合物只有 $[Au(CN)_2]^-$。

$AuCl_3$ 为褐红色晶体,Au 与 Cl_2 在 473 K 反应可制得 $AuCl_3$ 晶体:

$$2Au + 3Cl_2 \xrightarrow{\triangle} 2AuCl_3$$

无论气态或固态,$AuCl_3$ 都是以二聚体 Au_2Cl_6 的形式存在,基本上为平面结构。

加热到 523 K 时,$AuCl_3$ 开始分解,生成 AuCl 和 Cl_2:

$$AuCl_3 \xrightarrow{\triangle} AuCl + Cl_2 \uparrow$$

$AuCl_3$ 易溶于水,并发生水解,形成 $H[AuCl_3OH]$:

$$AuCl_3 + H_2O \Longrightarrow H[AuCl_3OH]$$

将 $AuCl_3$ 溶于 HCl 中,生成 $[AuCl_4]^-$,蒸发可得亮黄色的 $H[AuCl_4] \cdot 4H_2O$ 晶体:

$$AuCl_3 + HCl \Longrightarrow H[AuCl_4]$$

$H[AuCl_4]$ 及其盐不仅溶于水,还溶于乙醚或乙酸乙酯等有机溶剂中,因此可用这些溶剂进行萃取。

$Cs[AuCl_4]$ 溶解度非常小,可用于鉴定 Au 元素。

与 Ag 的化合物类似,+3 价 Au 的化合物也具有较强的氧化性,在酸性介质中,Au^{3+}/Au 电对的电极电势约为 1.50 V,许多还原剂(如乙二酸、甲醛、葡萄糖等)都可将 Au 的化合物还原为 Au,生成 Au 的溶胶。

12.2 锌副族元素

12.2.1 锌副族元素的通性

ⅡB 族包括 Zn、Cd、Hg 三种元素,通常称为锌副族元素。

锌副族元素原子的价电子层结构为 $(n-1)d^{10}ns^2$,最外电子层和碱土金属一样,只有 2 个 s 电子,但碱土金属原子次外层具有 8 个电子(Be 只有 2 个电子)结构,而锌副族元素原子的次外层有 18 个电子,所以ⅡB 族与ⅡA 族的性质有很大差别。

由于 18 电子层结构对原子核的屏蔽效应比 8 电子结构小得多,因此锌副族元素的有效核电荷较大,对最外层 s 电子的吸引力比碱土金属强。与同周期的碱土金属相比,原子半径和离子半径都较小,电负性和电离能比碱土金属大,所以锌副族元素不如碱土金属活泼。

这种变化趋势的原因与铜副族相似:

(1) 锌副族自上而下原子半径增加不大,而核电荷却明显增加,有效核电荷对价电子的吸引力增大,因此表现出金属活泼性依次减弱。

(2) 另一方面,金属形成 +2 价水合阳离子时,所需要的能量按 Zn、Cd、Hg 的顺序依次增大,所以从 Zn 到 Hg 表现出金属活泼性依次减弱。原因可能是锌副族元素的亲氧性较差,与 H_2O 形成水合离子时,放出的能量较低。

锌副族元素的标准电极电势比同周期相邻的铜副族元素更负,所以锌副族元素比铜副族活泼。

对于锌副族元素,因为 d 轨道已经充满,s 电子与 d 电子的电离能之差远比铜副族的大,从满层中失去电子更加困难。所以,锌副族元素一般只失去 2 个 s 电子而显 +2 价。只有 Hg 有 +1 价的 Hg_2^{2+} 能够稳定存在。

Hg 原子中,4f 电子对 6s 的屏蔽作用较小,使 Hg 的第一电离能($1007\ kJ \cdot mol^{-1}$)特别高,与 Rn 的第一电离能($1037\ kJ \cdot mol^{-1}$)相近,使 6s 电子较难失去(惰性电子对效应),这是单质 Hg 以液态形式出现并表现出一定惰性的原因。

Zn、Cd、Hg 单质均为银白色的金属,其中 Zn 略带蓝色。

锌副族金属的特点主要表现为其熔点、沸点低于碱土金属及铜副族金属,并按 Zn—Cd—Hg 的顺序下降。Hg 是室温下唯一有流动性的液态金属。

12.2.2 锌副族元素在自然界的分布

Zn 在自然界的主要存在形式为硫化物和含氧化合物,这说明 Zn 处于亲 S 元素和亲 O 元素交界处,既有亲 O 性也有亲 S 性。主要矿物包括闪锌矿 ZnS、菱锌矿 $ZnCO_3$、红锌矿 ZnO 等,在铅矿中常有锌矿与其共生,称为铅锌矿。

Cd 在自然界多与 Zn 和 Pb 的矿物共生,单独的镉矿有硫镉矿 CdS。

Hg 虽不活泼,但具有很强的亲 S 性。自然界中 Hg 主要以 HgS 和游离态 Hg 的形式存在。

12.2.3 锌副族元素单质的物理性质

1. 单质锌的物理性质

Zn 为银白色金属,在空气中呈灰蓝色,原因在于 Zn 的化学性质比较活泼,与空气中的 H_2O、CO_2 和 O_2 发生反应,生成一层极薄的碱式碳酸锌薄膜:

$$4Zn + 2O_2 + 3H_2O + CO_2 =\!=\!= ZnCO_3 \cdot 3Zn(OH)_2$$

该薄膜可保护 Zn 不再生锈。根据这个原理,可用 Zn 保护铁制品。

Zn 为人体必需的微量元素之一,是人体多种蛋白质的核心组成部分。在生命活动过程中起转运物质和交换能量的"生命齿轮"作用。人体缺 Zn,骨骼生长和性发育都会受到影响,缺 Zn 的人常表现出食欲缺乏、味觉不灵敏、伤口不易愈合等症状。但摄入过多 Zn 对人体有害,会引起头晕、呕吐和腹泻等症状。Zn 也是植物生长不可缺少的元素。

2. 单质镉的物理性质

Cd 为银灰色金属,熔点较低,多数低熔点合金中均含有 Cd。在 Cu 中加入少量的 Cd 能增加韧性,但不会降低 Cu 的导电性。在 Fe、Al 合金中加入 Cd,可以降低合金的膨胀系数。Cd 与 Cu、Mg 形成的合金是制造轴承的良好材料。

Cd 与 Zn 一样,是常用的电镀材料。由于 Cd 比 Zn 的化学活泼性差,因此镀镉比镀锌更耐碱的腐蚀。在航空、航海及用于湿热带的产品零件中,大多采用镀镉。

在原子反应堆中,由于 Cd 吸收中子的效率高,是制造原子反应堆控制棒的理想材料。

Cd 不是人体必需的元素,对人体有害而无益。金属 Cd 本身虽无毒,但 Cd 的化合物大部分毒性较大。人、畜食含 Cd 的食物或饮用含 Cd 的水,Cd 会在人体中累积,Cd 能取代骨骼中的 Ca,造成以骨骼损伤为主的中毒病症"骨痛病"。因此,含 Cd 废水必须加以处理。

3. 单质汞的物理性质

Hg 是室温下唯一呈液态的金属，俗称"水银"。

由于 Hg 具有流动性，在 273～573 K 体积膨胀系数很均匀，不润湿玻璃，故常用于制作温度计。Hg 的密度很大，室温下的蒸气压很低，宜于制作气压计、血压计等。Hg 蒸气在电弧中能导电，并辐射出高强度的可见光和紫外线，可用于医疗方面。

Hg 及其化合物大多有毒，Hg 元素对人体是有害元素。例如，吸入 Hg 蒸气，人体会慢性中毒，导致牙齿松动、毛发脱落、神经错乱等。

就金属而言，Hg 的挥发性很强，超过任何一种金属。因此，在使用 Hg 时，如果洒落，务必尽量收集，对于遗留在缝隙处的 Hg，可以撒上硫磺粉，使 Hg 转化为难溶的 HgS。储藏 Hg 必须密封，应在液面上覆盖一层 100 g·L^{-1} NaCl 溶液或乙二醇、甘油等。

Hg 的有机化合物能对水域造成严重的污染，饮用含 Hg 的水或食用被 Hg 污染的水产品，Hg 在人体内累积，破坏人的中枢神经系统，带来不可治愈的伤害。

12.2.4 锌副族元素单质的化学性质

1. 单质锌的化学性质

Zn 的化学性质与 Cd 相近，是比较活泼的金属元素。

在加热条件下，Zn 可以与大多数非金属反应。例如，Zn 在空气中燃烧生成白色的 ZnO：

$$2Zn + O_2 == 2ZnO$$

Zn 与卤素、P、S 直接反应生成卤化锌、磷化锌与硫化锌等：

$$Zn + X_2 == ZnX_2$$

$$3Zn + 2P == Zn_3P_2$$

$$Zn + S == ZnS$$

Zn 和 Al 相似，为两性金属。既能溶于酸又能溶于强碱，生成锌酸盐。但 Zn 与 Al 又有区别，Zn 与氨水可形成配离子而溶于氨水中，Al 则不溶于氨水：

$$Zn + 2HCl == ZnCl_2 + H_2 \uparrow$$

$$Zn + 2NaOH + 2H_2O == Na_2[Zn(OH)_4] + H_2 \uparrow$$

$$Zn + 4NH_3 + 2H_2O == [Zn(NH_3)_4](OH)_2 + H_2 \uparrow$$

作为较强的还原剂，Zn 可与多种物质发生氧化还原反应。例如，Zn 可将溶液中的 Cu^{2+} 还原为 Cu。

2. 单质镉的化学性质

Cd 不如金属 Zn 活泼，但在加热条件下，Cd 可以与大多数非金属反应。例如，Cd 在空气中燃烧生成棕灰色的 CdO：

$$2Cd + O_2 \xrightarrow{\triangle} 2CdO$$

高温下 Cd 与卤素、P、S、Se 等反应，分别生成卤化镉、磷化镉、硫化镉、硒化镉等：

$$Cd + X_2 \xrightarrow{\triangle} CdX_2$$

$$3Cd + 2P \xrightarrow{\triangle} Cd_3P_2$$
$$Cd + S \xrightarrow{\triangle} CdS$$
$$Cd + Se \xrightarrow{\triangle} CdSe$$

与 Zn 不同，Cd 并非两性金属。不溶于碱，但能溶于 HNO_3、HAc 中，在稀 HCl 与 H_2SO_4 中缓慢溶解，同时放出 H_2：

$$Cd + 2HCl = CdCl_2 + H_2 \uparrow$$
$$Cd + H_2SO_4 = CdSO_4 + H_2 \uparrow$$

Cd 可将硝酸盐还原为亚硝酸盐，将 SO_2 还原为 S^{2-}：

$$Cd + KNO_3 = KNO_2 + CdO$$
$$2Cd + 2SO_2 = CdSO_4 + CdS$$

3. 单质汞的化学性质

Hg 的化学活泼性较差，与轻元素亲 O 的特点不同，Hg 具有较强的亲 S 性，这也是重金属元素的一个特点。

加热至沸腾时，Hg 在空气中可生成红色的 HgO，但当温度高于 773 K 时，HgO 又分解为 Hg，并放出 O_2。

Hg 与硫磺研磨可直接生成 HgS，这种反常的活泼性是由于 Hg 为液态，研磨时 Hg 与 S 的接触面积较大，且二者亲和力较强，故容易形成 HgS。

Hg 不溶于稀酸，只与热的浓 H_2SO_4 和浓 HNO_3 反应：

$$Hg + 2H_2SO_4(浓) = HgSO_4 + SO_2 \uparrow + 2H_2O$$
$$3Hg + 8HNO_3(浓) = 3Hg(NO_3)_2 + 2NO \uparrow + 4H_2O$$

Hg 具有一定的还原性，与 $HgCl_2$ 一起研磨，可制得 Hg_2Cl_2：

$$Hg + HgCl_2 = Hg_2Cl_2$$

Hg 常称为"金属溶剂"，因为 Hg 可溶解多种金属，如 Na、K、Ag、Au、Zn、Sn、Pb 等，形成"汞齐"。"齐"是我国古代对合金的称呼。利用 Hg 能溶解 Au、Ag 的性质，在冶金中可用汞齐法提取这些贵金属。Fe 不与 Hg 反应，因此可以用铁制容器储存 Hg。

12.2.5 锌副族元素的重要化合物

1. Zn 的重要化合物

1）$Zn(OH)_2$ 与 ZnO

向 Zn^{2+} 溶液中加入适量的碱，可沉淀出白色的 $Zn(OH)_2$：

$$Zn^{2+} + 2OH^- = Zn(OH)_2$$

$Zn(OH)_2$ 为两性氢氧化物，既可溶于酸又可溶于强碱：

$$Zn(OH)_2 + 2OH^- = [Zn(OH)_4]^{2-}$$

$Zn(OH)_2$ 还可溶于氨水，生成 $[Zn(NH_3)_4]^{2+}$，而 $Al(OH)_3$ 则不溶于氨水：

$$Zn(OH)_2 + 4NH_3 = [Zn(NH_3)_4]^{2+} + 2OH^-$$

这也是区别 $Al(OH)_3$ 与 $Zn(OH)_2$ 的方法之一。

$Zn(OH)_2$ 受热时易脱水，生成白色的 ZnO。

ZnO 在工业上主要用于橡胶的生产,能缩短橡胶硫化的时间。

ZnO 作为白色颜料,俗称"锌白"。其优点是遇 H_2S 气体不变黑,因为 ZnS 也为白色。加热时,ZnO 可由白、浅黄逐渐变为柠檬黄色,当冷却后,黄色可褪去,利用这一特性,将其掺入油漆或加入温度计中,制成变色油漆或变色温度计。ZnO 在医药上有一定的收敛性和杀菌能力,常调制成各种软膏使用。ZnO 还可用作催化剂。

2) $ZnCl_2$

Zn 或 ZnO 与 HCl 反应均得 $ZnCl_2$ 溶液。经浓缩冷却,可析出 $ZnCl_2 \cdot xH_2O$ 晶体:

$$ZnO + 2HCl = ZnCl_2 + H_2O$$

如果将溶液直接蒸干,因为 $ZnCl_2$ 的水解,得到的是 $Zn(OH)Cl$。制备无水 $ZnCl_2$ 一般要在干燥的 HCl 气氛中加热脱水:

$$ZnCl_2 + H_2O = Zn(OH)Cl + HCl$$

无水 $ZnCl_2$ 为白色易潮解固体,其溶解度为固体盐中溶解度最大的。283 K 时,溶解度为 333 g·(100 g H_2O)$^{-1}$,其吸水性很强,在有机化学中常用作去水剂与催化剂。

$ZnCl_2$ 浓溶液由于水解而具有酸性,能溶解部分金属氧化物,如 FeO:

$$FeO + 2H[Zn(OH)Cl_2] = Fe[Zn(OH)Cl_2]_2 + H_2O$$

$ZnCl_2$ 的浓溶液通常称为焊药水,在焊接金属时,可用它溶解、清除金属表面的氧化物,但不损害金属表面,以保证焊接质量。

$ZnCl_2$ 水溶液还可用于木材防腐。浓的 $ZnCl_2$ 溶液能溶解淀粉、丝绸与纤维素。因此,不能用滤纸过滤其溶液。

$ZnCl_2$ 糊状物可因 $Zn(OH)Cl$ 的生成而迅速硬化,常用作牙科黏合剂。

3) ZnS

将 Zn 与 S 一起加热,或向锌盐溶液中加入 $(NH_4)_2S$ 溶液,均可得到白色 ZnS:

$$Zn + S \xrightarrow{\triangle} ZnS$$

$$ZnCl_2 + (NH_4)_2S = ZnS + 2NH_4Cl$$

向锌盐溶液中通入 H_2S 气体也可得到 ZnS,但 ZnS 沉淀不完全。因为 ZnS 可溶于稀 HCl,但不溶于 HAc。在沉淀过程中,H^+ 浓度的增加阻碍了 ZnS 沉淀进一步生成:

$$ZnCl_2 + H_2S = ZnS + 2HCl$$

所以,ZnS 一定要在中性或弱酸性条件下才能生成。

ZnS 可用作白色颜料,与 $BaSO_4$ 共沉淀所形成的混合物 $ZnS \cdot BaSO_4$ 称为锌钡白,俗称"立德粉",是一种优良的白色颜料。

ZnS 在 H_2S 气氛中灼烧,可转变为晶态 ZnS。在 ZnS 晶体中加入微量的 Cu、Ag 或 Mn 的化合物作为活化剂,经光照射后,能发出不同颜色的荧光。其中含 Ag 为蓝色,含 Cu 为黄绿色,含 Mn 为橙色,这种光称为冷光。因此,ZnS 晶体是制作荧光屏、夜光表、雷达屏幕等的重要荧光物质。

4) Zn 的重要配合物

由于 Zn^{2+} 为 $3s^2 3p^6 3d^{10}$ 的 18 电子层结构离子,具有很强的极化力和明显的变形性,因此具有较强的生成配合物的倾向。

Zn^{2+} 与 $NH_3 \cdot H_2O$ 反应,生成稳定无色的 $[Zn(NH_3)_4]^{2+}$:

$$Zn^{2+} + 4NH_3 = [Zn(NH_3)_4]^{2+}$$

Zn^{2+}与KCN生成很稳定的$[Zn(CN)_4]^{2-}$：
$$Zn^{2+} + 4CN^- = [Zn(CN)_4]^{2-}$$

Zn的氰配合物多用作Zn的电镀液,用于镀锌。虽然镀锌效果很好,但因其电镀液毒性太大,现正被新的配合物所代替,如Zn^{2+}与焦磷酸根形成的配合物,或Zn^{2+}与三乙酸、三乙醇的配合物。在弱碱性条件下,Zn^{2+}与二苯硫腙可生成粉红色配合物,常用于Zn^{2+}的鉴定。

2. Cd的重要化合物

1) $Cd(OH)_2$

向Cd^{2+}溶液中加入适量的碱,可沉淀出白色的$Cd(OH)_2$：
$$Cd^{2+} + 2OH^- = Cd(OH)_2 \downarrow$$

$Cd(OH)_2$为碱性。所以$Cd(OH)_2$不溶于碱,只溶于酸。但$Cd(OH)_2$能溶于氨水生成$[Cd(NH_3)_4]^{2+}$：
$$Cd(OH)_2 + 4NH_3 = [Cd(NH_3)_4]^{2+} + 2OH^-$$

$Cd(OH)_2$受热易脱水,生成棕色的CdO。

2) CdS

向Cd^{2+}溶液中通入H_2S气体,得黄色CdS沉淀。CdS的溶度积比ZnS小,不溶于稀酸,但能溶于浓HCl、浓H_2SO_4和热的稀HNO_3中。CdS和ZnS的溶度积常数分别为8.0×10^{-27}和2.5×10^{-22}。控制溶液的酸度,可使Zn^{2+}、Cd^{2+}分离：
$$CdSO_4 + H_2S = CdS \downarrow + H_2SO_4$$
$$3CdS + 8HNO_3 = 3Cd(NO_3)_2 + 2NO \uparrow + 3S \downarrow + 4H_2O$$

CdS作为黄色颜料,俗称"镉黄",具有优良的耐光、耐热、耐碱性能,可用作绘画和油漆颜料等。

在CdS中添加CdSe、ZnS、HgS等,可得到由浅黄到深红的色彩鲜艳的颜料。其纳米级产品可用于生产彩色透明玻璃。高纯度的CdS为良好的半导体材料,可用于太阳能电池的生产。

3) Cd的重要配合物

Cd^{2+}为$4s^24p^64d^{10}$的18电子层结构,具有很强的极化力和明显的变形性,比Zn^{2+}有更强的生成配合物的倾向。

Cd^{2+}可与$NH_3 \cdot H_2O$反应,生成稳定无色的$[Cd(NH_3)_4]^{2+}$：
$$Cd^{2+} + 4NH_3 = [Cd(NH_3)_4]^{2+}$$

Cd^{2+}与KCN生成很稳定的$[Cd(CN)_4]^{2-}$：
$$Cd^{2+} + 4CN^- = [Cd(CN)_4]^{2-}$$

3. Hg的重要化合物

1) HgO

向Hg^{2+}溶液中加入碱,析出橘黄色的HgO。因为$Hg(OH)_2$在室温下不存在：
$$Hg^{2+} + 2OH^- = HgO \downarrow + H_2O$$

向$Hg(NO_3)_2$溶液中加入Na_2CO_3,可得到HgO：
$$Hg(NO_3)_2 + Na_2CO_3 = HgO \downarrow + CO_2 \uparrow + 2NaNO_3$$

HgO 为共价型化合物,不稳定,受热易分解,在 573 K 分解为 Hg 和 O_2:
$$2HgO \xlongequal{} 2Hg + O_2 \uparrow$$
HgO 为碱性氧化物,只溶于酸,不溶于碱。

2) HgS

向 Hg^{2+} 溶液中通入 H_2S 气体或加入 Na_2S 溶液,可得到黑色 HgS 沉淀:
$$Hg + S \xlongequal{} HgS \downarrow$$
HgS 的溶解度是金属硫化物中最小的,不溶于浓 HNO_3,只溶于王水或浓的 Na_2S 溶液中:
$$3HgS + 12HCl + 2HNO_3 \xlongequal{} 3H_2[HgCl_4] + 3S \downarrow + 2NO \uparrow + 4H_2O$$
$$HgS + Na_2S \xlongequal{} Na_2[HgS_2]$$
黑色 HgS 加热到 659 K 时,可以转变为比较稳定的红色变体。因此 HgS 有黑、红两种颜色。

3) $HgCl_2$

$HgCl_2$ 为白色针状晶体,微溶于水,有毒。$HgCl_2$ 为共价型分子,熔融时不导电,其熔点(549 K)较低,易升华,俗称"升汞"。

$HgCl_2$ 在氨水中生成白色的 $Hg(NH_2)Cl$ 沉淀:
$$HgCl_2 + 2NH_3 \xlongequal{} Hg(NH_2)Cl \downarrow + NH_4Cl$$
在酸性溶液中,$HgCl_2$ 有一定的氧化性,可以被 $SnCl_2$ 还原为 Hg_2Cl_2 白色沉淀:
$$2HgCl_2 + SnCl_2 + 2HCl \xlongequal{} Hg_2Cl_2 \downarrow + H_2SnCl_6$$
如果 $SnCl_2$ 过量,生成的 Hg_2Cl_2 可以进一步被还原成 Hg,使沉淀变黑:
$$Hg_2Cl_2 + SnCl_2 + 2HCl \xlongequal{} 2Hg \downarrow + H_2SnCl_6$$
$HgCl_2$ 与 $SnCl_2$ 的反应常用来检验 Hg^{2+} 或 Sn^{2+}。

4) Hg_2Cl_2

Hg_2Cl_2 为不溶于水的白色粉末,无毒。因味略甜,俗称"甘汞"。多用来制作甘汞电极。

在亚汞化合物中,Hg 的氧化数为 +1,以双聚体的形式出现,结构为 $^+Hg-Hg^+$,即两个 Hg^+ 以共价键结合。

亚汞盐多为无色,且微溶于水。与 Hg^{2+} 不同,Hg_2^{2+} 一般不易形成配离子。

Hg_2Cl_2 在光照下容易分解为 Hg 和 $HgCl_2$,所以 Hg_2Cl_2 应储存在棕色瓶中:
$$Hg_2Cl_2 \xrightarrow{光照} HgCl_2 + Hg$$
向白色 Hg_2Cl_2 中加入氨水,可生成比 Hg_2Cl_2 更难溶的 $Hg(NH_2)Cl$ 与 Hg,促使 Hg_2^{2+} 歧化。该反应可用来区分 Hg_2^{2+} 和 Hg^{2+}。如果被检验的 Hg_2^{2+} 不为氯化物,应该先加入一些 Cl^-,再加氨水:
$$Hg_2Cl_2 + 2NH_3 \xlongequal{} Hg(NH_2)Cl \downarrow + Hg \downarrow + NH_4Cl$$
同样,Hg_2Cl_2 可被 $SnCl_2$ 还原为 Hg:
$$Hg_2Cl_2 + SnCl_2 + 2HCl \xlongequal{} 2Hg \downarrow + H_2SnCl_6$$
$HgCl_2$ 与 Hg 一起研磨即可生成 Hg_2Cl_2。

5) Hg 的重要配合物

Hg^{2+} 为 $5s^25p^65d^{10}$ 的 18 电子层结构,具有很强极化力和明显的变形性。

Hg^{2+} 与 X^-(不包括 F^-)、NH_3、SCN^-、CN^- 等形成 4 配位的配离子,其中以

$[Hg(CN)_4]^{2-}$ 最稳定。Hg^{2+} 与 X^- 形成的配合物稳定性依 Cl—Br—I 的顺序增强。只有在浓氨水中，或 NH_4Cl 存在时，Hg^{2+} 可与 NH_3 反应形成配离子：

$$Hg^{2+} + 4NH_3 \Longrightarrow [Hg(NH_3)_4]^{2+}$$

Hg^{2+} 与过量的 KI 反应，先产生 HgI_2 红色沉淀，该沉淀能溶于过量的 KI，生成无色的 $[HgI_4]^{2-}$：

$$Hg^{2+} + 2I^- \Longrightarrow HgI_2 \downarrow$$
$$HgI_2 + 2I^- \Longrightarrow [HgI_4]^{2-}$$

$K_2[HgI_4]$ 与 KOH 的混合溶液称为奈斯勒试剂。如果溶液中有微量 NH_4^+ 存在，滴加该试剂，可立即生成红棕色碘化氨基氧合二汞(Ⅱ)沉淀。常用此反应鉴定 NH_4^+：

$$NH_4Cl + 2K_2[HgI_4] + 4KOH \Longrightarrow \left[O\begin{matrix}Hg\\ \\Hg\end{matrix}NH_2\right]I\downarrow + KCl + 7KI + 3H_2O$$

Hg_2^{2+} 不易生成配合物，但在相应的配位体存在下，可发生歧化反应，生成 Hg^{2+} 的配离子和 Hg。例如，Hg_2^{2+} 与 I^- 反应生成黄绿色的 Hg_2I_2，当 KI 过量时，生成无色的 $[HgI_4]^{2-}$ 和 Hg：

$$Hg_2^{2+} + 2I^- \Longrightarrow Hg_2I_2$$
$$Hg_2I_2 + 2I^- \Longrightarrow [HgI_4]^{2-} + Hg$$

$Ag_2[HgI_4]$ 和 $Cu_2[HgI_4]$ 均难溶于水，为固体电解质。用于制作大容量电池。另外，温度升高时，其颜色会发生改变，因此可添加在涂料中，制作变色涂料，或涂于温度检测器上显示温度的变化。

从 Hg 的元素电势图可以看出，Hg_2^{2+} 在水溶液中是可以稳定存在的：

$$Hg^{2+} \xrightarrow{0.90\ V} Hg_2^{2+} \xrightarrow{0.79\ V} Hg$$

与 Cu^+ 和 Cu^{2+} 的关系不同，Hg^{2+} 与 Hg 混合较易发生反歧化反应。例如，将 $Hg(NO_3)_2$ 与 Hg 混合，可生成 $Hg_2(NO_3)_2$。反应 $Hg^{2+} + Hg \Longrightarrow Hg_2^{2+}$ 的平衡常数为 166，说明反歧化反应的趋势不是很强烈。如果能够生成 Hg^{2+} 的难溶盐或稳定的配合物，则可大大降低 Hg^{2+} 的浓度，使反应逆向进行，发生歧化反应。

习　题

1. ⅠA 族元素与ⅠB 族元素原子的最外层都只有一个 s 电子，但前者单质的活泼性明显强于后者，试从它们的原子结构特征说明。
2. 写出下列物质主要化学成分的化学式：辉铜矿、黄铜矿、赤铜矿、黑铜矿、孔雀石、闪银矿、青铜、闪锌矿、辰砂、立德粉、升汞、甘汞。
3. 解释下列现象，并写出化学反应方程式：
   (1) 铜在潮湿的空气中长期放置，表面慢慢生成一层铜绿。
   (2) 硝酸银固体或溶液需避光保存。
   (3) 配制硝酸汞溶液时要先将其溶解在稀硝酸中。
   (4) 焊接铁制品时，常用浓氯化锌溶液处理焊接表面。

(5) 硫化汞可溶于王水和硫化钠溶液中。
(6) 氯化铜溶液的颜色随浓度的增大逐渐由浅蓝色变为绿色,最后变为黄色。

4. 完成并配平下列化学反应方程式:
   (1) 无氧条件下将铜溶解于氰化钠溶液中。
   (2) 有氧条件下将银溶解于氰化钠溶液中。
   (3) 碘化汞溶解于过量的碘化钾溶液中。
   (4) 向硫酸铜溶液中加入氰化钠溶液。
   (5) 奈斯勒试剂检验铵离子的反应。
   (6) 锌溶解于氨水中。
   (7) 向氨水中滴加甘汞溶液。
   (8) 加热氯化铜的盐酸溶液与铜粉的混合物。
   (9) 氢氧化铜加热变黑,再加强热则变红。

5. 分别向硝酸银、硝酸铜、硝酸汞和硝酸亚汞溶液中加入过量的碘化钾,各得何种产物?写出化学反应方程式。

6. 试设计实验方案分离下列各组离子:
   (1) Al^{3+}、Cr^{3+}、Fe^{3+}、Zn^{2+}、Hg^{2+} (2) Cu^{2+}、Ag^{+}、Fe^{2+}、Zn^{2+}、Hg_2^{2+}

7. 试用两种方法除去 $AgNO_3$ 晶体中的少量 $Cu(NO_3)_2$ 杂质。

8. 白色固体 A 为三种硝酸盐的混合物,试根据下列实验事实判断其具体组成,并写出有关的化学反应方程式:
   (1) 少量固体 A 溶于水后,加入 NaCl 溶液生成白色沉淀。
   (2) 将(1)所得沉淀离心分离后,离心液分为三份。第一份加入少量 Na_2SO_4,有白色沉淀生成;第二份加入 K_2CrO_4 溶液,有黄色沉淀生成;第三份加入 NaClO 溶液有棕黑色沉淀生成。
   (3) 在(1)所得白色沉淀中加入过量氨水,白色沉淀部分溶解,部分转化为灰白色沉淀。
   (4) 将(3)中的沉淀离心分离后,离心液中加入硝酸,又有白色沉淀生成。

9. 化合物 A 为一种黑色固体,不溶于水、稀乙酸和稀碱溶液中,但易溶于热盐酸中,生成绿色溶液 B。若将 B 溶液与铜丝共沸,则溶液逐渐变为无色溶液 C。将溶液 C 以大量水稀释则产生白色沉淀 D。D 可溶于氨水中形成无色溶液 E,E 暴露于空气中逐渐变为蓝色溶液 F。向 F 溶液中加入氰化钾溶液时,蓝色消失,生成无色溶液 G。向 G 中加入锌粉,生成暗红色沉淀 H,H 不溶于稀酸和稀碱,但可溶于硝酸中生成蓝色溶液 L。L 溶液中滴加苛性钠溶液则生成天蓝色沉淀 J。加热 J 又生成化合物 A。试确定A~J各为何物,写出相关的化学反应方程式。

10. 一白色固体溶于水后得无色溶液 A。向 A 溶液中加入氢氧化钠溶液得黄色沉淀 B。B 难溶于过量的氢氧化钠溶液,但溶于盐酸又生成 A 溶液。向 A 溶液中滴加少量氯化亚锡溶液,有白色沉淀 C 产生。用过量的碘化钾溶液处理 C 得黑色沉淀 D 和无色溶液 E。向 E 溶液中通入硫化氢气体得到黑色沉淀 F。F 难溶于硝酸,但可溶于王水中产生乳白色沉淀 G、无色溶液 H 和无色气体 I。I 可使酸性高锰酸钾溶液褪色。试确定 A~I 各为何物,写出相关的化学反应方程式。

11. 无色晶体 A 易溶于水,见光或受热易分解。向 A 溶液中加入盐酸得白色沉淀 B。B 溶于氨水得无色溶液 C。向 C 中加入盐酸又生成 B。向 A 的水溶液中加入少量海波溶液立即生成白色沉淀 D。D 很快由白变黄、变棕,最后变为黑色沉淀 E。E 难溶于盐酸或大苏打溶液,但可溶于硝酸得到 A 的溶液、乳白色沉淀 F 和无色气体 G。G 遇空气变为红棕色气体 H。试确定 A~H 各为何物,写出相关的化学反应方程式。

第13章 d区元素

学习要求

(1) 了解过渡金属半径、氧化态及性质变化规律,掌握过渡金属离子颜色及形成配合物的能力。
(2) 了解钛副族元素的通性,掌握钛重要化合物的性质,掌握二氧化锆的性质。
(3) 了解钒、铬、锰副族元素的通性,掌握钒、铬、锰重要化合物的性质。
(4) 了解铁系元素的通性,掌握铁、钴、镍重要化合物的性质。
(5) 了解铂系元素的通性,掌握钯和铂重要化合物的性质。

ⅢB~Ⅷ族元素,包括镧系元素与锕系元素称为 d 区元素。d 区元素均为金属,所以又称为过渡金属。由于镧系元素与锕系元素的最后一个电子填充在 $(n-2)$f 轨道中,因此又将镧系元素与锕系元素称为内过渡元素,或称为 f 区元素。本章重点讨论ⅣB~Ⅷ族过渡金属及其化合物的性质。

13.1　d 区元素概述

13.1.1　过渡金属半径变化规律

除ⅢB族元素外,d 区其他各族元素,自上而下半径的变化规律与主族元素不同。一般来说,前两个元素的半径逐渐变大,但第三个元素的半径与第二个元素相比几乎没有多大的变化。造成这一反常现象的原因在于,第六周期元素自ⅢB族之后开始出现镧系元素,处于内层较深的 4f 轨道对最外层电子的屏蔽作用较大,使得有效核电荷增加幅度较小,对外层电子的吸引力改变不大。因此,镧系元素之间的原子半径十分接近,性质相近,难以分离。但镧系元素整体半径减小的总和比第四、五两个周期中相邻两个元素间的变化值大得多。因此,第六周期ⅢB族之后的元素半径明显减小,与同族第五周期元素的半径十分接近,从而使两个元素的性质十分接近,难以分离,如 Zr 与 Hf、Nb 与 Ta 等。

13.1.2　过渡金属性质变化规律

过渡金属 $(n-1)$d 轨道上的电子数为 1~9 个,变化幅度比较大。因此,过渡金属单质的性质变化也比较大。

相对而言,ⅢB族为过渡金属中半径较大的一族元素,d 轨道上只有一个价电子,且易失去,所以活泼性很强,类似于碱土金属,密度也较小,属于轻金属。

具有 $(n-1)$d^{5}ns^1 价电子层半充满结构的ⅥB族元素具有较高的熔点和硬度。例如,Cr

为最硬的金属,而 W 为熔点最高的金属。

随着 d 轨道价电子的增多,过渡金属的活泼性也有所下降。例如,Ⅷ族元素除 Fe、Co、Ni 外,Ru、Os、Rh、Ir、Pd、Pt 均为稳定性很高的金属。其中 Os 的密度(22.61 g·mL^{-1})最大。

13.1.3　过渡金属氧化态变化规律

由于过渡金属$(n-1)$d 轨道价电子的能量与 ns 轨道价电子的能量差别不是很大,因此$(n-1)$d 轨道上的电子也可参与成键。金属的氧化态随$(n-1)$d 轨道价电子数的增加而升高。但当$(n-1)$d 轨道上价电子数达到或超过半充满状态时,半充满状态的稳定性导致$(n-1)$d 轨道失去电子的趋势下降,氧化态趋于降低。

13.1.4　过渡金属离子的颜色

许多过渡金属离子的价电子层结构中仍保留有一定数目的$(n-1)$d 轨道电子,由配合物的晶体场理论可知,由于$(n-1)$d 电子的存在及$(n-1)$d 轨道的分裂,这些离子可吸收可见光而发生 d-d 跃迁,产生特殊的颜色。

具有$(n-1)$d^5 结构的过渡金属离子形成弱场配离子时,产生的颜色较浅,如 Mn^{2+} 为浅粉色、Fe^{3+} 为浅紫红色。实际上,其稀溶液看上去几乎是无色的。原因在于,从其稳定的半充满状态发生 d-d 跃迁时,必须在克服电子成对能的同时改变电子的自旋状态,这种变化发生的概率较小,所以对光的吸收较弱,产生的颜色较浅。

13.1.5　形成配合物的能力

过渡金属原子或离子具有未充满的$(n-1)$d 轨道及空的 ns、np 轨道,是形成配合物的良好中心体,可形成众多具有重要意义的配合物。这些配合物在化学及工业生产中都起着重要的作用。

13.2　钛　副　族

13.2.1　钛副族元素的通性

1. 钛副族元素在自然界的分布

钛副族包括 Ti、Zr、Hf 三种元素。

虽然 Ti 在地壳中的丰度居第 10 位,但由于其在自然界分散存在以及金属 Ti 提炼困难,Ti 一直被认为是一种稀有金属。

Ti 的主要矿物有钛铁矿 FeTiO$_3$ 与金红石 TiO$_2$。Zr 与 Hf 为稀有金属。Zr 的主要矿物为锆英石 ZrSiO$_4$。Hf 常与 Zr 矿共生。

2. 电子层结构与氧化态

钛副族元素的价电子层结构为$(n-1)$d^2ns^2,由于在 d 轨道全空状态下电子层结构比较稳定,除了 ns 电子参与成键外,$(n-1)$d 电子也很容易参与成键,因此 Ti、Zr、Hf 最稳定的氧化态为+4,与其族数一致。

其次，Ti 还有氧化态为 +3 的化合物，Zr 和 Hf 生成低氧化态的趋势很小，这一点和 d 区其他各族元素一样，同族中自上而下，高氧化态趋于稳定，低氧化态不稳定。

3. 单质的物理性质

钛副族金属具有良好的可塑性，有杂质存在时，变得脆而硬。金属 Ti 为新兴的结构材料，其密度为 4.54 g·mL^{-1}，比钢（7.9 g·mL^{-1}）轻，机械强度与钢相似。金属 Al 的密度（2.7 g·mL^{-1}）虽小，但机械强度较差。Ti 恰好兼有钢与 Al 的优点，且耐热性能好，熔点高达 1933 K，是制造飞机、火箭和宇宙飞船等最好的材料。Ti 被誉为宇宙金属。

以金属 Ti 制造的军舰、潜水艇等不具磁性，不会被磁性水雷发现和跟踪，而且抗深水压力能力强。Ti 合金潜水艇能在深达 4500 m 的海水下航行，这是一般潜水艇难以达到的。

Ti 在医学上有独特的用途，可以代替损坏的骨骼。因此，Ti 被称作"亲生物金属"。

Ti 及 Ti 合金的耐腐蚀性好，在氧化性介质及海水中耐腐蚀性超过不锈钢，浸于海水中的金属 Ti 10 年无锈斑。因此，Ti 合金广泛用于石油化工、纺织、冶金机电设备等领域。

某些 Ti 合金具有特殊的记忆功能及超导与储氢功能。例如，Ti-Ni 合金具有形状记忆功能，在低温下加压变形后，只要加热到一定温度，便能自动恢复到原来的形状。

金属 Zr 与 Hf 主要作为核工业材料，用于原子能反应堆中。

4. 单质的化学性质

在酸性介质中，Ti 的电极电势为 $\varphi^{\ominus}_{Ti^{2+}/Ti} = -1.63$ V，$\varphi^{\ominus}_{TiO_2/Ti} = -0.89$ V。说明金属 Ti 具有较强的还原性，易被氧化。但金属表面易形成致密的氧化物薄膜，可阻止氧化反应的进一步发生。

金属 Ti 在高温下可以与许多非金属直接化合，生成 TiO_2、$TiCl_4$ 及硬度大、熔点高的填充型 TiN、TiC、TiB 等。

常温下金属 Ti 不与无机酸、碱反应，但可与热的 HCl、HNO_3 及氢氟酸反应：

$$Ti + 6HF = H_2[TiF_6] + 2H_2 \uparrow$$

13.2.2　Ti 的重要化合物

1. TiO_2

1) TiO_2 的性质

天然 TiO_2 称为金红石，为桃红色晶体，有时因含有微量的 Fe、Nb、Sn、V、Cr 等杂质而呈黑色。

用化学方法制备的纯净 TiO_2 为白色粉末，俗称"钛白粉"。其遮盖性大于锌白，持久性高于铅白，而且黏附性很强，不易起化学变化且无毒，因此用途十分广泛。除用作高级白色颜料外，还可用作白色橡胶、高级纸张等的填充剂，合成纤维的消光剂。TiO_2 的熔点（2073 K）很高，常用于制造耐高温的实验器皿、瓷釉、珐琅等。

TiO_2 不溶于水或稀酸，但能溶于氢氟酸与热的浓 H_2SO_4 中：

$$TiO_2 + 6HF = H_2[TiF_6] + 2H_2O$$

$$TiO_2 + H_2SO_4 = TiOSO_4 + H_2O$$

TiO_2 溶于浓 H_2SO_4 所得溶液虽然为酸性，但加热煮沸即可发生水解，得到不溶于酸、碱

的水合 TiO_2 沉淀,一般称为偏钛酸,即 β 型钛酸,化学式为 H_2TiO_3:

$$TiOSO_4 + 2H_2O \xrightarrow{\triangle} H_2TiO_3 \downarrow + H_2SO_4$$

加碱中和新制备的 $TiOSO_4$ 酸性溶液,可得活性水合二氧化钛,即 α 型钛酸,或称为正钛酸。其反应活性比 β 型钛酸大,既能溶于酸也能溶于浓碱而具有两性。溶于浓 NaOH 后,从溶液中可以结晶出化学式为 $Na_2TiO_3 \cdot nH_2O$ 与 $Na_2Ti_2O_5 \cdot nH_2O$ 的水合钛酸盐:

$$TiOSO_4 + nH_2O + 2NaOH = TiO_2 \cdot nH_2O + Na_2SO_4 + H_2O$$

$$3TiO_2 \cdot nH_2O + 4NaOH = Na_2TiO_3 \cdot nH_2O + Na_2Ti_2O_5 + (2n+2)H_2O$$

2) TiO_2 的制备

工业级 TiO_2 主要以钛铁矿为原料,以硫酸法分解矿石,然后水解、煅烧得到成品。具体工艺流程如下:

(1) H_2SO_4 分解精矿制取 $TiOSO_4$:

$$FeTiO_3 + 2H_2SO_4 = TiOSO_4 + 2H_2O + FeSO_4$$

以水浸取反应混合物,得到含有大量 $FeSO_4$ 的 $TiOSO_4$ 水溶液。由于 $FeSO_4$ 的溶解度比 $TiOSO_4$ 小得多,可以通过结晶分离除去 $FeSO_4$。浸取过程为放热过程,可使部分 Fe^{2+} 被氧化为 Fe^{3+},水解产生红棕色的 $Fe(OH)_3$ 沉淀混杂在 TiO_2 产品中,对其白度产生较大的影响。在这一工序中,彻底除 Fe 是控制产品质量的关键之一。

实际生产中,在浸取液中加入一定量的 Fe 屑,以还原浸取过程中生成的 Fe^{3+}:

$$Fe + 2Fe^{3+} = 3Fe^{2+}$$

由于 Fe 屑过量时可将 TiO^{2+} 还原为紫色的 Ti^{3+},因此 Fe 屑的加入量以溶液变紫为宜。生成的 Ti^{3+} 可防止溶液中残留 Fe^{2+} 氧化为 Fe^{3+}:

$$Ti^{3+} + Fe^{3+} + H_2O = TiO^{2+} + Fe^{2+} + 2H^+$$

(2) 除 Fe 后的 $TiOSO_4$ 溶液在加热条件下水解为偏钛酸 H_2TiO_3:

$$TiOSO_4 + 2H_2O = H_2TiO_3 + H_2SO_4$$

水解工艺条件的控制直接影响产品质量的好坏。通过控制水解浓度、温度、搅拌速度等,可产生不同粒度、不同晶形的 H_2TiO_3 沉淀。

(3) 将过滤出的 H_2TiO_3 高温(1073～1173 K)下煅烧得 TiO_2:

$$H_2TiO_3 \xrightarrow{\triangle} TiO_2 + H_2O$$

TiO_2 的另一种制备方法是以干燥的 O_2 氧化 $TiCl_4$:

$$TiCl_4 + O_2 = TiO_2 + 2Cl_2$$

该方法制得的 TiO_2 比硫酸法好得多,但其生产成本比硫酸法高得多。

纳米级 TiO_2 不仅白度高,而且具有光催化活性,可使许多有机物在光照射下发生分解,添加在玻璃制品中可增强其自净化能力。

2. $TiCl_3$

$TiCl_3$ 为紫色粉状固体。在灼热的管式电炉中,用过量 H_2 还原气态 $TiCl_4$ 可得 $TiCl_3$:

$$2TiCl_4 + H_2 = 2TiCl_3 + 2HCl$$

Zn 与 $TiCl_4$ 的 HCl 溶液反应可得六水合 $TiCl_3$ 紫色晶体:

$$2TiCl_4 + Zn = 2TiCl_3 + ZnCl_2$$

在 $TiCl_3$ 浓溶液中加入无水乙醚,并通入 HCl 气体至饱和,可在乙醚层中得到绿色的六

水合 $TiCl_3$。紫色与绿色 $TiCl_3$ 为两种异构体，紫色为 $[Ti(H_2O)_6]Cl_3$，绿色为 $[Ti(H_2O)_5Cl]Cl_2$。

在酸性溶液中，Ti^{3+} 的还原性比 Sn^{2+} 强，$\varphi^{\ominus}_{TiO^{2+}/Ti^{3+}}=0.1\ V$，$\varphi^{\ominus}_{Sn^{4+}/Sn^{2+}}=0.154\ V$。

Ti^{3+} 盐易被空气所氧化。利用 Ti^{3+} 的还原性，可以测定溶液中 Ti 的含量。例如，在分析 $Ti(SO_4)_2$ 含量时，首先在隔绝空气条件下，向溶液中加入 Al 片，将 Ti(Ⅳ) 还原为 Ti^{3+}：

$$6Ti(SO_4)_2 + 2Al == 3Ti_2(SO_4)_3 + Al_2(SO_4)_3$$

溶液中的 Ti^{3+} 可以用 Fe^{3+} 为氧化剂进行滴定，以 KSCN 为指示剂，当加入的 Fe^{3+} 稍过量时，Fe^{3+} 即与 SCN^- 生成红色的 $K_3[Fe(SCN)_6]$，表示反应已达终点：

$$Ti_2(SO_4)_3 + Fe_2(SO_4)_3 == 2Ti(SO_4)_2 + 2FeSO_4$$

3. $TiCl_4$

$TiCl_4$ 为共价分子，常温下为无色液体，熔点为 250 K，沸点为 409 K，具有刺激性酸味，在水或潮湿的空气中极易水解，暴露在空气中会发烟：

$$TiCl_4 + 3H_2O == H_2TiO_3 + 4HCl\uparrow$$

军事上，可利用 $TiCl_4$ 的水解性作烟幕弹。

$TiCl_4$ 可用作有机聚合反应催化剂，是制备金属 Ti 及其他钛化合物的重要原料。

将 TiO_2（金红石矿）与焦炭混合加热至 1000~1100 K 进行氯化，可制得气态 $TiCl_4$，冷凝即得 $TiCl_4$ 液体：

$$TiO_2 + C + 2Cl_2 == TiCl_4 + CO_2$$

在 Ti(Ⅳ) 溶液中加入 H_2O_2，呈现特征的颜色。在强酸性溶液中显红色，在稀酸或中性溶液中显橙黄色。该灵敏的显色反应常用于钛(Ⅳ) 或 H_2O_2 的比色分析：

$$2H^+ + TiO_2 + H_2O_2 == [TiO(H_2O_2)]^{2+} + H_2O$$

13.2.3 ZrO_2

Zr 的主要矿物为锆英石（$ZrSiO_4$），与碱熔融反应生成可溶于水的锆酸盐与硅酸盐：

$$ZrSiO_4 + 4NaOH == Na_2ZrO_3 + Na_2SiO_3 + 2H_2O$$

混合物用 HCl 溶解，Na_2ZrO_3 转化为可溶的 $ZrOCl_2$，而 Na_2SiO_3 则生成不溶的硅酸，可过滤分离：

$$Na_2ZrO_3 + 4HCl == ZrOCl_2 + 2NaCl + 2H_2O$$

$ZrOCl_2$ 水解得 $Zr(OH)_4$，然后煅烧得白色 ZrO_2：

$$ZrOCl_2 + 3H_2O == Zr(OH)_4 + 2HCl$$

另一种由锆英石制备 ZrO_2 的方法是将 $ZrSiO_4$ 与 $K_2[SiF_6]$ 在高温下反应：

$$ZrSiO_4 + K_2[SiF_6] == K_2[ZrF_6] + 2SiO_2$$

熔块以 1% HCl 溶液浸取，将不溶的氧化硅除去，冷却结晶后，将 $K_2[ZrF_6]$ 加热水解，生成 $Zr(OH)_4$，然后煅烧得 ZrO_2。

ZrO_2 经高温处理后有很高的化学惰性，除氢氟酸外，不与其他酸反应。其熔点为 2973 K，是制造高温坩埚和优良耐高温陶瓷的原料。

13.3 钒副族

13.3.1 钒副族元素的通性

1. 钒副族元素在自然界的分布

钒副族包括 V、Nb、Ta 三种元素。

钒副族元素在自然界中的存在较为分散,提取和分离都比较困难,因此被列为稀有金属。V 主要以 +3 和 +5 两种氧化态存在于矿石中,比较重要的钒矿有钒酸钾铀矿 $K(UO_2)VO_4 \cdot 1.5H_2O$ 和钒铅矿 $Pb_5(VO_4)_3Cl$。由于镧系收缩,Nb 和 Ta 的 +5 价离子半径极为相近,在自然界中总是共生的。主要矿物为共生的铌铁矿或钽铁矿 $Fe[(Nb,Ta)O_3]_2$。

2. 电子层结构与氧化态

钒副族元素的价电子层结构为 $(n-1)d^3ns^2$,5 个价电子均可参与成键,因此最高氧化态为 +5,与其族数一致。

钒副族自上而下,按 V、Nb、Ta 的顺序,高氧化态的稳定性依次增强,低氧化态的稳定性依次减弱。例如,V 有稳定的 +3、+4 氧化态存在,而 Nb 与 Ta 只有 +5 氧化态稳定。

Nb 和 Ta 与钛副族的 Zr 与 Hf 一样,半径相近,价态相同,所以化学性质也非常相近。

3. 单质的物理性质

V 为银灰色金属,Nb 和 Ta 外形似 Pt,均具有延展性。

由于钒副族金属比同周期的钛族金属有更多的价电子,可形成较强的金属键。因此,钒副族金属的熔、沸点比钛副族的高。除了 W,Ta 是最难熔的金属之一。

Nb 主要用于合金钢的制造,而 Ta 则主要用于化学工业中耐酸设备的制造。

V 主要用于冶炼特种钢。钒钢具有很高的强度、弹性以及优良的抗磨损和抗冲击性,故广泛用于制造结构钢、弹簧钢、工具钢、装甲钢及钢轨,对汽车和飞机制造业具有特别重要的意义。

V 的盐类五颜六色,如 V^{2+} 的盐常呈紫色,V^{3+} 呈绿色,V^{4+} 呈浅蓝色,而 V_2O_5 为红色。色彩缤纷的钒化合物多用作鲜艳的颜料。将其加入玻璃中,可制成彩色玻璃;也可用来制造彩色墨水。钒化合物大多数有毒,吸入人体内会得肺水肿病,使用时要特别小心。

4. 单质的化学性质

与钛副族元素类似,金属 V 还原性较强。但由于容易呈钝态,因此室温下 V 的化学活泼性较低。不与空气、H_2O、NaOH 作用,也不与非氧化性酸作用,但易溶于氢氟酸、浓 H_2SO_4、HNO_3 及王水中:

$$2V + 6HF = 2VF_3 + 3H_2 \uparrow$$

高温下,V 可与大多数非金属反应。例如,933 K 以上时,V 与空气中的 O_2 反应,生成物为低价到高价的一系列氧化物:

$$2V + O_2 = 2VO$$

$$4V + 3O_2 \Longrightarrow 2V_2O_3$$
$$2V_2O_3 + O_2 \Longrightarrow 4VO_2$$
$$4V + 5O_2 \Longrightarrow 2V_2O_5$$

V 与 Cl_2 一起加热时，生成 VCl_4：
$$V + 2Cl_2 \Longrightarrow VCl_4$$

13.3.2 V 的重要化合物

1. V_2O_5

V_2O_5 为 V 的重要化合物之一，无臭、无味、有毒。大约在 923 K 熔融，冷却时结晶为橙色针状晶体。因其结晶热很大，当迅速结晶时会因灼热而发光。

V_2O_5 为接触法制取 H_2SO_4 的催化剂，可代替昂贵的 Pt 催化剂，加速 SO_2 转变为 SO_3 的反应。V_2O_5 也是许多有机氧化反应的催化剂。将 V_2O_5 加入玻璃中，可以防止紫外线透过。V_2O_5 微溶于水，溶解度为 $0.07\ \text{g}\cdot(100\ \text{g H}_2\text{O})^{-1}$，溶液呈黄色，显弱酸性，pH 为 5~6：
$$V_2O_5 + 2H_2O \Longrightarrow HVO_3(\text{偏钒酸}) + H_3VO_4(\text{正钒酸})$$

V_2O_5 为两性偏酸氧化物，主要显酸性，因此易溶于强碱溶液，生成正钒酸盐：
$$V_2O_5 + 6NaOH \Longrightarrow 2Na_3VO_4 + 3H_2O$$

另外，V_2O_5 也具有微弱的碱性，可溶解于强酸中。在 pH<1 的酸性溶液中，可生成淡黄色的 VO_2^+：
$$V_2O_5 + H_2SO_4 \Longrightarrow (VO_2)_2SO_4 + H_2O$$

酸性介质中，V_2O_5 为较强的氧化剂，溶于浓 HCl 时，V(Ⅴ) 被还原为 V(Ⅳ)，放出 Cl_2：
$$V_2O_5 + 6HCl \Longrightarrow 2VOCl_2 + Cl_2\uparrow + 3H_2O$$

工业上，用氯化焙烧法处理钒铅矿（含 V_2O_5）提取 V_2O_5：
$$2V_2O_5 + 4NaCl + O_2 \Longrightarrow 4NaVO_3 + 2Cl_2$$

用水浸出 $NaVO_3$，再用酸中和，即有红棕色的水合 V_2O_5 沉淀析出。

加热分解 NH_4VO_3 也可用来制备纯度较高的 V_2O_5：
$$2NH_4VO_3 \Longrightarrow V_2O_5 + 2NH_3 + H_2O$$

$VOCl_3$ 的水解也常用于制备 V_2O_5：
$$2VOCl_3 + 3H_2O \Longrightarrow V_2O_5 + 6HCl$$

2. 钒酸盐与多钒酸盐

钒酸盐有偏钒酸盐 MVO_3 和正钒酸盐 M_3VO_4（M 为 +1 价金属离子）。

正钒酸根离子 VO_4^{3-} 为四面体结构。由于 V(Ⅴ) 比 Ti(Ⅳ) 具有更高的正电荷和更小的半径（59 pm），因而具有更大的电荷半径比，在水溶液中不存在简单的 V^{5+}，氧化数为 +5 的钒是以钒氧基（VO_2^+、VO^{3+}）或含氧酸根（VO_4^{3-}、VO_3^-）的形式存在。

正钒酸根离子 VO_4^{3-} 为水合离子，可以表示为 $(VO_4^{3-})\cdot 2H_2O$ 或 $[VO_2(OH)_4]^{3-}$。

VO_4^{3-} 中的 O^{2-} 可被 H_2O_2 中的 O_2^{2-} 取代，在弱碱性、中性或弱酸性溶液中生成黄色的 $[VO_2(O_2)_2]^{3-}$：
$$VO_4^{3-} + 2H_2O_2 \Longrightarrow [VO_2(O_2)_2]^{3-} + 2H_2O$$

在强酸性溶液中，得到红棕色的 $[V(O_2)]^{3+}$：

$$VO_4^{3-} + H_2O_2 + 6H^+ \rightleftharpoons [V(O_2)]^{3+} + 4H_2O$$

二者之间存在下列平衡:
$$[VO_2(O_2)_2]^{3-} + 6H^+ \rightleftharpoons [V(O_2)]^{3+} + H_2O_2 + 2H_2O$$

钒酸盐与 H_2O_2 的反应可以定性鉴定 V(Ⅴ),也可用于 V(Ⅴ)的比色分析。

在酸性溶液中,钒酸盐为较强的氧化剂,VO_2^+/VO^{2+} 的标准电极电势为 1.0 V。因此,VO_2^+ 可以被 Fe^{2+}、$H_2C_2O_4$、酒石酸及乙醇等还原剂还原为 VO^{2+}:

$$VO_2^+ + Fe^{2+} + 2H^+ \rightleftharpoons VO^{2+} + Fe^{3+} + H_2O$$
$$2VO_2^+ + H_2C_2O_4 + 2H^+ \rightleftharpoons 2VO^{2+} + 2CO_2\uparrow + 2H_2O$$

以上反应可用于氧化还原滴定法测定 V。

利用较强的还原剂(如 Zn),可将黄色 VO_2^+ 还原为蓝色 VO^{2+}、绿色 V^{3+} 与紫色 V^{2+}。

在碱性溶液中,V(Ⅴ)的存在形式为 VO_4^{3-},而在强酸性介质中则为 VO_2^+。

向含有 VO_4^{3-} 的溶液中逐渐加酸,由于 VO_4^{3-} 中 4 个 O^{2-} 的相互排斥作用削弱了 V(Ⅴ)对其的吸引力,因此在酸性条件下,VO_4^{3-} 中至少有两个 O^{2-} 容易被中和,并相互缩合为多钒酸根离子。缩合的程度与溶液的 pH、VO_4^{3-} 的浓度、温度等因素有关。

随着缩合程度的加大,溶液由无色变为黄色再到深红色。pH=2 左右,生成红棕色的水合 V_2O_5,进一步加酸使 pH=1 左右,V_2O_5 逐渐溶解,生成含有 VO_2^+ 的黄色溶液:

$$2VO_4^{3-} + 2H^+ \rightleftharpoons V_2O_7^{4-} + H_2O$$
$$3V_2O_7^{4-} + 6H^+ \rightleftharpoons 2V_3O_9^{3-} + 3H_2O$$
$$10V_3O_9^{3-} + 12H^+ \rightleftharpoons 3V_{10}O_{28}^{6-} + 6H_2O$$
$$V_{10}O_{28}^{6-} + 16H^+ \rightleftharpoons 10VO_2^+ + 8H_2O$$

13.4 铬 副 族

13.4.1 铬副族元素的通性

1. 铬副族元素在自然界的分布

铬副族包括 Cr、Mo、W 三种元素。重要的铬矿为铬铁矿 $Fe(CrO_2)_2$,钼矿为辉钼矿 MoS_2,钨矿主要有黑钨矿 $(Fe、Mn)WO_4$ 和白钨矿 $CaWO_4$。

2. 电子层结构与氧化态

铬副族元素的价电子层结构为 $(n-1)d^5ns^1$,其中 W 为 $5d^46s^2$。这是由于 5d 轨道的屏蔽效应较差,而 6s 轨道穿透能力较强。

铬副族元素的 6 个价电子均可参与成键,因此最高氧化态均为 +6,与其族数一致。

铬副族自上而下,从 Cr 到 W,高氧化态趋于稳定,而低氧化态的稳定性恰好相反。例如,Cr 易表现出低氧化态,而 Mo 和 W 以高氧化态 Mo(Ⅵ) 和 W(Ⅵ) 更为稳定。

3. 单质的物理性质

Cr、Mo、W 为银白色金属,粉状 Mo 与 W 为深灰色。

由于铬副族元素可提供 6 个价电子形成较强的金属键,因此其熔点、沸点为 d 区元素中最高的一族。W 的熔点、沸点是所有金属中最高的。铬副族元素的硬度也很大,其中 Cr 为硬度最大的金属。

由于 Cr 的光泽度好,抗腐蚀性强,常被镀在其他金属表面,不仅外表美观,而且防锈性能好,经久耐用。

Cr 与 Fe、Ni 可组成各种性能的抗腐蚀性不锈钢,具有很好的韧性和机械强度,对空气、海水、有机酸等有很好的耐蚀性,是制造化工设备的重要防腐材料。

Cr 在制备金属陶瓷中也发挥着重要的作用,在耐高温氧化物(如 Al_2O_3、ZrO_2)中加入一定量的 Cr 及其他金属粉末,将其加压成型,在高温下烧结,可制得兼有金属韧性、抗弯曲性,又有陶瓷耐高温、抗氧化性的金属陶瓷。

研究证明,糖尿病人的头发和血液中 Cr 的含量比正常人低,心血管疾病、近视等都与人体缺 Cr 有关。当人体缺 Cr 时,由于胰岛素作用降低,引起糖的利用发生障碍,使血内脂肪和类脂特别是胆固醇的含量增加,出现动脉硬化加糖尿病的综合缺 Cr 症。

必须注意的是,虽然 Cr 的+3 价化合物几乎是无毒的,但 Cr(Ⅵ)却具有很强的毒性,特别是铬酸盐及重铬酸盐的毒性最为突出。如果长期吸入含重铬酸盐微粒的空气,会引起鼻中隔穿孔、眼结膜炎及咽喉溃疡。如果口服,会引起呕吐、腹泻、肾炎、尿毒症,甚至死亡。长期吸入含 Cr(Ⅵ)的粉尘或烟雾会引起肺癌。

电镀和制革行业的废水、废渣中含有 Cr(Ⅵ)化合物,可对环境造成污染,对人与其他生物有很大危害性。国家规定含 Cr(Ⅵ)的废水必须将 Cr 含量降到 0.5 mg·L^{-1} 以下才能排放。

Mo 与 W 的主要用途是制造特种合金钢,在钢中加入少量就可以提高钢材的耐高温强度、耐磨性、硬度和耐腐蚀性。在机械工业中,钼钢、钨钢可用于机械刀具、钻头等零件,即使是达到赤热的状态也能保持其硬度。钼钢在制造坦克、炮身、导弹、火箭、轮船甲板等领域中应用广泛。

钼丝与钨丝用于制造灯丝、加热电阻丝等,在微电子热控材料、电弧放电材料等电子工业中也有广泛的应用。

4. 单质的化学性质

铬副族元素的活泼性自上而下逐渐降低。

(1) 由铬副族元素标准电极电势可知,Cr 比较活泼,还原性较强。Mo 与 W 则比较稳定:

$$\varphi^{\ominus}_{Cr^{3+}/Cr} = -0.74 \text{ V}, \quad \varphi^{\ominus}_{Mo^{3+}/Mo} = -0.20 \text{ V}, \quad \varphi^{\ominus}_{W^{3+}/W} = -0.11 \text{ V}$$

(2) Cr 溶于稀酸,但不溶于浓 HNO_3,因为其表面生成了一层致密氧化物薄膜而呈钝态。Mo 只能溶于浓 HNO_3 与王水,W 则只溶于王水。

(3) 加热时,Cr 可与 Cl_2、Br_2 及 I_2 反应。同样条件下,Mo 只与 Cl_2 和 Br_2 反应;W 则只与 Cl_2 反应,不与 Br_2 和 I_2 反应。

13.4.2 Cr 的重要化合物

1. 铬化合物的主要存在形式

铬化合物主要有+3 和+6 两种氧化态。酸性介质中,以紫红色水合 Cr^{3+} 最稳定,但在碱性介质中易被氧化为黄色的 CrO_4^{2-}。因此,碱性条件下,CrO_4^{2-} 最稳定。在酸性介质中,CrO_4^{2-} 可缩合为橙红色的 $Cr_2O_7^{2-}$。$Cr_2O_7^{2-}$ 具有较强的氧化性,可被许多还原剂还原

为 Cr^{3+}。

Cr 化合物有多种颜色,如 Cr_2O_3 为绿色,$Cr_2(SO_4)_3$ 为紫色,$PbCrO_4$ 为黄色,Ag_2CrO_4 为砖红色,$K_2Cr_2O_7$ 为橙红色等。

2. CrO_3

工业上或实验室中,利用 $Na_2Cr_2O_7$ 或 $K_2Cr_2O_7$ 溶液与浓 H_2SO_4 反应,析出暗红色的 CrO_3 晶体:

$$Na_2Cr_2O_7 + 2H_2SO_4 = 2NaHSO_4 + 2CrO_3\downarrow + H_2O$$

CrO_3 的热稳定性较差,温度超过其熔点后,会逐步分解放出 O_2,最后变为 Cr_2O_3。因此,CrO_3 为强氧化剂,遇有机物反应猛烈以致着火。CrO_3 大量用于电镀工业,还常用于织品媒染、鞣革和清洁金属表面等领域:

$$4CrO_3 = 2Cr_2O_3 + 3O_2\uparrow$$

CrO_3 易溶于水,生成 H_2CrO_4。因此,CrO_3 俗称"铬酐":

$$CrO_3 + H_2O = H_2CrO_4$$

H_2CrO_4 为中强酸,只存在于水溶液中,溶液呈黄色。CrO_4^{2-} 中的 Cr—O 键较强,所以不像 VO_4^{3-} 那样容易形成多酸,但在酸性溶液中可生成 $Cr_2O_7^{2-}$:

$$2CrO_4^{2-} + 2H^+ = Cr_2O_7^{2-} + H_2O$$

3. $K_2Cr_2O_7$ 和 $Na_2Cr_2O_7$

$K_2Cr_2O_7$ 俗称"红矾钾",$Na_2Cr_2O_7$ 俗称"红矾钠",均为大颗粒状橙红色晶体。所有重铬酸盐中,钾盐在低温下的溶解度最低,且不含结晶水,可通过重结晶的方法制备纯产品。除用作基准氧化剂外,在工业上还大量用于火柴、烟火、炸药等制造领域。

$Na_2Cr_2O_7$ 的溶解度比 $K_2Cr_2O_7$ 的大得多,由于不易与 NaCl 分离而难以制得纯产品。

酸性溶液中,$Cr_2O_7^{2-}$ 为强氧化剂。例如,在冷的溶液中,$Cr_2O_7^{2-}$ 可将 H_2S 氧化为 S,将 H_2SO_3 氧化为 SO_4^{2-},将 HI 氧化为 I_2 等。加热时,可氧化浓 HCl 与 HBr:

$$K_2Cr_2O_7 + 14HCl \xrightarrow{\triangle} 2KCl + 2CrCl_3 + 3Cl_2\uparrow + 7H_2O$$

$Cr_2O_7^{2-}$ 的还原产物为 Cr^{3+}。

在分析化学中,常用 $K_2Cr_2O_7$ 测定 Fe^{2+} 的含量:

$$Cr_2O_7^{2-} + 6Fe^{2+} + 14H^+ = 2Cr^{3+} + 6Fe^{3+} + 7H_2O$$

$K_2Cr_2O_7$ 常用于配制实验室常用的铬酸洗液,铬酸洗液的氧化性很强,在实验室中用于洗涤玻璃器皿上附着的油污等。洗液的制备方法如下:向 2 g $K_2Cr_2O_7$ 饱和溶液中缓慢加入 100 mL 浓 H_2SO_4,即得到棕红色的铬酸洗液。洗液经长期使用后,棕红色渐变为暗绿色,说明 Cr(Ⅵ) 转化为 Cr^{3+},洗液已经失效。

向重铬酸盐溶液中加碱,可得到黄色的铬酸盐溶液。在碱性或中性条件下,铬酸盐的氧化性很弱,重铬酸盐相对更稳定:

$$\varphi^{\ominus}_{Cr_2O_7^{2-}/Cr^{3+}} = 1.33 \text{ V}, \qquad \varphi^{\ominus}_{CrO_4^{2-}/Cr(OH)_3} = -0.13 \text{ V}$$

CrO_4^{2-} 与 Ag^+、Ba^{2+} 和 Pb^{2+} 生成难溶盐,其中 $BaCrO_4$ 与 $PbCrO_4$ 为黄色,Ag_2CrO_4 为深红色。这些沉淀在 HNO_3 中是可溶的。

4. CrO_2Cl_2

将 $K_2Cr_2O_7$ 与 KCl 的混合物置于蒸馏瓶中，慢慢滴加浓 H_2SO_4，并以沙浴小心加热，可将生成的 CrO_2Cl_2（氯化铬酰）蒸馏出：

$$K_2Cr_2O_7 + 4KCl + 3H_2SO_4 \xrightarrow{\triangle} 2CrO_2Cl_2\uparrow + 3K_2SO_4 + 3H_2O$$

CrO_3 与 HCl 反应也可得氯化铬酰：

$$CrO_3 + 2HCl = CrO_2Cl_2 + H_2O$$

CrO_2Cl_2 为深红色液体，外观似 Br_2，能与 CCl_4、CS_2 及 $HCCl_3$ 互溶，为共价型化合物。在钢铁分析中用于除 Cr。遇水则分解为 HCl 和 $H_2Cr_2O_7$：

$$2CrO_2Cl_2 + 3H_2O = H_2Cr_2O_7 + 4HCl$$

5. CrO_5

在重铬酸盐的酸性溶液中加入少量乙醚和 H_2O_2 溶液并摇荡，乙醚层呈现蓝色，该蓝色化合物为过氧化铬。其化学式为 $CrO(O_2)_2$ 或 CrO_5（过氧化铬）。此反应可用来检验 Cr(Ⅵ) 或 H_2O_2 的存在：

$$Cr_2O_7^{2-} + 4H_2O_2 + 2H^+ = 2CrO(O_2)_2 + 5H_2O$$

CrO_5 在乙醚中比较稳定，在酸性介质中不稳定，分解为 Cr^{3+} 和 O_2：

$$4CrO(O_2)_2 + 12H^+ = 4Cr^{3+} + 6H_2O + 7O_2\uparrow$$

6. Cr_2O_3 和 $Cr(OH)_3$

Cr_2O_3 为绿色固体，熔点为 2263 K，是冶炼 Cr 的原料。由于呈绿色，也常用作绿色颜料，俗称"铬绿"。Cr_2O_3 与 Al_2O_3 一样具有两性。Cr_2O_3 溶于 H_2SO_4 生成紫色的 $Cr_2(SO_4)_3$，溶于 NaOH 溶液生成绿色的 $Na[Cr(OH)_4]$ 或 $NaCrO_2$：

$$Cr_2O_3 + 3H_2SO_4 = Cr_2(SO_4)_3 + 3H_2O$$
$$Cr_2O_3 + 2NaOH + 3H_2O = 2Na[Cr(OH)_4]$$

向 Cr^{3+} 溶液中加碱或 $NaCrO_2$ 溶液加热水解，可得到灰蓝色 $Cr(OH)_3$ 胶状沉淀。$Cr(OH)_3$ 既溶于酸，又溶于碱：

$$Cr(OH)_3 + 3H^+ = Cr^{3+} + 3H_2O$$
$$Cr(OH)_3 + OH^- = CrO_2^- + 2H_2O$$

可用 $(NH_4)_2Cr_2O_7$ 加热分解或 $Na_2Cr_2O_7$ 加 S 还原的方法制备 Cr_2O_3：

$$(NH_4)_2Cr_2O_7 = N_2\uparrow + Cr_2O_3 + 4H_2O$$
$$Na_2Cr_2O_7 + S = Cr_2O_3 + Na_2SO_4$$

7. 铬盐与亚铬酸盐

$Cr_2(SO_4)_3$ 由于含结晶水不同，呈现不同的颜色，如 $Cr_2(SO_4)_3\cdot 18H_2O$（紫色）、$Cr_2(SO_4)_3\cdot 6H_2O$（绿色）、$Cr_2(SO_4)_3$（桃红色）。$Cr_2(SO_4)_3$ 与碱金属硫酸盐形成铬矾 $MCr(SO_4)_2\cdot 12H_2O$（M=Na^+、K^+、Rb^+、Cs^+、NH_4^+、Tl^+）。

用 SO_2 还原 $K_2Cr_2O_7$ 的酸性溶液可制得铬钾矾。铬钾矾在鞣革、纺织工业有广泛用途：

$$K_2Cr_2O_7 + H_2SO_4 + 3SO_2 = K_2SO_4\cdot Cr_2(SO_4)_3 + H_2O$$

铬盐在水溶液中水解显酸性。加碱中和水解出的 H^+，则水解反应可以进行到底。例如，向 $CrCl_3$ 溶液中加入碱性的 Na_2S 溶液：

$$2CrCl_3 + 3Na_2S + 6H_2O = 2Cr(OH)_3\downarrow + 6NaCl + 3H_2S\uparrow$$

酸性溶液中，Cr^{3+} 的还原性很弱，但遇到 $S_2O_8^{2-}$、MnO_4^- 强氧化剂时，Cr^{3+} 可以被氧化为 $Cr_2O_7^{2-}$：

$$2Cr^{3+} + 3S_2O_8^{2-} + 7H_2O = Cr_2O_7^{2-} + 6SO_4^{2-} + 14H^+$$
$$10Cr^{3+} + 6MnO_4^- + 11H_2O = 5Cr_2O_7^{2-} + 6Mn^{2+} + 22H^+$$

常见的亚铬酸盐为 $NaCrO_2$，在溶液中水解显碱性：

$$CrO_2^- + 2H_2O = Cr(OH)_3 + OH^-$$

在碱性溶液中，CrO_2^- 有较强的还原性，可还原 H_2O_2 或 Na_2O_2，自身被氧化为铬酸盐：

$$2CrO_2^- + 3H_2O_2 + 2OH^- = 2CrO_4^{2-} + 4H_2O$$
$$2CrO_2^- + 3Na_2O_2 + 2H_2O = 2CrO_4^{2-} + 6Na^+ + 4OH^-$$

8. 三价铬的配合物

Cr^{3+} 的价电子层结构为 $3d^3$，同时 Cr^{3+} 的半径也较小（64 pm），有较强的正电场。因此，Cr^{3+} 生成配合物的能力较强，容易与 H_2O、NH_3、Cl^-、CN^-、$C_2O_4^{2-}$ 等配位体生成配位数为 6 的 d^2sp^3 杂化型的配合物。

例如，Cr^{3+} 在水溶液中以 $[Cr(H_2O)_6]^{3+}$ 形式存在，其中的 H_2O 可以被其他配位体取代。因此，组成相同的配合物可能存在多种异构体，如化学式为 $CrCl_3 \cdot 6H_2O$ 的配合物就有三种水合异构体：$[Cr(H_2O)_6]Cl_3$（紫色）、$[CrCl(H_2O)_5]Cl_2 \cdot H_2O$（浅绿色）、$[CrCl_2(H_2O)_4]Cl \cdot 2H_2O$（蓝绿色）。

$[Cr(C_2O_4)_2(H_2O)_2]^-$ 有顺式和反式两种几何异构体，顺式异构体表现出紫、绿二色性，而反式异构体显紫红色。

$[Cr(H_2O)_6]^{3+}$ 中的 H_2O 除可被 Cl^- 取代外，还可以被 NH_3 取代，生成不同颜色的配合物，如 $[Cr(H_2O)_6]^{3+}$（紫色）、$[Cr(NH_3)_2(H_2O)_4]^{3+}$（紫红色）、$[Cr(NH_3)_3(H_2O)_3]^{3+}$（浅红色）、$[Cr(NH_3)_4(H_2O)_2]^{3+}$（橙红色）、$[Cr(NH_3)_5(H_2O)]^{3+}$（橙黄色）、$[Cr(NH_3)_6]^{3+}$（黄色）。随着内界 H_2O 逐渐被 NH_3 取代，配离子的颜色逐渐变浅。

13.5 锰 副 族

13.5.1 锰副族元素的通性

1. 锰副族元素在自然界中的分布

锰副族包括 Mn、Tc、Re 三种元素。

Mn 在地壳中的丰度仅次于 Fe，为 0.085%。在自然界中虽然已发现了 Tc，但 Tc 主要还是由人工核反应制得。Re 是丰度很小的元素，在地壳中的含量为 7×10^{-30}%。Re 没有单独的矿物，主要和辉钼矿伴生。Mn 的主要矿物有软锰矿 $MnO_2 \cdot xH_2O$、黑锰矿 Mn_3O_4 与水锰矿 $Mn_2O_3 \cdot H_2O$。近年来在深海海底发现的大量锰结核是一种被黏土重重包围着的层状铁锰氧化物团块，据估计，仅太平洋中锰结核内所含的 Mn、Cu、Co、Ni 就相当于陆地总储量的几十到几百倍。

2. 电子层结构与氧化态

锰副族元素的价电子层结构为$(n-1)d^5ns^2$,其中 Tc 为 $4d^65s^1$。锰副族元素的 7 个价电子均可参与成键,其最高氧化数为+7,与其族数一致。

与其他副族性质递变的规律一样,自上而下,从 Mn 到 Re,高氧化态趋于稳定,低氧化态的稳定性降低。例如,Mn 以 Mn^{2+} 最稳定,而 Tc 和 Re 以 +7 氧化态最稳定。Re_2O_7 和 Tc_2O_7 比 Mn_2O_7 稳定得多。

3. 单质的物理性质

Mn 为银白色金属。Re 的外表与 Pt 相同,纯 Re 较软,有良好的延展性。

锰副族元素的密度、熔点、沸点从 Mn 到 Re 逐渐升高。锰副族也属难熔金属。Re 的熔点(3683 K±30 K)仅次于 W,在高温真空中,钨丝的机械强度和可塑性显著降低,若加入少量 Re,可大大增加钨丝的坚固度和耐用程度。Re 还用于人造卫星和火箭外壳的制造。

纯 Mn 的用途不多,但其合金非常重要。含 Mn 12%~15%(质量分数)的锰钢坚硬强韧,耐磨损,用于轧制铁轨、架设桥梁、构筑高楼、制造装甲板、做耐磨轴承、破碎机等。锰钢的优异特性是不会被磁化,可用在船舰需要防磁的部位。

含 Mn 12%(质量分数)的铜合金为锰铜,其电势恒定,不易受周围环境温度变化的影响,是制造精密电子仪器的材料。

Mn 为人体不可缺少的微量元素,是体内多种酶的核心组成部分。如果缺 Mn,会导致人畸形生长、畸形生殖和脑惊厥。成年人每天需要吸收 3 mg 左右的 Mn。

Mn 对植物体光合作用、一些酶的活动及维生素的转化起着十分重要的作用。小麦、玉米缺 Mn,叶子会出现红褐色斑点,果树叶子也会变黄。因此,微量元素肥料中,锰盐是不可缺少的成分。

但 Mn 的化合物也是有毒的,长期接触可引起慢性中毒。经常吸入锰化合物粉尘(如软锰矿 MnO_2)可引起神经错乱。

4. 单质的化学性质

Mn 比 Re 活泼,在空气中,Mn 燃烧生成 Mn_3O_4,与 Fe_3O_4 类似,为 MnO 与 Mn_2O_3 的混合氧化物。Re 燃烧生成 Re_2O_7:

$$3Mn + 2O_2 \xrightarrow{\triangle} Mn_3O_4$$

$$4Re + 7O_2 \xrightarrow{\triangle} 2Re_2O_7$$

由标准电极电势 $\varphi^{\ominus}_{Mn^{2+}/Mn} = -1.18$ V 可知,Mn 为活泼金属。因此,Mn 易溶解于稀的非氧化性酸中,生成锰盐并放出 H_2:

$$Mn + 2H^+ == Mn^{2+} + H_2\uparrow$$

Tc 与 Re 为比较稳定的金属,不溶于 HCl,而溶于浓 HNO_3:

$$3Re + 7HNO_3 == 3HReO_4 + 7NO\uparrow + 2H_2O$$

高温时,Mn 可与卤素、N_2、S、B、C、Si、P 等非金属直接反应,但不与 H_2 反应。氧化剂存在时,Mn 与熔融的碱反应,生成锰酸盐:

$$Mn + X_2 = MnX_2$$
$$Mn + S = MnS$$
$$3Mn + N_2 = Mn_3N_2$$
$$3Mn + C = Mn_3C$$
$$2Mn + 4KOH + 3O_2 = 2K_2MnO_4 + 2H_2O$$

13.5.2 Mn 的重要化合物

1. $KMnO_4$

+7 价 Mn 的化合物中,最重要的为 $KMnO_4$,其次为 $NaMnO_4 \cdot 3H_2O$。$KMnO_4$ 溶解度较小,易于结晶提纯,而 $NaMnO_4$ 因其溶解度较大,不易提纯。作为化学试剂,常用的是 $KMnO_4$。但工业上一般用 $NaMnO_4$ 替代 $KMnO_4$,其原因在于工业生产对纯度要求不像分析化学那样高,其次钠盐比钾盐便宜得多,可大大降低生产成本。

高锰酸盐均为紫红色结晶,其颜色来自于 MnO_4^-,颜色的产生是由于+7 价 Mn 对电子有较强烈的吸引力,在 Mn—O 键中,O^{2-} 上的电子有被 Mn(Ⅶ)夺取的趋向,当吸收光能时,电子可从 O^{2-} 向 Mn(Ⅶ)跃迁,从而产生颜色。

$KMnO_4$ 俗称"灰锰氧",其水溶液为紫红色。将固体 $KMnO_4$ 加热到 473 K 以上,可分解出 O_2,是实验室制备少量 O_2 的简便方法:

$$2KMnO_4 \xrightarrow{\triangle} K_2MnO_4 + MnO_2 + O_2 \uparrow$$

$KMnO_4$ 溶液不太稳定,在酸性溶液中可明显分解,在中性或微碱性溶液中分解速度较慢,但光对 $KMnO_4$ 溶液的分解有催化作用。因此,$KMnO_4$ 溶液应保存在棕色瓶中:

$$4MnO_4^- + 4H^+ = 4MnO_2 + 3O_2 \uparrow + 2H_2O$$

$KMnO_4$ 为最常用的氧化剂之一,其氧化能力及还原产物因介质的酸碱度不同而不同。在酸性介质中,$KMnO_4$ 的还原产物为近乎无色的 Mn^{2+},在中性或弱碱性介质中其还原产物为棕色的 MnO_2,而在强碱性介质中还原产物为深绿色的 MnO_4^{2-}:

$$2MnO_4^- + 5SO_3^{2-} + 6H^+ = 2Mn^{2+} + 5SO_4^{2-} + 3H_2O$$
$$2MnO_4^- + 3SO_3^{2-} + H_2O = 2MnO_2 + 3SO_4^{2-} + 2OH^-$$
$$2MnO_4^- + SO_3^{2-} + 2OH^- = 2MnO_4^{2-} + SO_4^{2-} + H_2O$$

许多有机物在酸性介质中能被 $KMnO_4$ 氧化,如乙二酸与乙醇:

$$2KMnO_4 + 5H_2C_2O_4 + 3H_2SO_4 = 2MnSO_4 + K_2SO_4 + 10CO_2 \uparrow + 8H_2O$$
$$2KMnO_4 + 5C_2H_5OH + 3H_2SO_4 = 2MnSO_4 + K_2SO_4 + 5CH_3CHO + 8H_2O$$

在碱性溶液中,纤维素可被 $KMnO_4$ 氧化为乙二酸,或进一步氧化为 CO_2,所以 $KMnO_4$ 溶液不能用滤纸过滤,而是采用砂芯漏斗或玻璃纤维过滤。

向粉状 $KMnO_4$ 中加入浓 H_2SO_4,可产生能够爆炸性分解的棕色油状物 Mn_2O_7,易溶于 CCl_4,且比较稳定。当溶于水时,生成紫色的 $HMnO_4$ 溶液,该溶液的最大浓度为 20%,超过此浓度则可发生爆炸性分解。

向浓 H_2SO_4 中加入少量的 $KMnO_4$,可生成一种亮绿色的溶液,其中含有平面三角形结构的 MnO_3^+,是浓 H_2SO_4 中和掉 MnO_4^- 中的一个 O^{2-} 产生的。加水稀释则又回到紫色的 MnO_4^-。

以软锰矿 MnO_2 和 KOH 为原料,在 473~543 K 下加热熔融,并通入空气,可将+4 价

Mn 氧化为 +6 价 Mn：

$$2MnO_2 + 4KOH + O_2 \xrightarrow{\triangle} 2K_2MnO_4 + 2H_2O$$

向 K_2MnO_4 溶液中通入 CO_2 气体或加入 HAc 使 MnO_4^{2-} 歧化，从而制得 $KMnO_4$。但用这个方法制备 $KMnO_4$，产率最高只有 66.7%，因为在歧化过程中有三分之一的 MnO_4^{2-} 又回到 MnO_2：

$$3K_2MnO_4 + 2CO_2 \Longrightarrow 2KMnO_4 + MnO_2 + 2K_2CO_3$$

最好的方法是将生成的锰酸盐以 Ni 为阳极、Fe 为阴极进行电解，其副产物 KOH 可重复使用。

2. MnO_2

重要的 Mn(Ⅳ) 化合物为稳定的 MnO_2，但 Mn(Ⅳ) 盐不稳定。MnO_2 为黑色粉状固体，不溶于水，为弱酸性氧化物。MnO_2 既可作氧化剂又可作还原剂，与浓 HCl 反应可生成 Cl_2：

$$MnO_2 + 4HCl \Longrightarrow MnCl_2 + Cl_2\uparrow + 2H_2O$$

与浓 H_2SO_4 反应可放出 O_2：

$$2MnO_2 + 2H_2SO_4 \Longrightarrow 2MnSO_4 + 2H_2O + O_2\uparrow$$

作为还原剂，MnO_2 只有在强碱性条件下才呈现明显的还原性，如与强碱共熔时，可被空气氧化为锰酸盐。其他强氧化剂(如 $KClO_3$)也可将其氧化：

$$2MnO_2 + 4KOH + O_2 \Longrightarrow 2K_2MnO_4 + 2H_2O$$

$$3MnO_2 + 6KOH + KClO_3 \Longrightarrow 3K_2MnO_4 + KCl + 3H_2O$$

将 MnO_2 加入熔融态的玻璃中，可以除去带色的杂质，称为普通玻璃的"漂白剂"。MnO_2 大量用于干电池中。另外，MnO_2 是制造其他锰盐的原料。

3. 二价锰的化合物

酸性溶液中，Mn^{2+} 最为稳定。另外，Mn^{2+} 的价电子层构型恰好为稳定的半充满状态。

酸性溶液中，Mn^{2+} 的还原性很弱，$\varphi^{\ominus}_{MnO_4^-/Mn^{2+}} = 1.51$ V，将 Mn^{2+} 氧化成 MnO_4^- 较为困难。只有在强酸性溶液中，与过二硫酸盐、$NaBiO_3$ 或 PbO_2 等强氧化剂作用，才能将 Mn^{2+} 氧化为 MnO_4^-：

$$2Mn^{2+} + 5S_2O_8^{2-} + 8H_2O \Longrightarrow 2MnO_4^- + 10SO_4^{2-} + 16H^+$$

$$2Mn^{2+} + 5NaBiO_3 + 14H^+ \Longrightarrow 2MnO_4^- + 5Na^+ + 5Bi^{3+} + 7H_2O$$

$$2Mn^{2+} + 5PbO_2 + 4H^+ \Longrightarrow 2MnO_4^- + 5Pb^{2+} + 2H_2O$$

由于 MnO_4^- 为紫色，前两个反应常用于定性检测 Mn^{2+}。

在碱性溶液中，Mn^{2+} 的稳定性较差，还原性较强，空气可将 Mn^{2+} 氧化为稳定的 MnO_2。例如，向 Mn^{2+} 溶液中加入强碱，生成 $Mn(OH)_2$ 白色沉淀，该沉淀在碱性介质中可被空气氧化为棕色的 $MnO(OH)_2$ (或 $MnO_2 \cdot H_2O$)：

$$2Mn(OH)_2 + O_2 \Longrightarrow 2MnO(OH)_2$$

Mn^{2+} 半充满的 $3d^5$ 稳定电子层结构难以发生 d-d 跃迁，所以其水合离子为近乎无色的 (浅粉色)，其化合物也大多为无色或浅粉色。

多数二价锰盐易溶于水。微溶的有 MnS(浅粉色)、$Mn_3(PO_4)_2$ 与 $MnCO_3$。由溶液中结晶的 Mn(Ⅱ)盐为带结晶水的浅粉色晶体，如 $MnSO_4 \cdot xH_2O$ ($x=1,4,5,7$)等。

室温下 $MnSO_4·H_2O$ 比较稳定。无水 $MnSO_4$ 为白色,加热至红热也不分解,可利用其热稳定性提纯 $MnSO_4$:

$$2MnO_2 + C + 2H_2SO_4 =\!=\!= 2MnSO_4 + 2H_2O + CO_2\uparrow$$

农业上,$MnSO_4$ 可用作促进种子发芽的药剂。

13.6 铁系元素

13.6.1 铁系元素概述

Ⅷ族元素在周期表中是特殊的一族,包括四、五、六3个周期的9种元素,分别为 Fe、Co、Ni、Ru、Rh、Pd、Os、Ir 和 Pt。

Ⅷ族元素在周期表中位置的特殊性与它们性质之间的类似性和递变关系相关。在这9种元素中,虽然也存在一般的垂直相似性(如 Fe、Ru、Os),但水平相似性(如 Fe、Co、Ni)更为突出。因此,为了研究方便,通常把这9种元素分成两组,位于第四周期的 Fe、Co、Ni 3种元素称为铁系元素,其余6种元素称为铂系元素。铂系元素被列为稀有元素,与 Au、Ag 一起称为贵金属。

1. 铁系元素在自然界的分布

自然界中,游离态的 Fe 只能从陨石中找到,分布在地壳中的 Fe 均以化合物的形式存在。Fe 的主要矿石有:赤铁矿 Fe_2O_3,含 Fe 量为 50%~60%(质量分数,下同);磁铁矿 Fe_3O_4,含 Fe 量 60% 以上,此外还有褐铁矿 $2Fe_2O_3·3H_2O$,菱铁矿 $FeCO_3$ 和黄铁矿 FeS_2,其含 Fe 量较低,但比较容易冶炼。

Co 在地壳中的丰度为 0.0023%,占第 34 位。钴矿主要为砷化物、氧化物和硫化物,如辉钴矿 CoAsS、方钴矿 $CoAs_3$ 和钴土矿 $CoO·2MnO_2·4H_2O$ 等。海底锰结核中 Co 的储量也很大。

Ni 在地壳中的含量为 0.018%,居第 23 位,其含量大于 Cu、Zn 与 Pb 三者的总和。重要的镍矿有镍黄铁矿 $[(Ni,Fe)_xS_y]$、硅镁镍矿 $[(Ni,Mg)SiO_3·nH_2O]$、针镍矿或黄镍矿(NiS)、红镍矿(NiAs)与褐铁镍矿 $[(Ni,Fe)O(OH)·nH_2O]$ 等。

2. 铁系元素的电子层结构与氧化态

Fe、Co、Ni 三种元素的最外价电子层均有两个 4s 电子,只是 3d 轨道上的价电子数不同,分别为 6、7、8。其原子半径十分相近,所以其性质很相似。

由于第一过渡系元素的原子到Ⅷ族时 3d 电子已经超过 5 个,所以其价电子全部参与成键的可能性减少。因此,铁系元素已经不再呈现出与族数相当的最高氧化态。

一般条件下,Fe 的常见氧化态为 +2 和 +3,碱性条件下,与强氧化剂作用时,Fe 可生成不稳定的 +6 价高铁酸盐。

Co 与 Ni 常见的氧化态都是 +2。碱性条件下,与强氧化剂作用,Co 与 Ni 可生成不稳定的 +3 氧化态。

3. 铁系元素单质的物理性质

纯 Fe 为银灰色金属,有较好的延展性,熔点为 1808 K,沸点为 3273 K,具有很强的铁磁性和良好的可塑性与导热性。常见 Fe 制品分为生铁、熟铁和钢三类。

生铁含 C 量为 1.7%~4.5%（质量分数，下同），坚硬耐磨，可以浇铸成型，所以又称为铸铁。生铁没有延展性，不能锻打。

熟铁含 C 量在 0.1% 以下，近似于纯 Fe，韧性很强，可以锻打成型，所以又称为锻铁。

钢的含 C 量为 0.1%~1.7%，比熟铁高，比生铁低。钢兼有生铁和熟铁的优点。

Co 为银灰色金属，密度为 8.90 g·mL^{-1}，熔点为 1768 K，沸点为 3143 K。具有铁磁性和延展性，在硬度、抗拉强度和机械加工性能等方面比 Fe 优良。

Ni 为银白色金属，熔点为 1726 K，沸点为 3005 K，密度为 8.902 g·mL^{-1}。Ni 比 Fe 硬且坚韧，有铁磁性和延展性。

Fe 为最重要的基本结构材料，铁合金的用途十分广泛，但纯 Fe 在工业上应用较少。

Co 与 Ni 主要用于制造合金，如钴基合金是 Co 与 Cr、Fe、W、Ni、Mo 等金属中的一种或数种所形成的合金。在受热时硬度变化小且耐腐蚀，是制造切削刀具或钻头的好材料。Ni 的合金有很好的耐腐蚀性，如含 Ni 60%、Cu 36%、Fe 3.5%、Al 0.5% 的合金称为蒙乃尔合金，用于制造化工机械设备。含 Ni 40%、Fe 60% 的合金，其热膨胀系数与玻璃相近，可用于金属与玻璃的连接。粉状 Ni 是有机物氢化反应的良好催化剂。

4. 铁系元素单质的化学性质

1) Fe 的化学性质

由 $\varphi^{\ominus}_{Fe^{2+}/Fe} = -0.440$ V 可知，Fe 为中等活泼的金属。高压下，Fe 能溶解 H_2。温度越高，压力越大，溶解度越大。在 623 K 以上时，高压下 H_2 能穿透铁管。Fe 与许多金属的一个重要差别是不容易形成汞齐。

常温下，无水蒸气存在时，Fe 与 O_2、S、Cl_2 等单质几乎不反应。但在高温下，则发生剧烈的反应：

$$3Fe + 2O_2 == Fe_3O_4$$
$$Fe + S == FeS$$
$$2Fe + 3X_2 == 2FeX_3 (X = F、Cl、Br)$$
$$3Fe + C == Fe_3C （碳化铁）$$

在高温（>853 K）下，Fe 可与水蒸气反应生成 Fe_3O_4，同时放出 H_2：

$$3Fe + 4H_2O == Fe_3O_4 + 4H_2$$

Fe 在潮湿的空气中容易生锈。生成的铁锈为松脆多孔性物质，能够吸附水分和 O_2，导致内部的铁更容易被进一步氧化而受到腐蚀。

Fe 与气态 HX 反应，生成二价铁的卤化物：

$$Fe + 2HX == FeX_2 + H_2$$

粉状活性 Fe 可与 NH_3 反应，生成氮化物：

$$4Fe + 2NH_3 == 2Fe_2N + 3H_2$$

粉状活性 Fe 还可与 CO 反应，生成羰基配合物：

$$Fe + 5CO == Fe(CO)_5$$

常温下，羰基配合物为气体，吸入体内后可生成胶状物，并放出 CO 而引起中毒。羰基化合物受热易分解为金属与 CO，所以可利用金属羰基化合物制备纯金属。

Fe 易与稀无机酸反应，生成二价铁化合物并放出 H_2：

$$Fe + H_2SO_4 =\!=\!= FeSO_4 + H_2\uparrow$$

Fe 可被热的浓碱溶液侵蚀,生成三价铁的氢氧化物。

2) Co 的化学性质

由 $\varphi^{\ominus}_{Co^{2+}/Co} = -0.277\ V$ 可知,Co 的活泼性比 Fe 稍差,但仍可置换无机酸中的 H。其常见化合价为 +2 价和 +3 价,在酸性介质中,以 +2 价为稳定价态。在碱性介质中,可被强氧化剂氧化为 +3 价。在酸性介质中,其 +3 价化合物的氧化性比铁强很多($\varphi^{\ominus}_{Fe^{3+}/Fe^{2+}} = 0.771\ V$,$\varphi^{\ominus}_{Co^{3+}/Co^{2+}} = 1.84\ V$)。

(1) 常温下,Co 不与水和空气作用。但极细粉状的 Co 在空气中易被氧化。

(2) 可溶于稀酸,但在发烟 HNO_3 中由于生成一层致密氧化物薄膜而被钝化。Co 可缓慢地被氢氟酸、氨水及 NaOH 浸蚀。

(3) 加热时,Co 与 O_2、S、Cl_2、Br_2 等发生剧烈反应,生成相应的化合物。

3) Ni 的化学性质

Ni 的化学性质与 Fe、Co 相似,在常温下与水和空气不发生反应,能抗碱性腐蚀。

Ni 易溶于稀的无机酸中,并放出 H_2:

$$Ni + 2HCl =\!=\!= NiCl_2 + H_2\uparrow$$

与 Fe 相似,Ni 在浓 HNO_3 中呈现"钝态"。但 Ni 在碱性溶液中的稳定性比 Fe 高。

细粉状的 Ni 可以吸收相当量的 H_2。加热时,Ni 可与 O_2、S、Cl_2、Br_2 等非金属剧烈反应,生成相应的化合物。

13.6.2 Fe 的重要化合物

1. +2 价 Fe 的化合物

还原性是 +2 价 Fe 化合物的特征化学性质。常见 +2 价 Fe 的化合物主要有以下几种。

1) FeO 与 $Fe(OH)_2$

FeO 为黑色固体,属碱性氧化物,不溶于水或碱性溶液中,只溶于酸。在隔绝空气条件下,将 FeC_2O_4 加热分解,可制得 FeO:

$$FeC_2O_4 \xrightarrow{\triangle} FeO + CO\uparrow + CO_2\uparrow$$

在亚铁盐溶液中加入碱,生成 $Fe(OH)_2$ 白色胶状沉淀:

$$Fe^{2+} + 2OH^- =\!=\!= Fe(OH)_2\downarrow$$

$Fe(OH)_2$ 不稳定,很容易被空气氧化,变成棕红色的 $Fe(OH)_3$ 沉淀:

$$4Fe(OH)_2 + O_2 + 2H_2O =\!=\!= 4Fe(OH)_3\downarrow$$

$Fe(OH)_2$ 呈碱性,酸性很弱,但能溶于浓碱溶液中,生成 $[Fe(OH)_6]^{4-}$:

$$Fe(OH)_2 + 4OH^- =\!=\!= [Fe(OH)_6]^{4-}$$

2) $FeSO_4$

浅绿色 $FeSO_4 \cdot 7H_2O$ 俗称"绿矾"。在农业上用作农药,主治小麦黑穗病,在工业上用于染色、制造蓝黑墨水与木材防腐、除草剂及饲料添加剂等。

工业上通过氧化 FeS_2 制取 $FeSO_4$:

$$2FeS_2 + 7O_2 + 2H_2O =\!=\!= 2FeSO_4 + 2H_2SO_4$$

或由 Fe_2O_3 制取 $Fe_2(SO_4)_3$,再由 Fe 还原制取 $FeSO_4$:

$$Fe_2O_3 + 3H_2SO_4 =\!=\!= Fe_2(SO_4)_3 + 3H_2O$$

$$Fe_2(SO_4)_3 + Fe = 3FeSO_4$$

将 Fe 屑溶于稀 H_2SO_4 或由 H_2SO_4 清洗钢铁表面所得的废液中,均可得到 $FeSO_4$:

$$Fe + H_2SO_4 = FeSO_4 + H_2\uparrow$$

用硫酸法分解钛铁矿,制取 TiO_2 生产的副产品为 $FeSO_4$:

$$FeTiO_3 + 2H_2SO_4 = TiOSO_4 + FeSO_4 + 2H_2O$$

$FeSO_4$ 在空气中易被氧化,但 $FeSO_4$ 与碱金属或 NH_4^+ 的硫酸盐形成的复盐 $M_2SO_4 \cdot FeSO_4 \cdot 6H_2O$ 比 $FeSO_4$ 稳定得多。常见的复盐为 $(NH_4)_2SO_4 \cdot FeSO_4 \cdot 6H_2O$,俗称"莫尔盐",是常用的还原剂。

浅绿色 $FeSO_4 \cdot 7H_2O$ 加热失水,得白色的 $FeSO_4$。加强热,无水 $FeSO_4$ 分解并被氧化为红棕色的 Fe_2O_3。

$FeSO_4$ 易溶于水,在水中有微弱的水解,使溶液显酸性(pH=3):

$$Fe^{2+} + H_2O = Fe(OH)^+ + H^+$$

$FeSO_4 \cdot 7H_2O$ 在空气中不稳定,可逐渐风化失水。并且,表面容易被空气中的 O_2 氧化,生成黄色或铁锈色的碱式硫酸铁(Ⅲ)盐:

$$4FeSO_4 + 2H_2O + O_2 = 4Fe(OH)SO_4$$

因此,绿矾晶体表面常带有铁锈色斑点,其溶液久置后常有棕红色沉淀生成。保存 $FeSO_4$ 溶液时,应加入适量的 H_2SO_4 阻止水解,必要时加入几颗铁钉阻止氧化。

虽然 Fe^{2+} 盐在酸性介质中比较稳定,但当强氧化剂 $KMnO_4$、$K_2Cr_2O_7$、Cl_2 等存在时,可被氧化成 Fe^{3+}:

$$5Fe^{2+} + MnO_4^- + 8H^+ = 5Fe^{3+} + Mn^{2+} + 4H_2O$$
$$6Fe^{2+} + Cr_2O_7^{2-} + 14H^+ = 6Fe^{3+} + 2Cr^{3+} + 7H_2O$$

因此,亚铁盐在分析化学中是常用的还原剂,用来标定 $KMnO_4$ 或 $K_2Cr_2O_7$ 溶液的浓度。

2. +3 价 Fe 的化合物

氧化性是+3 价 Fe 的特征化学性质之一。常见+3 价 Fe 的化合物主要有以下几种。

1) Fe_2O_3

普通 Fe_2O_3 为砖红色固体,其颜色随其粒度的大小变化较大,纳米级的颗粒为鲜红色,可用作红色颜料、涂料、媒染剂、磨光粉以及某些反应的催化剂。

Fe_2O_3 具有 α 和 γ 两种不同的晶体构型。γ 型 Fe_2O_3 在 673 K 以上可以转变为 α 型。自然界中存在的赤铁矿为 α 型 Fe_2O_3,将 $Fe(NO_3)_3$ 加热分解可得 α 型 Fe_2O_3。

将 Fe_3O_4 进一步氧化的产物为 γ 型 Fe_2O_3。Fe_2O_3 易溶于 HCl,但在 H_2SO_4 中溶解速度很慢。

2) Fe_3O_4

除 FeO 和 Fe_2O_3 外,Fe 还可生成一种具有磁性的 FeO 与 Fe_2O_3 的混合氧化物 Fe_3O_4,是磁铁矿的主要成分。

将 Fe、FeO 在空气中加热,或将水蒸气通过灼热的 Fe,均可制得 Fe_3O_4:

$$3Fe + 2O_2 \xrightarrow{\triangle} Fe_3O_4$$
$$6FeO + O_2 \xrightarrow{\triangle} 2Fe_3O_4$$
$$3Fe + 4H_2O = Fe_3O_4 + 4H_2$$

3) $Fe(OH)_3$

向 Fe^{3+} 溶液中加碱得红棕色的 $Fe(OH)_3$。该沉淀实际为 $Fe_2O_3 \cdot xH_2O$，只是习惯上写作 $Fe(OH)_3$。

新沉淀的 $Fe(OH)_3$ 略有两性，主要显碱性，易溶于酸中。能溶于浓的强碱溶液中，形成 $[Fe(OH)_6]^{3-}$：

$$Fe(OH)_3 + 3OH^- \rightleftharpoons [Fe(OH)_6]^{3-}$$

4) $FeCl_3$

$FeCl_3$ 主要用于有机染色反应中的催化剂。因为能引起蛋白质的迅速凝聚，在医疗上可用作外伤止血剂。还可用于印刷电路版的腐蚀剂和氧化剂。

将 Fe 屑与 Cl_2 在高温下直接反应，可得棕黑色无水 $FeCl_3$：

$$2Fe + 3Cl_2 \rightleftharpoons 2FeCl_3$$

无水 $FeCl_3$ 熔点(555 K)、沸点(588 K)相对较低，可借升华法提纯。易溶于有机溶剂(如丙酮)中，说明无水 $FeCl_3$ 具有明显的共价性。

无水 $FeCl_3$ 在空气中易潮解，溶于水生成淡紫色的 $[Fe(H_2O)_6]^{3+}$。

将 Fe 屑溶于 HCl 溶液中，向其中通入 Cl_2，经浓缩、冷却，得黄棕色 $FeCl_3 \cdot 6H_2O$ 晶体：

$$Fe + 2HCl \rightleftharpoons FeCl_2 + H_2$$
$$2FeCl_2 + Cl_2 + 12H_2O \rightleftharpoons 2FeCl_3 \cdot 6H_2O$$

加热 $FeCl_3 \cdot 6H_2O$ 可水解生成碱式盐：

$$FeCl_3 \cdot 6H_2O \xrightarrow{\triangle} [Fe(OH)(H_2O)_5]Cl_2 + HCl$$

因为 Fe^{3+} 有较高的正电荷和较小的离子半径(60 pm)，有较大的电荷半径比，所以 $FeCl_3$ 及其他 Fe(Ⅲ)盐在水溶液中明显地水解，使溶液显酸性。

Fe^{3+} 的水解过程较为复杂，首先发生逐级水解：

$$[Fe(H_2O)_6]^{3+} \rightleftharpoons [Fe(OH)(H_2O)_5]^{2+} + H^+$$
$$[Fe(OH)(H_2O)_5]^{2+} \rightleftharpoons [Fe(OH)_2(H_2O)_4]^+ + H^+$$

如果将溶液的 pH 提高到 2～3，水解趋势明显，最终生成红棕色胶状 $Fe(OH)_3$ 沉淀，以达到除 Fe 的目的。但这种方法的主要缺点是 $Fe(OH)_3$ 具有胶体性质，不仅沉淀速度慢，而且过滤困难。

现代工业生产中，可使用 $NaClO_3$ 将 Fe^{2+} 氧化为 Fe^{3+}：

$$6Fe^{2+} + ClO_3^- + 6H^+ \rightleftharpoons 6Fe^{3+} + Cl^- + 3H_2O$$

令 Fe^{3+} 在较低的 pH (1.6～1.8)条件下水解，温度保持在 358～368 K。此时，在溶液中只存在一些聚合的 $[Fe_2(OH)_2]^{4+}$、$[Fe_2(OH)_4]^{2+}$。这些聚合离子能与 SO_4^{2-} 结合，生成一种浅黄色的复盐晶体，俗称"黄铁矾"，其化学式为

$$M_2Fe_6(SO_4)_4(OH)_{12} \quad (M = K^+、Na^+、NH_4^+)$$

黄铁矾 $Na_2Fe_6(SO_4)_4(OH)_{12}$ 在水中的溶解度小，而且颗粒大，沉淀速度快，很容易过滤。在湿法冶金中，广泛采用生成黄铁矾的方法除去杂质 Fe。

$FeCl_3$ 及其他 Fe(Ⅲ)盐为中等强度的氧化剂，可将 I^- 氧化为 I_2，将 H_2S 氧化为单质 S，还可被 $SnCl_2$ 还原：

$$2Fe^{3+} + 2I^- \rightleftharpoons 2Fe^{2+} + I_2$$
$$2Fe^{3+} + H_2S \rightleftharpoons 2H^+ + 2Fe^{2+} + S\downarrow$$

$$2Cl^- + 2Fe^{3+} + SnCl_2 = 2Fe^{2+} + SnCl_4$$

Fe^{3+}/Fe^{2+} 电对的标准电极电势为 0.771 V。

另外，$FeCl_3$ 溶液还可溶解 Cu：

$$2FeCl_3 + Cu = CuCl_2 + 2FeCl_2$$

在印刷制版工业中，常利用 $FeCl_3$ 这一性质作铜板的腐蚀剂，把铜版上需要去掉的部分溶解为 $CuCl_2$。

3. +6 价 Fe 的化合物

除了 +2 和 +3 价态外，强碱性条件下，Fe 可被氧化为 +6 价的高铁酸盐。将 Fe_2O_3、KNO_3 和 KOH 混合，加热共熔，可得到紫红色的 K_2FeO_4：

$$Fe_2O_3 + 3KNO_3 + 4KOH = 2K_2FeO_4 + 3KNO_2 + 2H_2O$$

$$2Fe(OH)_3 + 3ClO^- + 4OH^- = 2FeO_4^{2-} + 3Cl^- + 5H_2O$$

由电极电势 $\varphi^\ominus_{FeO_4^{2-}/Fe^{3+}} = 2.20$ V，$\varphi^\ominus_{FeO_4^{2-}/Fe(OH)_3} = 0.72$ V 可知，FeO_4^{2-} 在酸性介质中具有很强的氧化性，而在碱性条件下氧化性稍差。高铁酸盐仅存在于浓碱中，稀释时即可分解 H_2O，放出 O_2，遇 HCl 放出 Cl_2。加入可溶性钡盐可生成难溶于水的紫红色 $BaFeO_4$。

4. Fe 的配合物

Fe 可与 CN^-、F^-、$C_2O_4^{2-}$、Cl^-、SCN^- 等形成配合物。Fe 的大多数配合物的配位数为 6，呈八面体结构。

1) 氨配合物

由于具有较强的水解特性，Fe^{3+} 与 Fe^{2+} 均不能与氨水生成氨配合物。但无水铁盐与液氨可形成氨配合物，遇水即发生水解，形成氢氧化物：

$$[Fe(H_2O)_6]^{3+} + 3NH_3 = Fe(OH)_3 + 3NH_4^+ + 3H_2O$$

$$[Fe(NH_3)_6]^{3+} + 3H_2O = Fe(OH)_3 + 3NH_4^+ + 3NH_3$$

2) 氰根配合物

亚铁盐与 KCN 溶液反应，先得到 $Fe(CN)_2$ 沉淀，该沉淀可溶于过量的 KCN 溶液中：

$$FeS + 2KCN = Fe(CN)_2\downarrow + K_2S$$

$$Fe(CN)_2 + 4KCN = K_4[Fe(CN)_6]$$

溶液中析出 $K_4[Fe(CN)_6] \cdot 3H_2O$ 黄色晶体，俗称"黄血盐"。黄血盐在 373 K 失去所有的结晶水，形成 $K_4[Fe(CN)_6]$ 白色粉末，进一步加热即分解：

$$K_4[Fe(CN)_6] \xrightarrow{\triangle} 4KCN + FeC_2 + N_2\uparrow$$

黄血盐溶液遇到 Fe^{3+}，生成名为普鲁士蓝（Prussian blue）的沉淀，其化学式为 $KFe[Fe(CN)_6]$：

$$K^+ + Fe^{3+} + [Fe(CN)_6]^{4-} = KFe[Fe(CN)_6]\downarrow$$

利用这一反应，可用黄血盐检验 Fe^{3+} 的存在。

以 Cl_2 氧化黄血盐溶液，将 Fe^{2+} 氧化成 Fe^{3+}，可得到深红色的 $K_3[Fe(CN)_6]$ 晶体，俗称"赤血盐"：

$$2K_4[Fe(CN)_6] + Cl_2 = 2KCl + 2K_3[Fe(CN)_6]$$

在中性溶液中，赤血盐有微弱的水解作用。因此，赤血盐溶液最好现用现配。赤血盐溶液遇到Fe^{2+},生成名为滕氏蓝(Turnbull's blue)的沉淀,其化学式为$KFe[Fe(CN)_6]$。

现代分析结果证明,普鲁士蓝与滕氏蓝的化学组成及空间结构是相同的。

3) 硫氰根配合物

向Fe^{3+}溶液中加入KSCN或NH_4SCN,溶液呈现血红色:

$$Fe^{3+} + nSCN^- \Longrightarrow [Fe(SCN)_n]^{3-n}$$

$n=1\sim6$,随SCN^-浓度而异。这是鉴定Fe^{3+}的灵敏反应之一,也常用于Fe^{3+}的比色分析。该反应必须在酸性环境下进行。因为溶液酸度低时,Fe^{3+}会发生水解生成$Fe(OH)_3$,导致配合物被破坏。

4) 卤离子配合物

Fe^{3+}能与X^-形成配合物。与F^-有较强的亲和力,向血红色的$[Fe(SCN)_n]^{3-n}$溶液中加入NaF溶液,$[Fe(SCN)_n]^{3-n}$转换为无色的$[FeF_6]^{3-}$:

$$[Fe(SCN)_6]^{3-} + 6F^- \Longrightarrow [FeF_6]^{3-} + 6SCN^-$$

在浓HCl中,Fe^{3+}可形成$[FeCl_4]^-$:

$$Fe^{3+} + 4HCl \Longrightarrow [FeCl_4]^- + 4H^+$$

5) 羰基配合物

$373\sim473$ K,2.03×10^7 Pa下,Fe与CO反应生成淡黄色的液体五羰基配位化合物:

$$Fe + 5CO \Longrightarrow Fe(CO)_5$$

在$Fe(CO)_5$配合物中,Fe的氧化态为0,Fe原子的价电子数($3d^64s^2$)为8个,周围5个CO配体提供的电子数为10个,满足18电子结构规则。

金属羰基配合物的熔点、沸点一般较低,容易挥发。受热易分解为金属和CO。利用金属羰基配合物的这些特性,可以制备纯度很高的金属。例如,使$Fe(CO)_5$的蒸气在$473\sim523$ K分解,可以得到含C很低且活性很高的纯Fe粉:

$$Fe(CO)_5 \xrightarrow{\triangle} Fe + 5CO\uparrow$$

这种Fe粉可用于制造磁铁心和催化剂。特别需要注意的是,羰基配合物有毒。因此,制备羰基配合物必须在与外界隔绝的容器中进行。

13.6.3 Co的重要化合物

1. +2价Co的化合物

1) CoO和$Co(OH)_2$

氧化态为+2的CoO为灰绿色固体。隔绝空气条件下,可通过加热Co(Ⅱ)的碳酸盐、乙二酸盐或硝酸盐制备:

$$CoC_2O_4 \Longrightarrow CoO + CO\uparrow + CO_2\uparrow$$
$$CoCO_3 \Longrightarrow CoO + CO_2\uparrow$$

CoO为碱性氧化物,可溶于酸,不溶于水或碱性溶液。

向Co^{2+}的水溶液中加碱,可得到粉红色的$Co(OH)_2$沉淀:

$$Co^{2+} + 2OH^- \Longrightarrow Co(OH)_2\downarrow$$

有Cl^-存在时,可生成蓝色中间产物Co(OH)Cl:

$$Co^{2+} + OH^- + Cl^- \Longrightarrow Co(OH)Cl\downarrow \text{(蓝色)}$$

$Co(OH)_2$在碱性介质中不稳定,能缓慢地被空气中的O_2氧化为棕褐色的$Co(OH)_3$

沉淀：
$$4Co(OH)_2 + O_2 + 2H_2O == 4Co(OH)_3 \downarrow$$

$Co(OH)_2$ 为两性偏碱化合物，既能溶于酸生成 Co(Ⅱ)盐，也可溶于过量的浓碱形成 $[Co(OH)_4]^{2-}$。

2) $CoCl_2$ 和 $CoSO_4$

$CoCl_2$ 由于分子中含结晶水数目的不同，而显示出不同的颜色。蓝色无水 $CoCl_2$ 在空气中吸湿变为粉红色。因此，$CoCl_2$ 在变色硅胶干燥剂中用作指示剂，表示硅胶的吸湿情况。干燥硅胶吸水，逐渐由蓝色变为粉红色。可加热脱水，由粉红色变为蓝色，重复再生。

CoO 或 $CoCO_3$ 溶于稀 H_2SO_4，生成红色的 $CoSO_4 \cdot 7H_2O$ 晶体：
$$CoO + H_2SO_4 == CoSO_4 + H_2O$$
$$CoCO_3 + H_2SO_4 == CoSO_4 + H_2O + CO_2 \uparrow$$

2. +3 价 Co 的化合物

+3 价 Co 的化合物在酸性条件下具有较强的氧化性。因此，只有在碱性或固态下，+3 价 Co 的化合物才能稳定存在。Co^{3+}/Co^{2+} 电对的电极电势为 1.84 V，足以将 H_2O 分解，放出 O_2。因此，溶液中不存在 Co^{3+}。

加热 Co(Ⅱ)的碳酸盐、乙二酸盐或硝酸盐，空气中的 O_2 能把 Co(Ⅱ)氧化为 Co(Ⅲ)：
$$6CoCO_3 + O_2 == 2Co_3O_4 + 6CO_2$$

Co_3O_4 为 CoO 与 Co_2O_3 的混合物，类似于 Fe_3O_4。无水 Co_2O_3 还未制得，只制得 $Co_2O_3 \cdot H_2O$。在 570 K 分解为 Co_3O_4，同时失去 H_2O 并放出 O_2。

$Co(OH)_2$ 在空气中能缓慢地被氧化为棕褐色的 $Co(OH)_3$ 的沉淀。如果加入强氧化剂（如 Cl_2、Br_2、NaOCl 等），则可使反应迅速进行：
$$2Co(OH)_2 + 2NaOH + Br_2 == 2Co(OH)_3 \downarrow + 2NaBr$$

$Co(OH)_3$ 与 HCl 反应，可将 Cl^- 氧化为 Cl_2：
$$2Co(OH)_3 + 6HCl == 2CoCl_2 + Cl_2 \uparrow + 6H_2O$$

3. Co 的配合物

Co 形成配合物的能力比 Fe 强，可形成众多的配位化合物。

1) 氨配合物

向 Co^{2+} 盐中加入氨水，即生成棕黄色的 $[Co(NH_3)_6]^{2+}$，暴露于空气中，则很快被氧化，变为红棕色的 $[Co(NH_3)_6]^{3+}$。这说明配合物的形成改变了 Co^{2+} 的稳定性。+3 价 Co 的氨配合物比 +2 价的稳定得多。原因在于，Co 的氨配合物为内轨型配合物，采用 d^2sp^3 杂化轨道成键。由于 Co^{2+} 的价电子层结构为 d^7 构型，形成氨配合物后，其中一个 3d 电子被激发到能量较高的 4d 轨道上，易于失去而变为 +3 价。

2) 氰根配合物

向 Co^{2+} 盐溶液中加入 KCN，生成红色的 $Co(CN)_2$ 沉淀。$Co(CN)_2$ 溶于过量的 KCN 溶液中，析出紫红色的 $K_4[Co(CN)_6]$ 晶体，由电极电势 $\varphi^{\ominus}_{[Co(CN)_6]^{3-}/[Co(CN)_6]^{4-}} = -0.83$ V 可知，$[Co(CN)_6]^{4-}$ 比 $[Co(NH_3)_6]^{2+}$ 更不稳定，为相对较强的还原剂。而 $[Co(CN)_6]^{3-}$ 比 $[Co(NH_3)_6]^{3+}$ 稳定得多。将 $[Co(CN)_6]^{4-}$ 溶液稍加热，就能将 H^+ 还原为 H_2：
$$2K_4[Co(CN)_6] + 2H_2O \xrightarrow{\triangle} 2K_3[Co(CN)_6] + 2KOH + H_2 \uparrow$$

3) 硫氰根配合物

向 Co^{2+} 盐溶液中加入 KSCN 或 NH_4SCN，可生成蓝色的 $[Co(SCN)_4]^{2-}$，用于 Co^{2+} 的比色分析。该配离子在水溶液中不稳定，但在有机溶剂中比较稳定，可溶于丙酮或戊醇。$[Co(SCN)_4]^{2-}$ 与 Hg^{2+} 反应，可生成 $Hg[Co(SCN)_4]$ 沉淀：

$$[Co(SCN)_4]^{2-} + Hg^{2+} = Hg[Co(SCN)_4]\downarrow$$

4) 羰基配合物

与 Fe 一样，Co 也容易与 CO 反应生成羰基配合物 $Co_2(CO)_8$。

$Co_2(CO)_8$ 为黄色晶体，在 393～473 K 和 250～300 atm① 条件下，由 $CoCO_3$ 在 H_2 气氛中与 CO 反应：

$$2CoCO_3 + 2H_2 + 8CO \xrightarrow{\text{高温高压}} Co_2(CO)_8 + 2CO_2 + 2H_2O$$

5) 硝酸根或亚硝酸根配合物

Co^{2+} 与 NO_3^- 配位体形成 $[Co(NO_3)_4]^{2-}$，其中 Co^{2+} 的配位数为 8，NO_3^- 为双齿配体。

Co^{2+} 溶液以少量 HAc 酸化后，加入过量的 KNO_2，析出 $K_3[Co(NO_2)_6]$ 黄色沉淀：

$$Co^{2+} + 7NO_2^- + 3K^+ + 2H^+ = K_3[Co(NO_2)_6]\downarrow + NO\uparrow + H_2O$$

13.6.4 Ni 的重要化合物

1. +2 价 Ni 的化合物

1) NiO 和 $Ni(OH)_2$

隔绝空气条件下，加热 Ni(Ⅱ) 的碳酸盐、乙二酸盐或硝酸盐，使其分解，可得暗绿色的 NiO：

$$NiC_2O_4 \xrightarrow{\triangle} NiO + CO\uparrow + CO_2\uparrow$$

NiO 为碱性氧化物，溶于酸，不溶于水或碱性溶液。

向 Ni^{2+} 的水溶液中加入碱，可得绿色的 $Ni(OH)_2$ 沉淀：

$$Ni^{2+} + 2OH^- = Ni(OH)_2\downarrow$$

与 Fe、Co 的 +2 价氢氧化物不同，$Ni(OH)_2$ 很稳定，不会被空气中的 O_2 氧化，不溶于碱，易溶于酸。

2) $NiSO_4$

$NiSO_4 \cdot 7H_2O$ 为绿色晶体，大量用于电镀、催化剂和纺织品染色。

常用的 $NiSO_4$ 制备方法如下：

$$2Ni + 2H_2SO_4 + 2HNO_3 = 2NiSO_4 + NO_2\uparrow + NO\uparrow + 3H_2O$$
$$NiO + H_2SO_4 = NiSO_4 + H_2O$$
$$NiCO_3 + H_2SO_4 = NiSO_4 + CO_2\uparrow + H_2O$$

3) 卤化镍

无水卤化镍的颜色随 F、Cl、Br、I 的顺序而加深，如 NiF_2 为淡黄色、$NiCl_2$ 为黄褐色、$NiBr_2$ 为暗褐色、NiI_2 为黑色。均可由金属 Ni 与相应的卤素反应制得。

---

① atm 为非法定单位，1 atm = 1.013 25×10⁵ Pa。

一般条件下,水合卤化镍可由 NiO、Ni(OH)$_2$ 或 NiCO$_3$ 与相应的氢卤酸反应制备。

无水卤化镍在空气中易潮解,易溶于水、乙醇及其他有机溶剂中。NiCl$_2$ 在有机溶剂中的溶解度比 CoCl$_2$ 小,可用来分离 Ni 与 Co 的氯化物。

2. +3 价 Ni 的化合物

Ni 的稳定氧化态为+2,其+3 价化合物较少,均为强氧化剂。

向 Ni(Ⅱ)盐的碱性溶液中加入强氧化剂(如 NaOCl、Br$_2$ 等)可得黑色的 Ni(OH)$_3$ 沉淀:

$$2Ni^{2+} + 6OH^- + Br_2 = 2Ni(OH)_3 + 2Br^-$$

$$2Ni(OH)_2 + NaOCl + H_2O = 2Ni(OH)_3 + NaCl$$

Ni(OH)$_3$ 为强氧化剂,与 HCl 反应,可将 Cl$^-$ 氧化为 Cl$_2$:

$$2Ni(OH)_3 + 6HCl = 2NiCl_2 + Cl_2\uparrow + 6H_2O$$

在空气中加热分解镍(Ⅱ)的碳酸盐、乙二酸盐或硝酸盐,或于 673 K 在空气中加热 NiO,均可生成黑色的 Ni$_2$O$_3$:

$$4NiO + O_2 \xrightarrow{\triangle} 2Ni_2O_3$$

$$4NiCO_3 + O_2 \xrightarrow{\triangle} 2Ni_2O_3 + 4CO_2$$

Ni$_2$O$_3$ 不溶于水,溶于 H$_2$SO$_4$ 或 HNO$_3$ 放出 O$_2$,溶于 HCl 则放出 Cl$_2$:

$$2Ni_2O_3 + 4H_2SO_4 = 4NiSO_4 + O_2\uparrow + 4H_2O$$

$$Ni_2O_3 + 6HCl = 2NiCl_2 + Cl_2\uparrow + 3H_2O$$

3. Ni 的配合物

1) 氨配合物

向 Ni(Ⅱ)盐的溶液中加入过量的 NH$_3$·H$_2$O,可生成稳定的蓝色[Ni(NH$_3$)$_6$]$^{2+}$:

$$Ni^{2+} + 6NH_3 = [Ni(NH_3)_6]^{2+}$$

将 Ni(OH)$_2$ 溶于 HBr 中,并加入过量的 NH$_3$·H$_2$O,可沉淀出紫色的[Ni(NH$_3$)$_6$]Br$_2$:

$$Ni(OH)_2 + 2HBr + 6NH_3 = [Ni(NH_3)_6]Br_2\downarrow + 2H_2O$$

2) 氰根配合物

向 Ni(Ⅱ)盐的溶液中加入过量的 KCN,可以生成稳定的[Ni(CN)$_4$]$^{2-}$:

$$Ni^{2+} + 4CN^- = [Ni(CN)_4]^{2-}$$

该配离子的钠盐 Na$_2$[Ni(CN)$_4$]·3H$_2$O 为黄色,其钾盐 K$_2$[Ni(CN)$_4$]·H$_2$O 为橙色。

在[Ni(CN)$_4$]$^{2-}$ 中,Ni^{2+} 采取 dsp^2 杂化轨道成键,空间构型为平面正方形。

3) 其他配合物

Ni^{2+} 与多齿配位体可形成螯合物。例如,与丁二酮肟在稀氨水中可生成鲜红色的二丁二酮肟合镍(Ⅱ)沉淀,该反应为检验 Ni^{2+} 的特征反应。

比较 Ni 与 NH$_3$ 和乙二胺生成的配合物稳定常数,含三个螯环的[Ni(en)$_3$]$^{2+}$ 稳定常数约为 [Ni(NH$_3$)$_6$]$^{2+}$ 的 10^{10} 倍,说明螯合物的稳定性比普通配合物的稳定性大得多:

$$Ni^{2+} + 3en = [Ni(en)_3]^{2+} \text{(en 代表乙二胺)} \quad \lg K_{\text{稳}} = 18.06$$

$$Ni^{2+} + 6NH_3 = [Ni(NH_3)_6]^{2+} \quad \lg K_{\text{稳}} = 8.74$$

在 CO 气流中,稍加热 Ni 粉,很容易生成无色的 Ni(CO)$_4$ 液体:

$$Ni + 4CO = Ni(CO)_4$$

Ni(CO)$_4$ 在 423 K 分解为 Ni 和 CO,利用这一反应,可以制备高纯度的 Ni 粉。

13.7 铂系元素

13.7.1 铂系元素概述

1. 铂系元素的分布与电子层结构

在自然界中,铂系元素主要以单质的形式存在,其中原铂矿中 Pt 的含量最高(少数矿石中 Pt 和 Pd 的含量近似),Ru、Rh、Os、Ir 则分散在原铂矿中。除原铂矿外,在一些硫化物矿中伴生有铂系元素的硫化物,如我国最大的硫化铜镍矿中就含有少量铂系金属。在处理这类矿石时,铂系金属和粗 Cu 一起炼出,在电解精炼 Cu 时,铂系金属沉积在阳极泥中,这种阳极泥是提炼 Au、Ag 和铂系金属的重要原料。

从铂系元素原子的价电子层结构来看,除 Os 和 Ir 有两个 s 电子外,其余只有一个或没有 s 电子。

形成高氧化态的倾向与铁系元素一样,从左向右逐渐降低。与其他各副族的情况类似,铂系元素的第六周期各元素形成高氧化态的倾向比第五周期相应元素大。但只有 Ru 和 Os 表现出与族数一致的 +8 氧化态。

2. 铂系元素单质的物理性质

铂系元素除 Os 呈蓝灰色外,其余均为银白色。从金属单质密度看,铂系元素又分为两组:第五周期的 Ru、Rh、Pd 的密度约为 12 g·mL^{-1},称为轻铂金属;第六周期的 Os、Ir、Pt 的密度约为 22 g·mL^{-1},称为重铂金属。

在硬度方面,Ru 与 Os 的特点是硬度高且脆,因此不能承受机械处理。Rh 与 Ir 虽可承受机械处理,但也很困难。Pd 与 Pt,尤其是 Pt,极易承受机械处理,纯净的 Pt 具有高度的可塑性。将 Pt 冷轧,可以制得厚度为 0.0025 mm 的箔。

铂系元素中,应用最为广泛的是 Pd 和 Pt。Pt 主要用作催化剂,是烯烃和炔烃氧化反应、NH_3 氧化制 HNO_3 等反应的重要催化剂。

极纯的 Pt 用作热电偶,用于测量高温。工业上常用 Pt 作为仪器的电接触点,以保证仪器的可靠性。

由于 Pt 的抗腐蚀性优良,在化学工业及实验室中常用于铂坩埚、铂蒸发皿的制造。在电解、电镀工业中,Pt 用于制造电极。

Pd 因其价格比 Pt 低,常用作 Pt 的替代品。

3. 铂系元素单质的化学性质

铂系金属的化学性质表现在以下几个方面:
(1) 铂系金属对酸的化学稳定性比所有其他金属都高。
Ru、Os、Rh、Ir 对酸的化学稳定性最高,不仅不溶于普通强酸,也不溶于王水。
Pd 与 Pt 能溶于王水,Pd 还可溶于 HNO_3 与热 H_2SO_4 中:

$$Pd + 4HNO_3 = Pd(NO_3)_2 + 2NO_2\uparrow + 2H_2O$$

$$3Pt + 4HNO_3 + 18HCl == 3H_2PtCl_6 + 4NO\uparrow + 8H_2O$$
$$2Pt + O_2 + 8HCl == 2H_2PtCl_4 + 2H_2O$$
$$2H_2PtCl_4 + O_2 + 4HCl == 2H_2PtCl_6 + 2H_2O$$
$$Pt + 4H_2SO_4(热、浓) == Pt(OH)_2(HSO_4)_2 + 2SO_2\uparrow + 2H_2O$$

（2）有氧化剂存在时，铂系金属与碱一起熔融，可转变为可溶性的化合物：
$$Pt + 2Na_2O_2 == Na_2PtO_3 + Na_2O$$

（3）铂系金属不与 N_2 反应。室温下对空气等非金属都是稳定的。高温下才能与 O_2、S、P、Cl_2 等非金属反应，生成相应的化合物：
$$Os（粉状） + 2O_2 \xrightarrow{高温} OsO_4$$
$$Pt + O_2 \xrightarrow{高温} PtO_2$$

室温下，只有粉状的 Os 在空气中会慢慢地被氧化，生成挥发性的 OsO_4，其蒸气无色，对呼吸道有剧毒，尤其对眼睛有害，会造成暂时失明。

（4）铂系金属均具有催化活性，其细粉的催化活性更大。

大多数铂系金属能吸收气体，特别是 H_2。Os 吸收 H_2 的能力最差，Pd 吸收 H_2 的能力最强。常温下，Pd 吸收 H_2 的体积比为 1∶700。铂系金属吸收气体的性能与其催化性能有密切的关系。

（5）铂系金属与铁系金属一样，都容易形成配位化合物。

13.7.2　Pd 与 Pt 的重要化合物

1. $PdCl_2$

在加热条件下，Pd 与 Cl_2 直接反应可得到 $PdCl_2$，$PdCl_2$ 主要有 α-$PdCl_2$ 和 β-$PdCl_2$ 两种结构，低温下以 β-$PdCl_2$ 为主，而在 823 K 以上则转化为 α-$PdCl_2$。

α-$PdCl_2$ 为平面链状结构，而 β-$PdCl_2$ 则是以 Pd_6Cl_{12} 为结构单元的固体。

$PdCl_2$ 是常用的催化剂之一，常温常压下即可将乙烯催化氧化为乙醛。

$PdCl_2$ 水溶液遇 CO 则被还原为黑色的 Pd，可利用此反应鉴定 CO 的存在：
$$PdCl_2 + CO + H_2O == Pd\downarrow + CO_2 + 2HCl$$

2. $H_2[PtCl_6]$ 及其盐

Pt 溶于王水生成 $H_2[PtCl_6]$，浓缩蒸发后可得橙红色的 $H_2[PtCl_6]\cdot 6H_2O$ 晶体：
$$3Pt + 4HNO_3 + 18HCl == 3H_2[PtCl_6] + 4NO\uparrow + 8H_2O$$

$H_2[PtCl_6]$ 与碱反应生成两性的 $Pt(OH)_4$，碱过量时则生成铂酸盐：
$$H_2[PtCl_6] + 6NaOH == Pt(OH)_4 + 6NaCl + H_2O$$

黄色的 $(NH_4)_2[PtCl_6]$、$K_2[PtCl_6]$ 均难溶于水。

以乙二酸、SO_2 为还原剂，可将 $H_2[PtCl_6]$ 或其盐还原为 $H_2[PtCl_4]$ 或亚铂酸盐：
$$H_2[PtCl_6] + SO_2 + 2H_2O == H_2[PtCl_4] + H_2SO_4 + 2HCl$$
$$K_2[PtCl_6] + K_2C_2O_4 == K_2[PtCl_4] + 2CO_2 + 2KCl$$

$H_2[PtCl_4]$ 与 NH_4Ac 反应,可得到顺式配合物 $[PtCl_2(NH_3)_2]$,该配合物具有一定的抗癌作用,但其反式异构体则无抗癌效果:

$$H_2[PtCl_4] + 2NH_4Ac =\!\!=\!\!= [PtCl_2(NH_3)_2] + 2HAc + 2HCl$$

$(NH_4)_2[PtCl_6]$ 经灼烧即分解为海绵状 Pt,可用作催化剂:

$$(NH_4)_2[PtCl_6] \xrightarrow{\triangle} Pt + 2NH_4Cl + 2Cl_2 \uparrow$$

以 KBr 或 KI 与 $K_2[PtCl_6]$ 反应,可得到更加稳定的深红色 $K_2[PtBr_6]$ 或黑色 $K_2[PtI_6]$。

单质 F_2 与 Pt 反应,可得暗红色 PtF_6,这是已知氧化性最强的氧化剂之一,可将稀有气体 Xe 氧化:

$$Xe + PtF_6 =\!\!=\!\!= XePtF_6$$

正是这一反应打破了稀有气体是化学惰性的观点。

习 题

1. 写出下列各物质的化学组成:锌钡白、铅白、钛白、镉黄、铬绿、黄血盐、赤血盐、莫尔盐、氧化铁红。
2. 简述钛白用作颜料的优点以及钛白生产工艺,并写出有关的化学反应方程式。
3. 根据下列实验事实,以化学反应方程式说明产生下列现象的原因:

   打开四氯化钛试剂瓶时立即有白烟冒出。向瓶中加入浓盐酸和锌粉时生成紫色溶液,缓慢加入 NaOH 溶液至溶液呈碱性出现紫色沉淀。将沉淀过滤后,先用硝酸处理,然后以稀碱溶液处理得白色沉淀。
4. 完成并配平下列化学反应方程式:
   (1) 金属钛溶于氢氟酸溶液中。
   (2) 双氧水加入硫酸氧钛溶液中。
   (3) 五氧化二钒溶于浓盐酸。
   (4) 五氧化二钒溶于氢氧化钠溶液。
   (5) 钒酸铵酸性溶液中加入双氧水。
   (6) 氯气通入亚铬酸钠溶液。
   (7) 重铬酸钠溶液中加入乙醚和双氧水。
   (8) 二氧化锰溶于浓硫酸。
   (9) 硫酸锰溶液中加入氢氧化钠并通入空气。
   (10) 锰酸钾溶液中通入 CO_2 气体。
   (11) 高锰酸钾溶液中加入硫酸锰。
   (12) 氢氧化铁与氯水反应。
   (13) 黄血盐加碘水变红。
   (14) 氢氧化钴与溴水反应。
5. 某含铬化合物 A 为橙红色易溶于水的固体。溶于浓盐酸产生黄绿色气体 B 并得到暗绿色溶液 C。向 C 溶液中加入氢氧化钠溶液,先生成灰绿色沉淀 D,当碱过量时,D 溶解生成亮绿色溶液 E。向 E 溶液中加入双氧水并微热,得到黄色溶液 F。以硫酸酸化含双氧水的 F 溶液时,先变为蓝色溶液 G。G 很快分解为绿色溶液 H 和无色气体 I。试确定 A~I 各为何物,写出相关的化学反应方程式。
6. 简述以软锰矿为原料生产高锰酸钾的工艺过程。
7. 试写出酸性介质中能将 Mn^{2+} 氧化为 MnO_4^- 的三种氧化剂及相关的反应。
8. 试分离下列各组离子:
   (1) Fe^{2+}、Mn^{2+}、Mg^{2+}
   (2) Fe^{2+}、Sn^{2+}、Zn^{2+}

(3) Fe^{3+}、Al^{3+}、Cr^{3+}

(4) Hg^{2+}、Mn^{2+}、Zn^{2+}

(5) Ni^{2+}、Zn^{2+}、Cu^{2+}

9. 一固体混合物中可能含有 K_2MnO_4、MnO_2、$NiSO_4$、Cr_2O_3 和 $K_2S_2O_8$。试根据下列实验现象判断哪些物质肯定存在,哪些物质肯定不存在:

   (1) 混合物溶于浓氢氧化钠溶液得一绿色溶液。

   (2) 混合物溶于硝酸得一紫色溶液。

   (3) 将混合物溶于水并通入 CO_2 得紫色溶液和棕色沉淀。过滤沉淀后,将滤液以硝酸酸化,再加入过量硝酸钡溶液,则紫色褪去,同时有不溶于硝酸的白色沉淀生成。将棕色沉淀加入浓盐酸中有黄绿色气体放出。

10. 蓝绿色晶体 A 溶于水后加入氢氧化钠溶液和双氧水,得红棕色沉淀 B 和溶液 C。加热分离出的 C 溶液有无色刺激性气体 D 放出。D 可使湿润的红色石蕊试纸变蓝。沉淀 B 溶于盐酸得一黄色溶液 E。向 E 中加入 KSCN 溶液得到红色溶液 F,向 F 加入氟化钠溶液变为无色溶液 G。向 A 的水溶液中加入氯化钡溶液有不溶于硝酸的白色沉淀 H 生成。试确定 A~H 各为何物,写出相关的化学反应方程式。

11. 金属 A 溶于稀盐酸生成浅绿色溶液 B 和无色气体 C。气体 C 可在氯气中燃烧生成气体 D,D 与氨气相遇生成白雾 E。无氧操作下,向溶液 B 中加氢氧化钠溶液生成白色沉淀 F。F 遇空气逐渐变绿、灰绿,最后变为红棕色沉淀 G。G 溶于稀盐酸生成黄色溶液 H。向沉淀 G 中滴加氯水得一紫红色溶液 I,I 遇氯化钡生成红色固体 J。J 在酸性介质中为强氧化剂。试确定 A~J 各为何物,写出相关的化学反应方程式。

12. 简述变色硅胶的变色原理。

13. 在 $MnCl_2$ 溶液中加入适量的 HNO_3,再加入 $NaBiO_3$,溶液先出现紫红色,然后又消失,试解释其原因。写出相关的化学反应方程式。

第14章 f 区元素

学习要求

(1) 了解镧系元素的通性及其单质与化合物的基本性质,了解镧系元素的分离、提取及其应用。

(2) 了解锕系元素的通性,了解钍、铀及其化合物的性质。

ⅢB 族中,在 La 与 Ac 的位置上各有一系列元素,其特征是在内层的 f 轨道上逐一填充电子,原子序数为 57 的 La 至 71 号的 Lu 共 15 个元素以符号 Ln 表示,称为镧系元素。原子序数为 89 的 Ac 至 103 号的 Lr 共 15 个元素以符号 An 表示,称为锕系元素。其中镧系元素的价电子层结构为 $4f^{0\sim14}5d^{0\sim1}6s^2$,锕系元素的价电子层结构为 $5f^{0\sim14}6d^{0\sim1}7s^2$。

14.1 镧系元素

14.1.1 镧系元素的通性

镧系元素与 ⅢB 族的 Sc、Y 性质极为相似,通常将这 17 种元素合称为"稀土元素"。根据矿物的共生关系,可将镧系元素分为铈组稀土和钇组稀土。铈组稀土包括镧 La、铈 Ce、镨 Pr、钕 Nd、钐 Sm、铕 Eu。钇组稀土包括钆 Gd、铽 Tb、镝 Dy、钬 Ho、铒 Er、铥 Tm、镱 Yb、镥 Lu、钪 Sc、钇 Y。

1. 电子层结构

镧系元素中,不属于 f 区的 Sc、Y 的价电子层结构分别为 $4s^23d^1$、$5s^24d^1$。其他元素的电子层结构为 $[Xe]4f^n5d^m6s^2$,其中 $n=1\sim14$,$m=0$ 或 1,其特征氧化态为 +3。在中性原子中,没有 4f 电子的 Sc、Y、La 及 4f 电子半充满的 Gd 和 4f 电子全充满的 Lu 都有一个 5d 电子,即 $m=1$,此外,Ce 也有一个 5d 电子,其他镧系原子的 m 均为 0。

2. 原子半径与离子半径的变化规律

随着原子序数的增大,从 La 到 Lu,4f 轨道中的电子逐渐增多,因 4f 电子对最外层电子屏蔽较完全(屏蔽常数 $\sigma=0.99$),原子核对外层电子的吸引力增加幅度较小,使原子半径减小的程度很小。从 La 到 Lu 原子序数增大了 15,半径减小的总和只有 15 pm。

镧系元素原子半径中,在 Eu 和 Yb 处出现了反常的增大,而在 Ce 处出现了较大的降低(图 14-1)。其原因是,Eu 和 Yb 原子的价电子层结构分别为 $4f^76s^2$ 和 $4f^{14}6s^2$,4f 轨道处于半充满和全充满的稳定状态,对核电荷的屏蔽有较大幅度的增强,使得原子核对外层电子的吸引突然下降，导致原子半径明显增大。Ce 原子的价电子层结构为 $4f^15d^16s^2$，很可能是 4f 和 5d 轨道上电子分布的不对称性，导致了对外层电子屏蔽效果的下降，增大了原子核对外层电子的吸引，使原子半径略微变小。

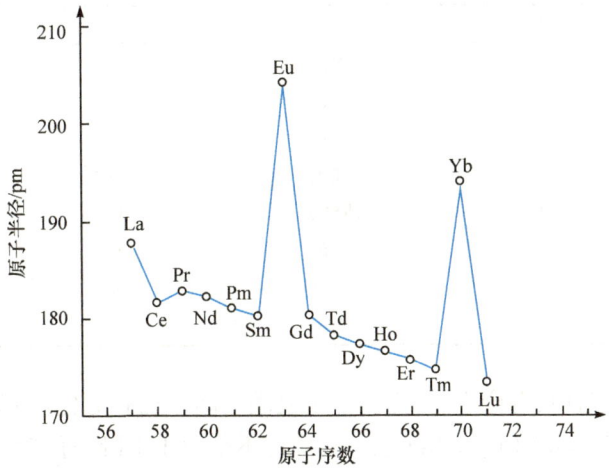

图 14-1　镧系元素原子半径变化规律

随原子序数增加，Ln^{3+} 的价电子层结构从 $4f^0$ 增至 $4f^{14}$，其离子半径从 La^{3+}（106 pm）到 Lu^{3+}（85 pm）依次减小（图 14-2）。由于带有较多的正电荷，价电子层结构对半径的影响明显减弱，因此离子半径的变化并无太大反常现象。

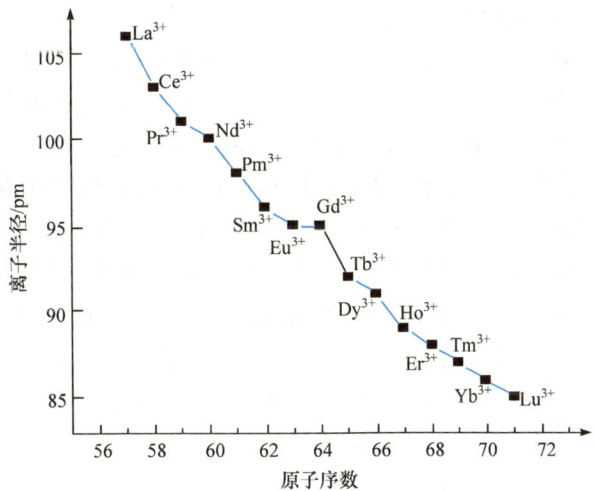

图 14-2　镧系元素离子半径变化规律

3. 镧系元素的氧化态及离子颜色

镧系元素中没有 4f 电子的 La^{3+}（$4f^0$）、4f 轨道半充满的 Gd^{3+}（$4f^7$）和全充满的 Lu^{3+}（$4f^{14}$）具有最稳定的 +3 氧化态。其邻近的其他镧系离子为达到稳定的电子组态 $4f^0$、$4f^7$ 和 $4f^{14}$ 而具有变价的性质，越靠近它们的离子，变价的倾向越大。La 和 Gd 右侧的近邻倾向于氧化为高价态（Ce^{4+}、Tb^{4+}）。Gd 和 Lu 左侧的近邻倾向于还原为低价态（Eu^{2+}、Yb^{2+}）。

镧系元素的 Ln^{3+} 大多具有颜色。根据配合物的晶体场理论，4f 轨道为全空、全满及半充满状态的离子为无色的，其他具有相同单电子数的离子几乎具有相同的颜色，即电子层结构为 $4f^x$ 的离子与电子层结构为 $4f^{14-x}$ 的离子颜色几乎相同(表 14-1)。

表 14-1 溶液中 Ln^{3+} 的颜色

Ln^{3+}	$4f^n$	颜 色	$4f^{14-n}$	Ln^{3+}
La^{3+}	$n=0$	无色	14	Lu^{3+}
Ce^{3+}	1	无色	13	Yb^{3+}
Pr^{3+}	2	绿色	12	Tm^{3+}
Nd^{3+}	3	红色	11	Er^{3+}
Pm^{3+}	4	浅红黄	10	Ho^{3+}
Sm^{3+}	5	黄色	9	Dy^{3+}
Eu^{3+}	6	浅粉色	8	Tb^{3+}
Gd^{3+}	7	无色		

某些非 +3 氧化态且具有全空、半充满或全充满的离子也有颜色，如 $Ce^{4+}(4f^0)$ 为橙黄色、$Eu^{2+}(4f^7)$ 为浅黄绿色、$Yb^{2+}(4f^{14})$ 为绿色。其颜色不是由于 f-f 跃迁产生的，而是由电荷迁移引起的。某些具有 f 成单电子的离子表现为无色，是因为其 f-f 跃迁的能量超出了可见光范围。

4. 镧系元素及化合物的磁性

元素及其化合物的磁性与该元素原子或离子中的成单电子数有关。一般情况下，成单电子数越多，其单质或化合物的磁性就越强。

单质或化合物的磁性主要由两方面的因素决定：一是电子自旋磁矩叠加的结果，二是原子轨道磁矩叠加的程度。对于 d 区元素，d 轨道大多参与成键，轨道磁矩多被成键原子（或配位原子）所中和，其磁性主要由成单电子自旋磁矩叠加的结果决定。

在镧元素中，4f 轨道不参与成键，其轨道磁矩可与电子的自旋磁矩发生偶合（相互作用），使其原子或化合物的磁性大大增强。因此，除了 $4f^0$ 型的 La^{3+} 和 Ce^{4+} 以及 $4f^{14}$ 全充满的 Yb^{2+} 和 Lu^{3+} 外，其他镧系元素的原子或其化合物均表现出较强的顺磁性。可用于磁性材料的制备。用稀土合金生产的永磁体，其磁性比普通的铁磁体要强几十倍。由于稀土金属的稀少性，纯稀土合金的应用受到一定程度的限制。近来研究发现，稀土金属可与 Co、Fe、B 等元素形成磁性更强的合金材料，如钕铁硼（$Nd_2Fe_{14}B$）的磁性为碳钢的 220 倍，广泛应用于高效微型电机、磁性记录材料、硬盘驱动器、核磁共振仪等领域。

5. 稀土发光材料

镧系元素对于各种发光材料有良好的激发、激活作用。对于各种荧光、激光和光转换材料，添加不同种类的稀土元素，可大大改善其发光性能和光转换效率。

例如，掺有 Eu 的荧光粉（Y_2O_3：Eu、Y_2O_3S：Eu）可发出红色的荧光，其亮度比普通荧光粉高出 40% 以上。不同的稀土元素可激发产生不同颜色的荧光，如 Gd_2O_2S：Tb 为绿色、LaOBr：Tb：Yb 为蓝色、Y_2O_3S：Tb：Dy 为黄色、$ScHgP_2O_4$：Eu 为紫色、$(YGd)_2O_2S$：Tb 为白色等。这些荧光材料不仅发光效率高，而且相同功率下的发光亮度比一般的白炽灯高得多。这些荧光材料不仅用作显示器屏幕的制作，还可用于各种照明设备或发光体，大大降低电能的消耗,起到显著的节能效果。

红宝石(含 Cr_2O_3 杂质的 Al_2O_3 晶体)是最早发现可受激发产生激光的晶体材料。当加入稀土元素或其氧化物时,可制得发光效率更高、功率更大的激光材料,如用 Y_2O_3 和 Al_2O_3 人工合成的钇铝石榴石单晶。这类激光材料易于合成,且成本更低,使得原本稀有、昂贵的各类激光设备得以迅猛发展,进入日常生活的各个方面,如激光切割机、激光测距仪、激光打印机、激光通讯仪、刻录光驱等。

稀土元素的另一特性是光转换功能。例如,掺有 Yb^{3+} 和 Er^{3+} 的 $BaYF_5$、LaF_3 等可将波长小于 400 nm 的紫外线、X 射线等转换为可见光,还可将波长大于 400 nm 的红外线转换为可见光。利用这一特性,可在灯泡钨丝中添加稀土光转换材料,将其产生的红外线热能转换为可见光,提高其发光效率。也可制成红外夜视仪,将夜间的红外线变为可见光,更加清晰地观察、辨别目标。

6. 镧系元素在自然界的分布

镧系元素在自然界的存在比较分散。目前,已知的稀土矿物有 150 余种,具有工业开采价值的有 4 种。其中,氟碳铈矿[$Ce(CO_3)F$]和独居石[$RE(PO_4)$]是轻稀土元素($RE=Ce,La,Nd,Th$)的主要来源,而磷钇矿(YPO_4)和褐钇铌矿($YNbO_4$)是重稀土元素的主要来源。

我国的稀土元素蕴藏量居世界首位,超过世界各国工业储量的总和。特别是内蒙古白云鄂博矿的稀土储量更是十分可观。除了内蒙古外,我国有十几个省和自治区发现了各种类型的稀土矿床。除我国外,稀土资源主要分布在美国、印度、巴西、澳大利亚、南非等国。美国将其稀土矿产作为战略资源禁止开采,采取各种手段从世界各国,特别是从我国大量进口。

14.1.2 镧系元素的单质与化合物

1. 镧系金属的性质

镧系金属均为银白色,比较软,延展性良好,具有顺磁性。由镧系元素的电极电势($-2.25\sim-2.52$ V)可知,镧系金属的化学活泼性与碱金属类似,在潮湿的空气中很容易被氧化。因此,镧系金属一般要保存在煤油中。

镧系金属的活泼性顺序按 Sc、Y、La 递增,但由 La 到 Lu 递减,其中 La 的活泼性最高。Ln 与 O_2 的反应,无论在空气中还是纯 O_2 中都非常激烈。Ce、Pr、Nd 的燃点分别为 438 K、563 K、543 K。当以 Ce 为主的混合轻稀土金属在不平的表面摩擦时,其细末会自燃,因此可用作民用打火石和军用引火合金。

因为镧系金属比较活泼,所以一般用电解法或用更活泼金属还原法制备。

可在熔融的 CaF_2 中电解 CeO_2 制备金属 Ce。

用 Na 还原轻稀土金属(La~Gd)的无水氯化物,或用 Mg 还原重稀土金属的无水氟化物,可制备大多数的稀土金属。

镧系金属的活泼性介与碱金属和碱土金属之间,在常温或加热条件下,即可与大多数非金属元素直接反应,并放出大量的热:

$$4Ln + 3O_2 === 2Ln_2O_3$$

$$2Ln + 6H_2O \xrightarrow{\triangle} 2Ln(OH)_3\downarrow + 3H_2\uparrow$$

$$2Ln + 3X_2 === 2LnX_3$$

$$2\text{Ln} + \text{N}_2 \Longrightarrow 2\text{LnN}$$
$$2\text{Ln} + 6\text{H}^+ (\text{稀酸}) \Longrightarrow 2\text{Ln}^{3+} + 3\text{H}_2 \uparrow$$
$$2\text{Ln} + 3\text{S} \xrightarrow{\geqslant 573\text{ K}} \text{Ln}_2\text{S}_3 (\text{LnS}, \text{LnS}_2, \text{Ln}_3\text{S}_4)$$
$$2\text{Ln} + 3\text{C} \xrightarrow{\triangle} \text{Ln}_2\text{C}_3 (\text{LnC}_2)$$
$$\text{Ln} + \text{H}_2 \xrightarrow{\geqslant 573\text{ K}} \text{LnH}_2 (\text{LnH}_3)$$

2. 镧系元素的氧化物与氢氧化物

1) 氧化物

温度高于 473 K 时,镧系金属可与空气中的 O_2 反应,大多生成 Ln_2O_3,Ce 为 CeO_2,Pr 则生成 +3 和 +4 氧化态的混合氧化物 Pr_6O_{11},并放出大量热。产物比 Al_2O_3 还稳定。其中 CeO_2、PrO_2 比 SiO_2 还要稳定。Ln_2O_3 的熔点基本都在 2573 K 以上。将镧系元素的氢氧化物、乙二酸盐、碳酸盐、硝酸盐、硫酸盐加热分解,都可用于制备其氧化物。但一般是将 Ln^{3+} 沉淀为乙二酸盐,再加热分解制备 Ln_2O_3。

Ln_2O_3 属于碱性氧化物,性质类似于 CaO,难溶于水和碱性溶液,但即使灼烧过的 Ln_2O_3 也易溶于强酸,这一点与 Al_2O_3 不同。Ln_2O_3 易吸潮,易与空气中的 CO_2 反应生成碳酸盐或碱式碳酸盐。

因 CeO_2 的生成温度及其颗粒大小不同,固体 CeO_2 呈现从纯白到褐色等各种不同的颜色。由 $Ce(C_2O_4)_2$ 热分解得到的 CeO_2 常呈褐色。CeO_2 在玻璃工业中可用作脱色剂,其褐色与 Fe(Ⅱ)的浅绿色恰好成互补色。

2) 氢氧化物

镧系元素氢氧化物与碱土金属氢氧化物近似,但在水中的溶解度比碱土金属氢氧化物的小得多。即使在 NH_3-NH_4Cl 缓冲溶液中,Ln^{3+} 也可生成 $Ln(OH)_3$ 沉淀,而同样条件下 $Mg(OH)_2$ 却难以形成沉淀。

随着从 La^{3+} 到 Lu^{3+} 半径逐渐变小,镧系元素氢氧化物的溶度积从 $La(OH)_3$ 到 $Lu(OH)_3$ 也逐渐降低。

$Ln(OH)_3$ 沉淀的颜色与 Ln^{3+} 水合离子的颜色近似。Ln^{3+} 无色时,其对应的 $Ln(OH)_3$ 为白色沉淀,如 $La(OH)_3$ 与 $Ce(OH)_3$ 为白色;Ln^{3+} 有色时,其对应 $Ln(OH)_3$ 沉淀也有色,但颜色比水合离子颜色稍浅。

$Ln(OH)_3$ 受热分解为 $LnO(OH)$,继续加热变为 Ln_2O_3。氢氧化物的分解温度从 $La(OH)_3$ 到 $Lu(OH)_3$ 逐渐降低。

$Ln(OH)_2$、$Ln(OH)_4$ 与 $Ln(OH)_3$ 的碱性及氧化还原性有较大的差别。例如,$Ce(OH)_4$ 为棕色沉淀物,溶度积为 2.5×10^{-54},完全沉淀的 pH 为 $0.7 \sim 1.0$。因此,在弱酸性溶液中 Ce^{4+} 也可生成 $Ce(OH)_4$ 沉淀。在中性或弱酸性溶液中,Ce^{3+} 容易被氧化为 $Ce(OH)_4$ 沉淀。用过量的双氧水就可以将 Ce^{3+} 完全氧化为 $Ce(OH)_4$。利用这一点,可以将 Ce 从 Ln^{3+} 中分离出来。

3. 镧系元素的盐类

Ln^{3+} 难溶盐的种类和溶解度大小与 Ca^{2+} 的难溶盐相当。常见的难溶盐有乙二酸盐、碳酸盐、磷酸盐、铬酸盐、氟化物等。镧系元素常见的易溶盐为氯化物、硫酸盐和硝酸盐。

1) 乙二酸盐

由于镧系元素乙二酸盐的溶度积很小(298.15 K 时,均小于 1×10^{-25}),在强酸性溶液(如 6 mol·L^{-1} HNO$_3$)中也可与乙二酸反应,生成 $Ln_2(C_2O_4)_3\cdot10H_2O$ 沉淀。而其他金属的乙二酸盐则都溶于强酸性溶液,利用这一点可以将镧系元素离子与其他金属元素离子分离。

2) 碳酸盐

镧系元素碳酸盐的溶解度和溶度积都比相应的乙二酸盐小,$Ln_2(CO_3)_3$ 受热分解,首先得到碱式盐,最后得到氧化物。分解温度从 $La_2(CO_3)_3$ 到 $Lu_2(CO_3)_3$ 逐渐降低:

$$Ln_2(CO_3)_3 \xrightarrow{350\sim550\ ℃} Ln_2O(CO_3)_2 \xrightarrow{800\sim900\ ℃} Ln_2O_2CO_3 \longrightarrow Ln_2O_3$$

3) 磷酸盐

镧系元素在自然界中存在的一种主要矿物为磷酸盐,称为独居石。与碱土金属的磷酸盐类似,均难溶于水,但溶度积更小。Ln^{3+} 甚至在 H_3PO_4 溶液中也可形成 $LnPO_4$ 沉淀,而碱土金属离子在酸性溶液中与 $H_2PO_4^-$、H_3PO_4 不能形成磷酸盐沉淀。

4) 铬酸盐与氟化物

镧系元素可与铬酸根反应形成难溶盐。与其他难溶铬酸盐类似,$Ln_2(CrO_4)_3$ 能与强酸反应,转化为重铬酸盐而溶解:

$$2Ln_2(CrO_4)_3 + 6H^+ \rightleftharpoons 4Ln^{3+} + 3Cr_2O_7^{2-} + 3H_2O$$

与 CaF_2 相似,LnF_3 均为难溶盐。在 3 mol·L^{-1} HNO$_3$ 中也难溶解,但因能生成配合物而溶于热的浓 HCl 中。LnF_3 与浓 H_2SO_4 反应,转化为相应的硫酸盐,并放出 HF 气体。利用这些性质可将 Ln^{3+} 与其他金属离子分离。

5) 氯化物

无水 $LnCl_3$ 熔点高,熔融时易导电,说明 $LnCl_3$ 属于离子型化合物。水合氯化物 $LnCl_3\cdot nH_2O$ 易溶于水、易潮解,n 一般为 6 或 7。在浓 HCl 中,Ln^{3+} 能与 Cl$^-$ 配合形成 $[LnCl_4]^-$ 和 $[LnCl_6]^{3-}$。

$LnCl_3\cdot nH_2O$ 受热脱水时,易发生水解,生成碱式盐 $LnOCl$。因此,不能用加热水合氯化物的方法制备无水氯化物。将 Ln_2O_3 与 NH_4Cl 固体混合,一起加热可得到无水 $LnCl_3$:

$$Ln_2O_3(s) + 6NH_4Cl(s) \xrightarrow{573\ K} 2LnCl_3(s) + 3H_2O(g) + 6NH_3(g)$$

$LaOCl$ 和 $LaOBr$ 是 X 射线、荧光的增强剂。将 La_2O_3 与 NH_4Br 共热可得到 $LaOBr$,然后将 $LaOBr$ 与一定量的 KBr 混合灼烧,可得到有发光性能的晶体。

6) 硝酸盐

镧系元素硝酸盐多以 $Ln(NO_3)_3\cdot nH_2O$ 形式存在。$Ln(NO_3)_3$ 易溶于醇、酮、醚、胺等有机溶剂。

$Ce(NO_3)_4$ 与 NH_4NO_3 形成的 $(NH_4)_2[Ce(NO_3)_6]$ 是一种比较稳定的配合物,不仅可溶于水,而且易溶于有机溶剂。可用乙醚、磷酸三丁酯(TBP)等将其从水溶液中萃取出来,达到与其他镧系元素分离的目的。

7) 硫酸盐

镧系元素硫酸盐均带有结晶水,多为 $Ln_2(SO_4)_3\cdot8H_2O$,只有 $Ce_2(SO_4)_3\cdot9H_2O$ 例外。水合硫酸盐及无水硫酸盐都易溶于水,从 $La_2(SO_4)_3$ 到 $Lu_2(SO_4)_3$ 溶解度逐渐增大,但随着温度的升高,其溶解度都逐渐减小。

4. 镧系元素的常见配合物

由于 Ln^{3+} 半径较大、正电荷多、外层电子构型稳定，属于"硬酸"，因此易与 O、N 为配位原子的配体形成较为稳定的配合物，有效的配位体主要有 H_2O、NO_3^-、EDTA 以及各类取代酰胺等。

依据镧系元素形成配合物特点，目前镧系元素配合物的研究主要集中在能够产生螯合效应的双酰胺和多酰胺配体的合成，并且在镧系元素的分离与富集方面得到了广泛的应用。

Ln^{3+} 由于半径较大，所以配位数一般为 9~10，最大可达 12。

14.1.3 镧系元素的分离与提取

镧系元素的电子层结构仅在内层的 4f 轨道上有差别，价电子层结构基本相同，且原子半径十分接近，造成了其化学性质的相似性。因此，镧系元素的分离提取比其他常见元素困难得多。

一般是先将镧系元素作为一组物质与矿物中的其他元素分离，然后从获得的混合镧系元素中逐一分离，提取单一的镧系元素。

目前应用较为广泛的镧系元素与其他元素的分离方法主要有：

（1）用 $NH_3 \cdot H_2O$ 将 Ln^{3+} 沉淀为 $Ln(OH)_3$，可与 Na^+、K^+、Mg^{2+}、Ca^{2+} 等分离。

（2）在酸性溶液中，用乙二酸将 Ln^{3+} 沉淀为 $Ln_2(C_2O_4)_3$，可与 Na^+、K^+、Al^{3+}、Fe^{3+}、Mn^{2+}、Mg^{2+} 等分离。

（3）用易溶酸式磷酸盐将 Ln^{3+} 沉淀为 $LnPO_4$，可与 Na^+、K^+、Co^{2+}、Ni^{2+}、Mn^{2+}、Mg^{2+} 等分离。

（4）用易溶性氟化物将 Ln^{3+} 沉淀为 LnF_3，可与 B、P、Si 等分离。

从混合镧系元素中分离提取单一镧系元素常用的方法有化学法、萃取法和离子交换法。

1. 化学法

化学法是利用化学反应将某一镧系元素转变成性质独特的化合物与其他镧系元素分离。常用的有分级沉淀法和氧化还原法。

1）分级沉淀法

向含有混合镧系元素离子的溶液中加入适量的沉淀剂，使溶解度最小的难溶盐首先析出。例如，向含有 Ln^{3+} 的溶液中加适量的碱，最先沉淀的是 $Lu(OH)_3$；向含有 $Ln_2(SO_4)_3$ 的溶液中加入 K_2SO_4，最先结晶的是 $La_2(SO_4)_3 \cdot K_2SO_4 \cdot xH_2O$。将得到的沉淀过滤、溶解，再进一步重复分级沉淀，可以分离得到较纯的 Lu 或 La 的化合物。

分级沉淀法的分离效率较低，适用于从矿物的混合元素中提取镧系元素。

2）氧化还原法

氧化还原法是改变某些镧系元素的氧化态，并进一步将这些具有特殊氧化态的离子沉淀出来，与其他镧系元素分离。典型的例子是 Ce 的分离提取。一般 Ln^{3+} 在溶液 pH=7 时才沉淀为 $Ln(OH)_3$，而 Ce^{4+} 在溶液 pH=0.7~1.0 时就可以沉淀为 $Ce(OH)_4$，若将溶液 pH 控制在 3 左右，加入氧化剂（如 O_2、H_2O_2 等），可将 Ce^{3+} 氧化为 Ce^{4+}，并同时沉淀为 $Ce(OH)_4$，使 Ce 与其他镧系元素分离。

氧化还原法只适用于分离提取有可变氧化态的镧系元素。

2. 萃取法

溶剂萃取一般是指液-液萃取,即将某物质从一个液相转入另一个液相的过程。用萃取法分离提取镧系元素的步骤如下:

(1) 将含有镧系元素的矿物用酸(如 HCl、HNO_3 等)溶解,过滤除去难溶杂质,得到含有镧系元素离子的浸取液。

(2) 选取萃取剂,并使其溶于某有机溶剂(如煤油、苯、CCl_4 等)。该萃取剂必须满足只能与镧系元素离子形成易溶于有机溶剂而难溶于水的萃合物的条件。

(3) 将含有萃取剂的有机相与含有镧系元素离子的水相放在同一容器中充分振荡,使镧系元素离子与萃取剂充分反应生成萃合物并进入有机相,达到与其他离子分离的目的。

(4) 选择特定水相再与含有上述萃合物的有机相作用,使萃合物解离,并使镧系元素离子重新回到新的水相,这一过程称为反萃,反萃后的有机相可重复使用。

由于镧系元素相邻离子的分离系数差别很小,必须使待萃水相与有机相多次接触(多级萃取),才能得到纯品。实际生产中,把若干萃取器串联起来操作(串级萃取工艺)可大大提高分离效率。

新的高效萃取剂的研究开发也是提高萃取效率、简化萃取工艺的研究方向之一。目前,具有螯合效应的多酰胺类镧系元素萃取剂的合成与萃取效果研究取得了众多的成果。

3. 离子交换法

离子交换法是将含有混合稀土离子的溶液流经装有离子交换树脂的交换柱,使溶液中的稀土离子与离子交换树脂中的离子进行交换,从而实现分离。

常用的离子交换树脂分为以下两种:

(1) 阴离子交换树脂,主要用于分离水溶液中的阴离子。例如,季铵型阴离子交换树脂 $R—N(CH_3)_3OH$,树脂上的 —OH 与溶液中的阴离子发生交换作用:

$$2[R—N(CH_3)_3OH] + SO_4^{2-} \longrightarrow [R—N(CH_3)_3]_2SO_4 + 2OH^-$$

SO_4^{2-} 被吸附,与水溶液中的其他离子分离。

(2) 阳离子交换树脂,用于分离水溶液中的阳离子。例如,磺酸型阳离子交换树脂 $R—SO_3H$(或 $R—SO_3Na$),树脂上的 H^+ 或 Na^+ 与溶液中的阳离子发生交换作用:

$$3R—SO_3H + Ln^{3+} \longrightarrow (R—SO_3)_3Ln + 3H^+$$

Ln^{3+} 被吸附,与水溶液中的其他离子分离。

离子交换平衡也属于化学平衡。Ln^{3+} 和树脂上的磺酸根结合越牢固,交换越彻底。对于 Ln^{3+} 而言,由于其氧化态大多相同,但离子半径从 La^{3+} 到 Lu^{3+} 逐渐减小,与磺酸根的结合力越来越强,因此当含有 Ln^{3+} 的水溶液由上向下流过阳离子交换柱时,Lu^{3+} 将首先与阳离子树脂发生交换反应,La^{3+} 要轮到最后。这样,Lu^{3+} 处于交换柱的最上端,而 La^{3+} 则处于最下端。

交换完成后,再用能与 Ln^{3+} 生成稳定配合物的阴离子溶液将 Ln^{3+} 从交换树脂上淋洗下来,就可达到初步分离的目的。例如,用柠檬酸铵淋洗阳离子交换树脂,由于 Ln^{3+} 与柠檬酸形成配合物的稳定性由 La^{3+} 至 Lu^{3+} 依次增大,因此离子被淋洗出来的顺序为 Lu^{3+}、Yb^{3+}、$\cdots$、La^{3+}。经过多次吸附、淋洗,可将镧系元素离子完全分离。

14.1.4 镧系元素的应用

除了利用镧系元素的磁性和发光性能制作各种高效磁性材料和发光及光转换材料外,镧系元素还可作为微量元素用于农业。实验证明,稀土元素对小麦、玉米、水稻、花生、蔬菜、烟草等作物都有明显的增产效果。用镧系元素的硝酸盐拌种,可使粮食增产10%~20%,白菜增产近30%。用镧系金属处理过的铸铁做成铧犁,在使用时不粘泥土,提高了耕作效率。

在石油化工中,混合镧系元素的氯化物和磷酸盐主要用于制备分子筛型石油裂化催化剂,以及合成异戊橡胶、顺丁橡胶和合成 NH_3 的高效催化剂。

在冶金方面,由于镧系元素对 O、S、P、C 等非金属元素的结合力较强,被广泛用于钢铁工业有害元素的清除,从而改善和提高钢材的性能。另外,在钢铁中掺杂一定量的稀土元素,可以制备具有特殊性能的合金钢。例如,我国生产的含稀土金属球墨铸铁,其机械性能、耐磨性和耐腐蚀性均得到大幅度提高。在有色金属中,添加稀土可以改善合金的高温抗氧化性,提高材料的强度。某些混合稀土金属合金可以用作冶金工业的强还原剂。

稀土氧化物还可作为玻璃抛光的主要原料,用于镜面、平板玻璃、电视显像管的抛光,具有用量少、抛光时间短等优点。目前镧系元素已广泛用于制造光学玻璃、原子能工业用玻璃、高温陶瓷及其他专用玻璃。镧系元素的存在可使玻璃具有特种性能和颜色,如含 Nd_2O_3 的玻璃具有鲜红色,含 Pr_2O_3 的玻璃显绿色,并能随光源变化而产生不同的颜色。

14.2 锕 系 元 素

14.2.1 锕系元素的通性

锕系元素又称为 5f 过渡元素,是周期表ⅢB 族中原子序数为 89~103 的 15 种化学元素的统称。包括锕 Ac、钍 Th、镤 Pa、铀 U、镎 Np、钚 Pu、镅 Am、锔 Cm、锫 Bk、锎 Cf、锿 Es、镄 Fm、钔 Md、锘 No、铹 Lr,均为放射性元素。U 元素之后,原子序数为 93~109 的 17 种元素称为超铀元素。前 4 种元素 Ac、Th、Pa、U 存在于自然界中,其余 11 种全部由人工核反应合成。锕系元素原子结构的特点是:Ac 以后的元素,电子依次填充 5f 内电子层,其最外层的电子构型基本相同,使锕系元素之间的性质非常相似,与镧系元素一样,锕系元素中也存在离子半径收缩现象。

锕系元素中,只有 Ac 与 Th 的电子层结构中没有 5f 电子,分别为 $7s^26d^1$ 和 $7s^26d^2$,其他元素的电子层结构为 $[Rn]5f^n6d^m7s^2$,其中 $n=1$~14,$m=0$、1 或 2。这是因为 5f 原子轨道和 6d 原子轨道的形状与能量近似。

锕系元素的典型氧化态为+3,但由于 5f 轨道和 6d 轨道的能量差值较小,因此在 f 轨道半充满之前的元素由于 f 电子参与成键而显多种氧化态。f 轨道半充满之后的元素多呈现+2 和+3 的稳定氧化态。

14.2.2 Th、U 及其化合物

锕系元素均为金属,与镧系元素一样,化学性质十分活泼。其氯化物、硝酸盐、高氯酸盐均可溶于水,而氢氧化物、氟化物、硫酸盐、乙二酸盐则不溶于水。大多数锕系元素能与含 O、N 配位原子的配位体形成稳定的配位化合物。

α 衰变和自发裂变是锕系元素的重要核特性。随着原子序数的增大,半衰期依次缩短,如 ^{238}U 的半衰期为 4.468×10^9 a,^{260}Lr 的半衰期只有 3 min。

锕系元素的毒性和辐射(特别是吸入人体内的 α 辐射体)危害极大,必须在有严密防护措

施的密闭工作箱中进行相关操作。

在人工合成的锕系元素中,只有 Pu、Np、Am、Cm 的年产量达千克级以上,Cf 仅为克量级,Es 以后的元素产量极少,半衰期很短,仅用于研究。用途比较多的只限于 U 和 Th,Pu 在某些情况下用作核燃料。

1. Th 及其化合物

1) Th 的制备、性质与用途

自然界中,Th 主要以磷酸盐的形式存在于独居石、磷铈钍矿中。其他还有钍石($ThSiO_4$)和方钍石(ThO_2)。

从独居石中提取稀土元素时,可分离出 $Th(OH)_4$,用酸溶解 $Th(OH)_4$,再用 TBP(磷酸三丁酯)进一步萃取提纯,制成 ThO_2。

金属 Th 可用 Ca 或 Mg 还原 ThO_2,或用 $ThCl_4$ 与 NaCl 和 KCl 的熔融混合物电解制得:

$$ThO_2 + 2Mg \xrightarrow{\triangle} Th + 2MgO$$

Th 为银白色金属,长期暴露在空气中渐变为灰色。质较软,可锻造。其半衰期约为 1.4×10^{10} a。与稀酸及氢氟酸反应缓慢,但可溶于浓 HCl、浓 H_2SO_4 和王水中。HNO_3 能使 Th 钝化。高温下可与卤素、S、N_2 反应。所有 Th 盐为 +4 价。在化学性质上与 Zr、Hf 相似。

Th 主要用于原子能工业,因为 ^{232}Th 可蜕变成可裂变的 U。金属 Th 还可用于制造合金,以提高金属的强度。由于 Th 具有良好的发射性能,故多用于放电管和光电管中。

在核反应中,Th 经中子照射后可以转化为核燃料 ^{235}U,是一种极有前途的核能源。

2) Th 的化合物

(1) ThO_2。Th 的特征氧化态为 +4,粉末状的金属 Th 在空气或 O_2 中燃烧,或将 Th 的硝酸盐、乙二酸盐灼烧分解,可生成 ThO_2。

ThO_2 为白色粉末,与硼砂共熔可制得晶体状 ThO_2。灼烧过的 ThO_2 难溶于酸。

ThO_2 常作为催化剂,广泛应用于人造石油工业中。ThO_2 的熔点很高,受热时可发出耀眼的白光。煤气灯或沼气灯的纱罩是用含 1% CeO_2 的 ThO_2 制成。

(2) $Th(OH)_4$。向可溶性钍盐溶液中加碱或氨水,可生成白色凝胶状的 $Th(OH)_4$ 沉淀。$Th(OH)_4$ 可强烈吸收空气中的 CO_2,生成 $Th(OH)_2CO_3$。易溶于酸生成 Th^{4+} 溶液。加热至 743 K 以上,脱水转化为 ThO_2。

(3) $Th(NO_3)_4 \cdot 5H_2O$。$Th(NO_3)_4 \cdot 5H_2O$ 是 Th 的重要盐类,易溶于水、醇、酮和酯,是制备其他 Th 化合物的原料。ThO_2 与 HNO_3 反应,根据结晶条件的不同,得到含不同结晶水的 $Th(NO_3)_4$ 晶体。

(4) Th 的配合物。由软硬酸碱理论可知,Th^{4+} 属于"硬酸",易与卤素离子及含 O、N 的配位体,如席夫(Schiff)碱、胺类、酰胺等形成多种稳定的配位化合物。由于 Th^{4+} 半径相对较大,且又带很高的正电荷,因此其配位数最高可达 12,如 $[Th(NO_3)_6]^{2-}$。

2. U 及其化合物

1) U 的制备、性质与用途

尽管 U 在地壳中分布十分广泛,已知的铀矿物有 170 多种,但具有工业开采价值的铀矿只有二三十种,其中只有两种富集矿床。

U为银白色活泼金属,可延展、锻造,能与大多数非金属反应。与许多金属反应,可生成金属间化合物。在空气中易氧化,生成一层发暗的氧化膜。粉末状金属U能在空气中自燃。金属U易与酸反应放出H_2,但不与NaOH反应。与碱性过氧化物共熔,可生成水溶性的过铀酸盐。

可用金属Ca或Mg还原UF_4制备金属U。这样得到的金属U含有0.72%的可裂变同位素^{235}U和99.2%的^{238}U同位素。分离核燃料用的^{235}U通常是利用在较高温度下UF_6气体的扩散、离心而获得较纯的^{235}U同位素:

$$UF_4 + 2Mg == U + 2MgF_2$$

2) U的化合物

U能形成多种氧化态(+3、+4、+5、+6)的化合物,其中以+6氧化态的化合物最为稳定和重要。

A. 氧化物

U的稳定氧化物主要有UO_2(暗棕色)、U_3O_8(暗绿色)和UO_3(橙黄色)。也是U在自然界存在的主要形式。其他的还有U_4O_9、U_3O_7、U_2O_3,但稳定性较差。

UO_3与酸反应生成铀酰UO_2^{2+},溶于碱则生成重铀酸根$U_2O_7^{2-}$:

$$UO_3 + 2H^+ == UO_2^{2+} + H_2O$$

$$2UO_3 + 2OH^- == U_2O_7^{2-} + H_2O$$

高温下,分解UO_3或用CO还原可生成UO_2:

$$2UO_3 \xrightarrow{\triangle} 2UO_2 + O_2 \uparrow$$

$$UO_3 + CO == UO_2 + CO_2$$

硝酸铀酰$UO_2(NO_3)_2$加热分解可制得UO_3:

$$2UO_2(NO_3)_2 \xrightarrow{\triangle} 2UO_3 + 4NO_2 \uparrow + O_2 \uparrow$$

加热分解乙二酸铀可制得U_3O_8:

$$3U(C_2O_4)_2 \xrightarrow{\triangle} U_3O_8 + 8CO \uparrow + 4CO_2 \uparrow$$

U_3O_8不溶于水,但可溶于酸,生成UO_2^{2+}。

B. $UO_2(NO_3)_2$

将U的氧化物溶于HNO_3,析出柠檬黄色的$UO_2(NO_3)_2 \cdot 6H_2O$晶体:

$$UO_3 + 2HNO_3 == UO_2(NO_3)_2 + H_2O$$

$UO_2(NO_3)_2$带绿色荧光,在潮湿空气中吸潮,易溶于水,水解产物为$UO_2(OH)^+$、$(UO_2)_2(OH)_2^{2+}$和$(UO_2)_3(OH)_5^+$。

在$UO_2(NO_3)_2$中加碱,可析出黄色重铀酸盐,利用此性质可使U转入沉淀:

$$2UO_2(NO_3)_2 + 6NaOH + 3H_2O == Na_2U_2O_7 \cdot 6H_2O \downarrow + 4NaNO_3$$

$Na_2U_2O_7 \cdot 6H_2O$加热脱水得无水盐,俗称"铀黄",是玻璃及瓷釉常用的颜料。

C. 氟化物

铀U可形成多种氟化物,如UF_3、UF_4、UF_5、UF_6。其中以UF_6最为重要:

$$UO_3 + 3SF_4 == UF_6 + 3SOF_2$$

UF_6是挥发性U的化合物,利用$^{238}UF_6$和$^{235}UF_6$蒸气扩散速度的差别使其分离,得到纯

的 ^{235}U 核燃料。

3) U 的配合物

在酸性溶液中，U 主要以稳定的铀酰离子 UO_2^{2+} 存在。UO_2^{2+} 为直线形，易与含 O、N 的配位体（如硝酸根、有机酸、胺类与酰胺等）生成稳定的配合物，配位数一般为 6～9。目前已合成的铀酰配合物有数千种。

习　题

1. 从 Ln^{3+} 的电子构型、离子电荷和离子半径说明三价离子在性质上的类似性。
2. 试说明镧系元素的特征氧化态为 +3，而铈、镨、铽却常呈现 +4，钐、铕、镱又可呈现 +2。
3. 什么是"镧系收缩"？讨论这种现象产生的原因及其对第五、六周期中副族元素性质的影响。
4. 稀土元素有哪些主要性质和用途？
5. 试述镧系元素氢氧化物 $Ln(OH)_3$ 的溶解度和碱性变化的规律。
6. 稀土元素的乙二酸盐沉淀有什么特性？
7. Ln^{3+} 形成配合物的能力如何？举例说明它们形成螯合物的情况与实际应用。
8. 锕系元素的氧化态与镧系元素比较有什么不同？
9. 水合稀土氯化物为什么要在一定真空度下进行脱水？这一点和其他哪些常见的含水氯化物的脱水情况相似？
10. 写出 Ce^{4+}、Sm^{2+}、Eu^{2+}、Yb^{2+} 基态的电子构型。
11. 试求出下列离子的成单电子数：La^{3+}、Ce^{4+}、Lu^{3+}、Yb^{2+}、Gd^{3+}、Eu^{2+}、Tb^{4+}。
12. 完成并配平下列化学反应方程式：
    (1) $EuCl_2 + FeCl_3 \longrightarrow$
    (2) $CeO_2 + HCl \longrightarrow$
    (3) $UO_2(NO_3)_2 \longrightarrow$
    (4) $UO_3 + HF \longrightarrow$
    (5) $UO_3 + NaOH \longrightarrow$
    (6) $Ce(OH)_3 + NaOH + Cl_2 \longrightarrow$
    (7) $Ln_2O_3 + HNO_3 \longrightarrow$
13. 稀土金属常以 +3 氧化态存在，其中有些还有其他稳定氧化态，如 Ce^{4+} 和 Eu^{2+}。Eu^{2+} 的半径接近 Ba^{2+}。怎样将铕与其他稀土分离？
14. f 组元素的性质为什么不同于 d 组元素？举例说明。
15. 讨论下列性质：
    (1) $Ln(OH)_3$ 的碱强度随 Ln 原子序数的升高而降低。
    (2) Ln^{3+} 大部分是有色的、顺磁性的。
16. 回答下列问题：
    (1) 钇在矿物中与镧系元素共生的原因是什么？
    (2) 从混合稀土中提取单一稀土的主要方法有哪些？
    (3) 根据镧系元素的标准电极电势，判断它们在通常条件下与水及酸的反应能力。镧系金属的还原能力与哪种金属的还原能力相近？
    (4) 镧系收缩的结果造成哪三对元素在分离上困难？
17. 下列生成配合物的反应中，随镧系元素原子序数的增加，配合物的稳定性将发生怎样的递变？为什么？
$$Ln^{3+} + EDTA \longrightarrow Ln(EDTA)$$
18. 试述 ^{238}U 和 ^{235}U 的分离方法和原理。

第15章 吸光光度法

学习要求

(1) 掌握吸光光度法的基本原理。
(2) 了解显色反应,掌握显色条件的选择。
(3) 掌握光度测量条件的选择及吸光光度法的应用。

吸光光度法又称分光光度法,是广泛应用的一种微量组分分析方法。它是基于物质对光的选择性吸收而建立起来的一种分析方法,用于研究物质的组成和结构。根据物质对不同波长范围的光的吸收,吸光光度法可分为紫外吸光光度法、可见光吸光光度法和红外吸收光谱法等。分析化学中常将紫外-可见光吸光光度法简称为吸光光度法。

15.1 吸光光度法的基本原理

15.1.1 吸光光度法的特点

(1) 灵敏度高。吸光光度法主要用于微量组分的测定,通常可以测定待测组分的浓度达 10^{-5} mol·L^{-1}。

(2) 该方法可满足微量组分测定准确度的要求,其测定的相对误差为 2%~5%,不适合常量分析。

(3) 方法操作方便、快速,仪器设备简单。若采用灵敏度高、选择性好的有机显色剂,并加入适当的掩蔽剂,一般不经过分离即可直接进行测定。

(4) 应用广泛。几乎所有的无机离子和许多有机化合物都可以用吸光光度法进行测定。该方法不仅可用于测定单一组分,还可进行试样中多组分的同时测定。此外,还可进行配合物组成、有机酸(碱)及配合物平衡常数的测定等。

15.1.2 物质对光的选择性吸收

光波是一种电磁波,电磁波包括无线电波、微波、红外光、可见光、紫外光、X 射线、γ 射线等。按照其频率或波长的大小排列,可得如表 15-1 所示的电磁波谱。波长范围在 200~400 nm 的光称为紫外光,波长范围在 400~750 nm 的光称为可见光。

可见光只是电磁波中一个很小的波段。有色物质的不同颜色是由于吸收了不同波长的光。将一束白光通过某溶液时,如果溶液选择性地吸收某些波长的光,而让其他波长的光透过,这时溶液呈现出透过光的颜色。透过光的颜色是溶液吸收光的互补色。可见光的颜色与互补色之间的关系如表 15-2 所示。

表 15-1　电磁波谱

波谱名称	频率/Hz	波　长	跃迁类型	光谱类型
X 射线	$10^{20} \sim 10^{16}$	$10^{-3} \sim 10$ nm	内层电子跃迁	X 射线吸收、发射、衍射、荧光光谱、光谱电子能谱
远紫外光	$10^{16} \sim 10^{15}$	$10 \sim 200$ nm	价电子和非键电子跃迁	远紫外吸收光谱、光电子能谱
近紫外光	$10^{15} \sim 7.5 \times 10^{14}$	$200 \sim 400$ nm	同上	同上
可见光	$7.5 \times 10^{14} \sim 4.0 \times 10^{14}$	$400 \sim 750$ nm	同上	紫外-可见吸收和发射光谱
近红外光	$4.0 \times 10^{14} \sim 1.2 \times 10^{14}$	$0.75 \sim 2.5\ \mu m$	分子振动	近红外吸收光谱
红外光	$1.2 \times 10^{14} \sim 10^{11}$	$2.5 \sim 1000\ \mu m$	分子振动	红外吸收光谱
微波	$10^{11} \sim 10^{8}$	$0.1 \sim 100$ cm	分子转动、电子自旋	微波光谱、电子顺磁共振

表 15-2　不同颜色的可见光波长及其互补光关系

物质颜色	吸收光	
	互补色	波长/nm
黄绿	紫	400～450
黄	蓝	450～480
橙	绿蓝	480～490
红	蓝绿	490～500
紫红	绿	500～560
紫	黄绿	560～580
蓝	黄	580～600
绿蓝	橙	600～650
蓝绿	红	650～750

例如,高锰酸钾溶液因吸收了白光中的绿色光而呈现紫色,硫酸铜溶液因吸收黄色光而呈现蓝色。有色溶液对各种波长的光的吸收情况常用光吸收曲线描述。将不同波长的单色光依次通过一定的有色溶液,分别测出对各种波长的光的吸收程度。以波长 λ 为横坐标、吸光度 A 为纵坐标作图,所得的曲线称为吸收曲线或吸收光谱曲线。

图 15-1 是 $KMnO_4$ 溶液的吸收光谱。可以看出,在可见光范围内,$KMnO_4$ 溶液对 525 nm 左右的绿色光吸收最强,而对紫色和红色光吸收很弱。

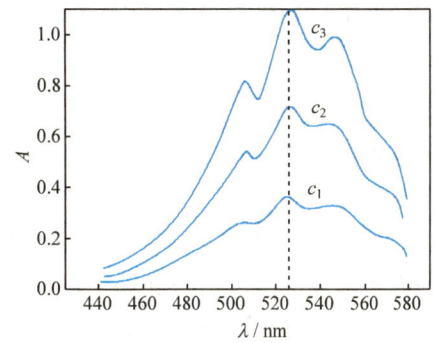

图 15-1　$KMnO_4$ 溶液的吸收光谱

光吸收程度最大处的波长用 λ_{max} 表示,如 $KMnO_4$ 溶液的 $\lambda_{max} = 525$ nm。不同浓度的 $KMnO_4$ 的吸收曲线相似,最大吸收波长不变,吸光度随浓度增大而增加。

不同物质由于结构上的差异,所需的跃迁能量也不相同,于是呈现出不同的吸收光谱。分子的吸收光谱可以研究分子结构并进行定性和定量分析。

15.1.3 朗伯-比尔定律

当一束光线穿过溶液时,溶液中的微粒会对光选择性地吸收。朗伯(Lambert)和比尔(Beer)分别于1760年和1852年研究了溶液的吸光度与溶液液层厚度及溶液浓度之间的定量关系,朗伯研究的结果表明:用适当波长的单色光照射一固定浓度的溶液时,光强度的减弱与入射光的强度和溶液的液层厚度(光在溶液中经过的距离)成正比。比尔进一步证明了单色光强度的减弱与入射光的强度和溶液中的粒子数量(浓度)成正比。

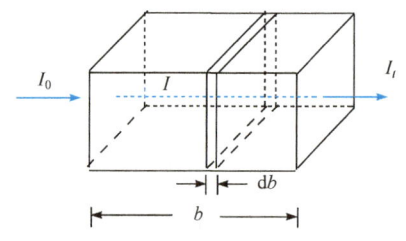

图15-2 光吸收示意图

当一束单色光照射溶液时,光的入射强度为 I_0,通过溶液后的光强度发生了变化,变化程度是由液层的厚度决定的,如图15-2所示。

光在通过某一截面薄层 db 时,光的强度减弱了 dI,则厚度为 db 的溶液液层对光的吸收率为 $-dI/I$,而吸收率与吸收层的厚度和浓度成正比:

$$-\frac{dI}{I} = k \cdot db \cdot c$$

对一液层厚度为 b、浓度为 c 的溶液,则有

$$-\int_{I_0}^{I_t} \frac{dI}{I} = k \cdot c \int_0^b db$$

所以

$$\ln \frac{I_0}{I_t} = k'bc$$

将式中的自然对数换成常用对数,则得

$$\lg \frac{I_0}{I_t} = kbc$$

令 $A = \lg \dfrac{I_0}{I_t}$,则有

$$A = kbc \tag{15-1}$$

式中:A 为吸光度;k 为比例常数。式(15-1)即为朗伯-比尔定律的数学表达式。它表明,当一束单色光通过均匀的非散射的溶液时,溶液的吸光度 A 与吸光物质的浓度 c 和液层厚度 b 的乘积成正比。

k 值随 c、b 所取单位不同而不同。当 c 的单位为 $g \cdot L^{-1}$、b 的单位为 cm 时,k 以 a 表示,称为吸光系数,单位为 $L \cdot g^{-1} \cdot cm^{-1}$。当吸收层厚度和溶液浓度的单位分别为 cm 和 $mol \cdot L^{-1}$ 时,k 则用另一符号 ε 表示,称为摩尔吸光系数,单位为 $L \cdot mol^{-1} \cdot cm^{-1}$,它表示物质的量浓度为 1 $mol \cdot L^{-1}$、液层厚度为 1 cm 时溶液的吸光度。

式(15-1)可写为

$$A = \varepsilon bc \tag{15-2}$$

由式(15-2)可得

$$\varepsilon = \frac{A}{bc} \tag{15-3}$$

式(15-3)表明,ε 是在单位液层厚度和单位浓度时溶液对某一单色光的吸光度。它是吸光物质对一定波长的单色光的吸收能力,取决于吸光物质的本性、入射光的波长、所用溶剂以及测量时的温度等因素。

吸光物质对不同波长的单色光的吸收能力是不相同的。通常所说的物质的摩尔吸光系数是指物质在最大吸收波长处的摩尔吸光系数。ε 越大,表示物质对此波长的单色光的吸收能力越强,测量时的灵敏度就越高。不能通过直接取 1 mol·L^{-1} 的高浓度有色溶液测量,而只能通过测定稀溶液的吸光度,然后计算得到。由于溶液中吸光物质的浓度常因解离、聚合等因素而改变,因此计算 ε 时必须知道溶液中吸光物质的真正浓度。但是在实际工作中,多以被测物质的总浓度(分析浓度)进行计算,这样计算出的 ε 通常称为表观摩尔吸光系数,文献中所报道的 ε 值都是表观摩尔吸光系数的数值。

在吸光光度分析中,透过溶液的透射光强度与入射光强度之比称为溶液的透射比或透光度,用 T 表示:

$$T = \frac{I_t}{I_0} \times 100\%$$

透射比 T 和吸光度 A 有如下关系:

$$T = 10^{-A}$$

或

$$A = \lg\frac{1}{T} = -\lg T \tag{15-4}$$

溶液的透射比 T 越大,说明溶液对入射光的吸收越少,则溶液的吸光度 A 越小。

在吸光光度法中,还有一种表示显色反应灵敏度的方法,即桑德尔(Sandell)灵敏度(又称桑德尔指数),用 S 表示。桑德尔灵敏度规定仪器的检测限为 $A=0.001$ 时,单位截面积光程内所能检测出待测物质的最低含量,以 μg·cm^{-2} 表示。桑德尔灵敏度 S 与摩尔吸光系数 ε 和吸光物质的摩尔质量 M 的关系为

$$S = \frac{M}{\varepsilon} \tag{15-5}$$

【例 15-1】 浓度为 0.510 mg·L^{-1} 的 Cu^{2+} 溶液,用双环己酮草酰二腙比色测定,在波长 600 nm 处,用 2 cm 比色皿测得 $T=50.5\%$,求吸光系数 a、摩尔吸光系数 ε 和桑德尔灵敏度 S。

解 已知 $T=50.5\%$, $b=2$ cm, $c=0.510$ mg·L^{-1},则得

$$A = -\lg T = -\lg 50.5\% = 0.297$$

将浓度进行换算:

$$c = 0.510 \text{ mg·L}^{-1} = 5.10 \times 10^{-4} \text{ g·L}^{-1} = 8.03 \times 10^{-6} \text{ mol·L}^{-1}$$

则

$$a = \frac{A}{bc} = \frac{0.297}{2 \times 5.10 \times 10^{-4}} = 2.91 \times 10^2 (\text{L·g}^{-1}\text{·cm}^{-1})$$

$$\varepsilon = \frac{A}{bc} = \frac{0.297}{2 \times 8.03 \times 10^{-6}} = 1.85 \times 10^4 (\text{L·mol}^{-1}\text{·cm}^{-1})$$

$$S = \frac{M}{\varepsilon} = \frac{63.55}{1.85 \times 10^4} = 3.44 \times 10^{-3} (\mu\text{g·cm}^{-2})$$

15.1.4 偏离朗伯-比尔定律的原因

朗伯-比尔定律是吸光光度分析的理论基础。在实际应用时,通常是使液层厚度保持不变,然后测定一系列浓度不同的标准溶液的吸光度,根据 $A=\varepsilon bc=k'c$ 关系式,以浓度为横坐标、吸光度为纵坐标作图,应得到一通过原点的直线,称为标准曲线或工作曲线。但是,在实际工作中,当有色溶液的浓度较高时,经常出现吸光度与相应的浓度不成直线的情况,如图 15-3 所示,这种现象称为偏离朗伯-比尔定律。如果标准曲线弯曲的程度较严重,将会对测定引起较大的误差。

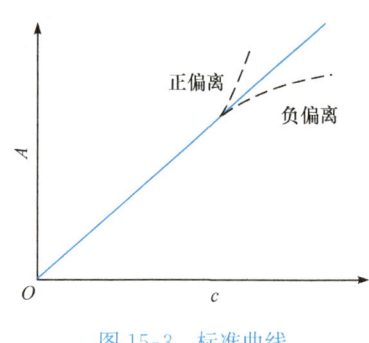

图 15-3 标准曲线

偏离朗伯-比尔定律的原因很多,但基本上可分为物理因素和化学因素两大类。

1. 物理因素

朗伯-比尔定律只适用于一定波长的单色光。但在实际工作中,无法获得真正的单色光,即使质量较好的分光光度计得到的入射光仍然具有一定波长范围的波带宽度。由于物质对不同波长光的吸收程度不同,引起对朗伯-比尔定律的偏离。所得入射光的波长范围越窄,即"单色光"越纯,则偏离越小,标准曲线的弯曲程度也就越小或趋近于零。

2. 化学因素

化学因素的偏离是由溶液本身引起的,主要有以下几个方面:

(1) 溶质的解离、缔合、互变异构及化学变化引起的偏离。其中,有色化合物的解离是偏离朗伯-比尔定律的主要化学因素。例如,显色剂 KSCN 与 Fe^{3+} 形成红色配合物 $[Fe(SCN)_3]$,存在下列平衡:

$$[Fe(SCN)_3] \rightleftharpoons Fe^{3+} + 3SCN^-$$

溶液稀释时,平衡向右移动,解离度增大,所以当溶液体积增大一倍时,$Fe(SCN)_3$ 的浓度不止降低一半,故吸光度降低一半以上,导致偏离朗伯-比尔定律。

(2) 由于介质的不均匀性引起的偏离。朗伯-比尔定律是建立在均匀、非散射的溶液基础上的。当被测溶液不均匀,呈胶体、乳浊、悬浮状态时,入射光通过溶液后除一部分被吸收外,还会有反射、散射的损失,因而实际测得的吸光度增大,导致对朗伯-比尔定律的偏离。

(3) 吸光系数与溶液的折射率有关。溶液的折射率随溶液浓度的变化而变化。实践证明,溶液浓度在 $0.01\ mol\cdot L^{-1}$ 或更低时,折射率基本上是常数,说明朗伯-比尔定律只适用于低浓度的溶液,浓度过高会偏离朗伯-比尔定律。

15.2 显色反应和测量条件的选择

如果待测物质本身有较深的颜色,就可以进行直接测定,但大多数待测物质是无色或较浅的颜色,故需要选择适当的试剂与被测物质反应生成有色化合物再进行测定。这种待测物质在某种试剂的作用下转变成有色化合物的反应称为显色反应,加入的试剂称为显色剂。

15.2.1 显色反应及显色剂

1. 显色反应的选择

在吸光光度法中,使被测物质在显色剂的作用下形成有色化合物的反应称为显色反应。按显色反应的类型来分,主要有氧化还原反应和配位反应两大类,其中配位反应是最主要的。对于显色反应,一般应满足以下要求:

(1) 选择性好,干扰少。在显色条件下,显色剂尽可能不与溶液中的其他共存离子显色,否则需进行分离或掩蔽后才能进行测定。

(2) 灵敏度高。显色反应要求所生成的有色化合物有较大的摩尔吸光系数,在 $10^4 \sim 10^5$ 数量级,才能保证足够的灵敏度。摩尔吸光系数越大,说明显色剂与被测物形成的颜色越深,被测物质在含量较低的情况下也能测出。

(3) 有色化合物的组成恒定,符合一定的化学式。对于形成不同配位比的配位反应,必须严格控制实验条件,使其生成具有一定组成的配合物,以免引起误差,并提高其重现性。

(4) 生成的有色配合物稳定性好。要求其具有较大的稳定常数,保证在测量过程中溶液的吸光度基本恒定。这就要求有色化合物不容易受外界环境条件的影响,如日光照射、空气中的氧和二氧化碳的作用等。此外,还不应受溶液中其他化学因素的影响。

(5) 有色化合物与显色剂之间的色差大。有色化合物与显色剂之间的颜色差别常用"对比度($\Delta\lambda$)"表示,它是显色产物与显色剂的最大吸收波长之差的绝对值。一般要求 $\Delta\lambda >$ 60 nm。

2. 显色剂

无机显色剂在光度分析中应用不多,这主要是因为生成的配合物不够稳定,灵敏度和选择性也不高。例如,用 KSCN 作显色剂测铁、钼、钨和铌;用钼酸铵作显色剂测硅、磷和钒等。

在光度分析中应用较多的是有机显色剂。有机显色剂分子中一般都含有生色团和助色团。生色团是某些含不饱和键的基团,如偶氮基、对醌基和羰基等。这些基团中的 π 电子被激发时所需能量较小,故往往可以吸收可见光而表现出颜色。助色团是某些含孤对电子的基团,如氨基、羟基、卤代基等。这些基团与生色团上的不饱和键相互作用,可以影响生色团对光的吸收,使颜色加深。有机显色剂种类繁多,如磺基水杨酸、丁二酮肟、1,10-邻二氮菲、二苯硫腙、偶氮胂Ⅲ、铬天青 S、结晶紫等。

15.2.2 显色条件的选择

确定显色反应后,控制显色反应的条件也十分重要。如果显色条件不合适,将会影响分析结果的准确度,而显色条件一般是通过实验研究得到的。影响显色条件的因素主要有溶液酸度、显色剂用量、试剂加入顺序、显色时间、显色温度、有机结合物的稳定性及共存离子的干扰等。

1. 溶液的酸度

酸度对显色反应的影响很大,主要表现在以下三个方面。

1) 影响显色剂的平衡浓度和颜色

显色反应所用的显色剂很多是有机弱酸。溶液酸度的变化影响显色剂的平衡浓度,并且影响显色反应的完全程度。例如,金属离子 M^+ 与显色剂 HR 相互作用,生成有色配合物 MR:

$$M^+ + HR \rightleftharpoons MR + H^+$$

可见溶液酸度的增大将不利于显色反应的进行。

另外,某些显色剂具有酸碱指示剂的性质,即在不同的酸度下有不同的颜色。例如,1-(2-吡啶偶氮)间苯二酚(PAR),当溶液 pH<6 时,它主要以 H_2R(黄色)的形式存在;当 pH=7~12 时,主要以 HR^-(橙色)的形式存在;当 pH>13 时,主要以 R^{2-}(红色)的形式存在。大多数金属离子可以与 PAR 生成红色或红紫色的配合物,因而 PAR 只适宜在酸性或弱碱性溶液中使用。在强碱性溶液中,显色剂本身已显红色,影响分析。又如,二甲酚橙在 pH<6 时呈黄色,pH>6 时呈红色,而二甲酚橙与金属离子生成的配合物也呈红色,因此只能在稀酸或弱酸介质中进行光度测定。

2) 影响被测金属离子的存在状态

大多数金属离子很容易水解,当溶液的酸度降低时,它们在水溶液中以简单的金属离子和一系列羟基或多核羟基配离子的形式存在。酸度更低时,可能进一步水解生成碱式盐或氢氧化物沉淀,这都会影响显色反应。

3) 影响配合物的组成

对于某些生成逐级配合物的显色反应,酸度不同,配合物的配位比往往不同,其颜色也不同。例如,磺基水杨酸与 Fe^{3+} 的显色反应,当溶液 pH 为 1.8~2.5、4~8 和 8~11.5 时,分别生成配位比为 1:1(紫红色)、1:2(棕褐色)和 1:3(黄色)三种颜色的配合物,故测定时应严格控制溶液的酸度。

显色反应的最适宜酸度是由实验确定的。其方法是通过考察不同酸度下的吸光度,绘制 A-pH 关系曲线,如图 15-4 所示,从图中找出适宜的 pH 范围。

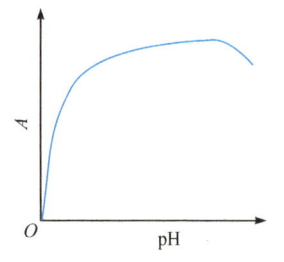

图 15-4 吸光度与酸度的关系

2. 显色剂的用量

显色反应可表示为

$$M(被测组分) + R(显色剂) \rightleftharpoons MR(有色配合物)$$

为了使显色反应进行完全,显色剂一般是过量的,但不是越多越好。对于某些显色反应,显色剂加入太多,反而会引起副反应而影响测定。在实际工作中,根据实验结果确定显色剂用量。

显色剂用量对显色反应的影响一般有三种可能的情况,如图 15-5 所示。其中图 15-5(a) 的曲线形状比较常见,当显色剂用量达到某一数值时,吸光度不再增大,出现 ab 平坦部分,这意味着显色剂用量已足够,于是可在 ab 之间选择合适的显色剂用量。图 15-5(b)与(a)的曲线不同之处是平坦部分较窄,即当显色剂浓度继续增大时,试液的吸光度反而下降。例如,用 SCN^- 测定 Mo(Ⅴ),其与 SCN^- 生成 $[Mo(SCN)_3]^{2+}$(浅红色)、$Mo(SCN)_5$(橙红色)、$[Mo(SCN)_6]^-$(浅红色)配位数不同的配合物,通常测定 $Mo(SCN)_5$ 的吸光度进行分析。若 SCN^- 浓度过高,由于生成浅红色的 $[Mo(SCN)_6]^-$,溶液的吸光度降低,因此必须严格控制显色剂的量。图 15-5(c)的曲线与前两种情况完全不同,随显色剂用量增大,试液的吸光度也增大。例如,用 SCN^- 测定 Fe^{3+},随着 SCN^- 浓度的增大,生成颜色越来越深的高配位数配合物 $[Fe(SCN)_4]^-$ 和 $[Fe(SCN)_5]^{2-}$,溶液颜色由橙黄变为血红色。对于这种情况,只有严格控制显色剂用量,才能得到准确的结果。

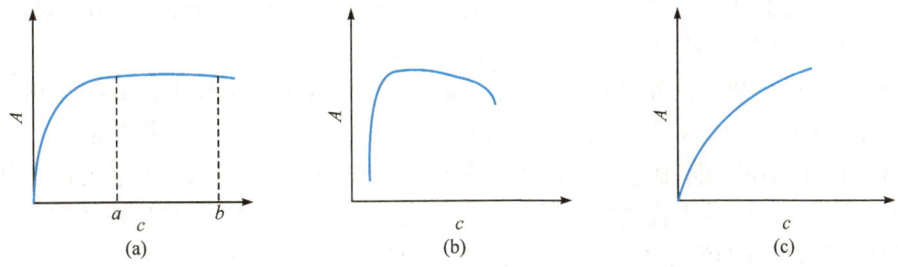

图 15-5　溶液吸光度与显色剂浓度的关系

3. 显色时间与稳定性

有些显色反应反应时间较快,溶液颜色很快达到稳定状态,并在较长时间内保持不变;有些显色反应尽管能迅速完成,但有色配合物的颜色却很快开始褪色;有些显色反应进行缓慢,溶液显色一段时间后才稳定。因此,必须由实验确定最合适测定的时间区间。实验方法为配制显色溶液,从加入显色剂起计时,每隔几分钟测量一次吸光度,制作吸光度-时间曲线,根据曲线确定适宜时间。

4. 显色反应温度

显色反应大多在室温下进行,也有一些显色反应受温度影响较大。例如,用硅钼酸法测定硅,生成硅钼黄的反应在室温下需 10 min 以上才能完成;而在沸水浴中,则只需 30 s 便能完成。因此,应依据具体情况选择适宜的温度。

5. 溶剂的选择

有机溶剂能够降低有色化合物的解离度,从而提高显色反应的灵敏度。例如,在 $Fe(SCN)_3$ 溶液中加入与水混溶的有机溶剂(如丙酮)可降低 $Fe(SCN)_3$ 的解离度而使颜色加深,从而提高了测定的灵敏度。此外,有机溶剂还能提高显色反应的速率,影响有色配合物的溶解度和组成等。例如,用偶氮氯膦Ⅲ测定 Ca^{2+},加入乙醇后,吸光度显著增大。又如,用氯代磺酚 S 测定铌(Ⅴ)时,在水溶液中显色需几小时,加入丙酮后则只需 30 min。

6. 干扰及其消除方法

试样中的干扰物质会影响被测组分的测定。例如,干扰物质本身有颜色或与显色剂发生反应,且在测量条件下也有吸收,造成正干扰;干扰物质与被测组分反应也会造成干扰;干扰物质在测量条件下从溶液中析出,使溶液变浑浊,导致无法准确测定溶液的吸光度,也会影响测定结果。为消除以上原因引起的干扰,可采用以下几种方法:

(1) 控制溶液的酸度。例如,用二苯硫腙测定 Hg^{2+} 时,Cd^{2+}、Cu^{2+}、Co^{2+}、Ni^{2+}、Sn^{2+}、Zn^{2+}、Pb^{2+}、Bi^{3+} 等均可能发生反应,但如果在稀酸(0.5 mol·L^{-1} H_2SO_4)介质中进行萃取,则上述离子不再与二苯硫腙作用,从而消除其干扰。

(2) 利用配位反应,加入适当掩蔽剂。掩蔽剂的选取条件是不与待测离子作用,或掩蔽剂以及它与干扰物质形成的配合物的颜色不干扰待测离子的测定。例如,用二苯硫腙法测 Hg^{2+} 时,即使在 $0.5\ mol \cdot L^{-1}\ H_2SO_4$ 介质中进行萃取,仍不能消除 Ag^+ 和大量 Bi^{3+} 的干扰。这时,加 KSCN 掩蔽 Ag^+、EDTA 掩蔽 Bi^{3+} 可消除它们的干扰。

(3) 利用氧化还原反应,改变干扰离子的价态。例如,用铬天青 S 测定 Al^{3+} 时,Fe^{3+} 有干扰,加入抗坏血酸将 Fe^{3+} 还原为 Fe^{2+} 后,可消除其干扰。

(4) 利用校正系数。例如,用 SCN^- 测定钢中的钨时,可利用校正系数扣除钒(V)的干扰,这是由于钒(V)与 SCN^- 生成蓝色配合物 $(NH_4)_2[VO(SCN)_4]$ 而干扰测定。

(5) 利用参比溶液消除显色剂和某些共存有色离子的干扰。例如,用铬天青 S 作为显色剂测定铝时,Ni^{2+}、Cr^{3+} 等干扰测定,可加适量 F^- 掩蔽试液中的 Al^{3+},然后按照实验方法加显色剂和其他试剂,以此溶液作参比,可以消除 Ni^{2+}、Cr^{3+} 等离子的干扰。

(6) 选择适当的波长。例如,MnO_4^- 的最大吸收波长为 525 nm,测定 MnO_4^- 时,若溶液中有 $Cr_2O_7^{2-}$ 存在,由于它在 525 nm 处也有一定的吸收,故影响 MnO_4^- 的测定。为此,可选用次灵敏波长 545 nm,即可消除 $Cr_2O_7^{2-}$ 的干扰。

(7) 加大显色剂用量。当溶液中存在与显色剂反应但没有颜色干扰的干扰离子时,可以通过增加显色剂的用量消除干扰。

(8) 利用分离方法。若上述方法均不能奏效时,只能采用适当的预先分离的方法,达到消除干扰的目的。

15.2.3 测量条件的选择

1. 测量波长和吸光度范围的选择

1) 测量波长的选择

"最大吸收原则"是指为了使测量结果有较高的灵敏度,选择被测物质的最大吸收波长的光作为入射光。但是,如果在最大吸收波长处存在其他吸光物质的干扰时,应根据"吸收最大、干扰最小"的原则选择入射光波长。例如,用丁二酮肟光度法测定钢铁中的镍,其最大吸收波长为 470 nm,但 Fe^{3+} 用酒石酸钠掩蔽后,在 470 nm 处也有一定吸收,干扰对镍的测定,如图 15-6 所示。为避免 Fe^{3+} 的干扰,选择波长 520 nm 进行测定。在 520 nm 虽然测镍的灵敏度有所降低,但酒石酸铁的吸光度很小,可以忽略,不干扰镍的测定。

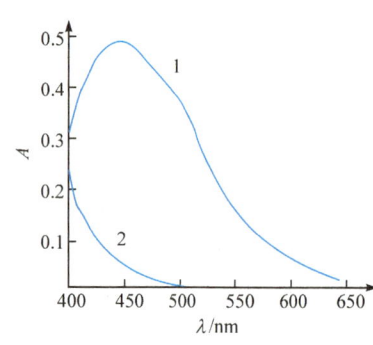

图 15-6 吸收曲线
1. 丁二酮镍;2. 酒石酸铁

2) 吸光度范围的选择

任何分光光度计都有一定的测量误差,这是由于光源不稳定、读数不准确等因素造成的。一般的分光光度计,透射比的绝对误差是一个常数,ΔT 为 0.2%~2%,但在不同的读数范围内所引起的浓度的相对误差却是不同的:

$$\frac{\Delta c}{c} = \frac{0.434}{T\lg T}\Delta T \tag{15-6}$$

式中:$\frac{\Delta c}{c}$ 为浓度的相对误差;ΔT 为透射比的绝对误差。由图 15-7 的 $\frac{\Delta c}{c}$-T 关系曲线可以看

出，浓度的相对误差 $\frac{\Delta c}{c}$ 的大小与透射比（吸光度）读数范围有关。假设 $\Delta T=0.5\%$，当 $T=36.8\%$（$A=0.434$）时，$\frac{\Delta c}{c}=1.4\%$，浓度相对误差最小。当溶液的透射比为 $65\%\sim15\%$（吸光度为 $0.2\sim0.8$）时，浓度的相对误差较小。一般可通过控制溶液的浓度或选择不同厚度的吸收池，达到控制标准溶液和被测试液的吸光度为 $0.2\sim0.8$ 的目的。

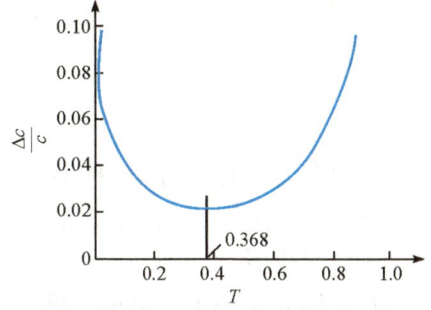

图 15-7　$\frac{\Delta c}{c}$-T 关系曲线

2. 参比溶液的选择

在进行光度测量中，利用参比溶液调节仪器的零点，以消除由于吸收池壁及溶剂对入射光的反射和吸收带来的误差，并扣除干扰的影响。选择参比溶液时应注意以下几点：

（1）当被测试液与显色剂均为无色时，以去离子水或溶剂作参比溶液，称为溶剂空白。

（2）显色剂为无色，而被测试液中存在有色离子时，可用不加显色剂的被测试液作参比溶液，称为试液空白。

（3）显色剂有颜色时，可选择不加试液的空白试剂作参比溶液。

（4）显色剂和试液均有颜色时，可将一份试液加入掩蔽剂，将被测组分掩蔽起来，使之不再与显色剂作用，而显色剂及其他试剂均按试液测定方式加入，以此作为参比溶液，就可消除显色剂和一些共存组分的干扰，此参比溶液称为褪色空白。

（5）改变加入试剂的顺序，使被测组分不发生显色反应，以此溶液作为参比溶液消除干扰。

3. 吸光光度法测定的方法

1）标准曲线法

标准曲线法又称工作曲线法，是吸光光度法中最经典的定量方法。其方法是先配制一系列浓度的标准溶液，用选定的显色剂进行显色，在一定的波长下分别测定它们的吸光度 A。以 A 为纵坐标、浓度 c 为横坐标，绘制 A-c 曲线，若符合朗伯-比尔定律，则可得到一条过原点的直线，称为标准曲线。然后用完全相同的方法和步骤测定待测溶液的吸光度，便可从标准曲线上找到对应的待测溶液浓度或含量，这就是标准曲线法。在仪器、方法和条件都固定的情况下，标准曲线可多次使用不必重新制作，因此标准曲线法适用于大量的经常性的工作。

也可以用直线回归的方法求出 A 与 c 的关系方程，再根据试样溶液的吸光度，从回归方程计算试样的浓度。

标准曲线法要求 A 与 c 线性关系良好，待测溶液的浓度在线性范围内。

2）标准对照法

标准对照法又称比较法。其方法是将试样溶液（以 x 表示）和一个标准溶液（以 s 表示）在相同的条件下进行显色、定容，分别测出它们的吸光度，按下列公式计算待测溶液的浓度：

$$\frac{A_x}{A_s}=\frac{\varepsilon_x b_x c_x}{\varepsilon_s b_s c_s}$$

在相同入射光及用同样的比色皿测量同一物质时，有

$$\varepsilon_x = \varepsilon_s, \quad b_s = b_x$$

则

$$c_x = \frac{A_x}{A_s} c_s \tag{15-7}$$

标准对照法要求 A 与 c 线性关系良好,待测试样溶液和标准溶液浓度接近,以减少测定误差。标准对照法仅用一份标准溶液即可计算出待测试样的浓度,操作简单。

3）吸光系数法

在没有标准样品时,可查阅文献,找出待测物质的吸光系数,然后按照文献规定条件测定待测物质的吸光度,从试样的配制浓度、测定的吸光度及文献查出的吸光系数 a,即可计算待测试样的含量。计算公式如下：

$$c_x = \frac{A}{ab} \tag{15-8}$$

这种方法在有机化合物的紫外分析中有较大的应用价值。

15.3　分光光度计

15.3.1　目视比色法

目视比色法是一种用人眼比较溶液颜色深浅,确定物质含量的方法。常用的目视比色法是标准系列法,又称标准色阶法。在一套由同种材料制成的、大小形状相同的比色管中分别加入一系列不同体积的标准溶液,并取一定量的待测液于另一比色管中,在相同的实验条件情况下,加入等量的显色剂和其他试剂,用水稀释至一定刻度,摇匀并放置一段时间。从管口垂直向下观察,比较待测液与标准溶液颜色的深浅。若待测液与某一标准溶液颜色深度一致,则说明二者浓度相等;若待测液颜色介于两标准溶液之间,可取其平均值作为待测液浓度。

15.3.2　分光光度计的基本部件

吸光光度法所采用的仪器称分光光度计。用分光元件棱镜或光栅代替比色计中的滤光片,并对其光学系统和调节控制系统加以改进,即为分光光度计。分光光度计的主要组件由五个部分组成,即光源、单色器、样品吸收池、检测系统、控制与信号处理系统。分光光度计的基本部件及框图如图 15-8 所示。

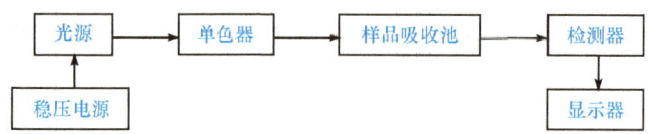

图 15-8　分光光度计结构示意图

15.3.3　分光光度计的类型

分光光度计按波长范围可分为可见光分光光度计和紫外-可见分光光度计;按原理可分为原子吸收分光光度计、紫外-可见分光光度计、原子荧光分光光度计;按光路设计可分为单波长和双波长分光光度计。

1. 单波长分光光度计

单波长分光光度计可分为单光束和双光束分光光度计。

单光束分光光度计是将一束经过单色器的单色光先通过参比溶液来调整光度计,使吸光度为零,然后通过装有样品溶液的样品池,测其吸光度。这种分光光度计的优点是结构简单,价格便宜,适于定量分析。存在的缺点是测量结果受电源的波动影响较大,给定量分析结果带来较大误差。此外,这种仪器操作烦琐,不适于定性分析。

双光束分光光度计是光源发出的光经单色器分光后,切光器将其分解为强度相等的两束光,分别通过参比池和样品池。光度计能自动测量两束光的强度差,经对数变换将其转换为吸光度,并作为波长的函数记录下来,如图 15-9 所示。

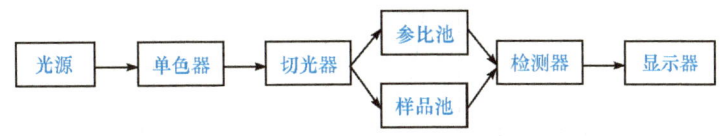

图 15-9　双光束分光光度计原理图

双光束分光光度计一般都能自动记录吸收光谱曲线。由于两束光同时分别通过参比池和样品池,消除了光源强度变化所引起的误差。

无论是单光束还是双光束分光光度计,经过单色器后的光都是同一波长的光。

2. 双波长分光光度计

如图 15-10 所示,双波长分光光度计是由同一光源发出的光被两个单色器分成不同波长的两束光,利用切光器使两束光以一定的频率交替照射吸收池,然后经过光电倍增管和电子控制系统,最后由显示器显示出两个波长处的吸光度差值,即

$$\Delta A = A_{\lambda_2} - A_{\lambda_1} \tag{15-9}$$

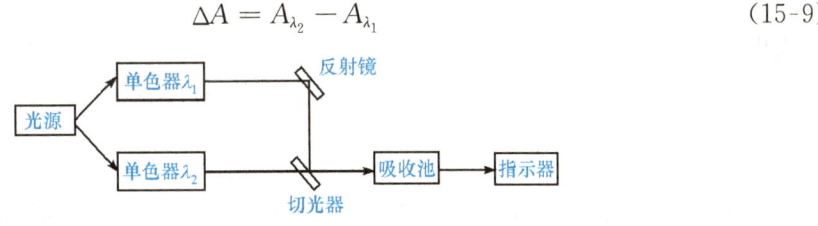

图 15-10　双波长分光光度计原理图

对于多组分混合物、浑浊试样的分析,以及存在背景干扰或共存组分吸收干扰的情况下,利用双波长吸光光度法往往能提高方法的灵敏度和选择性。

15.4　其他吸光光度法

15.4.1　示差吸光光度法

高含量物质测定时,由于浓度高,会偏离朗伯-比尔定律。同时由于吸光值较大,超出吸光度的正常测量范围(0.2~0.8),带来很大误差。示差法较好地解决了这个矛盾。示差法(又常称为高吸光度法)就是选用有一定吸光值的溶液作参比溶液进行测量的方法。

例如,某待测有色物浓度很高,以纯溶剂作参比液时吸光度 A 值很大,透光度很小(假定 $T_x=2\%$),超过了正常测定范围,因而读数误差很大。此时可取一浓度稍低的含有待测有色物的标准溶液(c_s),测定以纯溶剂作参比溶液时的透射比 T_s(假定 $T_s=10\%$)。以 c_s 溶液作参比溶液调节仪器的 $T=100\%$,并再次测定待测有色物溶液的透射比 T_x($T_x=20\%$)。此透射比与原来的(2%)相比增大了 10 倍,这就相当于将仪器的标尺扩大了 10 倍。透射比进入正常的测定范围,读数误差也就减小,因而反映到浓度上的相对误差 $\Delta c/c$ 也大大减小,这就是示差法的基本原理。示差法标尺扩大原理如图 15-11 所示。

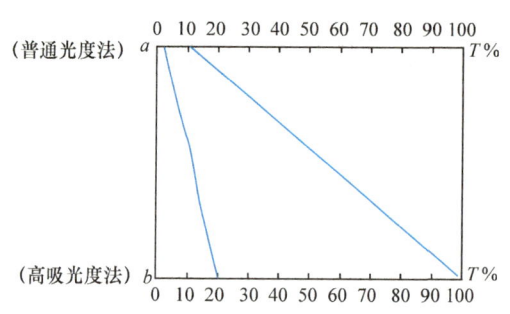

图 15-11　示差法标尺扩大原理

$T=T_x/T_s$ 称为相对透射比。上例中 $T=2/10=20\%$,标尺扩大了 10 倍。T_s 越大,标尺放大的倍数越小。T_s 越小,标尺扩大倍数越大,读数误差引起的浓度相对误差($\Delta c/c$)越小。选择适当的 c_s 溶液作参比溶液,其分析测定结果可与滴定分析接近。但是高吸光度法应用的条件首先是仪器在选用的 T_s 条件下能够调节 $T=100\%$。有时,由于 T_s 过小,透过光强太弱,往往不能调到 $T\%=100\%$,这就要求仪器的光电放大倍数增大,以满足要求。

根据示差法原理,设参比标准溶液的浓度为 c_s,被测试液的浓度为 c_x,且 $c_x>c_s$,则由吸收定律得

$$A_x=\varepsilon bc_x,\qquad A_s=\varepsilon bc_s$$

两式相减得

$$A_x-A_s=\varepsilon b(c_x-c_s)=\varepsilon b\Delta c$$

则试液中

$$c_x=c_s+\Delta c \qquad(15\text{-}10)$$

示差法扩大了光度法的应用范围。目前已经用示差法测定钛、铜、钼、钴等金属离子,还用于 F^-、PO_4^{3-} 及味精中谷氨酸钠含量的测定。

15.4.2　双波长吸光光度法

双波长吸光光度法是在待测组分的吸收光谱上选取某一波长 λ_1 作为基准,测定与另一选定波长 λ_2 的吸光度差值 ΔA 作为定量待测组分的依据,这样就可以取消参比池。如果试样中含有共存的干扰物质,可以选取两个波长 λ_1 和 λ_2,使这两个波长是干扰组分的等吸收波长,在这两个波长下,干扰组分的吸收相等,而且不受其浓度的影响,干扰吸收可以被消除。此外,使用同一比色皿还可以消除因比色皿引起的误差,使测定的精密度显著提高。

现代双波长分光光度计可以在 0.0002 以下的低噪声下,测定满度值为 0.01 甚至 0.005 的微小吸光度差值。

设波长为 λ_1 和 λ_2 的两束单色光的强度相等,则有

$$A_{\lambda_1} = \varepsilon_{\lambda_1} bc, \qquad A_{\lambda_2} = \varepsilon_{\lambda_2} bc$$

所以

$$\Delta A = A_{\lambda_1} - A_{\lambda_2} = (\varepsilon_{\lambda_1} - \varepsilon_{\lambda_2})bc \tag{15-11}$$

可见 ΔA 与吸光物质的浓度成正比,这是双波长吸光光度法进行定量分析的理想依据。由于只用一个吸收池,而且以试液本身对某一波长光的吸光度为参比,因此消除了因试液与参比液及两个吸收池之间的差异所引起的测量误差,从而提高了测量的准确度。

15.4.3 导数吸光光度法

利用光吸收(透过)对波长的导数曲线确定和分析吸收峰的位置和强度的吸光光度法称为导数吸光光度法,又称微分吸光光度法。该方法有效地解决了经典光度法中透射光受到溶剂、胶体、悬浮体等散射或吸收,降低分析性能的问题;同时也解决了由于被测组分与共存组分的吸收带相互重叠,而干扰被测物质的鉴定和测定等问题。

设 I_0 和 I 分别为入射光强和透射光强,ε 为摩尔吸光系数,c 为试样的物质的量浓度,b 为液池厚度,根据朗伯-比尔定律,则有

$$I_0/I = \mathrm{e}^{-\varepsilon bc}$$

使入射光强 I_0 在整个波长范围内保持为一个常数,则由上式可得透射光强及波长的一阶导数方程:

$$I^{-1}\frac{\mathrm{d}I}{\mathrm{d}\lambda} = -bc\frac{\mathrm{d}\varepsilon}{\mathrm{d}\lambda} \tag{15-12}$$

由式(15-12)可以看出,一阶导数信号与试样浓度呈线性关系,其测定灵敏度依赖于摩尔吸光系数对波长的变化率。

导数吸光光度法可应用于痕量分析、浑浊、悬浮和乳浊液分析、多组分的同时测定、异构物分析,还可以用于蛋白质和氨基酸分析以及环境样品、临床等样品的分析测定。

15.5 吸光光度法的应用

15.5.1 单一组分测定

1. 微量铁的测定

测定铁最常用的方法是以邻二氮菲法测定二价铁。该方法的灵敏度较高、选择性较好、产生的配合物稳定、反应条件易于控制,适合测定各类样品中的微量铁。

在 pH 为 2~9 的溶液中,Fe^{2+} 与邻二氮菲生成 1∶3 的橘红色的稳定配合物 $[Fe(phen)_3]^{2+}$,其最大吸收波长 $\lambda_{max} = 510$ nm。在显色前应采用盐酸羟胺将 Fe^{3+} 还原为 Fe^{2+}:

$$2Fe^{3+} + 2NH_2OH \cdot HCl = 2Fe^{2+} + N_2 \uparrow + 2H_2O + 4H^+ + 2Cl^-$$

为了尽量减少其他离子的影响,通常在微酸性(pH 约为 5)溶液中显色。本法的选择性很高,相当于含铁量 40 倍的 Sn^{2+}、Al^{3+}、Ca^{2+}、Mg^{2+}、Zn^{2+},20 倍的 Cr^{3+}、Mn^{2+}、V^{5+}、PO_4^{3-},5 倍的 Co^{2+}、Cu^{2+} 等不干扰铁的测定。若共存离子量大时,可采用 EDTA 进行配位掩蔽或预先分离。

2. 全磷的测定

磷是构成生物体的重要元素,也是土壤肥效的要素之一,通常需要测定磷的含量,而磷肥有过磷酸钙和重过磷酸钙等。测定时先用浓硫酸和高氯酸处理试样,使各种形式的磷转化为 H_3PO_4。在硝酸介质中,H_3PO_4 与 $(NH_4)_2MoO_4$ 反应形成磷钼黄杂多酸 $(NH_4)_3PO_4 \cdot 12MoO_3$:

$$H_3PO_4 + 12(NH_4)_2MoO_4 + 21HNO_3 = (NH_4)_3PO_4 \cdot 12MoO_3 + 21NH_4NO_3 + 12H_2O$$

在一定酸度下,加入适量的还原剂(如抗坏血酸)将钼酸盐(Ⅵ)还原为磷钼蓝(Ⅴ),溶液呈蓝色,其最大吸收波长 $\lambda_{max} = 660$ nm。

3. 钢铁中硅的测定

目前,钢铁中硅的测定方法很多,有重量法、滴定法、吸光光度法等。吸光光度法具有简单、快速、准确等特点。硅钼蓝光度法是应用最广的方法之一。

将试样用稀酸溶解后,可使硅转化为可溶性硅酸:

$$3FeSi + 16HNO_3 = 3Fe(NO_3)_3 + 3H_4SiO_4 + 7NO\uparrow + 2H_2O$$

$$FeSi + H_2SO_4 + 4H_2O = FeSO_4 + H_4SiO_4 + 3H_2\uparrow$$

加高锰酸钾氧化碳化物,再加亚硝酸钠还原过量的高锰酸钾,在弱酸性溶液中加入钼酸,使其与 H_4SiO_4 反应生成黄色的硅钼杂多酸,在乙二酸的作用下用硫酸亚铁铵将其还原为硅钼蓝,在最大吸收波长 $\lambda_{max} = 810$ nm 处测其吸光度。

15.5.2 多组分分析

根据吸光度具有加和性的特点,在同一试剂中可以测定两个以上的组分。如试样中含有 x、y 两种组分,在一定条件下将它们转化为有色化合物,分别绘制其吸收光谱,会出现三种情况,如图 15-12 所示。

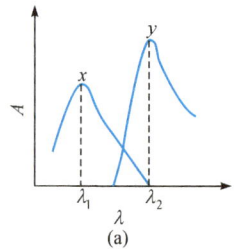
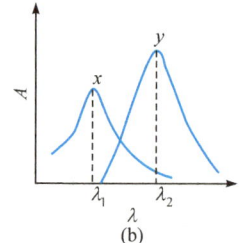
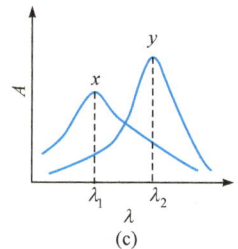

图 15-12 多组分的吸收光谱

图 15-12(a) 表明,两组分互不干扰,可分别在 λ_1 与 λ_2 处测量溶液的吸光度;图 15-12(b) 表明,组分 x 对组分 y 的测定有干扰,但组分 y 对 x 无干扰,可依据吸光度的加和性求得两组分的吸光度;图 15-12(c) 表明,两组分彼此相互干扰,这时首先在 λ_1 处测定混合物吸光度 A_1 和纯组分 x 及 y 的 ε_{x_1} 及 ε_{y_1} 及 $A_1 = \varepsilon_{x_1} b c_x + \varepsilon_{y_1} b c_y$,然后在 λ_2 处测定混合物吸光度 A_1 和纯组分的 ε_{x_2} 及 ε_{y_2}。根据吸光度的加和性原则,可列出方程:

$$\begin{cases} A_1 = \varepsilon_{x_1} b c_x + \varepsilon_{y_1} b c_y \\ A_2 = \varepsilon_{x_2} b c_x + \varepsilon_{y_2} b c_y \end{cases} \tag{15-13}$$

式中:c_x、c_y 分别为 x、y 的浓度;ε_{x_1}、ε_{y_1} 分别为 x、y 在波长 λ_1 时的摩尔吸光系数;ε_{x_2}、ε_{y_2} 分别为

x、y 在波长 λ_2 时的摩尔吸光系数。

摩尔吸光系数值均由已知浓度 x 及 y 的纯溶液测得。试液的 A_1 与 A_2 由实验测得，于是 c_x 和 c_y 值便可通过解联立方程求得。

对于更复杂的体系可用计算机处理测定结果。由微处理器控制的分光光度计附有测量和数据处理的软件，可由仪器直接给出测定结果。采用化学计量学方法处理，以获得最好的分析结果。

15.5.3 酸碱解离常数的测定

吸光光度法可用于测定酸（碱）的解离常数。它是研究酸碱指示剂及金属指示剂的重要方法之一。例如，一元弱酸 HL 按下式解离：

$$HL \rightleftharpoons H^+ + L^-$$

$$K_a = \frac{[H^+][L^-]}{[HL]}$$

首先配制一系列总浓度（c）相等而 pH 不同的 HL 溶液，用酸度计测定各溶液的 pH。在酸式（HL）或碱式（L^-）有最大吸收的波长处，用 1 cm 比色皿测定各溶液的吸光度 A，则

$$A = \varepsilon_{HL}[HL] + \varepsilon_{L^-}[L^-]$$

根据分布分数的概念，则

$$A = \varepsilon_{HL}\frac{[H^+]c}{K_a+[H^+]} + \varepsilon_{L^-}\frac{K_a c}{K_a+[H^+]}$$

假设高酸度时，弱酸全部以酸式形式存在（$c=[HL]$），测得的吸光度为 A_{HL}，则

$$A_{HL} = \varepsilon_{HL} c$$

在低酸度时，弱酸全部以碱式形式存在（$c=[L^-]$），测得的吸光度为 A_{L^-}，则

$$A_{L^-} = \varepsilon_{L^-} c$$

整理得

$$A = \frac{A_{HL}[H^+]}{K_a+[H^+]} + \frac{A_{L^-} K_a}{K_a+[H^+]}$$

所以

$$K_a = \frac{A_{HL} - A}{A - A_{L^-}}[H^+]$$

取负对数，得

$$pK_a = pH + \lg\frac{A - A_{L^-}}{A_{HL} - A} \tag{15-14}$$

式(15-14)是吸光光度法测定一元弱酸解离常数的基本公式。利用所得的分析实验数据，依据式(15-14)用代数法计算得 pK_a 值，或由图解法（图 15-13 或图 15-14）求得 pK_a。

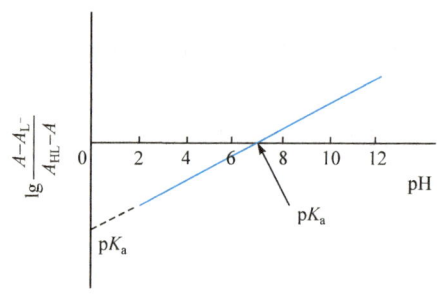

图 15-13　作图法测 pK_a

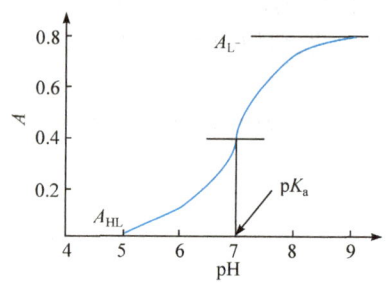

图 15-14　吸光度与 pH 的关系

15.5.4　配合物组成及稳定常数的测定

吸光光度法是研究配合物组成（配位比）和测定稳定常数的最有用的方法之一。下面简单地介绍常用的摩尔比法（又称饱和法）和连续变化法（又称等摩尔系列法）。

1. 摩尔比法

摩尔比法适用于解离度小的配合物，尤其适用于配位比高的配合物组成的测定。设金属离子 M 与配合物 L 的反应为

$$M + nL \rightleftharpoons ML_n$$

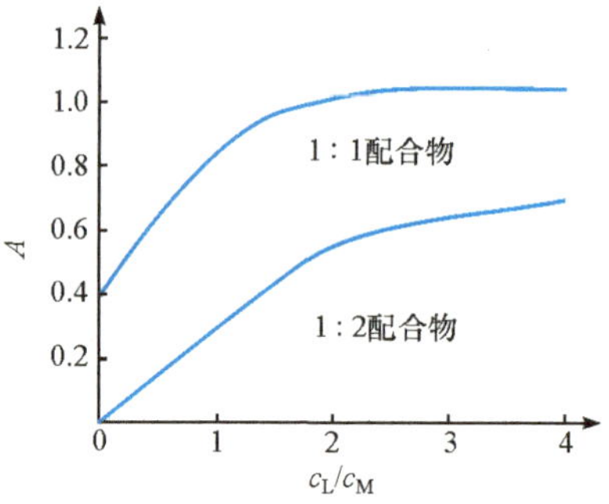

固定金属离子浓度 c_M 而逐渐改变配位剂浓度 c_L，测定一系列 c_M 一定、c_L 不同的溶液的吸光度。以吸光度为纵坐标、c_L/c_M 为横坐标作图，如图 15-15 所示。

当 $c_L/c_M < n$ 时，金属离子未完全配合。随着配位剂用量的增加，生成的配合物增多，吸光度不断增高。当 $c_L/c_M > n$ 时，金属离子几乎全部生成配合物 ML_n，吸光度不再改变。两条直线的交点（若配合物易解离，则曲线转折点不敏锐，应用外延法求交点）所对应的横坐标 c_L/c_M 值若为 n，则配合物的配位比为 $1:n$。

图 15-15　摩尔比法

此法也可测定配合物的稳定常数，如图 15-15 中形成 1:1 的配合物时，配位反应如下：

$$M + L \rightleftharpoons ML$$

依据朗伯-比尔定律，代入吸光度达最大吸收时的 A_0 值，即可计算摩尔吸光系数 ε_{ML}。

若金属离子和配位剂在测定波长处均无吸收，则由朗伯-比尔定律和溶液中各物质的物料平衡关系得

$$\left.\begin{array}{l} A = \varepsilon_{ML}[ML] \\ c_M = [M] + [ML] \\ c_L = [L] + [ML] \end{array}\right\} \quad (15\text{-}15)$$

依据上述关系式求得 [M]、[L] 和 [ML]，然后代入配合物稳定常数表达式中，计算配合物的稳定常数：

$$K = \frac{[ML]}{[M][L]}$$

2. 连续变化法

连续变化法适用于解离度较小、稳定性较高、配位比较低的配合物组成的测定。设 M 为金属离子，L 为显色剂，在保持溶液中 $c_L + c_M = c$ 不变的前提下，改变 c_L 和 c_M 的相对量，配制一系列显色溶液，在配合物最大波长处测量这一系列溶液的吸光度。以吸光度为纵坐标、c_M/c 为横坐标作图，或在 $c_M = c_L$ 时改变 V_M 和 V_L 的相对量作为横坐标作图，由两曲线外推的交点对应的横坐标可以算出 c_L/c_M，即配位比 n，如图 15-16 所示。

根据 A_0 与 A 的差值，可以求得配合物的解离度和稳定常数。连续变化法只适用于测定单一组成且解离度较小的稳定配合物的配位比。

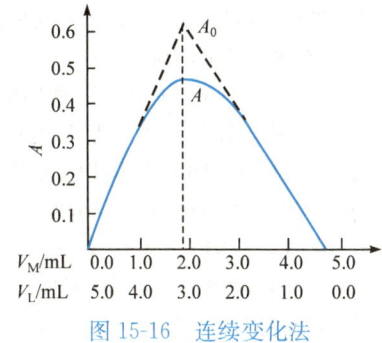

图 15-16 连续变化法

习 题

1. 朗伯-比尔定律的物理意义是什么？什么是透射比？什么是吸光度？二者之间的关系是什么？
2. 摩尔吸光系数的物理意义是什么？其大小和哪些因素有关？在分析化学中 ε 有什么意义？
3. 当研究一种新的显色剂时，必须进行哪些条件实验？如何进行条件设计？
4. 分光光度计有哪些主要部件？它们各起什么作用？
5. 将 1.0000 g 钢样用 HNO_3 溶解，钢中的锰用 KIO_4 氧化为 $KMnO_4$，并稀释至 100 mL。用 1 cm 比色皿在波长 525 nm 测得此溶液的吸光度为 0.700。浓度为 1.52×10^{-4} mol·L^{-1} 的 $KMnO_4$ 标准溶液在同样的条件下测得其吸光度 A 为 0.350。计算钢样中 Mn 的质量分数。 (0.17%)
6. 某溶液用 5 cm 比色皿测定时，测得 T 为 27.9%，如改用 1 cm、3 cm 厚的比色皿时，其 T 和 A 各是多少？ (77.5%、0.111、46.5%、0.333)
7. 用双硫腙光度法测 Pb^{2+}，Pb^{2+} 的浓度为 0.08 mg·$(50\ mL)^{-1}$，用 2.00 cm 厚的比色皿于波长 520 nm 测得 $T = 50\%$，求吸光系数 a 和摩尔吸光系数 ε。 (94.1 L·g^{-1}·cm^{-1}，1.95×10^4 L·mol^{-1}·cm^{-1})
8. 测定钢中的铬和锰，称取钢样 0.5000 g，溶解后移入 100 mL 容量瓶中，用水稀释至刻度，摇匀，用移液管吸取 25.00 mL 于锥形瓶中，加氧化剂加热，将锰氧化为 MnO_4^-，铬氧化成 $Cr_2O_7^{2-}$，放冷，移入 100 mL 容量瓶中，加水至刻度。另外配制 $KMnO_4$ 和 $K_2Cr_2O_7$ 标准溶液各一份。将上面三份溶液用 1.00 cm 比色皿，在波长 440 nm($Cr_2O_7^{2-}$ 的最大吸收峰)和 545 nm(MnO_4^- 的最大吸收峰)处测定吸光度，所得结果如下：

溶 液	c/(mol·L^{-1})	A	
		440 nm	545 nm
$KMnO_4$	3.77×10^{-4}	0.035	0.886
$K_2Cr_2O_7$	8.33×10^{-4}	0.305	0.009
试液		0.385	0.653

试计算钢中铬、锰的质量分数。 (1.20%，8.15%)

9. 某亚铁螯合物的摩尔吸光系数为 12 000，如果把吸光度读数限为 0.200～0.650(比色皿厚度为 1 cm)，则分析的浓度范围是多少？ ($1.55 \times 10^{-5} \sim 5.83 \times 10^{-5}$ mol·L^{-1})
10. 某钢样含镍约 0.12%，用丁二酮肟光度法($\varepsilon = 1.3 \times 10^5$ L·mol^{-1}·cm^{-1})进行测定。试样溶解后转入 100 mL 容量瓶中，显色，再加水稀释至刻度。在 $\lambda = 470$ nm 处用 1 cm 比色皿测量，希望测量误差最小，

应称取试样多少克? (0.016 g)

11. 以试剂空白调节光度计透射比为 100%,测得某试液的吸光度为 1.301,假定光度计透射比读数误差 $\Delta T=0.003$,则光度测定的相对误差为多少? 若以 $T=10\%$ 的标准溶液作参比溶液,则该试液的透射比为多少? 此时测量的相对误差又是多少? (−2.00%,50%,0.20%)

12. 某酸碱指示剂为一元弱酸,其酸式型体 HIn 在 410 nm 处有最大吸收,碱式型体 In^- 在 645 nm 处有最大吸收,在两波长下,吸收互不干扰。今配有浓度相同而 pH 分别为 7.70 和 8.22 的两溶液,在波长为 665 nm 处用 1 cm 比色皿分别测得吸光度为 0.400 和 0.500,求指示剂的理论变色点 pH。若用相同浓度的溶液在强碱性介质中,在保持测量条件不变的情况下,测得吸光度为多少? (7.30,0.61)

13. 用 8-羟基喹啉-$CHCl_3$ 萃取比色法测定 Fe^{3+}、Al^{3+} 时,吸收曲线有部分重叠。在相应的条件下,用纯铝 1 μg 在波长 390 nm 和 470 nm 处分别测得 A 为 0.025 和 0.000,纯铁 1 μg 在波长 390 nm 和470 nm 处分别测得 A 为 0.010 和 0.020。取 1 mg 含 Fe、Al 的试样,在波长 390 nm 处测得试液的吸光度为 0.500,在波长 470 nm 处测得试液的吸光度为 0.300。求试样中 Fe、Al 的质量分数。 (1.50%,1.40%)

14. 有一弱酸 HB,酸式和碱式有不同的颜色,K_a 在 10^{-7} 左右,今在某一合适的固定波长下,测定弱酸的分析浓度相同但介质酸度不同的三份溶液的吸光度如下:pH=2,$A_1=0.400$;pH=7,$A_2=0.200$;pH=12,$A_3=0.100$。试计算该弱酸的 K_a 值(提示:pH=2 时,主要为 HB;pH=12 时,主要为 B^-;pH=7 时,HB 和 B^- 均存在。利用朗伯-比尔定律及吸光度的加和性原理,推导 K_a 与 A_1、A_2、A_3 的关系式)。

(2×10^{-7})

15. 测定纯金属钴中微量锰时,在酸性溶液中用 KIO_4 将锰氧化为 MnO_4^- 进行比色测定,若用标准锰溶液配制标准系列,在测绘标准曲线及测定试样时,应用什么作参比溶液(测绘标准曲线时,可用水或试剂作参比溶液;测定试样时,可用不加显色剂 KIO_4 的被测试液作参比溶液)?

16. 测定硅酸盐试样中铁的含量时,用含 Fe 0.50% 的已知硅酸盐试样为标准,经同样处理后进行比色,发现标准试样溶液厚度为 2.5 cm 时与未知试样溶液厚度为 1.25 cm 时的颜色相同。求未知试样中 Fe 的质量分数。 (1.00%)

第16章 定量分析中常用的分离方法

学习要求

(1) 了解复杂物质分离与富集的目的和意义。
(2) 掌握各种常用的分离与富集方法的基本原理。

在定量分析中,当分析的对象比较简单时,可以直接进行测定。但在实际分析中,遇到的分析对象往往比较复杂,待测组分之间相互干扰,影响分析结果的准确性,有的甚至无法进行测定,因此必须设法消除干扰。控制分析条件和选用适宜的掩蔽剂是消除干扰简单而有效的方法,但是在很多情况下,仅通过上述方法并不能完全消除干扰,必须将待测组分和干扰组分分离,然后进行测定。有时待测组分含量极少,不能直接对其进行测定,必须先将待测组分进行富集,然后测定。在分析化学中常用的分离和富集方法主要有沉淀分离法、萃取分离法和色谱分离法、离子交换分离法等。

16.1 沉淀分离法

沉淀分离法是利用沉淀反应进行分离的方法。在样品溶液中加入沉淀剂,通过沉淀反应使某些组分以固相化合物析出,从而达到与不析出组分分离的目的。沉淀法是经典的化学分离方法,适用于常量组分的分离,其优点是不需要特殊仪器、操作简单、易于掌握、准确度高,适用于大批量试样分析,应用范围较广。沉淀分离法的缺点是需要进行过滤、洗涤等烦琐的操作,且因沉淀有一定的溶解度以及共沉淀现象,影响回收率的提高。

共沉淀法适用于微量组分的分离。痕量组分不能直接用沉淀法分离,因为含量太低难以沉淀,但可通过加入收集剂,利用共沉淀分离或富集痕量组分。

16.1.1 常量组分的沉淀分离

沉淀剂应依据待测组分与干扰组分的性质、相对含量等进行选择,所选用的沉淀剂可分为无机沉淀剂和有机沉淀剂两大类。有机沉淀剂具有生成的沉淀物溶解度小、相对分子质量大、易于过滤和洗净,以及沉淀反应具有较好的选择性和分离效果等优点,被越来越多地采用。

1. 无机沉淀剂分离法

一些金属的氢氧化物、硫化物、碳酸盐、乙二酸盐、硫酸盐、磷酸盐和卤化物等具有较小的溶解度,因此被用于沉淀分离。其中以氢氧化物沉淀法和硫化物沉淀法用得较多。

1) 氢氧化物沉淀分离法

A. 溶液 pH 的估算

根据溶度积原理,可估算出金属离子氢氧化物开始析出沉淀和沉淀完全时溶液的 pH:

$$M^{n+} + nOH^- \rightleftharpoons M(OH)_n \downarrow$$

设金属离子的初始浓度为 c_M,则开始析出沉淀时溶液的 pH 可用式(16-1)估算:

$$[OH^-] = \sqrt[n]{\frac{K_{sp}}{c_M}} \tag{16-1}$$

一般当金属离子浓度降至 10^{-5} mol·L^{-1} 时,误差已小于 0.1%,沉淀的析出符合定量要求,故沉淀完全时溶液的 pH 可用式(16-2)估算:

$$[OH^-] = \sqrt[n]{\frac{K_{sp}}{10^{-5}}} \tag{16-2}$$

应该指出,这种估算所得到的 pH(表 16-1)与实际所需控制的 pH 有一定的出入,只能作为参考。其原因有:①沉淀的析出与沉淀的条件(如温度、速度、沉淀的形态和颗粒大小等)有关;②溶液中金属离子可能与 OH$^-$ 或其他阴离子形成配离子;③采用的 K_{sp} 是适用于稀溶液中的活度积,而实际溶液会受离子强度的影响。

表 16-1 某些金属氢氧化物沉淀和溶解时所需 pH

氢氧化物	沉淀开始 原始浓度(1 mol·L^{-1})	沉淀开始 原始浓度(0.01 mol·L^{-1})	沉淀完全	沉淀开始溶解	沉淀完全溶解
Sn(OH)$_4$	0	0.5	1.0	13	14
TiO(OH)$_2$	0	0.5	2.0		
Sn(OH)$_2$	0.9	2.1	4.7	10	13.5
Fe(OH)$_3$	1.5	2.3	4.1		
In(OH)$_3$		3.4		14	
Al(OH)$_3$	3.3	4.0	5.2	7.8	10.8
Cr(OH)$_3$	4.0	4.9	6.8	12	>14
Cu(OH)$_2$[1]	5.0				
Zn(OH)$_2$	5.4	6.4	8.0	10.5	12~13
Co(OH)$_2$[1]	6.6	7.6	9.2	14	
Ni(OH)$_2$[1]	6.7	7.7	9.5		
Cd(OH)$_2$	7.2	8.2	9.7		
Mg(OH)$_2$	9.4	10.4	12.4		
稀土		6.8~8.5	~9.5		
WO$_3$·nH$_2$O		~0	~0		~8

1) 析出氢氧化物沉淀之前,先形成碱式盐沉淀。

由表 16-1 可知,不同金属离子氢氧化物沉淀析出的 pH 是不相同的,因此可以通过控制溶液的 pH 实现金属离子的分离。但在某一 pH 范围内,往往有数种金属离子同时析出氢氧化物沉淀,故此法用于分离金属离子的选择性并不高。金属氢氧化物为无定形沉淀,共沉淀现象较为严重,所以分离效果也不够理想。若与掩蔽剂相结合,并采用小体积、大浓度、高电解质、加热条件下进行沉淀,使得到的沉淀含水量小且较紧密,以减小吸附共沉淀现象,氢氧化物沉淀分离法还是具有一定应用价值。

B. 常用于控制 pH 的试剂

(1) NaOH 溶液：NaOH 是强碱,采用其作为沉淀剂可使两性元素与非两性元素分离。两性元素以含氧酸的形式留在溶液中,非两性元素则生成氢氧化物沉淀。

(2) 氨水加铵盐：氨水加铵盐可调节溶液的 pH 为 8~9,使高价金属离子沉淀而与大部分 +1、+2 价金属离子分离。Ag^+、Cu^{2+}、Ni^{2+}、Co^{2+}、Zn^{2+} 等离子因与氨形成配离子而留在溶液中。

(3) 碱性氧化物或碳酸盐的悬浊液：如 $BaCO_3$、$PbCO_3$、MgO、ZnO 等,用水调成悬浊液,也能控制溶液的 pH 处于一定范围,使某些金属离子生成氢氧化物沉淀。

(4) 有机碱：如吡啶、六次甲基四胺、尿素等,与其共轭酸组成的缓冲溶液可以控制溶液的 pH,使某些金属离子析出氢氧化物沉淀,因此它们也可用作氢氧化物沉淀分离的试剂。

2) 硫化物沉淀分离法

根据硫化物溶解度的不同,控制溶液的酸度可使金属离子在一定的条件下定量沉淀为硫化物。

与氢氧化物沉淀分离一样,实际上各金属硫化物沉淀所需控制的酸度与计算值有一定的差别。这也是因为所使用的 K_{sp} 未考虑离子强度的影响以及各种副反应的影响等。用控制溶液酸度进行硫化物沉淀分离只能在 HCl 溶液中进行,不能用 HNO_3 或 H_2SO_4,因为 HNO_3 会氧化 S^{2-},H_2SO_4 会使 $BaSO_4$ 和 $SrSO_4$ 等混入沉淀。

从定量分离角度来看,硫化物分离的选择性也不高。另外,硫化物沉淀大多是胶状沉淀,共沉淀现象比较严重,而且还存在后沉淀现象,故分离效果不理想。尽管如此,硫化物沉淀对分离和除去某些重金属离子仍是很有效的方法,在一些试剂生产工艺中也常被采用。

3) 其他无机沉淀剂分离法

(1) 硫酸盐法。可用稀 H_2SO_4 沉淀 Ba^{2+}、Sr^{2+}、Ca^{2+}、Pb^{2+}、Ra^{2+},使其与其他金属离子分离。其中 $CaSO_4$ 溶解度较大,可加入适量的乙醇以降低其溶解度。$PbSO_4$ 可用 $3\ mol \cdot L^{-1}$ NH_4Ac 溶液溶解,以进一步与其他难溶硫酸盐分离。

(2) 氟化物法。可用 HF 或 NH_4F 作沉淀剂以沉淀 Ca^{2+}、Sr^{2+}、Mg^{2+}、Th^{4+}、U^{4+} 和稀土离子等,而与其他金属离子分离。在 pH=4.5 的溶液中,大量的 K^+ 或 Na^+ 存在时,Al^{3+} 可与 NaF 或 KF 作用生成 $Na_3[AlF_6]$ 或 $K_3[AlF_6]$ 沉淀,可用于 Al^{3+} 与 Fe^{3+}、Cr^{3+}、Ni^{2+}、V^{5+}、Mo^{6+} 等的分离。

(3) 磷酸盐法。随着介质的酸度不同,不少金属会析出磷酸盐沉淀。在 $2\ mol \cdot L^{-1}$ H_2SO_4 介质中,有 H_2O_2 存在时,Ti^{4+} 与 H_2O_2 生成可溶配合物,可用磷酸沉淀 Zr^{4+} 和 Hf^{4+} 而与 Ti^{4+} 分离。

2. 有机沉淀剂分离法

有机沉淀剂品种较多,可用于沉淀分离和重量分析的有机沉淀剂主要有生成螯合物的沉淀剂和生成离子缔合物的沉淀剂。

1) 生成螯合物的沉淀剂

这类有机沉淀剂是 HL 型或 H_2L 型（H_3L 型很少）螯合剂。分子中至少含有两个基团,一个是酸性基团,如—OH、—COOH、—SO_3H、—SH 等；另一个是碱性基团,如—NH_2、=NH、=N—、=CO、=CS 等。金属离子取代酸性基团的氢,并以配位键与碱性基团作用,形成环状结构的螯合物。由于整个分子无电荷,且具有较大的疏水基（烃基）,故螯合物溶解度很小,从水溶液中析出沉淀,借此与不和螯合剂反应的金属离子分离。

这种螯合剂是有机沉淀剂中用得最多的一种。其中有些沉淀剂的选择性较高。例如,丁二酮肟只与 Ni^{2+}、Pt^{2+}、Fe^{2+} 生成沉淀,与 Co^{2+}、Cu^{2+}、Zn^{2+} 等虽有反应,但生成的螯合物是水溶性的。在氨性溶液中,在柠檬酸或酒石酸存在(可防止 Al^{3+}、Fe^{3+}、Cr^{3+} 等水解沉淀)下,丁二酮肟沉淀分离 Ni^{2+} 几乎是特效的。苯胂酸在 3 mol·L^{-1} HCl 中可将 Zr^{4+} 沉淀完全,是沉淀 Zr^{4+} 的良好试剂。苯胂酸也可用于沉淀 Hf^{4+}、Th^{4+}、Sn^{4+}、Bi^{3+} 等。甲胂酸和苯胂酸的某些衍生物也是较好的 Zr^{4+} 沉淀剂。

2) 生成离子缔合物的沉淀剂

这些有机试剂在水溶液中能以阴离子或阳离子形式存在。它们与带相反电荷的金属配离子或含氧酸根离子以电荷作用结合,生成难溶于水的离子缔合物沉淀。作为有机阴离子缔合剂大多是含有酸性基团且能解离成阴离子的有机化合物,它们能与金属配阳离子形成缔合物。例如,苦杏仁酸及其衍生物常用于沉淀 Zr^{4+}、Hf^{4+};四苯硼酸钠用于沉淀 K^+、Rb^+ 和 Cs^+;氯化四苯胂在溶液中解离形成阳离子,可以与含氧酸根离子或配阴离子缔合成沉淀,如可以沉淀 MnO_4^-、ReO_4^- 以及 Hg^{2+}、Pt^{2+}、Zn^{2+}、Cd^{2+}、Sn^{2+} 等的配阴离子。

16.1.2 微量组分的共沉淀分离与富集

在分离方法中,共沉淀被作为有利因素使用,即设法使常量沉淀物质能定量地共沉淀某些微痕量组分,以达到分离和富集的目的。在共沉淀分离法中,所使用的常量沉淀物质称为载体或共沉淀剂,又称搜集或捕获剂。根据所使用的载体不同,共沉淀分离法可分为无机共沉淀和有机共沉淀两大类。

1. 无机共沉淀

无机共沉淀所使用的载体为无机化合物,按其共沉淀的作用机理又可进一步分为以下几类。

1) 混晶共沉淀

微量组分以离子、原子、分子或晶格单元进入常量物质(载体)的晶体中,随常量物质一起沉淀的现象称为混晶共沉淀,又称固溶体共沉淀。根据微量组分进入常量物质的形式不同,又可分成三类:典型混晶、不规则混晶及反常混晶共沉淀。

2) 吸附共沉淀

微量组分吸附在常量物质沉淀的表面上,或随常量物质的沉淀一边进行表面吸附,一边继续沉淀而包藏在沉淀内部,从而使微量组分由液相转入固相的现象称为吸附共沉淀。根据常量组分的沉淀性质不同,吸附共沉淀又可分为离子晶体上的吸附共沉淀和无定形沉淀上的吸附共沉淀两类。

2. 有机共沉淀

有机共沉淀所使用的载体为有机化合物。与无机共沉淀剂相比,有机共沉淀剂具有以下显著优点:①有机载体可以用强酸和强氧化剂破坏或用灼烧挥发除去,以消除对被共沉淀的微量组分测定的干扰;②有机载体大多是非极性或极性较小的化合物,共沉淀表面一般没有电场,对共存离子的吸附较小,因而共沉淀的选择性较高;③有机载体的相对分子质量一般都较大,富集效率高,能获得较高的灵敏度。

根据有机共沉淀的作用机理,大致可分为大分子胶体凝聚作用共沉淀、形成离子缔合物的共沉淀以及利用惰性共沉淀剂的共沉淀等。

16.2 萃取分离法

萃取分离法是将与水互不相溶的有机溶剂和试液一起振荡,使两相充分接触,达到平衡后,有一些组分进入有机相,而另一些组分仍留在溶液中,从而实现分离的方法。萃取过程的实质就是将物质由强亲水性转化为强疏水性的过程。在萃取过程中,能与被分离组分产生化学反应并使产物进入有机相的试剂称为萃取剂。萃取剂在萃取过程中可以是某一相的溶质,也可以是有机溶剂本身,大多是螯合剂、离子缔合剂或成盐试剂。萃取剂与被分离组分的化学反应称为萃取反应。基本与水不相混溶、能够溶解反应产物并构成有机相的溶剂称为萃取溶剂,又称稀释剂。

16.2.1 基本原理

1. 分配定律和分配系数

能斯特在总结有关液-液两相平衡大量实验数据的基础上,于1891年提出了分配定律:"在一定温度下,当某一溶质在两种互不混溶的溶剂中分配达到平衡时,则该溶质在两相中的浓度之比为一常数。"例如,被萃取物 A 在有机相和水相中的平衡浓度分别为$[A]_o$和$[A]_w$,则

$$A_o \rightleftharpoons A_w$$

$$K_D = \frac{[A]_o}{[A]_w} \tag{16-3}$$

分配平衡常数 K_D 称为分配系数,其与溶质、溶剂的特性和温度有关。

分配定律只有在低浓度下才是正确的,而且溶质在两相中存在的分子结构形式必须相同,当符合这两个条件时,一定温度下的分配系数 K_D 才是一常数。

2. 分配比

在实际工作中,溶质在一相或两相中往往因发生离解、聚合以及与其他组分发生化学反应等而以多种形式存在。此时就不能简单地用分配系数说明萃取过程的平衡问题。另一方面,人们主要关心的是存在于两相中溶质的总量,因此使用分配比(D)表示溶质在有机相中各形式的总浓度(c_o)与在水相各形式的总浓度(c_w)的比值,说明被萃取物在萃取平衡时由水相转入有机相的情况:

$$D = \frac{c_o}{c_w} = \frac{[A_1]_o + [A_2]_o + \cdots + [A_j]_o}{[A_1]_w + [A_2]_w + \cdots + [A_j]_w} \tag{16-4}$$

式中:$[A_1]_o$、$[A_2]_o$、…和$[A_1]_w$、$[A_2]_w$、…分别表示溶质 A 在有机相和水相中不同化学形式的平衡浓度。只有在简单的体系中,溶质在两相中仅有一种相同的形式存在时,分配比 D 才与分配系数 K_D 相等。实际情况多数是比较复杂的,D 通常不等于 K_D。

3. 萃取率

在实际工作中常以萃取率表示被萃取物质的萃取完全程度。萃取率(E)定义为物质被萃

取到有机相中的百分数：

$$E = \frac{\text{被萃取物质在有机相中的总量}}{\text{被萃取物质在两相中物质的总量}} \times 100\% \tag{16-5}$$

已知被萃取物质 A 的水溶液体积为 V_w，萃取的有机溶剂体积为 V_o。当萃取达到平衡时，A 进入有机相的各形式总浓度为 c_o，水相中尚余 A 的各形式总浓度为 c_w，则萃取率为

$$E = \frac{c_o V_o}{c_o V_o + c_w V_w} \times 100\%$$

上式的分子、分母同时除以 $c_w V_o$，则 E 与 D 的关系如下：

$$E = \frac{D}{D + \dfrac{V_w}{V_o}} \times 100\% \tag{16-6}$$

从式(16-6)可以看出，分配比 D 越大，体积比 V_w/V_o 越小(有机相体积增大)，则萃取率越高。当使用与水相等体积的有机溶剂($V_w/V_o=1$)萃取时，萃取率为

$$E = \frac{D}{D+1} \times 100\% \tag{16-7}$$

此时萃取率完全取决于分配比。

当 D 不够大时，可增加有机相体积以提高萃取率，但这种方法效果不显著，且会降低被萃取物质在有机相中的浓度而不利于进一步的分离和测定。因此，在实际工作中，宜采用小体积多次萃取的方法提高萃取率，其萃取率的计算公式可推导如下：

设在 V_w mL 水溶液中含有被萃取物质的质量为 m_0 g。用 V_o mL 有机溶剂萃取一次后，若被萃取物质留在水溶液中的质量为 m_1 g，则萃取到有机相中的量为 $(m_0 - m_1)$ g，其分配比为

$$D = \frac{c_o}{c_w} = \frac{(m_0 - m_1)/V_o}{m_1/V_w}$$

整理得

$$m_1 = m_0 \left(\frac{V_w}{DV_o + V_w} \right)$$

如再用 V_o mL 新鲜的有机溶剂进行第二次萃取，并用 m_2 表示萃取后留在水相中被萃取物质的质量，则可推得

$$m_2 = m_1 \left(\frac{V_w}{DV_o + V_w} \right) = m_0 \left(\frac{V_w}{DV_o + V_w} \right)^2$$

如每次都用 V_o mL 新鲜的有机溶剂进行萃取，共萃取 n 次，则最后水相中剩余的被萃取物质的质量为 m_n g，则有下列关系：

$$m_n = m_0 \left(\frac{V_w}{DV_o + V_w} \right)^n$$

经 n 次萃取后，被萃取物质转入有机相的质量为 $(m_0 - m_n)$ g，则萃取率为

$$E = \frac{m_0 - m_n}{m_0} \times 100\%$$

得多次萃取的萃取率计算公式：

$$E = 1 - \left(\frac{V_w}{DV_o + V_w} \right)^n \times 100\% \tag{16-8}$$

【例 16-1】 含 I_2 的水溶液 100 mL,其中含 I_2 10.00 mg,用 90 mL CCl_4 按两种方法进行萃取：(1) 90 mL 一次萃取；(2) 每次用 30 mL,分三次萃取。试比较其萃取率($D=85$)。

解 (1) 用 90 mL CCl_4,一次萃取时：

$$m_1 = 10.00 \times \frac{100}{85 \times 90 + 100} = 0.13 \text{(mg)}$$

$$E = \frac{10.00 - 0.13}{10.00} \times 100\% = 98.7\%$$

(2) 每次用 30 mL,分三次萃取时：

$$m_1 = 10.00 \times \left(\frac{100}{85 \times 30 + 100}\right)^3 = 0.000\,54 \text{(mg)}$$

$$E = \frac{10.00 - 0.000\,54}{10.00} \times 100\% = 99.99\%$$

由此可见,同样量的萃取溶剂,分几次萃取的效率要比一次萃取的效率高。但也必须注意,增加萃取次数会增加工作量和延长分离工作的时间,同时也会增大工作中引起的误差。所以萃取次数的多少应根据被分离物质的含量及测定结果准确度的要求决定。

4. 分离系数

在实际工作中,萃取总是用于两种或两种以上物质同时存在于溶液中时的相互分离。为了定量描述两种元素之间的分离效果,常用分离系数(或称分离因数)表示,其定义为两种物质分配比的比值。设 A 和 B 两种溶质在水相和有机相的分配比分别为 D_A 和 D_B,则分离系数 β 为

$$\beta = \frac{D_A}{D_B} = \frac{c_{Ao}/c_{Aw}}{c_{Bo}/c_{Bw}} \tag{16-9}$$

若体积比为 1,进行一次萃取时,必须 $D_A \geqslant 10^2$（A 的萃取率$\geqslant 99\%$),$D_B \leqslant 10^{-2}$（B 的萃取率$\leqslant 1\%$),两组分才能获得定量分离的效果。或者 D_A 很小($\leqslant 10^{-2}$),D_B 较大($\geqslant 10^2$),β 是个很小的数值($\leqslant 10^{-4}$),也能使 A 与 B 定量分离。由此可知,将两种物质进行萃取分离,要达到定量的要求,分离系数 β 必须处于一定大小的范围,同时两种物质的分配比也必须具有一定的高限或低限值。否则,必须采取一定的措施,改变萃取条件,提高一种物质的分配比,或降低另一种物质的分配比,使其满足上述两条件,以达到定量分离的目的。

16.2.2 重要的萃取体系

萃取体系可以根据萃取反应机理,或萃取过程中形成的可萃取物质的组成和性质进行分类,可分为简单分子萃取体系、中性配合萃取体系、螯合萃取体系、离子缔合物萃取体系及协同萃取体系等。

1. 简单分子萃取体系

这类萃取体系的特点是：被萃取物质是以其本身的中性分子形式在水相与有机相之间转移而分配的。溶剂与被萃取物质没有化学结合,也不需要另加萃取剂。

2. 中性配合萃取体系

中性配合萃取体系又称为溶剂化合物萃取体系,萃取剂通过其配位原子与被萃取物质的

分子相结合,取代被萃取物质分子中的水分子,从而形成新的溶剂化合物。中性配合萃取体系可按萃取剂性质不同,进一步分为中性磷萃取剂、中性含氧萃取剂、中性含氮萃取剂、中性含硫萃取剂。

3. 螯合萃取体系

螯合物萃取中使用的萃取剂一般是有机弱酸或弱碱,它们能与待萃取的金属离子形成电中性的螯合物,同时萃取剂本身应含有较多的疏水基团,有利于有机溶剂的萃取。常用的螯合剂有丁二酮肟、8-羟基喹啉、二硫腙、乙酰丙酮等。

萃取效率与螯合物的稳定性、螯合物在有机相中的分配系数等有关。萃取剂越容易解离,它与金属离子形成的螯合物越稳定,萃取效率越高;螯合物在有机相的分配系数越大,而萃取剂的分配系数越小,则萃取效率越高。

4. 离子缔合物萃取体系

这类萃取体系的特点是:金属以配阴离子(包括高价金属酸根离子)或阳离子的形式与带相反电荷的萃取剂形成离子缔合物而进入有机相。这类萃取体系可进一步分为金属配阴离子或无机酸根离子的萃取、金属阳离子的萃取两大类。金属配阴离子或酸根离子与萃取剂(与H^+形成的)阳离子构成离子缔合物进入有机相,按照萃取剂形成䥚盐的原子不同,可分为锌盐萃取、铵盐萃取、其他䥚盐萃取多种类型。

5. 协同萃取体系

用两种或两种以上的萃取剂混合物同时萃取某一金属离子或其他化合物时,如果被萃取物质的分配比显著大于每一种萃取剂在相同条件下单独萃取时的分配比之和,这种混合萃取剂体系的萃取称为协同萃取(效应)。与此相反,若混合萃取剂萃取时的分配比显著小于每一种萃取剂单独使用时的分配比之和,则称为反协同效应。

16.2.3 *萃取分离操作*

1. 萃取操作仪器及其准备

目前常用的萃取操作是间歇萃取法、连续萃取法和逆流萃取法。间歇萃取法常在 60~105 mL 的梨形分液漏斗中进行。

2. 萃取振荡

用梨形分液漏斗进行分离时,常以手工操作进行振荡。萃取振荡所需的时间取决于达到萃取平衡的速度,主要取决于两个速度:一是化学反应速率,即生成可萃取形式的反应速率;另一种是被萃取物从一相转入另一相的扩散速度。一般来说,离子缔合物体系达到萃取平衡的速度快,螯合物体系则较慢。另外,被萃取物的浓度高时,达到平衡的速度快,浓度低时,速度慢。萃取振荡的时间一般是 30 s 至数分钟,具体时间通过实验确定。

3. 静置分层

萃取振荡后,将分液漏斗静置于铁架台上的铁圈内。待液体分为两层后,先打开顶盖,再扭开下面的旋塞,使下层液体由下端放出,上层液体可从上端倒出。操作时应注意,不能未完全分层时就进行分离,分离应特别细心,尽量使被测组分不损失。

当萃取振荡后,两种不相混溶的液体有时会产生乳浊液。静置分层时,如果乳浊液比较稳定,则影响分离的程度。因此,必须避免乳浊液的生成,或者生成乳浊液后,设法将其破坏。防止乳浊液形成的办法:一是对容易形成乳浊液的萃取体系,萃取时反复轻轻转动液体,防止激烈振荡,或者采取连续萃取的办法;二是选取萃取剂溶剂时,尽量降低其黏度,对黏度较大的黏稠性溶剂(如磷酸三丁酯)可加入煤油或 CCl_4 稀释,由乙醚形成的乳浊液可加入少量的乙醇或异丙醇予以破坏;三是为增加表面张力和相对密度,溶液可加入中性盐也可以加入混合溶剂,使溶剂与水溶液的互溶性减小,相对密度相差增大等。

4. 洗涤

在萃取分离时被测组分进入有机相,而其他组分或多或少也能进入有机相。杂质被萃取的程度取决于其分配比。若杂质的分配比很小,可用洗涤的方法除去。将分离出来的有机相与洗涤液一起放在分液漏斗中振荡,由于杂质的分配比小,容易进入水相,因此混在有机相中的杂质被洗涤除去。当然,被测组分的分配比大,仅少量进入水相,但也或多或少受到损失。一般洗涤一两次不致影响分析结果的准确程度。此外,进行萃取的次数及萃取剂的组成等一般通过实验确定。

16.3 色谱分离法

色谱分离法是由一种流动相带着试样经过固定相,物质在两相之间进行反复的分配,由于物质在两相中的分配系数不同,移动的速度也不同,从而实现相互分离的分离方法。色谱分离法的最大特点是分离效率高。它能把各种性质及其类似的组分彼此分离,然后分别加以测定,是一类重要且常用的分离手段。

16.3.1 纸色谱法

1. 基本原理

纸色谱又称纸上层析,是在滤纸上进行的色谱分析法。其简单装置如图 16-1 所示。滤纸看成是一种惰性载体,滤纸纤维素中吸附着的水分或其他溶剂在层析过程中不流动,是固定相;在层析过程中沿着滤纸流动的溶剂或混合溶剂是流动相,又称展开剂。试液点在滤纸上,试液中的各种组分利用其在固定相和流动相中溶解度的不同,即在两相中的分配系数不同而得以分离。

对于有色物质的色谱分离,各斑点可以清楚地看出来。图 16-2 为氨基蒽醌试样中各种异构体的纸色谱图,图中可以清楚地看到滤纸条上有五个色斑,离原点(点试液处)最近的是橙黄色的硝基蒽醌,上面依次分别是橙色的 1-氨基蒽醌、粉紫色的 1,8-氨基蒽醌、红色的 1,6-氨基蒽醌和橙黄色的 1,7-氨基蒽醌。

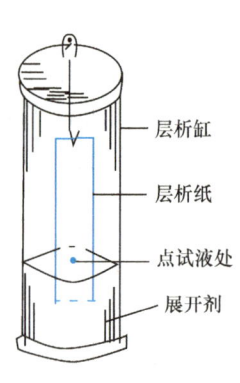
图 16-1　纸色谱装置

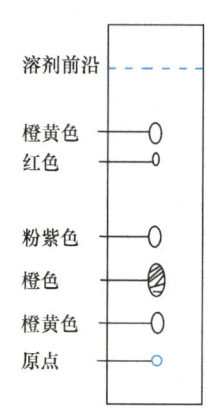
图 16-2　氨基蒽醌纸色谱图

2. 比移值

通常用比移值(R_f)衡量各组分的分离情况,比移值可表示为

$$R_f = \frac{\text{斑点中心移动距离}}{\text{溶剂前沿移动距离}} \tag{16-10}$$

R_f值与溶质在固定相和流动相间的分配系数有关,R_f值为 $0\sim1$。$R_f\approx0$,表明该组分基本留在原点不动,该组分在流动相中的分配比非常小;$R_f\approx1$,表明该组分随溶剂一起上升,该组分在流动相中的分配比非常大,而在固定相中的吸附非常小。一般来说,R_f值只要相差 0.02 以上就能彼此分离。

16.3.2　薄层色谱法

薄层色谱简称板层析,是在纸色谱的基础上发展起来的。薄层色谱法的操作方法和纸色谱法相似。用玻璃毛细管或微量注射器吸取配制好的试液,点在薄层板的一端离边缘一定距离处。然后把薄层板放入层析缸中,使点有试样的一端浸入所配成的展开剂中(注意:原点勿浸入展开剂中),另一端斜搁在层析缸壁上,形成 10°~20°倾斜。试样中各组分沿着薄层不断地发生溶解、吸附、再溶解、再吸附的过程,将它们按其对固相吸附能力强弱的不同而分离开来,在固相薄层上显现出各种有色斑点。待层析进行到溶剂前缘已接近薄层上端时,层析可以停止。

在薄层色谱中,为了获得良好的分离,必须选择适当的吸附剂和展开剂。吸附剂和展开剂选用的原则是:非极性组分的分离,选用活性强的吸附剂,用非极性展开剂;极性组分的分离,选用活性弱的吸附剂,用极性展开剂。

氧化铝是一种吸附能力、分离能力较强的吸附剂。按生产条件的不同,层析用的氧化铝又可分为中性、碱性和酸性三种,其中中性氧化铝应用较广。氧化铝一般不加黏合剂,就用其干粉铺成薄层,进行层析,这样的薄层板称为软板。制备软板时,涂层操作比较简单。将氧化铝撒于玻璃板上,用两端套有圆环的玻璃棒或不锈钢制的铺层棒压在氧化铝上,按一定方向用同一速度缓缓移动,如图 16-3 所示,即得平滑均匀的薄层。

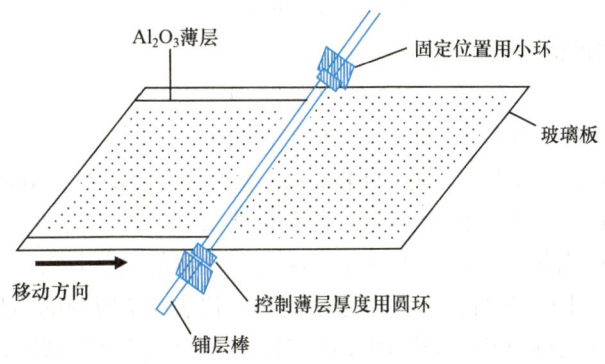

图 16-3　软板涂层操作

硅胶是一种微带酸性的吸附剂,常用于分离中性和酸性物质。硅胶一般与黏合剂煅石膏($CaSO_4 \cdot 1/2\ H_2O$)粉按一定比例混合,配成硅胶G。用时加水调成糊,涂于板上成薄层,然后加热烘干,使其活化,制成硬板,保存于干燥器中备用。

与纸色谱法相比,薄层色谱法具有速度快、分离清晰、灵敏度高、可采用各种方法显色等特点,因此近年来发展极为迅速,在制药、农药、染料、抗生素分离等工业中的应用日益广泛。

16.3.3　色谱定性和定量分析

1. 定性分析

在色谱法中,利用标准样对未知化合物定性是最常用的定性方法。由于每一种化合物在一特定的色谱条件(流动相组成、色谱柱、柱温等不变)下有其特定的保留值,如果在相同的色谱条件下被测化合物与标样的保留值一致,就可以初步认为被测化合物与标样相同。如果多次改变流动相组成后,被测化合物的保留值均与标准样的保留值一致,则能进一步证明被测化合物与标样相同。这就是使用标准样鉴别未知化合物的方法。

值得指出的是,色谱保留值的特征性并不很强。有时,不同的化合物在一种色谱条件下会具有相近甚至相同的保留值,给定性分析造成困难。因此依靠保留值的色谱定性分析仅适合于组成较简单的试样中指定化合物的分析。对于组成复杂的未知化合物的定性分析,通常要借助色谱与质谱、红外光谱、核磁共振等方法的联用才能获得较为可靠的定性鉴定结果。

2. 定量分析

色谱定量分析是要确定试样中某种化合物的含量有多少。色谱定量分析的基本依据是:在一定的色谱条件下,待测组分 i 的质量(或在流动相中的浓度)与检测器的响应信号(表现为色谱图上的峰面积或峰高)成正比,即

$$m_i = f'_i A_i \tag{16-11}$$

显然,要得到待测组分 i 的质量 m_i,需要知道它的色谱峰峰面积 A_i 和它的定量校正因子 f'_i,另外还需要有一定的定量校正方法。

1) 峰面积的测量

色谱峰峰面积可以通过测量峰高和半峰宽计算。对于峰形对称的峰,峰面积的计算式为

$$A = 1.065hW_{\frac{1}{2}} \tag{16-12}$$

不对称峰峰面积的近似计算公式为

$$A = 0.5h(W_{0.15} + W_{0.85})$$

式中:$W_{0.15}$ 和 $W_{0.85}$ 分别为峰高 0.15 和 0.85 处的峰宽值。

现代色谱仪中都带有自动积分设备,能准确、迅速地将峰面积测量出来。但由于检测器对不同的组分有不同的响应灵敏度,两个组分在流动相的浓度即使相同,它们的峰面积也不一定相等,这样不同组分间峰面积的大小并不一定反映组分含量的高低,因而需经校正因子校正后方可定量。f'_i 即为校正因子,它的意义是单位峰面积所代表的 i 组分的质量(或浓度,视 m_i 所表示的物理量而定)。在实际分析中,通常选用一物质(通常是苯)为基准,求得待测物质的相对校正因子。具体做法如下:准确称量待测组分和基准物质的标准物,混匀后,在选定的色谱条件下进样分离,测得待测组分和基准物的峰面积,然后按式(16-13)计算相对校正因子:

$$f_i = \frac{f'_{m,i}}{f'_{m,s}} = \frac{m_i/A_i}{m_s/A_s} \tag{16-13}$$

2) 定量计算方法

(1) 归一法。当试样中的所有组分都能流出色谱柱并在色谱图上得到对应的色谱峰时,采用归一法定量最为方便简单。它的基本原理是试样中所有组分(包括溶剂)的含量之和为 100%。如果试样中有 n 个组分,它们的质量分别为 m_1、m_2、$\cdots$、m_n,各组分质量之和为 m,则组分 i 在试样中的质量分数 w_i 可按式(16-14)计算:

$$w_i = \frac{m_i}{m} = \frac{A_i f_i}{A_1 f_1 + A_2 f_2 + \cdots + A_n f_n} \tag{16-14}$$

归一法的特点是简单、准确、对进样量的要求不高。但当试样中有组分不能从色谱柱中流出,或虽能流出但检测器不能响应而无色谱峰时,则不能使用。

(2) 内标法。当只需要测定试样中一个或少数几个组分时,可采用此法定量。内标法定量是选择一种试样中不存在的物质作为内标物,将一定量的内标物加入准确称量的试样中,混匀后取一定体积进样分离,根据待测组分和内标物的峰面积比,求出待测组分的含量。假设质量为 m 的试样中待测组分 i 的质量为 m_i,加入内标物的质量为 m_s,进样分离后可得

$$\frac{m_i}{m_s} = \frac{f_i/A_i}{f_s/A_s}$$

其中待测物的质量为

$$m_i = \frac{f_i/A_i}{f_s/A_s} m_s$$

于是,待测物在试样中的质量分数 w_i 为

$$w_i = \frac{m_i}{m} = \frac{f_i/A_i}{f_s/A_s} \frac{m_s}{m} \tag{16-15}$$

可见,内标法通过外加的内标物与待测物的峰面积、校正因子之间的比例关系,通过内标物的量确定待测物的量。它不受试样中的各组分是否都出峰的限制,但却可以消除由于进样量和其他实验条件的波动对定量的影响。内标法的缺点是每一个试样均需加入一定量的内标物,增加了测定的工作量。

(3) 外标法。外标法又称标准曲线法,它与其他仪器分析法中所使用的标准曲线法基本一样,即用待测组分的标准物配制一系列标准溶液,在选定的色谱条件下取一定体积的标准溶

液进样分离,用待测组分的峰面积对浓度作标准曲线。分析试样时,在相同的色谱条件下取同样体积的试样进样分离,测得试样中待测组分的峰面积,从标准曲线上查得待测组分的含量。

16.4 离子交换法

被交换的离子和试液中与其带相同电荷的离子间发生交换作用,使待测组分与干扰组分分离的方法称为离子交换分离法。离子交换剂可分为无机离子交换剂和有机离子交换剂,目前应用广泛的是有机离子交换剂。有机离子交换剂也称离子交换树脂,它是一种高分子聚合物,具有三维空间的网状结构。网状结构的树脂骨架十分稳定,与酸、碱、某些有机溶剂和一般的弱氧化物都不起作用,对热也较稳定。在网状结构的骨架上有许多可电离、可被交换的基团,如磺酸基($—SO_3H$)、羧基($—COOH$)等。离子交换分离法的显著特点是操作简便、分离效率高,特别是功能性离子交换树脂,选择性和分离效果更加突出。

16.4.1 离子交换树脂

1. 结构和分类

目前,应用最广泛的是合成离子交换树脂,由骨架和活性基团两部分组成。骨架是由单体和交联剂二者聚合而成的具有网状结构的高分子聚合物;活性基团又称交换功能团,由固定基和可交换离子两部分组成。离子交换树脂分类如下:

$$
\text{离子交换树脂}
\begin{cases}
\text{阳离子交换树脂}
\begin{cases}
\text{强酸性阳离子交换树脂} \\
\text{弱酸性阳离子交换树脂}
\end{cases} \\
\text{阴离子交换树脂}
\begin{cases}
\text{强碱性阴离子交换树脂} \\
\text{弱碱性阴离子交换树脂}
\end{cases}
\end{cases}
$$

2. 离子交换树脂的性质

1) 物理性质

(1) 溶胀性:离子交换树脂在水中会发生体积的膨胀。一般来说,强酸、强碱性树脂比弱酸弱碱性树脂的溶胀率大;交联度小的比交联度大的树脂溶胀率大。同一种树脂参加交换反应的交换离子不同,溶胀性也不同。例如,强酸性阳离子交换树脂中,其溶胀率大小按所交换的离子不同有如下顺序:$H^+>Li^+>Na^+>K^+>Ag^+$;而强碱性阴离子交换树脂中,其溶胀率大小按所交换的离子不同有如下顺序:$F^->Ac^->OH^->C_6H_5O^->Cl^-\approx NO_2^->Br^->I^-$。离子交换树脂经处理,使交换活性基团中的交换离子发生改变而引起的体积变化一般为5%左右。

离子交换树脂的密度经常用到表观密度和真密度。

(2) 表观密度:是指树脂在交换柱中的装填密度,即交换柱中单位体积所含树脂的质量,表示为

$$\text{表观密度}(D_a)=\frac{\text{膨胀后树脂的质量}(m)}{\text{树脂在水中的表观体积}(V)} \tag{16-16}$$

(3) 真密度:是指树脂颗粒本身的密度,即树脂膨胀后的密度与这一质量的树脂在水中所给真实体积的比值。树脂在水中所给的真实体积是它所排出水的体积,表示为

$$\text{真密度}(D_W) = \frac{\text{膨胀后树脂质量}(m)}{\text{该树脂所排出水的体积}(V)} \tag{16-17}$$

一般离子交换树脂的表观密度为 $0.6\sim0.9\ \text{g}\cdot\text{mL}^{-1}$,真密度为 $1.2\sim1.4\ \text{g}\cdot\text{mL}^{-1}$。

2) 交联度

离子交换树脂在合成过程中需要加入交联剂,使树脂形成网状的立体结构。交联度是指树脂的交联程度。用加入树脂中交联剂的质量分数表示交联度的大小。交联度大的数值,其"网眼"小,机械强度大,在水中的溶胀小,水溶性小;交联度小的树脂,其"网眼"大,机械强度小,在水中溶胀大,水溶性大。通常国产树脂的交联度为 $4\%\sim14\%$。

3) 交换容量

离子交换树脂中的活性基团数目决定了离子交换树脂的交换能力。反映这种交换能力的大小常用交换容量表示。单位体积湿树脂或单位质量干树脂中,所有交换基团的总数称为交换容量,它是一个常数,不能代表真实的交换能力,所以不常用。实际工作中常用的是操作交换容量,即单位体积湿树脂或单位质量干树脂中实际参加反应的活性基团数,单位为 $\text{mmol}\cdot\text{mL}^{-1}$ 或 $\text{mmol}\cdot\text{g}^{-1}$。一般树脂的交换容量通常都是指操作交换容量,为 $3\sim6\ \text{mmol}\cdot\text{g}^{-1}$。

16.4.2 离子交换的基本原理

1. 离子交换的亲和力

离子在树脂上交换能力的大小称为离子交换亲和力。亲和力的大小与水合离子半径、电荷及离子的极化程度有关。

(1) 常温下,离子浓度不大的水溶液中,强酸性阳离子交换树脂上离子亲和力的规律如下:不同价的离子,电荷越高亲和力越大。例如

$$\text{Na}^+ < \text{Ca}^{2+} < \text{Al}^{3+} < \text{Th}^{4+}$$

当离子价态相同时,亲和力随水合离子半径减小而增大。例如

$$\text{Li}^+ < \text{H}^+ < \text{Na}^+ < \text{NH}_4^+ < \text{K}^+ < \text{Rb}^+ < \text{Cs}^+ < \text{Tl}^+ < \text{Ag}^+$$

$$\text{UO}_2^{2+} < \text{Mg}^{2+} < \text{Zn}^{2+} < \text{Co}^{2+} < \text{Cu}^{2+} < \text{Cd}^{2+} < \text{Ni}^{2+} < \text{Ca}^{2+} < \text{Sr}^{2+} < \text{Pb}^{2+} < \text{Ba}^{2+}$$

稀土元素亲和力随原子序数增大而减小。例如

$$\text{Lu}^{3+} < \text{Yb}^{3+} < \text{Tm}^{3+} < \text{Er}^{3+} < \text{Ho}^{3+} < \text{Dy}^{3+} < \text{Tb}^{3+} < \text{Gb}^{3+} < \text{Eu}^{3+} < \text{Sm}^{3+} < \text{Nd}^{3+} < \text{Pr}^{3+} < \text{Ce}^{3+} < \text{La}^{3+}$$

(2) 常温下,离子浓度不大的水溶液中,弱酸性阳离子交换树脂上的离子亲和规律,除 H^+ 的亲和力比其他阳离子大外,其他阳离子的亲和力顺序与(1)相似。

(3) 常温下,离子浓度不大的水溶液中,强碱性阴离子交换树脂上离子亲和力的顺序如下:

$$\text{F}^- < \text{OH}^- < \text{CH}_3\text{COO}^- < \text{HCOO}^- < \text{Cl}^- < \text{NO}_2^- < \text{CN}^- < \text{Br}^- < \text{CrO}_4^{2-} < \text{NO}_3^-$$
$$< \text{HSO}_4^- < \text{I}^- < \text{C}_2\text{O}_4^{2-} < \text{SO}_4^{2-} < \text{Cit}^{3-}(\text{柠檬酸根})$$

(4) 常温下,离子浓度不大的水溶液中,弱碱性阴离子交换树脂上离子亲和力的顺序如下:

$$\text{F}^- < \text{Cl}^- < \text{Br}^- < \text{I}^- \approx \text{CH}_3\text{COO}^- < \text{MnO}_4^{2-} < \text{PO}_4^{3-} < \text{AsO}_4^{3-} < \text{NO}_3^- < \text{酒石酸根} <$$
$$\text{Cit}^{3-}(\text{柠檬酸根}) < \text{CrO}_4^{2-} < \text{SO}_4^{2-} < \text{OH}^-$$

以上所述只是一般情况,在温度较高、离子浓度较大及有配位剂存在下,在水溶液或非水

介质中,离子亲和力顺序会发生变化。不同牌号的树脂对同一组离子的亲和力顺序有时也略有不同。

2. 离子交换平衡

1) 选择系数

设某 H^+ 型阳离子交换树脂浸入含 M^{n+} 的溶液中,交换反应可用下式表示:

$$nR\text{—}H + M^{n+} \rightleftharpoons R_n\text{—}M + nH^+$$

交换达到平衡时,其平衡常数为

$$K_{nH}^{M} = \frac{[M]_r[H]_s^n}{[M]_s[H]_r^n} \tag{16-18}$$

式中:$[M]_r$、$[H]_r$ 分别为平衡时 M^{n+}、H^+ 在树脂相中的浓度($mmol \cdot g^{-1}$);$[M]_s$、$[H]_s$ 分别为平衡时 M^{n+}、H^+ 在水溶液中的浓度($mmol \cdot mL^{-1}$);K_{nH}^{M} 为金属离子 M^{n+} 对离子交换树脂的选择系数。

选择系数 $K_{nH}^{M} > 1$ 表示 M^{n+} 比较牢固地结合在树脂上,而 $K_{nH}^{M} < 1$ 表示 H^+ 比较牢固地结合在树脂上,选择系数的大小也说明了离子亲和力的大小。

2) 分配系数

分配系数是当离子交换反应达到平衡时,树脂相中某离子的浓度与液相中该离子总浓度的比值:

$$D_M = \frac{[M]_r}{\sum [M]_s} \tag{16-19}$$

式中:$[M]_r$ 为树脂相中 M 的浓度($mmol \cdot g^{-1}$);$[M]_s$ 为溶液相中 M 的浓度($mmol \cdot mL^{-1}$);D_M 为 M 在树脂相和溶液相之间的分配系数。

16.4.3 离子交换分离操作过程

1. 树脂的选择和处理

根据分离的对象和要求,选择适当类型和粒度的树脂。先将树脂浸泡 12 h,使其充分溶胀,用水漂洗若干次,强酸性阳离子交换树脂用 3~5 $mol \cdot L^{-1}$ HCl 浸泡 1~2 d,若浸出液为较深黄色,应换新鲜 HCl 再浸泡几小时,然后用去离子水洗至溶液呈中性,这样得到的是 H^+ 型阳离子交换树脂。阴离子树脂也可用此法处理,得到 Cl^- 型树脂,用 H_2SO_4 浸泡处理将得到 SO_4^{2-} 型树脂。阳离子树脂用 NaCl 或 NH_4Cl 处理,得到 Na^+ 型或 NH_4^+ 型树脂。

2. 装柱操作

对于静态交换法,可在小烧杯内进行。将一定量处理好的树脂放至小烧杯中,加入样品溶液,在电磁搅拌器上不停地搅拌一定时间,进行分离(过滤或倾泻法)。然后用新鲜树脂进行交换,如此间歇进行。但静态交换法的效率不高,故通常用动态交换法。

动态交换法可用 50 mL 或 25 mL 滴定管代替离子交换柱。装柱时需小心使树脂装入柱中,不要有空气泡夹在其中,装柱时,可选用去离子水装满柱子,然后将树脂加入,在使用过程中,必须使树脂保持在液面以下。否则,液面流入树脂层后,一部分树脂混入大量气泡,影响交换操作的正常进行。如果出现该情况,可以按照如下的方法进行补救:立即将底部活塞关住,向柱中加去离子水,用细玻璃棒搅动上层树脂,赶出气泡,然后再小心打开下部活塞,慢慢流出液体。在交换过程中若发生上述情况,需特别小心,切勿污染柱中液体,必要时重新装柱。

3. 柱上操作

离子交换树脂经过预处理,装柱后就可以进行离子交换分离的操作。由于这一操作是在交换柱中进行的,故称柱上操作。柱上操作可分为交换、洗涤、洗脱和再生等步骤。

1) 交换

将待分离的试液缓缓倾入柱内,控制适当流速,使试样从上到下经过交换柱进行交换。

2) 洗涤

交换完毕后应进行洗涤,洗涤的目的是使洗涤液流经交换柱,将残留在交换柱中的试液和被交换下来的离子除去。洗涤液一般用去离子水,有时为了避免某些离子水解而用稀酸(如 $0.02 \text{ mol} \cdot \text{L}^{-1}$ 的酸)洗涤。有时,在交换时溶液必须保持一定的酸度,洗涤时仍应用相同酸度的水溶液进行洗涤,也可用不含试样的空白溶液洗涤。

3) 洗脱

将交换到树脂上的离子用适当的洗脱剂置换下来。阳离子交换树脂常用 HCl 作洗脱剂;阴离子交换树脂常用 NaCl 或 NaOH 作洗脱剂。洗脱过程的流速根据具体对象而定。洗脱下来的离子可进行分析测定。

4) 再生

将离子从树脂上洗脱下来后,溶液可用其他分析方法进行测定,而树脂柱需要用酸或碱进行再生,恢复交换前树脂的状态。有时,洗脱过程也就是再生过程,洗脱完毕,树脂也就恢复到交换前的状态,这时用去离子水洗涤树脂,就可以继续使用。

16.5 其他方法

16.5.1 超临界流体萃取分离法

超临界流体萃取分离法是利用超临界流体作萃取剂在两相之间进行的一种萃取方法,原理是利用超临界流体的溶解能力与其密度的关系,即利用压力和温度对超临界流体溶解能力的影响而进行分离。超临界流体是性质介于气、液之间的一种既非气态又非液态的物态,它只能在物质的温度和压力超过临界点时才能存在。在超临界状态下,将超临界流体与待分离的物质接触,使其有选择性地将极性大小、沸点高低和相对分子质量大小不同的成分依次萃取出来。当然,对应各压力范围所得到的萃取物不可能是单一的,但可以控制条件得到最佳比例的混合成分,然后借助减压、升温的方法使超临界流体变成普通气体,被萃取物质则完全或基本析出,从而达到分离提纯的目的,所以超临界流体萃取过程是由萃取和分离组合而成的。

超临界流体萃取中萃取剂随萃取对象的不同而改变,可作超临界流体的气体很多,如二氧化碳、乙烯、氨、氧化亚氮、二氯二氟甲烷等,通常使用二氧化碳作为超临界萃取剂。应用二氧化碳超临界流体作溶剂,具有临界温度与临界压力低、化学惰性等特点,适合提取分离挥发性物质及含热敏性组分的物质。但是,超临界流体萃取法也有其局限性,二氧化碳超临界流体萃取法较适合亲脂性、相对分子质量较小的物质萃取,超临界流体萃取分离法设备属高压设备,投资较大。

16.5.2 毛细管电泳分离法

毛细管电泳又称高效毛细管电泳(HPCE)，统指以高压电场为驱动力、以毛细管为分离通道、依据样品中各组分之间淌度和分配行为上的差异而实现分离的一类液相分离技术。毛细管电泳分离法是在充有流动电解质的毛细管两端施加高电压，利用电势梯度及离子淌度的差别，实现流体中组分的分离。对于给定的离子和介质，淌度是该离子的特征常数，是由该离子所受的电场力与其通过介质时所受的摩擦力的平衡所决定的。物质所带的电量越大，淌度就越高，所带的电量越小，淌度就越低。该离子的迁移速度分别与电泳淌度和电场强度成正比。

毛细管电泳根据操作方式的不同，可分为毛细管区带电泳(CZE)、胶束电动色谱(MEKC)、毛细管凝胶电泳(GCE)、毛细管等电聚焦电泳(CIEF)和毛细管等速电泳(CITP)。

16.5.3 微波萃取分离法

微波萃取分离法是利用微波能强化溶剂萃取的效率，使固体或半固体试样中的某些有机物成分与基体有效地分离，并能保持分析对象的原本化合物状态的分离方法。微波萃取分离法包括试样粉碎、与溶剂混合、微波辐射、萃取液的分离等步骤。微波萃取被誉为"绿色分析化学"，是因为微波萃取试剂用量少、节能、省时、污染小。该方法使用更少的溶剂、更短的时间得到更好的回收率，处理批量大，萃取效率高，特别适合大量试样的快速萃取分离和多份试样的同时处理，适应面宽，较少受被萃取物极性的限制。

微波萃取分离法的应用越来越广泛，如从薄荷、海鸥芹、雪松叶和大蒜中等提取天然产物，从食品、植物种子等中提取某些有机成分、生物活性物质和药物残留。

16.5.4 膜分离法

膜分离技术是一种简单、快速、高效、选择性好、经济节能的新技术，目前已广泛地用于水处理、湿法冶金、生物化工、医药工业、食品工业以及环境保护等许多方面，引起许多国家有关专家、学者的高度重视。膜分离技术作为一门新兴的化工分离单独操作发展迅速。用天然或人工合成的薄层凝聚物——薄膜，以外界能量和化学势差(浓度差、温度差、压力差和电势差)为驱动力，对两组分以上的溶质和溶剂进行分离富集、提纯的方法称为膜分离法。如果在一个流动相内或者两个流体相之间有一薄层凝聚相物质把流体相分隔为两部分，则这一薄层物质就是膜。

按照不同的分类方法，高分子膜可以分为多种类型。按膜的形状可以分为平板膜、管状膜、螺旋卷膜和中空纤维膜；按分离方法可分为微孔膜、超滤膜、渗透膜、离子交换膜等；按膜的物理结构可分为对称膜、非对称膜、复合膜、致密膜、多孔膜、均质膜和非均质膜。常见的膜分离过程有微滤、超滤、渗析和电渗析等。渗透、超滤、微滤、气体分离等膜过程都属以压力为驱动力的膜分离过程，即压力驱动膜过程。

各种膜过程具有不同的机理，适用于不同的对象和要求。但有其共同点，如过程一般较简单，经济性较好，通常没有相变，分离系数较大，节能、高效、无二次污染，可在常温下连续操作，可直接放大，可专一配膜等。膜过程特别适用于热敏性物质的处理，在食品加工、医药、生化技术领域有其独特的适用性。

习 题

1. 在分析化学中,为什么要进行分离富集?
2. 常用哪些方法进行氢氧化物沉淀分离?举例说明。
3. 分配系数和分配比有什么联系?有什么差别?
4. 萃取效率与哪些因素有关?如何提高萃取率?简述萃取操作的基本步骤及基本要求。
5. 阐述离子交换法的基本步骤及分离原理。
6. 如何测定 R_f 值?比移值 R_f 在纸色谱分离中有什么重要作用?
7. 用 $BaSO_4$ 重量法测定 S 含量时,大量 Fe^{3+} 会产生共沉淀。当分析硫铁矿(FeS_2)中的 S 时,如果用 $BaSO_4$ 重量法进行测定,有什么办法可消除 Fe^{3+} 的干扰?
8. 若试液中含有 Fe^{3+}、Al^{3+}、Ca^{2+}、Mg^{2+}、Mn^{2+}、Cr^{3+}、Cu^{2+} 及 Zn^{2+} 等离子,加入 $NH_3 \cdot H_2O\text{-}NH_4Cl$ 缓冲溶液,控制 pH 约为 9,试分析存在于溶液和沉淀中离子的种类及存在形式,分离是否完全?
9. 举例说明 H^+ 型强酸性阳离子交换树脂和 OH^- 型强碱性阴离子交换树脂的交换作用。若要在较浓的 HCl 溶液中分离 Fe^{3+} 和 Al^{3+},应用哪种树脂?这时哪种离子交换在柱上?哪种离子进入流出液中?
10. $0.02\ mol \cdot L^{-1}\ Fe^{2+}$ 溶液加 NaOH 溶液进行沉淀时,要使其沉淀达 99.99% 以上,溶液的 pH 至少要达到多少?已知 $K_{sp}=8\times 10^{-16}$。 (9.30)
11. 已知某萃取体系的萃取率 $E=98\%$,$V_o=V_w$,求分配比 D。 (49)
12. 某溶液含 Fe^{3+} 10 mg,将它萃取在某有机溶剂中时,分配比 $D=99$。用等体积溶剂萃取一次和两次,剩余 Fe^{3+} 量各是多少?若在萃取两次后,分出有机层,用等体积水洗一次,会损失 Fe^{3+} 多少毫克? (0.1 mg, 0.001 mg, 0.1 mg)
13. 已知 I_2 在 CS_2 和水中的分配比为 420,今有 100 mL I_2 溶液,欲使萃取率达到 99.5%,若每次用 5 mL 萃取,需要萃取多少次? (2)
14. 250 mL 含 103.5 μg 铅的试液,分取 10 mL,用 10 mL 氯仿-双硫腙溶液萃取,萃取率 95%,用 1 cm 比色皿在 490 nm 测定,测得吸光度为 0.198。求分配比及吸光物质的摩尔吸光系数($M_{Pb}=207.2\ g \cdot mol^{-1}$)。 (19, $1.04\times 10^5\ L \cdot mol^{-1} \cdot cm^{-1}$)
15. 25 ℃时,Br_2 在 CCl_4 和水中的分配比为 29.0,水溶液中的溴用等体积、1/2 体积的 CCl_4 萃取、1/2 体积的 CCl_4 萃取两次时,萃取效率各为多少? (96.7%, 93.6%, 99.6%)
16. 碘在某有机溶剂和水中的分配比是 8.0。如果用该有机溶剂 100 mL 和含碘 $0.0500\ mol \cdot L^{-1}$ 的水溶液 50.0 mL 一起摇动至平衡,取此已平衡的有机溶剂 10.0 mL,则需 $0.0600\ mol \cdot L^{-1}\ Na_2S_2O_3$ 多少毫升能把碘定量还原? (7.8 mL)
17. 现称取 KNO_3 试样 0.2786 g,溶于水后使其通过强酸型阳离子交换树脂,流出液用 $0.1075\ mol \cdot L^{-1}$ NaOH 滴定。如用甲基橙作指示剂,用去 NaOH 23.85 mL。计算 KNO_3 的纯度。 (93.04%)
18. 称取 1.5 g H^+ 型阳离子交换树脂做成交换柱,净化后,用 NaCl 溶液冲洗至甲基橙为橙色。收集流出液,用甲基橙为指示剂,以 $0.1000\ mol \cdot L^{-1}$ NaOH 标准溶液滴定,用去 24.51 mL。计算该树脂的交换容量。 ($1.634\ mmol \cdot g^{-1}$)

【阅读1】 诺贝尔和居里夫人

诺贝尔(1833—1896),瑞典著名化学家、硝酸甘油炸药发明人。诺贝尔一生致力于炸药的研究,因发明硝酸甘油引爆剂、硝酸甘油固体炸药和胶状炸药等,被誉为"炸药大王"。他不仅从事理论研究,而且进行工业实践。他一生共获得技术发明专利355项,并在欧美等五大洲20个国家开设了约100家公司和工厂,积累了巨额财富。1896年12月10日,诺贝尔在意大利逝世。诺贝尔奖金就是根据他生前的遗愿,以其财产作为基金设置的。分设物理、化学、生理与医学、文学及和平(后添加了"经济"奖)5种奖金,授予世界各国在这些领域对人类作出重大贡献的学者。该奖项是当今世界最享盛誉、最具权威性、全球性的国际大奖。它对世界科技进步和社会发展起着极大地推动作用,它所表彰的科学成就堪称20世纪人类智慧的灵光。

居里夫人(1867—1934),法国籍波兰科学家,主要从事放射性物质的研究。这个研究课题把她带进了科学世界的新天地。她最终完成了近代科学史上最重要的发现之一——放射性元素镭,并奠定了现代放射化学的基础,为人类作出了伟大的贡献。在世界科学史上,玛丽·居里是一个永远不朽的名字。这位伟大的女科学家,以自己的勤奋和天赋,在物理学和化学领域作出了杰出的贡献,并因此而成为唯一一位在两个不同学科领域、两次获得诺贝尔奖的著名科学家。

【阅读2】 人体中必需的微量元素——氟

氟(fluorine)是卤族元素中原子序数和相对原子质量最小的元素。氟主要以萤石 CaF_2、氟磷酸钙 $Ca_{10}F_2(PO_4)_6$、冰晶石 $Na_3[AlF_6]$ 的形式存在于自然界中。氟在人体内发挥着重要的生理作用,主要以 CaF_2 的形式分布在牙齿、骨骼、指甲和毛发中,尤其在牙釉质中含量最多。当人体缺氟时,会患龋齿、骨骼发育不良等症状;而摄入氟过多时,轻则出现氟斑牙,氟化骨症等慢性中毒,重则引起恶心、呕吐、心律不齐等急性中毒,如果人体每千克含氟量达32～64 mg 就会导致死亡。

龋齿 又称虫牙或蛀牙,是牙齿发生腐蚀的病变。牙齿的主要成分是羟磷灰石 $[Ca_5(PO_4)_3OH]$,正常情况下,人体摄取的氟与羟磷灰石作用在牙齿表面生成光滑坚硬、耐酸耐磨的氟磷灰石 $[Ca_5(PO_4)_3F]$,这是形成牙釉质的基本成分,而当缺氟时,构成牙釉质的氟磷灰石逐渐转化成易受酸类腐蚀的羟基磷灰石,牙齿向内腐蚀而形成龋洞,且逐渐扩大直至全部被破坏。防止龋齿最好的方法是吃低糖的食物和坚持饭后立即刷牙。涂氟防龋(用 NaF 溶液或 NaF 甘油膏涂在牙齿的表面)作为口腔保健的一种措施,可获得良好效果。用含氟牙膏刷牙也有相同的作用。因为氟的存在能维持或促使牙釉质的形成,也能抑制牙齿上残留食物的酸化。

氟斑牙 又称斑釉齿,是在牙釉面形成无光泽的白垩状斑块或黄褐色斑点,甚至发生牙齿变形,出现条状或点状凹陷的病变。斑釉齿可能是由于摄入氟量过多而妨碍了牙齿钙化酶的活性,使牙齿钙化不能正常进行,色素在牙釉质表面沉积,使牙釉质变色且发育不全。

人体对氟的生理需求量一天为 0.5~1 mg,通常摄取的氟主要来源于饮水,此外在谷物、鱼类、排骨、蔬菜中也含微量氟。一般情况下,饮食中的氟并不能完全被吸收,饮水中的氟吸收率可达 90%,而有机态氟的吸收率最低。从防止龋齿的角度来看,当饮水中氟含量低于 0.5 mg·L^{-1} 时,可考虑向水中加入一定量的氟化物;从防止中毒的角度来看,当饮水中氟含量达到 1.5 mg·L^{-1} 或更高时,需考虑除氟。所以要特别重视自然环境和饮食中氟含量对人体健康的影响,尤其是工业排放的氟造成环境污染,给人类带来的危害。

【阅读3】 食品污染触目惊心

"阜阳奶粉"、"三鹿奶粉"、"红心鸭蛋"等事件的不断出现,使得食品安全问题越来越成为广大消费者关心的根本问题。食品添加剂的使用直接影响食品的安全性,也直接关系到消费者的身体健康。苏丹红、孔雀石绿、三聚氰胺……这一个个陌生的化学名词也都随之被人们所熟悉。

苏丹红 并不是食品添加剂,而是一种化学染色剂,常用的有苏丹红Ⅰ、Ⅱ、Ⅲ和Ⅳ。它的化学成分中含有一种称为萘的化合物,同时该物质具有偶氮结构。这种化学结构决定了它具有致癌性,对人体的肝肾器官具有明显的毒性作用。苏丹红作为化工染料剂,主要用于石油、机油和其他一些工业溶剂中,目的是使其增色,也用于鞋、地板等的增光。所以,必须拒绝将苏丹红作为食品添加剂,防止不法商人为了保持鲜红的色泽再次出现"红心鸭蛋"等事件。

孔雀石绿 是一种带有金属光泽的绿色结晶体,属三苯甲烷类染料,又名碱性绿、严基块绿、孔雀绿。它既是杀真菌剂,又是染料,易溶于水,溶液呈蓝绿色。自 20 世纪 30 年代以来,许多国家曾经采用孔雀石绿杀灭鱼类体内外寄生虫和鱼。从 20 世纪 90 年代开始,国内外学者陆续发现,孔雀石绿具有较多副作用,如高毒素、高残留和致癌、致畸、致突变等。鉴于孔雀石绿的危害性,许多国家将孔雀石绿列为水产养殖禁用药物。我国也于 2002 年 5 月将孔雀石绿列入《食品动物禁用的兽药及其他化合物清单》中,禁止用于所有食品动物。

在选购时如何辨别"孔雀石绿"鱼呢?

(1) 看鱼鳞的创伤是否着色。受创伤的鱼经过浓度大的"孔雀石绿"溶液浸泡后,表面发绿,严重的呈现青草绿色。

(2) 看鱼的鳍条。正常情况下,鱼的鳍条应是白色,而"孔雀石绿"溶液浸泡后的鱼鳍条易着色。

(3) 若发现通体色泽发亮的鱼应警惕。近年来国际上已经开发出一些比较安全的孔雀石绿替代品作为渔场杀虫剂和杀菌剂,如溴硝丙二醇、二氧化氯、氢过氧化物等,其杀虫、杀菌效果可与孔雀石绿相媲美,且相对安全。

三聚氰胺 是一种三嗪类含氮杂环有机化合物。三聚氰胺是一种用途广泛的基本有机化工中间产品,最主要的用途是作为生产三聚氰胺甲醛树脂的原料,还可以作阻燃剂、减水剂、甲醛清洁剂等。调查结果认为,动物长期摄入三聚氰胺会造成生殖、泌尿系统的损害,膀胱、肾脏结石,并可进一步诱发膀胱癌。它常被不法商人用作食品添加剂,以提高食品检测中的蛋白质含量指标,因此三聚氰胺也被称为"蛋白精"。添加三聚氰胺会使食品中的蛋白质测试含量偏高,从而使劣质食品通过食品检验机构的测试。

【阅读4】 硬水的利与弊

在日常生活中常存在这样一些现象:水龙头、喷头结满水垢;洁白的浴缸等设备泛黄;全棉衣服或毛巾多次洗涤后颜色黯淡、手感僵硬等。这与水的软硬有密切的关系。

硬水是指含有大量钙盐和镁盐的天然水，反之则为软水。在硬水中，钙、镁可以以碳酸盐、碳酸氢盐、硫酸盐、氯化物和硝酸盐等形式存在。如果硬水中钙和镁主要以硫酸盐、硝酸盐和氯化物等形式存在，则称为永久硬水。如果硬水中钙和镁主要以碳酸氢盐，如$Ca(HCO_3)_2$、$Mg(HCO_3)_2$形式存在，称为暂时硬水。当这种硬水加热煮沸时，碳酸氢盐会分解成碳酸盐沉淀。由于碳酸钙和碳酸镁都不溶于水，因此具有以下缺点：

（1）工业上，钙盐和镁盐的沉淀会造成锅垢，轻者使传热变差降低效率，重者造成传热不匀导致锅炉爆炸，因此锅炉用水必须经过处理以除去钙镁离子。日常生活中在水壶底部和热水壶底部常见到的一层白色水垢就是这种沉淀物。

（2）硬水不但在工业上有害，还妨碍洗衣服。肥皂的化学成分是硬脂酸钠，它和肥皂反应时产生不溶性的硬脂酸钙沉淀，降低了洗涤效果。这就解释了为什么用肥皂洗衣时常会看见在水面上有一层白花花的漂浮物。另外利用这点也可以区分硬水和软水。

（3）硬水的饮用还会对人体健康与日常生活造成一定的影响。例如，用硬水烹调鱼肉、蔬菜，常会因不易煮熟而破坏或降低食物的营养价值；没有经常饮用硬水的人偶尔饮用硬水，会造成肠胃功能紊乱，这就是所谓的水土不服。

为克服上述缺点，通常需要把硬水软化。软化的方法有三种：石灰-苏打软化法、磷酸盐软水法和离子交换法。

硬水就毫无用处吗？回答是否定的，钙和镁都是生命所必需的金属元素。调查发现，饮水的硬度越低，人的某些心血管疾病，如高血压和动脉硬化性心脏病的死亡率反而越高。其实，长期饮用过硬或过软的水都不利于人体的健康。通常我国采用$mmol \cdot L^{-1}$或$mg \cdot L^{-1}$（$CaCO_3$）为单位表示水的硬度，而且规定生活饮用水总硬度不得超过$450\ mg \cdot L^{-1}$。

【阅读5】 新能源的开发

在已过去的20世纪，人类使用的能源主要有三种：原油、天然气和煤炭。而根据国际能源机构的统计，如果按目前的势头发展下去，不加节制，则地球上这三种能源能供人类开采的年限，从人类历史的角度来看，实在是非常的短促。所以，开发新能源替代上述三种传统能源，迅速地逐年降低它们的消耗量，已经成为人类发展中的紧迫课题。当代新能源是指太阳能、风能、地热能、波浪能、生物质能和氢能等。它们的共同特点是资源丰富、可以再生、没有污染或很少污染，它们是远有前景、近有实效的能源。下面对这几种能源作简要介绍。

太阳能 是地球上最根本的能源。太阳能利用的形式很多，如太阳能集热为建筑供暖、供热水，用太阳能电池驱动交通工具和其他动力装置等，这些都属于太阳能小型、分散的利用形式。太阳能大型、集中的利用形式则是太空发电。在距地面三万多千米高空的同步卫星上，太阳能电池可24 h发电，而且效率高达地面的10倍。太空电能可以通过发射对人体无害的微波向地面输送。

风能 是一种机械能，风力发电是常用技术。风能利用技术的不断革新使这种丰富的无污染能源正重放异彩。

地热能 分为水汽和热水两种。目前世界上已有近200座地热发电站投入运行，装机容量数百万千瓦。研究表明，地热能的蕴藏量相当于地球煤炭储量热能的1.7亿倍，可供人类消耗几百亿年，真可谓取之不尽、用之不竭，今后将优先利用开发。

波浪能 主要的开发形式是海洋潮汐发电。20世纪80年代中期，挪威成功建成一座小型潮汐发电站,让涨潮的海水冲进有一定高度的储水池,池水下溢即可发电。已经在设计的潮汐电站,其发电量可供一个 30 万人口的城市使用。

生物质能 是利用动植物有机废弃物(如木材、柴草、粪便等)的技术,主要包括:

(1) 热化学转换技术,将木材等废料通过气化炉加热转换成煤气,或者通过干馏将生物质变成煤气、焦油和木炭。

(2) 生物化学转换技术,主要把粪便等生物质通过沼气池厌气发酵生成沼气。沼气技术在我国农村得到较好应用,工业沼气技术也开始应用。

(3) 生物质压块成型技术,把烘干粉碎的生物质挤压成型,变成高密度的固体燃料。

氢能 氢气热值高,燃烧产物是水,完全无污染,而且制氢原料主要也是水,取之不尽,用之不竭。所以氢能是前景广阔的清洁燃料。

参考文献

大连理工大学无机化学教研室. 2001. 无机化学. 4版. 北京：高等教育出版社

华东理工大学分析化学教研组，成都科学技术大学分析化学教研组. 2001. 分析化学. 4版. 北京：高等教育出版社

华中师范大学，东北师范大学，陕西师范大学，等. 2005. 分析化学. 3版. 北京：高等教育出版社

刘旦初. 2007. 化学与人类. 3版. 上海：复旦大学出版社

南京大学《无机及分析化学》编写组. 2006. 无机及分析化学. 4版. 北京：高等教育出版社

彭崇慧，冯建章，张锡瑜. 1997. 定量分析化学简明教程. 2版. 北京：北京大学出版社

史启祯. 2005. 无机化学与化学分析. 2版. 北京：高等教育出版社

宋其圣，孙思修. 2001. 无机化学教程. 济南：山东大学出版社

唐有祺，王夔. 2000. 化学与社会. 北京：高等教育出版社

魏琴，曹伟，付佩玉，等. 2002. 工业分析. 北京：中国科学技术出版社

魏琴，盛永丽. 2018. 无机及分析化学实验. 2版. 北京：科学出版社

武汉大学，吉林大学. 1994. 无机化学. 3版. 北京：高等教育出版社

武汉大学. 2000. 分析化学. 4版. 北京：高等教育出版社

武汉大学《无机及分析化学》编写组. 2003. 无机及分析化学. 2版. 武汉：武汉大学出版社

徐伏秋，魏琴. 1999. 硅酸盐工业分析. 武汉：武汉工业大学出版社

附 录

附录1 离子的活度系数

å/pm	离子强度 I/(mol·L^{-1})						
	0.001	0.0025	0.005	0.01	0.025	0.05	0.1
一价							
900	0.967	0.950	0.933	0.914	0.88	0.86	0.83
800	0.966	0.949	0.931	0.912	0.88	0.85	0.82
700	0.965	0.948	0.930	0.909	0.875	0.845	0.81
600	0.965	0.948	0.929	0.907	0.87	0.835	0.80
500	0.964	0.947	0.928	0.904	0.865	0.83	0.79
400	0.964	0.947	0.927	0.901	0.855	0.815	0.77
300	0.964	0.945	0.925	0.899	0.85	0.805	0.755
二价							
800	0.872	0.813	0.755	0.69	0.595	0.52	0.45
700	0.872	0.812	0.753	0.685	0.58	0.50	0.425
600	0.870	0.809	0.749	0.675	0.57	0.485	0.405
500	0.868	0.805	0.744	0.67	0.555	0.465	0.38
400	0.867	0.803	0.740	0.660	0.545	0.445	0.355
三价							
900	0.738	0.632	0.54	0.445	0.325	0.245	0.18
600	0.731	0.620	0.52	0.415	0.28	0.195	0.13
500	0.728	0.616	0.51	0.405	0.27	0.18	0.115
400	0.725	0.612	0.505	0.395	0.25	0.16	0.095
四价							
1100	0.588	0.455	0.35	0.255	0.155	0.10	0.065
600	0.575	0.43	0.315	0.21	0.105	0.055	0.027
500	0.57	0.425	0.31	0.20	0.10	0.048	0.021

附录2 弱酸、弱碱在水中的解离常数

($I=0$, 298.15 K)

弱 酸	分子式	K_a	pK_a
砷酸	H_3AsO_4	$6.3\times10^{-3}(K_{a_1})$	2.20
		$1.0\times10^{-7}(K_{a_2})$	7.00
		$3.2\times10^{-12}(K_{a_3})$	11.50
亚砷酸	$HAsO_2$	6.0×10^{-10}	9.22
硼酸	H_3BO_3	5.8×10^{-10}	9.24
焦硼酸	$H_2B_4O_7$	$1.0\times10^{-4}(K_{a_1})$	4.00
		$1.0\times10^{-9}(K_{a_2})$	9.00
碳酸	$H_2CO_3(CO_2+H_2O)$	$4.2\times10^{-7}(K_{a_1})$	6.38
		$5.6\times10^{-11}(K_{a_2})$	10.25
氢氰酸	HCN	6.2×10^{-10}	9.21
铬酸	H_2CrO_4	$1.8\times10^{-1}(K_{a_1})$	0.74
		$3.2\times10^{-7}(K_{a_2})$	6.50
氢氟酸	HF	6.6×10^{-4}	3.18
亚硝酸	HNO_2	5.1×10^{-4}	3.29
过氧化氢	H_2O_2	1.8×10^{-12}	11.75
磷酸	H_3PO_4	$7.6\times10^{-3}(K_{a_1})$	2.12
		$6.3\times10^{-8}(K_{a_2})$	7.20
		$4.4\times10^{-13}(K_{a_3})$	12.36
焦磷酸	$H_4P_2O_7$	$3.0\times10^{-2}(K_{a_1})$	1.52
		$4.4\times10^{-3}(K_{a_2})$	2.36
		$2.5\times10^{-7}(K_{a_3})$	6.60
		$5.6\times10^{-10}(K_{a_4})$	9.25
亚磷酸	H_3PO_3	$5.0\times10^{-2}(K_{a_1})$	1.30
		$2.5\times10^{-7}(K_{a_2})$	6.60
氢硫酸	H_2S	$1.3\times10^{-7}(K_{a_1})$	6.88
		$7.1\times10^{-15}(K_{a_2})$	14.15
硫酸	H_2SO_4	$1.0\times10^{-2}(K_{a_2})$	1.99
亚硫酸	$H_2SO_3(SO_2+H_2O)$	$1.3\times10^{-2}(K_{a_1})$	1.90
		$6.3\times10^{-8}(K_{a_2})$	7.20
硅酸	H_2SiO_3	$1.7\times10^{-10}(K_{a_1})$	9.77
		$1.6\times10^{-12}(K_{a_2})$	11.8
甲酸	$HCOOH$	1.8×10^{-4}	3.74
乙酸	CH_3COOH	1.8×10^{-5}	4.74
一氯乙酸	$CH_2ClCOOH$	1.4×10^{-3}	2.86
二氯乙酸	$CHCl_2COOH$	5.0×10^{-2}	1.30
三氯乙酸	CCl_3COOH	0.23	0.64

续表

弱 酸	分子式	K_a	pK_a
氨基乙酸盐	$^+NH_3CH_2COOH$	$4.5\times10^{-3}(K_{a_1})$	2.35
	$^+NH_3CH_2COO^-$	$2.5\times10^{-10}(K_{a_2})$	9.60
乳酸	$CH_3CHOHCOOH$	1.4×10^{-4}	3.86
苯甲酸	C_6H_5COOH	6.2×10^{-5}	4.21
乙二酸	$H_2C_2O_4$	$5.9\times10^{-2}(K_{a_1})$	1.23
		$6.4\times10^{-5}(K_{a_2})$	4.19
d-酒石酸	CH(OH)COOH | CH(OH)COOH	$9.1\times10^{-4}(K_{a_1})$ $4.3\times10^{-5}(K_{a_2})$	3.04 4.37
邻苯二甲酸	$C_6H_4(COOH)_2$	$1.1\times10^{-3}(K_{a_1})$	2.95
		$3.9\times10^{-6}(K_{a_2})$	5.41
柠檬酸	CH_2COOH | $C(OH)COOH$ | CH_2COOH	$7.4\times10^{-4}(K_{a_1})$ $1.7\times10^{-5}(K_{a_2})$ $4.0\times10^{-7}(K_{a_3})$	3.13 4.76 6.40
苯酚	C_6H_5OH	1.1×10^{-10}	9.95
乙二胺四乙酸	H_6Y^{2+}	$0.13(K_{a_1})$	0.9
	H_5Y^+	$2.51\times10^{-2}(K_{a_2})$	1.6
	H_4Y	$1\times10^{-2}(K_{a_3})$	2.0
	H_3Y^-	$2.1\times10^{-3}(K_{a_4})$	2.67
	H_2Y^{2-}	$6.9\times10^{-7}(K_{a_5})$	6.16
	HY^{3-}	$5.5\times10^{-11}(K_{a_6})$	10.26

弱 碱	分子式	K_b	pK_b
氨水	$NH_3\cdot H_2O$	1.8×10^{-5}	4.74
联氨	H_2NNH_2	$3.0\times10^{-6}(K_{b_1})$	5.52
		$7.6\times10^{-15}(K_{b_2})$	14.12
羟胺	NH_2OH	9.1×10^{-9}	8.04
甲胺	CH_3NH_2	4.2×10^{-4}	3.38
乙胺	$C_2H_5NH_2$	5.6×10^{-4}	3.25
二甲胺	$(CH_3)_2NH$	1.2×10^{-4}	3.93
二乙胺	$(C_2H_5)_2NH$	1.3×10^{-3}	2.89
乙醇胺	$HOCH_2CH_2NH_2$	3.2×10^{-5}	4.50
三乙醇胺	$(HOCH_2CH_2)_3N$	5.8×10^{-7}	6.24
六次甲基四胺	$(CH_2)_6N_4$	1.4×10^{-9}	8.85
乙二胺	$H_2NHC_2H_4NH_2$	$8.5\times10^{-5}(K_{b_1})$	4.07
		$7.1\times10^{-8}(K_{b_2})$	7.15
苯胺	$C_6H_5NH_2$	4.6×10^{-10}	9.34
吡啶	C_5H_5N	1.7×10^{-9}	8.77

附录3　常见的缓冲溶液

缓冲溶液	酸	共轭碱	pK_a
氨基乙酸-HCl	$^+NH_3CH_2COOH$	$^+NH_3CH_2COO^-$	2.35(pK_{a_1})
一氯乙酸-NaOH	$CH_2ClCOOH$	CH_2ClCOO^-	2.86
邻苯二甲酸氢钾-HCl	苯-COOH/COOH	苯-COO$^-$/COOH	2.95(pK_{a_1})
甲酸-NaOH	$HCOOH$	$HCOO^-$	3.76
HAc-NaAc	HAc	Ac^-	4.74
六次甲基四胺-HCl	$(CH_2)_6N_4H^+$	$(CH_2)_6N_4$	5.15
NaH_2PO_4-Na_2HPO_4	$H_2PO_4^-$	HPO_4^{2-}	7.20(pK_{a_2})
三乙醇胺-HCl	$^+HN(CH_2CH_2OH)_3$	$N(CH_2CH_2OH)_3$	7.76
Tris[1]-HCl	$^+NH_3C(CH_2OH)_3$	$NH_2C(CH_2OH)_3$	8.21
$Na_2B_4O_7$-HCl	H_3BO_3	$H_2BO_3^-$	9.24(pK_{a_1})
$Na_2B_4O_7$-NaOH	H_3BO_3	$H_2BO_3^-$	9.24(pK_{a_1})
NH_3-NH_4Cl	NH_4^+	NH_3	9.26
乙醇胺-HCl	$^+NH_3CH_2CH_2OH$	$NH_2CH_2CH_2OH$	9.50
氨基乙酸-NaOH	$^+NH_3CH_2COO^-$	$NH_2CH_2COO^-$	9.60(pK_{a_2})
$NaHCO_3$-Na_2CO_3	HCO_3^-	CO_3^{2-}	10.25(pK_{a_2})

[1] 三羟甲基氨基甲烷。

附录4　常用的酸碱混合指示剂及其变色范围

指示剂溶液的组成	变色时 pH	颜色 酸色	颜色 碱色	备注
一份 1 g·L^{-1}甲基黄乙醇溶液 一份 1 g·L^{-1}次甲基蓝乙醇溶液	3.25	蓝紫	绿	pH=3.2 蓝紫色 pH=3.4 绿色
一份 1 g·L^{-1}六甲氧基三苯甲醇乙醇溶液 一份 1 g·L^{-1}甲基绿乙醇溶液	4.0	紫	绿	pH=4.0 蓝紫色
一份 1 g·L^{-1}甲基橙水溶液 一份 2.5 g·L^{-1}靛蓝二磺酸水溶液	4.1	紫	黄绿	pH=4.1 灰色
一份 1 g·L^{-1}溴甲酚绿钠盐水溶液 一份 2 g·L^{-1}甲基橙水溶液	4.3	橙	蓝绿	pH=3.5 黄色 pH=4.05 绿色 pH=4.3 蓝绿色
三份 1 g·L^{-1}溴甲酚绿乙醇溶液 一份 2 g·L^{-1}甲基红乙醇溶液	5.1	酒红	绿	pH=5.1 灰色

续表

指示剂溶液的组成	变色时 pH	颜色 酸色	颜色 碱色	备注
一份 2 g·L^{-1}甲基红乙醇溶液 一份 1 g·L^{-1}亚甲基蓝乙醇溶液	5.4	红紫	绿	pH=5.2 红紫色 pH=5.4 暗蓝色 pH=5.6 暗绿色
一份 1 g·L^{-1}氯酚红钠盐水溶液 一份 1 g·L^{-1}苯胺蓝水溶液	5.8	绿	紫	pH=5.8 淡紫色
一份 1 g·L^{-1}溴甲酚绿钠盐水溶液 一份 1 g·L^{-1}氯酚红钠盐水溶液	6.1	黄绿	蓝绿	pH=5.4 蓝绿色 pH=5.8 蓝色 pH=6.0 蓝带紫 pH=6.2 蓝紫色
一份 1 g·L^{-1}溴甲酚紫钠盐水溶液 一份 1 g·L^{-1}溴百里酚蓝钠盐水溶液	6.7	黄	紫蓝	pH=6.2 黄紫色 pH=6.6 紫色 pH=6.8 蓝紫色
一份 1 g·L^{-1}中性红乙醇溶液 一份 1 g·L^{-1}亚甲基蓝乙醇溶液	7.0	蓝紫	绿	pH=7.0 紫蓝
一份 1 g·L^{-1}中性红乙醇溶液 一份 1 g·L^{-1}溴百里酚蓝乙醇溶液	7.2	玫瑰	绿	pH=7.0 玫瑰色 pH=7.2 浅红色 pH=7.4 暗绿色
两份 1 g·L^{-1}氮萘蓝 50%乙醇溶液 一份 1 g·L^{-1}酚红 50%乙醇溶液	7.3	黄	紫	pH=7.2 橙色 pH=7.4 紫色 放置后颜色逐渐褪去
一份 1 g·L^{-1}溴百里酚蓝钠盐水溶液 一份 1 g·L^{-1}酚红钠盐水溶液	7.5	黄	紫	pH=7.2 暗绿色 pH=7.4 淡紫色 pH=7.6 深紫色
一份 1 g·L^{-1}甲酚红钠盐水溶液 三份 1 g·L^{-1}百里酚蓝钠盐水溶液	8.3	黄	紫	pH=8.2 玫瑰红 pH=8.4 清晰的紫色
两份 1 g·L^{-1}1-萘酚酞乙醇溶液 一份 1 g·L^{-1}甲酚红乙醇溶液	8.3	浅红	紫	pH=8.2 淡紫色 pH=8.4 深紫色
一份 1 g·L^{-1}酚酞乙醇溶液 两份 1 g·L^{-1}甲基绿乙醇溶液	8.9	绿	紫	pH=8.8 浅蓝色 pH=9.0 紫色
一份 1 g·L^{-1}百里酚蓝 50%乙醇溶液 三份 1 g·L^{-1}酚酞 50%乙醇溶液	9.0	黄	紫	从黄到绿,再到紫
一份 1 g·L^{-1}酚酞乙醇溶液 一份 1 g·L^{-1}百里酚酞乙醇溶液	9.9	无	紫	pH=9.6 玫瑰红 pH=10 紫色
一份 1 g·L^{-1}酚酞乙醇溶液 一份 2 g·L^{-1}尼罗蓝乙醇溶液	10.0	蓝	红	pH=10.0 紫色
两份 1 g·L^{-1}百里酚酞乙醇溶液 一份 1 g·L^{-1}茜素黄 R 乙醇溶液	10.2	黄	紫	

附录 5 常见金属离子与 EDTA 形成配合物的稳定常数

($I=0.1$ mol·L^{-1}, 298.15 K)

阳离子	lgK_{MY}	阳离子	lgK_{MY}	阳离子	lgK_{MY}
Na^+	1.66	Al^{3+}	16.3	Cu^{2+}	18.80
Li^+	2.79	Co^{2+}	16.31	Ga^{2+}	20.3
Ag^+	7.32	Hg^{2+}	21.7	Tl^{3+}	37.8
Ba^{2+}	7.86	Cd^{2+}	16.46	Co^{3+}	36.0
Mg^{2+}	8.70	Zn^{2+}	16.50	Sn^{2+}	22.11
Sr^{2+}	8.73	Pb^{2+}	18.04	Th^{4+}	23.2
Be^{2+}	9.20	Y^{3+}	18.09	Cr^{3+}	23.4
Ca^{2+}	10.69	U^{4+}	25.8	Fe^{3+}	25.1
Mn^{2+}	13.87	Ni^{2+}	18.60	Bi^{3+}	27.94
Fe^{2+}	14.32	VO^{2+}	18.80		

附录 6 常见配离子的累积稳定常数

附表 1 金属-无机配位体配合物的累积稳定常数

序号	配位体	金属离子	配位体数目 n	lgβ_n
1	NH_3	Ag^+	1,2	3.24,7.05
		Cd^{2+}	1,2,3,4,5,6	2.65,4.75,6.19,7.12,6.80,5.14
		Co^{2+}	1,2,3,4,5,6	2.11,3.74,4.79,5.55,5.73,5.11
		Co^{3+}	1,2,3,4,5,6	6.7,14.0,20.1,25.7,30.8,35.2
		Cu^{2+}	1,2,3,4,5	4.31,7.98,11.02,13.32,12.86
		Ni^{2+}	1,2,3,4,5,6	2.80,5.04,6.77,7.96,8.71,8.74
		Zn^{2+}	1,2,3,4	2.37,4.81,7.31,9.46
2	Br^-	Ag^+	1,2,3,4	4.38,7.33,8.00,8.73
		Bi^{3+}	1,2,3,4,5,6	4.30,5.55,5.89,7.82,—,9.70
		Cd^{2+}	1,2,3,4	1.75,2.34,3.32,3.70
		Hg^{2+}	1,2,3,4	9.05,17.32,19.74,21.00
3	Cl^-	Ag^+	1,2,3,4	3.04,5.04,5.04,5.30
		Hg^{2+}	1,2,3,4	6.74,13.22,14.07,15.07

续表

序号	配位体	金属离子	配位体数目 n	$\lg\beta_n$
4	CN^-	Ag^+	2,3,4	21.1,21.7,20.6
		Cd^{2+}	1,2,3,4	5.48,10.60,15.23,18.78
		Cu^+	2,3,4	24.0,28.59,30.30
		Fe^{2+}	6	35.0
		Fe^{3+}	6	42.0
		Hg^{2+}	4	41.4
		Ni^{2+}	4	31.3
		Zn^{2+}	4	16.7
5	F^-	Al^{3+}	1,2,3,4,5,6	6.13,11.15,15.00,17.75,19.37,19.84
		Fe^{3+}	1,2,3,4,5,6	5.28,9.30,12.06,—,15.77,—
		Th^{4+}	1,2,3	7.65,13.46,17.97
6	SCN^-	Ag^+	1,2,3,4	—,7.57,9.08,10.08
		Fe^{3+}	1,2	2.95,3.36
		Hg^{2+}	1,2,3,4	—,17.47,—,21.23
7	$S_2O_3^{2-}$	Ag^+	1,2,3	8.82,13.46,14.15
		Cu^+	1,2,3	10.35,12.27,13.71
		Hg^{2+}	1,2,3,4	—,29.86,33.26,33.61
8	I^-	Cd^{2+}	1,2,3,4	2.10,3.43,4.49,5.41
		Hg^{2+}	1,2,3,4	12.87,23.82,27.60,29.83
9	OH^-	Al^{3+}	4	33.3
			$[Al_6(OH)_{15}]^{3+}$	163
		Bi^{3+}	1	12.4
			$[Bi_6(OH)_{12}]^{6+}$	168.3
		Cd^{2+}	1,2,3,4	4.3,7.7,10.3,12.0
		Co^{2+}	1,3	5.1,—,10.2
		Cr^{3+}	1,2	10.2,18.3
		Fe^{2+}	1	4.5
		Fe^{3+}	1,2	11.0,21.7
			$[Fe_2(OH)_2]^{4+}$	25.1
		Hg^{2+}	2	21.7
		Mg^{2+}	1	2.6
		Mn^{2+}	1	3.4
		Ni^{2+}	1	4.6
		Pb^{2+}	1,2,3	6.2,10.3,13.3
			$[Pb_2(OH)]^{3+}$	7.6
		Sn^{2+}	1	10.1
		Th^{4+}	1	9.7
		Ti^{3+}	1	11.8
		TiO^{2+}	1	13.7
		VO^{2+}	1	8.0
		Zn^{2+}	1,2,3,4	4.4,10.1,14.2,15.5

附表2　金属-有机配位体配合物的累积稳定常数

序号	配位体	金属离子	配位体数目 n	$\lg\beta_n$
1	乙酰丙酮	Al^{3+}	1,2,3	8.6,15.5,21.3
		Cu^{2+}	1,2	8.27,16.34
		Fe^{2+}	1,2	5.07,8.67
		Fe^{3+}	1,2,3	11.4,22.1,26.7
2	磺基水杨酸	Al^{3+}	1,2,3	13.20,22.83,28.89
		Cd^{2+}	1,2	16.68,29.08
		Co^{2+}	1,2	6.13,9.82
		Cr^{3+}	1	9.56
		Cu^{2+}	1,2	9.52,16.45
		Fe^{2+}	1,2	5.9,9.9
		Fe^{3+}	1,2,3	14.64,25.18,32.12
3	硫脲	Ag^+	1,2	7.4,13.1
		Bi^{3+}	6	11.9
		Cu^+	3,4	13.0,15.4
		Hg^{2+}	2,3,4	22.1,24.7,26.8
4	乙二胺	Ag^+	1,2	4.70,7.70
		Cd^{2+}	1,2,3	5.47,10.09,12.09
		Cu^{2+}	1,2,3	10.67,20.00,21.00
		Fe^{2+}	1,2,3	4.34,7.65,9.70
		Hg^{2+}	1,2	14.3,23.3
		Ni^{2+}	1,2,3	7.52,13.80,18.06
		Zn^{2+}	1,2,3	5.77,10.83,14.11
5	柠檬酸	Al^{3+}	1	20.0
		Cu^{2+}	1	18.0
		Fe^{3+}	1	25.0
		Ni^{2+}	1	14.30
		Pb^{2+}	1	12.30
		Zn^{2+}	1	11.40

附录7　EDTA 的酸效应系数

pH	$\lg\alpha_{Y(H)}$	pH	$\lg\alpha_{Y(H)}$	pH	$\lg\alpha_{Y(H)}$	pH	$\lg\alpha_{Y(H)}$	pH	$\lg\alpha_{Y(H)}$
0.0	23.64	0.6	20.18	1.2	16.98	1.8	14.27	2.4	12.19
0.1	23.06	0.7	19.62	1.3	16.49	1.9	13.88	2.5	11.90
0.2	22.47	0.8	19.08	1.4	16.02	2.0	13.51	2.6	11.62
0.3	21.89	0.9	18.54	1.5	15.55	2.1	13.16	2.7	11.35
0.4	21.32	1.0	18.01	1.6	15.11	2.2	12.82	2.8	11.09
0.5	20.75	1.1	17.49	1.7	14.68	2.3	12.50	2.9	10.84

续表

pH	lg$\alpha_{Y(H)}$	pH	lg$\alpha_{Y(H)}$	pH	lg$\alpha_{Y(H)}$	pH	lg$\alpha_{Y(H)}$	pH	lg$\alpha_{Y(H)}$
3.0	10.60	4.9	6.65	6.8	3.55	8.7	1.57	10.6	0.16
3.1	10.37	5.0	6.45	6.9	3.43	8.8	1.48	10.7	0.13
3.2	10.14	5.1	6.26	7.0	3.32	8.9	1.38	10.8	0.11
3.3	9.92	5.2	6.07	7.1	3.21	9.0	1.28	10.9	0.09
3.4	9.70	5.3	5.88	7.2	3.10	9.1	1.19	11.0	0.07
3.5	9.48	5.4	5.69	7.3	2.99	9.2	1.10	11.1	0.06
3.6	9.27	5.5	5.51	7.4	2.88	9.3	1.01	11.2	0.05
3.7	9.06	5.6	5.33	7.5	2.78	9.4	0.92	11.3	0.04
3.8	8.85	5.7	5.15	7.6	2.68	9.5	0.83	11.4	0.03
3.9	8.65	5.8	4.98	7.7	2.57	9.6	0.75	11.5	0.02
4.0	8.44	5.9	4.81	7.8	2.47	9.7	0.67	11.6	0.02
4.1	8.24	6.0	4.65	7.9	2.37	9.8	0.59	11.7	0.02
4.2	8.04	6.1	4.49	8.0	2.27	9.9	0.52	11.8	0.01
4.3	7.84	6.2	4.34	8.1	2.17	10.0	0.45	11.9	0.01
4.4	7.64	6.3	4.20	8.2	2.07	10.1	0.39	12.0	0.01
4.5	7.44	6.4	4.06	8.3	1.97	10.2	0.33	12.1	0.01
4.6	7.24	6.5	3.92	8.4	1.87	10.3	0.28	12.2	0.005
4.7	7.04	6.6	3.79	8.5	1.77	10.4	0.24	13.0	0.0008
4.8	6.84	6.7	3.67	8.6	1.67	10.5	0.20	13.9	0.0001

附录8 一些金属离子在不同 pH 的 lg$\alpha_{M(OH)}$ 值

金属离子	I/(mol·L^{-1})	pH													
		1	2	3	4	5	6	7	8	9	10	11	12	13	14
Ag$^+$	0.1										0.1	0.5	2.3	5.1	
Al^{3+}	2				0.4	1.3	5.3	9.3	13.3	17.3	21.3	25.3	29.3	33.3	
Bi^{3+}	3	0.1	0.5	1.4	2.4	3.4	4.4	5.4							
Ca^{2+}	0.1												0.3	1.0	
Cd^{2+}	3								0.1	0.5	2.0	4.5	8.1	12.0	
Co^{2+}	0.1							0.1	0.4	1.1	2.2	4.2	7.2	10.2	
Cu^{2+}	0.1								0.2	0.8	1.7	2.7	3.7	4.7	5.7
Fe^{2+}	1									0.1	0.6	1.5	2.5	3.5	4.4
Fe^{3+}	3			0.4	1.8	3.7	5.7	7.7	9.7	11.7	13.7	15.7	17.7	19.7	21.7
Hg^{2+}	0.1			0.5	1.9	3.9	5.9	7.9	9.9	11.9	13.9	15.9	17.9	19.9	21.9
Mg^{2+}	0.1										0.1	0.5	1.3	2.3	
Mn^{2+}	0.1										0.1	0.5	1.4	2.4	3.4
Ni^{2+}	0.1								0.1	0.7	1.6				
Pb^{2+}	0.1							0.1	0.5	1.4	2.7	4.7	7.4	10.4	13.4
Zn^{2+}	0.1									0.2	2.4	5.4	8.5	11.8	15.5

附录9 标准电极电势

(291.15~298.15 K)

半反应	$\varphi^{\ominus}/V$
$F_2(气)+2H^++2e^- \rightleftharpoons 2HF$	3.06
$O_3+2H^++2e^- \rightleftharpoons O_2+H_2O$	2.07
$S_2O_8^{2-}+2e^- \rightleftharpoons 2SO_4^{2-}$	2.01
$H_2O_2+2H^++2e^- \rightleftharpoons 2H_2O$	1.77
$MnO_4^-+4H^++3e^- \rightleftharpoons MnO_2(固)+2H_2O$	1.695
$PbO_2(固)+SO_4^{2-}+4H^++2e^- \rightleftharpoons PbSO_4(固)+2H_2O$	1.685
$HClO_2+2H^++2e^- \rightleftharpoons HClO+H_2O$	1.64
$HClO+H^++e^- \rightleftharpoons 1/2\ Cl_2+H_2O$	1.63
$Ce^{4+}+e^- \rightleftharpoons Ce^{3+}$	1.61
$H_5IO_6+H^++2e^- \rightleftharpoons IO_3^-+3H_2O$	1.60
$HBrO+H^++e^- \rightleftharpoons 1/2\ Br_2+H_2O$	1.59
$BrO_3^-+6H^++5e^- \rightleftharpoons 1/2\ Br_2+3H_2O$	1.52
$MnO_4^-+8H^++5e^- \rightleftharpoons Mn^{2+}+4H_2O$	1.51
$Au(III)+3e^- \rightleftharpoons Au$	1.50
$HClO+H^++2e^- \rightleftharpoons Cl^-+H_2O$	1.49
$ClO_3^-+6H^++5e^- \rightleftharpoons 1/2\ Cl_2+3H_2O$	1.47
$PbO_2(固)+4H^++2e^- \rightleftharpoons Pb^{2+}+2H_2O$	1.455
$HIO+H^++e^- \rightleftharpoons 1/2\ I_2+H_2O$	1.45
$ClO_3^-+6H^++6e^- \rightleftharpoons Cl^-+3H_2O$	1.45
$BrO_3^-+6H^++6e^- \rightleftharpoons Br^-+3H_2O$	1.44
$Au(III)+2e^- \rightleftharpoons Au(I)$	1.41
$Cl_2(气)+2e^- \rightleftharpoons 2Cl^-$	1.359
$ClO_4^-+8H^++7e^- \rightleftharpoons 1/2\ Cl_2+4H_2O$	1.34
$Cr_2O_7^{2-}+14H^++6e^- \rightleftharpoons 2Cr^{3+}+7H_2O$	1.33
$MnO_2(固)+4H^++2e^- \rightleftharpoons Mn^{2+}+2H_2O$	1.23
$O_2(气)+4H^++4e^- \rightleftharpoons 2H_2O$	1.229
$IO_3^-+6H^++5e^- \rightleftharpoons 1/2I_2+3H_2O$	1.20
$ClO_4^-+2H^++2e^- \rightleftharpoons ClO_3^-+H_2O$	1.19
$Br_2(水)+2e^- \rightleftharpoons 2Br^-$	1.087
$NO_2+H^++e^- \rightleftharpoons HNO_2$	1.07
$Br_3^-+2e^- \rightleftharpoons 3Br^-$	1.05
$HNO_2+H^++e^- \rightleftharpoons NO(气)+H_2O$	1.00
$VO_2^++2H^++e^- \rightleftharpoons VO^{2+}+H_2O$	1.00
$HIO+H^++2e^- \rightleftharpoons I^-+H_2O$	0.99
$NO_3^-+4H^++3e^- \rightleftharpoons NO+2H_2O$	0.96
$NO_3^-+3H^++2e^- \rightleftharpoons HNO_2+H_2O$	0.94

续表

半反应	$\varphi^\ominus/V$
$ClO^- + H_2O + 2e^- \rightleftharpoons Cl^- + 2OH^-$	0.89
$H_2O_2 + 2e^- \rightleftharpoons 2OH^-$	0.88
$Cu^{2+} + I^- + e^- \rightleftharpoons CuI(固)$	0.86
$Hg^{2+} + 2e^- \rightleftharpoons Hg$	0.845
$NO_3^- + 2H^+ + e^- \rightleftharpoons NO_2 + H_2O$	0.80
$Ag^+ + e^- \rightleftharpoons Ag$	0.7995
$Hg_2^{2+} + 2e^- \rightleftharpoons 2Hg$	0.793
$Fe^{3+} + e^- \rightleftharpoons Fe^{2+}$	0.771
$BrO^- + H_2O + 2e^- \rightleftharpoons Br^- + 2OH^-$	0.76
$O_2(气) + 2H^+ + 2e^- \rightleftharpoons H_2O_2$	0.682
$AsO_2^- + 2H_2O + 3e^- \rightleftharpoons As + 4OH^-$	0.68
$2HgCl_2 + 2e^- \rightleftharpoons Hg_2Cl_2(固) + 2Cl^-$	0.63
$Hg_2SO_4(固) + 2e^- \rightleftharpoons 2Hg + SO_4^{2-}$	0.6151
$MnO_4^- + 2H_2O + 3e^- \rightleftharpoons MnO_2 + 4OH^-$	0.588
$MnO_4^- + e^- \rightleftharpoons MnO_4^{2-}$	0.564
$H_3AsO_4 + 2H^+ + 2e^- \rightleftharpoons HAsO_2 + 2H_2O$	0.559
$I_3^- + 2e^- \rightleftharpoons 3I^-$	0.545
$I_2(固) + 2e^- \rightleftharpoons 2I^-$	0.5345
$Mo(VI) + e^- \rightleftharpoons Mo(V)$	0.53
$Cu^+ + e^- \rightleftharpoons Cu$	0.52
$4SO_2(水) + 4H^+ + 6e^- \rightleftharpoons S_4O_6^{2-} + 2H_2O$	0.51
$HgCl_4^{2-} + 2e^- \rightleftharpoons Hg + 4Cl^-$	0.48
$2SO_2(水) + 2H^+ + 4e^- \rightleftharpoons S_2O_3^{2-} + H_2O$	0.40
$[Fe(CN)_6]^{3-} + e^- \rightleftharpoons [Fe(CN)_6]^{4-}$	0.36
$Cu^{2+} + 2e^- \rightleftharpoons Cu$	0.337
$VO^{2+} + 2H^+ + e^- \rightleftharpoons V^{3+} + H_2O$	0.337
$BiO^+ + 2H^+ + 3e^- \rightleftharpoons Bi + H_2O$	0.32
$Hg_2Cl_2(固) + 2e^- \rightleftharpoons 2Hg + 2Cl^-$	0.268
$HAsO_2 + 3H^+ + 3e^- \rightleftharpoons As + 2H_2O$	0.248
$AgCl(固) + e^- \rightleftharpoons Ag + Cl^-$	0.222
$SbO^+ + 2H^+ + 3e^- \rightleftharpoons Sb + H_2O$	0.212
$SO_4^{2-} + 4H^+ + 2e^- \rightleftharpoons SO_2(水) + 2H_2O$	0.17
$Cu^{2+} + e^- \rightleftharpoons Cu^+$	0.159
$Sn^{4+} + 2e^- \rightleftharpoons Sn^{2+}$	0.154
$S + 2H^+ + 2e^- \rightleftharpoons H_2S(气)$	0.141
$Hg_2Br_2 + 2e^- \rightleftharpoons 2Hg + 2Br^-$	0.1395
$TiO^{2+} + 2H^+ + e^- \rightleftharpoons Ti^{3+} + H_2O$	0.1
$S_4O_6^{2-} + 2e^- \rightleftharpoons 2S_2O_3^{2-}$	0.08
$AgBr(固) + e^- \rightleftharpoons Ag + Br^-$	0.071
$2H^+ + 2e^- \rightleftharpoons H_2$	0.000
$O_2 + H_2O + 2e^- \rightleftharpoons HO_2^- + OH^-$	−0.067

续表

半反应	$\varphi^{\ominus}/V$
$TiOCl^+ + 2H^+ + 3Cl^- + e^- \rightleftharpoons TiCl_4^- + H_2O$	-0.09
$Pb^{2+} + 2e^- \rightleftharpoons Pb$	-0.126
$Sn^{2+} + 2e^- \rightleftharpoons Sn$	-0.136
$AgI(固) + e^- \rightleftharpoons Ag + I^-$	-0.152
$Ni^{2+} + 2e^- \rightleftharpoons Ni$	-0.246
$H_3PO_4 + 2H^+ + 2e^- \rightleftharpoons H_3PO_3 + H_2O$	-0.276
$Co^{2+} + 2e^- \rightleftharpoons Co$	-0.277
$Tl^+ + e^- \rightleftharpoons Tl$	-0.336
$In^{3+} + 3e^- \rightleftharpoons In$	-0.345
$PbSO_4(固) + 2e^- \rightleftharpoons Pb + SO_4^{2-}$	-0.355
$SeO_3^{2-} + 3H_2O + 4e^- \rightleftharpoons Se + 6OH^-$	-0.366
$As + 3H^+ + 3e^- \rightleftharpoons AsH_3$	-0.38
$Se + 2H^+ + 2e^- \rightleftharpoons H_2Se$	-0.40
$Cd^{2+} + 2e^- \rightleftharpoons Cd$	-0.403
$Cr^{3+} + e^- \rightleftharpoons Cr^{2+}$	-0.41
$Fe^{2+} + 2e^- \rightleftharpoons Fe$	-0.440
$S + 2e^- \rightleftharpoons S^{2-}$	-0.48
$2CO_2 + 2H^+ + 2e^- \rightleftharpoons H_2C_2O_4$	-0.49
$H_3PO_3 + 2H^+ + 2e^- \rightleftharpoons H_3PO_2 + H_2O$	-0.50
$Sb + 3H^+ + 3e^- \rightleftharpoons SbH_3$	-0.51
$HPbO_2^- + H_2O + 2e^- \rightleftharpoons Pb + 3OH^-$	-0.54
$Ga^{3+} + 3e^- \rightleftharpoons Ga$	-0.56
$TeO_3^{2-} + 3H_2O + 4e^- \rightleftharpoons Te + 6OH^-$	-0.57
$2SO_3^{2-} + 3H_2O + 4e^- \rightleftharpoons S_2O_3^{2-} + 6OH^-$	-0.58
$SO_3^{2-} + 3H_2O + 4e^- \rightleftharpoons S + 6OH^-$	-0.66
$AsO_4^{3-} + 2H_2O + 2e^- \rightleftharpoons AsO_2^- + 4OH^-$	-0.67
$Ag_2S(固) + 2e^- \rightleftharpoons 2Ag + S^{2-}$	-0.69
$Zn^{2+} + 2e^- \rightleftharpoons Zn$	-0.763
$2H_2O + 2e^- \rightleftharpoons H_2 + 2OH^-$	-0.828
$Cr^{2+} + 2e^- \rightleftharpoons Cr$	-0.91
$HSnO_2^- + H_2O + 2e^- \rightleftharpoons Sn + 3OH^-$	-0.91
$Se + 2e^- \rightleftharpoons Se^{2-}$	-0.92
$Sn(OH)_6^{2-} + 2e^- \rightleftharpoons HSnO_2^- + H_2O + 3OH^-$	-0.93
$CNO^- + H_2O + 2e^- \rightleftharpoons CN^- + 2OH^-$	-0.97
$Mn^{2+} + 2e^- \rightleftharpoons Mn$	-1.182
$ZnO_2^{2-} + 2H_2O + 2e^- \rightleftharpoons Zn + 4OH^-$	-1.216
$Al^{3+} + 3e^- \rightleftharpoons Al$	-1.66
$H_2AlO_3^- + H_2O + 3e^- \rightleftharpoons Al + 4OH^-$	-2.35
$Mg^{2+} + 2e^- \rightleftharpoons Mg$	-2.37
$Na^+ + e^- \rightleftharpoons Na$	-2.714
$Ca^{2+} + 2e^- \rightleftharpoons Ca$	-2.87

续表

半反应	$\varphi^{\ominus}/V$
$Sr^{2+} + 2e^- == Sr$	-2.89
$Ba^{2+} + 2e^- == Ba$	-2.90
$K^+ + e^- == K$	-2.925
$Li^+ + e^- == Li$	-3.042

附录 10　条件电极电势

半反应	$\varphi^{\ominus\prime}/V$	介质
$Ag(II) + e^- == Ag^+$	1.927	$4\ mol \cdot L^{-1}\ HNO_3$
$Ce(IV) + e^- == Ce(III)$	1.74	$1\ mol \cdot L^{-1}\ HClO_4$
	1.44	$0.5\ mol \cdot L^{-1}\ H_2SO_4$
	1.28	$1\ mol \cdot L^{-1}\ HCl$
$Co^{3+} + e^- == Co^{2+}$	1.84	$3\ mol \cdot L^{-1}\ HNO_3$
$Cr_2O_7^{2-} + 14H^+ + 6e^- = 2Cr^{3+} + 7H_2O$	1.025	$1\ mol \cdot L^{-1}\ HClO_4$
	1.15	$4\ mol \cdot L^{-1}\ H_2SO_4$
	1.08	$3\ mol \cdot L^{-1}\ HCl$
$Fe(III) + e^- == Fe(II)$	0.767	$1\ mol \cdot L^{-1}\ HClO_4$
	0.71	$0.5\ mol \cdot L^{-1}\ HCl$
	0.68	$1\ mol \cdot L^{-1}\ H_2SO_4$
	0.68	$1\ mol \cdot L^{-1}\ HCl$
	0.51	$1\ mol \cdot L^{-1}\ HCl + 0.25\ mol \cdot L^{-1}\ H_3PO_4$
$[Fe(CN)_6]^{3-} + e^- == [Fe(CN)_6]^{4-}$	0.56	$0.1\ mol \cdot L^{-1}\ HCl$
$Fe(EDTA)^- + e^- == Fe(EDTA)^{2-}$	0.12	$0.5\ mol \cdot L^{-1}\ EDTA, pH=4\sim6$
$I_3^- + 2e^- == 3I^-$	0.545	$0.5\ mol \cdot L^{-1}\ H_2SO_4$
$Sb^{5+} + 2e^- == Sb^{3+}$	0.75	$3.5\ mol \cdot L^{-1}\ HCl$
$MnO_4^- + 8H^+ + 5e^- == Mn^{2+} + 4H_2O$	1.45	$1\ mol \cdot L^{-1}\ HClO_4$
$[SnCl_6]^{2-} + 2e^- == [SnCl_4]^{2-} + 2Cl^-$	0.14	$1\ mol \cdot L^{-1}\ HCl$
$Pb(II) + 2e^- == Pb$	-0.32	$1\ mol \cdot L^{-1}\ NaAc$
$Ti(IV) + e^- == Ti(III)$	-0.01	$0.2\ mol \cdot L^{-1}\ H_2SO_4$
	0.12	$2\ mol \cdot L^{-1}\ H_2SO_4$
	-0.04	$1\ mol \cdot L^{-1}\ HCl$
	-0.05	$1\ mol \cdot L^{-1}\ H_3PO_4$

附录 11 难溶电解质的溶度积

($I=0$, 291.15~298.15 K)

化合物	溶度积	化合物	溶度积	化合物	溶度积
卤化物		氢氧化物		Ag_2S	6.3×10^{-50}
AgBr	5.0×10^{-13}	$Al(OH)_3$(无定形)	1.3×10^{-33}	CdS	8.0×10^{-27}
AgCl	1.8×10^{-10}	$Be(OH)_2$(无定形)	1.6×10^{-22}	CoS(α 型)	4.0×10^{-21}
AgI	9.3×10^{-17}	$Ca(OH)_2$	5.5×10^{-6}	CoS(β 型)	2.0×10^{-25}
BaF_2	1.0×10^{-6}	$Cd(OH)_2$	5.9×10^{-15}	Cu_2S	2.5×10^{-48}
CaF_2	2.7×10^{-11}	$Co(OH)_2$(粉红色)	4.0×10^{-15}	CuS	6.3×10^{-36}
CuBr	5.3×10^{-9}	$Co(OH)_2$(蓝色)	1.6×10^{-14}	FeS	6.3×10^{-18}
CuCl	1.2×10^{-6}	$Co(OH)_3$	1.6×10^{-44}	HgS(黑色)	1.6×10^{-52}
CuI	1.1×10^{-12}	$Cr(OH)_2$	2×10^{-16}	HgS(红色)	4×10^{-53}
Hg_2Cl_2	1.3×10^{-18}	$Cr(OH)_3$	6.3×10^{-31}	MnS(晶形)	2.5×10^{-13}
Hg_2I_2	4.5×10^{-14}	$Cu(OH)_2$	2.2×10^{-20}	NiS	1.07×10^{-24}
AgCl	1.8×10^{-10}	$Fe(OH)_2$	8.0×10^{-16}	PbS	1.1×10^{-28}
$PbCl_2$	1.6×10^{-5}	$Fe(OH)_3$	3.8×10^{-38}	SnS	1×10^{-25}
PbF_2	2.7×10^{-8}	$Mg(OH)_2$	1.8×10^{-11}	ZnS	2.5×10^{-22}
PbI_2	7.1×10^{-9}	$Mn(OH)_2$	1.9×10^{-13}	磷酸盐	
SrF_2	2.5×10^{-9}	$Ni(OH)_2$(新制备)	2.0×10^{-15}	Ag_3PO_4	1.4×10^{-16}
$PbCl_2$	1.6×10^{-5}	$Pb(OH)_2$	1.2×10^{-15}	$AlPO_4$	6.3×10^{-10}
碳酸盐		$Sn(OH)_2$	1.4×10^{-28}	$CaHPO_4$	1×10^{-7}
Ag_2CO_3	8.1×10^{-12}	$Sr(OH)_2$	9×10^{-4}	$Ca_3(PO_4)_2$	2.0×10^{-29}
$BaCO_3$	5.1×10^{-9}	$Zn(OH)_2$	1.2×10^{-17}	$MgNH_4PO_4$	2.5×10^{-13}
$CaCO_3$	2.8×10^{-9}	乙二酸盐		$Mg_3(PO_4)_2$	1.04×10^{-24}
$CdCO_3$	5.2×10^{-12}	$Ag_2C_2O_4$	3.4×10^{-11}	$Pb_3(PO_4)_2$	8.0×10^{-43}
$CuCO_3$	1.4×10^{-10}	BaC_2O_4	1.6×10^{-7}	$Zn_3(PO_4)_2$	9.0×10^{-33}
$FeCO_3$	3.2×10^{-11}	$CaC_2O_4 \cdot H_2O$	2.5×10^{-9}	其他盐	
Hg_2CO_3	8.9×10^{-17}	CuC_2O_4	2.3×10^{-8}	$[Ag^+][Ag(CN)_2^-]$	7.2×10^{-11}
$MnCO_3$	1.8×10^{-11}	$FeC_2O_4 \cdot 2H_2O$	3.2×10^{-7}	$Cu_2[Fe(CN)_6]$	1.3×10^{-16}
$NiCO_3$	6.6×10^{-9}	$Hg_2C_2O_4$	2×10^{-13}	CuSCN	4.8×10^{-15}
$PbCO_3$	7.4×10^{-14}	$MnC_2O_4 \cdot 2H_2O$	1.1×10^{-15}	$AgBrO_3$	5.3×10^{-5}
$SrCO_3$	1.1×10^{-10}	PbC_2O_4	4.8×10^{-10}	$AgIO_3$	3.0×10^{-8}
铬酸盐和重铬酸盐		硫酸盐		$Cu_2[Fe(CN)_6]$	1.3×10^{-16}
Ag_2CrO_4	1.1×10^{-12}	Ag_2SO_4	1.4×10^{-5}	$KHC_4H_4O_6$	3×10^{-4}
$Ag_2Cr_2O_7$	2.0×10^{-7}	$BaSO_4$	1.1×10^{-10}	Al(8-羟基喹啉)$_3$	1.0×10^{-29}
$BaCrO_4$	1.2×10^{-10}	$CaSO_4$	9.1×10^{-6}	$K_2Na[Co(NO_2)_6]\cdot H_2O$	2.2×10^{-11}
$CuCrO_4$	3.6×10^{-6}	Hg_2SO_4	7.4×10^{-7}	$Na(NH_4)_2[Co(NO_2)_6]$	4×10^{-12}
Hg_2CrO_4	2.0×10^{-9}	$PbSO_4$	1.6×10^{-8}	Ni(丁二酮肟)$_2$	2×10^{-24}
$PbCrO_4$	2.8×10^{-13}	$SrSO_4$	3.2×10^{-7}	Mg(8-羟基喹啉)$_2$	4×10^{-16}
$SrCrO_4$	2.2×10^{-5}	硫化物		Zn(8-羟基喹啉)$_2$	5×10^{-25}

附录 12　一些化合物的摩尔质量

化合物	摩尔质量/(g·mol^{-1})	化合物	摩尔质量/(g·mol^{-1})
AgBr	187.78	$(C_9H_7N)_3H_3(PO_4·12MoO_3)$	2212.74
AgCl	143.32	CO_2	44.01
AgCN	133.84	Cr_2O_3	151.99
Ag_2CrO_4	331.73	$Cu(C_2H_3O_2)_2·3Cu(AsO_2)_2$	1013.8
AgI	234.77	CuO	79.54
$AgNO_3$	169.87	Cu_2O	143.09
AgSCN	169.95	CuSCN	121.62
Al_2O_3	101.96	$CuSO_4$	159.6
$Al_2(SO_4)_3$	342.15	$CuSO_4·5H_2O$	249.68
As_2O_3	197.84	$FeCl_3$	162.21
As_2O_5	229.84	$FeCl_3·6H_2O$	270.3
$BaCO_3$	197.35	FeO	71.85
BaC_2O_4	225.36	Fe_2O_3	159.69
$BaCl_2$	208.25	Fe_3O_4	231.54
$BaCl_2·2H_2O$	244.28	$FeSO_4·H_2O$	169.96
$BaCrO_4$	253.33	$FeSO_4·7H_2O$	278.01
BaO	153.34	$Fe_2(SO_4)_3$	399.87
$Ba(OH)_2$	171.36	$FeSO_4·(NH_4)_2SO_4·6H_2O$	392.13
$BaSO_4$	233.4	H_3BO_3	61.83
$CaCO_3$	100.09	HBr	80.91
CaC_2O_4	128.1	$H_2C_4H_4O_6$	150.09
$CaCl_2$	110.99	HCN	27.03
$CaCl_2·H_2O$	129	H_2CO_3	62.03
CaF_2	78.08	$H_2C_2O_4$	90.04
$Ca(NO_3)_2$	164.09	$H_2C_2O_4·2H_2O$	126.07
CaO	56.08	HCOOH	46.03
$Ca(OH)_2$	74.09	HCl	36.46
$CaSO_4$	136.14	$HClO_4$	100.46
$Ca_3(PO_4)_2$	310.18	HF	20.01
CCl_4	153.81	HI	127.91
$Ce(SO_4)_2$	332.24	HNO_2	47.01
$Ce(SO_4)_2·2(NH_4)_2SO_4·2H_2O$	632.54	HNO_3	63.01
CH_3COOH	60.05	H_2O	18.02
CH_3OH	32.04	H_2O_2	34.02
CH_3COCH_3	58.08	H_3PO_4	98
C_6H_5COOH	122.12	H_2S	34.08
$C_6H_4·COOH·COOK$	204.23	H_2SO_3	82.08
CH_3COONa	82.03	H_2SO_4	98.08
C_6H_5OH	94.11	$HgCl_2$	271.5

续表

化合物	摩尔质量/(g·mol^{-1})	化合物	摩尔质量/(g·mol^{-1})
Hg_2Cl_2	472.09	Na_2O	61.98
$KAl(SO_4)_2 \cdot 12H_2O$	474.38	$NaNO_2$	69
$KB(C_6H_5)_4$	358.38	NaI	149.89
KBr	119.01	$NaOH$	40.01
$KBrO_3$	167.01	Na_3PO_4	163.94
KCN	65.12	Na_2S	78.04
K_2CO_3	138.21	$Na_2S \cdot 9H_2O$	240.18
KCl	74.56	Na_2SO_3	126.04
$KClO_3$	122.55	Na_2SO_4	142.04
$KClO_4$	138.55	$Na_2SO_4 \cdot 10H_2O$	322.2
K_2CrO_4	194.2	$Na_2S_2O_3$	158.1
$K_2Cr_2O_7$	294.19	$Na_2S_2O_3 \cdot 5H_2O$	248.18
$KHC_2O_4 \cdot H_2C_2O_4 \cdot 2H_2O$	254.19	Na_2SiF_6	188.06
$KHC_2O_4 \cdot H_2O$	146.14	NH_3	17.03
KI	166.01	NH_4Cl	53.49
KIO_3	214	$(NH_4)_2C_2O_4 \cdot H_2O$	142.11
$KIO_3 \cdot HIO_3$	389.92	$NH_3 \cdot H_2O$	35.05
$KMnO_4$	158.04	$NH_4Fe(SO_4)_2 \cdot 12H_2O$	482.19
KNO_2	85.1	$(NH_4)_2HPO_4$	132.05
K_2O	92.2	$(NH_4)_3PO_4 \cdot 12MoO_3$	1876.53
KOH	56.11	$(NH_4)_2SO_4$	132.14
$KSCN$	97.10	$NiC_8H_{14}O_4N_4$	288.93
K_2SO_4	174.26	P_2O_5	141.95
$MgCO_3$	84.32	$PbCrO_4$	323.18
$MgCl_2$	95.21	PbO	223.19
$MgNH_4PO_4$	137.33	PbO_2	239.19
MgO	40.31	Pb_3O_4	685.57
$Mg_2P_2O_7$	222.6	$PbSO_4$	303.25
MnO	70.94	SO_2	64.06
MnO_2	86.94	SO_3	80.06
$Na_2B_4O_7$	201.22	Sb_2O_3	291.5
$Na_2B_4O_7 \cdot 10H_2O$	381.37	SiF_4	104.08
$NaBiO_3$	279.97	SiO_2	60.08
$NaBr$	102.9	$SnCO_3$	147.63
$NaCN$	49.01	$SnCl_2$	189.6
Na_2CO_3	105.99	SnO_2	150.69
$Na_2C_2O_4$	134	TiO_2	79.9
$NaCl$	58.44	WO_3	231.85
$NaHCO_3$	84.01	$ZnCl_2$	136.29
NaH_2PO_4	119.98	ZnO	81.37
Na_2HPO_4	141.96	$Zn_2P_2O_7$	304.7
$Na_2H_2Y \cdot 2H_2O$	372.26	$ZnSO_4$	161.43

科 学 出 版 社 教学支持说明

科学出版社为了对教师的教学提供支持,特对教师免费提供本教材的电子课件,以方便教师教学。

获取电子课件的教师需要填写以下情况调查表,以确保本电子课件仅为任课教师获得,并保证只能用于教学,不得复制传播用于商业用途。否则,科学出版社保留诉诸法律的权利。

地址:北京市东黄城根北街 16 号,100717
　　　　科学出版社　化学与资源环境分社　丁　里(收)
联系方式:010-64002239　010-64011132(传真)
　　　　　chem@mail.sciencep.com

请将本证明签字盖章后,传真或者邮寄到我社,我们确认销售记录后立即赠送。

如果您对本书有任何意见和建议,也欢迎您告诉我们。意见经采纳,我们将赠送书目,教师可以免费赠书一本。

证　明

兹证明_____大学_____学院/_____系第_____学年□上/□下学期开设的课程,采用科学出版社出版的_____ / _____(书名/作者)作为上课教材。任课老师为_____共_____人,学生_____个班共_____人。

任课教师需要与本教材配套的电子课件。

电　话:_____
传　真:_____
E-mail:_____
地　址:_____
邮　编:_____

　　　　　　　　　　　　　　　院长/系主任:_____　(签字)
　　　　　　　　　　　　　　　　　　　(学院/系办公室章)
　　　　　　　　　　　　　　　____年___月___日